# 中国农业通史

## 原始社会卷

### 第二版

游修龄　主编

中国农业出版社

北　京

**图书在版编目（CIP）数据**

中国农业通史. 原始社会卷 / 游修龄主编. —2 版
. —北京：中国农业出版社，2024.11
  ISBN 978-7-109-25844-0

  Ⅰ. ①中…  Ⅱ. ①游…  Ⅲ. ①农业史－中国－原始社
会  Ⅳ. ①S-092

  中国版本图书馆 CIP 数据核字（2019）第 181273 号

**中国农业通史·原始社会卷**
**ZHONGGUO NONGYE TONGSHI YUANSHI SHEHUI JUAN**

中国农业出版社出版
地址：北京市朝阳区麦子店街 18 号楼
邮编：100125
责任编辑：孙鸣凤  胡晓纯
版式设计：杨 婧  责任校对：周丽芳
印刷：北京通州皇家印刷厂
版次：2024 年 11 月第 2 版
印次：2024 年 11 月第 2 版北京第 1 次印刷
发行：新华书店北京发行所
开本：787mm×1092mm  1/16
印张：34
字数：665 千字
定价：240.00 元

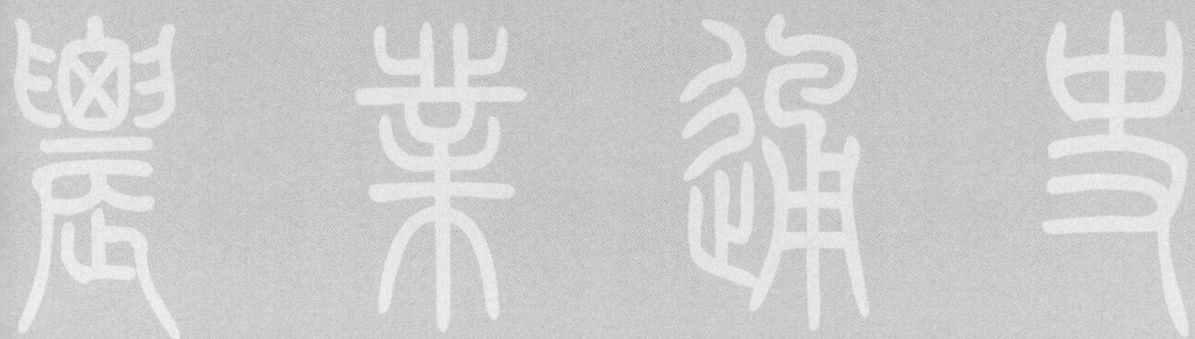

# 编审委员会

主　　任：姜春云

副 主 任：杜青林　韩长赋

委　　员（按姓氏笔画排列）：

　　　　　刘　江　刘广运　刘中一　杜润生

　　　　　何　康　张文彬　陈耀邦　林乎加

　　　　　游修龄

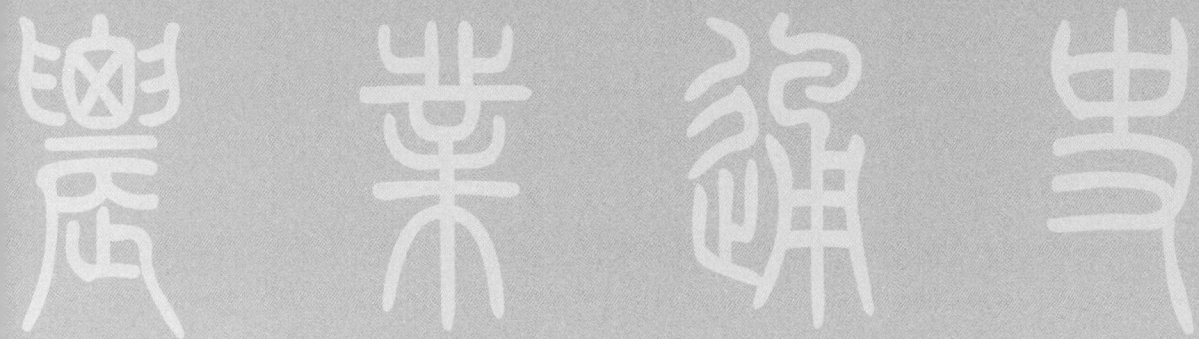

《中国农业通史》第二版

# 编辑委员会

总 主 编：韩长赋

执行主编：余欣荣　韩　俊

副 主 编：毕美家　广德福　隋　斌

编　　委（按姓氏笔画排列）：

广德福　王利华　王思明　宁启文

毕美家　苏天旺　苏金花　李根蟠

余欣荣　闵宗殿　张　波　陈　军

陈文华　陈邦勋　苑　荣　赵　刚

胡乐鸣　胡泽学　倪根金　萧正洪

曹幸穗　隋　斌　韩　俊　韩长赋

曾雄生　游修龄　樊志民

《中国农业通史》第一版

# 编辑委员会

# 出 版 说 明

　　《中国农业通史》（以下简称《通史》）的编辑出版是由中国农业历史学会和中国农业博物馆共同主持的农业部重点科研项目，从 1995 年 12 月开始启动，经数十位农史专家编写，《通史》各卷先后出版。《通史》的出版，为传扬农耕文明，服务"三农"学术研究和实际工作发挥了重要作用，得到业界和广大读者的欢迎。二十余年来，中国农业历史研究取得许多新的成果，中国农业现代化建设特别是乡村振兴实践极大拓宽了"三农"理论视野和发展需求，对《通史》做进一步完善修订日显迫切，在此背景下，编委会组织编辑了《通史》（第二版）。

　　《通史》（第二版）编辑工作在农业农村部领导下进行，部领导同志出任编委会领导；根据人员变化情况，更新了编辑委员会组成。全书坚持以时代为经，以史事为纬，经直纬平，突出了每个阶段农业发展的重点、特征和演变规律，真实、客观地反映了农业发展历史的本来面貌。

　　这次修订，重点是补充完善卷目。《通史》（第二版）包括《原始社会卷》《夏商西周春秋卷》《战国秦汉卷》《魏晋南北朝卷》《隋唐五代卷》《宋辽夏金元卷》《明清卷》《近代卷》《附录卷》，全面涵盖了新中国成立以前的中国农业发展年代。修订中对全书重新校订、核勘，修改了第一版出现的个别文字错误、引用资料不准确、考证不完善之处。全书采用双色编排，既具历史的厚重感又具现代感。

　　我们相信，《中国农业通史》为各界学习、研究华夏农耕历史，展示农耕文明，传承农耕文化，提供了权威文献；对于从中国农业发展历史长河中汲取农耕文明精华，正确认识我国的基本国情、农情，弘扬中华农业文明，坚定文化自信，推进乡村振兴，等等，都具有重要意义。

2019 年 12 月

# 序

中国是世界农业主要发源地之一。在绵绵不息的历史长河中，炎黄子孙植五谷，饲六畜，农桑并举，耕织结合，形成了土地上精耕细作、生产上勤俭节约、经济上富国足民、文化上天地人和的优良传统，创造了灿烂辉煌的农耕文明，为中华民族繁衍生息、发展壮大奠定了坚实的基业。

新中国成立后，党和政府十分重视发掘、保护和传承我国丰富的农业文化遗产。在农业高等院校、农业科学院（所）成立有专门研究农业历史的学术机构，培养了一批专业人才，建立了专门研究队伍，整理校刊了一批珍贵的古农书，出版了《中国农学史稿》《中国农业科技史稿》《中国农业经济史》《中国农业思想史》等具有很高学术价值的研究专著。这些研究成果，在国内外享有盛誉，为编写一部系统、综合的《中国农业通史》提供了厚实的学术基础。

《中国农业通史》（以下简称《通史》）课题，是由中国农业历史学会和中国农业博物馆共同主持的农业部重点科研项目。全国农史学界数十位专家学者参加了这部大型学术著作的研究和编写工作。

在上万年的农业实践中，中国农业经历了若干不同的发展阶段。每一个阶段都有其独特的农业增长方式和极其丰富的内涵，由此形成了我国农业史的基本特点和发展脉络。《通史》的编写，以时代为经，以史事为纬，经直纬平，源通流畅，突出了每个阶段农业发展的重点、特征和演变规律，真实、客观地反映了农业发展历史的本来面貌。

## 一、中国农业史的发展阶段

### （一）石器时代：原始农业萌芽

考古资料显示，我国农业产生于旧石器时代晚期与新石器时代早期的交替阶段，距今有1万多年的历史。古人是在狩猎和采集活动中逐渐学会种植作物和驯养动物的。原始人为什么在经历了数百万年的狩猎和采集生活之后，选择了种植作物和驯养动物来谋生呢？也就是说，古人为什么最终发明了"农业"这种生产方式？学术界对这个问题做了长期的研究，提出了很多学术观点。目前比较有影响的观点是"气候灾变说"。

距今约12 000年前，出现了一次全球性暖流。随着气候变暖，大片草地变成了森林。原始人习惯捕杀且赖以为生的许多大中型食草动物突然减少了，迫使原始人转向平原谋生。他们在漫长的采集实践中，逐渐认识和熟悉了可食用植物的种类及其生长习性，于是便开始尝试种植植物。这就是原始农业的萌芽。农业之被发明的另外一种可能是，在这次自然环境的巨变中，原先以渔猎为生的原始人，不得不改进和提高捕猎技术，长矛、掷器、标枪和弓箭的发明，就是例证。捕猎技术的提高加速了捕猎物种的减少甚至灭绝，迫使人类从渔猎为主转向以采食野生植物为主，并在实践中逐渐懂得了如何培植、储藏可食植物。大约距今1万年，人类终于发明了自己种植作物和饲养动物的生存方式，于是我们今天称为"农业"的生产方式就应运而生了。

在原始农业阶段，最早被驯化的作物有粟、黍、稻、菽、麦及果菜类作物，饲养的"六畜"有猪、鸡、马、牛、羊、犬等，还发明了养蚕缫丝技术。原始农业的萌芽，是远古文明的一次巨大飞跃。不过，那时的农业还只是一种附属性生产活动，人们的生活资料很大程度上还依靠原始采集狩猎来获得。由石头、骨头、木头等材质做成的农具，是这一时期生产力的标志。

（二）青铜时代：传统农业的形成

考古发现和研究表明，我国青铜器的起源可以追溯到大约5 000年前，此后经过上千年的发展，到距今4 000年前青铜冶铸技术基本形成，从而进入了青铜时代。在中原地区，青铜农具在距今3 500年前后就出现了，其实物例证是河南郑州商城遗址出土的商代二里岗期的铜以及铸造铜的陶范。可以肯定，青铜时代在年代上大约相当于夏商周时期（前21世纪—前8世纪）。主要标志是，从石器时代过渡到金属时代，发明了冶炼青铜技术，出现了青铜农具，原始的刀耕火种向比较成熟的饲养和种植技术转变。夏代大禹治水的传说反映出人类利用和改造自然的能力有了很大提高。这一时期的农业技术有划时代的进步。垄作、中耕、治虫、选种等技术相继发明。为适应农耕季节需要创立的天文历——夏历，使农耕活动由物候经验上升为历法规范。商代出现了最早的文字——甲骨文，标志着新的文明时代的到来。这一时期，农业已发展成为社会的主要产业，原始的采集狩猎经济退出了历史的舞台。这是我国古代农业发展的第一个高潮。

### （三）铁农具与牛耕：传统农业的兴盛

春秋战国至秦汉时代（前8世纪—公元3世纪），是我国社会生产力大发展、社会制度大变革的时期，农业进入了一个新的发展阶段。这一时期农业发展的主要标志是，铁制农具的出现和牛、马等畜力的使用。可以认定，我国传统农业中使用的各种农具，多数是在这一时期发明并应用于生产的。当前农村还在使用的许多耕作农具、收获农具、运输工具和加工农具等，大都在汉代就出现了。这些农具的发明及其与耕作技术的配套，奠定了我国传统农业的技术体系。在汉代，黄河流域中下游地区基本上完成了金属农具的普及，牛耕也已广泛实行。中央集权、统一的封建国家的建立，兴起了大规模水利建设高潮，农业生产力有了显著提高。

生产力的发展促进了社会制度的变革。春秋战国时期，我国开始从奴隶社会向封建社会过渡，出现了以小农家庭为生产单位的经济形式。当时，列国并立，群雄争霸，诸侯国之间的兼并战争此起彼伏。富国强兵成为各诸侯国追求的目标。各诸侯国相继实行了适应个体农户发展的经济改革。首先是承认土地私有，并向农户征收土地税。这种赋税制度的变革，促进了个体小农经济的发展。到战国中期，向国家缴纳"什一之税"、拥有人身自由的自耕农已相当普遍。承认土地私有、奖励农耕、鼓励人口增长、重农抑商等，是这一时期的主要农业政策。

战国七雄之一的秦国在商鞅变法后迅速强盛起来，先后兼并了六国，结束了长期的战争和割据，建立了中央集权的封建国家。但秦朝兴作失度，导致了秦末农民大起义。汉初实行"轻徭薄赋，与民休息"的政策，一度对农民采取"三十税一"的低税政策，使农业生产得到有效恢复和发展，把中国农业发展推向了新的高潮，形成了历史上著名的盛世——"文景之治"。

### （四）旱作农业体系：北方农业长足发展

2世纪末，黄巾起义使东汉政权濒于瓦解，各地军阀混乱不已，逐渐形成了曹魏、孙吴、蜀汉三国鼎立的局面。220年，曹丕代汉称帝，开始了魏晋南北朝时期。后来北方地区进入了由少数民族割据政权相互混战的"十六国时期"。5世纪中期，北魏统一了北方地区，孝文帝为了缓和阶级矛盾，巩固政权，实行顺应历史的经济变革，推行了对后世有重大影响的"均田制"，使农业生产获得了较快的恢复和发展。南方地区，继东晋政权之后，出现了宋、齐、梁、陈4个朝代的更替。此间，北方的大量人口南移，加快了南方地区的开发，加之南方地区战乱较少，社会稳定，农业有了很大发展，为后来隋朝统一全国奠定了基础。

这一时期，黄河流域形成了以防旱保墒为中心、以"耕—耙—耱"为技术保障的旱地耕作体系。同时，还创造实施了轮作倒茬、种植绿肥、选育良种等技术措施，农业生产各部门都有新的进步。6世纪出现了《齐民要术》这样的综合性农书，传统农学登上了历史舞台，成为总结生产经验、传播农业文明的一种新形式。

（五）稻作农业体系：经济重心向南方转移

隋唐时代，我国有一段较长时间的统一和繁荣，农业生产进入了一个新的大发展、大转折时期。唐初，统治者采取了比较开明的政策，如实行均田制，计口授田；税收推行"租庸调"制，减轻农民负担；兴办水利，奖励垦荒，农业和整个社会经济得以很快恢复和发展。唐初全国人口约3 000万人，到8世纪的天宝年间，人口增至5 200多万人，耕地1.4亿唐亩①，人均耕地达27唐亩，是我国封建社会空前繁荣的时期。

唐代中期的"安史之乱"（755—763年）后，唐王朝进入了衰落期，北方地区动荡多事，经济衰退。此间，全国农业和整个经济重心开始转移到社会相对稳定的南方地区。南方地区的水田耕作技术趋于成熟。全国农作物的构成发生了改变。水稻跃居粮食作物首位，小麦超过粟而位居第二，茶、甘蔗等经济作物也有了新的发展。水利建设的重点也从北方转向了南方，尤其是从晚唐至五代，太湖流域形成了塘浦水网系统，这一地区发展成为全国著名的"粮仓"。

（六）美洲作物的传入：一次新的农业增长机遇

从国外，特别是从美洲引进作物品种，对我国农业发展产生了历史性影响。据史料记载，自明代以来，我国先后从美洲等一些国家和地区引进了玉米、番薯、马铃薯等高产粮食作物和棉花、烟草、花生等经济作物。这些作物的适应性和丰产性，不但使我国的农业结构更新换代、得到优化，而且农产品产量大幅度提高，对于解决人口快速增长带来的巨大衣食压力问题起到了很大作用。

（七）现代科技武装：中国农业的出路

1840年爆发鸦片战争，西方列强武力入侵中国。我国的一些有识之士提出了"师夷之长技"的主张。西方近代农业科技开始传入我国，一系列与农业科技教育有关的新生事物出现了。创办农业报刊，翻译外国农书，选派农学留学生，招聘农业专家，建立农业试验场，开办农业学校等，在古老的华夏大地成为大开风气的时尚。西方的一些农机具、化肥、农药、作物和畜禽良种也被引进。虽然近现代农业科技并没有使我国传统农业得到根本改造，但是作为一种科学体系在我国的产生，其现实和历史意义是十分重大的。新中国成立、特别是改革开放以来，我国的农业科技获得了长足发展，农业增长中的科技贡献率

① 据陈梦家《亩制与里制》（《考古》1996年1期），1唐亩≈0.783市亩≈522.15米²。下同。——编者注

明显提高。"人多地少"的基本国情决定了我国只能走一条在提高土地生产率的前提下，提高劳动生产率的道路。

回眸我国农业发展历程，有一个特别需要探讨的问题，就是人口的增加与农业发展的关系。我国的人口，伴随着农业的发展，由远古时代的 100 多万人，上古时代的 2 000 多万人，到秦汉时期的 3 800 万～5 000 万人，隋唐时期 3 000 万～1.3 亿人，元明时期 1.5 亿～3.7 亿人，清代 3.7 亿～4.3 亿人，民国时期 5.4 亿人，再到新中国成立后的 2005 年达到 13 亿人的规模。人口急剧增加，一方面为农业的发展提供了充足的人力资源。我国农业的精耕细作、单位面积产量的提高，是以大量人力投入为保障的。另一方面，为了养活越来越多的人口，出现了规模越来越大的垦荒运动。长期的大规模垦荒，在增加粮食等农产品产量的同时，带来了大片森林的砍伐和草地的减少，一些不适宜开垦的山地草原也垦为农田，由此造成和加剧了水土流失、土地沙化荒漠化等生态与环境恶化的严重后果，教训是深刻的。

## 二、中国农业的优良传统

在世界古代文明中，中国的传统农业曾长期领先于世界各国。我国的传统农业之所以能够历经数千年而长盛不衰，主要是由于我们祖先创造了一整套独特的精耕细作、用地养地的技术体系，并在农艺、农具、土地利用率和土地生产率等方面长期居于世界领先地位。当然，中国农业的发展并不是一帆风顺的，一旦发生天灾人祸，导致社会剧烈动荡，农业生产总要遭受巨大破坏。但是，由于有精耕细作的技术体系和重农安民的优良传统，每次社会动乱之后，农业生产都能在较短期内得到复苏和发展。这主要得益于中国农业诸多世代传承的优良传统。

（一）协调和谐的"三才"观

中国传统农业之所以能够实现几千年的持续发展，是由于古人在生产实践中摆正了三大关系，即人与自然的关系、经济规律与生态规律的关系以及发挥主观能动性和尊重自然规律的关系。

中国传统农业的指导思想是"三才"理论。"三才"最初出现在战国时代的《易传》中，它专指天、地、人，或天道、地道、人道的关系。"三才"理论是从农业实践经验中孕育出来的，后来逐渐形成一种理论框架，推广应用到政治、经济、思想、文化等各个领域。

在"三才"理论中，"人"既不是大自然（"天"与"地"）的奴隶，又不是大自然的主宰，而是"赞天地之化育"的参与者和调控者。这就是所谓的"天人相参"。中国古代农业理论主张人和自然不是对抗的关系，而是协调的关系。这是"三才"理论的核心和灵魂。

### (二) 趋时避害的农时观

中国传统农业有着很强的农时观念。在新石器时代就已经出现了观日测天图像的陶尊。《尚书·尧典》提出"食哉唯时",把掌握农时当作解决民食的关键。先秦诸子虽然政见多有不同,但都主张"勿失农时""不违农时"。

"顺时"的要求也被贯彻到林木砍伐、水产捕捞和野生动物的捕猎等方面。早在先秦时代就有"以时禁发"的措施。"禁"是保护,"发"是利用,即只允许在一定时期内和一定程度上采集利用野生动植物,禁止在它们萌发、孕育和幼小的时候采集捕猎,更不允许焚林而搜、竭泽而渔。

孟子在总结林木破坏的教训时指出:"苟得其养,无物不长;苟失其养,无物不消。"[①]"用养结合"的思想不但适用于野生动植物,也适用于整个农业生产。班固《汉书·货殖列传》说:"顺时宣气,蕃阜庶物。"这8个字比较准确地概括了中国传统农业的经济再生产与自然再生产的关系。这也是我国传统农业之所以能够持续发展的重要基础之一。

### (三) 辨土肥田的地力观

土地是农作物和畜禽生长的载体,是最主要的农业生产资料。土地种庄稼是要消耗地力的,只有地力得到恢复或补充,才能继续种庄稼;若地力不能获得补充和恢复,就会出现衰竭。我国在战国时代已从休闲制过渡到连种制,比西方各国早约1 000年。中国的土地在不断提高利用率和生产率的同时,几千年来地力基本没有衰竭,不少的土地还越种越肥,这不能不说是世界农业史上的一个奇迹。

我国先民们通过用地与养地相结合的办法,采取多种方式和手段改良土壤,培肥地力。古代土壤科学包含了两种很有特色且相互联系的理论——土宜论和土脉论。土宜论认为,不同地区、不同地形和不同土壤都各有其适宜生长的植物和动物。土脉论则把土壤视为有血脉、能变动、与气候变化相呼应的活的机体。两者本质上讲的都是土壤生态学。

中国传统农学中最光辉的思想之一,是宋代著名农学家陈旉提出的"地力常新壮"论。正是这种理论和实践,使一些原来瘦瘠的土地改造成为良田,并在提高土地利用率和生产率的条件下保持地力长盛不衰,为农业持续发展奠定了坚实的基础。

### (四) 种养三宜的物性观

农作物各有不同的特点,需要采取不同的栽培技术和管理措施。人们把这

---

① 《孟子·告子上》。

概括为"物宜""时宜"和"地宜"，合称"三宜"。

早在先秦时代，人们就认识到在一定的土壤气候条件下，有相应的植被和生物群落，而每种农业生物都有它所适宜的环境，"橘逾淮北而为枳"。但是，作物的风土适应性又是可以改变的。元代，政府在中原推广棉花和苎麻，有人以风土不宜为由加以反对。《农桑辑要》的作者著文予以驳斥，指出农业生物的特性是可变的，农业生物与环境的关系也是可变的。

正是在这种物性可变论的指引下，我国古代先民们不断培育新品种、引进新物种，不断为农业持续发展增添新的因素、提供新的前景。

（五）变废为宝的循环观

在中国传统农业中，施肥是废弃物质资源化、实现农业生产系统内部物质良性循环的关键一环。在甲骨文中，"粪"字作双手执箕弃除废物之形，《说文解字》解释其本义是"弃除"或"弃除物"。后来，"粪"就逐渐变为施肥和肥料的专称。

自战国以来，人们不断开辟肥料来源。清代农学家杨屾的《知本提纲》提出"酿造粪壤"十法，即人粪、牲畜粪、草粪（天然绿肥）、火粪（包括草木灰、熏土、炕土、墙土等）、泥粪（河塘淤泥）、骨蛤灰粪、苗粪（人工绿肥）、渣粪（饼肥）、黑豆粪、皮毛粪等，差不多包括了城乡生产和生活中的所有废弃物以及大自然中部分能够用作肥料的物质。更加难能可贵的是，这些感性的经验已经上升为某种理性认识，不少农学家对利用废弃物作肥料的作用和意义进行了很有深度的阐述。

（六）御欲尚俭的节用观

春秋战国的一些思想家、政治家，把"强本节用"列为治国重要措施之一。《荀子·天论》说："强本而节用，则天不能贫。"《管子》也谈到"强本节用"。《墨子》一方面强调农夫"耕稼树艺，多聚菽粟"，另一方面提倡"节用"，书中有专论"节用"的上中下三篇。"强本"就是努力生产，"节用"就是节制消费。

古代的节用思想对于今天仍然有警示和借鉴的作用。如："生之有时，而用之亡度，则物力必屈"，"天之生财有限，而人之用物无穷"，"地力之生物有大数，人力之成物有大限。取之有度，用之有节，则常足；取之无度，用之无节，则常不足"，等等。

古人提倡"节用"，目的之一是积储备荒。同时也是告诫统治者，对物力的使用不能超越自然界和老百姓所能负荷的限度，否则就会出现难以为继的危机。与"节用"相联系的是"御欲"。自然界能够满足人类的需要，但是不能满足人类的贪欲。今天，我们坚持可持续发展，有必要记取"节用御欲"的古训。

# 三、封建社会国家与农民关系的历史经验教训

封建社会国家与农民的关系，主要建立在国家对农民的政策调控和农民对国家承担赋役义务的基础上。尽管在一定的历史时期也有"轻徭薄赋"、善待农民的政策、举措，调动了农民的生产积极性，使农业生产得到恢复和发展，但是总的说，封建社会制度的本质决定了它不可能正确处理国家与农民的利益关系，所以在历代封建统治中，常常由于严重侵害农民利益而使社会矛盾激化，引发了一次又一次的农民起义和农民战争。其中的历史经验教训，值得认真探究和思考。

## （一）重皇权而轻民主

古代重农思想的核心在于重"民"。但"民"在任何时候总是被怜悯的对象，"君"才是主宰。这使得以农民为主体的中国封建社会缺乏民主意识，农民从来都不能平等地表达自己的利益诉求。农民的利益和权益常常被侵犯和剥夺，致使统治者与农民的关系总是处于紧张或极度紧张的状态。两千多年的封建社会一直是在"治乱交替"中发展演进。一个不能维护大多数社会成员利益的社会不可能做到"长治久安"。

## （二）重民力而轻民利

农业社会的主要特征是以农养生、以农养政。人的生存要靠农业提供衣食之源，国家政权正常运转要靠农业提供财税人力资源。封建君王深知"国之大事在农"。但是，历朝历代差不多都实行重农与重税政策。把土地、户籍与赋税制度捆在一起，形成了一整套压榨农民的封建制度。从《诗经·魏风》中可以看到，春秋时代农民就喊出了"不稼不穑，胡取禾三百廛兮"的不满，后来甚至有"苛政猛于虎"的惊叹。可见，封建社会无法解决农民的民生民利问题。历史上始终存在严重的"三农"问题，这就是历次农民起义的根本原因。

## （三）重农本而轻商贾

封建社会的全部制度安排都是为了巩固小农经济的社会基础。它总是把工商业的发展困囿于小农经济的范围之内。由此形成了中国封建社会闭关自守、安土重迁的民族性格。明代著名航海家郑和七下西洋，比哥伦布发现美洲大陆还早将近90年。可是，郑和七下西洋，却没有引领中国走向世界，没有促使中国走向开放，反而在郑和下西洋400多年后，西方列强的远洋船队把中国推进了半殖民地的深渊。同样，中国在明朝晚期就通过来华传教士接触到了西方近代科学，这个时间比东邻日本早得多。然而后起的日本在学习西方近代文明中很快强大起来，公然武力侵略中国，给中国人民造成了深重的灾难。这段沉痛的历史，永远值得中华民族炎黄子孙铭记和反思。

### （四）重科举而轻科技

我国历朝历代的统治者基于重农思想而制定的封建农业政策，有效调控了农业社会的运行，创造了高度的农业文明。但是，中国传统文化缺少独立于政治功利之外的求真求知、追求科学的精神。中国近代以来的落后，归根到底是科学技术落后，是农业文明对工业文明的落后。由于中国社会科举、"官本位"的影响深重，"学而优则仕"的儒家思想根深蒂固，科技文明被贬为"雕虫小技"。这种情况造成了中国封建社会知识分子对行政权力的严重依附性。这就不难理解，为什么我国在强盛了几千年之后，竟在"历史的一瞬间"就落后到了挨打受辱的地步。

## 四、《中国农业通史》的主要特点

这部《通史》，从生产力和生产关系、经济基础和上层建筑的结合上，系统阐述了中国农业发生、发展和演变的全过程。既突出了时代发展的演变主线，又进行了农业各部门的宏观综合分析。既关注各个历史时代的农业生产力发展，也关注历史上的农业生产关系的变化。这是《通史》区别于农业科技史、农业经济史和其他农业专史的地方。

（一）全书突出了"以人为本"的主线

马克思主义认为，唯物史观的前提是"人"，唯物史观是"关于现实的人及其历史发展的科学"。生产力关注的是生产实践中人与自然的关系，生产关系关注的是生产实践中人与人的关系，其中心都是人。人不但是农业生产的主体，也是古代农业的基本生产要素之一。农业领域的制度、政策、思想、文化等，无一不是有关人的活动或人的活动的结果。《通史》的编写，坚持以人为主体和中心，既反映了历史的真实，又有利于把人的实践活动和客观的经济过程统一起来。

（二）反映了农业与社会诸因素的关系

《通史》立足于中国历史发展的全局，全面反映了历史上农业生产与自然环境以及社会诸因素的相互关系，尤其是农业与生态、农业与人口、农业与文化的关系。各分卷都设立了论述各个时代农业生产环境变迁及其与农业生产的关系的专题。

（三）对农业发展史做出了定性和定量分析

过去有人说，中国历史上的人口、耕地、粮食产量等是一笔糊涂账。《通史》在深入研究和考证的基础上，对各个历史阶段的农业生产发展水平做出了定性和定量分析。尤其对各个时代的垦田、亩产、每个农户负担耕地的能力、粮食生产数量、农副业产值比例等，均有比较准确可靠的估算。

### (四) 反映了历史上农业发展的曲折变化

农业发展从来都不是直线和齐头并进的。从纵向发展看,各个历史阶段的农业发展,既有高潮,也有低潮,甚至发生严重的破坏和暂时的倒退逆转。而在高潮中又往往潜伏着危机,在破坏和逆转中又往往孕育着积极的因素。一旦社会环境得到改善,农业生产就会得到恢复,并推向更高的水平。从地区上说,既有先进,又有落后,先进和落后又会相互转化。《通史》的编写,注意了农业发展在时间和地区上的不平衡性,反映了不同历史时期我国农业发展的曲折变化。

### (五) 反映了中国古代农业对世界的影响

延续几千年,中国的农业技术和经济制度远远走在了世界的前列。在文化传播上,不仅对亚洲周边国家产生过深刻影响,欧洲各国也从我国古代文明中吸取了物质和精神的文明成果。

就农作物品种而论,中国最早驯化育成的水稻品种,3000年前就传入了朝鲜、越南,约2000年前传入日本。大豆是当今世界普遍栽培的主要作物之一,它是我国最早驯化并传播到世界各地的。有文献记载,我国育成的良种猪在汉代就传到罗马帝国,18世纪传到英国。我国发明的养蚕缫丝技术,2000多年前就传入越南,3世纪前后传入朝鲜、日本,6世纪时传入希腊,10世纪左右传入意大利,后来这些地区都发展成为重要的蚕丝产地。我国还是茶树原产地,日本、俄国、印度、斯里兰卡以及英国、法国,都先后从我国引种了茶树。如今,茶成为世界上的重要饮料之一。

中国古代创造发明的一整套传统农业机具,几乎都被周边国家引进吸收,对这些地区的农业发展起了很大作用。如谷物扬秕去杂的手摇风车、水碓水碾、水动鼓风机(水排鼓风铸铁装置)、风力水车以至人工温室栽培技术等的发明,都比欧洲各国早1000多年。不少田间管理技术和措施也传到了世界其他国家。我国的有机肥积制施用技术、绿肥作物肥田技术、作物移栽特别是水稻移栽技术、园艺嫁接技术以及众多的食品加工技术等,组成了传统农业技术的完整体系,在文明积累的历史长河中起到了开创、启迪和推动农业发展的重要作用。正如达尔文在他的《物种起源》一书中所说:"选择原理的有计划实行不过是近70年来的事情,但是,在一部古代的中国百科全书中,已有选择原理的明确记述。"总之,《通史》反映了中国的农业发明对人类文明进步做出的重大贡献。

2005年8月,我在给中国农业历史学会和南开大学联合召开的"中国历史上的环境与社会国际学术讨论会"写的贺信中说过:"今天是昨天的延续,现实是历史的发展。当前我们所面临的生态、环境问题,是在长期历史发展中累积下来的。许多问题只有放到历史长河中去加以考察，才能看得更清楚、更准确，才能找到正确、理性的对策与方略。"这是我的基本历史观。实践证明，采用历史与现实相结合的方法开展研究工作，思路是对的。

《中国农业通史》向世人展示了中国农业发展历史的巨幅画卷，是一部开创性的大型学术著作。这部著作的编写，坚持以马克思主义的历史唯物主义、毛泽东思想、邓小平理论和"三个代表"重要思想为指导，贯彻党中央确立的科学发展观和人与自然和谐的战略方针，坚持理论与实践相结合，对中国农业的历史演变和整个"三农"问题，做了比较全面、系统和尽可能详尽的叙述、分析、论证。这部著作问世，对于人们学习、研究华夏农耕历史，传承其文化，展示其文明，对于正确认识我国的基本国情、农情，制定农业发展战略、破解"三农"问题，乃至以史为鉴、开拓未来，都具有重要的借鉴意义。

以上，是我对中国农业历史以及编写《中国农业通史》的几点认识和体会。借此机会与本书的各位作者和广大读者共勉。

姜春云
2007年7月10日

# 目　录

# 绪　论

## ——农业起源理论和中国农业起源的探索

　　本卷是《中国农业通史》的第一卷，主要探索中国原始时代的农业，包括中国农业的起源及其在原始社会和原始社会向阶级社会过渡时期（主要指考古学上的新石器时代和铜石并用时代）的初步发展。中国是世界上有限的几个农业起源中心之一。世界各地农业起源的最早时间，几乎都可以追溯到距今一万年左右，这显然是同全新世气候转暖有关。虽然各地区农业起源的时间相差不大，但有关起源的原因和动力的学说，则是五花八门。这是因为农业起源远在有文字记载之前，人们起先是靠世代的口头传说，然后靠考古发掘和研究来推断和解说，出发点和视角各不相同，自然是众说纷纭，没有也不可能有一个放之四海而皆准的统一认识。因此，对农业起源和原始农业的研究，只能认为这是一个不断探索逐步逼近客观真理的过程。为了全方位揭示中国原始农业的面貌，我们不能不广泛利用考古资料、神话传说和中外民族志的材料相互印证，不能不介绍各种理论和"假说"；因此，本卷内容也就不可能仅仅局限于中国新石器时代的农业生产，而要拓展到社会生活和精神文化的各个方面，拓展到保留在近世的原始物质生活和精神生活的遗俗。在一定意义上，本卷也是对原始农业形态和原始农业文化的一种探索。

　　本卷由多位作者撰稿，而且历时较长（从 20 世纪 90 年代中期开始），故内容难免有彼此不大一致和前后不大一致的地方，学术界有些新成果和新材料也未及完全吸收进来。这是敬希读者谅解和在阅读时注意的。

　　作为本卷的绪论，我们首先对有关农业起源的理论作些简要的介绍，并对中国农业起源作一初步的探索。

## 一、国外农业起源理论与方法

英国考古学家戈登·柴尔德（Vere Gorden Childe）首先将农业的产生作为区分新石器时代与旧石器时代的标准，而不是传统的以磨制石器和陶器为主要标志，并将农业的诞生称之为新石器革命，认为其在人类历史上的重要性可以与近代产业革命相媲美。这一论断获得广泛的认同，推动了对农业起源的研究。西方的学术界早在18世纪就开始接触农业起源问题，19世纪就有一些学者从人类学史的角度进行探索。到了20世纪，由于考古学的发展，特别是在近东发现了许多早期农耕遗址，从而使农业起源问题引起更多学者的重视，纷纷提出各种假说，呈现百家争鸣的局面。

如果说20世纪70年代以前的各种农业起源学说，偏重于从实地调查考察，据以做出推测性的阐述的话，此后的研究则因考古遗存鉴定技术的进一步改进〔如从孢粉分析进至植物硅酸体的鉴定，脱氧核糖核酸（DNA）的提取，动物遗骨的形态学比较，遗址人口密度的推定，狩猎和采集规模数量的估算等〕，各种模型的建立，假设理论的提出和付之检验等，从而使得研究的深度和广度都大有进展。

以下首先对西方农业起源若干理论作一综述，然后着重介绍"过程方法"和"最佳觅食模式"。

### （一）西方农业起源若干理论综述

根据陈文华的综述①，兹把西方农业起源若干理论简介如下：

**1. 绿洲说** 柴尔德认为在冰河末期，湿润而寒冷的近东气候变得温暖而干燥，植物只在河边及绿洲生长，动物栖息在水源近处，人类也不得不居住在水源附近，因而得以观察周围的动植物，于是逐渐将植物进行栽培，将动物进行驯化。农业就这样产生了。

**2. 原生地说** 美国考古学家罗伯特·布雷德伍德（Robert J. Braidwood）则认为近东过去12 000年间气候并未发生重大变化，从而否定了以冰河后期气候变化为前提的绿洲说。布雷德伍德认为在冰河后期的近东，曾有野生谷物和野生动物共生的原生地带。更新世末期，人类采集食物的能力已相当高，可供食用的动植物资源丰富，定居的时间逐渐变长，与周围动植物关系更加密切，认识也更为加深。人们反复试验谷物的收割和种植、动物的捕获与饲养，从而出现了农业的曙光。

**3. 新气候变化说** 后来出现了新资料，通过孢粉分析的结果得知，更新世末期的近东气候是由寒冷干燥转向温暖湿润，于是气候变化引起的农业发生说又从新

---

① 陈文华：《农业考古》，文物出版社，2002年，13～16页。

的角度被重新提出来。持这种观点的学者认为大约在前9000年的更新世末期，气候变得温暖湿润，野生谷物的生长地扩展，人们为了更方便采集食物，离开了原来居住的洞穴，逐渐在平原上生活下来。由于得到更多的日光照射，一些被人类无意中遗弃的种子容易在住处的周围发芽生长，使人们掌握了野生谷物的生长规律，开始种植谷物。居住地周围的空地又给狩猎者饲养动物提供了机会。农业便在这种良好的条件下发展起来了。

**4. 人口压力说**　另一派学说认为人口的压力是农业起源的主要动力。更新世末期近东温暖的气候使植物繁盛，人口也随之增加。而人口增加又需要供应更多的食物，光靠采集野生植物已不能满足需要，人们就开始尝试种植野生的草本谷物。食物的增多促使人口增加，但人口增加到一定的限度时，又需要改进种植技术以提高产量。农业就是在这周期性的过程中产生的。

**5. 周缘地带说**　美国人类学家路易斯·宾福德（Lewis R. Binford）认为在一定环境区域内，由于人口的增加，原来的生活地区难以供给足够的食物，于是出现了两个集团，多出的人口成为移居集团，向适于生存的周围地区转移，而原有的集团留在原来的核心地带。因此，迫切需要开发新食物来源的是移居人口增加的周缘地带，而不是核心地带。肯特·弗兰纳里（Kent V. Flannery）进一步发展宾福德的假说，认为栽培作物开始并不是在野生植物生存地带，而是在其周围那些条件稍恶劣的地方发生的。①

**6. 宴享说**　加拿大学者布赖恩·海登（Brian Hayden）1992年提出了一种动植物驯化的竞争宴享理论。他认为在农业开始初期，在驯化的动植物数量有限和收获不稳定的条件下，它们在当时人类的食谱结构上不可能占很大比重。而有的驯化植物与充饥完全无关。因此，一些动植物的驯化可能是在食物资源比较充裕的条件下，扩大食物品种结构，增添美食种类的结果。例如谷物适于酿酒，有些植物纯粹是香料和调味品，一些葫芦科植物的驯化可能是用作宴饮的器皿，而狗除了狩猎外也是一种美食。②

应该说，各家的假说都有一定的道理，但又都不很全面，因而总是互相否定，难以取得共识。其实，农业产生的原因是非常复杂的，有内因、有外因，既要考虑人类自身生产活动发展的内在逻辑，又要看到人类经济活动与生态环境的互动。农业起源是在各不相同的自然环境中由多种因素构成的，不能仅仅归结于一两个孤立的因素，也不能限于传统的概念仅在新石器时代早期阶段中去探讨农业的起源问题，而要将视野扩大到中石器时代。人类在长期的采集狩猎生活中积累了有关动植

---

① 〔日〕森本和男：《农耕起源论谱系（下）》，《农业考古》1989年2期。
② 陈淳：《稻作、旱地农业与中华远古文明发展轨迹》，《农业考古》1997年3期。

物的丰富知识，生产手段也有很大的进步，已经为驯化野生动植物奠定了基础。根据国内外考古资料及学者们新近的研究成果，在许多距今15 000～10 000年的"中石器时代"遗址中，已经出现了农业萌芽，诸如块根作物的种植及谷物的采集和栽培。而这时正是地球处于冰期阶段，气候严寒，原有的许多大型动物转移了，许多丰富的采集对象灭绝了，人们的食物资源出现了严重的危机。这种情况在温带和亚热带的冬季会表现得更为严重，有的学者称之为"季节性饥荒"①。这种情况迫使人们不得不寻觅新的食物来源。在饥不择食的情况下，除了猎获一些中小动物外，过去不大吃的苦涩的坚果和茎叶、地下块根和水中的螺蚌以及野生谷物通通都被用来果腹。随着人口的增加，这些采集对象会日益减少，人们在熟悉了它们的生长规律之后，就会尝试去种植某些作物，先是块根块茎作物，然后才是谷类作物，作为采集经济的补充和后备。当冰期过去之后，气候转暖，那些种植过的作物生长得更加茂盛，产量增多，人们就扩大种植规模，逐渐将其驯化为栽培作物。农业就这样产生了。以中国为例，距今20 000～11 000年前，正当大理冰期的峰期，气候严寒，这时正是所谓"中石器时代"。在我国华南一带的许多洞穴中发现了这一时期的遗址，并且在遗址中发现了农业遗存。如在湖南的玉蟾岩、江西的仙人洞和广东的牛栏洞都发现了水稻遗存或植硅石。当冰期结束之后，在距今9 000～8 000年，先民们开始大力种植水稻，并且使其在长江流域得到迅速的发展。这一观点，在1999年12月11日至13日于广东省英德市召开的"中石器文化及相关问题国际学术讨论会"上，获得很多学者的认同。②

## （二）过程方法

美国考古学家诺曼·哈蒙德（Norman Hammond）提到"过程方法"（processual method），即首先提出一种假设和模式，然后通过田野考古工作，检验有关证据，最后解释在考古中观察到的现象。所使用的模式是一个简单的、逐渐加强的对某些动植物资源控制的过程。可分5个发展阶段③：

第一阶段是没有控制的狩猎和随意采集阶段（uncontrolled predation on animals and opportunistic collection of plant foods）。旧石器时代早期至中期的生活方式。

第二阶段是控制性狩猎和计划性采集阶段（controlled predation and scheduled collection）。猎取某些特定动物，并且随这类动物的季节性迁移而安置居住地；根

①　卜风贤：《季节性饥荒条件下农业起源问题研究》，《中国农史》2005年4期。
②　见《农业考古》2000年第1期有关报道。
③　〔美〕诺曼·哈蒙德：《关于西亚农业起源的几个问题》，《农业考古》1988年1期。

据植物成熟季节在一定地区内作短距离的迁徙。

第三阶段是专一的狩猎和采集阶段（specialized predation and collection）。把精力集中于某种特定的动物和植物，随它们而迁徙。如德国北部15 000～10 000年前旧石器时代晚期对驯鹿的跟踪猎取，采取了和驯鹿季节性食草路线完全相同的路线。

第四阶段是选择性的畜养和种植阶段（selective breeding and planting）。人们对效益最好的动植物种属进行选择培育，导致了动植物生存活动地点的改变，如把动物用栅栏围养起来，把植物种植在住处周围等。这是控制动植物走向人工生产的关键性一步。

第五阶段是控制性的动物饲养和植物培育阶段（controlled breeding of both animals and plants）。这一阶段延续了几千年之久。现代的人们还处于这一阶段，只是加入了更多的科技内容而已。

前3个阶段是旧石器时代经历的事，后两个阶段是农业从产生直至现在，通过这个理论把它们贯穿起来。

考古学者用5种方法考察动植物在这一过程中发生的变化：

**1. 简单的形态差异鉴定法**　区分驯化和野生的动植物。如野猪和家猪在身体各部分如头、鼻、胴体的比例上就可看出明显的不同，野黍和栽培黍的种子大小相差就很大。家畜的肉多、绵羊的毛密，使其骨骼的负担过重，都不利于野生状况下的奔跑生存，当然是人类保护驯化的结果。但这种形态差异法的鉴定，要到上述第5阶段才可以区别。

**2. 分子变化鉴定法**　上述第5阶段的变化，提前到第4阶段是看不到的，但所起的变化业已潜伏在分子水平上了。多肉给骨骼的压力会引起骨外皮晶体组织的重新排列，形成一个抗张力的结构，从而增加骨骼的负荷力。这种晶体可以利用偏振光显微镜，观察到晶体的有序排列呈现出蓝光，以与其野生种类相区别。这种变化的发生远早于肉眼可见的外部形态的区别。

**3. 染色体检查法**　晶体结构的变化是由染色体携带的遗传特征一代一代传下去的，染色体的遗传物质是DNA，晶体结构的任何变化，都由DNA的变化所制约。可以在实验室里提取和分离DNA，所以有可能观察到驯化中的野生动植物在形态和晶体结构上发生的变化。这一方法已经成功地应用于墨西哥出土的玉米。

**4. 动物行为观察法**　在动物和人的早期阶段中，动物在体质上没有什么差别，但是我们可以从人的有关行为的变化中来观察。其中最简单的是改变动物生存的地点，使其更好适应人的居住环境。伊朗阿里·科什（Ali Kosh）遗址发现的山羊骨骼就是一个好例子。该遗址位于代赫洛兰（Deh Luran）平原，时间在前7500—前5600年，该遗址所见的山羊骨骼，同野山羊骨骼没有区别，但是野山羊是生活在遗址东面的扎格罗斯山脉的坡地上，因此山羊在这个平原遗址里出现，只能认为是人类干预的结果，是人类把它们带到了便于取水、适宜于耕种的低地。

**5. 动物骨骼统计学分析法**　易于猎取的动物多是老、弱、幼畜和怀孕的母畜，最难猎取的是青壮成年的公畜。但是当整个动物群被驱入陷阱时，动物群的年龄和性别比例应是均匀的。然而现代牧人通常是把当年牲畜的50％杀掉或卖掉，其中绝大多数是公畜，因为畜养大量母畜只需少量公畜就可以了。此外，畜养二年的公畜就可达到它的最大利用价值，再投放饲料就没有经济价值了。因而在畜牧遗址里成年前后的公畜骨骼占很大的比例，母畜和老畜的比例很低。这种有选择的屠杀早在前9000年时就开始了。在伊拉克北部沙尼达尔（Shanidar）遗址（前12000年）里被屠杀的动物中未成年动物只有20％，到了前8700年，未成年的绵羊占44％～58％，未成年山羊（可能是公畜）占25％～43％。

以上动物行为观察法、动物骨骼统计学分析法适用于第1～2阶段，其余三种方法适用于第3～5阶段。

## （三）最佳觅食模式

研究史前人类生存方式和文化演变的理论中有一种称之为"最佳觅食模式"（the optimal foraging model）的，用以探讨更新世末到全新世初人类从狩猎采集向农业发展的原因。这是动物学研究中的一种理论，用以分析动物觅食习性和活动的规律。认为动物的觅食一般集中于一种或少数几种猎物，即所谓最佳觅食谱。这一模式的论点有①：

——一个生态环境中有不同的食物资源，其被食用的品种与其本身的丰富程度无关，而只取决于该环境中高档食物品种的绝对丰富程度。一种动物不关心低档的食物，不论其丰富程度如何。

——一种高档食物数量增多，低档食物就会被放弃。因为总体食物丰富程度的增高会导致食谱的进一步专一化。而低档食物丰富程度的增高对最佳食谱没有影响。

——一种食物要么列入最佳食谱中，要么根本不予考虑，动物不会有任何局部的偏爱。

人类的觅食方式亦可应用这一模式来分析。无论是史前的采集狩猎还是现代农业，都是力求以最小的代价获取最大的收获。只是史前人是通过选择来确定所要的食物，而当代农业是通过操纵遗传特征和利用科技方法生产少数几种高产的动植物品种。人类一般选择收获大于支出最大值的食物和技术，一旦收入支出的比值下滑

---

① 陈淳：《最佳觅食方式与农业起源研究》，《农业考古》1994年3期。

到一定值时，就会被放弃。狩猎采集者是根据食物的生物量以及采猎所需的难易程度、时间、加工要求等，定出不同的利用档次。一般来说，食物数量多，寻找的时间就少。但也有一个饱和点，达到这一点，食物数量虽然增多，寻找的时间不会减少。食物数量和个体生物量也有关，如草籽等谷物祖型，数量虽然很多，但采集加工太费时间，相对来说，档次也不高。而牛、羊、马、鹿等动物，虽然寻找的时间多，但处理的时间少，收获效益大，档次就高。如果必须利用处理时间较多的食物时，那些寻找时间的减少大于处理时间增多的种类，就会被列入最佳食谱中。

最佳觅食模式在美洲、非洲的考古和民族学方面都获得证明。如非洲的布须曼人（Bushmen）熟悉的 223 种动物中，可以利用的有 54 种，这 54 种中又只有 17 种是经常猎取的；他们熟悉的植物有 85 种，其中 23 种构成了日常蔬食的 90%。

人类生存的基本要素是人口、生态环境和技术。它们在觅食中相互联系又相互制约。

**1. 人口**　狩猎采集每平方公里能供养 0.001～0.05 人，只能维持 30%～70% 的资源消耗，过度消耗会减慢资源的再生和代偿。一般来说，原始群体的理想人数以 15～20 人为佳，平均 25 人是最理想的人数。当然人数要随食物的来源而异。非洲的哈扎（Hadza）土著人，25 人的群体需要半径为 7.2 公里、面积为 163 千米$^2$ 的生存区。美国加利福尼亚的克拉玛斯（Klamath）以渔猎为生的印第安人，同样 25 人的群体只需要半径为 2.2 公里、面积为 15 千米$^2$ 的生存区。如果狩猎采集一个区域每平方公里只能养活 0.001 人，那么 25 人的群体需要半径为 144 公里、面积为 6 500 千米$^2$ 的活动区，这就只能处于以家庭为基本单位的低层次水平上。可见在环境资源不变的条件下，人口增多会迫使寻求更多的食物，因而长时期以来，把粮食生产的起源归因于人口压力的学说十分流行。

最佳觅食模式指出，当一群人迁入一个区域后，经过一段时期的人口增殖，会逐渐接近土地的负载能，一旦人口与资源平衡失调，一般可以向外移民，但是当向外移民十分艰巨时，会迫使人们利用以前不利用的资源，即将其最佳食谱从高档品种向低档品种转移，其结果会形成一种多样化的觅食形态。这就要求有新技术的开发和发明，如使用贮藏食物的技术（陶器、窖等）以应对食物短缺的压力，农业被认为就是在这种压力下发展起来的。如果没有人口压力和资源短缺，那么，驯化动物和植物的行为会被认为是浪费时间和精力，正如非洲的布须曼人满足于采集而不屑于现代人的种植行为一样（详第四章第一节）。

有些考古学家在研究实践中认为，在农业起源过程中，人口压力作用并不明显。对此，需要指出，人口密度是个相对的标准，应与土地的负载力即"载能"一起考虑。在人口虽然少但载能低的地方，可能密度和压力仍然很高，而有的地方因载能较高，人口虽然多也不表现出明显的压力。

**2. 生态** 在动物和植物资源丰富共存的生态系统中，由于物种丰富，稳定性高，个别物种即便消失，也不会影响生态平衡，热带森林便是典型的复杂的生态系统。在这种生态系统中，植物为了获取更多的太阳能，致力于向上生长，并使木质部和韧皮部的组织发达，把种子果实结于顶端。在这种森林生态环境中，大型动物咬不动树木，吃不到种实，所以数量不可能很多，而小动物则可以充分利用植物终年生长、资源丰富、不易枯竭的特点而获得较多的生殖机会。农业被认为主要是在中纬度的森林边缘地带和疏林河谷地带发展起来的，狩猎者在这里对食物进行有选择的操纵，把偏爱的物种带到住处周围，加以种植驯化，使其变成一种人工的生态系统。

从更新世末期至全新世初期，人类对资源的利用有从大型动物向小型动物和其他资源转变的趋势，表明冰后期的气候变化，使一些地区的植被更替、某些动物种群消失。另外，人类经过几百万年的演化，基本上已占据了地球上各纬度的各种生态环境，并逐步接近各地区的载能的极限，在不同程度上面对一种持续的人口与资源失调的压力。

在这种情况下，简单狩猎转变为复杂的渔猎、采集经济，并启动了从复杂的狩猎采集向农业的过渡。过程：①通过流动来获得资源供应；②通过分群来缓解人口的压力；③领土的占有意识还较薄弱；④强化群体之间的食物分享。这种生活方式的变化被称为中石器时代的"广谱革命"，它有 3 个特点：①时间很短，不超过两三千年；②发生在更新世末期和全新世初，有的稍早；③是从复杂的狩猎采集向农业的典型过渡。

这种复杂的狩猎采集经济是不稳定的适应方式，它强化开采少数几种生长快、产量高的资源，如鱼类、贝类、种子和坚果等，有耗竭资源的危险。这种社会的人口密度高，采取定居或半定居的方式，组织严密，强化劳力投入，并采取各种技术开拓、利用和贮藏食物。

粮食生产是这种复杂渔猎采集经济的产物。由于资源波动，高档食物品种枯竭，人口压力增大，人们需要操纵和驯化一些常备的动植物，作为食物匮乏时的一种保障。这类动植物是补充性的，而非取代性的。在中美洲特瓦坎农业起源研究中发现，人类对栽培作物的依赖从 5% 增加到 75% 足足花了 7 000 年的时间。由此可见农业在其起源时并非一种最佳的觅食方式，只是在经过长期发展后，才成为一种高产而稳定的食物来源。

**3. 技术** 人类与动物的根本区别在于人类能运用技术来开拓食物的种类或范围，因而能够在各种生态环境中生存。在一定程度上，原始时代的人类历史实质上是技术发展史，是从旧石器时代的逐渐改进狩猎技术、充分利用高档食物品种，经中石器时代采用各种技术，开拓利用多样化食物品种，到新石器时代改造生态环境和生产少数几种高产食物品种的历史。

旧石器时代中期人类觅食技术已有很大改进，这一阶段已能有效地捕杀大型动物如驯鹿、赤鹿、猛犸象和野牛。这些动物在一些遗址的猎物中占80%。本期的石器以莫斯特尖状器为代表。在沿海地区的莫斯特居民，采食贝类，捕捉鸟类、鱼类和小哺乳动物。他们的洞穴遗址表明他们在此长期居住，迁徙不大。

旧石器时代晚期石叶技术的出现，表明人类已能最大限度地利用高档的食物资源。他们用石叶来制作矛和镞，技术向着个体变小、杀伤力增强发展。矛和弓箭的发明与广泛使用，标志着人类当时利用陆生动物资源所能达到的顶点。大量的鱼叉表明水生资源已经是人类觅食的重要对象。

中石器时代的技术除了继续使用弓箭以外，表现为更广泛利用水生和多种植物资源。贮藏技术的发明是中石器时期的特点。谷物等食物贮藏对定居生活至为重要，是应付每年最后几个月缺乏粮食、避免饥荒的保证。

陶器是人类为了贮藏和烧煮动植物的重要发明。经过烧煮的食物更易消化吸收，陶器扩大了资源的利用和供应。

中石器时代主要是利用小型的不易采集或加工的资源，这类资源的利用依赖于有效的技术和捕获量。只有当高档食物日益枯竭，迫使人们依赖分散、低档的资源时，才会促使人们寻找并发明利用低档食物的技术。这也反映了觅食方式和资源利用的重大变化。

人类技术发展的另一进步和特点是使用磨光石器。磨制石器最早可能是用于砍伐森林开荒，后来成为耕作工具。一些磨光石器可能用来加工木材，建造房屋，河湖区的磨光石器在制作独木舟上十分重要。

总的看，最佳觅食模式理论在各种理论探讨中能较好地帮助考古学家从人口、生态系统和技术的角度来分析人类在利用不同资源时，支出与其回报对于食物选择的影响，以及资源开发和枯竭与动植物驯化的关系。该模式认为，农业起源并非一种人类所能预见的过程和向往的目标，也非某些先知人物的发明和发现。它是在人口和自然资源平衡失调的压力下，人类不断采取技术投入，来改造动植物和生态环境，以维持社会生存的结果。

从以上所述国外有关农业起源的学说可以看出，其优点是立足于实地调查与理论分析，比较深入，学科交叉协作较好，所提出的观点和结论常给我们以很大的启发。其不足之处是所作的考察多数没有当地学者参与，也没有当地可资参照的文献，缺乏涉及民族学的相应材料。

## 二、国内关于中国农业起源的探讨

我国研究农业起源的人数不多，起步时间也较晚，影响了研究的广度和深度，但是近年来已有较大的进展。以下着重从起源地和起源途径两个方面作些介绍。

## （一）起源地：从本土起源论到多中心起源论

在农业起源地方面，历来有多元论和一元论之争。多元论认为世界各地均有独立的农业起源地。如苏联植物学家尼古拉·伊万诺维奇·瓦维洛夫（N. I. Vavilov）通过对大量栽培物种变异形成中心的研究，发现世界上有 8 个栽培作物起源中心地区。美国植物学家杰克·哈伦（Jack R. Harlan）则将世界主要的农耕起源地划分为 6 个。两人都将中国划为一个独立起源中心。以美国地理学家卡尔·索尔（Carl O. Sauer）为代表的一元论者主张农业首先在某一特定的区域发生，再向世界各地传播。索尔认为农业发源地在东南亚，然后传播到周围地区。有的学者则主张近东月牙形地带是农业起源中心。中国的学者大多主张多元论，特别拥护中国是独立的农业起源地的学说。其中尤以美籍华裔学者何炳棣教授最为突出。他在 1969 年出版的《黄土与中国农业的起源》中，以大量的文献资料和科学论据雄辩地论证了中国的农业起源于黄土高原，成为中国农业本土起源论的杰出代表。①

农业起源与文明起源关系非常密切，离开农业起源也就没有文明起源可言。农业起源的多元论与一元论之争是和文明起源的西来论与本土论之争纠结在一起的。因而，需要对文明起源的有关研究情况作些介绍。郑重的一篇论文对此有比较详细的介绍②，现择要综述如下。

1921 年，瑞典考古学家约翰·贡纳尔·安特生（Johan Gunnar Andersson）在河南渑池仰韶村发现彩陶器和石器时断言：中国彩陶文化系由中亚传播而来。安氏这一论断刚一提出，中国考古学家李济和梁思永等即提出异议，认为彩陶文化是中国的土著文化。在批驳中华文明西来说的过程中，人们很自然地从传说的三皇五帝和夏、商、周三代活动的黄河流域寻找中华文明的起源地，从而形成了黄河流域是中华文明摇篮的观点。"摇篮说"的奠基人是已故考古学家夏鼐，安志敏进一步把它完整化。他指出："黄河流域是世界农业起源地之一，对亚洲农业的生产和发展有着深远的影响。至于黄河流域的农业和畜牧业究竟是怎样起源的，目前还是个缺环。不过裴李岗文化和磁山文化的发现，至少为这个问题的研究提供了重要线索。由于这里已经种植粟类和豢养家畜，为后来更发达的农业聚落创造了先决条件，即仰韶文化和后来发现的龙山文化在农业经济的基础上，不断提高生产力，推进了社会的发展，终于建立了夏、商、周的奴隶制国家，奠定了我国几千年来的文明基

① 〔美〕何炳棣：《黄土与中国农业的起源》，香港中文大学出版社，1969 年。

② 郑重：《中国文明起源的多角度思索》，《寻根》1995 年 6 期。

础，因而把黄河流域作为中国古代文明摇篮的提法是有一定道理的。"①

"摇篮说"的提出对破除中华文明西来说是有积极意义的，但它受到了当时考古学发展水平的限制，有片面性。在河姆渡遗址等长江流域中下游一系列新遗址以及辽宁红山文化等遗址发现之后，以黄河流域作为中华文明起源的单一中心的"摇篮说"就被动摇以至否定了。

1981 年，苏秉琦提出了考古学文化区系类型学说，把中国文明划为六大区系和类型，即：陕豫晋邻近地区、山东邻近部分地区、湖北邻近地区、长江下游地区、鄱阳湖—珠江三角洲地区及以长城为中心的北方地区。所谓区是指空间的块块，系指时间的条条，类型指区系中的某些分支，考古界把苏的这一学说称之为"板块学说"②。此说是根据考古发掘实际内容所做的归纳，显然主多中心说，引起了强烈的反响。

佟柱臣从地理环境对原始氏族的巨大影响以及原始氏族对环境的不断适应——人与自然的相互作用研究入手，提出"三个接触地带"理论：①阴山山脉接触带。阴山以北为狩猎文化地带，以南为农业部落地带，阴山两侧为相互影响地带。②秦岭山脉接触带。秦岭山脉以南包括汉水流域、淮河流域。这一带的北侧为黄河流域诸文化的遗存，南侧为长江流域诸文化遗存。③南岭山脉及武夷山接触带。本接触带北侧是浙南、赣南、湘南许多新石器时代遗址，反映出长江流域各种文化的内涵与其特点，是这些文化分布的南限。本接触带的南侧包括珠江流域的广东马坝石峡文化、闽江下游的昙石山文化等，与长江流域的文化有较大的不同。

石兴邦通过对我国远古文化不同系统之间的发展、交流、融合与分化的历史演变过程的研究，建立了一个理论模式，分为仰韶（或半坡）文化系统、青莲岗文化系统、北方细石器文化系统 3 个文化系统，实际上主要还是他所说的以西北腹地为代表的半坡系统和以东南沿海为代表的青莲岗系统的"两个集团"。之所以形成这两个集团，他认为是自然条件、地理形势、历史背景及文化特点相适应的结果。这两个集团或两大块的划分可以追溯到更早的时期，但以前是从云南省的腾冲至黑龙江省的瑷珲连接成一条直线，即：北-西北-西南为一块，东北-东-东南为一块。前者以山岭、高原地貌为特征；后者以湖泊、川泽地貌为特征。石兴邦认为在考古上这条线似乎要稍向东移一点，从西双版纳到北京划一条直线，比较更实际一些。按这条界线最初是胡焕庸（1935）所提出，用来说明中国人口分布的规律，即此线的两侧，土地面积东南半壁占 36%，西北半壁占 64%，但人口则是东南半壁占96%。人口的分布充分反映了自然条件对农业的制约，农业所受的制约反过来又制

① 安志敏：《裴李岗、磁山和仰韶——试论中原新石器文化的渊源及发展》，《考古》1979年 4 期。

② 苏秉琦、殷玮璋：《关于考古学文化的区系类型问题》，《文物》1981 年 5 期。

约了人口的增殖。

刘尧汉则把考古学与民族学联系起来进行探讨,给人以别开生面的启发。他指出,中华文明是由"龙虎文化为纽带"所形成的。传说中远古的伏羲、女娲、炎帝,或伏羲、炎帝、黄帝所谓"三皇",是从龙虎文化的熔炉中熏陶出来的。龙女娲和虎伏羲是中华民族的始祖。炎黄子孙是龙的传人是不必说了,伏羲是远古羌戎虎氏部落图腾的名号;彝族、纳西族都以黑虎为图腾,彝族是云南的土著民族,是远古伏羲部落的后裔之一,远古时已迁往青海、甘肃。伏羲八卦是彝族先民的创造,八卦的二进制和彝族的十月历及杂交骡是三代前的三大发明。金沙江上游彝族聚居的地区又是亚洲人类祖先元谋人居住地,应当说这里也是中华文明的源头之一。

张正明考察世界文明的结构,提出"二元互补说"。他认为从世界看,地中海文明和东方文明是二元耦合,中国则是黄河流域和长江流域的南北二元耦合。很早以前就表现出南北的分野:南稻北粟;南釜北鬲;南丝北皮;南巢北穴;南舟北车……南北二元互见短长,如太极的阴阳二仪,非常奇妙。[①]

从以上各种学说来看,中华文明不是从一个中心开始,向外传播、辐射或扩散,而是萌生于多个中心,这已成为人们的共识。

与中华文明多中心起源相联系的是中国农业的多中心起源。20世纪70年代在浙江余姚河姆渡发现了距今近7 000年的丰富的稻作遗存,完全可以和同时代黄河流域以裴李岗-磁山文化为代表的粟作文化相媲美,而文化面貌却有明显的差异。近年在浙江浦江上山遗址又发现了比河姆渡遗址早3 000年的稻作遗存。在长江中游的湖南彭头山、道县玉蟾岩等地也发现了距今10 000~9 000年前的稻作遗存。这些发现无可辩驳地证明长江流域和黄河流域一样是中华农业文化的摇篮。除了黄河流域的粟作文化、长江流域的稻作文化各有独立的源头以外,华南地区的农业可能是另一个独立的源头。这里的新石器时代早期洞穴遗址中,新石器时代文化层往往直接叠压在旧石器时代文化层上,时代则可以追溯到距今近万年甚至1万年以上,其经济生活虽然仍然以采集狩猎为主,但不少地方已经出现了农业的因素。如适于垦辟耕地的磨光石斧,点种棒上的"重石",与定居农业相联系的陶器等。从当地的生态环境和有关民族志的材料看,这里的农业很可能是从种植薯芋等块根块茎类作物开始的。不同作物种植区农业有各自独立的起源,固然是比较明显的,而同一作物种植区内农业文化的源头也未必只有一个。中国新石器时代的粟作文化区和稻作文化区都包括了广阔的地域,包括了不同的文化区系,其农业的发生发展都具有自身的特点和相对的独立性;这些地区所种植的粟和稻都未必只起源于一个地

---

① 佟柱臣、石兴邦、刘尧汉、张正明诸说转见郑重前揭文。

点，再由此向其他地方传播。①　此外，我们也应看到不同区域间农业文化的相互传播和交流。典型的是长江流域的水稻是在仰韶、龙山时期陆续传向黄河流域的。粟的情况和稻不同，粟是怎样从北方向南方传播的，至今的研究远不如稻深入。传播当然受自然条件的限制，马在北方是很早就驯化的，但向南方的传播就很困难，主要是南方水土不适合马的生活和繁殖。

需要指出的是，起源和传播虽然有区别，但也有联系，这种情况甚至会产生误会。一个地方从别处传入某种新作物，对这个地方而言，这个作物是新起源，如日本原来没有水稻，弥生初期才从中国传入，对日本而言，稻作始于弥生初期。这是已经明白的事，所以不成问题。但是有时一个地区的作物已有很久的栽植历史，孕育了大量的品种资源，又从它这里向他处传送出许多品种资源，往往被误认为这里就是该作物的原产地或起源地。这类误会通常随着研究的深入，会不断得到纠正，同时，应给予这种历史悠久的地区以"次中心"的地位。

古代文明是古代社会的精神和物质文化水平的综合表现，它建立在古代农业生产的物质基础之上。文明起源研究虽然可以单项（如石器、陶器、墓葬、民族等）进行，但应以宏观综合为主，才能全景式地探讨、比较。农业起源的研究则往往是从微观的、专项的研究开始，如稻、麦、粟和猪、牛、羊等，对它们起源的研究难以同时并进。农业起源的宏观研究只有建立在各个单项研究之上，才能掌握全局，也就容易和文明起源的研究沟通，殊途而同归。

动植物的驯化、传播和分化，是密切相关、难以绝对分开的。驯化是通过不断的选择，寻找、获取人们需要的基因型和品种，这就是分化。但这种分化如通过传播交流，就可以使之加快。很难想象，驯化可以孤立、封闭地完成。但我们又不能否认，驯化、传播和分化有时存在一定的先后次序，即最初在一个中心驯化，然后传播至他处，在一个新的地区发生分化。由于这种错综复杂的关系，常常给有关起源的研究带来误会和错断。如蚕豆起源于地中海沿岸和近东地区，但中国在蚕豆引入以后，很早就选择出大粒种的蚕豆，如笼统地说中国是蚕豆的起源地就不妥当。

世界农业起源的一种共性现象，即几个重大起源中心最早都发生在距今1万年左右，这是与世界气候在间冰期转为温暖分不开的（详第一章）。但是在农业萌生以后，各地的进展程度差异很大，这或可试称之为农业起源发展的同步性和不平衡性。农业的产生发展一般要经历若干个阶段，如从渔猎、采集到畜牧或种植。在畜牧中又可分为拘捕使用、放牧、栏饲等阶段。在种植中，通常分为刀耕火种、耜耕或锄耕、犁耕等阶段。处于相同阶段的农业有类似的操作技术，但十分常见的是各地农业产生之后，由于交通的闭塞、交流的缺乏，以及环境优劣不同等因素，使得

---

① 栽培稻的问题比较复杂，至今仍然存在一元和多元起源的争议（详见第四章）。

它们的进展速度和程度常常很不一致，可试称之为农业起源发展的同一性和滞后性。如处于云南边疆山区的一些少数民族，因为长期与外界隔离，其刀耕火种阶段延续特别长，但又非一成不变。

研究农业起源最重要的是年代的断定。根据考古发掘遗址测定的年代，按其先后的次序，结合出土实物的性质内容，分析、确立其可能的起源中心，推测其传播的路线，当然是很理想的事。但这种方式的缺点是，随着遗址的不断发掘，新测定的年代经常会打破老纪录，于是结论要随时改变，显得莫衷一是。作物遗传驯化方面的研究，不论是大规模的实地考察调查，或是从遗物本身的形态、组织结构与现有的实物比较，直到分子水平的酶谱、DNA 之类的异同分析，鉴别其驯化的程度，做出可能的起源和传播途径的结论，从论证来看，虽然很有说服力，但它们只能提供一个大概的次序，却无法提供绝对年代。由于这种研究是分学科进行的，所作的结论，彼此往往不能一致，甚至相反。又因领域不同，彼此也难以沟通。而且农业起源涉及的学科很多，除了考古、农业史外，历史地理学、自然地理学、民族学、历史语言学等都有它们发挥优势的用武之地，相互矛盾、抵触的地方不足为奇，有时这正是吸收他人长处的好机会。可喜的是，我国的农业起源研究开始出现了多学科并进的新局面。

## （二）起源途径：从采集狩猎经济到农业经济之间是否有一个游牧经济阶段的讨论

关于农业起源问题，有一种传统的观点，认为畜牧业先于种植业出现，以后人们为了解决饲料的需要才产生种植业。这就是所谓"渔猎经济—畜牧经济—农业经济"的"三阶段论"。美国人类学家路易斯·亨利·摩尔根（Lewis Henry Morgan）在《古代社会》一书中指出：东半球（旧大陆）的农业，是游牧部落为了解决牲畜的饲料而产生的。恩格斯在《家庭、私有制和国家起源》中也引用同一观点："十分可能，谷物的种植在这里首先是由牲畜饲料的需要所引起的，只是到了后来，才成为人类食物的重要来源。"[①] 恩格斯的这一论述，曾在中国史学界产生很大影响。由于长期以来中国北方草原是游牧民族的活动舞台，人们把这一地区新石器时代广泛存在的"细石器文化"当作先于农业的游牧文化。古史传说中有"包牺氏没，神农氏作"[②] 的记述，某些学者提出"伏羲氏"是代表畜牧业发生时期，"神农氏"则代表农业发生时期，于是就认定中国也是先有畜牧业，然后因畜牧业发展引起的饲料需要才发明农业。

---

① 〔德〕恩格斯：《家庭、私有制和国家的起源》，人民出版社，1972 年，23 页。
② 《周易·系辞下》。

首先对这种观点提出异议并作了系统论证的是李根蟠、黄崇岳和卢勋。[①] 他们明确指出：原始农业（种植业）是从采集渔猎经济阶段直接产生的，其间并没有经过一个畜牧经济阶段，不是畜牧业的发展引起了农业；畜牧业虽然也是萌芽于狩猎采集经济阶段，但它的真正发展，特别是游牧经济的形成，往往是以农业生产的一定发展为必要条件的。李氏等人主要从以下两方面进行论证。

首先考古学的考察。新中国成立后所发掘和调查的大量新石器时代遗址，基本上都呈现了以农业（种植业）为主的综合经济面貌，至今未发现一处是以畜牧经济为主的早期农业文化遗址。在原始农业所包含的种植业、畜牧业和采集狩猎三种经济成分的变动中，总的趋势是农牧业的比重由小到大，采集狩猎业的比重由大到小；农牧业的比重虽然都在上升，但种植业在相当一段时期内上升速度比畜牧业快，当种植业已经成为主要生产部门时，畜牧业在整个生产结构中的地位却处于采集狩猎业之后，随着农业生产的继续发展，畜牧业的地位才继续上升，以至超过采集狩猎业。由此可见，在整个原始农业经济的发展中，畜牧业是新生的、发展中的经济成分，其发展在一定程度上依赖于种植业；而采集狩猎业则是历史上遗留下来的、走向衰落的经济成分。在这里，看不出由畜牧业引起农业的影子。过去将"细石器文化"当作"游牧文化"是不正确的，其实，细石器并非北方地区所特有，恰恰相反，它最早出现在黄河流域，是旧石器时代晚期适应狩猎经济高度发展的产物。史前考古的发展表明，北方地区新石器时代文化并非单一的细石器，与细石器并存的是为数颇多、分布广泛的大型打制、磨制和琢制石器，这些石器，如石耜、石锄、石斧、石磨盘等，多为农业工具。如前所述，我国北方新石器时代存在不同的经济类型，在这些不同经济类型的遗址中，种植业经济成分最为普遍，北方地区并非从来都是以游牧为主的，人为地与游牧文化联系起来的"细石器文化"一词，已为考古学界所摒弃。[②] 因此，说北方地区先有游牧后有农耕也是缺乏根据的。李氏等人还以考古学与文献学相结合的方法，具体分析了以羌人为主体"西戎"活动的甘肃、青海地区和后世匈奴、东胡等族活动的北方草原地区游牧文化形成的过程，指出羌族、匈奴族、东胡族等形成的游牧民族虽然各有特点，但毫无例外都是从定居的农业文化中滋生或分化出来的，时间则在中原地区进入阶级社会的同时或以后。

---

① 李根蟠、黄崇岳、卢勋：《试论我国原始农业的产生和发展》，见山西省社会科学研究所编：《中国社会经济史论丛》第一辑，山西人民出版社，1981 年；李根蟠、黄崇岳、卢勋：《再论我国原始农业的起源》，《中国农史》1981 年 1 期。他们的观点在 1987 年出版的《中国原始社会经济研究》（中国社会科学出版社）又有进一步的表述，见该书第四章"农业起源与原始农牧业的发展阶段"。

② 佟柱臣：《试论中国北方和东北地区含有细石器的诸文化问题》，《考古学报》1979 年 4 期。参阅中国大百科全书总编辑委员会《考古学》编辑委员会、中国大百科全书出版社编辑部编《中国大百科全书·考古学》（中国大百科全书出版社，1986 年）中"中国新石器时代考古"条。

其次是对古史传说"包牺氏"经济内涵的辨正。《周易·系辞下》:"古者包牺氏之王天下也……作结绳而为网罟,以佃以渔。"《尸子》:"宓羲氏之世,天下多兽,故教民以猎也。"①《经典释文》引郑玄说"包,取也""鸟兽全具曰牺"。这是把"包牺氏"解释为猎取鸟兽,与传说中包牺氏"以佃以渔"的经济内容正相符合。这大概是古文经学的成说。但"包"亦与"炮""庖"通用。晋代皇甫谧作《帝王世纪》,兼取了包字的两种解释,说"取牺牲以充庖厨,故号曰庖牺皇"②。他既把"包"解释为"取",又把它解释为"庖",这就容易引起混乱。唐代司马贞为《史记》补《三皇本纪》,在这基础上加以推衍,说是"结网罟以教佃渔,故曰宓牺氏,养牺牲以供庖厨,故曰庖牺"。不但杂糅诸说,而且私意改"取牺牲"为"养牺牲",这无疑是错误的。宋司马光《通鉴稽古录》因之,遂有伏牺"养六畜"之说。近人囿于"三阶段论",不加甄别,把它当作农业发明前有一个畜牧业阶段的证据,实在是一种误解。根据《周易·系辞下》等的记载,包牺氏只能理解为渔猎时代,而所谓"包牺氏没,神农氏作"的传说,只是代表农业时代和采集狩猎时代是相互衔接的,其间并没有经历一个畜牧经济的时代。

李氏等人又以大量民族学资料论证中国南方少数民族的农业也是从采集经济发展而来的,作为上述论点的一种旁证。此外,他们还对如何理解摩尔根和恩格斯的有关论述作了阐释。③

在这以后,不少学者也从各自的研究中得出相似的结论,都认为中国游牧经济起源时间较之原有认识要晚,并非先于农业经济,相反,是从农业或农牧混合经济中转化而来的。他们的研究具有以下特点:①由于史前考古、先秦考古发展迅猛,环境考古异军突起,日益丰富的考古材料,以及文献和其他资料,为研究提供了扎实的基础;②重视生态环境对人类经济活动的影响,重视不同地区农业文化的交流、融合和分化;③注意吸收国外的新理论、新方法,将中国游牧业起源的问题放在欧亚草原的大背景下考察。比起20世纪80年代初,该问题的研究已大大向前推进了。中国早期游牧经济主要发生在甘青地区、内蒙古中南部和辽燕地区,这三个地区原先都是与中原关系密切的农业经济区,游牧化是后来发生的,而且都与气候的变冷变干有关。这方面研究成果相当多,我们只能举若干例子。

长期研究我国边疆民族的台湾学者王明珂,在《华夏边缘》一书中指出,新石器时代晚期气候的干冷化,使中国北部、西部农业边缘的人群逐渐走向移动化、牧业化以及武装化,并详细论述了青海河湟地区、鄂尔多斯及其邻近地区和辽西地区

---

① 《太平御览》卷八三二《资产部》引。
② 《太平御览》卷七八《皇王部》引。
③ 参阅陈文华《农业考古》一书中对国内农业起源理论探讨的评价。

居民经济生态的这一变迁过程，这些地区的这些全面游牧化是在春秋战国时开始的。例如河湟地区的原始居民从马家窑文化、半山文化、马厂文化到齐家文化，都过着农业定居生活，种粟、养猪，使用半地穴式或平地起建的住房、窖穴、石质农具、陶器等。但齐家文化西部的某些遗址（如互助县总寨遗址），养羊已经重于养猪，作为农具的大型石器和陶器减少。到了齐家文化以后的辛店文化，养羊风气大盛，取代了养猪的地位，住房、窖穴减少，但仍出土不少农具，放牧的人群仍然兼营农业。时代和地理分布与辛店文化部分重叠而位置偏西延续时间更长的卡约文化变化更为显著，从马家窑到辛店文化常见的住房、居址、石质农具等不见了，陶器更小更少，猪完全消失，代之以羊、牛、马等草食动物，便于处理牲畜或动物的细石器工具流行，出现用象征"移动"的马、牛、羊的腿骨随葬的习俗——卡约文化的主人已经游牧化了。为什么会发生上述变化呢？原来从马家窑文化到齐家文化，由于农业的发展，人口有相当大的增长，到了齐家文化贫富分化已相当严重，资源分配很不平均。前2000—前1000年全球气候的干冷化，使得原始农业受到打击，原有的生产方式难以供应增长了的人口，资源的争夺更加激烈，迫使一些人不得不寻找新的生存空间和新的资源利用方式。王明珂指出："原始农民所养的猪都是放牧的。在自然环境中，猪所搜寻的食物是野果、草莓、根茎类植物、菇菌类、野生谷粒等：这些，几乎也都是人可以直接消费的。因此在食物缺乏的时候，猪与人在觅食上是处于竞争的地位。这时养猪并不能增加人类的粮食。相反的，羊所吃的都是人不能直接利用的植物。尤其在河湟地区，由于牧羊，这儿的人们可以突破环境的高度限制，以利用河谷上方的高地水草。"向原来不大适合耕作的地方发展，让羊吃人不能直接吃的水草，人喝羊奶，这就是河湟地区人们对环境挑战的一种应对，也是辛店文化和卡约文化的主人以养羊取代养猪的原因。随着羊群的扩大，人们感到游牧和农耕难以兼顾，于是有些人群就会放弃农耕，转化为专业的游牧民，通过牧猎取得基本的生活资料，与农耕民的交换来解决其他的需要。[1] 应该说，河湟地区游牧经济和游牧民族形成过程和机制已经讲得相当清楚了。

　　内蒙古中南部也是先有农业或农牧混合经济，后有游牧经济的，但对游牧经济出现的时间，各家的估计稍有不同。田广金指出该地区农业文化是外来的，在距今7 000～5 000年的"仰韶适宜期"，先后有仰韶文化不同类型的居民进入内蒙古中南部，并吸收了其他文化成分，创造了当地的农业文化。从距今4 000年始，受干冷气候影响，鄂尔多斯的生态环境逐渐向草原环境发展，当地代表性的朱开沟文化经历了由农业逐渐向半农半牧型经济发展的过程。在距今3 500年的干冷发展期，朱开沟文化南下到晋、陕北部黄河两岸发展为李家崖方国文化，至此，北方民族和

---

① 王明珂：《华夏边缘》，台湾允晨文化公司，1997年。

中原农业民族才有了分化。① 王明珂认为春秋晚期鄂尔多斯地区部分从事混合经济的人群完成向游牧专业化的转向，其前有可能向阿勒泰地区的游牧民学习了游牧观念和技术，至战国时期形成游牧洪流。② 乌恩也指出，由农牧混合经济过渡到游牧经济，已为中国北方草原地区考古发现所印证，但他认为中国北方游牧业的形成是在春秋中期偏早，而且有可能是在中国境内独立产生的，甚至在整个欧亚草原也是游牧业发生的最早中心之一。③ 林沄认为北方长城地带游牧文化带的最终形成是在战国中期，与游牧的北亚蒙古人种的大批南下有关。④ 杨建华把中国北方草原地带经济类型的发展与欧亚大草原经济类型的发展相比照，得出春秋中期以前中国北方草原是农牧混合经济，春秋中期以来才进入游牧化阶段的结论。⑤

　　中国学者的上述研究与西方学者近年的研究，其取向和结论相当的一致。摩尔根的观点原来在西方学界具有代表性，实际上主张旧大陆的游牧经济是从近东单一中心起源而向其他地区传播，并把游牧视为由采集狩猎经济直接发生的、先于种植业存在的一个经济发展阶段。西方学者对世界各地近世游牧社会的深入研究表明，游牧社会具有不同的类型，其经济基础绝非单一，它的维系并不能够完全脱离农业或者农产品。游牧业的发生需要相应的经济技术前提，适应新环境的畜种及其比例关系、长期游动实践、畜牧业的普遍化、乳制品业、牲畜牵引的轮制车辆、骑乘技术等，此外还需要有特定动因刺激（一般与气候变化有关）和一定的社会政治背景（如外部农业社会对游牧社会的压力、影响以及相互间的联系和交流）等。随着对游牧社会经济本质更加深刻的把握，近来西方学者已倾向于游牧出于混合经济的观点。绝大多数地区是出自农业-畜牧或畜牧-农业经济，欧亚北部游牧类型则是源自渔猎-畜牧经济。而游牧经济的形成时间，也比原来估计的晚得多。例如近东游牧类型的发生最初有早至公元前第七千纪的新石器时代的意见，后来始自青铜时代（公元前第二、第三甚至第四千纪）的观点比较流行，新近的研究则晚至公元前第

　　① 田广金：《论内蒙古中南部史前考古》，《考古学报》1997年2期。
　　② 王明珂：《鄂尔多斯及其邻近地区专化游牧业的起源》，台北《"中央研究院"史语所集刊》，第六十五本第二分册，1994年。
　　③ 乌恩：《欧亚大陆草原早期游牧文化的几点思考》，《考古学报》2002年4期。
　　④ 林沄：《夏至战国中国北方长城地带游牧文化带的形成过程》，《燕京学报》2003年14期。转引自郑君雷：《西方学者关于游牧文化起源研究的简要评述》，《社会科学战线》2004年3期。
　　⑤ 杨建华：《春秋战国时期中国北方文化带的形成》，文物出版社，2004年。辽燕地区曾经出现过红山文化和夏家店下层文化（距今4 500～3 500年）这两次原始农业文化的高潮。但距今3 500年前出现的中国北方气候干冷化的过程，使这里的草原扩大，温性森林减少，环境变得不适宜农业生产。到了距今3 200～2 200年夏家店上层文化，已呈现出由原来的农业为主向以游牧为主转变的经济面貌。居住规模缩小，具有本地区特色的锄、铲之类的掘土工具已经鲜见，牛、马、羊、猪、鹿等动物骨骸却大大增多。参阅索秀芬：《内蒙古农牧交错带考古学文化经济形态转变及原因》，载《内蒙古文物考古》2003年1期。

一千纪甚至公元元年以后；欧亚北部游牧类型的形成更是 18、19 世纪之交的事情。关于中国游牧经济的形成，较早时期美国地理学家欧文·拉铁摩尔（Owen Lattimore）的意见也较有影响，他认为公元前第一千纪前半叶统治中国北方和西北的戎狄兼营农业；中国北部边界马匹作为骑乘动物的出现和游牧民的出现是前 4—前 3 世纪的事情；中国北方边疆的游牧民是随着中原势力的扩张被驱逐到草原地区的戎狄的后代，他们在草原上由狩猎-农业混合经济转向为游牧经济。[①]

综上所述，认为农业直接起源于采集狩猎时代、游牧民族的形成比较晚后的观点，已逐渐成为主流。但认为游牧先于种植业存在的观点并未销声匿迹，有的学者还从新的视角予以论证。例如，王小盾就是从羌姜同源论证平原地区的农人是从高原地区的牧人演变而来的。[②] 现在把他的观点撮述如下。

王小盾指出青藏高原、黄土高原、云贵高原和内蒙古高原像一弯半月，居高临下，成为环抱东部平原的屏障，是中国农业和文明起源的根。黄土高原是传说中炎黄二帝诞生和活动的舞台。他们是从青藏高原过来的。青藏高原远古的民族是羌族。羌字是"羊"下从"人"，是以羊为图腾的民族。传说中的炎帝是姜姓，姜字是"羊"下从"女"，反映羌、姜是同源的民族。羌和姜包含着一段民族分化的历史过程。两者可能都是从游牧经济发展而来，从游牧向畜牧发展成为"羌"，从游牧向农耕发展则成"姜"。考古资料表明，新石器时代的羌人，居住在甘肃、青海地区，湟水流域的马家窑、半山、马厂遗址，许多应是羌人的遗址。到甲骨文出现时，他们被称为"羌"或"羌方"。在商王朝的卜辞中，他们还被认为是强大的敌对民族。反映了畜牧民与农耕民在物质生活和文化生活中的矛盾。传说中的黄帝姓姬，女旁的一半被认为是熊的脚印，即所谓"大人"的脚印，是以熊为图腾的民族。姬与姜有密切的族外婚姻关系。羌、姜、姬可认为是同渊源的分化。换言之，保持游牧方式的羌人是羌族，进入中原以后转为农耕生活的羌人则是姜、姬民族。需要指出的是，藏族也是广义羌的组成，藏、羌同源也有充分的考古、民族、语言方面的证据。

王小盾在论述中引述了童恩正的"半月形高地文化传播带"理论。该理论指出，中国新石器时代有一条东起大兴安岭南段，西抵河湟地区，再折向南方，沿青藏高原东部，直达云南西北部的文化传播带（按这也可以视为以粟谷为主的山地混播农业起源传播带）。这一地带的主要地貌是山地或高原，太阳辐射量、年平均温度、植物生长期、降水量和植被都相近似。细石器、大石墓、石棺葬、石室建筑、条形石斧、青铜动物纹饰、双联罐、火葬等，是这一传播带的代表性文化因素。西

---

① 郑君雷：《西方学者关于游牧文化起源研究的简要评述》，《社会科学战线》2004 年 3 期。

② 王小盾：《高原人和平原人的共同祖先》，《寻根》1995 年 4 期。

藏考古发现的卡若文化的石器，见之于甘肃的许多新石器时代遗址，发现的粟传自马家窑文化，印证了卡若人与羌系民族在族源上的联系。

"半月形文化传播带"的论点是把中国四大高原文化联系起来，语言学和宗教学的探索则反映了高原文化与平原文化的联系。在语言系属上，同汉语最接近的语言是藏缅语，藏缅语族包括藏、缅、羌、彝、景颇等语支，同汉语语族、苗瑶语族、壮侗语族共同构成汉藏语系，图示如下：

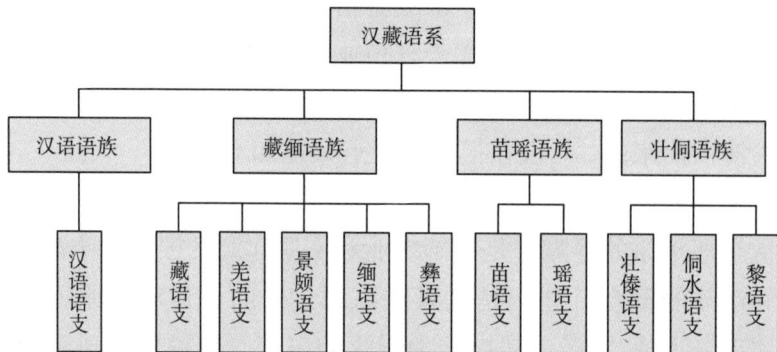

```
                        汉藏语系
        ┌──────────┬──────────┬──────────┐
     汉语语族    藏缅语族     苗瑶语族    壮侗语族
        │    ┌──┬──┬──┬──┬──┐  ┌──┬──┐  ┌──┬──┬──┐
      汉语  藏  羌  景 缅  彝  苗  瑶  壮  侗  黎
      语支  语  语  颇 语  语  语  语  傣  水  语
            支  支  语 支  支  支  支  语  语  支
                   支              支  支
```

使用汉语的和使用原始藏语的两个人群，大约在父系社会前期即夏以前就已分离。语言学的比较研究表明，汉语同藏缅语族各语支的同源词的关系密切程度大致相等，而藏缅语族各语支之间的同源词的关系密切程度则很高。这说明汉藏文化是早于藏缅文化的共同体。

通过对高原文化与平原文化的同源分析，可以看出，过去把游牧和农耕看作先后发生的两个历史阶段，是简单化了。游牧和农耕都可以向畜牧发展，新石器时代以后，黄河中下游和长江中游的锄耕农业也向畜牧发展；北方草原地区产生出游牧经济时，甘肃、青海高原的锄耕农业也向畜牧发展。这就意味着锄耕曾是高原人和平原人共同经历的阶段，高原人和平原人分化之前，他们有一个从事锄耕的共同祖先。这一观点也与前述的农业起源于山地说相互印证。

从生活方式的分化看，游牧、畜牧和农耕的区别也即定居方式的区别。游牧是对草原环境的适应，基本上不含农业成分；畜牧是对高原或山地环境的适应，同农业及定居生活有一定的联系；农耕则是对平原和河谷台地的适应，以充分定居为特征。新石器时代初期的细石器和磨制石器两个系统，是游牧人和农耕人的分化，甘肃、青海地区文化和北方文化在相近时代的分别兴起，意味着畜牧民族和游牧民族的分化。①

羌姜同源或汉藏同源的确可以找到许多证据，但高原人和平原人有共同的祖先

---

① 王小盾：《高原人和平原人的共同祖先》，《寻根》1995 年 4 期。

是否能作为农耕民从游牧民分化出来的证据，尚可讨论。[①] 不过，无论如何，这种观点和论证可以开拓研究的思路，使我们在探索农业起源的过程中考虑到更多的方面和更多的可能性。

特别值得注意的是云南、四川的彝族。彝族属汉藏语系、藏缅语族的彝语支。彝是古羌人南下，在长期的发展过程中与西南土著部落不断融合而形成的民族。古羌人亦称氐羌或西戎，分布在陕西、甘肃、青海一带。他们保留下来的许多史前农业细节，是其他民族所没有的，很值得注意和深思。

据刘尧汉的研究，彝族所使用的彝文，是一种十分古老的文字，它不仅可以破译殷商甲骨文，甚至可以破译距今七八千年的西安半坡陶器上的刻符。[②] 1987年河南舞阳贾湖遗址出土了距今9 000～8 000年的龟甲和石饰上的刻符，还有骨笛、猪牙、獐牙锥等。在相当长的一段时间里，这些刻符一直无从辨认。经刘尧汉等的认真研究，龟甲的三个刻符与古彝文相似，从彝文转译为汉文，相当"天""神座""地"字。石饰刻符有4个符号与楚雄州武定县彝巫神杖上的法器彝文相近，译为"祖先圣灵"。如若这一鉴定属实，不仅动摇了中国文字始于甲骨文结论，更把原始文字的历史大大提前到距今八九千年，那么对《周易·系辞》的"上古结绳而治，后世圣人易之以书契"这一传说的理解应稍作修正，即并非如通常理解的那样，结绳在前，文字在后，一旦文字出现，结绳就让路了。而是结绳与文字的萌芽有一段很长的共存关系。贾湖出土的骨器有獐牙锥，云南少数彝族至今还保留獐牙锥，佩带于腰间，供解开绳结之用，即是一个证明。可见贾湖时期的獐牙锥也是供解开绳结之用的。贾湖在河南，何以同远在西南的彝族有相同的獐牙锥和骨笛等，是因为西南彝族属古羌戎，而河南古时亦有古羌戎分布之故。

中国古代传说的三皇的次序之一是伏羲在炎、黄二帝之前，伏羲被认为是中华文化的始祖。彝族神话传说中的人类祖先是伏羲和女娲，说是伏羲和女娲二人经天神的指点，避入葫芦，才免受洪水的淹没，二人婚配，生出彝、苗、汉、回各族，重新繁殖了人类。据20世纪80年代的调查，云南楚雄州南华县哀牢山区的摩哈苴村中有5户人家中的正堂供桌上，仍供奉3个祖灵葫芦，分别象征父母、祖父母、曾祖父母。各户每隔12年举行一次祭祀大典，在葫芦上绘画一个黑虎头，悬挂于门楣。潘光旦曾考订伏羲即老虎，闻一多曾考订伏羲、女娲是葫芦的化身，二者合起来便成了虎头葫芦。

---

① 从羌姜同源推导游牧的羌人分化出农耕的姜人，是以羌人自始就是游牧人为其默认的前提。以前，不少学者的确把先秦文献中记载的以羌人为中心的戎狄视为游牧民族。但这前提已经受到质疑。如林沄论证了这些民族实际上是从事畜牧-农业混合经济的（林沄：《戎狄非胡论》，见吕绍纲编：《金景芳九五诞辰纪念文集》，吉林文史出版社，1996年）。

② 刘尧汉：《中国文明的又一源头：金沙江南北两侧彝族山乡》，《寻根》1995年6期。

葫芦是个神秘的作物，全世界史前的农业遗址中，很多都曾有葫芦遗存出土，时间早在7 000年以上的也不少，河姆渡遗址的葫芦即是一例。所以葫芦的生殖崇拜也是较普遍的，如印度尼西亚的西伊利安岛上的拉尼族人，即把一种特殊栽培的细长葫芦壳，套在男人生殖器上，炫耀生殖能力。在没有陶器以前，人类是利用葫芦作容器，所以新石器时代的陶器如釜、壶等是完整葫芦的仿生，盘、杯等是半个葫芦的仿生。

华夏族的传统是信奉龙神，以龙为生殖神兼雨神。藏语的"龙"字的两读，对应于汉语的"龙"和"虹"两个同源词。而龙虎连称、龙虎相斗的种种故事，似乎是远古游牧的羌人和农耕的炎黄人反复斗争融合，反映在神话之中，经过充实、增添，绵绵不断地流传下来。

总起来说，原始农业的萌芽和发展，动物、植物的驯化和传播，不要说全世界，就是中国，也是一个牵涉面极其广泛的问题，难以进行整体的全方位的研究，只能是采取多种学科分头进行，同时保持密切的联系，还要注意边缘科学的研究动态和成就，在此基础上给以综合的探讨。在这个过程中，难以避免的是，不同学科所得出的结论，常常不相一致甚至于相反，这也是正常现象。从某种程度上说，农业起源问题，也很类似生命起源，是个长期的课题，很难在短期内就可以搞个水落石出。

# 第一章　中国原始农业时期的自然环境和原始居民的聚落组织

## 第一节　中国原始农业时期的自然环境
——气候与水文

### 一、旧石器时代自然环境

农业是以自然再生产为基础的生产活动，与自然环境关系最为密切。研究某一地区的农业的起源，不能不考察当时当地的自然环境及其变化。为了探索中国原始农业的深远渊源，我们首先简单地追溯中华大地上旧石器时代的自然环境。

旧石器时代和地球历史上的更新世相当。更新世又可以分为早、中、晚三期。早更新世距今 258 万～77 万年，相当于旧石器时代最早期；中更新世距今 77 万～13 万年，相当于旧石器时代早期中后段和旧石器时代中期早中段；晚更新世距今 13 万～1 万年，包括旧石器时代中期晚段和旧石器时代晚期。

更新世是地球上气温剧烈变化的时期，北半球的高、中纬度和低纬度的一些高山，在这一时期有过大规模的冰川活动。冰川的前进和退缩，形成了寒冷的冰期和温暖的间冰期，多次反复交替，导致海平面的大幅度升高或降低，气候带的转移，动植物的迁徙或绝灭。这不仅决定了当时的生态气候环境，对于新石器时代农业格局的形成，亦有深远的影响。

在华北，更新世各时期都有发育良好的河流和河湖相沉积，有分布面积广、厚度大、连续时间长的黄土。在华南，有广泛分布于石灰岩地区的洞穴沉积。

华北更新世又分四期，即"泥河湾期""公王岭期""周口店期""马兰黄土期"。

其中，泥河湾期已有象、马、骆驼、野牛、羊等现代哺乳动物的属。公王岭期以有古土壤的厚层原生黄土为特色，在动物群中出现了带有南方色彩的大熊猫、中国貘、苏门羚、东方剑齿象等，表明当时华北的气候比较温暖、湿润，蓝田地区更具有亚热带的特点。周口店期的标准地点是北京人遗址，这时黄土在华北已广泛沉积，周口店动物群由 100 来种哺乳动物组成，它们反映这一带的气候具有温带的特点，同今日华北的气温接近。马兰黄土期地层以分布极为广泛的马兰黄土和河流或河湖相沉积为代表，动物群如野驴、普氏野马、王氏水牛、马鹿、原始牛等，多半是适应草原生活的动物，反映出当时的气温要比周口店期寒冷和干燥。

长江流域及其以南地区在更新世期间的气候变化不如北方显著，在分布广泛的石灰岩洞穴沉积中发现的"大熊猫-剑齿象动物群"，从早更新世一直延续到晚更新世。

在更新世冰期和间冰期气候影响下，植被也发生了相应的变化。华北位于寒温带、温带与亚热带区域之间，是过渡地带，所以受冰期、间冰期气候交替变化的影响尤其剧烈。据孢粉分析结果，从早更新世到晚更新世，至少可以划分出 5 个冷期和 4 个暖期。冷期的年平均气温较现时要低 4.0～7.5℃，或更多；而暖期的年平均温度比现今的年平均温度高。在冷期里，暗针叶林从高山向河谷和平原、自北向南蔓延；在暖期里，盛行针叶、阔叶混交林或阔叶林。

中国东部在第四纪以来，受因冰川作用引起的海平面升降以及新构造运动等的影响，发生过多次海侵和海退。在晚更新世低海平面时期，海平面要比现在低 130 多米，以至于黄海北部大陆架露出，使哺乳类动物和人类可以从陆地迁移到沿海的岛屿上去。进入全新世，随着气候逐次变暖，海平面回升，一些陆地又重新被海水淹没。

## 二、全新世气候的特点

中国原始农业的起源和传播时期，相当于地质年代上的全新世（冰后期，距今 10 000 年），那时的自然环境（主要是气候条件）对动植物的分布影响最大，自然同时也影响农业的格局。全新世的气候变化情况需要通过孢粉分析，加上其他古植物、古动物、古土壤、古湖泊、冰芯、考古、海岸带变化等多学科的探索，予以综合，才能获得较为全面的认识。国内这方面的研究工作近 20 年来有较大的进展，获得的结论也渐趋完善。施雅风等人根据 20 世纪 70 年代以来上述有关学科的多方面研究资料，推断中国在全新世距今 8 500～3 000 年出现一个大暖期（Megathermal，间冰期中最暖的阶段，时限较宽，包括一些冷波动和水热气候的不良波动），延续达5 500年，占全新世一半稍多的时间。① 其间又可分为4个阶段：

### （一）距今8 500～7 200年前，不稳定的由暖变冷的波动阶段

距今8 500年前的急速升温导致严重灾害，不利于生物繁荣和人类生活，植被虽然暂未相伴变化，但降水变化迅速，使许多湖泊处于高水位期（如西藏班公湖水位在距今8 500～8 300年前高出现代水位30～35米，详下节）。到距今8 000年前时，植被分布已有很大变化，北方暖温带落叶、阔叶林带向北推进333千米。据对青海湖、黄土高原、河北东部、辽南地区等的孢粉分析，换算当时温度较现在高2～4℃，现在生长于亚热带长江流域湖泊的水蕨（Ceratopteris）孢子，在8 000年前分布到天津静海、北塘一带。这种有利的气候条件，促使黄河和长江流域的新石器时代文化得到迅速发展，形成定居的聚落。在8 000年前左右，出现了陶器制作。但据敦德冰芯记录，距今7 800～7 300年时，出现了二次温度下降，黄河流域有300～400年的文化遗址变稀，以至缺失，可能与此有关。江苏建湖剖面孢粉分析资料显示，7 600年以前的气温较8 500年以前的气温下降1.4～1.7℃。有关资料表明，这一时期的气候特点具有全球性质。

### （二）距今7 200～6 000年前，大暖期中的稳定暖湿阶段（大暖期鼎盛阶段）

这一阶段各地气候均较暖湿，季风降水几乎波及全国，植物生长空前繁茂。如现在青海湖滨草原，当时出现落叶、阔叶混交林，推知当时年降水量在600毫米左右，温度较现在高3℃左右。三江平原和长白山区也有暖温带落叶、阔叶林，长白山孢粉资料显示温度较现在高3～4℃。高原各地内陆湖面均高于现在。华北平原也是湖泊盛发时期。沙漠则相应大大缩小。长江中下游的落叶、阔叶混交林带的温度在6 500～6 000年前较现在高2.7℃，高出大暖期内其他时段。杭嘉湖地区的锥属（Castanopsis）和青冈栎（Cyclobalanopsis）达到1万年来的最大峰值，暖湿气候十分明显。河姆渡遗址文化层（6 800～5 600年前）更发现有台湾枫香（Liquidambar formosana）、海金沙（L. microstachyun），这些植物现在只见于南方热带地区，表明当时气候类似于现代华南热带和亚热带地区。这一现象未为现代研究稻作起源的学者所注意，因而得出河姆渡稻谷是一种古粳的推断。在这一阶段内经$^{14}$C测定的文化遗址数目，要多于其前后阶段的遗址数目，黄河流域是仰韶文化的盛期，长江下游是河姆渡、马家浜、崧泽文化的盛期。青藏高原西北部在现今不

---

① 施雅风、孔昭宸、王苏民等：《中国全新世大暖期的气候波动与重要事件》，《中国科学（B辑）》1992年12期。

适于人类居住的地方也发现 30 多处细石器文化遗址，表明当时青藏高原的变暖程度高于国内其他地区。到本期末，出现全新世最高海平面。

### （三）距今 6 000～5 000 年前，气候波动剧烈阶段，环境较差

这一阶段一方面继承前阶段暖湿气候的特点，当时温度有高于现今 3.5℃ 的可能，如犀牛（rhino）发现于西安半坡遗址（6 800～6 300 年前），现代只限于印度、缅甸境内；扬子鳄（*Alligator sinensis*）发现于山东大汶口、兖州王因遗址（6 000～5 500 年前），现只限于北纬 31°附近的长江支流中。此外，敦德冰芯记录显示，存在着三次降温事件，特别是中间一次降温在华北和华东都很明显，长江下游平均温度比 6 500～6 000 年前下降 1℃ 以上。海南岛 7 000～5 000 年前的孢粉组合中，栗、松的占

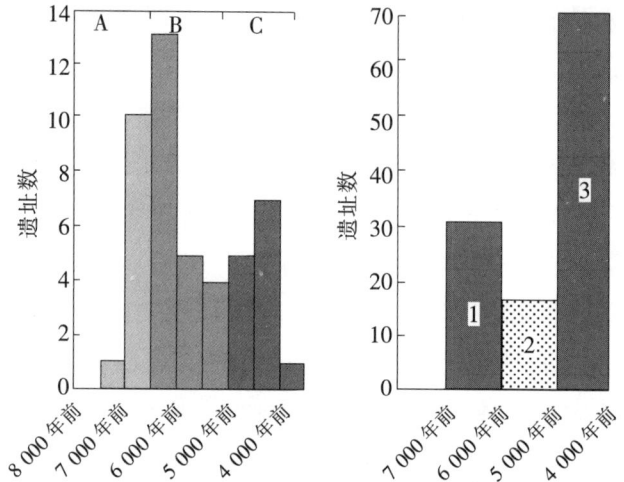

图 1-1　黄河中游陕西省与长江下游太湖地区文化遗址的 $^{14}C$ 年代统计

左：A. 前仰韶文化　B. 仰韶文化　C. 龙山文化
右：1. 马家浜文化　2. 崧泽文化　3. 良渚文化

比增加，反映出气候偏干。太湖地区崧泽文化遗址比前阶段马家浜文化遗址数也有所减少（图 1-1），似说明当时的人类生活环境质量有所下降。

距今 5 800～4 900 年前被登坦（Denton G. H.）称为第二冰期，冷峰出现于 5 300 年前左右，南北半球的山区都出现冰川前进，天山乌鲁木齐河就有过一次（5 380±150）年前的冰河前进。

### （四）距今 5 000～3 000 年前，大暖期以后的两千年

其中距今 4 000 年前为气候波动缓慢的亚稳定暖湿期。本阶段气候环境较上阶段有所改进，北方以黑陶为特征的龙山文化和长江下游的良渚文化的兴起，遗址数量猛增（参阅图 1-1）。现在是半干旱草原区的宁夏海原菜园子遗址（距今 4 635～4 245 年）出现松林占优势的孢粉组合。山西襄汾陶寺遗址（距今 4 500～3 900 年）出现落叶、阔叶和常绿针叶（松为主）的混交林。长白山区的落叶、阔叶林依然茂盛，温度较现在高 3℃ 左右，但这一时期北纬 45°～50°地带的湖泊水位已经下降，内蒙古、青海、西藏的湖泊仍是高湖面，似表明季风降水的北缘有所南撤，中国绝大部分地区气候仍比现在为温暖。到了距今 4 000 年前左右，是一个多灾难的时期，

在敦德冰芯氧同位素（$\delta^{18}O$）记录曲线中，出现较宽浅的冷谷，甘肃齐家文化遗址气温和降水突然下降，农业区北界南移 111 千米。中国东部有传说中历时数代的灾难性大洪水，可能导致了龙山文化和良渚文化的结束。大禹治水的传说深深印入古代人民记忆中，世代相传不衰，应该视为是客观现实的反映。这次灾难以后，直到 3 000 年前，气候仍然比较暖湿，现今南方热带的亚洲象（Elephais maximus）还能生活在北纬 41°的河北阳原，而亚洲象现在只分布于北纬 24°的云南省西南部。长白山以南的孤山屯、江苏建湖和庆丰、四川螺髻山等多点的孢粉分析，都表明大暖期的植物一直保留到距今 3 000 年之后，才逐渐衰落。竺可桢以 3 100 年前为中国暖期的结束，是基本正确的。

## 三、中国远古的湖泊及其变迁

湖泊的变迁和增减，在很大程度上影响到生态环境的变化，从而影响到人类的生活、迁徙以及农业起源分布的格局。全新世是农业起源与发展的关键时期，这一时期湖泊的变迁是从更新世时的湖泊演变而来的，所以需要从 3 万年前开始回顾。

方金琪对中国 61 个湖泊的 185 个取样点所获得的 519 个放射性碳测定数据进行了分析，结合历史文献记述，对中国湖泊演变规律进行了相当有价值的论证。[1]他指出，距今 3 万年以来，有 3 次湖泊高水位时期，即 30 000～24 000 年前、22 500～20 000 年前和 9 500～3 500 年前。在最后一次的"末次冰盛期"（Last glacial maximum，LGM）以后，湖泊的恢复显得非常缓慢，而且有很大的地区差异。然后又因最后一次冰期开始而逐渐退缩。据 18 000 年以来湖泊演变的特点来看，可以区分出 3 个主区和 6 个亚区（详后）。

西藏高原和中国西部山区因有充沛的融雪水供应，使这一带的湖泊在 LGM 之后不久，即达到它们的最大水位。华中和华北的湖泊水位则直接受控于降水量和蒸发量。绝大多数的湖泊，其最高水位都出现于距今 9 500～3 500 年前。至于华东低地的湖泊，其发生或恢复则与河床淤积及江河水位上升有密切关系。而江河水位上升则又与全新世海平面上升及人类的农业活动有关。全新世中后期，大多数湖泊都恢复并扩大了。现将方金琪所归纳的湖泊演变的五个时期，自远至近，简述如下。

E 期（距今 20 000 年前）：本期许多湖泊经历了它们自晚第四纪以来的最高水位。云南的滇池和华东低地的落马湖，其 40 000～25 000 年前的水面要较全新世的最大水面还大 3 倍。

---

① Fang J Q. Lake evolution during the past 30 000 years in China, and its implications for environmental change. Quaternary Research，1991，36（1）：37 - 60.

D期（距今20 000～16 000年前）：华东的太湖、落马湖、鄱阳湖、洞庭湖约在距今20 000年后完全干枯，迟至3 000～2 500年前才恢复。西南的滇池、洱海及华南的田洋湖在20 000～14 700年前也急剧收缩，只有西北的青海高原和西藏高原的湖泊在18 000年前仍保持高水位。

C期（距今16 000～10 000年前）：本期是个过渡时期，湖泊的发育地域间差异错综复杂，西藏高原的许多湖泊在经历了LGM期间的长期干枯以后，又恢复了。据中国科学院专家考察队的考察研究，绝大多数的湖泊在冰后期和后冰期（15 000～12 000年前）达到最高水位，它们的水位要比现在的水位高10～200米。许多现在的咸水湖在当时都泛滥满溢，形成一系列淡水污泥沉积。地质钻探表明，现在的中国沿海大陆架和华东低地，在后冰期的早期阶段曾有过一些湖泊，它们是在17 000年前形成的，以后因海平面上升而淹没或成为海底的港湾。许多低水位湖泊要较D期更为持久而多，而且大多数湖泊都在这一时期彻底干枯了。

B期（距今10 000～3 000年前）：本期又可再分为$B_3$（10 000～7 500年前）、$B_2$（7 500～5 000年前）、$B_1$（5 000～3 000年前）3个亚期。各亚期中的湖泊在距今9 000、8 500及3 600年前各自达到它们的最高水位。不连续的突兀的水位下降，发生于$B_3/B_2$及$B_2/B_1$的中间，即约距今7 500年前和5 000年前。从全国看，B期是湖泊大量发育并达到后冰期以来最高水位的时期。这在干旱和半干旱地区及西藏高原最南部尤其确凿，而且也与历史文献记述一致，即现今的沙漠中在历史早期也有许多的大型湖泊。现在的黄土高原和华北平原湖泊数量很少了，可是历史记载中在2 000年前曾有过许多的湖泊。中国东部低地的一些湖泊如白洋淀、彭蠡泽和云梦泽，都是在全新世中后期才形成的，同时还有许多的小湖泊，湖泊的总数要远多于后继的A期。

A期（距今3 000年前至今）：中国的湖泊水位从距今5 000年前出现第一次下降的信号，特别以干旱和半干旱地区为明显。到了距今3 000年前时水位急速下降，有许多湖泊永久性干涸了。据方金琪对历史文献的统计，绝大多数有记录的古湖泊，是在3—6世纪、11—13世纪及17—20世纪这几段时期里消失的。这是中国过去2 000年里3次干旱的时期。

湖泊的盛衰与气候、环境条件密切相关，而且十分复杂。30 000～18 000年前的资料缺乏，难作分析。方金琪把注意力集中于LGM之后，分析中国湖泊的性质与气候及环境改变的关系。湖泊的恢复在LGM之后，进行得很缓慢，而且地域的差异极大。西部高原和山地的许多湖泊在LGM之后恢复得很快，而其余地区的湖泊直到全新世早期（中国中部及北部）仍没有恢复，华东地区到全新世中晚期还没有恢复。他把近18 000年来全中国的湖泊划分为中国西部（Rw）、中国中部及北部（Rc）、中国东部低地（Re）3个主区和6个亚区。这3个主区基本上与中国地形的走势一致。

如果把距今18 000年以来的中国湖泊数的出现频率及水位高低联系起来，用图解表示，犹如图 1-2 所示。

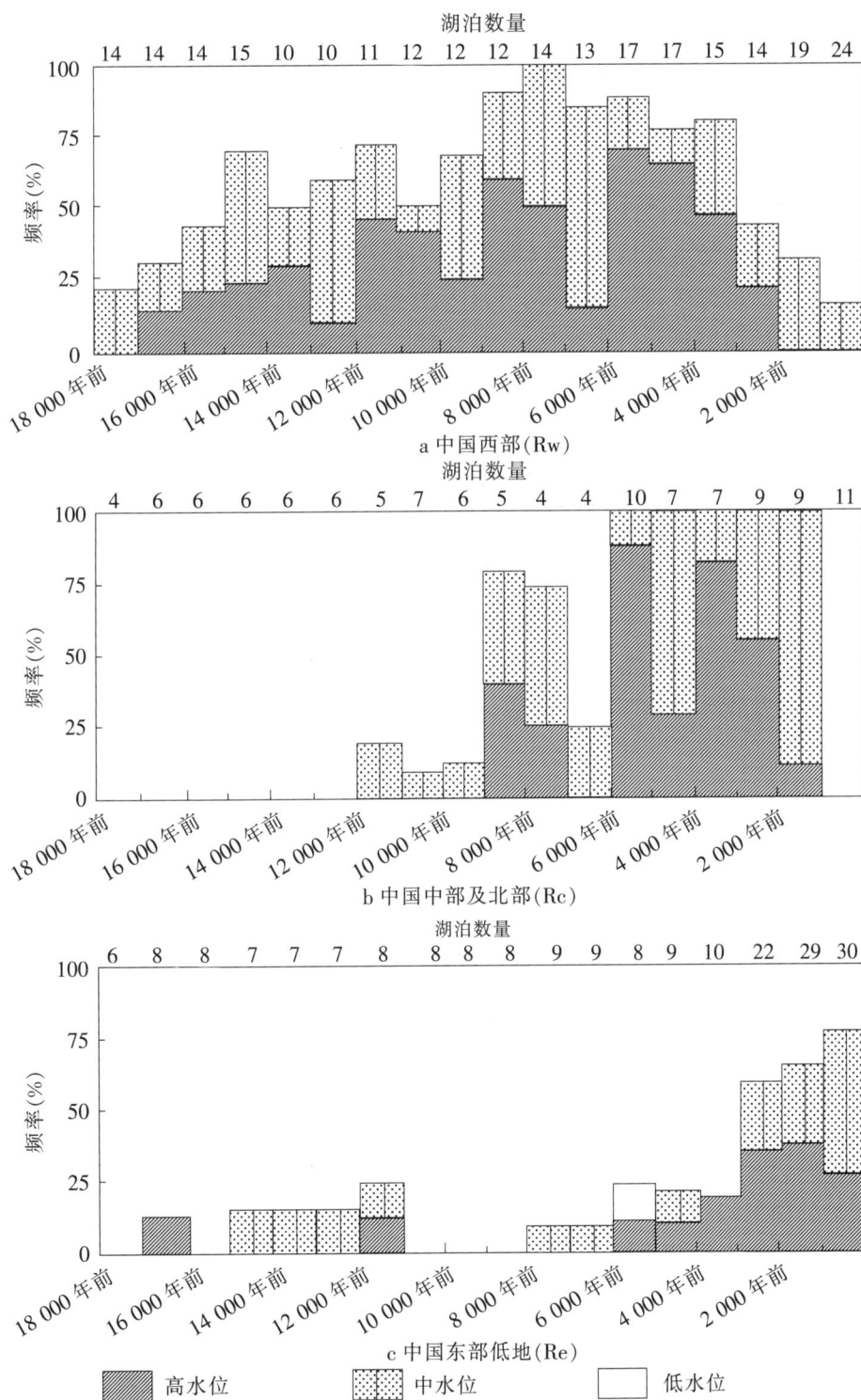

图 1-2 距今 18 000 年以来中国三大湖泊区水位的演变图解

（方金琪，1991）

从图1-2中可以看出，当全新世中晚期以后，中国绝大多数湖泊趋于涸水时，东部低地的许多湖泊却在形成，到全新世晚期达到最大值，而且其中有些湖泊至今还在继续扩大中。中国东部区低地湖泊通常形成于冰后期或全新世早期，但随着海平面升高，有部分没入海底，以后到全新世中晚期才又重现。中国中部及北部区的湖泊发育取决于降水量，所以大多数湖泊的最大期出现于距今9 500～3 600年的湿润期。据估算，岱海湖区的年平均降水量在距今8 000年前及6 500～5 500年前约比现在年平均降水量442毫米多出43％（即多出的降水量等于或大于188毫米）。中国东部低地区中，全新世许多湖泊的形成与河床淤塞和河流的溢水期有关，最佳的例子是沿长江中下游的诸湖泊——洞庭湖、古云梦湖（江汉平原）、东湖（武昌）、鄱阳湖等都是年轻的湖泊，只有5 000～2 000年的湖龄，它们首先是在贴近长江处发育，湖盘通常是开口的，或者受长江水位影响而封闭。它们的溢水口通常朝向长江，因而它们水位的高低常受长江水位的控制。在江水季节性的低水位时，湖面即迅速随之缩小。此外，长江中下游的水位在全新世曾经上升，河床急剧淤积。研究指出，河床淤积和水位上升同海平面在LGM之后的升高有关，连带又影响到湖泊的发育。所以湖泊愈高于邻近江区的长江水面，湖泊必然距离江口愈远，也说明了湖泊愈年轻。

总的看，中国的湖泊水文并不完全受控于降水量和蒸发量，湖泊的演变在过去3万年里与冰期及间冰期的气候变化及环境条件密切相关，就全中国而言，湖泊高水位发生在距今30 000～24 000年前、22 500～20 000年前及9 500～3 500年前这三个时期。在LGM之后许多湖泊消失了，另外许多湖泊缩小了。根据近18 000年以来湖泊演变特点，中国西部多数地区的大多数湖泊在LGM以后迅速获得恢复，并达到最大值。这可能是充足的融雪水所引起。中国中部及北部区、西藏高原南部的湖泊水文直接受控于降水量，这些地区的大多数湖泊在9 000～8 500年前、6 500年前及3 600年前各自达到其最大面积。中国东部低地区的湖泊发育则与河床淤积及江河水面上升密切相关，而这又主要由间冰期的海平面上升引起，绝大多数湖泊在全新世中期和晚期得到恢复。

以上关于中国湖泊的演变的三个大区划分，各区有各区的环境背景，各自与原始农业的起源、发展有一定的对应关系。西部区高原地带最后一次湖泊的高水位盛期，发生在9 000～3 500年前这一阶段，湖泊水分的来源不单取决于降水，更主要的是取决于春季的融雪水，两者相加，超过当地的蒸发量，才保证了湖泊的高水位。而融雪量的增加则由于温度的升高。较现今为高的气温，加上水源的充足，促使沿河流和湖泊周围的动植物资源繁育丰盛，高原地区的早期居民正是在这种得天独厚的条件下，定居于河流湖泊附近，既便于生活、捕捞，又可以进入林地采集、狩猎，并逐步向农耕和畜牧发展。

华北地区的湖泊与西部地区完全不同，湖泊水文完全受控于降水量。在距今8 000年前后和距今6 500～5 500年，是一个降水量相对充沛的阶段，这是磁山文化、仰韶文化发展的基本保证，也是水稻得以在黄河流域很早就分布的原因。随着以后降水的减少，湖泊面积缩小、数量减少，因而水稻在华北始终未能进一步得到发展，而只能愈来愈依赖旱作的粟、黍和麦类。长江中下游的湖泊绝大多数形成于距今2 500年前后，极少数形成于距今5 000年前后，所以像湖南澧县一带发现的许多距今9 000年前的稻作遗址，与古代的云梦泽或洞庭湖区无关，属于另一种生态环境。东部沿海地区受海侵、海退的影响极大，龙山文化和良渚文化是海退以后发展起来的，最后一次海侵可能是导致良渚文化消失的重要原因。

中国新石器时代自然环境的特点是由四大高原——青藏高原、黄土高原、云贵高原和内蒙古高原组成一个半月形的屏障，环抱东部的中国平原，中国的原始农牧业就是在这一环境下逐渐发展起来的。

中国的河流众多，其明显的特点是最大的黄河和长江都是自西向东流入大海，只有西南的怒江、澜沧江等是自北向南流的。江河的不同流向，导致人种的分布和农业类型的差异。南北向的江河流域，地势陡峭，河水落差大，同一纬度地区的温度，高低相差很大，可以兼有从热带到温带的气候，这使得农作物的种类、生育期都很不一样，不可能有像平原那样的产生一定规模的成片农田的景观。从西向东流的长江和黄河流域，各自在纬度上的相差不是太大，这使得它们各自处于相近似的光照、温度和生育期之下，而且这也是一年四季和二十四节气得以划分的理想地带，可以随季节而种植各种各样的作物。这种情况是世界农业所罕见的。

中国新石器时代起始于距今9 000～6 000年前，一般延续至距今2 000年前。这一时期与旧石器时代的不同在于：新石器时代早期仍大量使用打制石器，也开始较普遍地出现磨制石器，并且日趋定型化，提高了效率；中晚期有发达的穿孔工艺，长江流域尤其普遍，穿孔是为了装柄，制造复合工具；流行石铲、石刀、石镰等农业生产工具，是进行农业生产的实物证明；有些形制如石斧、石锛、石镰、石镞等，与后来的同类金属器物，显然有继承发展的关系。[①]

# 第二节　黄河流域远古的自然环境

## 一、黄土的成因和分布

更新世气候的特征是干燥和湿润多雨期的几度交替，但总趋势是逐渐趋向干

---

① 施雅风、孔昭宸、王苏民等：《中国全新世大暖期的气候波动与重要事件》，《中国科学（B辑）》1992年12期。

燥。在干燥期间，中亚内陆沙漠的粉尘被上升气流输送到 2 000 米以上的高空，然后随西风带的高空气流，自西向东飘移，到华北地区以后，逐渐大规模沉降下来。这些高空粉尘在比较多雨的时期里，被大量的雨水、河水和湖水不断地冲刷，冲刷出来的黄土，沉积在沿河地区和较低的平原地区。先后干燥期间，形成了先后不同的黄土地层；先后多雨期间，形成了先后几层河湖相沉积（fluvial-lacustrine deposits）。更新世这种长期倾向于干燥的气候中间，有几度较湿润的时期，使得先后形成的黄土层中，往往有发育较好的埋藏土壤层。

黄土的分布十分广泛，西起新疆、青海的一部分，覆盖甘肃、陕西、山西、河北的大部，向东延伸到山东、内蒙古、东北三省的一部分，向南大体上以秦岭、伏牛山、大别山为界，四川也有零星的黄土分布。最典型的黄土，集中于黄土高原。黄土高原主要位于黄河中游长城以南一线，地界为北纬 $34°\sim41°$、东经 $101°\sim114°$，面积约 63 万千米$^2$。黄土高原西起青海日月山，东至太行山，南抵秦岭，地跨青海、甘肃、宁夏、内蒙古、陕西、山西、河南七省区。黄土高原的黄土是风成的，华北平原的黄土则是冲积的、洪积的、坡积的和残积的。黄土的总面积超过100 万千米$^2$。[1]

## 二、黄土的特征

黄土通常呈浅黄色或浅灰色，也有微带粉红色的细土。黄土的质地疏松，多空隙，颗粒很细。黄土有两个重要特征，一是有垂直的柱形纹理，因含有石灰质（氧化钙），呈碱性，这种柱形纹理一般都是在干旱条件下形成的。另一特征是未曾风化或风化程度很弱。在冰期中，西北各高山的冰川规模，比现代高山的冰川要大得多，冰舌下伸的高度低，阿尔泰天山、昆仑山、祁连山乃至喜马拉雅山北坡，都发育了山麓冰川。冰川的规模愈大，冰川运动过程中与基岩研磨所产生的细粒物质也愈多，它们为冰水所携带，沉积在冰川前缘，形成冰水沉积平原，这是黄土生成的物质来源。占黄土组成 50％以上的石英（二氧化硅）细粒，其中的一部分是由冰川搬运磨蚀所成。又因冰期的气候寒冷，机械风化比现在更为强烈，可以提供碎屑物质，以供风力搬运。同时，气候寒冷，当时的蒙古高气压中心较现在的冬季更为强大。西北地区有更多的细屑物质供风力搬运，客观上又有强大的风力，能搬运这些细屑物质，二者相结合，冰期就成为风力大量搬运并堆积黄土的时期，也决定了黄土的风化程度不高甚至未风化的特征。黄土因风化程度低，故颗粒中的矿物质连同比较容易溶解流失的碳酸盐，大体上都未溶解损失，这也反映了黄土区域自然条

---

① 〔美〕何炳棣：《黄土与中国农业的起源》，香港中文大学出版社，1969 年，16～20 页。

件的干燥。黄土这种未发育或发育程度低的土壤，在降水量有限而蒸发量大的条件下，即使碳酸盐和部分他种基盐长期被溶解，其表土层以下还是积累一层碳酸盐、石膏等，因而土壤呈中性、略碱性或高度碱性。这类土壤和长江流域以南的红土，适成鲜明对比。长江以南气温高，降水充沛，森林茂密，土壤风化分解和发育完全，所以一般都呈酸性。[1]

## 三、黄土区域的古动物

黄土区域古动物的特点是适应干旱草原条件的一些有代表性的动物群，如鼢鼠类（*Myospalax* sp.）、鸵鸟（*Struthio* sp.）、马类（*Equus* sp.）、鹿类（*Cervus* sp.）等，和黄土中的孢粉分析一致。黄土中也发现过一些如象、犀牛、竹鼠、河狸等的化石层位，它们都发现于不同时期的河流冲积或湖相沉积中，比较喜湿动物的化石一般只出现于河湖相沉积中。不能因这些动物的存在，而怀疑黄土成因主要是长期干旱。黄土区河湖相地层和史前及上古时期排水不良的地带，因水分较多，生长着丛林，是犀牛、象、竹鼠、香猫等喜湿暖的动物生活繁殖的地方。河南古名"豫"，"豫"在甲骨文中作人牵象状。西周时陕西还有犀牛，至战国时犀牛南移至长江流域。[2]

## 四、黄土区域的古植物

科研人员对黄河流域的三门峡区域，山西午城、离石，河北燕山南麓及北京平原、辽东半岛和西安半坡仰韶文化遗址等处，都进行过孢粉分析，时间上起更新世初期，下至新石器时代。周昆叔分析认为："当时的植物是不丰富的。在稀疏的草原植物中，夹杂着零星的榆和柿等乔木树种。说明当时的气候环境属于半干旱性气候，与今日该处之气候相仿。"北京平原泥炭沼泽的孢粉分析显示，当时的原始植被，既非草原，也非森林，而是草原、森林兼而有之。并在低湿地区有一些湿生和沼泽植被的分布。森林成分中以栎树为主，混杂着一些松树，并且混生有榆、椴、桦、槭、柿、鹅耳枥、朴、胡桃和榛等乔木、灌木植物。草原植物有蒿、禾本科和藜科植物，并混有麻黄，代表着旱生的干草原类型；也有一些中生的草甸草原类型的植物，如蓼科和伞形科植物。[3]

———————————

[1][2] 景才瑞：《中国黄土形成的气候条件、时代与成因》，《地理学报》1980 年 1 期。

[3] 〔美〕何炳棣：《黄土与中国农业的起源》，香港中文大学出版社，1969 年，16～20 页。

# 第三节　东北和西北地区远古的自然环境

## 一、东北地区的自然环境

据邓辉的研究，全新世大暖期燕北地区（燕山山脉以北、大兴安岭南段山脉以南、冀北山地以东、辽西丘陵以西，即北纬 41°～44°，东经 117°～121°）自然区划上为温带半湿润、半干旱地区，农业与畜牧业交叉分布，正是以自然环境的差别为基础的。[①] 据考古发掘，燕北地区的兴隆洼遗址，距今7 500～6 500年，这一时期是全新世气候的最适期，中纬度地区的年平均温度较现在高 3～4℃，降水量增加，暖温带落叶、阔叶林带向北推进约 333 千米，燕山以北直到大兴安岭南段在当时都属暖温带气候。兴隆洼文化遗址的分布有一个共同特点，即全部位于临近湖泊或河流的黄土台地上。湖泊、河流可提供鱼蚌之利，周围的河谷低地或山前平原上的暖温带森林可以提供采集的食物，生长在林下或草地上的食草动物鹿、狍子等是人们的肉食来源。继兴隆洼文化之后的赵宝沟文化遗址（距今6 200～6 000年前），其聚落规模超过兴隆洼，自然环境与兴隆洼时期相差不多，仍然保持暖温带气候。到了红山文化（距今6 000～5 000年前）时期，环境条件虽然仍然较好，但要比兴隆洼和赵宝沟时期为差，全新世鼎盛时期已接近结束，环境条件有下降趋势。但红山文化的内涵却相反，无论建筑规模、制陶工艺、石器、玉器制作，都显示出高度发达的新石器时代铜石并用文化特色。这种文化发展与自然条件发展相反的趋势，值得注意，似乎表明文化发展既依靠自然条件，也有克服不利自然条件的能力。

## 二、西北地区的自然环境

中国西北处于沙漠地带，农业只能存在于绿洲之内。中国北方多沙漠和沙漠化，其原因与中国北方特殊的地质构造有关。在地质时期，中国北方曾存在过大海、大湖。新疆南部、西藏北部、青海西部曾是古地中海的一部分，辽宁、吉林、黑龙江三省西部曾是古松辽大湖，后来由于地质构造运动，海洋和湖泊消失，变成陆地。但海洋、湖泊中沉积的粉砂并没有消失，后来被黄土或土壤覆盖，处于潜伏状态。人类的活动一旦破坏了地表上层以及地表土层生长的森林植被，地下伏沙即会出现，在风力作用下形成沙丘。沙漠考古学者认为，多沙的地理环境，干旱的气

---

① 邓辉：《全新世大暖期燕北地区人地关系的演变》，《地理学报》1997 年 1 期。

候，只是沙漠化产生的物质基础和条件，人类活动才是造成沙漠化的决定性因素和主要原因。①

新疆的地理环境至第四纪，其山文结构、高原地貌和大气环流的现代格局，已基本建立。昆仑山、阿尔泰山和中部天山隆起，南北疆平原被隔离于山脉间，大洋湿润气流抵达境内已成强弩之末；夏季东南季风受山脉屏障，不起作用；冬季则有西伯利亚寒流长驱直入，故夏季燥热，冬季干冷，太阳辐射强烈，是典型的大陆性气候，冬季和夏季昼夜温差都甚大。降水量年仅 150 毫米，蒸发量则达 2 000 毫米以上。但山地降水量与平原不同，一般有 300～500 毫米，天山西部甚至有 800～1 000 毫米。降水以冰雪形态常年积聚于海拔 3 000 米以上的高山地带，对河流水量起调控作用。高山冰雪融水和中、低山地暖季降雨汇聚成河，泄入荒漠平原，凡是潜水渗透或径流淤灌之地，便成为天然绿洲，以及野生动植物繁殖之地，人类活动之场所，亦即原始游牧、农耕的起源地。

从天然绿洲向农业绿洲发展显然需要漫长的过程。据调查，新疆野生植物有 3 569 种，绝大多数分布于南北疆的绿洲，及有潜水的沙漠戈壁。这些植物多属干旱植物区系。野生动物现存 580 余种，均属古代延续下来的物种。绿洲动物同样有适应干旱地区环境的特性。凡此，给前农业时期的采集、狩猎、渔捞经济提供了条件。

但天然绿洲可供采集的植物资源相对来说是很贫乏的，绿洲植物的优势乃在能够养殖众多的绿洲动物，所以狩猎经济远胜于采集经济，发达的狩猎经济必然会促成畜牧业的早熟，这也决定了新疆的绿洲种植业既较为薄弱，又较为后起。绿洲农业的资源基础薄弱，过度的发展，必然导致绿洲萎缩，最后以沙化结束。这种历史的教训，今天看来越发清楚。

新疆出土的作物如小麦、黍、粟等都系耐旱的谷物，它们是本土驯化或外域引入。新疆的传统作物如胡麻、棉花、苜蓿、葡萄、瓜类等，在新石器时代遗址中都没有发现，而在汉代以来的古墓葬中却大量出现。新疆的气候条件非常适宜于保存作物种子、果实、动物遗体、人工制品等，出土有十分完整的大小麦种子，但其年代经 $^{14}$C 测定，都只有距今 4 000～3 000 年的历史。故此不可轻言新疆绿洲作物必为本土起源，倒使人有理由认为本区的作物是由东西两路引入的。②

---

① 景爱：《关于沙漠考古的若干问题》，《中国文物报》，1997 年 8 月 10 日。另见景爱：《沙漠考古通论》，紫禁城出版社，1999 年。

② 张波：《新疆绿洲农业起源考释》，见王玉棠等主编：《农业的起源和发展》，南京大学出版社，1996 年，155～170 页。

# 第四节　长江流域远古的自然环境

长江流域从距今 200 万年前的旧石器时代早期起，就有人类活动。长江中游地区的旧石器时代遗址，主要集中在武陵山至武当山一线的东部山区，是中国古人类及古文化由中国西南地区向黄河流域及北方地区迁徙和传播的通道。到新石器时代，长江流域在中国文明起源和形成中的地位和作用愈益明显。黄河流域的自然气候条件远较长江流域复杂和多变化，相对而言，长江流域气候一直较为温暖，降水较为充沛，但中下游受海平面的升降影响要大于黄河流域，这些在上节已有叙述。这里着重说明长江中游仙人洞遗址和下游太湖地区的自然气候条件问题。长江流域文明要素出现较多的地区即文明萌芽的中心地区有两个：一是中游的洞庭湖平原、江汉平原和鄱阳湖平原及它们的周围地区；二是下游的太湖地区及其周边地区。

## 一、长江中游（以仙人洞遗址为例）的自然环境

长江中游的自然环境特点是湖泊众多。湖泊在全新世以及更早的时期里有很大的变迁，和原始农业的起源关系密切。这在上节湖泊变迁部分已详细论及，这里不重复，只以较具体的仙人洞遗址为例，作些补充。

江西万年县大源镇境内的仙人洞和吊桶环两个遗址，是 20 世纪 60 年代以来发掘研究的遗址，已显示出其内涵的重要性。1995 年对这两个遗址进行了再次发掘，揭示出遗址地层的叠压关系，采集一批样品供植物硅酸体、孢粉分析及 $^{14}C$ 测定之用。出土的大量自然遗物和人工遗物，为探讨长江中游、华南地区旧石器时代末期至新石器时代晚期的古环境和农业（稻作）起源提供了极其重要的资料和线索。

仙人洞遗址是 20 世纪 60 年代初发掘的，海拔 800 米。1995 年的第二次发掘取样结果显示，整个地层可分四层，第二层为上层堆积，第三、四层为下层堆积。两大层出土遗物有很大差异，如上层有夹粗砂陶片，下层则没有；上层有较多的水生动物螺、蚌壳和鱼镖之类，下层则少见或不见。上层有磨制石器，下层只有打制石器。

吊桶环遗址是一高出盆地约 30 米的岩棚遗址，遗址同样可分为两层，上层出土有大量的兽骨、磨制石器、骨器、穿孔石器及粗砂陶片等，下层出土遗物与仙人洞一致。可能是栖息于仙人洞的原始人类在这一带狩猎的临时性营地和屠宰场所。

从部分 $^{14}$C 测定数据来看，两处遗址的上层距今 14 000～9 000 年，属于新石器时代早期，下层距今 20 000～15 000 年，结合出土遗物来看，应属旧石器时代末期或中石器时代——这是在中国发现的从旧石器时代向新石器时代过渡的最清楚的地层关系证据。孢粉分析表明，上层禾本科植物突然增加，花粉粒度较大，接近于水稻花粉的粒度。植物硅酸体分析，上层有类似水稻的扇形体。[1]

## 二、太湖地区的自然环境

太湖地区包括江苏南部茅山以东、宜溧山地以北，浙江的杭嘉湖平原及上海市的部分地区。地质构造上，太湖地区处于江南古陆的东北端，中生代末期由于强烈的构造运动，产生了上海、阳澄湖、太湖、常州几个断陷盆地。新生代以来，由于该区继续下沉，在几个盆地内填满了新生代的沉积物。今天的太湖即位于古太湖构造盆地里，是发育于冲积平原上的宽浅型构造湖。

据景存义研究，晚更新世玉木冰期，气候寒冷，海平面下降，在太湖平面上沉积了一层黄褐色、棕黄色、暗绿色的粉砂质亚黏土，区内形成由西南向东北倾斜的地面。[2] 根据太湖地区全新世以来的沉积物、动植物化石、泥炭层、古文化遗址，特别是气候变化等分析，全新世的古地理环境演变可分为：早全新世（距今10 000～7 500 年），中全新世（距今 7 500～2 500 年），晚全新世（距今 2 500 年至现在），其中以全新世中期最为关键。

**1. 全新世早期** 玉木冰期末（距今 10 000 年前后），全球性气候变暖，海平面上升至今海平面下 40 米左右，至距今 8 000 年，海平面上升至今海平面 -10～-15 米。太湖地区东部与其他地区一样，在距今 8 000～7 500 年时海平面在 -10～-15 米。全新世早期太湖地区的古地面，仍然是自西南向东北微倾斜。区内地表流水切割更新世晚期堆积的黄褐色粉砂质亚黏土，在低洼处堆积湖沼相灰色黏土或泥炭层。这时的植被为以针叶林为主的落叶混交林-草原类型，反映出当时凉干的气候。

**2. 全新世中期** 本期初，随着全球性气候转暖，海平面持续上升。在距今 6 000 年前后，海平面上升至江阴周庄、常熟福山及太仓、嘉定、金山一线，处于相对稳定状态。在海岸线附近因波浪作用而形成沙堤（上海称外岗）。这时的海平面为冰后期的最高海平面。由于海平面抬升，太湖地区原向北、向东北流的河流，因比降减小，引起河口泥沙淤积，河流下段被淹，再加上潮汐作用的顶托，使河流中下游两岸洼地积水而沼泽化。沼泽内生长茂密的水生植物，为太湖地区泥炭的形

---

① 刘诗中：《江西仙人洞和吊桶环发掘获重要进展》，《中国文物报》，1996 年 1 月 28 日。

② 景存义：《太湖地区全新世以来古地理环境的演变》，《地理科学》1985 年 3 期。

成和积累创造了条件。太湖地区的泥炭多形成于这一时期,最早的是形成于距今6 670~6 000年,其次在距今5 845~5 260年,以后是距今4 000~2 650年。泥炭层深埋在3米之内,而现今太湖地区最低洼的地方,地面海拔高度也有3米上下。加以太湖地区自更新世晚期以来,长时间处于断续沉降过程中,说明了这些泥炭层形成时,地面是高于当时海平面的。关于全新世高海平面(距今6 000年前后)的理解,国内外学者间尚有不同看法,分歧在于当时的海平面是高于今海平面还是与今海平面相近。景存义根据该地区全新世早期以来的沉积物、泥炭层、动植物化石,以及当时人类活动的大量遗迹,论证全新世以来太湖地区一直是陆相环境,未出现过海水淹没整个太湖地区的高海平面过程。

**3. 全新世晚期** 太湖地区北部的长江大喇叭口,由于长江搬运的大量泥沙沉积,逐渐形成今日的河口形态,使太湖地区排水不畅、沼泽化,促进了太湖的形成及扩大。本地区自全新世中期以来,一直处于沉降过程中,新石器时代一些古文化遗址,如吴江梅堰遗址被淹埋于地面之下2.7米。可以设想,马家浜文化时期梅堰的古人居住的地面高度至少相当于现在的地面,即高出吴淞0.3米,但它现在却埋于地面下2.7米,说明从梅堰古人(距今5 848年)到现在,地面以平均每年0.45毫米的速度下沉。全新世中期以后,由于气温较前期降低,植被出现落叶阔叶、针叶混交林,并有较多的环纹藻、眼子菜、黑三菱、水鳖等水生植物,反映出当时太湖地区属明显的沼泽环境,有利于泥炭的形成,至今还可发现全新世晚期的泥炭点。

全新世中期在太湖地区广泛分布的四不像(麋鹿)、鹿等野生动物,由于人类的大量捕杀,到5—6世纪都已先后绝迹。

## 三、宁姚平原(以河姆渡遗址为例)的自然环境

姚江平原是宁波绍兴平原的一部分,西起曹娥江,东至甬江,南界四明山地,北临杭州湾。平原高程大部分在5米以下,但有不少孤丘和低山凸出于平原上。姚江平原的形成历史与太湖地区完全不同,据吴维棠的研究,姚江平原是年代较新的平原(图1-3),在其南部2~3米深处,即可看到全新世的海相地层。[①] 余姚河姆渡新石器时代遗址第四文化层之下,为青灰色淤泥质黏土,即全新世中期的海相层,产有孔虫:褐色砂栗虫(*Miliammina fusca*)、卡纳利单栏虫(*Haplophragmoides canariensis*),还有海相的马鞍藻(*Campylodiscus*)。这一海相地层遍布平原区,在河姆渡地区附近它厚达15米左右,顶面埋深3~4米。河姆渡遗址第四层

———————

① 吴维棠:《七千年来姚江平原的演变》,《地理科学》1983年3期。

的[14]C 年代为距今6 960年，这片平原的成陆年代，当在距今8 000～7 000年（图1-4）。成陆过程中有间歇性，最近一次成陆之前，经过几次潟湖期，留下了几层泥炭或黑色有机质。

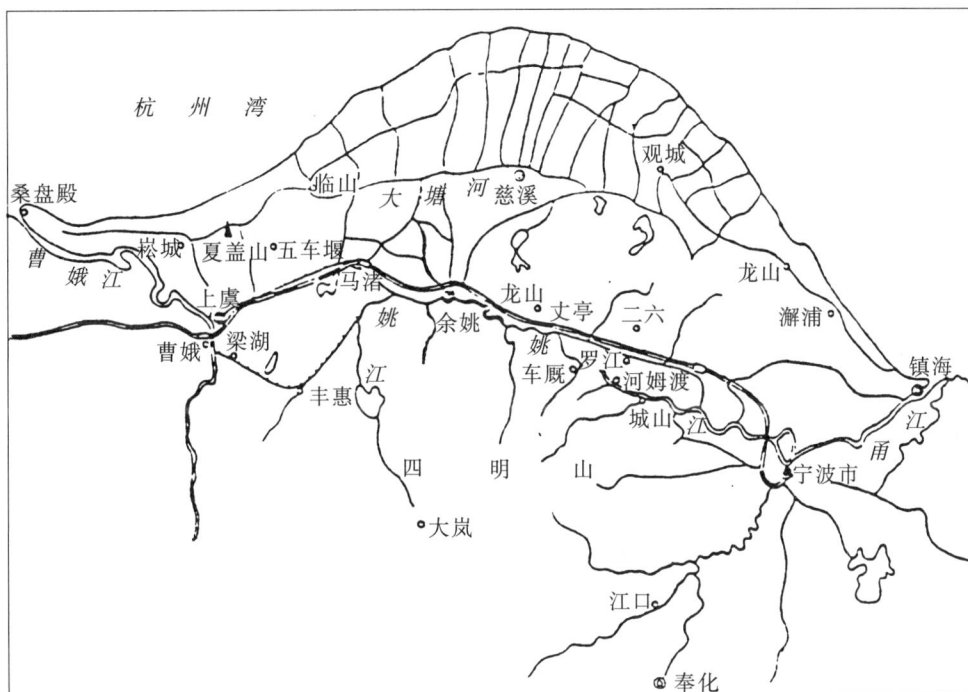

图 1-3　姚江平原位置

（吴维棠，1983）

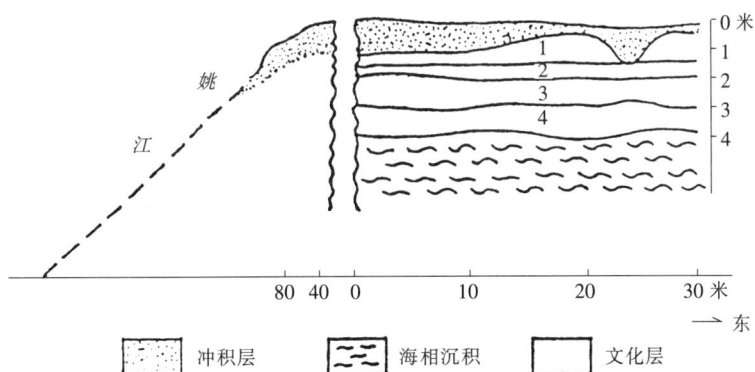

图 1-4　河姆渡遗址地层剖面

（吴维棠，1983）

平原南部在距今7 000～6 000年前已大都成陆。近年来相当于河姆渡第二、第三文化层的新石器时代遗址（余姚辋山、慈溪童家岙）在平原上都有发现，即是证明。当时成陆不久，低处湖泊众多，距潮间带也不远。河姆渡遗址第四文化层的微体古生物中，有广盐性的有孔虫、介形虫、硅藻；花粉中有大量的水生植物，其中少数属于海滨环境的藜科植物，表明是一个湖沼环境，但还受咸潮和残留于土壤中的盐分的影响。那时，丈亭—二六市—河姆渡之间的三角地带是个大湖泊，河姆渡居民即定居于湖滨。平原南部成陆之后，曾发生过湖泊扩大和沼泽化的反复过程，较明显的沼泽化时期有过两次，一次距今6 500～6 000年，属第三文化层时期；另一次距今5 500～5 000年，属第一文化层时期。距今5 900～5 500年，水生植物的花粉大量增多，如香蒲从先前的占5％～13％，猛增至50％左右，表明水域在扩大（图1-5）。这些对于理解与分析当时的稻作农业生产情况有很大启发。

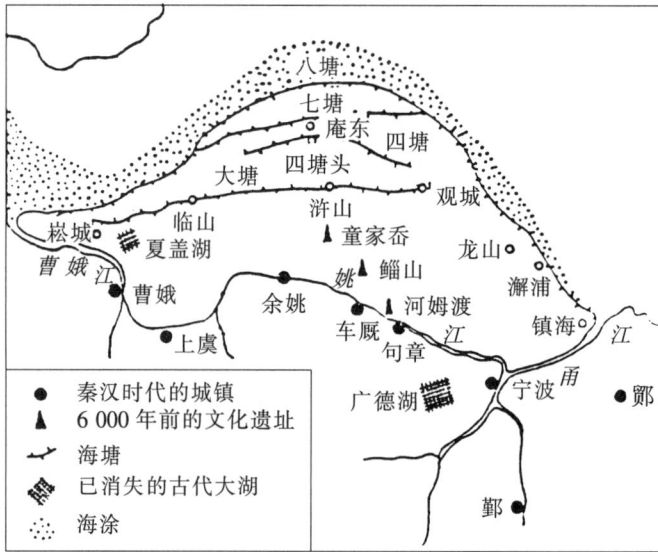

图1-5　姚江平原古遗址分布

（吴维棠，1983）

王开发等根据藻类化石、古植被等的研究结果，对宁波平原自晚更新世至全新世的古气候，做出一目了然的总结，有助于我们对这一带包括河姆渡在内的古气候和环境条件的概括性理解，现归纳如表1-1所列。①

---

① 王开发、张玉兰：《宁波平原晚第四纪沉积的孢粉、藻类组合及其古地理》，《地理科学》1985年2期。

表1-1 宁波平原晚第四纪孢粉、藻类组合及其古地理特征

| 地质时代 | 气候期 | 沉积环境 | 气温曲线 −5℃ 现代 +5℃ | 古气候 | 古植被 | 藻类化石 |
|---|---|---|---|---|---|---|
| 全新世晚期 | 亚大西洋期 | | | 温暖湿润 | 落叶阔叶、常绿阔叶混交林 | 盘星藻、直链藻等 |
| 全新世中期 | 亚北方期 | | | 温和略干 | 落叶阔叶、针叶混交林-草原 | 环纹藻、刺球藻 |
| | 大西洋期 | 滨海-浅海 | | 热暖潮湿,气温比目前高2~3℃ | 以青冈栎、栲属为主的常绿阔叶林 | 蜂窝三角藻、圆筛藻、刺球藻 |
| 全新世早期 | 北方期 | | | 温和,气温比目前低1~2℃ | 有少量常绿阔叶树的落叶阔叶林 | 环纹藻、刺球藻 |
| | 前北方期 | 滨海 | | 温凉略干 | 以槲树、槲栎为主的落叶阔叶、针叶混交林-草原 | 盘星藻、刺球藻 |
| 晚更新世 | 武木Ⅱ期(大理Ⅱ冰期) | 湖泊 | | 寒冷干燥,气温比目前低4~6℃,降水比目前少500~800毫米 | 以柏、松、混有云杉、冷杉的针叶林-草原,禾本科为主 | 环纹藻、盘星藻 |
| | 武木亚间冰期(大理亚间冰期) | 海湾 | | 温凉湿润 | 以麻栎、青冈栎为主的常绿阔叶、落叶阔叶混交林 | 辐射圆筛藻、细弱圆筛藻、多束圆筛藻、网眼藻、异端藻、桥弯藻等藻和刺球藻、个别盘星藻 |
| | 武木Ⅰ期(大理Ⅰ期) | 河湖 | | 冷凉干燥 | 以针叶树为主的针叶、阔叶混交林 | 环纹藻、盘星藻 |

# 第五节　华南地区远古的自然环境

以上讲到更新世末至全新世时期的自然和气候条件的演变时，可以看出受影响最大、变化最明显的是大西北、大东北和黄河流域，其次是长江流域。在全新世的大暖期里，南方的动植物资源向北繁衍，使北方也享有亚热带的动植物资源，大大促进了原始农业的发展，聚落繁荣，人口滋长，原始文明灿烂。反观华南地区，因其本身处于亚热带之内，虽然也受到间冰期海平面升高或下降、温度升降的一些影响，但一般说来，动植物资源的分布变化并不像北方和长江流域那么巨大。就是说，华南地区的气候和资源条件，对于农业的起源，从理论上说是最有利的，而实际上从考古发掘和有关材料来看，华南地区的农业起源，至今所知，却是较为后起的。其原因很值得进一步研究。

## 一、湘南（以玉蟾岩洞穴遗址为例）的自然环境

地处北纬 25.5°的湖南道县玉蟾岩（当地称蛤蟆洞）洞穴遗址，洞穴位置高出地面 5 米，经 1993 年和 1995 年两次发掘，表明其是旧、新石器过渡阶段遗址。与玉蟾岩遗址性质相同的附近的三角岩遗址的陶片，经 $^{14}$C 测定，距今 （12 060±120） 年。

洞穴内的生活遗迹主要是烧灰堆，没有灶坑，灰堆中富集炭屑和动物烧骨。石器有石核、石片、砍砸器、刮削器、切割器、石刀等，制作为单面加工，粗糙简单，石器风格类似岭南全新世早期黄岩洞、独石仔洞遗物。另有骨锥、骨铲、牙饰、蚌器等。

动物残骸中哺乳动物有 20 来种，以鹿科的水鹿、梅花鹿、赤麂、小麂等为多。肉食类动物有熊、鼬、水獭、猪獾、貉、大小灵猫、赤子狸、果子狸、野猪等。但鸟禽类的数量更多，占 30% 以上。此外，水生动物如鲤鱼、草鱼等鱼类及龟、鳖、螺、蚌等也不少，冰后期洞穴中并有螺蚌的堆积。植物种子、果核、茎、叶共 40 余种，以朴树籽最丰富。凡此皆反映了当时的居民是过着采集、渔猎的生活。

值得注意的是，1993 年发掘的层位中均有稻属硅酸体，经农学家的鉴定认为是普通野生稻，这当然是完全可以理解的。1995 年的一次发掘，在层位较晚的土层中，发现了两颗水稻谷壳，但只一颗形状完整，据鉴定，认为是一种由野生稻向栽培稻演化的古栽培稻类型。[1]

---

[1]　袁家荣：《玉蟾岩获水稻起源重要新物证》，《中国文物报》，1996 年 3 月 3 日。

## 二、两广地区的自然环境

广西境内的新石器时代遗址分洞穴、贝丘和山坡三种类型，早期的代表有桂林甑皮岩遗址和南宁地区贝丘遗址。其共同的特征：①都有较厚的螺蛳、贝壳堆积。遗址内有居住地、墓地，甑皮岩洞穴还有火烧坑、石器制作场和石料贮藏点。②打制石器仍继续使用，但磨制石器已成主要生产工具。骨器、蚌器大量使用，甲刀、蚌刀、蚌匕很有特色。③陶器处于手制阶段，以绳纹夹砂陶为主，器形主要是直口深腹圜底的釜、罐。④墓葬多集体丛葬，葬式以蹲踞为主，骨架作垂首、弯腰、屈肢状。⑤社会经济以采集和渔猎为主，出现原始农业。[①] 所谓原始农业，是指块根块茎类植物如木薯、芋艿等的栽培。

甑皮岩遗址处于一个峰丛平原，其间发育众多的石灰岩溶洞和地面或地下河流，分布着各种各样的水陆动植物资源。从距今12 000年起，便有人类在这里居住，他们在此生息了5 000多年，直到距今7 000年左右才迁离。据研究，本地区的气候在距今8 500年到距今3 800年左右基本比较温暖湿润，这期间有一些波动，并在距今8 500、6 800、5 000和4 000年左右有几次比较温暖的峰值。甑皮岩遗址周围的植物资源，从2001年发表的孢粉和植物硅酸体组合来看，总体而言以草地植被为主，有少量林木在遗址附近生长，在气候比较温暖的时期针阔叶林木的数量可能有所增加。蕨类植物孢子在遗址各期文化中都有发现。各种木本和草本的植物可以提供果实、纤维、药品、燃料等资源。木本的松属和桑科可供燃料，部分种子可食用，栎属、栲属和棕榈属中有可以食用的果实，这些植物也应当是甑皮岩史前居民重要的食物资源。禾本科中的许多亚科包括竹亚科、黍亚科，以及十字花科、豆科和棕榈科都包含了许多可以食用、药用、制成纤维等多种用途的品种。遗址中普遍发现的蕨类，不少种属的根茎含有丰富的可食淀粉和其他营养成分，其嫩叶也可食用。此外，根据浮选和器物残余物分析，在孢粉和植物硅酸体中"不表现"的块茎植物，也是当时重要的植物资源。甑皮岩遗址出土的动物共计108种，其中贝类47种，螃蟹1种，鱼类1种，爬行类1种，鸟类20种，哺乳动物37种。有生活在水草茂盛的湖泊、河流、池塘、河沟和湿地草丛中的中国圆田螺、圆顶珠蚌、短褶矛蚌、背瘤丽蚌、蚬以及陆生螺等贝类，栖息于沼泽、池塘和其他丛生隐蔽物的浅水地带或山边溪流附近的树林的草鹭、池鹭、鹳、鹨和栖息于暴露的岩坡、干燥的山谷间的石鸡等鸟类，有栖息在山林、岩壁、河谷、溪流、草丛中的猕猴、红面猴、豪猪、兔、貉、豺、狗獾、猪獾、水獭、小灵猫、椰子猫、花面狸、虎、麝、

---

① 曾骐编著：《新石器时代考古教程》，广西人民出版社，1992年，72~75页。

獐、赤麂、小鹿、水鹿、梅花鹿、牛、苏门羚等哺乳动物。说明甑皮岩遗址附近的地貌环境为石山、河流或湖泊、沼泽、森林、灌木丛和草地等。另外，甑皮岩遗址发现了一些属于热带或亚热带的动物，包括中国现已绝迹的热带动物犀，证明当时的气候明显比现在要温暖湿润。这种动物构成与黄河流域、淮河流域和长江流域新石器时代遗址出土的状况有相当大的区别，但与华南地区新石器时代早期包括贝丘遗址在内的洞穴遗址或长江三角洲地区年代较早的遗址，却比较相似。表明甑皮岩遗址与岭南地区同时代的其他遗址处于大体相同的自然环境中。①

广东境内的新石器时代文化更属晚出，代表性的石峡文化遗址年代在距今4 800～4 300年。早于石峡文化的是位于广州西南面珠江三角洲的西樵山遗址。该遗址从20世纪50年代末开始发掘，至20世纪80年代，共发掘出石器制造场所20余处，累计出土的石器材料数以万计，与山西怀仁鹅毛口并列为中国南北两个大规模的石器制造场所。与石器共存的是大量的贝壳堆积层，贝壳标本经$^{14}$C测定，年代距今5 500～5 000年（未经树轮校正），较石峡文化为早。西樵山打制石器的性质，可归纳为以下四点：①磨制技术较为粗糙，陶片也较原始，属新石器时代早期；②大部分石器具有旧石器时代晚期特征，很可能属于中石器时代；③出土石器遗址的年代从新石器时代早期延续到晚期，最晚的地点与广东及东南沿海的几何印纹陶文化是同一文化系统；④西樵山遗址的年代为新石器时代初期之末或中期之初。

西樵山遗址是制石器的场所，不是聚落居住点，贝壳是石器打制人的食余垃圾堆积。制石者除就近取食海贝类以外，应当还吃食淀粉类食物，以满足热量需求，但都没有出土的实物可资研究，根据民俗学的资料，最为可能的是食用块根块茎类的作物（详第三章）。

曾骐认为，对照河姆渡、罗家角等遗址已有发达的耜耕农业来看，这种先进的农业信息势必影响到华南地区，使珠江三角洲的细石器渔猎基地经济结构发生改变，农业生产工具如斧、铲、锛的需求增加，导致西樵山制石场产品的改变。西樵山有种类众多的双肩石器，广东中部、南部、海南岛等地区在距今5 000～4 000年形成一个双肩石器为特征的分布区，它向北影响了石峡文化、大溪-屈家岭文化，向西演变为桂南地区的大石铲文化，向南和东南可能散布到中国台湾、菲律宾，并与闽、赣、浙一带出土的有段石锛有千丝万缕的关系。②

---

① 中国社会科学院考古研究所等编：《桂林甑皮岩》，文物出版社，2003年，251～285页。
② 曾骐编著：《新石器时代考古教程》，广西人民出版社，1992年，111～135页。

## 三、闽台地区的自然环境

闽、台两省隔海相望，海峡最狭处为130公里。台湾西部出土的剑齿虎、剑齿象、犀牛、野牛、野猪、大角鹿以及中国内地所独有的麋鹿等大型哺乳动物的化石证明，这些古脊椎动物都不可能游过海峡，到达彼岸，而是远古时期沿着连接着的陆地迁徙到台湾去的。后来在中全新世中期，发生了世界范围的大海侵，在海峡西岸，这次海侵淹没了闽江、九龙江、韩江等几乎所有河流的河口和海湾，使一系列基岩山和丘成为与大陆隔离的岛屿，其形成年代距今6 000～5 000年，称黄隆期海侵。所以大陆史前人早在海侵之前迁徙到台湾，远较两岸因海侵隔离后的来往，更为方便。不宜把两岸的来往局限于海侵以后。

1988年福建清流县沙芜乡洞口村狐狸洞内发现一枚古人类牙齿化石，推断其年代距今1万多年，与台湾长滨文化先民的生存年代相当，且他们都是以洞穴为生活场所。台湾的长滨文化遗址是1968年在台东县长滨乡八仙洞发现的，出土有6 000多件石器和100多件骨角器，距今约15 000年，据研究可以看作大陆旧石器文化向东南发展的一支。

进入新石器时代，闽、台的新石器文化关系就更密切了。早些的有壳丘头文化和大岔坑文化。1985年在福建平潭县平原乡南垅村发掘了壳丘头遗址，石器中有一定数量的打制石器，还有少量磨制精细的穿孔石斧、石刀和杵、臼等。最富特色的是用蚶类贝壳齿纹压印在陶器口部和肩部的贝齿纹夹砂陶。这类遗存在闽、粤一带有多处发现，在台湾的遗址里更多，与台北大岔坑文化的联系更为密切。壳丘头文化和大岔坑文化所处地点都是背山面海，农作物以薯芋为主，狩猎以鹿、猪等中小动物为主，大量的贝壳堆积反映出捕捞是极其重要的海产经济。大岔坑文化的陶器也是夹砂、体厚、饰贝齿纹等，其年代经测定为距今6 000多年，与壳丘头文化的年代相当。台北市圆山儿童乐园背后的大贝冢，即是大岔坑时期的遗存。

稍迟于壳丘头文化的是福建昙石山和台湾凤鼻头文化。昙石山文化以磨制的石锛（横剖面呈等腰三角形）为典型，骨器以镂孔贝刀和贝耙为特征，陶器以绳纹居多。凤鼻头文化距今5 000～4 500年，与大岔坑文化没有继承关系，却和大陆马家浜、崧泽、河姆渡及昙石山文化有着明显的类似，可能是后者影响之下而产生的。福建福清东张遗址发现稻谷遗迹，台湾凤鼻头遗址陶片有稻谷的遗留，说明这些地方在四五千年前已经种植水稻。①

---

① 欧潭生：《闽台考古文化源远流长》，《中国文物报》，1997年6月15日。

## 四、华南农业起源是否较华中、华北为迟

华南地处热带亚热带，动植物资源之丰富，远远胜过其他地区；作为栽培稻祖先的多年生野生稻，在华南的分布点，较诸其他任何地方要多，何以水稻的驯化栽培远迟于华中甚至华北地区？这个颇为棘手的问题，需要从几方面加以分析。

第一，人们有一个先入为主的看法，即一提及农业起源，就想到华北的黍、粟和华中、华东的水稻，恰好这一旱一水两大类作物都是起源最早、分布又最广，考古发掘上再也没有比黍粟和稻谷更普遍更早的作物了。如若换一种角度看，无性繁殖的块根块茎类植物才是远较禾谷类为早的栽培植物，只不过它们的含水量极高，没有像谷壳那样的外衣保护，不可能像禾谷那样碳化保存下来罢了。

第二，华南到处存在的贝丘遗址，年代并不迟于北方，尽管有诸如石杵、石臼、石磨等加工工具，可就是不见谷物遗存。于是把贝丘和加工石器解释为采集、狩猎生活方式的反映。但如果从膳食结构必须满足人类基本生理需求分析，贝壳类（当然还有鱼类）只代表动物蛋白质来源，原始人每天劳动所支出的约2 400千卡[①]热量，不可能都来自采集，主要应是来自块根块茎类的作物。这是贝丘遗址隐藏着的一个重要信息。块根块茎类植物种植早于水稻，可以找到人类学的例证。尽管南洋群岛也有多年生野生稻分布，但岛上的原始农耕人最初种植的是块根块茎类植物而非水稻。如菲律宾有灌溉的水田和梯田，最初都用以种芋，种稻要迟得多。在新喀里多尼亚和夏威夷，还有塔希提岛（大洋洲），也有灌溉的栽培芋。因为芋的种植远较水稻简单省事，而且块茎类可以提供人们所消耗能量的三分之二，却只占用三分之一的土地。[②]

第三，华南的野生稻虽然很多，但是通过采集所得的数量，远不及块根块茎类那么方便而丰富，即劳力的投入与所得之比，很不合算。

从以上分析看，华南以块根块茎类作物种植为主要内容的农业的起源未必比华中和华北迟。

不过，应该承认，在相当长的时期内华南的原始农业似乎只是局限于某些点，其发达程度远逊于华中、华北的一些原始农业文化，也迟迟没有形成较大的农业区。究其原因，亦与自然环境有关。远古时代华南森林密布的环境，高温、多湿的条件，许多地方并不适于人们的生活。除了毒蛇猛兽之类的危害以外，特别是还有一些危害人的传染病，就是古籍记载中屡见不鲜的所谓"瘴气"。如《山海经·大荒西经》

---

① 卡为非法定计量单位。1 卡≈4.18 焦耳。
② 游修龄：《百越稻作与南洋的关系》，《农业考古》1992 年 3 期。

载："寿麻，正立无景，疾呼无响，爰有大暑，不可往也。"又，《粤西丛书》载："瘴，二广唯桂林无之，自是西南，皆瘴乡矣。瘴者，山岚水毒与草木渗气，郁勃蒸薰之所为也，邕州两江水土尤恶，一岁无时无瘴。"[①] 这些记述是有事实根据的。所以有史以后，唐宋之前，历代王朝总是把罪犯和谪贬的官员迁徙到岭南去。最后，还有一些条件如土壤黏重，缺乏合适的工具等也成为限制的因子，就不赘述了。

# 第六节 原始农业时期居民的聚落组织

## 一、原始农业时期居住条件的变化和原始聚落

农业是自然再生产和经济再生产的结合，它既离不开自然环境，也离不开人的活动。根据古史传说的资料，中国远古时代主要有华夏、东夷、苗蛮三个部族在活动。华夏部族发祥于黄土高原，沿着黄河东进，散布于黄土区域的中部及北部的部分地区；华夏部族内部又分为黄帝和炎帝两支，按《史记·五帝本纪》的说法，黄帝是五帝之首，夏、商、周的始祖都与黄帝有关。夏的始祖禹，商的始祖契，周的始祖后稷，同是黄帝的后人，从而黄帝被誉为中华先民的共同始祖。东夷部族大致活动于今山东、河南东南、安徽中部一带，传说中的太皞、少皞、蚩尤、伯益、后羿、皋陶，都属于这个部族。苗蛮部族主要活动于今湖北、湖南、江西一带，传说中的伏羲、女娲、三苗、驩兜、祝融氏，都属于这个部族。

五帝时期是历史的传说时代，文献所记炎黄二帝的阪泉之战、黄帝蚩尤的涿鹿之战，难以找出确凿的证明，未必可信。但作为不同部落之间因各种矛盾引起的战争，完全是可能的。从考古资料看，传说中的五帝时期（前2500—前2300）与河南龙山文化、河北龙山文化、山东龙山文化、屈家岭文化大体相当，已经是发展程度较高的原始农业晚期了。至于在此以前的原始农业早期，是哪些文化集团的氏族部落在活动，还有一层厚厚的帷幕尚未揭开。同时，限于条件，我们尚不可能把古史传说中远古各族群同新石器时代遗址——"对号入座"，在这里只能就新石器时代居民的居住条件演变、聚落分布情况、聚落居民的氏族性质等作一些探索。

一般地说，原始居民的住所受当地自然条件的制约，时间愈早愈明显。早在狩猎阶段的时候，原始人利用天然洞穴为住所。洞穴连称，其实洞和穴是有区别的。洞指高出地面的山洞，穴则指处于地面以下的孔穴。所以"峒"通"洞"，"洞"是

---

① 转引自吴仁德、王玉棠：《原始农业演变及发展之文化地理要素——粤西个案》，见王玉棠等主编：《农业的起源和发展》，南京大学出版社，1996年，271页。

· 47 ·

有水的峒，"侗"指住在峒里的人（侗后来获得村的义）；而"地窖""孔窦""窟窿"等都从穴。南方多潮湿，又天然有很多石灰岩洞穴，所以原始南方人多洞居；北方降水较少，黄土又干燥，富有垂直节理，宜于穴居，所以原始北方人多穴居。当然，南方也有穴居，北方也有洞居，这不是绝对的划分。洞和穴都有很好的躲避风雨、抵御野兽侵害的作用。傣族世代相传的古歌谣中，有两首名叫《叫人歌》和《关门歌》，唱的是狩猎时期他们的祖先住在山洞里，每天一早，由一位老人打开洞口，唱起叫人歌，催促小伙子们、姑娘们快快醒来，准备出洞打猎、采集。傍晚太阳快下山时，老人则唱起关门歌，呼唤天色不早了，洞口就要堵塞了，小伙子们、姑娘们赶快回洞吧。后来傣族下到平川从事种稻了，这些古歌谣早已没人知晓，更没人会唱了，这里所说的两首歌谣是从抄写私藏、世代秘传的古傣文中抢救翻译出来的，弥足珍贵。[①]

如果说南方狩猎时期以洞居或"巢居"为主的话，那么进入原始种植业以后，人们慢慢转到地面居住，创造出"干栏"居的方式来（详后）。而北方则从穴居上升为半穴居的方式，进一步转为完全的地面居住。洞穴居住时期，人们还是依赖天然的或人为加工的洞穴存身，到了半地穴居和干栏居时，人们已经能通过劳动，克服自然条件的局限性，建造起生活条件大有改进的房屋供居住。居住条件的这种改进，恰恰是与农业、畜牧业的发展同步的。因为农业所使用的工具如石刀、石斧等也是造房子的工具。而弓弩、投枪和渔网、竹篓等渔猎、采集工具则与建造房屋无关。可以说是农业促进生产的同时，也带来生活条件的改善。

能够在地面居住，是从狩猎过渡到种植的反映，定居的农业，促进了人口的增殖，人口增加和农业增产，又会导致房屋数量的增添和房屋建筑的分化，如大屋、小屋、仓库等。分化了的房屋，就需要一定的布局，形成了各具特色的聚落，这是顺理成章的事。可见地面定居实在是原始人生活演变中的一件大事。

如果说原始人的住所由于南方和北方自然条件的不同而呈现出较大的差别，那么，原始聚落的演变南北各地却具有较多的一致性。这种演变大体上与原始农业经济的发展同步，并体现了原始人类社会组织的变化。约自前1万年甚至更早开始的新石器时代早期，目前尚未发现由多座完整房屋等建筑构成的完整聚落。但从遗址堆积及遗迹遗物等观察，当时大都已实行相对定居。在南方，人们往往继续利用天然洞穴、岩厦，过着相对稳定的生活。前7500—前5000年（或称新石器时代中期），随着农业在经济结构中逐步占据主要地位，较大的农业聚落渐次形成。彭头山文化晚期澧县八十垱遗址、兴隆洼文化敖汉旗兴隆洼聚落、裴李岗文化舞阳贾湖聚落等可以作为代表。这时期一般聚落规模仍较小，面积超过 5 万米$^2$ 较大型的聚落为数

---

① 岩温扁、岩林译：《傣族古歌谣》，中国民间文艺出版社，1981 年。

不多。前5000—前3000年（或称新石器时代晚期），原始农业经济臻于繁荣之境，聚落数量骤增，规模扩大，文化堆积更为深厚和丰富，聚落往往由居址、窑场、窖穴、公共活动场所、墓地等设施组成，体现出较统一的规划和严密的布局。这一时期的前段，聚落结构大体仍然体现氏族社会平等的精神；这一时期的后段，则出现聚落间日益明显的分化，形成中心聚落和普通聚落的等级差别，有些地方已开始出现了城址。前段代表性聚落有黄河中游仰韶文化半坡类型的姜寨、半坡、北首岭、大地湾甲址，和北方地区赵宝沟文化的赵宝沟遗址，红山文化前期的西台遗址等。长江下游河姆渡文化的河姆渡早期遗存，则代表了这一时期别具特色的另一种聚落类型。前3000—前2000年（新石器时代末期，或称铜石并用时期），即所谓龙山时代，在经济发展的基础上社会进入完全转型时期，聚落之间进一步剧烈分化，具有中心地位的大型聚落与周围多少不一的中小型聚落，形成等级和主从关系的聚落群体架构，许多中心聚落往往建成较大型的城址。[①]

以下就北方及南方一些典型的遗址，对原始农人的居住情况作些介绍分析。

## （一）兴隆洼遗址聚落

兴隆洼遗址位于内蒙古赤峰市敖汉旗兴隆洼镇兴隆洼村，地处大凌河支流牤牛河下游右岸一东西向低丘岗地下。其年代距今8 000年左右。从1982年到1993年进行了6次发掘，共揭露面积3万余米²，清理出兴隆洼文化房址170余座、窖穴或灰坑500余个、居室墓葬30余座。

兴隆洼一期聚落是中国迄今所知保存最完整且经过全面揭露的新石器时代聚落。房址均为半地穴式建筑，平面呈长方形或圆角方形，均无门道。居住面多系在原黄生土地面上直接砸实而成，灶址均为圆形土坑，多位于室内中部或略偏东北，灶壁略斜，底部平整，有的灶坑底部铺垫有石块。所有房址均沿西北-东南方向成排分布，排列齐整。通排共有8排，每排房址数量为10～13座，夹排有3排。室内面积较大，通常每座为50～80米²。最大的两座房址并排位于聚落的中心部位，室内面积各140余米²。居住区外侧环绕一道椭圆形围壕，直径为166～183米，西北侧留有出入口，宽4.6米。围壕宽约2米，现存深度0.5～1米。兴隆洼一期聚落经过周密规划，统一营建，其布局井然有序。二、三期聚落仅清理了部分房址，可大体看出房址亦成排分布，但不如一期规整。部分房址系在一期聚落废弃的房基上重建而成，基本上沿用了一期聚落原有的布局；还有些房址分布在一期聚落的西北外侧，个别房址直接叠压在一期聚落的围沟之上，室内面积每间为15～50米²。

窖穴或灰坑多分布在室外，有的排列稀疏，也有的集中分布。部分房址内分布

---

① 任式楠：《我国新石器时代聚落的形成与发展》，《考古》2000年7期。

有窖穴，多沿四周穴壁分布。平面多呈圆形，也有的呈椭圆形或长方形。以直壁平底坑为主，也有少量的袋形坑。直径最大的超过3米，最小的不足0.5米。居室墓葬的形制基本相近，墓口均呈长方形，墓壁较直，底部平整。通常一座房址内仅有一座墓葬，也有个别房址内埋有两座墓葬。居室墓在室内的位置比较固定，多位于室内东北部偏中、东南部或西北部。墓主皆为单人葬，多仰身直肢。墓主头向朝北或东北。随葬品以小型器物为主，主要有陶、石、骨、玉、蚌器等。多成组放置在墓主人头骨周围，或直接佩戴在墓主人身上，也有的放置在墓葬填土内。M118位于F180东北部偏中，是二期聚落内规格最高的一座居室墓葬。墓主人是一位成年男性，其右侧葬有两头整猪，一雌一雄，均呈仰卧状，占据墓穴底部近一半的位置。

兴隆洼期聚落保存完整，且经过全面发掘，这是目前中国第一个揭露出围壕、房址和窖穴等全部居住性遗迹的史前聚落，或誉为"华夏远古第一村"。这类以围壕环绕成排房址为主要特征的史前聚落形态，则被称为"兴隆洼聚落模式"，为中国史前聚落形态考古研究提供了新的基点。[①]

## （二）贾湖遗址聚落

河南省舞阳县贾湖遗址距今8 000年以上。该遗址可以分为第一期和第二、三期两大段（或早期和中、晚期）。早期聚落的特点是居址和墓葬数量不多，墓葬和居址杂处，两者分离的过程尚未开始，独立的公共墓地尚未形成，反映出贾湖早期聚落的原始性。鉴于旧石器时代晚期山顶洞人的居址和墓葬同处一个洞穴之内，由此推测，贾湖早期聚落的这些特点可能来自人类的洞穴时代。又，居址内房屋分布也大体集中，但显得零乱而缺乏统一规划，与仰韶时代姜寨、半坡、元君庙、大河村等聚落的规划谨严形成鲜明对照。

中晚期聚落较之早期聚落有如下变化：房屋和墓葬数量大幅度增加，如果全部都揭开，5个墓葬群均可在百座以上。二期中段的墓葬和窖穴数量最多，文化遗存最为丰富，是贾湖聚落最繁荣时期。到三期后段，房子、窖穴、墓葬数量明显减少，文化遗存也不如二期丰富，可能标志着聚落的衰落。居址与墓地的分离过程业已开始，独立的公共墓地已经形成，出现了长时期连续不断的家族墓地。房屋-环壕是内向的、封闭式的，但不像同时期的兴隆洼和仰韶时代那样整齐划一，这种聚落形态，开仰韶时代封闭式内向型环壕的先河。有两组居址其陶窑已相当集中并与居住区逐渐分离，而且每组居址都有自己的制陶作坊区。为独立的制陶作坊的产生和制陶专业化打下基础。

---

① 杨虎、刘国祥：《红山文化的源头——兴隆洼原始聚落遗址》，载李文儒主编：《中国十年百大考古新发现（1990—1999）·上册》，文物出版社，2002年，149～155页。

住房方面，发现的45座房址，大体上可分为半地穴式和地面式两大类，以半地穴式为主，共42座，占93%，地面式只有3座，占7%。半地穴式中又分单间和多间两种，以单间为主，有37座（占发现房址的88%），多间5座（12%）。多间的半地穴式房间面积一般都不大，最大者有24米²，最小者连门道在内不足5米²。单间房中平面呈椭圆形者有23座（51%），圆形者6座（13%），鞍形和不规则形者各3座，方形和近方形各1座。面积最大者长径9.5米，短径5米，面积达52米²。若以10米²以下者为小型，10～20米²者为中型，20米²以上者为大型，则小型房有31座（其中早期为7座，中晚期24座），中型10座（早期4座，中晚期6座），大型仅4座（早期3座，中晚期1座）。房子的门道以斜坡式为主，有19座，其次为台阶式，有17座，还有5座因是浅地穴式，门道不明显，可能是平地直接出入。3座地面式房子均未见有明显的门道。

那些面积不大的房子，中间还被灶坑占去一部分，没有太多的活动空间，推测人们不可能平躺下来睡觉，而可能像现代一些少数民族那样，只是靠墙壁蹲踞而睡，特别是半地穴式房子，室内潮湿是不可避免的，蹲踞也是一种适应环境条件的睡眠方式。

严文明在研究姜寨聚落时曾提出过小房子住3～4人，中型房子住10人，大型房子住20多人的推算公式，贾湖聚落与姜寨聚落虽然文化性质和时代各不相同，但也有相似之处。如也按此式推算，31个小型房子可住90～120人，10个中型房子可住100人左右，4个大型房子可住80人左右，则总共可住280人以上。按当时已发掘房址面积占房址总面积的二十三分之一推算，则聚落先后总人数可在6 440人以上。贾湖遗址从建立至废弃共延续了约1 200年，当时人们的平均寿命以30岁及按20年为一代计，聚落日常的平均人数可在160人以上。贾湖共发掘349座墓葬，约有460个人体个体的骨骼。按当时已发掘墓葬面积占墓葬总面积的三分之一推算，则该聚落日常活动的人口有260人左右。这在当时已是一个比较大的聚落，加上这里有较为发达的精神文化和物质文化，作为一个中心聚落当是没有问题的。但实际情况恐怕要复杂得多，因为贾湖的三个发展阶段中，早期延续的时间要长得多，早中期之间肯定有一段缺环。从陶器发展序列上看，一、二期之交文化面貌的剧变，如鼎的出现，大量泥质陶的出现，和夹炭、夹蚌与骨屑、夹云母片与滑石粉陶系的出现等表明，一、二期之间该聚落可能中断过一段时期，而二、三期的衔接则较为紧密。这样算来，贾湖聚落平时的人口数可能超过上述的数字。

贾湖早期可能有约400年的历程，只发掘了42座墓葬，占总墓葬的12%，早期房子数量只占总数的31%，但以墓葬更能反映人口数量。若依早期墓葬推算，当时的人口数量还是较少的，聚落的规模也不是很大。贾湖中期经$^{14}$C测定，经历了约400年，这一阶段的房子和墓葬数量都大有增多，7孔骨笛和龟甲契刻符号都见于本期，这是继承了早期数百年的发展历程，至此人口和文化大有发展。晚期发现墓葬 139 座，而房子仅数座，遗址内精神文化产品的减少、墓葬中随葬品的减少，都反映出晚期人口有减少的趋势，盛极一时的贾湖聚落逐渐衰落了。贾湖晚期，降水量可能进一步增加，东侧的湖沼水面向西扩展，遗址东半部已很少有晚期遗存发现，从遗址文化层上静水沉积层的形成看，贾湖聚落可能最终毁于水灾，聚落上变成了一片汪洋。①

## （三）仰韶遗址聚落

仰韶文化在经过大面积揭露的遗址中，以半坡、北首岭和姜寨 3 处半坡类型的居民聚落的布局最为清楚。半坡遗址约50 000米²，聚落呈不规则圆形，居住中心约30 000米²，外围有宽 6~8 米、深 5~6 米的大壕沟，沟北为墓葬区，沟东为制陶窑场。居住区分南北两片，以小沟为界，中间有道路相通。北片共发掘出 40 多座房子，其中靠南一座为公共活动的大房子。北部为几十座中小型房子，面向大房子略呈半月形分布，周围还有成群的窖穴和儿童瓮棺葬。姜寨遗址的居住区内发现同一时期的房子 100 座，分 5 个居住群，都环绕一个面积较大的中心广场，每个群落前面有一座大房子，附近围以 10~20 多座中、小房子，还有许多窖穴和儿童瓮棺葬。房屋的门都对向广场。居住区外围绕小沟道，两沟道交接处有平直的通道。沟外东、东北和东南三面是公共墓地。仰韶共发掘出约 400 座的房子，房子的形式有圆形或方形半地穴式，圆形或方形地面式，晚期还出现了地面连间式，但这时期仍以半地穴式最流行（图 1-6、图 1-7）。

图 1-6　仰韶文化遗址房屋复原图

资料来源：宋兆麟、黎家芳、杜耀西：《中国原始社会史》，文物出版社，1983 年，369 页。

---

① 河南省文物考古研究所编著：《舞阳贾湖（下卷）》，科学出版社，1999 年，955~956 页。

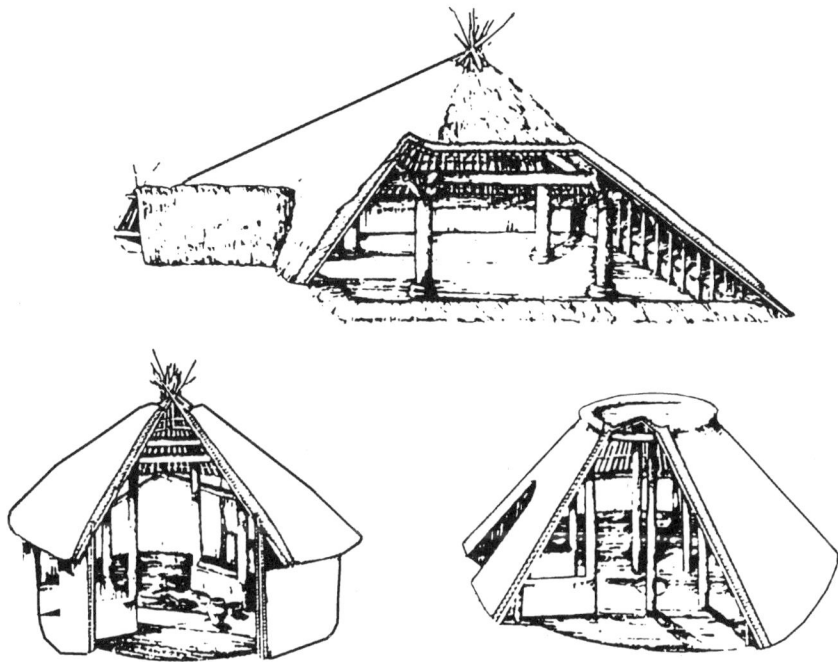

图 1-7　仰韶文化遗址房屋复原图

资料来源：Clark G. World Prehistory in New Perspective. Cambridge：Cambridge University Press，1977：298.

半地穴式房子的共同点是房基深凹入地下数十厘米，坑壁即墙壁，有台阶或斜坡门道以通户外。面积一般为 16～20 米²，个别大的经复原后有 160 米² 左右。屋内正对门的中心设一火塘（灶坑），有些灶坑内嵌有保存火种的砂陶罐。屋内墙壁都涂抹草泥土，修整得光滑平整，因经过烘烤，十分坚硬。室内中间有2～6根主柱，以支撑屋顶，复原起来似现在的蒙古包。①

仰韶这种半地穴式住屋，在华北新石器时代早期的黄河中游和汉水上游地区即已存在，如河南新郑裴李岗文化遗址（前5500—前4900）和莪沟北岗遗址、河北武安磁山遗址（年代相近）等，都发现有半地穴式房屋，莪沟发现了 6 座半地穴居址，有圆形或方形，面积都较小，房基直径 2.2～3.8 米，同样有灶坑，台阶或斜坡形门道等。就是在北纬 41°～44°，东经 117°～121° 的燕北地区的距今6 500～5 000年兴隆洼文化遗址，也发现聚落遗址，有 11～12 排，每排房址间数不等，长的十几间，短的七八间，每排房址之间有排列整齐的灰坑。聚落四周有围

---

① 石兴邦：《仰韶文化》，见中国大百科全书总编辑委员会《考古学》编辑委员会、中国大百科全书出版社编辑部编：《中国大百科全书·考古学》，中国大百科全书出版社，1986 年，597～598 页。

沟，围沟包围出来的面积超过10 000米²，共100多间半地穴房址。稍后于兴隆洼文化的是赵宝沟文化（前6200—前6000），其聚落的规模要超过兴隆洼，房子的建筑技术水平也高于兴隆洼，这是因为赵宝沟的农业水平和比重都超过兴隆洼之故。①

到了农业发达、分布更为广泛的山东龙山文化时期（前2500—前2000），聚落遗址的发现虽然不是很多，但明显出现变化，即除了圆形或方形的半地穴式居屋外，新增了圆形（地面居屋）和夯土台基（地面居屋）的房子。而且半穴式房屋的数量要少于地面建筑的房子。

总的看，从磁山文化和裴李岗文化到长达2 000年之久的仰韶文化，到龙山文化，人们的居住房屋构筑形式也随农业生产的发展，发生相应的变化和进步。房基由半地穴上升到地面，形状由圆形变为方形，再转为长方形，房子从单间到双间、多间，立柱筑墙由插柱到以石础垫柱，墙脚从平地起墙到挖槽筑墙，不断地改进发展。而聚落的扩大和地窖的增多，意味着人口增加和粮食生产的持续增长。

## （四）河姆渡遗址和干栏式房屋

干栏式房屋是指以木柱（或竹柱）做底架、高出地面的房屋。干栏的上面住人，下面倾倒垃圾或饲养家畜。干栏在古籍中又称"高栏""葛栏""阁栏""栅栏"等，最早称干栏的是《魏书·獠传》："依树积木，以居其上，名曰干栏。干栏大小，随其家口之数。"《魏书》这个说法似把巢居和干栏混同不分了，"依树积木，以居其上"应是巢居。可能巢居也叫干栏，因为干栏、高栏、栅栏等称呼，都是汉语对南方少数民族语言的音译，壮侗语称"家"或"屋"为"lan"，音同汉语的"栏"，而"干"是无义的发语词，连起来译，就成了干栏、高栏、栅栏等，有点音义兼译的味道，但终非"家"或"屋"的本意了。而巢居和干栏居都是"lan"即家，也就不成其为混同不分了。"干栏"早已融入汉语，自有其丰富的含义。现在南方称舍饲家畜的棚舍为猪栏、牛栏，是干栏的转义，因为人、畜分居了。而"栏目""栏杆""广告栏"等则是干栏意义的升华了。

干栏主要分布于长江流域以南，西南地区，直到东南亚；此外，内蒙古、黑龙江北部和日本亦有类似建筑。河姆渡、马家浜、良渚等文化遗址中都发现有干栏式建筑埋于地下的木桩遗存。

河姆渡遗址的两次发掘中，在第二、三、四文化层中都发现干栏式建筑遗存，如柱洞、柱础、圆柱、方柱、桩木、排桩、横木板等。据发掘报告说，"这座建筑

---

① 邓辉：《全新世大暖期燕北地区人地关系的演变》，《地理学报》1997年1期。

的原状可能是带前廊的长屋"① （图1-8、图1-9）。

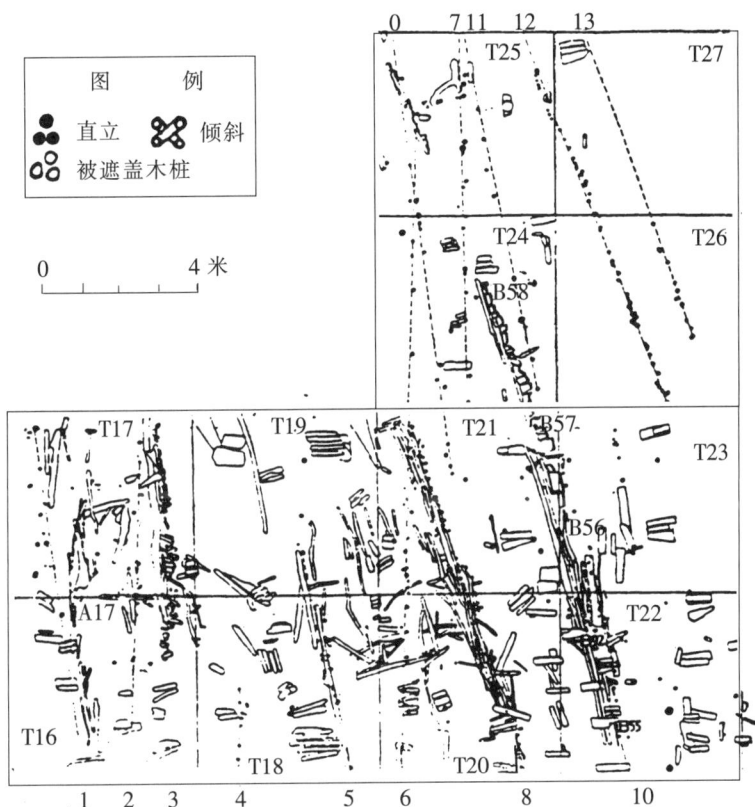

图1-8 河姆渡遗址第四层木构建筑平面图

（林华东，1992）

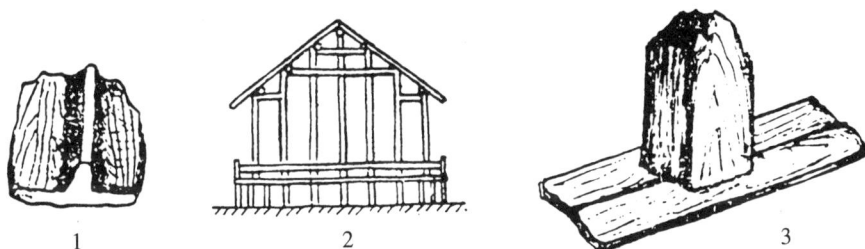

图1-9 河姆渡遗址干栏式建筑复原图

1. 凸形硬土块　2. 侧面　3. 木垫板方柱

（林华东，1992）

报告又说："根据以下几点判断，建筑应是干栏式：①建筑所在地段为沼泽区，地势低洼、潮湿，需要把居住面抬高；②建筑遗址内没有发现经过加工的坚硬的居住面；③推测为建筑的室内部分，发现有大量的有机物堆积，如橡子壳、菱壳、兽

① 浙江省文物管理委员会、浙江省博物馆：《河姆渡遗址第一期发掘报告》，《考古学报》1978年1期。

骨、鱼骨、龟甲等，这些应是当时人们食用之后丢弃的。如果不是把居住面提高的干栏式建筑，这层堆积物的形成是无法解释的；④建筑物遗迹主要是排列成行、打入生土的桩木，此外，为散置的梁、柱、长木以及长度均为80～100厘米的厚板，绝无高亢地所见的草筋或红烧土之类。打入地下的桩木，应是干栏式建筑的基础部分，厚板为地板，亦即居住面。推测原来地板比室外地面高出80～100厘米。这种以桩木为基础，其上架设大小梁（龙骨）承托地板，构成架空的建筑基座，于其上立柱架梁的干栏式木构建筑，是原始巢居的直接继承和发展。至河姆渡文化时期已成为长江流域水网地区的主要建筑方式。"此外，应该特别强调的是河姆渡的干栏式建筑已经知道使用榫卯结构，因系建筑史的领域，这里就不展开叙述了。

以上所述的河姆渡干栏式房屋，除中国和东南亚外，在美洲和欧洲的原始社会时期也有之，称为"长屋"（long house，详后），不同的是长屋的落脚环境、构筑材料、室内布局等各有差异而已。①

此外，必须指出的是，河姆渡居民已经使用水井，在遗址第二层发现了水井的木材构件。推断水井的起源和构筑过程当是人们本来是在天然的积水水坑中取水，旱季时坑水接近枯竭，于是想法对这种水坑加以改造，即在水坑中部打入四排桩木，组成一个方形的桩木墙，然后将排桩内的泥土清除，为了防止排桩向内侧倾倒，再在排桩内顶套一个方木框。② 有了水井，除去供生活用水以外，自然也可以用水灌溉住所附近的瓜蔬类植物，这是园艺种植得以发展的必要条件。

## 二、原始聚落的社会组织性质及其变化

### （一）原始聚落中的母系氏族

当我们探讨新石器时代遗址的住屋和聚落的性质时，不能不联系当时的居民所处的社会阶段性质，这是同农业的起源和发展阶段密切相关的。众所周知，母系社会出现于距今20 000年以前，到距今7 000～6 000年时，母系氏族社会已经高度发展了，而这也正是原始农业最繁荣的时期。其代表文化在北方是仰韶文化和马家窑文化，这是传说中的炎帝之前的时期。说仰韶文化是母系氏族高度发达的依据，主要是墓葬。在仰韶发现的700多座墓葬中，以单人葬最多，合葬有两男一起的，有四女一起的，有多人合葬的，独没有成年男女合葬或父子合葬的情

---

① 林华东：《河姆渡文化初探》，浙江人民出版社，1992年，202页。
② 浙江省文物管理委员会、浙江省博物馆：《河姆渡遗址第一期发掘报告》，《考古学报》1978年1期。

况。说明当时的婚姻是族外群婚（多偶婚），即族内兄弟姐妹不能通婚，兄弟们必须到相互通婚的对方氏族女子中寻求配偶。成群的男子虽然到成群的女子中氏族中过婚姻生活，但他们死后仍要葬在自己出生的氏族墓地。半坡遗址 200 多座墓葬中，有成人墓葬 174 座，随葬品在女性墓中为多，反映出女性地位的高于男性，却没有发现男女合葬的。郭沫若主编的《中国史稿》中说："从五千多年前起，我国黄河流域和长江流域的一些氏族部落先后进入父系公社时期。"从考古发掘看，大汶口、龙山、齐家文化应归入这一时期。从大汶口文化起，已有男女合葬墓葬出现，并有一男数女的现象。

河姆渡的干栏式长屋是根据遗址埋桩的排列、结构等所作的推断，因构件不足，长屋的具体情况到底怎么样，没有办法使之复原。联系当时人们所处的氏族发展阶段，再结合民族学的资料，可以作些类比，或许有些启发。7 000 年前的河姆渡人属于母系氏族社会，在同样处于母系氏族社会的北美印第安族的一支——易洛魁人（Iroquois）居住的一种长屋，可资参考。这种长屋没有一定的长度标准，可以随人口的增多而延长（《魏书·獠传》所谓"干栏大小，随其家口之数"，与此相类）。通常约有 50 米长，最长的有 90 米。在地下打桩作基架等，同河姆渡一样，但没有榫卯结构，是用树皮绑扎树枝，远比河姆渡为粗放。这种长屋是召集全村青年集体建造的，一两天即可完成。长屋中间有宽约两米的过道，各家的火塘直接放置在过道上（图 1-10），火塘间相距 5～6 米，火塘上方屋顶留有出烟的天窗，火塘两边安放用树皮板做的低床位（床），左右两边用树皮板分隔成小房。相邻两个房间的中间留有空地，为贮藏室。床板上铺以草皮或兽皮，床下堆放干木柴，是火

1.外形

2.横截面图

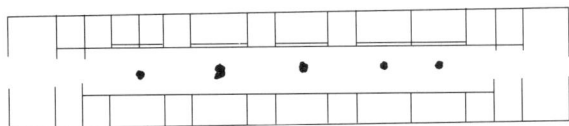

3.平面图

图 1-10　17—18 世纪易洛魁人的五灶长屋

塘的燃料。床上方两米高处，用树皮搭成阁楼，供堆放杂物；也有上面再搭第 3 层以供贮藏玉米、燃料的。这种长屋在没有腐朽损坏之前，可以使用 10～12 年。①

中外民族志的资料表明，氏族内的女子到了成年期，即由氏族长（女）分配给她一个单独房间，归她本人支配使用，她的配偶（男）每天晚上在这里共宿，但白天仍回自己的氏族内劳动。生下的子女，哺乳期由生母哺育，能走路以后，就交给氏族内的老人带养，小孩和老人另住大房子。年轻的母亲仍旧过配偶生活，直到年老时，回到大房子居住。人多了，房子不够住了，就在老房上延长增筑新房子。

台湾的高山族因长期与外界较少来往，到清初还是母系氏族结构。据清初郁永河所著《裨海纪游》的记载，当时被称作番人的住屋也是干栏式，其婚姻状态是："女已长，父母使居别室中，少年求偶者皆来，吹鼻箫，弹口琴，得女子和之，即入与乱，乱毕，自去。久之，女择所爱者，乃与挽手。挽手者，以明私许之意也。明日，女告其父母，召挽手少年至，凿上颚门牙旁二齿授女，女亦凿二齿付男，期某日就妇室婚，终身依妇以处。"其房屋的形式是："筑土基三五尺，立栋其上，覆以茅，茅檐深远，垂地过土基方丈，雨旸不得侵。其下可舂可炊，可坐可卧，以贮笨车、网罟、农具、鸡栖、豚栅，无不宜。室前后各为牖，在脊栋下，缘梯而登。室中空无所有，视有几犬，为置几榻，人唯藉鹿皮择便卧；夏并鹿皮去之，藉地而已。"②

## （二）原始聚落及其社会制度的发展变化

当早期的农业还处于刀耕火种的时候，土地不翻耕，又没有施肥（火烧后的草木灰起了天然肥料的作用），杂草猖獗，一般只能种植一两年，就要另垦土地，同时采集和狩猎还占很大的比重。因为刀耕火种的地力恢复是建立在树木重新生长的基础上，刀耕农业的一个单位播种面积，需用 7～8 倍以上的土地作后备，才能轮转过来。③弃耕的土地一般要过七八年至十多年甚至更多的时间才能重新烧垦，所以人们的居住点要定期地迁徙，在一个地方居住不是很久，聚落的形成不可能很大，一个人一生只能在同一块地上砍烧七八次。

刀耕农业的工具是砍树的石斧和播种用的点种棒，没有锄或耜，所以不能翻土。一旦有了石耜或骨耜、木耜，可以进行翻土的耕作，情况就完全不同。土壤肥力可以通过翻耕充分利用，作物收获后的茎秆可以有机质还田，土地连续使用的年

---

①③ 李根蟠、卢勋：《中国南方少数民族原始农业形态》，农业出版社，1987 年。

② 转引自陈正祥：《中国游记选注（第一集）》第五篇"裨海纪游"，商务印书馆香港分馆，1979 年，197 页。

限可以延长，原来的弃荒、等待树木重长，可以改为有计划的轮流休闲，大大提高了土地利用率，也即提高了单位面积土地生产力。这样一来，粮食生产增加了，对采集和狩猎的依赖相对减少了，即种植业的比重上升了。当然，这一切都是以森林一去不复返为代价的。

刀耕或锄耕的单位面积生产量究竟有多少，是个很重要而又人人关心的问题，可惜我们无法回到古代去实地了解。不过对现代残存原始农业的少数民族的调查表明，无论中外，早期农业对生产量的估计，都是按容量（即收获量是播种量的多少倍）计，而不是按单位面积的重量计的。这种按容量计算产量的办法，至今在世界的一些偏僻的地方还有使用。我国在 20 世纪 40 年代末至 50 年代初，不少农村也还采取容量计算产量，如说这块地今年打了多少箩的谷子，而不说收了多少公斤的谷子。欧洲黑海北岸各国，古代的谷物收获量是按一个"普列甫尔"（约 700 米$^2$）土地可收 30 "霍尔"（约 3.53 升）的谷物，折算成一公顷地可收 100 千克的谷物，换算成播种量和收获量之比为 1：67（指小麦）或 1：5（大麦）。这一比例还算是高的，在古代意大利这个比例只有 1：4。除非是土地非常肥沃的西西里，谷物的这一比例可达到 1：1 214。[1] 据对我国西南少数民族的调查，刀耕地的谷物产量是播种量的 10 倍左右，耜耕或人力挽犁的收获量可以达到播种量的 15 倍左右，折每亩 75 千克左右。[2] 耜耕的这一进步，当然有助于人口的增长，房屋的扩建，仓储的增设，人们生活水平的提高，进而会带来精神生活的丰富，文明的发展。

农业生产是在聚落外围开展的，通常，贴近聚落的周围的环境是农耕区，这里的土地比较平坦肥沃，距离聚落最近，进出方便。农耕区的外面是采集区，灌木树林茂密，可资采集的小动物和植物资源很丰富。远处的草原森林是狩猎区，主要是为了猎取大型的食草动物。采集区和狩猎区因为范围很大，相对来说比较稳定，但也有一定的活动半径，并非漫无边际。不同聚落间的活动范围，彼此受到限制和尊重。农耕区的土地并非全部翻耕种植，而是划分为种植部分和休闲部分，连续种植若干年（一般 3 年）的土地要予以休闲，休闲过的土地则恢复种植。休闲的土地可以放养鸡鸭牛羊。以上主要指北方或南方的旱地农作而言，水稻种植则有所不同。水稻一般较耐连作，不需要轮作或很长时间以后轮作。不论水旱作，一个聚落在一个地方生活到较长年数以后，由于人口增殖，种植业只能提供一年中几个月的食物，采集和狩猎仍占一定的比重，人们活动半径内的采集狩猎资源明显减少，不足

① Б Лаватский В. Д1953 Эемледелиев Античих Государствах Северного Причерноморья：158－159（笔者节译）。

② 宋兆麟：《木牛挽犁考》，《农业考古》1984 年 1 期。

以维持聚落人口的生活时，整个聚落的人被迫举行大规模的迁徙行动。就是在有了初期的国家以后，常常发生的迁都大事，原因固然很多，农业危机也是重要因素之一。

聚落定居生活是人类放弃狩猎的最重要的推动力。定居可以使人们拥有笨重的、容易破碎的工具如石臼、陶器之类的东西，从而为人们积累起原始的物质财富，这是狩猎生活所不可能做到的。

定居因有食物贮藏，可以提供长时间稳定的食物供应，而狩猎没有这种保证。定居对于妇女尤其是强有力的解放，在游猎时期，女子要背着小孩，照顾哺乳，带着小孩从事采集劳动，这限制了她们不可能多生小孩，从而也限制了采猎群体的人口，不可能生育得太多。而定居以后，妇女可以把孩子们留在家里，由老年人照料，自己可以轻松地从事采集或田间劳动，这里距离聚落很近，不像男子那样要深入森林，这就大大提高了效率。定居之后的妇女还可以从事纺织、舂谷、烧饭、分配食物等多种劳务，具有支配财物的权力，因而在这一时期的墓葬中，女子的随葬品常常远多于男子。

定居也解除了游猎时期人口所受的抑制力，人口得以迅速增长起来，聚落的规模就不断扩大。生活区因聚落扩大，人口增多，也加强了聚落的防御和攻击能力，这也是游猎人所无法比拟的。游猎人不可能组成有一定规模的战争力量，定居的原始农民则有力量组织防御或进攻，可以陆战，也能水战，独木舟就是最早的战船，以后演变为娱乐的龙舟竞技。从这点看，定居农业也是促成军事行动的一个因素。

定居农业的规模不断扩大，种植业的比重随之上升，狩猎的地位退居次要，男子的劳动投入很大部分转为田间的重劳动活，如开沟、挖渠、整地、翻土、收获以及制造工具等，狩猎在秋冬农闲时进行。这就反过来增加了男子的重要性，特别是战争和防御的胜利，提高了男子的地位，促成母系氏族结构向父系氏族过渡。与之相适应的是，男子觉得有必要明确自己亲生的孩子，结束那种只知有母、不知其父的对偶婚制，走向一夫一妻制。①

---

① Bryony O. The advantages of agriculture//Megaw J V S. Hunters, Gatherers and First Farmers Beyond Europe. Leicester: Leicester University Press，1977：41.

# 第二章 中国农业起源的神话和传说

　　如果说生命起源和发展是人类起源的前提，那么农业起源则是人类起源和发展的必然后果。人类的发展如果停留在狩猎采集阶段，不进入农业社会，也就没有其后的工业社会和今天的信息社会。农业的起源一直是历史上不同时期人们共同关心的问题，不同时期的人们对此的答案当然不会相同。有趣的是，并非早期接近原始农业时期的人们对农业的起源最清楚，反而是时间愈晚的人，了解的原始农业愈接近客观事实。时间愈早，对农业的起源愈模糊不清，于是乞求于神话，这在中外都不例外。说农业起源于距今万年之前，是现代考古发掘和历史学、地理学、民族学、动植物驯化等相关学科的研究结果，虽然现代人对原始农业的了解远较历史上任何时期都来得详尽和正确，但是随着研究的深入，大量新的问题不断出现，还有待于人们继续去探索。

　　把中国历史上有关农业起源的资料加以归纳，不外两大类：一类是有史以前，即文字出现以前的神话传说，以及一些至今还没有文字的少数民族的神话传说。这些神话传说是靠口头方式，世代相传，在这个过程中，不可避免地会在流传中变形和因附会而增添新的内容。另一类是有史以后的文字记载。文字记载以搜集记述传说中的神话故事而成，在流传中不可避免地有所散失，后人又加以附会和想象，掺入新的内容，因而这两类传说便愈来愈多，而且往往表现出矛盾和分歧。顾颉刚把这两类来源称为"民间自由发展传说"和"知识阶级的古书记载传说"，正是这个意思。①

　　世界各地各民族都有自己的农业起源之神和相应的神话，如埃及的农神是伊西

---

① 顾颉刚：《古史辨》第一册"自序"，见顾颉刚编著：《古史辨》第一册，上海古籍出版社，1982年。

斯（Isis）女神；希腊是德墨忒尔（Demeter）女神；罗马是刻瑞斯（Ceres）女神；墨西哥是羽蛇（Quetzalcoatl）神；秘鲁是维拉科查（Viracocha）神等。中国地域很大，民族众多，农神当然不止一个，汉族地区最流行的农神是神农和后稷，各地少数民族又各有各的农神。起源于中国的蚕丝业，也有自己的蚕神传说。这一特点决定了中国的农神传说非常多姿多彩。中国是世界使用文字很早的国家，历史纪年数千年连绵不断，而且汉字是通行全国的书面语，这个特点决定了中国有文字记载的农业神话传说内容特别丰富，众说纷纭。

中国农业起源的神话传说虽然不是信史，但也绝非凭空的想象和杜撰。史前的人们正是通过人神不分、天人合一的思维方式，依靠神话的传播手段，保留下一些合乎事实的原始素材，所谓"亦有真实历史与之背景者"[①]。为此，本书专立这一章，介绍并讨论这个问题。

# 第一节　神农传说

神农（图 2-1）是中国古史传说中肇创农业的三皇之一，也有人把神农径直理解为农神的。[②] 其实，神农和农神本来是同义词，古代汉藏语系的词序结构是名词在前，修饰语在后，"神农"即是其例；后来汉语的词序变为修饰语在前，名词在后，神农按汉语习惯应称"农神"，但历史遗留的称呼已约定俗成，所以神农这一称呼至今不变。《诗经》中还保留不少古代汉藏语系的词序，如"后稷""公刘"，按汉语词序，应作"稷后""刘公"。

从神农这个称呼看，农业是由创造农业的神教授给人们的，所以人们尊之为农神。人们从事农业劳动的收获，说到底乃是神的赐予。神是看不见的，作物生长要靠阳光雨露，作物长在地上，扎根在地下，人们想象中的神，有时在天上，有时在地下，把作物所需的条件都及时提供、送到，所以人们要通过祭天祀地，

图 2-1　神　农
（夏亨廉、林正同，1996）

---

① 杨宽：《中国上古史导论·序》，见吕思勉、童书业编著：《古史辨》第七册·上编，上海古籍出版社，1982 年。

② 夏亨廉、林正同主编：《汉代农业画像砖石》，中国农业出版社，1996 年，18 页。

以达到确保丰收的目的。这样一来，神和人是可以沟通的，神就在人身边，神和人一样有好恶爱憎。在早期的农业社会里，人们相信只有神农才知道因天之时，分地之利，"教民农作，神而化之"①。

从以上可知，民间流传的神农信仰和传说，出现的时期是早在有史以前。至于神农始见诸史籍，当推《周易·系辞》"包牺氏没，神农氏作"的记载。唐代孔颖达《周易正义》称"系辞"是《十翼》之一，而《十翼》又是孔子所作。则其时间当在春秋孔子（前551—前479）卒年以前。但近人研究，《十翼》并非孔子所作，也非出于一人之手，"大抵系战国或秦汉之际的儒家作品"②。顾颉刚指出，西周文献中最古的人物是禹，到孔子时始有尧，战国时产生黄帝、神农和庖牺，秦时出现了三皇。③ 到汉末三国时徐整把西南彝、苗等少数民族信奉的盘瓠祖灵，移植过来，在其《三五历记》中提出盘古是天地开辟的最早天神说。所谓"自从盘古开天地，三皇五帝到如今"，就成了中国古史的定型，终于构成完整的古史系统。顾颉刚有鉴于此，提出中国古史是"层累地造成的古史"的看法，指出神农是许行一辈人抬出来的，如《孟子》中所说的"有为神农之言者许行"④，遭到一些学者的诘难。许行是战国时诸子百家中的农家学派，楚人，晚年由楚至滕，游说滕文公"与民并耕而食，饔飧而食"。严格而言，最早宣传神农的不是许行，可能是战国时的鲁或晋人尸佼，商鞅为秦相时曾师事尸佼，商鞅受刑，尸逃入蜀，著书二十篇，被《汉书·艺文志》列为杂家，后世称《尸子》（此书至宋明时已全佚，现存者为辑录本）。《尸子·君治》对农业起源有一段记述："燧人之世，天下多水，故教民以渔；宓羲氏之世，天下多兽，故教民以猎；神农理天下，欲雨则雨，五日为行雨，旬为谷雨，旬五日为时雨，正四时之制，万物咸利，故谓之神（一说神下脱'雨'字）。"关于神农与尧的关系，另一条辑录说："尧曰：朕之比神农，犹旦之与昏也。""神农氏七十世有天下，岂每世贤哉，牧民易也。"据此，可以认为神农的记载当不始于许行或《孟子》，早半个世纪的尸佼即已有所叙述了。已知战国时曾有《神农》《后稷》《野老》等农书，虽已佚失，但其个别内容还为后世农书所引用。表明诸子百家中有托名神农的重农学派，很为活跃。

春秋以前，古文献中不见神农，从战国尸佼以后，有关神农的记述便越来越多，大体可包括民间传说和文献记载两个阶段。这中间有两方面的变化：一是民间传说的农神变成发明农业的三皇五帝，如汉代应劭和一些纬书所说："神农。神者，

---

① 《白虎通德论》卷一《号》。

② 《辞海》周易条，上海辞书出版社，1989 年。

③ 顾颉刚：《与钱玄同先生论古史书》，见顾颉刚编著：《古史辨》第一册，上海古籍出版社，1982 年。

④ 《孟子·滕文公上》。

信也。农者，浓也。始作耒耜，教民耕种，美其衣食，德浓厚若神。"① 这种解释抹去了神化色彩。二是神农的业绩被越放越大，由农业创始人，又变成了医药、制陶、祭祀、农具、乐器等众多事物的发明家。② 正如冯友兰所指出的："大人物到了最大的时候，一般人把许多与他本无直接关系的事也归附于他，于是此大人物即成一个神物，成为一串事物的象征。"（冯友兰《大人物之分析》）后稷是中国有史记载最早的农神，但因神农的不断被归附完整化，其地位便超出后稷而成为中国农业的主神。

古文献中又把神农和炎帝、蚩尤、祝融等混同起来。③ 如东汉郑玄注《礼记》、赵岐注《孟子》均称"炎帝神农氏"。炎帝神农之名一出，于是"战国秦汉间陆续出现的神农事迹全给炎帝收受了"④。神农除与炎帝、蚩尤、祝融混淆外，个别文献还和庖牺、少昊等传说有牵扯。不过这些混淆中只有炎帝和神农的"合户"值得分析。

战国和西汉中期以前的古籍中，神农和炎帝是两个不同的形象，在《淮南子·修务训》中提到的神农是"于是神农乃始教民播种五谷，相土地，宜燥湿肥硗高下，尝百草之滋味，水泉之甘苦，令民知所辟就"，是农业行家的形象。而在同书《兵略训》中的炎帝则是与黄帝敌对的军事领袖："兵之所由来者远矣，黄帝尝与炎帝战矣。"就是迟到司马迁的《史记·封禅书》中，也是分别提到"神农封泰山"和"炎帝封泰山"。据徐旭生考证，认为神农和炎帝的混淆约起于前1世纪。⑤ 西汉末刘歆的《世经》（见《汉书·律历志》）："以火承木，故曰炎帝；教民耕种，故天下曰神农氏。"杨宽以为即后世炎帝神农氏的最早出处。⑥《世经》还把中国古史按五德相生顺序，编排成一个完整的帝王系：太昊庖牺氏—共工—炎帝神农氏—黄帝轩辕氏—帝少昊金天氏—颛顼高阳氏—帝喾高辛氏—帝挚—帝尧陶唐氏—帝舜有虞氏—伯禹夏后氏—商汤—周文王、武王—秦伯—汉高祖皇帝。这个系统从此为封建帝统一脉相承，其中自伯禹以上是传说时代。

---

① ［汉］应劭：《风俗通义·皇霸篇》。《礼纬·含文嘉》等也有相同记载。

② 《史记·三皇本纪》："（神农）始尝百草，始有医药。"《初学记》引《周书》佚文："神农作陶，冶斤斧锄耨，以垦神莽。"《新语·道基》："（神农）教民食五谷。"《淮南子·主术训》："神农祀于明堂。"《说文解字》："琴，禁也。神农所作。"《孝经·钩命诀》："神农乐名扶持，亦曰下谋。"

③ 《山海经》郭注："蚩尤即炎帝也。"《通鉴前编》："祝融，号炎帝。"

④ 顾颉刚：《五德终始说下的政治和历史》，见顾颉刚编著：《古史辨》第五册，上海古籍出版社，1982年。

⑤ 徐旭生：《中国古史的传说时代（增订本）》，科学出版社，1960年，226页。

⑥ 杨宽：《中国上古史导论》，见吕思勉、童书业编著：《古史辨》第七册·上编，上海古籍出版社，1982年。

总的看，据刘起釪的分析，战国诸子为了宣扬自己的学说，都不同程度地称说古史，是导致后世古史传说纷纭的原因。[①] 儒墨推崇尧、舜、禹的"二帝三王"历史系统，歌颂尧舜汤禹的盛德大业。儒家出于政治目的编排的二帝三王，自然与古史记载不同。战国后期出现两种"五帝"说，第一种五帝说是"五帝德"，是反映帝系中的黄帝、颛顼、帝喾、尧、舜作为五帝。第二种五帝说由《周易·系辞》和《战国策·赵策》所提，指包牺（伏羲）、神农、黄帝、尧、舜。《吕氏春秋·十二纪》汇集众说，提出第三种"五帝"，有炎帝、黄帝而无神农。南方的《楚辞》中提到的古帝，除楚始祖高阳外，还有尧、舜、禹及夏、商、周的一些历史人物和神话人物，反映了当时南北各族融合已深，认同华夏的共同祖先。道、法、兵等家也提出众多的古帝名，《管子》有"七十九代之君"，又说"古者封泰山禅梁父者七十二家"，《庄子》列举的十二名古帝系统中祝融、伏羲、神农被列在第十、十一、十二位，远在轩辕第七位之后，《六韬》列举柏皇等十五氏，有轩辕、祝融而无伏羲和神农，时代不明的《逸周书》更列古帝廿六氏，为他处所罕见。

战国末期出现了一篇《帝系》，把所有主要神话人物和古代各族祖先神灵，都作了历史化，编排成一个统一的有血缘关系的古史世系。这个世系其实是儒墨"二帝三王"即唐、虞、夏、商、周五代古史的反映，但因民族融合，把五代各族分别归到颛顼、帝喾两系，使其有共同血缘，都成为共祖黄帝的直系子孙，从而变为"五帝三王"的历史传统。反映统一的夏族已经完成。

汉代以后，由于统治疆域的扩大，对古史神话传说的收集也随之扩及僻处边远地区的少数民族范围，因而古史传说继续有所增益编造。如上述的"盘瓠（葫芦）"变"盘古"，《淮南子》《论衡》《说文解字》《风俗通义》等书记有女娲补天、化万物、造人类的故事，其雏形已见《山海经》，汉代定为女娲（葫芦化身）。又创造了女娲和伏羲（虎图腾）兄妹结为夫妇，诞生人类的故事。汉代石刻和帛画很多这类描绘。

顾颉刚"层累地造成的古史"说对打破臆造的"三皇五帝"的古史体系，打破"民族出于一元"、地域"向来一统的观念"，提倡严格地甄别古史资料，具有积极的意义，但也有疑古过头的缺失，以至否认尧、舜、禹的真实存在，把中国几千年的文明史拦腰斩断。造成这种缺失的原因，很大程度上是由于滥用"默证法"，认

---

① 刘起釪：《中国历史通览·传说时期》，见周一良等主编：《中国历史通览》，东方出版中心，1996年。

为不见于某时代文献记载者，即为某时代所无之事实与观念。① 实际上，发生在没有文字记载时代的传说和神话，在后世能够被记载下来的是极少数，即使被记载下来，在流传中湮灭的亦复不少。正如钱穆指出的："从一方面来看，古史若经后人层累地造成，唯据另一方面看，则古史实经后人层累地遗失而淘汰。层累造成之伪古史固应破坏，层累遗失的真古史，尤待探索。"② 再者，古史传说在长期口头流传中经过无数人的加工，被浓缩，被剪接和神话化，进入阶级社会后，统治阶级的知识分子也会按照自己的观念予以改造和辑录，所以，在古史传说中往往史实和神话相杂糅，原始信仰和后世观念相杂糅，各种记载有时也会发生矛盾，这是不足为奇的，不应因此否认其价值。归根结底，传说和神话是客观历史的反映，而不是这些传说和神话创造了历史。因此，我们应该力求从史籍记述纷繁矛盾的迷雾中，还其神话传说的本来面貌和合理内核。

我们知道，在原始农业时代，中国广阔的地域上活动着许多大大小小的族群，他们应该各有根据其生活经验而形成的农业起源传说，供奉各自的农神，其中能被后世记载并保存下来的寥寥无几。见于先秦文献的农神，除了较晚出现的神农外，主要有周弃和烈山氏及其儿子柱。关于他们的传说内容差别相当大，似乎代表了两类通过不同途径形成的农神。

《诗经·大雅·生民》在讲述了周弃出生后的神奇经历后，主要颂扬他如何侍弄庄稼，而中心又是如何种禾——稷，包括从选种、播种、种子萌发生长、结实成熟到收获的全过程。所以周弃称为"后稷"。"稷"本是一种作物——粟，它最初的称呼应是"禾"。甲骨文之"禾"字像成熟时谷穗下垂的粟，"稷"字则是一跪着的人对"禾"祭拜的形象。可见，"稷"最初是一种植物的神灵，后来才转化为农神。"稷"原来并非某一位农神的专名，而是起源于农作物崇拜的一类农神的共名，后来由于周族的显赫，才一定程度上定格在周弃身上。③ 但即使在周代，"稷"仍然是某类农官的称号。

烈山氏的传说则反映了对原始农具和原始农耕方式的崇拜。《国语·鲁语上》

---

① 张荫麟在 1925 年撰写的《评近人对于中国古史之讨论》（载《古史辨》第二册，上海古籍出版社，1982 年，271~273 页）一文，针对顾颉刚《讨论古史答刘胡二先生》中涉及尧、舜、禹事迹的问题，指出顾氏滥用默证法是"根本方法之谬误"。他说："凡欲证明某时代无某某历史观念，贵能指出其时代中有与此历史观念相反之证据。若因某书或今存某时代之书无某史事之称述，遂断定某时代无此观念，此种方法谓之'默证'（argument from silence）。默证之应用及其适用之限度，西方史家早有定论。吾观顾氏之论证法几尽用默证，而什九皆违反其适用之限度。"关于顾颉刚学术思想的评价，可参阅陈其泰主编的《20 世纪中国历史考证学研究》（北京师范大学出版社，2005 年）的有关章节。

② 钱穆：《国史大纲》，商务印书馆，1997 年，8 页。

③ 如《礼记·祭法》："周人禘喾而郊稷。"这里的"稷"就是专指周族的始祖弃。

说："昔烈山氏之有天下也，其子曰柱，能殖百谷百蔬。夏之兴也，周弃继之，故祀以为稷。""烈山氏"可以理解为放火烧荒，"柱"可以理解为点种棒，象征挖穴点种，这正是原始刀耕火种的两个相互连接的主要作业，因此，"烈山氏"和"柱"的传说实际上是原始农耕方式的拟人化。《礼记·祭法》："厉山氏之有天下也，其子曰农，能殖百谷。""厉山氏"即烈山氏。孔疏曰："农，谓厉山氏后世子孙名柱，能殖百谷，为农官，因名农。"则这里的"农"实际上是农神或农官之称。"农"作为农神或农官之称在古籍中不乏其例。例如，《礼记·郊特牲》载上古腊祭的 8 个对象中就包含了"农"："飨农及邮表畷。"郑注："农，田畯也；邮表畷，谓田畯所以督约百姓于井间之处也。"《礼记·月令》："（仲夏之月）不可以兴土功……以妨神农之事也。水潦盛昌，神农将持功，举大事则有天殃。"高诱注："炎帝神农氏，能殖嘉谷，神而化之，号为神农，后世因名其官曰神农。"① 这里的"农""神农"就是带有神性的农官或带有人性的农神。甲骨文、金文中的"农"字从"辰"从"林"（或从"艸"、从"森"）。对"辰"有不同解释，郭沫若认为是石质或蚌质的耕具②，可从。"农"乃持"辰"伐林治田的形象。以"农"称农神反映了对农具或农事的崇拜。"神农"被推崇的业绩首先是创制耒耜和创始农耕，亦隐含了脱胎于农具崇拜的某种痕迹。

上述情况，反映了"稷"和"农"是自古以来分别起源于农作物崇拜和农具农事崇拜的农神或农官的两大系统。我国最早的农书中，有分别以《神农》和《后稷》命名的，正是"稷"和"农"这两大农神系统存在的反映。③ 他们可能分别主要流行于姬姓族群和姜姓族群中。

由于姬姓的周族建立了周王朝，"稷"神系统因而地位显赫，"农"神系统则处于下风。周代农官中与"稷"并行的有"农正"（"农大夫"）和"农师"，但地位比"稷"低。④ 这可能是神农传说迟迟未见记载的原因之一。后来随着周王朝的衰落，"后稷"光环褪色，"农"神系统才再度抬头。

上面谈到，原始农业时代绝大多数族群的农业起源传说和农业神没有被记载和保存下来，这些神话传说就其内容而言并不比后稷的传说晚后，在很长时期内它们还在民间流传。由于"后稷"相当程度上定格在周弃身上，关于"稷"的传说也就相应凝固了。但"农"神在很长时期内（恐怕是整个先秦时代）并没有定格在某一

---

① ［清］孙希旦：《礼记集解》引。

② 郭沫若：《甲骨文字研究·释干支》，人民出版社，1952 年。

③ 《汉书·艺文志》有《神农》二十篇。班固自注："六国时诸子疾时怠于农业，道耕农事，托之神农。"《吕氏春秋·任地》引述《后稷》农书。《论衡·商虫篇》也有"《神农》《后稷》藏种之方"。

④ 《国语·周语上》。

族群的祖先身上，它反而在长期的流传中能够吸纳民间流传的各种传说，形成内涵日益丰富的"神农"形象。我国众多族群原始农业时代的各种发明创造，逐渐被集中到"神农"身上。① 由于"神农"是由许多族群的农神融会而成，它的"祖型"和"故乡"反而模糊了。但也正因为这样，"神农"超越了各别族群和各别地域有关传说的局限，实际上代表了浓缩化和拟人化的原始农业时代。先秦、秦汉的有关文献中多称"神农之世""神农之时"，也是把"神农"作为一个时代的符号。神农作为一个时代拟人化的这种"品位"的成型，当然是比较晚后的事，但它依此构成的素材，未必都是晚后的。

因此，一些学者径直把神农当作历史人物的信史，甚至肯定神农发明的具体时间②，显然不妥。正确的理解应当把神农视为一个传说的时代，而非具体的人物。神农传说虽非实有其人，却确有其事。神农氏反映的原始农业时代，而且似乎并不局限于某一特定阶段。例如，传说神农教民种植"五谷"，"五谷"或类似的观念应是各地原始农业文化长期交流以后才能逐步形成的；但传说神农又有创制耒耜开始教民农耕的内容，则又反映了农业的开创阶段。神农在汉代画像中是一位男性的神祇，这应是原始农业由母系社会进入父系社会后形成的；但《庄子·盗跖》说"神农之世，卧则居居，起则于于，民知其母，不知其父"，则又是母系社会的情况，而且民间也有称神农为"神农婆"的。可见，"神农"起源于母系氏族社会，但进入父系社会以后，又被改造过了。因此，我们不必把神农胶着于原始农业的某一阶段，而应视之为原始农业发生发展的一整个时代。其包罗万象的传说内容中，既有原始农业时代的真实史影，又有后人增益的成分。

# 第二节　神农传说反映的农业起源和原始农业情况

## 一、前农业社会的经济生活方式

前农业社会还没有文字记录，经济活动情形全凭口头流传下来。进入有史及文

---

① 神农和炎帝、烈山氏后世之所以被"合户"，是因为二者的内涵相近。炎帝是传说中的火神，火除给人类带来夜晚光明和变生食为熟食之外，更是原始农业"刀耕火种"的首要条件，故人们或称炎帝为烈山氏，又进一步把神农、炎帝、烈山氏拉在一起。这种"合户"是比较晚后的，但我们可以从中获得启发，在更早的时代，也会存在分散的农神集中化（从而形成"神农"的形象）的过程。

② 《中国茶叶大事记》："茶叶作为饮料，始于公元前 2737 年的神农时代。"载陈宗懋主编：《中国茶经》，上海文化出版社，1992 年。

字使用以后，所记载下来的史前经济活动情况，虽然难免掺入后人的理解和想象成分，但仍在相当程度上反映了客观事物的真实情形，不失为一种珍贵的资源。如《淮南子·修务训》说："古者，民茹草饮水，采树木之实，食蠃蜅之肉，时多疾病毒伤之害，于是神农乃始教民播种五谷。"又，《白虎通德论·号》篇说："古之人民，皆食禽兽肉，至于神农，人民众多，禽兽不足，于是神农因天之时，分地之利，制耒耜，教民农作……"紧接着解释燧人氏教民钻木取火，才知道熟食的传说，是把农业种植置于取火熟食之前，显然颠倒了先后的关系。又，《新语·道基》也载："民人食肉饮血，衣皮毛。至于神农，以为行虫走兽难以养民，乃求可食之物，尝百草之实，察酸苦之味，教民食五谷。"这里所谓"饮血"，通常理解为宰杀牛羊时，把流出的血当饮料喝了，虽然不错，但这种饮血只是食肉的附带行为。还有一种饮血的做法，并不杀死牛只，而是在牛的颈动脉处割破血管，插入一条管子，人从管子的另一端饮血，作为行进途中解渴的办法，像养奶牛一样，流行于非洲。不知道古代中国所记的饮血，是否包括这种不宰杀的饮血方式。

从以上古籍引文看，《淮南子》的采集内容多些，《白虎通德论》和《新语》的狩猎成分多些，但它们都没有列出专门的畜牧阶段。它们所反映的原始人们是从采集狩猎直接转向种植业，并没有在中间经历一个畜牧的阶段，然后进入种植业。可见一度流行的"采猎—畜牧—种植"三阶段论，只适用于某些地区，并非放之四海而皆准的统一模式。

## 二、神农传说的农业起源

原始人对于农业的起源，不可能站在独立的人的角度去理解，而是借助于神和人不分的思维方式，把谷物的来源归功于上天的恩赐。《逸周书》就指出："神农之时，天雨粟，神农遂耕而种之。"这"天雨粟"，"天"是抽象的，天上怎么会掉下粟谷呢？王充对此作了合理的解释："雨谷之变，不足怪也。何以验之？夫云雨出于丘山，降散则为雨矣。……夫谷之雨，犹复云布之，亦从地起，因与疾风俱飘，参于天，集于地，人见其从天落也，则谓之天雨谷。"他举一个实例说："建武三十一年中，陈留雨谷，谷下蔽地。案视谷形，若茨而黑，有似于稗实也。……遭疾风暴起，吹扬与之俱飞，风衰谷集，堕于中国，中国见之，谓之雨谷。"[1] 王充是很有科学头脑的，对"天雨粟"现象作了科学的解释。一般百姓，径直把天雨谷附会成神农所赐，也不足为奇。

我们更要注意的是各地民间的神话传说，都是很具体的神化了的动物，把谷种

---

[1] 《论衡·感虚篇》。

带给人间。如有关布谷鸟的传说，谷种是天上的神鸟给人们衔来的。说是神农时，民食不足，玉皇大帝派神鸟衔谷种交给神农，分发给大家播种。神鸟来到人间以后，看到人间百姓的生活实在很苦，就要求留下来帮助神农推广农业。神鸟每到播种季节，就边飞边叫"快快播谷"，一直叫到喉咙吐血。由鸟类把谷种带来人间的传说很多，如王嘉《拾遗记》说炎帝神农"时有丹雀衔九穗禾，其堕地者，帝乃拾之，以植于田"。王嘉是东晋时符秦方士，此书历来被认为荒诞无稽，但就这一条所记而言，是有神话价值的。

民间还有不少涉及动物携带谷种的传说，并不提到神农的，如四川、湖北、广东、江苏等省的传说，是在一次大洪水以后，上帝派动物送稻谷给人吃，只有狗成功地把稻谷送到人手里，当狗在水中游泳时，它所带的稻谷慢慢地都被洪水冲走了，只剩尾巴上沾着的稻谷没被冲走。所以，此后人们种植的稻谷都是长在稻茎的顶端（尾巴）上。广东有些地方，同样的内容，只是把狗换成老鼠。南方民间至今还保留敬狗的风俗，如湖南各地每年都以农历六月六为尝新节，这天以七线禾穗（即稻穗）置饭上蒸熟，象征丰收在望。先以新米饭敬祖宗，再以新米饭给狗尝，然后才开始全家人聚餐。湖南各族人共同的传说是，谷种是狗从天宫带到人间的，所以吃新米饭不应忘记狗的功劳。广西壮族的传说是人间本来没有谷种，人们饿了只能采野果吃。是一条九尾狗到天宫晒谷场上用九条尾巴沾满了谷粒逃回来的，但被天宫的神看到了，他们追赶九尾狗，用斧砍断了八条尾巴，狗拖着仅存的一条尾巴带着谷种逃回人间，人为了报答狗的功劳，把狗养在家里，天天给它白米饭吃，而稻穗之像狗尾巴，就是这个缘故。[①] 湘西土家族和贵州水族也有类似的狗把谷种带给人的故事传说。[②]《礼记·月令》载："季秋之月，……天子乃以犬尝稻，先荐寝庙。"郑玄注只说"稻始熟也"，没有解释为什么稻始熟要先给犬食稻，表明到汉时，这种少数民族的民间传说在黄河流域已因汉化而消失了，但作为古老的仪式则沿袭下来。

古籍中涉及神农的文献，据袁珂等的统计，达53种之多[③]，看它们的内容，显然是早期的叙述简略，以后逐渐增添，扩大，趋向完备。《国语·晋语》只记神农族系的来源"黄帝以姬水成，炎帝以姜水成"，并不涉及农业起源。《吕氏春秋·孟夏纪》只提到神农"死托祀于南方，为火德之帝"，也不涉及五谷之事。《庄子·盗跖篇》只提到"神农之世……民知其母，不知其父"，《胠箧篇》提到神农时"民结绳而用之"，也都无五谷的事。《周易·系辞》只提到农具"斫木为耜，揉木为

---

① 谷德明：《中国少数民族神话》，中国民间文艺出版社，1987年，111页。

② 谷德明：《中国少数民族神话》，中国民间文艺出版社，1987年，180页。

③ 袁珂、周明编：《中国神话资料萃编》，四川省社会科学院出版社，1985年，31页。

耒，耒耨之利，以教天下"。最先提及"神农作，树五谷淇山之阳，九州之民，乃知谷食"的是《管子·轻重篇》。把神农事迹扩大化，所谓神农氏尝百草、一日而遇七十毒等，见诸《淮南子·修务训》。把神农说成懂医药、针灸的是《广博物记》（卷二二），说神农懂音乐，会作琴瑟的是《世本》。后来一步步把神农采药的地点、神农所在的"神农穴"等落实下来，以至于建立神农庙。① 由此可以看出，关于神农的问题，时代越后，文献所记的资料反而价值越小，还是以先秦的记述最能反映原始社会的面貌。

如果我们把视野扩大到世界范围，可以看到农业神话所反映的农业起源虽然差异很大，却也有一定的规律性。德国学者阿道夫·詹森（Adolf E. Jensen，1963）根据对世界各地有关农作物起源的神话调查结果，将它们归纳为两大类，分别称之为海努韦莱（Hainuwele）主题和普罗米修斯（Prometheus）主题 ②，姑且意译为"本体说"和"外来说"，几乎所有的神话都可以归入前者或后者。"本体说"认为所有的作物是从一个死神或死人的身体上长出来的，以后人们拿去播种，成了栽培作物。外来说法则说作物的种子最初是从很远的地方（一般是天上）偷来的。"本体说"是根据印度尼西亚塞兰（Ceram）岛上的韦马莱（Wemale）人的神话而拟定的。"外来说"是借用希腊神话中普罗米修斯（Prometheus）曾从天上偷取火种而命名。"本体说"的作物都集中于块茎类植物，而"外来说"的植物则偏重于禾谷类作物。中国的"天雨粟"，神农拿来教民播种，以及许多有关狗帮助人从天上取回谷种等，都属"外来说"的范围。块茎（芋）和块根（甘薯）类的植物，原始人在挖掘时，往往不能取尽，留下的残茎和根又会自行萌发生长，所以容易产生这些植物是从死神或死人身上长出来的神话。谷物的种子每次都要重新播种，直接从土中是不容易挖到的，所以容易产生从很远的天上偷来或上天恩赐的神话。德国学者用"普罗米修斯说"（即"外来说"）命名，是出于西方的历史知识，但他所调查的是亚洲农业神话，所以如用中文取名，似以"神农说"更有代表性。南洋岛屿的原始农业是块根块茎农业，其哲学观自然停留在"本体说"阶段，中国原始农业是谷物农业，其哲学观便从"神农说"发展成日益完善的天人合一及天、地、人"三才"说。

## 三、神农传说的原始农业生产

神农传说的文字材料，从先秦至汉晋一直记载不绝，并陆续有所增添，又因文

---

① 游修龄：《稻作史论集》，中国农业科技出版社，1993 年，93～101 页。

② 转引自 Obayashi T. Myths of agricultural origins in the Indo-Pacific area：culture-historical approach. East Asian Cultural Studies，1985，14（1－4）.

字记载内容涉及的地望、氏族、名称等，常有相互矛盾，引起历代学者的辩难，已如上述。如若避开这些分歧不论，把神农传说的文字材料加以全面归纳，将其内容分别与现代考古发掘所见的原始农业与少数民族农业的生产加以对照，可以看出，这些传说并非无稽之谈，而是能在一定程度上反映原始农业生产的面貌，说明这些传说仍有一定的学术价值。以下试作分析。

## （一）关于原始农具的耒耜以及斤斧

所谓神农氏"始作耒耜，教民耕种"。耒耜连称，其实耒和耜是两种农具。耒先于耜，耒是简单的尖头木棒，在耒的末端，加扎一横木。操作时，人手持耒身，以一只足踏横木，用力向下，把耒尖刺入土中。但一人操作只能使耒尖入土，不能翻起土垡，故实际操作时，是两人并肩持耒刺土，耒尖入土后，再用力把耒身向后压，便可以把土块翻起，这就是所谓"耦耕"。"耒"字在甲骨文中有象形的描绘（图2-2a）。耒的前身可能是狩猎用的投枪，早期农业初萌芽时，狩猎占主要地位，播种所需的点穴的工具，不必另造，这投枪就是现成的工具。尖头木棒是不需翻土的点穴工具，刀耕火种的后期，需要翻土，于是在耒尖上加横木，实行双人并肩的耦耕。

图2-2 "耒"字在甲骨文中的象形描绘

耜是在耒下绑扎一片骨质或石质的铲，成为复合农具。把耒尖改成铲状，就不必双人操作，效率却大为提高了。耒下加耜，合称耒耜。"耜"字在甲骨文中也有象形的描绘（图2-2b）。考古发掘方面，早在8 000年前的河北武安磁山遗址，即发现有木耒的印痕；7 000年前的浙江余姚河姆渡遗址则出土了非常精致的骨耜，河姆渡的骨耜已是相当发达的农具，表明在这以前，应还有较原始的使用木耒的阶段。由于原始农业延续的时间甚为久远，直至进入父系社会，出现了文字，农业的工具在没有摆脱木石材料时，它们的形制基本上仍少改进，所以反映在甲骨文中，还保留耒耜的形状。所谓神农氏"始作耒耜，教民耕种"是完全符合原始农业实际的。

至于斤斧，它们不是直接用于翻土播种的农具，而是应用广泛的工具，首先是砍伐树木，清理场地，少不了它们，这是刀耕火种的第一步。当然，斤斧更多的是用于建造房屋，制作原始用具。像河姆渡遗址的干栏式长屋，其榫（图2-2c）卯结构用的便是斧锛之类的石器。《淮南子·泛论训》说"古者剡耜而耕，摩蜃而耨"，也是正确的。"蜃"字是辰下从虫（图 2-2d），"辰"（图 2-2e）是石片、石刀之类，辰下加虫是一种蛤类，小蛤称蛤，大蛤称蜃。在沿海或近湖沼处，人们采食蛤蚌后剩下的大量蛤蚌壳，选大的稍加磨制，便可以成为除草、收割的蜃器。"辱"（图 2-2f）是辰下从手，指手持辰进行除草、收割等作业，后世"薅"字之有除草义，本此。

## （二）关于烈山泽

神农传说中曾提到神农又名"烈山氏"，炎帝又称"厉山氏"①，"厉山"即"烈山"，也就是放火烧山。炎帝之炎，是原始氏族对火的崇拜，"烈山"的含义如果予以今译，就是现在所称的刀耕火种。《孟子·滕文公上》对原始时期有一段描述："当尧之时，天下犹未平，洪水横流，泛滥于天下；草木畅茂，禽兽繁殖，五谷不登；禽兽逼人……尧独忧之，举舜而敷治焉。舜使益掌火，益烈山泽而焚之，禽兽逃匿。"接下来是讲禹治洪水的情况。孟子这段话，讲的是原始狩猎和原始农业的混合情况，草木畅茂，禽兽繁殖，人们放火的目的，是为了驱逐禽兽，以便进行狩猎。经过放火，驱赶禽兽、进行打猎以后，这些空出来的场地，又成为人为播种的理想场地，由此而引发出有意识地进行刀耕火种，把人们带进以种植为主的原始农业阶段。狩猎的投枪，转成了点种棒，投枪本是男子的事，因而使用点种棒开穴，顺理成章地成为男子的事，而妇女则跟在男子后面播种，并非偶然。所以，炎帝烈山氏实际上包含了放火驱兽狩猎和刀耕火种的双重意义在内。"烈山泽"还包括沼泽在内，也是容易理解的，因为浅水的沼泽地到秋后枯水期，同样适宜于放火驱兽和行猎。

## （三）关于作陶

传说"神农耕而作陶"②，正确地揭示了农耕与制陶的密切关系，当然这并非一时、一地、一人之功。农业和陶器是新石器时代两项相互联系的革命性创造，一般而论，有陶则有农，反之亦然。陶器供贮存饮料（水和酒）、种子、烹调食物等，是日常生活须臾不可少的器具。当人们还处于游猎而居无定所的生活条件下，很难想象随身携带较重而又易破碎的陶器四处走动，同时，更不可能已有专门固定的烧陶窑址。定居的农业促成陶器的诞生，新石器时代各处文化遗址出土的不同陶器，正是不同地域的农业逐步走向兴旺的标志。不过，"耕而作陶"的说法不宜绝对化。考古发现和研究表明，除了定居农业外，发达的渔猎经济导致的相对定居生活也可

---

① 《礼记·祭法》郑玄注"厉山氏"说："厉山氏，炎帝也。起于厉山。"这是以厉山为地名。
② 《太平御览》卷八三三《资产部》引《周书》。

以成为陶器发明的前提条件。例如，距今12 000年的甑皮岩遗址的原始陶器，就是适应当时大量采食贝类水生动物需要而产生的，详见本卷第三章。

## （四）关于凿井

中国历史追溯事物的起源，一向有归功于某一个具体人物的传统，有关井的起源也不例外。如《吕氏春秋·勿躬》列举了一系列人物，指明大桡作甲子，容成作历，羲和作占日，尚仪作占月，后益作占岁，夷羿作弓，祝融作市，仪狄作酒，赤冀作臼等，其中提到"伯益作井"，没有什么解释。《淮南子》则稍有发挥："昔者仓颉作书，而天雨粟，鬼夜哭；伯益作井，而龙登玄云，神栖昆仑。"[①] 这种解释令现代人难以理解，古人想象中，龙是栖在地下的，伯益教导人民掘井，虽然解决了缺水的问题，却激怒了龙神，跑到天上和昆仑山上去了。王充在《论衡》中对此作了有趣的分析，他认为龙登玄云和神栖昆仑是自古以来就有的事（因古人相信龙是实有其物的），"方今盛夏，雷雨时至，龙多登云"，不能同伯益作井牵扯在一起，伯益教民"凿地以为井，井出水以救渴，田出谷以拯饥，天地鬼神所欲为也"[②]。

原始农业时期，人们开始定居生活，住处往往选择靠近河水的台地，既便于汲水，又可防水位上升，淹及住所，如仰韶文化的遗址大抵如此。水的来源既然没有问题，就不会有井的出现。只有河姆渡遗址，地近沼泽，人们不便从沼泽中取水，但可以在沼泽边挖一个锅形坑池，利用地下水位高，容易从坑里取水。为了防止四周的沼泥塌陷，河姆渡人用木桩打入水坑四周，这便形成犹如后世水井的形状。河姆渡遗址第一期发掘的第二文化层中即发现木构的这种水井遗迹，由200多根削尖的桩木和长圆木围成。良渚文化的钱山漾遗址亦有类似水井。传说伯益是舜的臣子，助禹治水有功，禹曾以天下授益，益辞不受，避居箕山之阳。[③] 神农和伯益这两种传说，伯益作井要较神农教民耕种为迟了。

但是另一种传说提到随州"北界有重山，山有一穴，云是神农所生。又有周回一顷二十亩地，外有两重堑，中有九井。相传神农既育，九井自穿，汲一井则众井动，即此地为神农社，常年祠之"[④]。像这类传说显然完全是后人附会、追加，经不起考古的核对或参考。也有学者认为"神农既育，九井自穿"不仅是指一般所谓的井水，而当是指"农耕水利之征"[⑤]。这种分析，强调神农信仰的意义，又从井水扩大为农耕水利，则与井的关系更远了。

---

① 《淮南子·本经训》。
② 《论衡·感虚篇》。
③ 《尚书·舜典》："俞，咨益，汝作朕虞。益拜稽首，让于朱虎、熊罴。"
④ 《后汉书》卷一一二《郡国四》注引《荆州记》。
⑤ 钟宗宪：《炎帝神农信仰》，学苑出版社，1994年，73～74页。

## （五）关于谷物种植

本章第一节曾提及古籍记述的神农氏是"始教民播种五谷"的，或"烈山氏之有天下也，其子曰农，能殖百谷"。五谷也好，百谷也好，都是由神农氏首先教导人民种植的。神农作为原始农业时代的反映，包括了种植业的创始；不过，"五谷"的概念当是后起的。因为农业是有地区性的，黄河流域从8 000年前的河北武安磁山遗址起，直到6 000年前的河南仰韶遗址，所种植的都是旱地的黍、粟等作物；长江流域从8 000年前的湖南澧县彭头山和6 900年前的浙江余姚河姆渡遗址，所种的则是水稻。不同地区的农作物是通过交换逐渐增加起来的。所以神农氏一开始就教民种植五谷或百谷的传说，说明它是在这种南北文化（包括农作物）交流相当频繁以后经过了改造的。此外，世界各地传说中的农神，一般都是女性，如埃及的伊西斯（Isis）女神，希腊的德墨忒尔（Demeter）女神，罗马的刻瑞斯（Ceres）女神。农神之为女性，是早期农业的母系氏族社会的产物。神农作为男性农神，也说明神农传说形成较晚，或在进入父系社会以后经过了加工改造。

## （六）关于纺织

所谓"神农之世，男耕而食，妇织而衣"[①] 以及"神农之世……耕而食，织而衣，无有相害之心"[②] 这些托古之词，准确地反映了原始农业社会中男女的劳动分工情况。在渔猎时期，人们还没有纺织，但已知道编结，人们用兽皮、树皮之类为原料，用骨针将兽皮或树皮缝纫起来，作为御寒、遮掩之用，还有用植物纤维搓绳、结网等。所以编结是纺织的前身，没有编结在前，不可能产生以后的纺织。进入农耕社会以后，编结仍然需要，如用竹、芦苇等材料编结各种竹席、苇席、篮、筐之类。定居的生活条件，促使人们把编织进一步发展，产生了初期的纺织技术。编结以手工操作为主，只需一枚骨针就可以了。纺织则需要一些简单的工具，如石制或陶制的纺轮、骨针、骨锥，用纺轮捻线，用简单的织机织麻布、葛布等。黄河流域的河南、山西、陕西新石器时代遗址（如仰韶文化）曾多次出土石、陶制的纺轮、骨针、骨锥等。长江流域如河姆渡遗址除了现有苇席残片外，还有石、陶质的纺轮，有更为发达的硬木制的工具，如定经杆、综杆、绞纱棒、分经木、骨梭器、机刀及齿状器等原始织机的部件。至于蚕丝纺织问题，详见第五节。

---

① 《商君书·画策》。
② 《庄子·盗跖》。

## 四、神农之世的物质生活和精神生活

神农传说经后人一再的增添，内容十分广泛，除上述围绕农业生产诸因素以外，在物质生活和精神生活方面还有不少，这类内容也在一定程度上反映了原始社会的物质生活及精神生活，现择要分叙如下。

### （一）关于医药

唐代司马贞补《史记·三皇本纪》载："神农氏以赭鞭鞭草木，始尝百草，始有医药。"《世本》也载："神农和药济人。"这种传说如此深入人心，以致神农在民间一直被尊为农神而兼医神，世代膜拜。中国台湾三重市（今台湾省新北市三重区）先啬宫有一副对联云："砍木揉木益矣功成于地；鞭草尝草神哉德大如天。"①"先啬"是神农的别称，先啬宫即神农宫，这副对联是神农兼农神医神于一身的最好说明。

医药的起源是个很难界定的概念，日常生活中，人们理解的医药是指医生处方，病人服药。但广义的医药行为，可以追溯至很久以前，甚至包括动物在内。譬如牛、羊、猫等吃了有毒的食物，也知道在自然界寻找某种解毒的植物，吃下以后，引起呕吐，把毒物呕吐出去，这是一种先天自医的本能。人类早在狩猎采集时期，即已认识大量的植物，知道哪些植物可食，哪些植物是有毒不可食的（这即所谓尝百草），哪些植物虽然有毒，但经过加工如烧煮杀毒后即可食用等。达尔文的日记里曾提到欧洲殖民者的船队到了太平洋一个岛屿上，看到一些很吸引人的植物，船员们问当地土著，是否可食，当地人回答说可食，船员们就大嚼起来，接着大家都吐泻不已，他们去责问土著人，土著人听了大笑，说这种植物是要经过烧煮，破坏毒素以后，才可以食用的。原始人还在狩猎时期，即已使用砭石，在身体的一定部位施压止痛，或破伤口取毒箭头，或破疮排脓，此即后世针灸和外科手术的萌芽。从这点来看，也可以认为原始人个个都是神农，但随着经验的积累，原始的医药知识，慢慢集中到巫师（也即巫医）身上。个人也好，巫师也好，庞大的群体，不可能留下他们的姓名到后世，后人要解开谁最早发明医药这一千古之谜，便把功劳集中到神农身上，这也是很自然而容易理解的事。

### （二）关于茶

茶是中华民族最早发明和享用的饮料。茶树的地理分布与稻的分布天然地一

① 钟宗宪：《炎帝神农信仰》，学苑出版社，1994年，73～74页。

致，即都在照叶树林带内。所谓"照叶树林带"是日本学者佐佐木高明提出的，指从喜马拉雅山南麓经阿萨姆、云南山地及江南直至日本西部这一东亚温暖带，那里生长的树木主要是常绿青冈栎类，以及柯、樟、山茶等常绿树，因树叶表面发光的树种较多，故称照叶树林。[①] 原始农业的许多谷物都起源于这一林带之内。茶的栽培和利用最早也是在这一带内，然后陆续传播到各地。茶和稻的不同是，稻谷（米）遗存已经在许多考古遗址中发现，茶叶遗存的考古报道则相对较少。[②] 人们从茶的各种古名称的演变（如茶与荼的关系）去探索其起源，终究有较大的限制性。

唐代陆羽在《茶经》中提到："茶之为饮，发乎神农氏。"陆羽这样说，可能是《本草》有说在前："神农尝百草，一日而遇七十毒，得荼而解之。"如此看来，最初的茶是解毒的药草，因其有解毒的功效，有利于保健，后被人们经常饮用，便转成了饮料。神农传说的一个特点是，有关神农的每一项传说内容，都会衍生出一些完整的故事来。关于神农和茶的关系，民间便有如下的故事：神农身体是琉璃玉体水晶心，他能看到自己的心肝五脏。神农尝无毒的草时，通体晶莹透亮；尝到有毒的草时，体内就趵出乌黑的黑水来，毒性越大，肚里的黑水就越多。一天，神农中了七十几种毒，他看到自己体内先是五脏发黑，不久，蔓延全身，头脑发昏。就在他快要倒下去时，无意中他看到一丛灌木，顺手扯了两片嫩叶，放到口中，不料一进口，一股清香直透心脾。他接着又采吃了几片，随着叶片由喉咙、食管到胃肠，叶片流淌到哪里，哪里黑水就消除了。一会儿工夫，神农通体又透明闪亮了。这树叶就是茶叶，后来神农就用它来解毒。[③] 这个神农发现茶的民间故事，也是先从药用开始，然后转为饮用。

## （三）关于日中为市

《汉书·食货志》称食货"兴自神农之世"。说神农："斫木为耜，糅木为耒，耒耨之利，以教天下，而食足。日中为市，致天下之民，聚天下之货，交易而退，各得其所，而货通。"唐代司马贞补《史记·三皇本纪》也说神农："教人日中为市，交易而退，各得其所。"其实《汉书·食货志》和司马贞补《史记·三皇本纪》

---

① 〔日〕佐佐木高明：《寻求照叶树林文化和稻作文化之源——中国西南部少数民族文化学术调查之行》，尹绍亭编译，收入《云南与日本的寻根热》，云南社会科学论丛之二，1986年，42～85页。

② 据考古报道，山东济宁邹城市邾国故城遗址出土煮（泡）过的茶叶遗存，将世界茶文化起源的实物证据追溯到战国早期偏早阶段（前453—前410）。参见路国权、蒋建荣、王青、魏书亚：《山东邹城邾国故城西岗墓地一号战国墓茶叶遗存分析》，《考古与文物》2021年5期。

③ 江都：《茶的来历摘编》，原载《中国茶文化大观》编辑委员会编：《清茗拾趣》，中国轻工业出版社，1993年。

都本自《周易·系辞》的"日中为市，致天下之民，聚天下之货，交易而退，各得其所"。说食货兴自神农之世，虽然迟至有史以后始提出，却也完全符合原始农业时期的情况。需要指出的是，《汉书·食货志》对食货的定义是："食，谓农殖嘉谷可食之物；货，谓布帛可衣，及金刀龟贝，所以分财布利通有无者也。"神农之世的"食货"内容，不宜等同于《汉书·食货志》描述的内容。原始农业社会的市交换些什么内容，现在很难说清楚；但手工业（制陶、制石、制玉、纺织等）和农业的分工，则是必要的前提。考古发掘中可以列举的事物是有力的证明。如大汶口10号墓的主人，是个老年妇女，随葬的器物却很丰富，计有石器、玉器、骨器、陶器、象牙器、绿松石以及猪头、鳄鱼鳞板等；彩陶、玉铲、象牙梳等都是工艺精品，同时出现于一座墓葬中，不可能全由墓主家族当地所生产，其中许多必然通过交换所得。① 另外，少数民族中一些交换内容，也给我们以启发。如中国台湾地区粟品种丰富，其籽粒颜色几乎包括了所有的颜色，原因就是当地的高山族有个不成文的习惯，即每逢赶墟，人们都把自己心爱的粟品种带到墟上，同其他人交换，即使对方没有，也可以送给对方，这样通过交换，他们的粟品种不断丰富起来。② 相信这种习惯并非高山族所独具，而是早期农业社会中带有普遍性的行为。此外，像渔猎所得的兽皮、鱼类、贝壳之类，理所当然地受到远离山地和海滨的人们的欢迎。鲜艳的海贝，是妇女们喜爱的装饰品，经久耐存，不易风化，终于变成货物流通的中介——原始的货币。

"市"是北方的称谓，在长江以南，历史上一向称"墟"，这是古越语残留。北方称赶市或赶集，南方称趁墟或赶墟。市和墟本来不是什么固定的居住地，而往往是几个氏族聚落距离间比较相近的地点。各聚落相约每月逢五逢十的日子，或祭祀、庆祝的日子，人们一早从各处出发，到这个中心点聚集，进行物物交换，以有易无，彼此满足，过午就散，此即"日中为市，交易而退"。以后随着交易的频繁，市本身慢慢成为一些人们的居住点，终于成为最小的基层行政单位。

## （四）关于始作蜡祭

司马贞补《史记·三皇本纪》说："神农氏始作蜡祭。"蜡，后世亦作腊。因为农作物至冬天收藏完毕，接着举行祭祀，时间已在十二月，故十二月亦称腊月，腊祭那天亦称腊日。把庆祝农业丰收的祭祀典礼，说成是神农所首创，其道理是同神农氏发明耒耜、教民种植五谷是一致的。《淮南子·主术训》则有不同的叙说："昔者，神农之治天下也，……甘雨时降，五谷繁殖，春生、夏长、秋收、冬藏，月省

---

① 宋兆麟、黎家芳、杜耀西：《中国原始社会史》，文物出版社，1983年，285页。
② 游修龄：《粟的驯化细节与农业起源——兼论〈诗·大雅·生民〉》，《中国农史》1994年1期。

时考，岁终献功，以时尝谷，祀于明堂。"这段文字可以理解为明堂是神农以前即已存在的祭祀场所，神农氏只不过按传统惯例执行而已；也可以理解为明堂是神农所兴建。可是，"明堂"显然是个迟起的名词。东汉蔡邕《明堂月令章句》说："明堂者，天子大庙，所以祭祀。夏后氏世室，殷人重屋，周人明堂。"指出明堂只是周人的称谓。《考工记·匠人》对明堂的建筑结构还有具体的尺寸。《淮南子·主术训》为了表明神农时的明堂远较后世明堂为粗糙，特地说明"明堂之制有盖而无四方，风雨不能袭，寒暑不能伤"，显得有点超自然的神秘感。

在原始农业时期，人们的世界观是一种万物有灵的世界观，觉得周围环境里充满了各种各样的神灵：山有山神，树有树神，水有水神，火有火神，谷有谷神，田有田神，虫有虫神，牛有牛神。这种信仰在现今少数民族中和汉族农村中还有大量保留。所有这些神灵都是永生的。神农氏是与自然界风雨变化、四时五谷生长协调沟通的"大人"，所谓"故大人者，与天地合德，日月合明，鬼神合灵，与四时合信"[1]。在他的领导下，"甘雨时降，五谷繁殖"，到了"岁终献功"时，就"以时尝谷"。所谓"以时尝谷"，即绵延至今的尝新节。腊祭是丰收后最为隆重的祭祀活动，其内容一方面是答谢祖先和神灵赐予当年的丰收，另一方面是祈求祖先和神灵赐给来年更大的丰收。尝新节（腊祭），是个普遍存在的传统风俗，除中国外，日本、朝鲜、印度尼西亚、菲律宾、马来西亚等地都有，只不过各地有各地的表达方式而已，如印度尼西亚的谷神是黛维·斯莉·茜多诺（Dewi Sri Sedono）女神，人们在稻熟开镰前后，举行祭祀仪式，分别向女神祈求收获安全、答谢稻谷丰收。这同中国的神农氏"以时尝谷，祭于明堂"是类似的。只不过印度尼西亚的茜多诺女神只是谷神，中国的神农则扩大到谷神以外的农具、陶器、医药、茶等各个领域。茜多诺是女性，反映了母系氏族社会的遗风；神农氏是男性，反映的是父系社会的遗风。在远古中国似应也曾有过更早的女性农神，只不过后来被男性的神农氏所取代罢了。

## （五）关于制琴作乐

在神农氏的传说中，以神农制琴、作乐之说最为无稽。《淮南子·泰族训》认为论说任何事物，都要适度，过度就带来负面作用，并举了许多例子，其中即有："神农之初作琴也，以归神。及其淫也，反其天心。"但《路史》则说："伏羲削桐为琴。"至于《世本》则走得更远了："神农作琴，神农作瑟。神农氏琴长三尺六寸六分，上分五弦。"《孝经·钩命诀》把神农作乐的曲名也指出了："神农乐名扶持，亦曰下谋。"总之，把后世的琴瑟和乐曲，都"提前"记在神农身上。

---

① 《淮南子·泰族训》。

乐（樂）的造字结构是以丝缚磬，悬于木架上，已经是发达的器乐合奏了，当然与神农时无关。神农时期首先应是没有乐器的歌，用口歌唱是人们劳动或祭祀时发自内心的一种情感表达。原始的乐器应是最简单的，即来自狩猎所用的拟音器，模拟动物声音（如鹿鸣）的骨哨，或者用陶土制成的带吹孔的陶埙之类。二者在考古发掘中都有不少发现，如河姆渡遗址即出土有骨哨和陶埙，西安半坡、郑州大河村等都有陶埙出土。详见本书第十章，这里从略。

# 第三节　后稷传说

后稷和夏禹是中国上古文献中最先出现的两个传说人物。据《诗经·鲁颂·閟宫》，后稷之"奄有下土"，是"缵禹之绪"，即"禹治洪水既平，后稷乃始播百谷"。意指后稷是继禹治理洪水造成的灾难以后，领导农业生产。在甲骨文中的"司"字，是人张开大口，指发号施令的人。"司"是人在右旁，也可放在左旁，便是"后"字，所以"司"和"后"最初是同一个字的两种写法（以后词义增加，才分为两个字）。后稷也好，司稷也好，都是指领导农业生产的领袖人物，这个人的名字称稷。

顾颉刚认为："自西周以至春秋初年，那时人对于古代原没有悠久的推测。……他们只是把本族形成时的人作为始祖，并没有更远的始祖存在他们的意想之中。他们只是认定一个民族有一个民族的始祖，并没有许多民族公认的始祖。"[①]至于更早的炎帝、黄帝、尧、舜、神农和伏羲等古史传说人物，则至春秋特别是战国以后的古籍中才出现。

西周时民间流传的后稷，《诗经·大雅·生民》有这样的介绍："厥初生民，时维姜嫄。生民如何？克禋克祀，以弗无子。履帝武敏，歆，攸介攸止。载震载夙，载生载育，时维后稷。诞弥厥月，先生如达。不坼不副，无菑无害。以赫厥灵，上帝不宁？不康禋祀？居然生子。诞寘之隘巷，牛羊腓字之。诞寘之平林，会伐平林。诞寘之寒冰，鸟覆翼之。鸟乃去矣，后稷呱矣。实覃实訏，厥声载路。"《诗经》这段话较难理解，《史记·周本纪》有很通晓的阐述："周后稷，名弃。其母有邰氏女，曰姜原（通嫄）。姜原为帝喾元妃。姜原出野，见巨人迹，心忻然悦，欲践之。践之而身动，如孕者。居期而生子，以为不祥，弃之隘巷，马牛过者，皆辟不践。徙置之林中，适会山林多人，迁之，而弃渠中冰上，飞鸟以其翼覆荐之。姜原以为神，帝收养长之。初欲弃之，因名曰弃。"与《史记》类似的记述，在《列

---

① 顾颉刚：《与钱玄同先生论古书》，见顾颉刚编著：《古史辨》第一册，上海古籍出版社，1982年。

女传》《吴越春秋·吴太伯传》《论衡·吉验篇》《路史·余论四》等中皆有之，不俱引。

至今在山西闻喜一带仍保留着与《诗经》中这一段关于后稷的记载相类似的故事，并添加了一些无关的内容，如姜嫄是坐着骡子出走的，那是个大雪天，所以容易有脚印。……姜嫄产子后，天刮起了三天三夜的大风，姜嫄死在大风之下的土堆里，那是姜娘娘的坟（以后为庙），大风带来的大量黄土，堆积成一座山，离闻喜县姜娘娘庙不远，就叫稷山。稷王高高地在山上，可姜娘娘只好躺在他的脚下。

后稷这个传说反映了母系氏族社会儿子知母不知父的实际情况。这种情况当然不限于姜嫄一例，中国的姓氏起源，都类似。《白虎通德论·姓名篇》说："禹姓姒氏，祖昌意以薏苢生；殷姓子（好）氏，祖以玄鸟子生也；周姓姬氏，祖以履大人迹生也。"这可说是母系氏族存在的最好证明。后稷的母亲姓姜，是以羊为图腾的氏族。在母系氏族社会，婚姻已发展到禁止族内婚的阶段，姜氏的女子必须与另一个图腾氏族的男子婚配，才是合法的。《晋书·苻健载记》："苻健，字建业。洪第三子也。初，母羌氏梦大罴而孕之。""羌"字（图 2－3a）和"姜"字（图 2－3b）在甲骨文中是同一个字，羌和姜也都是崇拜羊图腾的部族。羌氏梦大罴（黄熊）而孕苻健和姜氏履熊迹而孕后稷是相似的，说明羌人这种信仰到晋时依然如故。西北高原的诸部落，多以动物为图腾，传说黄帝率六兽（熊、罴、罴、貅、貙、虎）之师讨伐炎帝，就是指以熊图腾为首的黄帝，率领其他五个图腾部落首领一起讨伐炎帝。

周人姓姬，黄帝也姓姬，《国语·周语》说："黄帝以姬水成，炎帝以姜水成。"黄帝是姬姓之祖。《史记·五帝本纪》说："故黄帝为有熊氏。"由此可见，姜嫄履大人之迹而生子，即踩熊迹而生子。"姬"字的甲骨文、金文分别如图 2－3c、图 2－3d 所示，女边（图 2－3e）即熊的脚印。

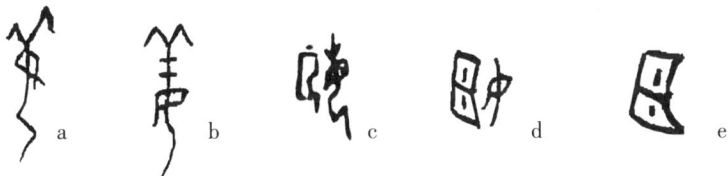

图 2－3 "姬"字在甲骨文中的描绘

周人对于自己的熊图腾不称熊，而称"大人"，是避讳之故。一切氏族人对于他们崇拜的图腾都有种种忌讳，其影响所及，直至有史以后，依然如故，譬如对帝王、祖宗、父母亲都不可直称。民间还有许多风俗，也充满了忌讳，可谓源远流长。有趣的是，加拿大渥太华印第安人的熊族，也不称自己为熊，而称"大脚"[①]，

① 孙作云：《诗经与周代社会研究》，中华书局，1979 年，19～20 页。

这与《诗经》之称"大人"不谋而合，反映了避讳是一种共性风俗。在语音方面，孙作云指出，姬字从女从臣，迹字从亦，二者为双声，也可证明姬之得姓本乎足迹，在字音上亦可通。①

《诗经·大雅·生民》又说："诞实匍匐，克岐克嶷，以就口食。蓺之荏菽，荏菽旆旆，禾役穟穟，麻麦幪幪，瓜瓞唪唪。诞后稷之穑，有相之道。茀厥丰草，种之黄茂。实方实苞，实种实褎，实发实秀，实坚实好，实颖实栗，即有邰家室。诞降嘉种：维秬维秠，维穈维芑。恒之秬秠，是获是亩；恒之穈芑，是任是负。以归肇祀。诞我祀如何？或舂或揄，或簸或蹂。释之叟叟，烝之浮浮。载谋载惟，取萧祭脂。取羝以軷，载燔载烈。以兴嗣岁。卬盛于豆，于豆于登，其香始升。上帝居歆，胡臭亶时！"这段话的开头是说后稷还是小孩时，就知道自食其力，知道怎样除草，怎样种植大豆、大麻、大小麦、甜瓜等作物，而且所种的作物都是籽实饱满、硕大的好品种。接着叙说怎样收获、脱粒、加工成熟食品，把它们放在祭祀用的豆器和登器里，尊祖配天，香喷喷的熟食，很快连上帝也高兴享受了。这段话的内容反映了西周时的农作物结构，从种到收的技术，直到祭祀祖先上帝为止。联系上文从后稷的母亲生下后稷开始，这一章完整地把周族的农业起源、农业结构和操作技术内容，以歌颂的诗句，非常简洁而又生动地描述出来，是一份极其可贵的农业史文献。

在《诗经·鲁颂·閟宫》中也有一段歌颂后稷的话："赫赫姜嫄，其德不回。上帝是依，无灾无害，弥月不迟，是生后稷。降之百福：黍稷重穋，稙稚菽麦。奄有下国，俾民稼穑。有稷有黍，有稻有秬。奄有下土，缵禹之绪。"应该注意的是，这一章的作物中，多了一样水稻。又，在《诗经·周颂·丰年》中亦提到"丰年多黍多稌"，这"稌"即稻的异称，也是糯稻的专称。这里用"多黍多稌"是与下文"为酒为醴，烝畀祖妣，以洽百礼"相连的，指的当是糯稻，黍和糯都是酿酒的原料，即为了祭祀而种植的。《周颂》其他地方讲后稷的贡献，都只提"黍稷"和"来牟（麦）"，没有提到稻。这是为什么？

这得从《诗经》的时代背景说起。《诗经》跨越的年代约500年（西周初至春秋中叶），最早的一篇是《豳风·破斧》，讲的是周公东征之事；最晚的一篇是《陈风·株林》，讲的是陈灵公和夏姬的关系，见于《左传》宣公九年和十年（前600—前599）。《国风》系按地域分篇，共18处。《大雅》《小雅》是西周王畿（今陕西中部）之诗，《鲁颂》是讲述鲁国（今山东）之事的作品。由此可知，随着时间推延，诗的内容自然也会按农业的发展有所补充。在早期的西北地区，种植的主要是黍和稷（粟），但到后来也开始种植水稻了，自然会在歌颂中添加上去，这是

---

① 孙作云：《诗经与周代社会研究》，中华书局，1979年，19～20页。

变化的一面。另有不变的一面，就是对先祖后稷的歌颂，则是始终以黍稷为歌颂的内容。因为这是远祖的传说，世代相传，是不可随便更改的。

研究《诗经》和周代历史的学者，包括过去和现代的，都注意到《史记·周本纪》所列出的周代十五世次是有问题的。《史记》的十五世次是：后稷→不窋→鞠→公刘→庆节→皇仆→差弗→毁隃→公非→高圉→亚圉→公叔→祖类→公亶父→王季→文王。这个世次的问题出在后稷之前和后稷与不窋之间。分述如下：

**1. 姜嫄和后稷之间的矛盾** 母系氏族社会距今约 10 万年，与考古上的旧石器时代后期至新石器时代初期及中期相当。父系氏族社会相当于新石器时代后期，距今约 5 000 年。原始农业发生于距今约 10 000 年，大部分处于母系氏族时期。按周人的传说，他们最早的女祖（始妣）是姜嫄，这与农业起源相符，是正确的；最早的男祖是后稷。后稷是父系始祖第一人，从此进入父系氏族社会。在后稷和姜嫄之间，理应有很长的时间距离；现在把两者缩短成母子关系，那么姜嫄就不应是周人的最早始妣，后稷母亲是谁的问题解决了，却难以"找回"那失去的一大段母系社会时间。

**2. 后稷和不窋之间的矛盾** 《史记·索隐》云：谯周按："《国语》云：世后稷以服事虞夏，言世稷官，是失其代数也。若不窋亲弃之子，至文王千余岁，唯十四代，实亦不合事情。"又，《国语·周语》祭公谋父曰："及夏之衰也，弃稷（农官）弗务，我先王不窋，用失其官，而自窜于戎狄之间。"孙作云指出，夏衰在孔甲之世，去夏禹时代三四百年，假若后稷是夏禹时代的人，不窋又是其子，焉有父子两代共占三四百年之久！可见被遗漏的世次是在后稷以后、不窋之前。

上述两个矛盾的差距合并起来考虑，《史记》的世次应修改为：姜嫄……后稷……不窋→鞠→公刘→庆节→皇仆→差弗→毁隃→公非→高圉→亚圉→公叔→祖类→公亶父→王季→文王。

这一图解中，姜嫄是以羊为图腾的母系氏族血缘传说中的始祖，其时代当甚早；后稷是知母不知父的母系最后一代儿子，也是男系氏族血缘传说中最早的始祖。这母系始祖和父系始祖，应该经历了一段模糊的时期，要在绝对的时间坐标上对应找出一个具体的人来，是很困难的。父系氏族血缘传说的第一个人就是后稷，从他开始，进入父系氏族社会，传子经历了若干模糊的世代之后，才有文字记载的不窋，不窋以后，便从传说转入信史了。

我们从文献中看到另一条与后稷有关的记载。《国语·鲁语》："昔烈山氏之有天下也，其子曰柱，能殖百谷百蔬。夏之兴也，周弃继之，故祀以为稷。"这条记述中牵涉两个重要的字："柱"和"稷"。先看"柱"，木柱或木棒都可称柱，木柱供建筑用，木棒则作工具用。从上文"柱""能殖百谷百蔬"看，"柱"当指木棒。原始农业在火烧地上用点种棒开穴播种，"柱"可以理解为点种棒。点种棒又来自狩猎时使用的投枪，原始农业需要开穴播种时，当然不必专门创制点种之棒，这投枪就是现成的点种工具。如果"柱"是点种棒，"烈山氏"则应理解为放火烧山——这是原始农业播种前的必要作业，是火猎与火种的结合。那么，上引《国语·鲁语》的传说就是原始刀耕火种的拟人化。

再说"稷"。《左传·昭公二十九年》："稷，田正也。有烈山氏之子曰柱，为稷，自夏以上祀之，周弃亦为稷，自商以来祀之。"与上引《国语·鲁语》的记载正可相互参照。这里的稷，是人们祭祀的谷神，《汉书·郊祀志》说："稷者，五谷之主。"据《国语》和《左传》的说法，"柱"是夏以前被供奉的农神，"周弃"是夏以后被供奉的农神，两者有继承关系。其实，"柱"和"弃"更可能是各有渊源的不同原始族群的农神，未必是继承关系，但从烈山氏传说所反映农作方式的原始性看，说"柱"这位农神比"弃"这位农神更古老，也并非毫无根据。后稷和谷神之稷的关系，是古代人神不分时期的正常现象，说是神的人化或人的神化都可以，《诗经·周颂·思文》赞美"思文后稷，克配彼天。立我烝民，莫匪尔极。贻我来牟，帝命率育"便是如此。凡是传说中某个氏族的远祖，都不例外。

顾颉刚认为："后稷本是周民族所奉的耕稼之神，拉做他们的始祖，而未必真是创始耕稼的古王，也未必真是周民族的始祖。"[1] 说后稷是周族的耕稼之神是对的，但说周族把耕稼之神拉作自己的始祖，则恐未妥。因为正如以上所说，古代人神可以不分，周弃极大地推动了周族耕稼的发展，所以从人（古王）变成神，二者并不矛盾。当然这个人或古王不能理解成一个具体的个人，而是一些世代相承的耕稼领导者，经糅合和神化以后，浓缩成的一个神或人。

最后，如把后稷与神农作一个对比，倒是很耐人寻味的现象。后稷是中国文献中西周族的第一位农神，在古文献中出现较早，在《诗经·周颂》中即有记述。《史记·周本纪》称："后稷兴于陶唐虞夏之间。"《尚书·舜典》更称："禹拜稽首，让于稷、契暨皋陶。"稷和禹同官于舜。神农则迟至战国时才从文献中出现。孟子（约前372—前289）最先提到"后稷教民稼穑"[2]，至西汉《淮南子·修务训》才明确提到"神农乃始教民播种五谷"，以后王充《论衡·商虫篇》才提到"神农教民稼穑"。按说后稷应是中国第一位较早的农神，但神农却是后来居上，成了全国性的最早农神，留传至今，而且远播国外。早期国内外的一般文献中，凡是提及中国文化之悠久，说有五千年农耕历史的，必举神农为证。神农经过不同时期的系统化，并和炎帝甚至蚩尤、祝融相合，后稷则一直靠边站了。这一现象应怎样解释

① 顾颉刚：《讨论古史答刘胡二先生》，见顾颉刚编著：《古史辨》第一册，上海古籍出版社，1982年。

② 《孟子·滕文公上》。

呢？钟宗宪指出，先秦典籍中出现的厉山氏（或烈山氏）扮演了十分重要的媒介作用，炎帝是传说中的太阳神，通过烈山氏，在汉以后遂把炎帝和神农合而为一。[①]
徐旭生指出，春秋时代的传说里并没有见到神农，虽然有炎帝，却与播种百谷无关，另外却传出一个烈山氏来。[②] 上引《国语·鲁语》的文字是明确把烈山氏作为周弃的承继关系先祖的，战国时的人则把烈山氏与后稷割断，却同炎帝接上关系，又因炎帝即神农氏而把炎帝、神农、烈山氏联系在一起，使之成为比黄帝更早的古皇帝。上引"烈山氏→柱→周弃"世代为稷（农神）的传说从而被抛在一边，神农一旦树立，后稷就瞠乎其后了。

这样一来，如按战国后的文献综述，是神农较后稷为早，如按先秦文献，则后稷出现较神农为早；如按两位农神所教导的农业内容来看，后稷较简单，只限于旱地的黍粟，神农则全面，除却五谷，还兼及制陶、医药、茶、音乐等，显然应当是越简单的时代越早。又，更重要的是，如从考古的角度看，凡是传说的内容可以从考古获得印证的，当然可信度高，不能从考古获得印证的，可信度低。周族先祖后稷的发源地在西北今陕甘一带，其母族以羊为图腾，其始祖（始妣）为姜嫄。姜嫄生子后稷被弃的故事，并非空穴来风，分析已如上述。根据考古发掘，西北地区大量的新石器时代遗址出土了黍粟的遗存实物，光是陕西即有西安半坡、宝鸡北首岭、华县（今渭南市华州区）泉护村、华县元君庙等遗址，出土了粟遗存，临潼姜寨出土了黍的遗存，时代相当于仰韶文化，距今6 000年以上（详第四章）。远古中国在广阔的地域内活动着众多的族群，原来应该相应地存在多种不同的农神和农业起源传说，但在长期相互斗争和相互融合的过程中，绝大部分失载了。但其中的某些片段仍然会在民间流传。神农氏就是后人把各种传说和片段糅合在一起，逐步系统化和整齐化，塑造成为华夏创始农耕和相关一系列发明的统一的农神。有关神农发明农业的传说太完整了，覆盖全地域及生产生活的各个领域，这就反证了它是经过历代人的不断添加、创作而成的。正因为神农氏传说太完整，它无法落实到哪一个具体的地区，只能视为中国原始农业发生和发展时代的一种拟人化。

长江以南的广大地区，近二十年来发掘了大量新石器时代遗址，年代都不亚于北方，为什么没有如姜嫄周弃那样一脉相传的传说呢？原因很复杂，中国的原始文字主生于北方，当甲骨文演变为金文时，南方还没有推及，南方原有的楚和吴越文字则因融合而消失了。文字的消失意味着一系列传说的消失，而口头的传说又因民族不断融合而变样。神农氏传说的内容如此多样化，而且内容亦属合理，是其较迟产生的原因。交通不便的西南僻远处，反而保留了不少有意义的神话，如盘瓠的故

① 钟宗宪：《炎帝神农信仰》，学苑出版社，1994年，73～74页。
② 徐旭生：《中国古史的传说时代（增订本）》，科学出版社，1960年，220～241页。

事即是其例。

## 第四节　蚕神、嫘神及马头娘传说

采桑饲蚕是新石器时代晚期黄河流域和长江流域的农业经济组成之一，所以蚕神也产生于那个时期。到了有文字记载的初期，继承下来，便反映到甲骨卜辞中。据胡厚宣的研究，甲骨文中祭祀蚕神的卜辞约有四条。现以祖庚、祖甲时蚕神与商王远祖上甲微并祭的一条卜辞为例述下：

"贞元示五牛，蚕示三牛，十三月。"①

这条卜辞的意思是说祭祀元示上甲微要宰牛一头，祭祀蚕示用牛三头。可见蚕神祭礼之隆重。"示"指神祇，故蚕示也即蚕神。"示"的神祇义源自巨石崇拜，这里不去说它。

有史以后，有关蚕神的文献记载，不如神农、后稷那样较少分歧，而长期多元并存，蚕神被称为先蚕、嫘祖、菀窳妇人、寓氏公主、马头娘、蚕母、三姑等，多轨并行，是很值得注意研究的现象。

上举的卜辞只称蚕神为"蚕示"，说明殷商时期还没有嫘祖等各种不同的称谓。

蚕神的拟人化之一是嫘神，最初见诸《山海经·海内经》，作"雷祖"："流沙之东，黑水之西，有朝云之国，……黄帝妻雷祖，生昌意，昌意降处若水，生韩流。"② 嫘祖之"嫘"，没有固定的写法，早期作"雷祖"。首先提到嫘神的是《史记·五帝本纪》："黄帝居轩辕之丘，而娶于西陵氏之女，是为嫘祖。嫘祖为黄帝正妃。生二子，其后皆有天下。"《大戴礼记》也作"嫘祖"。查《说文解字》没有收"嫘"字，只有"儽"和"儽"字，不知道早期简牍本的《史记》和《礼记》是否不作"嫘"，而作"雷"或"儽"，后世传刻中统一改用"嫘"？雷、儽、儽、嫘虽可通用，从造字先后和《说文解字》收字来看，甲骨文只有靁（雷），没有"累"，更没有"儽"和"嫘"，以"雷"为最早，"儽（儽）"次之，"嫘"最后。"嫘"出现后，雷祖、儽祖、儽祖虽然仍旧使用，最后是嫘祖取得统一书面语的地位。

尽管《山海经》和《史记》已提到嫘祖，但这个嫘祖与蚕神并无关系。秦汉祭祀的蚕神，称"先蚕"，这是"蚕示"的同义词。如《后汉书·礼仪志》云："祠先蚕，礼以少牢。"《周礼·天官·内宰》："中春，诏后帅内外，命妇始蚕于北郊，以为祭祀。"《礼记·祭统》更有详细的天子和诸侯负责亲耕，王后和夫人负责亲蚕的记述（文长从略）。反映这时期的祭祀蚕神，未有专门的称呼，并与嫘祖无关。

---

① 胡厚宣：《殷代的蚕桑和丝织》，《文物》1972 年 11 期。
② 袁珂：《山海经校注》，上海古籍出版社，1980 年，442 页。

《山海经》和《史记》中的嫘祖，身份都是黄帝妻子（元妃、正妃），与蚕神没有关系。反之，在唐代林宝撰《元和姓纂》则把嫘祖奉为行神："西陵氏女嫘祖，好远游，死于道，后人祀以为行神。"唐代王瓘《轩辕本纪》则说："帝周游行时，元妃嫘祖死于道，帝祭之，以为祖神。"（祖神之"祖"可训"道"义，故道路之祖神和行路之祖神相同）。宋代丁度《集韵》重复引用《元和姓纂》的文字，不俱引。沿这一条线索看，嫘祖也同蚕神没有关系。

《史记·五帝本纪》又说黄帝"顺天地之纪，幽明之占，死生之说，存亡之难，时播百谷草木，淳（驯）化鸟兽虫蛾"，这是把种植百谷和驯化虫蛾都记在黄帝名下。如果虫蛾包括蚕蛾在内，则养蚕是黄帝发明的了。清代马骕《绎史》引《黄帝内经》云："黄帝斩蚩尤，蚕神献丝，乃称织维之功。"这里的蚕神显然和西陵氏之女的嫘祖也无有关系，即蚕神和嫘祖尚未合为一人。

尽管秦汉时已有嫘祖，但秦汉宫廷祭祀的蚕神，称"先蚕"。东汉时又出现另两个蚕神的记载。《后汉书·仪礼志》："是月皇后帅公卿诸侯夫人蚕。祠先蚕，礼以少牢。"刘昭注："《汉旧仪》曰：'……今蚕神曰菀窳妇人，寓氏公主，凡二神。'"后世《晋书·礼记》，宋代秦观《蚕书》等都有类似的祭菀窳妇人和寓氏公主的记载，不俱引。菀窳和寓氏都是蚕神，为什么却分为二神？可能妇人是已婚的，代表大蚕做茧成蛾；公主是未婚的，代表前期幼蚕的生长，故分二神祭祀。"菀窳"二字费解，从字义看，"菀"通"苑"，"苑"有宫室义，"窳"指低洼处，有下湿义。蚕室的温度宜凉爽，湿度宜偏湿，桑叶才不会很快干燥。室内如偏燥，桑叶失水太快，不利于蚕儿进食且浪费。保湿尤其以蚁蚕期为重要，大蚕因排泄的蚕矢量增加，本身已较多湿气，故不必特意保湿。所谓菀窳妇人，当指在卑湿的蚕室中养蚕的妇人。"寓"有寄居之意，寓氏当指寄寓于蚕室的公主。原始社会的氏族长要带头领导播种和养蚕，世代相传，成了祭祀的神。菀窳妇人和寓氏公主是宫廷王室后妃负责养蚕者的蚕神化，并非来自民间。

把先蚕与嫘祖联系起来，约在北周，见诸《隋书》："北周制，以一太宰亲祭，进尊先蚕西陵氏。"以后是北宋刘恕《通鉴外纪》："西陵氏之女嫘祖为帝元妃，始教民育蚕。"南宋罗泌《路史·后纪五》说："元妃西陵氏，曰儇祖，以其始蚕，故又祀先蚕。"元代金履祥《通鉴前编》中也有类似记载："西陵氏之女嫘祖为帝元妃，始教民育蚕，治丝茧以供衣服，而天下无代皲瘃之患，后世祀为先蚕。"[1] 这是把黄帝元妃、嫘祖、蚕神合为一人（神）的经过，故事就这样日趋完整了。

祭祀蚕神和嫘祖混同不分以后，嫘祖仍未完全取代蚕神和菀窳妇人、寓氏公主。民间还有一个马头娘的传说，绕过嫘祖、菀窳妇人和寓氏公主，把蚕神的接力

---

① 蒋猷龙：《家蚕的起源和分化》，江苏科学技术出版社，1982年，4页。

棒接了过去，成为与嫘祖、菀窳妇人、寓氏公主多神并存的蚕神。而且这个马头娘的传说在民间的影响最为广阔和深远。到了元代王祯《农书》中，王祯汇总魏、晋、北齐、后周至隋朝的历代先蚕坛的不同规格，绘图《先蚕坛》，坛中央竖立先蚕灵位，皇后率领群妃拜祭（图2-4）。另外，又汇聚皇室和民间的各种蚕神，总名蚕神，绘成《蚕神图》，《蚕神图》的上方中央为天驷星，所谓："有星天驷，象合乎龙。惟蚕辰生，精气相通。孕卵而出，寓食桑中。取育于室，茧丝内充。"天驷星下坐着黄帝元妃西陵氏嫘祖。嫘祖的左下位坐着马头娘（女身而头背后有马头）及蚕母；嫘祖的右下位坐着菀窳妇人和寓氏公主，以及大姑、三姑（图2-5）。① 王祯让上层和下层文化的蚕神兼收并蓄、并行不悖地坐在一起，不是他个人的主见，实在是客观现实的反映。这是一种饶有兴味的文化现象。

图2-4 《先蚕坛》

（［元］王祯《农书·农器图谱集·蚕缫门》）

---

① ［元］王祯：《农书·农器图谱集之十六·蚕缫门》，农业出版社，1981年，372～373页。

图 2-5 　《蚕神图》

（［元］王祯《农书·农器图谱集·蚕缫门》）

以下转到民间的蚕神故事。民间传说中的蚕神不是嫘祖，而是马头娘。最初见诸晋代干宝《搜神记》：

> 旧说，太古之时，有大人远征，家无余人，唯有一女，牡马一匹，女亲养之。穷居幽处，思念其父，乃戏马曰："尔能为我迎得父还，吾将嫁汝。"马既承此言，乃绝缰而去，径至父处，父见马惊喜，因取而乘之。马望所自来，悲鸣不已。父曰："此马无事如此，我家得无有故乎？"丞乘以归，为畜生有非常之情，故厚加刍养。马不肯食。每见女出入，辄喜怒奋击。如此非一，父怪之，密以问女，女具以告父，必为是故。父曰："勿言，恐辱家门，且莫出入。"于是伏弩射杀之，暴皮于庭。父行，女与邻女于皮所戏，以足蹴之曰："汝是畜生，而欲取人为妇耶！招此屠剥，如何自苦。"言未及竟，马皮蹶然而起，卷女以行，邻女忙怕，不敢救之。走告其父，……后经数日，得于大树枝间，女及马皮，尽化为蚕，而绩于树上。……邻妇取而养之，其收数倍，因命树曰桑。……今世所养是也。[1]

《搜神记》所提"旧说太古之时"很重要，表明不是有史以后的事。只不过是晋时已很流行的故事。作者干宝从小随父亲迁往浙江海宁，他做过山阴（今绍兴）

---

[1] ［晋］干宝：《搜神记》卷一四，见《百子全书》第七册，浙江人民出版社据扫叶山房 1919 年石印本影印，1984 年。

县令，他"考先志于载籍，收遗逸于当时"（《搜神记》序）。说明这个故事是在江浙一带收集来的，但不知道故事的原产地是哪里。早在《荀子·蚕赋》里记有一个关于蚕的谜语，请五泰（即五帝）回答："有物于此，蠃蠃（裸）兮其状。屡化如神，功被天下。为万世文。礼乐以成，贵贱以分。养老长幼，待之而后存。……人属所利，飞鸟所害。臣愚而不识，请占之五帝。五帝占之曰：此夫身女好，而头马首者与？"这个谜语及解答非常美妙。的确，长大的蚕儿，柔软嫩白，想象成美女的身体，也很恰当；当其昂首时，确有点似马首。这是《搜神记》民间故事的谜语化。

女身马首的蚕宝宝又和天象星座联系起来。《周礼·夏官》说："夏官：掌质马。……禁原蚕者。"郑玄注："天文，辰为马。蚕书，蚕为龙精，月值大火，则浴其种，是蚕与马同气。"辰是星名，即房宿，又称天驷。马属大火，蚕为龙精，蚕在大火二月浴种孵化，故说蚕和马同气。汉代阴阳书也说："蚕与马同类。"这种把天象与物候人事联系的解释，与阴阳五行说有关，也是天人合一思想的反映。

王祯引《淮南王蚕经》云："黄帝元妃西陵氏始蚕，至汉，祀菀窳妇人、寓氏公主。蜀有蚕女马头娘。此历代所祭不同。"[1] 王祯提到"蜀有蚕女马头娘"，可补《搜神记》记述中没有马头娘地点之不足。王祯所据可能是唐末五代前蜀杜光庭《墉城集仙录》的记载，该书所述的故事情节较《搜神记》更为详细：

> 蚕女者，乃是房星之精也。当高辛之时，蜀地未立君长，唯蜀山氏独王一方。其人聚族而居，不相统摄，往往侵噬，恃强暴寡。蚕女所居，在今广汉之部，亡其姓氏。其父为邻部所掠已逾年，唯所乘马犹在。女念父隔绝，废饮忌食。其母慰抚之，因告誓于其部之人曰："有能致父还者，以此女嫁之。"部人虽闻其誓，无能致父还者。马闻其言，惊跃振迅，绝绊而去。数月，其父乘马而归。……父怒，射杀之，曝其皮于庭中。女行过侧，马皮蹶然而起，卷女飞去。旬日，复栖于桑树之上，女化为蚕，食桑叶，吐丝成茧，用织罗绮衾被，以衣被于人间。蚕自此始也。……一旦，蚕女乘彩云，驾此马，侍卫数十人，自天而下，谓父母曰："太上以我孝能致身，心不忘义，授以九宫仙嫔之任，长生矣，无复忆念也。"言讫，冲虚而去。今其冢在什邡、绵竹、德阳三县界。每岁祈蚕者四方云集，皆获灵应。蜀之风俗，诸观画塑玉女之像，披以马皮，谓之马头娘，以祈蚕桑焉。[2]

---

① ［元］王祯：《农书·农器图谱集之十六·蚕缲门》，农业出版社，1981年，372～373页。

② ［唐］杜光庭：《墉城集仙录》卷六，见《四库全书存目丛书·子部》第258册，齐鲁书社，1995年，375～376页。

有关马头娘的记述，远不止上举的文献，三国《太古蚕马记》，唐《原化传拾遗·蚕马》，宋《太平广记》等，都有类似记述。① 祭马头娘的民间风俗一直流传至今，现在四川盐亭高登建有嫘祖宫，内塑有嫘祖、马头娘像。嫘祖宫大门两侧有联云："弘扬嫘祖文化，振兴高登经济。"

马头娘的故事出于四川并非偶然。四川古称"蜀"，蜀在甲骨文、金文、小篆中的字形虽然有所变化（图2-6），但其上部都作马头形则一脉相承，就是在现今楷书中，上面的"四"形，对比甲骨文也还可看出马头形的影子。② 甲骨文对牛、马、猪、鹿、犬等动物，都采用象形手法表达，每种动物，各显示其特点，以区别于其他动物，马字的特点是突出它的头部大眼及颈部的鬃，蜀字去掉下边的"虫"，即是马头及身的侧面（省四脚）。故《荀子》有"此夫身女好，而头马首者与"的说法。《尔雅翼》亦说："蚕之状，喙呐呐类马。"

图2-6 "蜀"字在甲骨文、金文、小篆中的字形变化

但是，"蜀"字的头部也有释作蚕头的。《说文·虫部》："蜀，葵中蚕也。从虫。上目象蜀头形。中象其身蜎蜎。《诗》曰：'蜎蜎者蜀。'"葵，据《尔雅》释，即桑；蜎蜎，蠕动状。许慎所引《诗经》作蜎蜎者蜀，但今本《诗经·豳风·东山》作："蜎蜎者蠋。"关于"蜀"和"蠋"的造字关系，当然是先有"蜀"，后有加虫的"蠋"。《诗经》毛传云："蠋，桑虫也。"许慎说"葵（桑）中蚕也"，蚕是专指的，桑虫则是泛指的，凡食桑的虫，都是桑虫。于是"蜀"和"蠋"既是同音通义，"蠋"又有其他桑虫的义。因"蠋"从"蜀"得义，又与马头的关系不大，这里不展开讨论。

蚕的繁体字作"蠶"，上半部是声符，下半部的双虫（单个的虫，古代常指大型动物，如老虎、蛇都称大虫，后世简化了，虫和双虫也不分了）是指昆虫类，但加上声符，便专指蚕。按造字的规律，先有象形、会意的"蜀"，后有形声的"蚕"，"蜀"和"蚕"的古音也相近，二者同源。

---

① 顾希佳：《东南蚕桑文化》，中国民间文艺出版社，1991年，56～58页。
② 高明编：《古文字类编》，中华书局，1980年，169、211页。

蜀以当地人养蚕著称，故借用为地名、人名，这是顺理成章的事。汉代扬雄《蜀王本纪》云："蜀王之先，名蚕丛、柏灌、鱼凫……是时人萌椎髻左衽，不晓文字，未有礼乐。从开明到蚕丛，积三万四千岁。盖后世以蚕丛为蜀国之号。"蚕丛的传说在四川十分普遍，故李白《蜀道难》有"蚕丛及鱼凫，开国何茫然"之叹。明《一统志》谓："蚕丛氏，初为蜀侯，后称蜀王，教民蚕桑。"这些记述和后稷的传说十分相似，后稷是教民稼穑之人（神），蚕丛是教民蚕桑之人（神）。所不同者，后稷自始至终称后稷，蚕丛则慢慢被嫘祖所取代，成为留在蜀地的蚕人（神）。

《山海经·海内经》云："黄帝妻雷祖，生昌意，昌意降处若水，生韩流，韩流……娶淖（蜀）子，曰阿女，生帝颛顼。"邓廷良认为若水即今甘孜地区的雅砻江。① 黄帝之子娶于蜀山氏，说明蜀山氏是与黄帝部族同时出现于岷山地区的部族。古代相邻的部族间，为加强联系，大抵世代通婚，为此，产生了黄帝妻子嫘祖也是蜀山氏的传说。这是又一条把嫘祖和蜀联系起来的线索。有记载的第一代蜀王，族名蚕丛氏，而蜀的本义即野蚕。相传蚕丛时代，蜀地已有最初的集市，即蚕市。②

与蜀有关的另一个字是"蠻"（蛮）字，最初的"蠻"字下边没有虫（图2-7），读如 mun，谐音作"民""蒙""苗""氓"等。③ 甲骨文的"四方"，即后世的"蛮方"。何光岳释"絲"字："正像一人挑起一担蚕山的框架，……因为开始养野蚕时，只能在野蚕分布的桑林里就地设放这种框架，把吐丝的野蚕捉放到框架上，使野蚕能有规则地围绕框架吐丝。"④ 这段话分析野蚕如何转向人工饲养，是有道理的。但说"絲"字的结构是正像一人挑起一担蚕山的框架，则不妥。因为两束丝的中间是个"言"字，不是人体。两侧的丝束已足以表示养蚕的族群，加"言"是对华夏人自称为"mun"，华夏人怎样把这音记下来，是件难事，于是画出两束丝象形，再在中间加插一个言，代表自称。又因南方蛮人多信奉蛇为图腾，故在下部再加一个"虫"，这样，就比较完整地体现了蛮人的特点。

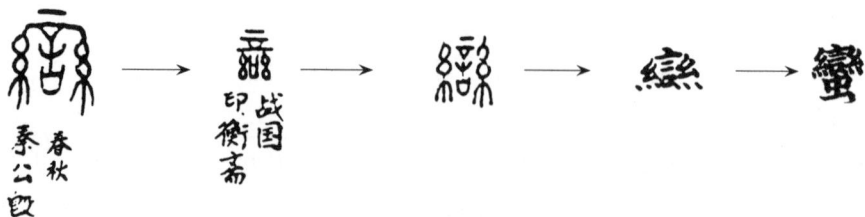

图2-7 "蠻"（蛮）字的字形变化

---

① ② 邓廷良：《丝路文化·西南卷》，浙江人民出版社，1995年，15～18页。

③ 高明编：《古文字类编》，中华书局，1980年，169、211页。

④ 何光岳：《南蛮源流史》，江西教育出版社，1988年，9～11页。

邓廷良把嫘祖和蜀山氏联系为一人，虽然没有把嫘祖同马头娘连在一起，实际上也等于联系在一起了。从黄帝时代以野蚕命名的蜀山氏，到后来第一个蜀王朝蚕丛时代，正是由蜀（野蚕）到蚕（人工饲养）的时代，这是邓廷良的观点。从蜀地范围内看，这种驯化过程还可以成立，但放大到黄河和长江流域并结合考古发掘看，则还欠说服力。

还有一个需要提出的是，晋代常璩《华阳国志·蜀志》云："有蜀侯蚕丛，其目纵，始称王。死，作石棺、石椁。国人从之。故俗以石棺椁为纵目人冢也。"这种纵目人可远溯至四川广汉三星堆遗址出土的青铜人面或人像，其额面正中都有第三只纵立的眼睛，则蚕丛之纵目历史当亦随之提前。青衣神蚕丛氏的庙、黄帝妻马头娘的蚕神庙，遍布于蜀中，这些神都是三眼、中央者为纵目。《荀子》载"此夫身女好，而马首者与"，可见马首人形的马头娘传入中原当很早。蜀中土著的诸神及氐羌系诸神的额中央，都有纵目，故屈原《楚辞·大招》歌云："魂乎无西！西方流沙，漭洋洋只。豕首纵目，被发鬤只。……魂乎无西！多害伤只。"这种纵目现象并不局限于四川，浙江海宁蚕乡信仰的"蚕花五圣"神像，为男性，盘膝端坐，有三眼，中间一眼为纵目。六手，上举的两手各擎日和月，中间两手所持物，是否为丝束及卷帛不能肯定，下面两手捧蚕茧。[①]

还需要指出的是，马头娘的传说十分复杂，并不局限于蜀中，而是遍及各地，尤其是长江下游蚕区。不仅如此，还远渡重洋传播到日本。距今 4 400～4 200 年前良渚文化钱山漾遗址已有丝织品出土，春秋战国时期吴、越都以蚕丝著称，却和马头娘无关。良渚文化的时代较三星堆遗址为早，马头娘是怎样传播各地的，也是个谜。现在所知，太湖地区在明代已有用于祭祀的马头娘"神码"在南货店出售。神码上的马头娘，手牵着一匹马，已非女神头上披马皮。但并非到处都改为人和马分开，据蒋猷龙先生回忆，20 世纪 30 年代，他家乡江苏宜兴乡间有一小庙，供养着一个陪祭的蚕神：女性，头顶罩有一个马头，身上披着马皮，端坐，手里捧着蚕茧。[②]

先秦时期黄河流域的气候较现在更为温暖，故蚕桑业很发达。"强弩之末，力不能入鲁缟。"山东是当时蚕桑的重点产区。从东汉至南北朝，是黄河流域气候转冷期，隋唐五代有所转暖，但宋以后历元、明、清，气候都较现在为冷[③]，不利于北方蚕桑业的发展，却促成了南方蚕桑业的兴旺，而唐宋以后正是全国经济文化重心南移的时期。推想马头娘的故事传说是在唐宋以后传到长江下游太湖地区，并因中日交通的频繁开展而传至日本。

---

①② 顾希佳：《东南蚕桑文化》，中国民间文艺出版社，1991 年，103 页图。

③ 竺可桢：《中国近五千年来气候变迁的初步研究》，《考古学报》1972 年 1 期。

太湖地区的杭（州）、嘉（兴）、湖（州）地区，历史上一直有很复杂的祭祀马头娘风俗。祭祀的方式通常有两种，一种以家庭为单位举行，另一种以庙宇为中心举行。家庭祭祀的方式是："下蚕后，室中即奉马头娘。遇眠，以粉茧、香花供奉。蚕毕，送之。出火后，始祭神。大眠，上山，回山，缫丝，皆祭之，神称蚕花五圣。"出火后祭神所用的祭品叫"茧圆"，是用米粉做成的如同蚕茧一样大小的圆子。①

以庙宇为中心的祭祀，又称庙会，规模有大有小，大的如杭州西湖的香市、嘉兴三塔的踏白船、湖州含山的轧蚕花、桐乡芝村的水会、海宁的蚕花戏等，都远近闻名。一般在春季蚕事开始之前，结伴同赴杭州，进庙烧香，祈祷"田蚕"。田蚕是把植桑和蚕事两者结合起来，祈求双丰收。湖州含山有一种名叫"轧蚕花"的风俗（"轧"是吴语，即"挤"的意思），还保存着原始生殖崇拜的延伸。含山上有一座蚕神庙，祀奉马头娘。蚕农们于每年清明节前后两天里上山祭祀蚕神，多时一天可达两三万人。有个不成文的规矩，未婚的男女青年总要往人堆里挤轧，人越多，挤得越热烈，即预兆当年蚕事越兴旺，称之为"越轧蚕花越发"；相传还有"摸蚕花奶奶"的陋习。②轧蚕花在苏南、浙北以至浙中一带都有，至 20 世纪 50 年代才消亡。这个风俗的起源是极其悠久的，主角是女方，是原始母系氏族社会的遗风。

日本东北地区的养蚕户几乎家家都祀奉"白神"，即马头娘。神体是一对用桑木刻成的神偶。一个是男性，刻成马头，另一个是女性，刻成女子头，身上穿漂亮的衣服。关于白神的传说同中国《搜神记》的马头娘故事大体相同。每年农历三月十六日前后是白神的祭日，届时附近数千名蚕农都带着各自家里祀奉的白神神体，到久渡寺去祭祀蚕神。祭祀的蚕农在神前行礼拜之后，围坐在院子里或寺外空地上，跳舞、聚餐，晚上在月亮下燃起篝火，由巫女吟诵《白蚕祭文》及咒语。《白神祭文》所诵的神话故事，同中国《搜神记》的内容也大致相似。③

马头娘的故事传至长江下游约在晋代。中国和日本的文化交流是唐代开始大盛；马头娘的传说可能是在唐或宋时传向日本。这种口传的民间故事，不要说是传播国外，就是国内各地相互间传播也会发生再创造，有增有减，是容易理解的。

蚕桑神话的文献记载或口头传说，虽然无法同考古发掘进行核对，但考古发掘所鉴定的年代，却可以给神话传说真实性的印证以某些启发。遗憾的是，蚕桑考古发掘的资料，远不如稻谷那样丰富多样。1926 年曾在山西夏县西阴村新石器时代遗址发现了半个蚕茧，距今 6 080～5 600 年④，茧壳经一再鉴定，本身没有问题。

① ② 顾希佳：《中日蚕神祭祀仪式的比较》，中国东南区域史国际学术讨论会论文，1998 年，杭州。

③ 顾希佳：《东南蚕桑文化》，中国民间文艺出版社，1991 年，69 页图。

④ 李济：《西阴村史前的遗存》，清华学校研究院丛书第三种，清华学校研究院，1927 年，22 页。

但各家的见解不同，有认为可能是野蚕茧，有认为是后来带入的，不能算是新石器时代的遗物，也有认为根本是不足信的，当然不能同嫘祖联系起来。1980 年在河北正定南阳庄发掘了一个仰韶文化晚期遗址（距今约 5 400 年），出土了两件陶蚕蛹，以及相应的理丝打纬的骨匕 70 来件，这是华北的情况。[1] 长江流域太湖地区于 1958 年在浙江吴兴钱山漾新石器时代遗址中发现了一批丝织品、绢片、丝带和丝线等，保存于竹篮里，同一探坑中发现大量稻谷，年代测定为前（2750±100）年，树轮校正距今（5 260±135）年。绢片经鉴定为典型桑蚕丝，不是柞蚕、椿蚕或野蚕丝。[2] 根据这些发掘报告来看，新石器时代晚期无论南北，似可认为已开始有饲养桑蚕的事实。那么，有关蚕神的祭祀及其相应的故事传说，应该认为亦是很早以前的事，在有文字以后，从甲骨卜辞起，便相应陆续地记述下来，并不时地增添新的内容。剥去这些层层后加的东西，应该认为它们并非仅局限于商周时期的故事。[3]

## 第五节　其他农业神话和传说

中国有关农业起源的神话传说人物，最主要的是上述神农、后稷和嫘祖。由于历代文献的不断补充增添，以神农氏的文献最为丰富完整，后稷次之，嫘神的文献则相对处于分散尚未统一的状况。从神话考古历史的角度看，以嫘祖的内容较多原始的价值，后稷次之，神农最差。除去这三位农神之外，有关农业的神话传说显得非常分散，文字记载量也很少，通常跟随风俗习惯、节日祭祀而存在，主要流行于少数民族地区，汉族地区也不少。其中汉族和少数民族地区兼有的、最重要的是盘古（盘瓠）的故事传说。但这个故事传说的主要内容是叙说人类的起源，而非农业的起源，只是其所依据的基点是葫芦，同农业起源有关，而且这个传说可以代表原始农业时期人们对于人类起源的想象和理解。

盘瓠的故事据晋代干宝《搜神记》说："昔高辛氏时，有房王作乱，忧国危王，帝乃召募天下，有得房氏首者，赐金千斤，分赏美女。群臣见房氏兵强马壮，难以获之。辛帝有犬，字曰盘瓠，其毛五色，常随帝出入。其日忽失此犬，经三日以上，不知所在。……其犬走投房王，……其夜房氏饮酒而卧，盘瓠咬王首而还。辛

① 唐云明：《我国育蚕织绸起源时代初探》，《农业考古》1985 年 2 期。

② 浙江省文物管理委员会：《吴兴钱山漾遗址第一、二次发掘报告》，《考古学报》1960 年 2 期。

③ 据仰韶文化考古报道，河南省荥阳市青台遗址、汪沟遗址出土距今 5 500～5 300 年的丝织品，巩义双槐树遗址出土距今 5 000 多年前的蚕雕艺术品牙雕，确切地证明了中国古代早在 5 000 多年前的仰韶文化时期，已经开始养蚕缫丝。参见顾万发、马跃峰：《抽丝剥茧一窥古老文明》，《人民日报》，2021 年 11 月 3 日文化（13 版）。

氏见犬衔房首，大悦。厚与肉糜饲之，竟不食。……帝乃封盘瓠为会稽侯，美女五人，食会稽郡一千户。后生三男三女……其后子孙昌盛，号为犬戎之国。"这个故事的结构同马头娘故事有相类似处，只不过把马换成犬，具体情节虽然不同，但由马歼敌和由犬歼敌则雷同。这个故事在《三五历纪》《后汉书·南蛮西南夷列传》《广异记》等书中都有大同小异的记述。这里我们不对这故事本身作分析，因这不是本书的探讨对象。与农业有关并令人感兴趣的是，这犬的名字为什么叫盘瓠？盘瓠即葫芦，河姆渡文化遗址及以后的良渚文化遗址都出土有葫芦遗存，表明葫芦的栽培利用是很早的事，可能还是非常早的事，因为盛食物和水的陶器，其形状即仿效葫芦的形状而制作的，甲骨文"壶"字即是对葫芦形状的描述。葫芦不光是可以食用的植物，更是天然的贮藏器皿、涉水渡河的浮水工具、原始的乐器、驱赶鸟兽的"摇铃"。葫芦之被古代氏族信奉为植物图腾是很自然的，犬则是动物图腾，犬的名字叫盘瓠，很可能意味着两个氏族图腾长期通婚后形成的混合图腾。故事的地点既在会稽，又在西南夷的范围内，说明它曾广泛分布于百越和西南少数民族中间。犬（盘瓠）和马头娘故事的创作和流传，显然是相互影响的结果。到三国时，徐整《三五历纪》把盘瓠的音谐为盘古，从而进一步创造出盘古开天地的故事（这超出了本书的范围，就不再展开叙述了）。

各地少数民族中流行的许多故事和节日，也都大同小异，因他们没有文字记述，通常表现在农业生产的重要环节和风俗习惯中，有的还与汉族文献记述相似。如青海省东部民和回族土族自治县一带的土族，年年在春耕前要举行祭神农的活动；彝族一年中重要的节日有祭山节、栽秧节、牛魂节、送年节等；白族的"数谷穗节"，即相当于汉族的尝新节；哈尼族的播种节和开秧门节同汉族完全一样；傣族有祭龙节；拉祜族有接谷魂节；纳西族有请谷神节；景颇族有叫谷魂节；布朗族有新米节；阿昌族有撒种节；普米族有尝新节；德昂族有祭谷娘节；基诺族有叫谷魂节；苗族有吃新节、禾苑节、稻斋节；仡佬族有吃新节、祭龙节、开耕节、尝新节；瑶族有插秧节、禾魂节、分龙节；仫佬族有祭雷王节；土家族有谷神节；黎族有稻公、稻母祭日节；畲族有食新节；高山族有新年祭；等等。① 从以上所列举的少数民族节日来看，其中最重要的即是彼此相同的节日活动，如尝新节，也称吃新节、食新节、新米节，只不过名称不同而已。在农业生产的重要环节（如耕田、播种、插秧、进仓）进行的祀神祭祖活动，这种祭祀的起始，应当是很早的事，例如在前农业时期，南亚印度安达曼群岛的安达曼人（Andamanese），因地处海洋，信奉一个称作普鲁加（Puluga）的女风神，认为是这位女风神通过西南季风把大量雨水在4—10月不断输送到岛上来，养育了岛上他们可挖食的薯蓣等。妇女们在挖掘

---

① 高占祥主编：《中国民族节日大全》，知识出版社，1993年。

薯蓣时，都必须把薯蓣的顶部放回原处（当然会再生长），就这样瞒过了普鲁加；若不放回顶部，被普鲁加发觉了，她就会大发脾气，给岛上带来坏天气。[①] 安达曼人是通过这种信奉，保护了野生薯蓣资源不被破坏。安达曼群岛是些小岛，所以主要信奉一个风神，这位风神是女性，说明这种信仰起源于母系氏族时期。在陆地上，人们从周围环境中索取的动植物很多，每种都要祀求，这就产生了多神及以后的敬祖等思想观念。这是有文字记载之后的神农、后稷事迹所不能包括的内容，似可认为这些分散的多神祭祀在先，然后慢慢集中于播种和收获两个大环节上，尤以收获为重要，收获是粮食供应有了保证，应该趁此机会举行祭祀，感谢农神和祖宗，同时希望祈求明年赐给同样的丰年。随之，原来的多神便逐渐合并到一个神的身上，神农、后稷以至蚕神莫不如此。此外，这种多形态的祀谢本身已成为一种风俗习惯，所以仍旧能够在民间延续保留下来。

本书把农业神话传说专列为第二章，加以叙述，是鉴于中国的农业神话传说非常丰富，不同于其他国家的农神及其祭祀活动等，通常比较简单。而且中国的神农氏、后稷、蚕神嫘祖的传说业已融入正史，后人的文献中常加以引用、发挥，所以有必要对这个问题，作一些分析。

应该指出，农业神话传说是一个民族历史形成的宝贵文化遗产，具有民俗学和文学的学术意义，是值得挖掘研究的对象和课题。但在农业起源研究方面，引用神话传说进行论证，只具有相对的参考、启发意义，而非确切可信的史实。所以直接说中国农业起源于 5 000 年前的神农氏时期，如果是在 20 世纪四五十年代以前这样说（事实上是很多），还可以理解，如果到今天还这样说，就显得不科学了。因为今天我们已积累起大量的考古发掘资料，出土了无数丰富的实物遗存，对现今我国少数民族残留的原始农业形态进行了一定的调查研究，借鉴了世界其他地区遗留的原始农业情况，揭开了原始农业起源的层层面纱，正在一步一步逐渐接近七八千年至一万年前原始农业的细节。我们现在所掌握的知识，已经有条件对神话传说进行鉴别剖析，而不是依靠神话传说来论证农业起源。当然，这种鉴别剖析同民俗学和文学的研究不同，但仍有可以相互启发之处。

所以，在研究中国农业起源时，仍然需要借鉴神话发展的历史形成过程，忽视或遗漏这个方面，是很大的损失，因为其他国家都没有类似中国这么丰富的神话。问题是，当我们展开这方面的探索时，就会碰到头绪纷繁的文献记载，相互矛盾，不断追加，拿后人的理解加于前人等问题，不一而足。本章不得不对此作了烦琐沉重的梳理，而且这种梳理，也不是从事农业史研究者的专长，所做的分析，可能不够全面而多疏漏，是意料中事。

---

① Harlan J R. Crops and Man. Madison，WI：American Society of Agronomy，1975：23.

# 第三章 考古发掘所见的中国原始农业

要想了解中国史前原始农业轮廓，必须首先了解中国新石器时代文化轮廓。中国发现的新石器时代遗址遍及全国。从全国范围来讲，关于新石器时代的研究，已基本填充了时代或区域上的空白，所积累的丰富实物资料和科学理论，大大开阔了我们的眼界。其中大量的史前农业考古资料，为我们揭示了中国史前农业发展的历史面貌。

新石器时代的出现，对人类社会历史发展来说是一次质的飞跃，有人把这种飞跃称作是一场"新石器革命"。它对人类社会的历史发展有深远的影响。

旧石器时代与中石器时代的生产工具和新石器时代的生产工具虽然都是以打制和琢制为主，但到了新石器时代早期，绝大多数石器已是在打制与琢制的基础上再进行磨制而成。最初出现的磨制石器并不通体磨光，只在石器的刃部或锋部加以砥磨。到了新石器时代早期的后段，砥磨技术得以广泛使用，不仅对石器进行磨制，而且连骨器、蚌器和玉器等也进行磨制。各种用途不同的磨制工具的出现，如加工木材的斧、锛、凿、石楔，农业生产的铲、石犁、石耜、骨耜等，推动了新石器时代农牧采猎经济的发展。

新石器时代发明了陶器，各类陶器的出现和使用，更有利于人们熟食和定居。新石器时代的人们大部分已定居在适宜于进行农耕生产的浅山区河岸台地上或丘陵区距河较近的地方，而且形成了众多大小不同的聚落。定居生活进一步扩大了农业生产，使社会更向前发展。随着定居生活的出现，开始有了饲养业。牛、羊、狗、猪等是新石器时代饲养较早的一批家畜。这些家畜的骨骼遗骸，在我国新石器时代遗址的发掘中时有发现。饲养业的发展一方面极大程度地补充了人类肉食资料的来源，同时从另一方面也促进了农耕业的发展。

由于农业的出现，野生粟、稻也随之受到驯化、选育。在我国各地新石器时代遗址发掘中，已发现有许多栽培粟和稻的遗存（详见第四章）。

在新石器时代遗址中，有大量的陶纺轮、石纺轮和饰有绳纹、线纹陶器的发现，并有麻、葛、丝等纺织原料的出土，还有各种编织品在陶器上的印痕，表明当时已出现了纺织品。大量渔具和鱼骨的发现，反映了当时仍广泛从事渔猎活动。大量的骨、蚌、角制生产工具和骨、蚌、角、石、玉制装饰品的出现，足以证明新石器时代人们的生产与生活状况，比之旧石器时代和中石器时代有了很大的进步。

# 第一节　中国新石器时代文化的分期和区域划分

随着全国各地新石器时代遗址发掘的增多和考古的逐步深入，考古界对于新石器时代文化的分期和区域划分的认识，虽然还存在分歧，但已基本趋于一致。

## 一、中国新石器时代的分期

对于新石器时代的分期，过去往往只考虑石器、陶器等文化遗存的发展变化，而忽视经济生活的发展变化。农业和家畜饲养业往往伴随着新石器时代出现，农业和家畜饲养业的发展变化也应是新石器时代分期的重要依据。磨制石器、陶器、农业（包括种植业和养畜业）和定居，可视为新石器时代的四大标志，但在不同地区不同条件下，它们出现的先后不完全一样，需要对具体情况作具体分析。

根据新石器时代遗址的地层叠压关系，出土遗迹与石器、陶器等遗物特征的发展变化，以及经济生活的变革，并结合不同时期遗址中出土的木炭或骨、木、蚌的$^{14}$C年代测定，可以初步将中国新石器时代分为早期、中期、晚期三个发展阶段。

### （一）新石器时代早期

新石器时代早期可分为前后两段，前段为前陶新石器时代，后段为有陶新石器时代，即陶器的萌芽时期。我国属于前陶新石器时代的遗址有黄河流域的陕西大荔沙苑，青海贵南拉乙亥；北方的山西怀仁鹅毛口，内蒙古通辽市扎鲁特旗南勿呼井、科尔沁右翼中旗嘎查；华南地区的广东阳春独石仔、封开县黄岩洞、翁源青塘吊珠岩，广西柳州白莲洞（第二期文化），台湾玉山，贵州平坝飞虎山洞（第二文化层）等。属于有陶新石器时代遗址的有广东翁源青塘几处洞穴遗址、英德牛栏洞、潮安石尾山，广西柳州大龙潭鲤鱼嘴（第一期文化）、邕宁顶蛳山，江西万年仙人洞（第一期文化），湖南道县玉蟾岩，河北徐水南庄头。这一时期代表的考古学文化有黄河中游的老官台文化、裴李岗文化，黄河下游的后李文化、北辛文化，东北地区的查海文化、兴隆洼文化，长江中游的彭头山文化、城背溪文化，长江下游的河姆渡文化早期和马家浜文化早期等。

新石器时代早期前段的石器以打制石器为主,磨制石器的数量很少;其磨制石器只是局部磨光,通体磨光的石器罕见。后段,磨制石器已从局部磨光发展到通体磨光,出现穿孔石器。这一时期的石器中已出现农业生产工具和谷物加工工具,如砍伐器、石斧、石锛、磨盘、磨棒等。新石器时代早期后段的陶器,火候较低、质地粗疏、吸水性强。器形为圜底器和平底器,不见三足器和圈足器。后段末期的陶器虽有一定进步,但仍有许多原始性,如制陶仍为手制,轮修技术尚未出现;陶胎较厚,厚薄不匀;器形不规整,常有歪扭现象。

新石器时代早期前段的农业是一种"砍倒烧光"的"火耕农业"。"火耕农业"的最大特点是不翻土耕种,而只是在播种前将野外的树木砍倒、晒干、烧光,然后进行撒播或挖穴播种。新石器时代早期的家畜饲养业以饲养羊、牛一类的食草动物为主,猪需要以谷物作为饲养,故在这一时期不可能较多地被饲养。后段的农业经济已开始进入锄耕阶段。当时的黄河流域以种粟为主,稻作有零星种植,而长江流域则以稻作为主。猪已作为家畜被饲养。

新石器时代早期的绝对年代,距今11 000~7 000年。

## (二) 新石器时代中期

我国属于新石器时代中期的遗址有黄河流域的仰韶文化、大汶口文化早期、长江流域的大溪文化、马家浜文化晚期等。

新石器时代中期的陶器制作技术比前期进步,慢轮修整普遍出现。陶器的形制比较规整,胎壁厚薄均匀。夹砂陶的比例下降,泥质陶的比例增加。器形有圜底器、平底器、尖底器、圈足器和三足器等。长江下游地区,鼎已成为一种主要炊具。彩陶在这一时期的各种文化中普遍出现。

石器已发展到以磨制为主,打制石器在各个文化中所占的比例都很小。磨制石器通体磨光,制作精致。穿孔石器普遍出现。石器的器形除石斧、石锛外,已出现数量较多的石铲、石耜、石锄等翻土工具。

经济生活方面,新石器时代中期农业经济已从火耕农业发展到锄耕农业阶段。锄耕农业和火耕农业的主要区别是翻土耕种、熟荒耕作。当时的黄河流域已普遍种植粟,兼有稻作,长江流域已普遍稻作。水稻在长江流域的普遍种植,表明当时的长江流域已进入到灌溉农业阶段。新石器时代中期,在农业发展的基础上,猪已作为一种主要的家畜被饲养。

新石器时代中期的绝对年代,距今7 000~5 000年。

## (三) 新石器时代晚期

新石器时代晚期可分为前后两段,属于前段的有黄河流域的大汶口文化晚期、庙底沟二期文化、马家窑文化晚期，长江流域的屈家岭文化、薛家岗文化晚期、崧泽文化等。属于后段的有黄河流域的龙山文化，后岗二期文化、客省庄二期文化、齐家文化，长江流域的青龙泉三期文化、石家河文化、良渚文化等。

陶器的制作，前段已出现轮制，但不普遍；后段在各个文化系统中普遍使用轮制。轮制陶器的特点是器形规整、浑圆，胎壁薄，造型美观。黄河下游龙山文化的蛋壳黑陶是这一时期各文化陶器中最杰出的作品。新石器时代晚期的陶器以灰、黑陶为主，前期盛行的彩陶到晚期趋向衰落。新石器时代晚期，陶器器形的最大特点是出现了以斝、鬲、鬶、甗为代表的袋足炊器。

新石器时代晚期，石器的特点是磨制精美，器形变小。穿孔石刀、石镰等收割工具在各个地区广泛被使用。有段石锛是我国东南沿海地区最富特征的一种器形。三角形穿孔石犁是太湖流域的一种颇具特征的生产工具。

新石器时代晚期，我国各地区都进入到发达的锄耕农业阶段，太湖流域可能已进入到犁耕农业阶段。我国北方沙漠草原地区在整个新石器时代，农业经济一直处于不发达状态，狩猎经济则具有较重要的地位，并于新石器时代晚期逐步向游牧经济过渡。

新石器时代晚期的绝对年代，距今5 000～4 000年。

应该指出，学术界对新石器时代有不同的分期方法。以上只是根据本章作者的认识和习惯而采取的分期法。

一般而论，新石器时代的分期反映着学术界对新石器时代的认识，是随着新石器时代考古的发展而发展的。中国新石器时代考古是从仰韶文化的发现开始的。20世纪70年代，黄河流域发现了早于仰韶文化的裴李岗文化、磁山文化，长江流域则发现了时代与此相近的河姆渡文化等。在相当长的一段时期内，人们把它们视为新石器时代早期文化；或称裴李岗文化、磁山文化等为"前仰韶文化"。以后随着考古发现的日益增多和研究的不断深入，人们认识到裴李岗文化、磁山文化、河姆渡文化等，其原始农业已经经历了一个相当长的发展阶段。于是不少学者认为，它们已经进入新石器时代中期。从20世纪80年代末至今，被越来越多学者接受的流行的分期法是把新石器时代分为早期、中期、晚期和铜石并用时期4个阶段。如严文明的分法：新石器时代早期，以广西柳州鲤鱼嘴、桂林甑皮岩，广东英德青塘圩和江西万年仙人洞等洞穴遗址为代表，年代为前10000—前7000年；新石器时代中期，以长江流域的彭头山文化、城背溪文化，黄河流域的磁山文化、老官台文化、北辛文化和辽河流域的兴隆洼文化等为代表，年代为前7000—前5000年；新石器时代晚期，以长江流域的马家浜文化、大溪文化前期，黄河流域的仰韶文化前期、大汶口文化前期和辽河流域的红山文化前期等为代表，年代为前5000—前3500年；铜石并用时代早期，以黄河流域的仰韶文化后期、大汶口文化后期、马家窑文化，辽河流域的红山文化后期和小河沿文化，长江流域的大溪文化后期、屈家岭文化、樊城堆文化、薛家岗文化等为代表，还包括良渚文化的早期，年代为前3500—前2600年；铜石并用时代晚期，大体相当于通常所称的龙山时代，包括龙山文化、中原龙山文化、齐家文化、良渚文化晚期和石家河文化等，年代为前2600—前2000年。任式楠等人的分法稍异，新石器时代晚期包括整个仰韶文化时代，其中再分前段和后段，分别相当于严文明的"新石器时代晚期"和"铜石并用时代早期"；铜石并用时代（或称"新石器时代末期"）则指龙山时代，相当于严文明的"铜石并用时代晚期"。[①]

## 二、中国新石器时代文化的区域划分

在辽阔的祖国大地上，分布着各种类型的新石器时代文化，它们位于不同的区域，有着不同的来源和发展关系，从而形成各具特色的灿烂文化。

新石器时代，人类与自然界作斗争的能力很低，人类的生产和生活在很大程度上要受到自然环境的制约。由于我国幅员辽阔，各个地区的气候和生态环境的差异较大，因而人们生产活动的内容和生活习俗存在较大差别。这就导致了不同地区的人们所使用的生产工具、生活用具、住屋等遗存的不同，即物质文化的不同。这是形成不同文化各具不同的区域特征的根本原因。

从全国各地已经发现的新石器时代诸文化来看，它们不仅起步有早有晚，而且终止年代和文化内涵也有很大的差异。特别是在新石器时代的早期，诸文化之间的差异更加明显。即使是在中期，也还有相当多的不同的文化类型。只有到了新石器时代晚期，随着人们活动范围的扩大、人口的增长和相互交流频繁，各地新石器时代诸文化的内涵才逐渐表现出趋同性。不过各自都还保留着某些地方特征。

有关我国新石器时代文化的区域划分问题，目前在考古界至少有三种以上的意见。本书本章为了叙述方便，划分为10个大区：黄河中游及其附近地区、黄河下游地区、黄河上游地区，长江中游地区、长江下游及杭州湾地区，华南地区、东南沿海地区、西藏云贵地区，东北地区、西北地区。以下归入四节之中展开叙述。

---

① 严文明：《中国新石器时代聚落形态的考察》，《庆祝苏秉琦考古五十五年论文集》，文物出版社，1989年；严文明：《略论中国文明的起源》，《文物》1992年1期；苏秉琦主编：《中国通史》（白寿彝总主编本）第二卷《远古时代》，上海人民出版社，1994年；任式楠：《我国新石器时代聚落的形成与发展》，《考古》2000年7期；张江凯、魏峻：《新石器时代考古》，文物出版社，2004年。

# 第二节 黄河流域新石器时代文化

黄河流域的新石器时代文化，可划分为 3 个不同的区域来讨论：黄河中游地区、黄河下游地区、黄河上游地区。

## 一、黄河中游及附近地区的新石器时代文化

主要包括河南、陕西、山西和河北 4 省大部及甘肃东部的广大地区，是中华民族古代文明的重要发祥地之一。在这一地区中，新石器时代文化遗址分布广泛、数量众多，已发掘的遗址数量也多。该地区的新石器时代文化可分为早、中、晚3 期。

### （一）新石器时代早期遗址

黄河中游及附近地区的新石器时代早期遗址，根据诸多遗址内出土木炭的$^{14}$C 测定年代来看，其年代一般距今 8 000～7 000 年，也发现有距今10 500～9 700年的遗存。早期已被考古界命名的考古学文化有老官台文化、磁山文化和裴李岗文化等；另有南庄头遗址值得特别注意。

**1. 南庄头遗址**① 南庄头遗址位于河北省保定市徐水区高林村镇南庄头村东北两公里处，面积约20 000米²。$^{14}$C 测定年代为距今10 500～9 700年，是我国新石器时代早期的重要遗址，填补了从旧石器时代晚期文化到磁山、裴李岗等新石器时代文化中的一段空白。这个发现对旧石器时代晚期向新石器时代过渡，对我国原始农业、家畜饲养及陶器的起源等课题的研究，均有重要意义。

南庄头遗址发现的遗迹有沟、灰沟、灰坑、草木炭（灰）层、用火遗迹等。

发现的生产工具和食物加工工具有石磨盘、石磨棒、块状石制品、片状石制品、骨锥、骨锄、骨镞、鹿角锥等。

发现陶片 50 多片，为烧制火候低、质地极疏松的夹砂灰陶和夹砂黄褐陶。

动物骨骼保存最多，代表了以下动物种类：鼠、鸡、鹤、狼、狗、家猪、麝、马鹿、麇鹿、狍、斑鹿，以及鸟类、鱼类、鳖类、蚌类、螺类等。以上动物除狗、猪为家畜外，其余均为野生动物，但鸡是否为家鸡尚难确定。此外还发现有人工凿

---

① 南庄头遗址发现于 1986 年，1997 年进行了发掘。保定地区文物管理所等：《河北徐水县南庄头遗址试掘简报》，《考古》1992 年 11 期；金家广、徐浩生：《浅议徐水南庄头新石器时代早期遗存》，《考古》1992 年 11 期；郭瑞海、李珺：《从南庄头遗址看华北地区农业和陶器的起源》，载严文明、〔日〕安田喜宪主编：《稻作、陶器和都市的起源》，文物出版社，2000 年。

割痕迹的木棒和木板。

孢粉分析发现木本花粉 14 个类型，半灌木和草本花粉 20 个类型（其中含有禾本科、藜科、豆科、茄科），蕨类孢子有 3 个类型。其中草本花粉占优势，达 80% 以上。

对早期农业产生影响的，既有文化因素，也有环境因素、气候等因素。探讨农业的起源是一个十分复杂的研究课题，除古人类、古环境气候外，还涉及土壤、植物、动物等方面，需要综合考察。

南庄头孢粉"针叶树和阔叶乔木花粉形成小的峰值"，证明这里土壤既有贫瘠的，也富含有机质；气候既干凉，也有温和湿润的时候。"当时的环境就总体而言是偏凉干的。"和旧石器时代晚期的末次冰期期间相比，"气候环境相对较好一些"。这样的气候环境有利于植物生长，也为新石器时代早期原始农业的出现创造了条件。

南庄头先民的文化遗留直接迭压在马兰黄土之上，表明先民就生活在黄土之上。黄土具有结构疏松、纹理垂直等特性，既便于使用原始工具木棒、石器、角器挖掘浅种直播，又易于形成毛细现象便于把下层肥力、水分带到地表，有利供水和保持湿度，这些都有利于植物生长和原始农耕的发明，特别为旱地农业的产生提供了必要的地质条件。

南庄头遗址尚未发现具有一般特征的居址遗迹，但已找到栖息湖滨地带的活动场所。种种迹象表明，南庄头先民已过着相对稳定的定居生活。遗址有一条东西向浅灰沟，其西端为锅底形洼坑，呈直径为 1 米左右的不规则形，深 0.6 米，上下叠压埋着大小不等的鹿角和角锥 3 件。这 3 种分属不同种别的鹿科犄角（或角制品）同埋于一浅坑内，显然是先民有意放置的，从其上多有人工加工痕迹看，或为制作骨、角器原料或半成品存放处，或为祈祷狩猎丰收举行原始宗教活动的祭品。洼坑西南面有片直径约 1 米范围的炭灰、红烧土构成的火烧痕迹，周围散布有猪髋骨、猪牙、鹿下颌骨、木炭、烧土块、石片等，其上还压着许多朽坏的树枝、树皮等。在邻近的相应层位也发现了骨锥，加工植物种子的石磨盘、石磨棒及炊煮食物的陶罐残片。这应是先民们在稍加整平的湖沼边缘地带栖息和从事食物加工、燃起篝火烧烤食物或制作骨角器活动的场所。不排除当时先民在此还用树枝、树叶、灌木或草类支架、搭盖过简易窝棚式房子居住的可能性。① 推测，生活在平原湖沼边缘的南庄头先民缺乏洞穴条件，虽以采集、狩猎经营为主，但已发明制陶和原始的家畜

---

① 其原始居址可能大致和民族学上鄂伦春族在平地上为遮阳光、避风雨搭成的"斜仁柱"差不多，这种房子很简陋，不用挖洞埋柱，只要用三四十根树干搭成圆锥形房架，上面覆盖着树枝、树叶、树皮或兽皮即可。

饲养，原始农业可能业已发生，这些必然是和定居生活相联系的，哪怕其居址还十分简陋。

早期农业的特点是"火耕农业"，先烧荒，既开发了土地，又有了草木灰肥料（无意识的积肥），以木、角器挖穴点播，不耕地，不锄草，所以此时还没有锄草、翻土工具。南庄头遗址不见石锄、石铲等农具，而仅见石磨盘、石磨棒等食物加工工具，此外还有许多鹿角，推测应有尖木棒。鹿角的角根部或分叉部多有一周切割痕，切割的目的可能是利用其制作挖坑点播的工具。从这些情况看，南庄头人可能处于"火耕农业"的阶段。人们常常把石磨盘和石磨棒的出现与谷物加工联系在一起。其实石磨盘出现的时间可能要早于原始农耕之前，其功能最初可能与碾碎采集来的硬果实和植物种子有关，当是采集经济的产物。无论是古代还是现代民族中，在非农业或农业不占重要地位而靠采集、狩猎生活的部落中，都有使用这类磨盘和磨棒。在我国以山西下川文化中的打制石磨盘年代最早，距今2万～1.3万年，大概主要用于磨搓采集来的植物种子或硬壳果类。到了距今8 000～7 000年的磁山、裴李岗文化阶段，石磨盘与一定数量的谷物粟、稷及油菜籽共出，表明其加工粮食的功能十分明显。我国原始农业的产生有个孕育发生的过程，南庄头先人可能已用石磨盘加工初经驯化的谷物了。从下川文化晚期到南庄头早期，我国原始社会经济类型可能已处于由采集经济向采集农作经济逐步演变的阶段。

万年前的南庄头早期已发现陶片，说明它已迈入有陶阶段。而南庄头早期陶片已有夹砂深灰陶、夹砂红褐陶之分，掺和料也有差别，器形有罐、铸，器表除素面外，还有饰附加堆纹，火候也有高低之分，陶胎也有松软和较硬之别，这些迹象充分说明南庄头制陶术早已迈过萌芽期、发生期，似乎已经历过一段发展期。陶器的出现是人类发明用火之后又一个里程碑式的重大创造，常常作为区分新、旧石器时代的重要标志。陶器一般因人类需要炊煮谷物类食物而产生，故也是定居生活与原始农耕到来的象征。

南庄头遗址发现大量动物骨骸，分析者认为，其中除狗和猪有可能为家畜，其余均为野生动物。家畜饲养在南庄头遗址似乎可以肯定。猪和狗是杂食性动物，它们的饲养是以有粮食剩余为前提的，只有当采集的野生植物种子或被驯化的栽培谷物除人们食用外尚有所余时，人们才用来饲养家猪和狗。南庄头花粉组合中有较多的禾本科植物恰可为家畜的饲养提供必要的饲料。南庄头家猪骨的发现，将我国饲养家猪的历史上溯到1万年前。狗和家猪骨骸的发现也为南庄头可能已有原始农业提供一条有力旁证。南庄头遗址发现的野生动物，以"偶蹄类鹿科动物为主，或可说明当时人们从事狩猎在经济生活中尚很重要"。此外，遗址中常发现鱼类、蚌类、螺类等水生动物遗壳（骸）；常有不少朽木、树枝、植物叶子及种子堆放、散布着；出土的工具中不见石斧、石刀、骨刀类，多见用动物骨头和角磨成的锥状器。这些现象从多个侧面反映了采集动植物在经济生活中仍占重要地位。

南庄头遗址目前虽然未发现直接的粮食遗存，但从其所处的自然环境及出土的其他遗物综合推断，该遗址极有可能已处于农业开始发生阶段，也就是开始驯化栽培狗尾草等植物阶段。南庄头遗址花粉分析显示："这里在全新世之初是浅水湖泊环境。在湖中多生长有水生植物菏草和香蒲。"那么湖滨周围黄土中含水量及空气湿度是十分有利于包括禾本科在内的植物生长的。据测定，南庄头草本花粉占优势，达 80% 以上；尤其在草本花粉组合中，禾本科和藜科花粉属较常见的花粉，两者又都是被人类分别驯化为粮食（麦类和粟类）和蔬菜（如菠菜）的祖源，此外也有少量的豆科和茄科花粉发现。需强调指出的是粟是耐旱作物，生长期亦短，其野生祖本是禾本科的狗尾草，这种野生植物广泛分布于华北及周围地区。据有关研究和实验证明，在磁山、裴李岗等前仰韶文化遗址中发现的粟类（小米）栽培作物就是从名叫"狗尾草"的草本植物驯化得到的，而黍类（黏黄米）则可能以野黍为祖本。南庄头有人类活动的文化层发现较多的禾本科花粉，为万年前先民发现和驯化原始粮食作物的祖源提供了较直接的前提。禾本科和其他耐旱的半灌木麻黄、菊科、蒿属花粉同时较多地出现，进而印证了"偏凉干"的南庄头气候适合禾本科生长和驯化。以上分析考察表明，万年前的南庄头遗存已初具孕育我国最早旱地农作物的基本条件，南庄头先民可能已开始从事小规模的作物驯化栽培。

在磁山、裴李岗文化遗址中，发现大量粟类等旱地农作物遗存，说明这一时期旱地农业已比较发达。此外，磁山遗址中有大量的猪、狗及家鸡遗骨，裴李岗遗址中也有猪骨及猪头陶塑。这些都印证了当时的农业已经发展到了比较发达的阶段，说明在此之前农业已经历了一段较长时期的发生和发展阶段。南庄头遗址则是磁山、裴李岗文化之前原始农业发生与发展阶段的典型遗存。换句话说，磁山、裴李岗文化比较发达的原始农耕，亦可反证南庄头先民已经开始从事原始农业。

综上所述，南庄头先民已过着相对稳定的定居生活。大量野生动植物遗骸以及水生蚌、螺壳的发现表明，当时以狩猎、采集经济为主。而遗址的文化因素、周围的古环境，植物花粉中的禾本科、藜科草本植物占有一定比例，以及狗、猪等家畜遗骸、陶器、石磨盘、石磨棒的出土，则反映了原始农业及家畜饲养业已发生，估计规模有限。

**2. 老官台文化**[①]  因 1955 年首先发现于陕西省华县的老官台一带而得名。老官台文化遗址，在陕西关中和甘肃陇东一带已发现 10 余处，如陕西宝鸡北首岭、临潼白家村、渭南北刘白村和甘肃秦安大地湾一期等遗址。

老官台文化发现的遗迹有房基、灰坑和墓葬等。

生产工具以石器为主，石器有磨制和打制两种。石器品种主要有铲、斧、矛、镞等。

陶器多为手制，胎质以砂质红褐陶为主，火候一般较低，质松易碎。器表除素面外，多饰有绳纹。陶器以圜底器、三足器和圈足器为特点。器类有小口深腹平底罐、小口鼓腹罐、三足筒形罐、圜底钵、三足钵、圈足碗和小口壶等。

在大地湾一期的一个灰坑中，发现有稷和油菜籽，说明当时已经有了种植。

老官台文化的石器以打制为主，磨制石器的数量较少；但在石器中已出现石铲之类的翻土工具，说明当时已开始进入锄耕农业阶段。老官台文化是一种已进入锄耕农业阶段的新石器时代文化，该文化的特点是遗址的分布比较稀疏，文化层比较薄，内涵也比较贫乏。这反映在锄耕农业的初期阶段，生产力水平还比较低下。

**3. 裴李岗文化**[②]  因 1977 年在河南省新郑县裴李岗村附近发现此种文化的遗址而得名。裴李岗文化遗址在河南中部地区已发现数十处之多。如新密莪沟遗址、长葛石固遗址和舞阳贾湖遗址，都属于裴李岗文化类型遗址。此类遗址的年代距今 8 000～7 000 年。

裴李岗文化发现的遗迹有房基、灰坑、陶窑和墓葬等。有石器、骨器、蚌器等生产工具。以石器为主，石器制法都是在打制加工的基础上进行磨制，工艺精湛，表面光滑。部分石器上都仍保留有打琢痕迹。石器主要有扁平椭圆形铲（也有人称

---

① 北京大学考古教研室华县报告编写组：《华县、渭南古代遗址调查与试掘》，《考古学报》1980 年 3 期；中国社会科学院考古研究所宝鸡工作队：《1977 年宝鸡北首岭遗址发掘简报》，《考古》1979 年 2 期；西安半坡博物馆、渭南县文管会、渭南地区文管会：《渭南北刘新石器时代早期遗址调查与试掘简报》，《考古与文物》1982 年 4 期；甘肃省博物馆、秦安县文化馆、大地湾发掘组：《甘肃秦安大地湾新石器时代早期遗存》，《文物》1981 年 4 期；甘肃省博物馆、秦安县文化馆、大地湾发掘组：《一九八〇年秦安大地湾一期文化遗存发掘简报》，《考古与文物》1982 年 2 期；巩启明：《试论老官台文化》，见中国考古学会编辑：《中国考古学会第四次年会论文集》，文物出版社，1985 年。

② 开封地区文管会、新郑县文管会：《河南新郑裴李岗新石器时代遗址》，《考古》1978 年 2 期；中国社会科学院考古研究所河南一队：《1979 年裴李岗遗址发掘简报》，《考古》1982 年 4 期；赵世纲：《裴李岗文化的几个问题》，《史前研究》1985 年 2 期；河南省博物馆、密县文化馆：《河南密县莪沟北岗新石器时代遗址发掘简报》，《文物》1979 年 5 期；河南省博物馆、密县文化馆：《河南密县莪沟北岗新石器时代遗址》，《考古学集刊》第 1 集，中国社会科学院出版社，1981 年；河南省文物研究所：《河南舞阳贾湖新石器时代遗址第二至六次发掘简报》，《文物》1989 年 1 期；张居中：《试论贾湖类型的特征及其与周围文化的关系》，《文物》1989 年 1 期；陈报章、王象坤、张居中：《舞阳贾湖新石器时代遗址炭化稻米的发现、形态学研究及意义》，《中国水稻科学》1995 年 3 期。

为耕地的"耜")或扁平长方形铲、扁圆体单面刃锛、扁圆体双面刃斧、锯齿镰、椭圆形凹面带四足磨盘、圆柱体磨棒等。另外，也有少量的石匕、石球、石锥、石镞、石纺轮、砺石和石杵等。骨器多用兽的肢骨加工磨制而成，有骨镞、骨锥等。另有陶弹丸、陶纺轮、蚌镰等。

陶器的制法多为手制，其中以泥条盘筑为主。陶质以泥质红陶为多，砂质次之，器表以素面较多。陶器种类主要有砂质的深腹微鼓平底篦纹罐（口部或直口或侈口或微敛）以及泥质的敞口圜底钵、三足钵、敞口或口微敛的平底或假圈足碗、小口双耳壶等。部分晚期遗址中还有砂质罐形三足鼎、澄滤器和勺等。

在新郑沙窝遗址中出土有炭化粟粒；在舞阳贾湖遗址中出土有稻作遗存。另外，还出土有牛、羊、猪、狗等家畜骨骼和陶塑羊头与猪头。

**4. 磁山文化**① 因遗址于 20 世纪 70 年代首先发现在河北省武安县磁山村而得名。遗址位于靠近洺河的台地上，1976—1977 年进行了正式发掘。类似的遗址在武安的岗南牛宗堡、西万年、容城和河南北部的淇县等地也有发现。遗址年代距今 8 000～7 000 年。

磁山文化遗址一般分布在高台地或高岗上，有的则分布在两条河流交汇的三角台地上，依山傍水。磁山文化发现的遗迹有房址、灰坑和窖穴等。

以石质生产工具为主。石器皆磨制而成。石器品种有扁圆体双面刃斧、上窄下宽扁平体铲、扁平体双面刃镰、椭圆形扁平体三足或无足的磨盘、圆柱体磨棒、石弹丸等。另有骨鱼镖、骨镞等。

陶器的制法有泥条盘筑和捏制两种。陶质以砂质红陶和褐陶为主，泥质红陶次之。器表除素面外，纹饰以绳纹较多。陶器的种类有砂质的直口微敛或口外侈的深腹平底罐、直口深腹平底盂，泥质的有敞口圜底三足钵、敞口碗、直口直壁平底盘、小口双耳壶、四足器和靴形支座等。

出土有大量粮食——粟的炭化遗存，还有狗、猪、鸡等家畜与家禽骨。

根据以上资料可以看出，黄河中游地区新石器时代早期的老官台文化、裴李岗文化、磁山文化之间是有着许多共同特点的，其中主要是表现在各遗址出土石器与陶器上，器形与种类有许多相似之处。并都有粮食——粟或稻的遗存，还有牛、羊、猪、狗、鸡等家畜、家禽的遗骸，证明当时农业生产已有相当的发展。

以老官台、磁山、裴李岗文化为代表的黄河中游地区新石器时代早期文化，出土数量较多的石铲、石斧、石镰、石磨盘等农业工具，而其中的石铲是用于翻土耕

---

① 河北省文物管理处、邯郸市文物保管所：《河北武安磁山遗址》，《考古学报》1981 年 3 期；邯郸市文物保管所、邯郸地区磁山考古队短训班：《河北磁山新石器遗址试掘》，《考古》1977 年 6 期；河北省文物管理处：《河北武安洺河流域几处遗址的试掘》，《考古》1984 年 1 期。

种的工具，这说明当时黄河流域的农业生产已越过"砍倒烧光""焚而不耕"的"火耕农业"阶段，而进入到"翻土耕种"的"锄耕农业"阶段。遗址的许多窖穴中堆积很厚的炭化粟，靠近淮河的个别遗址还出土了较多的炭化稻谷（米），表明当时的人们过着以种植粟为主、稻为辅的农业经济生活。遗址中出土有猪和狗等骨骼，反映当时在农业生产发展的基础上，家畜饲养也获得了一定的发展。遗址中普遍出土骨镞、鱼镖等狩猎工具以及各种兽骨，说明当时渔猎生产仍是一项辅助性的生产。

## （二）新石器时代中期的仰韶文化

黄河中游新石器时代中期遗存，主要是仰韶文化。仰韶文化因 1921 年首先在河南省渑池县仰韶村发现而得名。仰韶文化的中心区域应在陕西关中、山西南部和河南大部，分别承袭老官台文化、裴李岗文化和磁山文化等而来。仰韶文化距今 7 000～5 000 年，经历了 2 000 年左右的发展，可分为早、中、晚三个阶段。

仰韶文化的遗址有村落居址、壕沟、房基、灰坑、窖穴、陶窑、墓葬等。

生产工具以石器为主，多磨制，少量打制。有扁平长方体或带肩的铲（少数石铲还带有圆孔）、扁圆体斧、扁圆或长棱体单面刃锛、方棱体单面刃凿、扁平横长体刀（部分刀的两侧带有弧形缺口）、扁平椭圆形磨盘与圆柱状磨棒、网坠、纺轮、镞。另有骨铲及少量的角器与蚌器，种类有镞、叉、钩等。还有陶纺轮、陶网坠等。

各地仰韶文化的陶器，有许多共同之点：早期的陶质以砂质红陶、棕陶和泥质红陶为主，到了中晚期，灰陶较前明显增多，另有一些橙黄陶和极少量黑陶。早期的制法以手制为主，到了中晚期开始出现慢轮修整与轮制。陶器表面以素面与磨光为主，纹饰则有绳纹、弦纹、划纹等。彩陶是仰韶文化中很具代表性的一种陶器，仰韶文化彩陶上的绘画艺术已具有较高的水平。彩绘内容，除人物形象外，还有反映动物、植物、天文等各个方面的写实内容。特别值得一提的是，郑州大河村的太阳纹和星座纹，与农业关系密切。陶器的种类有，用作炊器的釜、鼎、罐、甑，用作食器的豆、钵、碗、盘，用作饮器的杯、小壶，用作盛器的盆、壶、瓮、缸、罐，以及汲水用的小口尖底瓶等。

在西安半坡、华州泉护村和长武下孟村等仰韶文化遗址中，都曾发现有粟的种子；在半坡遗址的一个灰坑内，出土的炭化粟达数斗之多，说明当时对粟的种植已达到相当高的水平。又如，在郑州大河村遗址的一个房基内，发现有高粱的种子；姜寨有黍出土。陕西华州泉护村遗址内还发现有稻谷遗痕，甘肃庆阳南佐遗址发现有仰韶文化晚期的炭化水稻，经鉴定为栽培稻。另发现有蔬菜种子，如在半坡遗址的一个房基内，曾发现一个陶罐内贮藏有芥菜或白菜籽。仰韶文化遗址中还发现有猪、狗、羊、牛等家畜的遗骸，说明家畜的饲养已相当普遍。

根据考古发掘资料，仰韶文化时期黄河流域的先民过着十分稳定的定居生活，社会经济以农业为主，饲养家畜，兼营采集和渔猎。[①]

农作物主要是粟、黍，还有稻和蔬菜。家畜主要有狗和猪，羊、牛、鸡、马骨骼出土很少，难以确定其是否为家养。出土有一定数量的渔猎工具如骨镞、石镞、角镞、网坠等，彩陶上的鹿纹、鱼纹、网纹等，出土较多的骨器和兽骨，这些都是渔猎经济比较发达的反映。常出土骨针、纺轮等纺织工具，陶器上常有席纹、布纹的痕迹，这都是原始编织、纺织、缝纫出现的标志。

仰韶文化延续的时间较长，早、中、晚期的文化面貌不同，各期文化遗存所反映的农业形态也不相同。

仰韶文化早期，磨制石器的数量较前增加，但通体磨光的石器较少，不见穿孔石器。这反映仰韶早期的农业生产虽比老官台、磁山、裴李岗文化时期进步，但还没有进入发达的锄耕农业阶段。锄耕农业早中期的农业生产主要由妇女承担，男子只在农业生产中从事辅助性工作。农业生产是当时黄河流域的主要经济部门，女子在农业生产亦即当时的主要社会经济部门中的主导作用，是当时社会处在母系制繁荣阶段的基础。

到仰韶文化中、晚期，生产工具的制造技术有显著的进步，磨制石器已是生产工具的主体，通体磨光的石器是比例最大的一类生产工具，钻孔技术得到普遍推广，石铲、石锄的数量增加，并出现了穿孔石刀等新型工具。这些都反映原始农业生产较前期发展，已开始进入发达的锄耕农业阶段。农业的发展，使渔猎经济退居到次要的地位。大量的男子投入农业生产中去，促进了农业经济的发展。

## （三）新石器时代晚期的龙山文化

龙山文化因 1928 年最早发现于山东省章丘县龙山镇而得名。在黄河中游及其

---

① 中国科学院考古研究所、陕西省西安半坡博物馆：《西安半坡——原始氏族公社聚落遗址》，文物出版社，1963 年；中国科学院考古研究所：《庙底沟与三里桥》，科学出版社，1959 年；北京大学历史系考古教研室：《元君庙仰韶墓地》，文物出版社，1983 年；中国科学院考古研究所山西工作队：《山西芮城东庄村和西王村遗址的发掘》，《考古学报》1973 年 1 期；郑州市博物馆：《郑州大河村遗址发掘报告》，《考古学报》1979 年 3 期；北京大学考古实习队：《洛阳王湾遗址发掘简报》，《考古》1961 年 4 期；中国科学院考古研究所安阳发掘队：《1971 年安阳后冈发掘简报》，《考古》1972 年 3 期；中国社会科学院考古研究所安阳工作队：《安阳后冈新石器遗址的发掘》，《考古》1982 年 6 期；扬锡璋：《仰韶文化后冈类型和大司空类型的相对年代》，《考古》1977 年 4 期；西安半坡博物馆、陕西省考古研究所、临潼县博物馆：《姜寨——新石器时代遗址发掘报告》，文物出版社，1988 年；河南省文物研究所、长江流域规划办公室考古队河南分队：《淅川下王岗》，文物出版社，1989 年；宝鸡市考古工作队、陕西省考古研究所宝鸡工作站：《宝鸡福临堡——新石器时代遗址发掘报告》，文物出版社，1993 年；河南省文物考古研究所编：《汝州洪山庙》，中州古籍出版社，1995 年。

附近地区的龙山文化，是在当地仰韶文化晚期基础上发展起来的一种文化。遗址分布范围基本和仰韶文化相同而略有扩大，发现的遗址数量也比仰韶文化遗址明显增多。龙山文化的发展历程，大约经历了1 000年，年代距今5 000～4 000年。

龙山文化发现的遗迹有城址、房屋建筑、灰坑、陶窑、窖穴、水井和墓葬等。其中襄汾陶寺、汤阴白营的木构水井和客省庄的定型窖穴与定居农业有直接的关系。

生产工具仍以石器为主，石器基本都是磨制，制作也精致，打制石器已基本不见。石器的种类以扁平近长方形（或带柄）铲、扁圆体（或扁方棱体）双面刃斧、横扁长方形（或凸背直刃与半月形）刀、扁平体凸背直刃（或后宽前窄凸背凹刃）镰等较多见，部分石铲、石刀中部多钻有一个或两个圆孔。还有少量石纺轮、石镞和石犁。骨制生产工具有用兽牙床磨制的铲、刀，以及用兽下颌骨磨制的锄，还有骨匕、骨镞等。蚌制生产工具有刀、镰、犁、镞。还有木耒及陶纺轮、陶网坠等。①

龙山文化陶器以砂质灰黑陶和泥质灰黑陶为主，黑陶、棕陶与红陶次之。部分遗址中出土有白陶、印纹硬陶与原始瓷器。制法中轮制已相当普遍，手制和泥条盘筑法仍见使用。陶器的附件如足、耳、握手等还有使用模制的。器表纹主要是绳纹、篮纹、方格纹和附加堆纹。彩陶基本不见。陶器的种类比仰韶文化晚期明显增多，其中炊器有鼎、鬲、甗、罐、甑。食器有碗、钵、豆、盘。盛储器有盆、罐、瓮、壶、缸等。特别是增多了许多饮器，如斝、鬶、盉、觚、杯等。

在龙山文化遗址中，还经常发现有猪、牛、羊、狗、鸡等家畜与家禽的骨骸。

黄河中游地区的新石器时代晚期，其社会经济较仰韶文化时期有很大的发展。农业生产在当时已进入发达的锄耕农业阶段，有的地区已进入犁耕阶段。陶寺遗址出土的石钺、犁形器，涧沟遗址出土的扁平长方形石铲、蚌铲以及其他一些遗址出

① 杨锡璋：《黄河中游的龙山文化》，见中国社会科学院考古研究所编著：《新中国的考古发现和研究》，文物出版社，1984年，68～85页；张忠培：《客省庄文化及其相关诸问题》，《考古与文物》1980年4期；河南省文物研究所、周口地区文化局文物科：《河南淮阳平粮台龙山文化城址试掘简报》，《文物》1983年3期；中国科学院考古研究所安阳工作队：《1972年春安阳后冈发掘简报》，《考古》1972年5期；中国社会科学院考古研究所等：《山西夏县东下冯龙山文化遗址》，《考古学报》1983年1期；中国社会科学院考古研究所山西工作队、临汾地区文化局：《山西襄汾县陶寺遗址发掘简报》，《考古》1980年1期；中国社会科学院考古研究所山西工作队、临汾地区文化局：《1978—1980年山西襄汾陶寺墓地发掘简报》，《考古》1983年1期；安阳地区文物管理委员会：《河南汤阴白营龙山文化遗址》，《考古》1980年3期；河南省安阳地区文物管理委员会：《汤阴白营河南龙山文化村落遗址发掘报告》，《考古学集刊》第3集，中国社会科学出版社，1983年；中国社会科学院考古研究所河南二队：《河南临汝煤山遗址发掘报告》，《考古学报》1982年4期；中国社会科学院考古研究所安阳工作队：《1979年安阳后冈遗址发掘报告》，《考古学报》1985年1期；中国科学院考古研究所：《庙底沟与三里桥》，科学出版社，1959年。

土的石锄、骨锄等，都是较好的开垦工具。收割工具有长方形穿孔石刀、半月形穿孔石刀、石镰和蚌镰等。农业生产工具的进步，反映了农业生产的水平比仰韶文化阶段有了提高。农业的发达推动了家畜饲养业的发展。当时饲养的家畜有猪、狗、牛、羊等。以猪的数量最多。如涧沟遗址一个灰坑中即有21个个体的猪头骨，多数有恒齿。猪是一种需要农谷物作饲料的家畜，只有农业的发展才能为猪的大量饲养提供饲料。陶酒器明显增多，常见的有斝、盉、盉、杯、壶等，酒器的增多，足以说明当时粮食生产有了较多的剩余。农牧业经济虽有了发展，但渔猎经济仍是一项辅助性的生产。

## （四）黄河中游及附近地区典型农业遗址

**1. 河南舞阳贾湖遗址**[①]　贾湖遗址位于河南省舞阳县北舞渡镇贾湖村，地处黄淮海大平原的西南部边缘，属我国第二、三阶梯的过渡地带，南北、东西交流的要冲。1983—1987年，考古工作者对遗址进行了6次发掘，揭露面积2 358.7米[2]。清理出房址45座，陶窑9座，灰坑370座，墓葬349座，瓮棺葬32座，埋狗坑10座，以及一些壕沟、小坑、柱洞等。总的年代跨度大致在前7800—前5800年或距今9 000～7 800年。

贾湖遗址发现的主要遗迹有壕沟、房址、墓葬、灰坑、兽坑、陶窑等。出土的生产工具有石器、骨器等。石器有农具、木器加工、渔猎、粮食加工、纺织等用途的工具，即石铲、石镰、石刀、石斧、石锛、石凿、石磨盘（腿）、石磨棒、石杵、研磨器、石矛头、石球、石弹丸、石纺轮、刮削器、砍砸器、磨刃石片等。骨制品大多磨制精致，其骨料为鹿角、肢骨为主，其次有牛、猪等的肢骨；主要器类有镞、镖、针、锥、长条形骨板、骨针、骨刀、骨匕、骨柄、骨凿、骨耜等，从用途上来看，有狩猎、捕捞用具，织网、缝纫用具，古农具等。陶质工具有网坠、纺轮等。

贾湖遗址的陶器有泥质陶、夹砂陶、夹炭陶、夹蚌或骨屑陶、夹云母片和骨石粉陶。普遍存在施陶衣的现象。种类有罐（各种类型）、壶、盆、鼎、釜、甑、钵、碗、盉、杯等。

贾湖遗址出土的动物遗骸相当丰富，大多出于文化层和废弃的房基、窖穴、陶窑的填土中，经鉴定有20多种。野生哺乳动物有貉、紫貂、狗獾、豹猫、梅花鹿、麋鹿、小麂、獐、野兔等。家养或可能家养的哺乳动物有家猪、狗、羊、黄牛、水牛等。鸟类有天鹅、丹顶鹤、环颈雉等。鱼类有鲤鱼、青鱼等。腹足动物主要有螺类等。

贾湖遗址发现有稻壳印痕的红烧土，筛选出大量炭化稻籽实和炭化稻米。发现

---

① 河南省文物考古研究所编著：《舞阳贾湖》，科学出版社，1999年。

有炭化果核，主要有栎果、野胡桃皮等，有一些没鉴定出种属。还发现有一些炭化野生菱角和野生大豆种子。通过对稻壳印痕形态、炭化稻米形态的分析以及水稻的硅酸体分析，得知贾湖先民种植的稻种是一种尚处于籼、粳分化过程中的，以粳型特征为主的具有原始形态的栽培稻。

原始稻作农业在贾湖相当发达。家畜饲养也已经出现。但总的来说，原始农业在贾湖先民的生活中占有四分之一的比重；同时，狩猎和捕捞业仍然占有相当重要的地位；作为人们植物性食品的主要补充手段，贾湖先民的采集业仍然存在，且占有相当的地位。

**2. 河南驻马店杨庄遗址** 杨庄遗址位于河南省驻马店市区西南约 6 公里的杨庄村西地，坐落在练江河北岸的二级台地上，海拔 85 米，总面积约 4 万米²。

（1）杨庄第一期遗存。杨庄第一期遗存文化遗迹有灰坑和柱洞 11 个。生产工具仅发现磨制精细的石镰一种。

陶器器类及其形制多与石家河文化的同类器大同小异。因此本期遗存属于石家河文化系统。

植硅石组合中鉴定出竹子、芦苇、水稻等，表明栽培水稻的存在。由于水稻植硅石在许多文化层中大量出现，可以肯定，当时该地区已有水稻栽培。水稻种植面积可能较大。

本期遗存大体属龙山文化前期。又经与石家河文化遗存年代的比较，推测本期遗存绝对年代为距今 4 500～4 200 年。

（2）杨庄第二期遗存。文化遗迹有灰坑、柱洞。生产工具有石器和陶纺轮。石器有刀、铲、斧、锛、凿、镰、镞、楔形器等；以镰数量最多，刀次之；石刀、石铲均穿孔。[①]

陶器以泥条盘筑并经慢轮修整者为主，快轮拉坯制作的器物仅为少数小件。器类有罐、瓮、鼎、豆、盆、碗、钵、圈足盘、缸、杯、鬶、擂钵、器盖、器座等。

动物遗骸较少，多保存较差，朽而易碎。种类有猪、鹿、羊、马、田螺等，其中猪的数量较多，马甚少。家猪见有下颌骨、牙齿等，值得注意的是，幼体多，成年体少，未见老年体。

经孢粉和植硅石分析，表明当时仍有栽培水稻，还可能栽培芝麻、蓼、菜豆等。

本期遗存的绝对年代为距今 4 200～3 900 年。

（3）相关问题的分析讨论。杨庄遗址第一、二期遗存皆发现柱洞，尤以二期为

---

① 北京大学考古学系、驻马店市文物保护管理所编著：《驻马店杨庄——中全新世淮河上游的文化遗存与环境信息》，科学出版社，1998 年。

多。但两期遗存都没有发现明确的半地穴式或平地式居址的迹象，如墙、灶、居住面等，与之相关联的窖穴（灰坑）数量也很少。杨庄二期遗存的柱洞埋置深度多残存50厘米以上，除少数直行排列和似呈圆形排列者外，其余大多看不出规律。另外，当时杨庄一带河湖密布，气候较温暖潮湿。在杨庄遗址 T17 沟底之下的自然沉积中，还曾发现大量的树干和个别经人为加工的方木。推测，杨庄一、二期可能存在干栏式建筑，或者以干栏式为主要的居址形式。

大量水稻植硅石的存在表明，在石家河文化、河南龙山文化（到二里头文化早期）阶段，驻马店一带的水稻栽培已具相当规模。由于杨庄及其周围地势平坦，水源充沛，推测当时的农业活动以水稻种植为主。孢粉组合显示，在龙山文化阶段，除水稻外，栽培的作物还有芝麻、蓼、菜豆等。猪、羊、牛、马等家畜骨骼的发现则表明，除农业外，畜牧业也占有一定比重。大量石镞及鹿骨的发现，则可表明狩猎活动的存在。由于仅发现极少量田螺等水生动物遗骸，捕捞工具又极罕见，推测捕捞活动在当时不经常，也许偶尔为之。

杨庄遗址是目前所知龙山时代主要种植水稻区域的较北地点，结合黄河中下游和淮河流域地区诸遗址所发现的炭化稻粒，推测在全新世中期，黄淮地区曾大致为北方粟作农业区和南方稻作农业区的交错带。

大量的考古资料和近现代处于前工业社会的民族志例证表明，早期人类总是力求使其从事的经济文化类型与其所处的生态环境适应。在全新世中期，驻马店一带以亚热带气候为主，春雨伏旱，宜于水稻生长。石家河文化、龙山文化晚期（及二里头文化），虽然时代、族属、生产力水平不同，但皆以水稻种植为主。这是早期人类力求适应自然环境的一个例证。

全新世中期，驻马店一带与江汉平原同属以亚热带气候为主的类型，这样的气候类型与中原部族长期从事的旱作农业显然是不适应的。但对于以江汉平原为中心发展起来的、以稻作农业为主的屈家岭文化与石家河文化的先民而言，却无疑是其生存发展的理想景观。这一环境背景与屈家岭文化、石家河文化向北发展至此，或许有一定的内在联系。

杨庄二期类型的主体文化因素来自河南龙山文化，其后的杨庄二里头文化也是由豫西地区南下而来的。豫西地区是华夏集团的核心分布区，自仰韶时代以来，那里始终是典型的粟作农业区。当上述两种文化的先民进入驻马店一带后，一改传统的农业生产方式，选择了以水稻为主的农业类型。这一方面或是受当地石家河文化土著居民传统稻作农业模式的影响，另一方面更说明了当时人类在置身于新的不同的自然环境之时，也会因地制宜地放弃传统的生产手段，采取新的农业生产方式。这还可证明，远古先民由于受地理环境的制约，同一民族集团、同一考古学文化，也可以分属不同的经济文化类型。

## 二、黄河上游地区的新石器时代文化

黄河上游的青海东部、甘肃的洮河流域、渭河的上游和河西走廊的东部，宁夏回族自治区的南部，大致可以划归为一个文化区系。该地区的新石器时代文化主要有马家窑文化和齐家文化。

### （一）新石器时代中晚期的马家窑文化①

马家窑文化是该地区具有代表性的新石器时代中晚期文化，内容相当丰富。因20世纪20年代初首先发现于甘肃省临洮马家窑而得名。它是黄河上游具有独特风格的一种新石器时代文化。其分布范围相当广泛，东起泾、渭河上游，西至黄河上游龙羊峡附近，北入宁夏清水河流域，南达四川岷江流域汶川县地区。在这个广大地区内，已发现马家窑文化遗址达400多处。马家窑文化的发展历程，经历了1 000多年。年代距今5 000多年，约相当于黄河中游新石器时代中期稍晚阶段。

马家窑文化发现的遗迹有村落居处、房基、灰坑和墓葬等。

生产工具以石器为多，制法以磨制为主，也有一些打制的。打制石器有石刀、石铲、盘状器和细石器。磨制石器有石铲、石斧、穿孔石刀、石锛、磨谷器、石杵、研磨器、石网坠、石纺轮、石镰等。另有骨铲、骨镞、陶纺轮和陶刀。

制陶业相当发达。陶器以泥质红陶和砂质红陶最多，泥质灰陶较少，制法以手制为主，兼有模制。陶器纹饰有弦纹、划纹、附加堆纹与彩陶。彩陶是马家窑文化中最具有特色的陶器，彩陶的数量往往占出土陶器总数的30%～50%。器类有碗、钵、盆、罐、壶、瓮、瓶、盂、杯和尊等。

在遗址的灰坑和墓葬中常常发现有粟粒和粟穗遗存，可知农业是以种植粟为主。

马家窑文化经历了很长的历史阶段，从石岭下类型—马家窑类型—半山类型—马厂类型，延续了1 000余年。马家窑文化延续的时间较长，早、晚期生产力发展水平不同，其社会经济形态也不同。马家窑类型时期生产工具器类简单，制作粗糙，数量少，狩猎工具占较大比例，这反映了当时社会生产力的水平还比较低。到了马厂类型阶段，居民以经营农业为主，在遗址中发现了大量的石制和骨制的农业生产工具，其种类增多，制作精致，同时发现较多的粟等粮食，说明当时的农业生

---

① 谢端琚：《黄河上游的马家窑文化》，见中国社会科学院考古研究所编著：《新中国的考古发现和研究》，文物出版社，1984年，105～117页；张学正、张朋川、郭德勇：《谈马家窑、半山、马厂类型的分期和相互关系》，见中国考古学会编辑：《中国考古学会第一次年会论文集》，文物出版社，1979年；石兴邦：《有关马家窑文化的一些问题》，《考古》1962年6期。

产已经有较大的发展。当时的社会经济以农业生产为主，以狩猎经济为辅。

## （二）新石器时代晚期的齐家文化①

齐家文化，因1924年首先发现于甘肃宁定齐家坪遗址而得名。它是在马家窑文化的基础上发展起来的一种考古学文化，分布范围东起渭水与泾水上游，西至河西走廊和青海省东部的湟水流域，北达宁夏和内蒙古的南部，南到汉水上游。齐家文化的年代为距今4200～3900年，大约和黄河中游的龙山文化中晚期相当。

齐家文化发现的遗迹有村落居址、房基、灰坑、窖穴、公共墓地及祭祀遗迹等。比较突出的有成年男女合葬墓，反映了家庭关系的变化。

生产工具有石器、骨器、铜器，以石器为主。石器有斧、锛、铲、刀、镰、磨盘、杵、纺轮、镞等，石器多磨制，打制的很少。骨器有骨针和骨铲，骨铲也是一种重要的挖土工具，它是用动物的肩胛骨或下颌骨制成，有的还带弯曲的柄，刃宽而锋利。另有一些玉铲、玉锛和陶纺轮。

冶铜业的出现是齐家文化的一个重要特征。现已发现的出土铜器的遗址有皇娘娘台、大何庄、秦魏家、齐家坪、尕马台等。铜器的种类有斧、刀、镰、匕首、锥等。有红铜也有青铜；有冶铸也有冷锻。随着青铜器的出现和冶炼技术的进步，社会生产力也大大向前发展。

陶器以泥质和砂质的橙黄陶居多，也有部分灰陶。陶器的纹饰有绳纹、篮纹、划纹、锥刺纹和彩绘，彩绘陶器较前减少。陶器有单鼻鬲、花边口罐、三耳罐、双鼻罐、双大耳罐、高领双耳罐、侈口双耳罐、敞口碗、高柄豆、敞口平底盆、敛口盆、单耳环、壶、尊等。特别是其中有些薄胎磨光双大耳罐和高领双耳罐的制作相当精致，是齐家文化中具有代表性的陶器。

在齐家文化的许多遗址中都曾发现过炭化粟，说明当时的农业以种植耐旱的粟为主。另外还在遗址中发现有驯养的猪、羊、狗、牛、马、驴等动物骨骼，说明当时的人们已在兼营畜牧业。大何庄、秦魏家、皇娘娘台三处遗址出土猪下颌骨800多个，反映了其养猪业的发达。另有麻布出土，有粗细两种。

齐家文化时期的农牧业、制陶业及其他手工业都有较大的发展，尤其是冶铜业

---

① 谢端琚：《黄河上游的齐家文化》，见中国社会科学院考古研究所编著：《新中国的考古发现和研究》，文物出版社，1984年，118～124页；谢端琚：《试论齐家文化与陕西龙山文化的关系》，《文物》1979年10期；中国科学院考古研究所甘肃工作队：《甘肃永靖大何庄遗址发掘报告》，《考古学报》1974年2期；中国科学院考古研究所甘肃工作队：《甘肃永靖秦魏家齐家文化墓地》，《考古学报》1975年2期；甘肃省博物馆：《甘肃武威皇娘娘台遗址发掘报告》，《考古学报》1960年2期；甘肃省博物馆：《甘肃武威皇娘娘台遗址第四次发掘》，《考古学报》1978年4期；谢端琚：《论大何庄与秦魏家齐家文化分期》，《考古》1980年3期。

的普遍出现，反映生产力水平有了显著的提高。生产力水平的提高，促进了财富的增多和私有制的发展，加剧了贫富分化，阶级便产生了。氏族制已趋瓦解，文明时代即将到来。

## 三、黄河下游地区的新石器时代文化

黄河下游地区主要是指山东、河南东北部和江苏、安徽北部地区。该地区也是中华民族古代文化的重要发祥地之一，并且已发现分布有较多的新石器时代遗址，也曾进行过多处发掘，文化发展序列比较清楚。根据已发掘的遗址，初步可以区分为早、中、晚三大期。在这三大期中具有代表性的文化为后李文化—北辛文化—大汶口文化—龙山文化。

### （一）新石器时代早期的后李文化[①]

后李文化是该地区目前发现新石器时代文化中最早的文化遗存（或称"西河类型""西河文化"），因 20 世纪 80 年代末至 90 年代初淄河东岸临淄区后李遗址的发掘而得名。目前发现的同类遗址 10 多处均分布在泰沂山脉北麓山前冲积平原上，东西距离约 250 公里。以山东章丘为中心的西河遗址面积最大、堆积较厚，保存较好，遗址和遗物较多，具有一定的代表性。后李文化的上限距今9 000 年以上，下限延续到同北辛文化早期年代衔接，延续时间可能在1 500～1 800 年。其流向问题讨论得比较热烈，一种意见认为它同北辛文化是一脉相承、先后发展的两个不同阶段的文化；另一种观点认为两者是泰沂山脉南、北两侧并列发展的两个文化。

后李文化的遗址有围壕、房址、墓葬、灰坑、灰沟和陶窑。生产工具有石器、骨器、蚌器和角器；石器有石斧、石刀、石磨盘、石磨棒、石铲、石镰、石锤、研磨器、支脚、砺石、支垫石等，制作方法有打制、琢制和磨制，斧、铲、镰多为磨制，磨盘和磨棒多为琢制。

---

① 山东省文物考古研究所济清公路文物工作队：《山东临淄后李遗址第一、二次发掘简报》，《考古》1992 年 11 期；山东省文物考古研究所济清公路文物工作队：《山东临淄后李遗址第三、四次发掘简报》，《考古》1994 年 2 期；佟佩华、魏成敏：《章丘西河新石器时代遗址》，《中国文物报》，1994 年 2 月 20 日；山东省文物考古研究所：《山东章丘西河新石器时代遗址 1997 年的发掘》，《考古》2000 年 10 期；山东省文物考古研究所：《山东章丘小荆山遗址调查、发掘报告》，《华夏考古》1996 年 2 期；山东省文物考古研究所：《山东考古的世纪回顾和展望》，《考古》2000 年 10 期；山东省文物考古研究所：《山东省文物考古工作五十年》，见文物出版社编：《新中国考古五十年》，文物出版社，1999 年。

陶器造型古朴，手制为主，制作基本规整。器形以圜底器和圈足器居多，平底器较少，最典型的器物是陶釜，占陶器总数的80％以上。

在西河遗址和小荆山遗址还发现陶面塑像和陶猪等原始艺术品。

小荆山遗址和西河遗址均发现30多座房址，实际上还要多得多。西河遗址1997年发掘的19座房址排列有序，显然是一处有着统一规划的聚落。从围壕、聚落布局、房址面积和类型、室内设计和功能，可以看到当时社会的某些侧影。推测后李文化先民在社会发展阶段上处于母系氏族阶段，在所有制形态上属于原始公有制阶段。

后李文化虽然目前还没有获得有关栽培作物的资料，但从发现的聚落形态、大量的房址、陶器和石器中，已看到农业经济的影子。农业生产工具和粮食加工工具种类繁多，功能齐全，有开垦土地用的石斧，种植作物用的石铲，收获果实用的石镰和石刀，加工食物用的石磨盘和石磨棒。这些工具基本上贯穿于从食物生产到加工的整个过程。陶猪的出土则暗示了动物的驯化和家养。以上综合情况，反映了后李文化时期的经济生产方式还在从采集渔猎向种植农业和家畜饲养转变。

后李文化的发现与研究，对黄河下游地区农业起源和聚落形态的探讨具有重大意义。

## （二）新石器时代早期的北辛文化[①]

北辛文化是该地区目前发现中较早的新石器时代文化遗存。因首先发现于山东滕县（今滕州市）北辛而得名。主要分布于鲁中南和苏北地区。同类遗址还有滕州孟家庄、兖州王因、泰安大汶口（下层）等。该类文化遗址年代早的距今7 000多年，年代晚的距今6 000多年，前后经历800～900年，和磁山文化、裴李岗文化的年代相差不远。

北辛文化发现的遗迹有村落居址、房基、灰坑、窖穴、墓葬等。

北辛文化的生产工具有石器和骨、角、牙、蚌器。石器有打制和磨制两种。打制石器的加工主要在刃部和手握的部分，其他部分都保留砾石面。石器的加工都采用直接打击法。器形有斧、敲砸器、盘状器、铲、刀等，其中以斧、敲砸器的数量最多，盘状器和石铲次之。磨制石器有铲、刀、镰、磨盘、磨棒、凿、匕首等，其中以石铲的数量最多。石铲多为扁平长方形，器身周边留有打制的痕迹，制作比较粗糙。磨盘多为弧边三角形，也有长方形、椭圆形，大多无足。磨棒以横断面呈半

---

① 中国社会科学院考古研究所山东队、山西省滕县博物馆：《山东滕县北辛遗址发掘报告》，《考古学报》1984年2期；中国社会科学院考古研究所山东队、济宁地区文化局：《山东兖州王因新石器时代遗址发掘简报》，《考古》1979年1期；中国社会科学院考古研究所编著：《山东王因：新石器时代遗址发掘报告》，科学出版社，2000年。

圆形和圆角长方形的数量最多。骨、角、牙器发现的很多，器形有锄、凿、匕首、锥、镞、镖、针、梭形器等。此外，还有少量的蚌铲、蚌镰等蚌制工具。

陶质以砂质黄褐陶和泥质红陶为主，兼有少量砂质灰陶、泥质灰陶与黑陶。器类有敛口深腹圜底三足鼎、敞口圜底三足钵、敞口圜底钵、小口长颈双耳壶、大口圜底釜、深腹罐、敞口盆、碗、勺、盅和器座等。

现已发现的大小不等的村落遗址及大量农业生产工具与渔猎工具，说明北辛文化的人们已经定居，且以农业生产为主，兼营狩猎和捕鱼。

### （三）新石器时代中期的大汶口文化[①]

大汶口文化是因1959年发掘的山东泰安大汶口遗址而命名。主要分布区是山东、苏北、皖北和豫东的汶河、泗河、沂河、淄河、淮河下游的广大地区，是本区新石器时代具有代表性的一种文化。已发掘的典型遗址有泰安大汶口，滕州岗上，曲阜西夏侯，邹城野店，兖州王因，邳州刘林、大墩子，诸城呈子，日照东海峪和胶州三里河等遗址。大汶口文化的年代距今6 000～4 000多年，延续时间2 000年左右。根据地层叠压关系和遗物特征，可以区分为早、中、晚三期。

大汶口文化的遗迹有村落居址、房屋、灰坑、窖穴和墓葬等。生产工具，仍以石器为主，兼有一些骨器、角器和蚌器。石器有铲、锛、斧、凿、刀、匕首、锹、矛等，有的石铲和石斧钻有圆孔，还有一些带柄石铲。骨器有镰、匕首、镖、矛、镞。角器有锄、镖、镞、匕首。蚌器有镰、镞。另有少量陶网坠和陶纺轮。

制陶技术较前已有很大提高。陶质有红陶、灰陶、黑陶和白陶四类。陶器装饰以镂刻和编织纹最具特色。陶器盛行三足器和圈足器。器形有罐形鼎、钵形鼎、壶形鼎、背壶、长颈壶、深腹罐、高柄豆等。高柄杯和白陶器是大汶口文化中最具特征的陶器。

在三里河遗址的一个窖穴中，曾发现1米³的炭化粟，表明农业以种植粟为主。还发掘出大量牛、羊、猪、狗等家畜骨骼。

大汶口文化的经济形态：以农业生产为主，兼营畜牧业，辅以狩猎和捕鱼业。

---

① 山东省文物管理处、济南市博物馆：《大汶口：新石器时代墓葬发掘报告》，文物出版社，1974年；邵望平：《新发现的大汶口文化》，见中国社会科学院考古研究所编著：《新中国的考古发现和研究》，文物出版社，1984年，86～96页；山东省博物馆：《谈谈大汶口文化》，《文物》1978年4期；山东省博物馆、山东省文物考古研究所编：《邹县野店》，文物出版社，1985年；中国社会科学院考古研究所编著：《胶县三里河》，文物出版社，1988年；中国科学院考古研究所山东队：《山东曲阜西夏侯遗址第一次发掘报告》，《考古学报》1964年12期；中国社会科学院考古所山东队：《西夏侯遗址第二次发掘报告》，《考古学报》1986年3期。

### （四）新石器时代晚期的龙山文化

龙山文化是 1928 年在山东章丘县龙山镇城子崖首先发现而得名。龙山镇的以黑陶为主要特征的文化遗存被发现后，在黄河中游和长江中下游等地区，也先后发现了与其相当的以灰陶和黑陶为主要特征的文化遗存。这些遗址实际上属于不同文化系统，被分别命名为龙山文化的不同类型。有人把最早发现的龙山文化称"典型龙山文化"或"山东龙山文化"。它是从当地的大汶口文化晚期发展而来。其分布区域主要在山东半岛一带，东至黄海之滨，东北波及辽东半岛，南至苏、皖北部，北达冀北，西至河南濮阳、商丘一带。重要遗址有山东日照两城镇、潍坊姚官庄、胶州三里河、日照东海峪、茌平尚庄、泗水尹家城、曹县莘冢集、梁山青堌堆，江苏徐州高皇庙，安徽亳州钓鱼台等遗址。龙山文化的年代，距今 4 600～4 000 年。

该文化发现的遗迹有城址、村落居址、房屋、灰坑、窖穴和墓葬等，还有祭祀遗迹。

生产工具以石器为主，骨、角、蚌器仅占少数。石器绝大多数为磨制，打制的罕见。穿孔技术比较发达，一般是用石钻头两面对钻，少数用管钻法。常见的器形有斧、锛、穿孔石铲、镰、穿孔石刀、凿、纺轮、矛、镞、网坠、锥等，其中以石斧、石锛、形体扁薄而规整的穿孔石铲、长方形或半月形双孔石刀等数量较多。蚌器有镰、镞、刀等，玉铲和骨角器等也有发现，种类有鱼钩、鱼镖等。

陶器轮制极为发达，故使器形浑圆、胎壁厚薄均匀，器身各部分比例匀称、和谐，造型规整、优美；陶色纯正，表里透黑，火候高。一套磨光黑陶器物群构成龙山文化的突出特征。器表常有显著分格及凸棱，陶器多素面，纹饰有凹凸弦纹、竹节纹、划纹、镂孔和附加堆纹等。陶器以三足器、圈足器为主，平底器次之，器身上常带盖、流、耳、鼻等附件。其典型器物有"鬼脸式"足的曲腹盆形鼎、三角形足的罐形鼎、三足盘、高圈足豆、蛋壳陶高柄杯、各种陶杯、双耳带盖罍、鬶、甗、盉等，其中蛋壳陶高柄杯的制作技艺达到了史前制陶业的顶峰。

谷物种植仍以粟为主，还发现不少猪、羊、牛、狗等家畜骨骸，羊的饲养比大汶口文化时期有了明显发展。

经济生活以农业生产为主，兼营畜牧和渔猎。遗址中常见的鬶、盉、觚、杯等酒器，不但数量多，制作精致，造型也很美观。陶酒器的增多，显然是农业生产有了较大发展，从而促进了酿酒业的发达。

### （五）黄河下游地区典型农业遗址

**1. 山东滕州庄里西遗址** 滕州市位于山东省南部，其西南边缘为泰沂山脉和南四湖东岸。姜屯镇庄里西遗址坐落在一处高出地面 5 米以上的台地上。山东省文物考古研究所对该遗址进行了考古钻探和发掘，发掘面积达 200 米$^2$。目前已发现龙山文化时期的房址 5 座、灰坑 140 余个。出土的陶器有鼎、鬶、罐、盆、甗、豆、杯、碗、器盖和纺轮；石器有铲、锛等；骨器有针和锥；蚌器有镰。从出土的文化遗物分析，当属龙山文化中晚期，其年代在距今4 000年左右。

考古学家采用水浮选法对 13 个含腐殖质较多的典型灰坑进行浮选，并从 H41、H52、H62、H77 和 H100 等灰坑内浮选出大量的植物果实和种子。尽管植物遗存已经轻度炭化，但从外部形态仍能确切地鉴定出其科属。尤其从 H77、H52、H62、H100 和 H41 等灰坑中浮选出大量的炭化稻米（Oryza sativa）。通过对浮选出的 280 余粒稻米统计，其长宽之比均在 2 左右。经过与现代及古代稻米比较，当属粳米（Oryza sativa subsp. keng）。这不仅是继栖霞杨家圈龙山文化陶器上发现稻壳遗存、日照市尧王城遗址龙山文化发现 10 余粒炭化粳米之后，山东发现最多的稻作遗存；而且与粳米伴存的尚有黍（Panicum miliaceum L.）、野大豆（Glycine soja Sieb. et Zucc.）、葡萄（Vitis spp.）、酸枣（Ziziphus jujuba var. spinosa Hu et H. F. Chow）的果核以及大量蔷薇科（Rosaceae）。这些植物遗存的发现及进一步研究，为探讨该地区龙山文化时期人类生存的环境、史前农业的发展增添了植物学的证据。

粳米（Oryza sativa subsp. keng）：粳米标本统计数量达 280 余粒。这批炭化稻米作扁椭圆形，质脆呈黑色，所见标本大多数完整无损、颗粒饱满，米粒（颖果）长宽之比为 2～1.5。此米粒应为粳米，与尧王城遗址内的粳米相似。庄里西遗址的粳米保存更为完整和丰富，这无疑表明在当时史前农业中，粳稻是其重要的农作物类型。

黍（又称穄、糜）（Panicum miliaceum）：标本仅 2 粒。米粒呈黑色，近球形，长 1.71～1.73 毫米、宽 1.63～1.72 毫米、厚 1.8～1.84 毫米。此炭化的黍米较现代黍米粒要小，但较炭化的粟（小米）粒要大。

高粱（Sorghum vulagare pers.）穗的颖片：该颖片呈倒卵形，长 3.5 毫米、宽 2 毫米，顶端略尖，颖片中间脊状，尽管表面为黑色，但仍显现出较强的光泽。由于该颖片的形状及光泽与高粱相似，但较现代高粱的颖片要小（现代的颖片长约 5 毫米，宽约 3.2 毫米），故是否为高粱，存有疑虑，尚待更多标本的发现进行补充修正。

野大豆（Glycine soja Sieb. et Zucc.）豆粒：共有数十粒。标本呈椭圆状矩圆形，略扁，长 2.8～3.2 毫米、宽 2～2.5 毫米、厚 1.5～2 毫米。脐位于腹部近中央，长1.2～1.8 毫米，作椭圆形。在脐中间有脐沟，较现代野大豆粒略小。在裴李岗文化期的贾湖遗址以及班村遗址中也曾发现有野大豆的豆粒。

葡萄（Vitis spp.）的种子：种子呈倒卵球形，长 3.2～4 毫米、宽 2.4～3 毫米，其腹面中央为脊状，两侧斜面各有一条短纵沟，背面中央有一圆形区，顶部有一沟延伸至种子顶端。从种子的形态特点看，应为葡萄属的一种，但不是葡萄属的栽培种（V. vinifera），可能是当时先民采集食用后的遗弃物。

酸枣（Ziziphus jujuba var. spinosa Hu et H. F. Chow）的果核：果核呈椭圆体形，长0.8厘米、径0.6厘米，两端钝，表面布满短棱状大突起。在核的基部有向两侧延伸的长菱形和条形疤痕。酸枣是暖温带落叶阔叶林区的主要群落成分，在中国北方新石器时代文化遗址中时有发现。

李属（Prunus spp.）：遗址中浮选出大量核壳碎片。核壳木质，较光滑，厚达1.2毫米，可见裂开的缝合线。其中一块较完整的碎片，长达1.2厘米，从大小看似欧李（Prunus humilis）。由于蔷薇科（Rosaceae）植物中的核果类的果皮肉质大多可食，H41中浮选出的大量果核，无疑属蔷薇科植物，可能是先民采集后主要为食用。要从果核中确切地鉴定出是否属蔷薇科种仍存在实际困难。

如果说山东大汶口文化早期的经济尚以渔猎、采集为主，似乎和全新世中期温暖潮湿的气候相适应，而至大汶口文化中晚期，作为鲁南丘陵地的枣庄建新遗址，其植物遗存则反映当时气候趋向干旱的自然状况，以粟（Setaria italica）为代表的旱作农业得到发展。然而濒临南四湖的庄里西遗址面积10余万米²，清理出的文化遗物丰富，除前述植物遗存外，大部分灰坑内尚保存猪、鹿、牛的兽骨，大量鱼、蚌、螺、龟等水生动物的残骸，农用蚌器等及陶器、石器和骨器。这些足以说明，龙山文化中晚期的庄里西遗址所反映的是动物饲养和农耕文化特征。当时较为温暖、湿润多雨的季风气候，为水稻的种植提供了适宜的自然条件，而且林地灌丛、湿地又是先民采集酸枣、葡萄、李、野大豆等有利的场所。总之，庄里西遗址丰富的生物遗存有可能表明，当时的先民已摆脱了单纯的向自然索取。随着聚落扩大，人口增多，在当时遗址周围的湿地，稻作农耕文化得以发展，而在丘陵环境下，则种植生长期短、易于管理、较耐干旱的黍（Panicum miliaceum）。因此，滕州庄里西遗址农作物遗存，说明当时是以稻作为主、黍作为辅的农耕文化。鉴于胶东半岛的栖霞杨家圈龙山文化遗址中，仅在陶器上发现稻壳印痕，而濒临黄海的尧王城遗址也仅见少量粳稻籽实，以粟（Setaria italica）为代表的旱作遗存则见于胶州三里河和广饶的傅家大汶口文化以及枣庄建新遗址的龙山文化，因此山东新石器时代出现的是以粟、黍为代表的旱作农耕文化和以稻为代表的稻作农耕文化，这似乎说明濒临海域和湖域的沼泽地适宜稻的种植，而作为丘陵地则更适合旱地作物的生长。值得提出的是，山东半岛原始农作物出现的时间、范围及研究深度远不如长江、淮河和黄河中游地区。因此，庄里西遗址大量植物遗存的发现，在中国农业考古学上具有重大意义；即在4 000多年前龙山文化晚期，山东南四湖地域已是栽培粳稻的重要地区。这很可能说明亚洲稻起源于长江中游、淮河上游，随着文化的发展进而东传到长江下游、淮河和黄河中下游。庄里西遗址灰坑中大量粳稻遗存的发现，恰好说明在龙山文化时期，山东水稻已经分布较广，进而东传到了辽东半岛、韩国和日本。

**2. 安徽蒙城尉迟寺遗址①**　　尉迟寺遗址位于安徽省境内淮河以北的蒙城县毕集村东 150 米，南距北淝河约 4 公里。遗址处在黄河与淮河长期堆积泥沙形成的淮北平原上，现为高出地面 2～3 米的堌堆状堆积。

尉迟寺遗址主要有大汶口文化和龙山文化两个时期的文化堆积，先后经过 9 次考古发掘，获得了丰富的实物资料。所揭露的大汶口文化晚期聚落遗存引起考古界的重视。研究表明，尉迟寺大汶口文化既具有大汶口文化的一般特征，又存在明显的地域特点，类似的遗存主要分布在皖北及其邻近地区，代表了大汶口文化晚期一个新的地方类型，¹⁴C 校正年代距今 4 600 年左右。尉迟寺遗址有关龙山文化的资料虽然有限，但其特点还是清楚的，它的文化面貌和文化性质与豫东地区龙山文化基本相同。

反映尉迟寺遗址史前时期农作物遗存的资料，首先发现于该遗址大汶口文化晚期排房基址的红烧土墙体中，墙体内含有稻壳和植物茎叶痕迹，稻壳印痕的形态与现代稻基本相同。另外在 F29 西墙附近发现颗粒状炭化物，它们相对集中成片分布，经硅酸体分析属于炭化粟类作物的遗存。该遗址大汶口文化遗存中粟类和稻类作物同时存在的现象引起考古工作者的重视。这一现象是否具有普遍性，能否反映出该时期的农业生产水平，还需要进一步论证。至于为什么龙山文化阶段农作物遗存尚未发现，也需要通过相应的手段进行分析。就是说尉迟寺遗址大汶口文化晚期和龙山文化阶段农业经济，还需要更多的相关资料及研究。基于这个目的，考古学家在遗址中采集了土样标本，通过硅酸体分析，寻求有关农作物的信息以便进行定性和定量分析研究。

两组样品测试结果基本相同，定性分析表明，尉迟寺遗址大汶口文化晚期到龙山文化阶段的农业生产既种植粟类作物也种植稻类作物。定量分析表明，谷壳硅化表皮碎片含量从上到下呈增高趋势。稻壳硅化表皮碎片含量从下向上呈增多趋势。粟类和稻类作物的种植，在不同时期的种植数量和规模是不同的。统计数字表明，大汶口文化晚期以种植粟类作物为主，虽然有稻类作物的种植，但尚未形成一定的规模；龙山文化阶段，稻类作物的种植规模和面积都有所增加，而粟类作物依然是当时农业生产的主要内容。

尉迟寺遗址硅酸体分析结果表明，大汶口文化晚期到龙山文化时期的农业生产

---

① 王增林、吴加安：《尉迟寺遗址硅酸体分析——兼论尉迟寺遗址史前农业经济特点》，《考古》1998 年 4 期。

有两个特点：①粟类和稻类作物同时存在。两类对环境要求相异的农作物，在一处遗址中进行混种，这一现象应该是多种因素的结果。②稻类作物的种植从大汶口文化晚期到龙山文化阶段呈逐步增加的趋势，粟类作物正好与之相反，说明不同时期农作物生产规模和水平是有区别的。采样方法不同的两组标本，选自不同的发掘区，它们的分析结果却一致，应该说有一定的代表性。这对认识尉迟寺遗址史前农业是非常重要的。

我国原始农业的起源和发展，由于受自然环境和文化传统的影响，南北两大地区的农业生产形成了各自的特点。北方地区农业生产以粟类旱地作物为主，南方地区以种植稻类作物为主。

尉迟寺遗址位于淮河以北，地理位置上处于中国南北气候的过渡地带，从考古学文化发展上处于中国南北两大地区古代文化的交流地带。该遗址大汶口文化和龙山文化层土样硅酸体分析结果表明，粟类和稻类作物在该遗址两种文化遗存中都曾种植过。粟类和稻类作物对气候和环境有着不同的要求，尉迟寺遗址这种现象出现的原因是什么？或者说这种现象说明了什么问题？我们认为，特定的自然环境和文化背景，与农业经济上的某些特点不无关系。

史前农业生产形成的地区性特点显然与自然气候和地理环境有关。尉迟寺遗址孢粉分析结果与动物种属分析的结论基本一致。尉迟寺史前文化动物群的特性和植物孢粉分析结果表明，当时的生态环境与现代不同，植物种属的构成反映出了更多的亚热带或热带气候特征。尉迟寺遗址大汶口文化和龙山文化动物群所反映出环境的变化及植物孢粉反映的气候特点基本一致。似乎表明当时尚未出现较明显的降温及其影响。尉迟寺遗址大汶口文化和龙山文化遗存中发现粟稻同时种植的现象表明，该遗址所在的小区域内的生态环境具备两种作物的生存条件，气候的变化并未影响到稻类作物不能种植的程度。

到目前为止，黄淮地区不少新石器时代文化遗址发现粟类作物遗存，但也有不少遗址发现稻类作物遗存，这些遗存代表了不同时期的不同文化。最早的稻作遗存发现在河南舞阳贾湖遗址，距今8 000年左右，这种现象一直持续到距今4 000年左右的龙山文化中晚期。该地区史前文化遗存中有关农作物的实物资料，就某个遗址的发现来说都只是一种作物，至于尉迟寺遗址中稻作和粟作同时存在的现象在黄淮地区尚属首次发现。

农作物的种植与自然环境有关，与考古学文化传统关系不大。这种现象在史前遗存中有许多实例。同一类型的考古学文化中种植的农作物并不完全是一种模式。如仰韶文化遗存在中原地区以种植粟类作物为主，而河南淅川下王岗、郑州大河村等遗址都发现了稻作遗存。黄淮下游地区的大汶口文化主要以种植粟类作物为主，而山东王因遗址中也存在稻类作物的遗存。上述现象能否直接反映该文化的农业经济情况，有关农作物的资料能否在该遗存中具有普遍性，还有待于更多的定性和定量分析数据来支持。但是这种现象不只在一处遗址中发现，似乎说明农作物种植与小区域内的地理环境相关，与文化传统并没有因果关系。

尉迟寺遗址新石器遗存虽然测试了两组土样的硅酸体，但其定性、定量分析说明了该遗址发现的粟类和稻类作物遗存不是个别现象，在该遗址中具有一定的普遍性。一般说来，黄淮地区距今4 000年左右气候曾发生较大变化，即由温暖湿润向干凉转变。尉迟寺龙山文化基本处于这个阶段，而水稻的种植规模比大汶口文化晚期有所扩大，一方面说明该遗址所处的小区域生态环境还未达到稻类作物不能种植的程度，整个黄淮地区在生态环境等自然条件方面也存在大区域与小地区之别。另一方面，也不可否认人们生产技术水平和对自然环境认识和改造的能力。尉迟寺大汶口文化晚期聚落遗存的围沟深近5米、宽近30米。发掘者推测该沟具有蓄水作用，其功能之一与农业生产不无关系。反映出至少在新石器时代晚期，人与自然之间已不是一种简单的被动适应关系。

尉迟寺遗址地处我国南北文化交流地带，南北文化的交流至少从仰韶文化就已经比较频繁了。任何一种考古学文化都有其自身的特点，应属于某一特定的社会集团。他们有共同的传统，在遗迹或遗物上也存在着一些共性。其中有些传统，如生产方式、宗教信仰、思维方式及日常生活的一些习惯和行为准则，是相对稳定的，具有较强的传承性。但作为生产技术、技能和经验则是活跃的因素，往往不受风俗习惯、文化传统的束缚。从这个意义上讲，只要具备农作物生长的基本条件，人们都会学习和接受其他文化的先进技术及生产经验。尉迟寺史前遗存稻粟混种现象说明判断史前晚期文化的农业经济特点，应该从地理环境、文化交流、生产经验和技能等多种因素共同作用的角度进行综合分析。

尉迟寺大汶口和龙山文化同属于新石器时代晚期文化，农业经济有了相当的发展，农业生产已经有了一定的规模。该遗址大汶口文化晚期建筑基址中，用农作物壳做墙体掺合料的现象普遍存在，暗示了当时农业生产的水平。水稻属于禾本科植物，是一种喜水的农作物，合适的自然条件是需要的。如果从生产规模和生产水平考虑，当然还需要有良好的土壤、丰富的种植经验以及灌溉及排水的条件。从这个意义上讲，水稻的种植还不能简单地归结于因地制宜的结果。新石器时代晚期，皖北地区发现的尉迟寺大汶口文化聚落遗存，从建筑规模、建筑结构上都反映了作为中心聚落的特点。从一个侧面说明其对农业生产需求量的程度，而如此规模建筑群的存在，也成为农业经济发展的可靠保障。

生产工具的种类或类型是探讨人类生产活动的重要资料。尉迟寺遗址大汶口和龙山文化生产工具的特点基本相同，包括石器、骨器、蚌器、角器等，其中石器是主要的一类工具，蚌器较为普遍使用。与农业生产相关的工具有石铲、石镰、石刀、石磨盘、磨棒及蚌镰、蚌刀、蚌铲等。这些工具一般都很规范，磨制精细。各类工具的功能基本反映了农业生产的整个过程，从开垦农田、翻土播种、收割脱粒到贮存，满足了整个生产过程各个环节的需要。建筑遗址中出土的大型陶器如厚壁大口尊、大口直壁缸等都是具有贮存功能的贮存器，当然包括贮存粮食。遗存中出土了大量水器，诸如鬶、长颈壶、高柄杯等，有学者认为这类器物与酿酒和饮酒有关。酿酒业的兴起只有在粮食剩余的前提下才能进行。尉迟寺遗址大量酒具的存在从一个侧面反映了当时的生产规模和生产水平，剩余粮食用来酿酒，说明农业生产水平已能满足社会生活中非生存需要的消费。

遗址中出土最多的动物骨骼是家猪。统计表明大汶口文化阶段家猪的数量占整个动物骨骼的51%，龙山文化阶段基本占50%。这些数据从一个侧面反映了尉迟寺史前遗存家畜饲养的规模，他与人们的生产活动和经验积累密切相关。同时说明农业生产的发展对家畜饲养的促进作用。遗址附近茂密的森林是野生动物活动的空间，也为人们的狩猎提供了可靠的来源。遗址中出土了大量渔猎工具，其中以镞和矛最为常见，这些工具用于狩猎的对象与遗址中出土的动物骨骼种属基本相符。

野外采集食物是史前人类生活中一项重要内容。尉迟寺遗址孢粉分析结果表明，当时的自然环境和植被为人类的生产和生活都提供了较优越的条件。人们在发展农业生产的同时，仍然注重采集活动。孢粉所反映出有山毛榉科的栎属、栗属等植物种子果实，以及榛属、胡桃属、枫杨属等种子的果实也可食用。这类植物的果实一直是人类生存的基本实物来源。这类植物含有大量淀粉，能提供充足的热量，是人类食物的一种补充。作为一项经济活动，采集和渔猎，占有非常重要的位置，这些活动在不同季节、不同环境都可找到相应的食物。因而采集和渔猎始终是人类食物来源的重要活动。虽说它们是较原始的经济方式，但在农业出现之后甚至在农业经济相当发展时，它们仍然是人类经济活动的一项内容。新石器时代晚期即便是农业经济较发达的地区，狩猎或渔猎活动仍较为普遍，从这个意义上讲，农业生产及社会经济水平与采集和狩猎活动已没有直接关系。尉迟寺史前文化遗存的经济特征表现出一定规模的农业经济、较为稳定的家畜饲养、广谱的采集和渔猎经济，这些构成该地区新石器时代晚期一种综合的经济模式。

新石器时代，黄河流域干旱而较温暖的气候适宜种植耐干旱的农作物，而粟、黍类正是这种耐干旱的作物。黄河流域各个文化系统中粟、黍类作物的发现，说明粟、黍类是当时黄河流域的一种主要农作物。水稻遗存的发现，则说明在宜稻作农业的地区种稻。猪、狗等家畜，也在各类文化遗址中普遍发现。大量考古发掘资料证明，新石器时代的黄河流域，其经济活动是农牧业并举的。

黄河流域在距今7 000多年前的磁山、裴李岗文化时期，农业和家畜饲养业已经比较发达，属禾本科作物的粟已被普遍种植；猪、狗等家畜已被较多的饲养。到大约距今6 000年的仰韶文化期，农业经济则获得了进一步的发展。到距今4 000多年的新石器时代晚期，黄河流域因农业经济的发达已由氏族社会向文明时代过渡。

# 第三节 长江流域新石器时代文化

长江流域的新石器时代文化，可以划分为两个不同的区域进行讨论：长江中游地区、长江下游及杭州湾地区。

## 一、长江中游地区的新石器时代文化

这里所指的长江中游地区包括四川东部、湖北、湖南、河南西南部、陕南和江西、江苏一部分。在这些地区内曾发现和发掘了数量众多的新石器时代文化遗址，其中不乏重要的发现。长江中游范围广阔，新石器时代文化内涵有着明显的区别。现把长江中游的新石器时代文化，暂分为江汉地区及其附近、鄱阳湖及赣江流域地区两部分。

### （一）江汉地区及其附近的新石器时代文化

这里是长江中游地区新石器时代文化遗址保存比较多的地区。从该地区已经发掘的新石器时代文化遗存的资料看，早期到晚期的发展序列已基本清楚。江汉地区主要以江汉平原为中心，含湘鄂两省的全部，及川、渝、陕、豫的一小部分，包括西起重庆巫山县，北达汉水上游及陕南、鄂西北和河南西部，南到湘南等广大地区。这个地区的新石器时代文化发展序列，由早到晚初步可以区分为新石器时代早期遗存—大溪文化—屈家岭文化—石家河文化。

**1. 新石器时代早期遗存**[①] 江汉地区的新石器时代早期遗存，根据诸多遗址的$^{14}$C测定年代数据来看，目前在湘南、陕南的汉水上游地区、鄂西的长江干流地区、湖南的洞庭湖西北区等地均有发现。由于这些遗址分布的地域不同，文化面貌存在差异，时间上或有早晚区别，可以分为不同的文化类型。大体说，它们是湘南的道县玉蟾岩洞穴遗存、洞庭湖区澧阳平原的彭头山文化、长江干流的城背溪文化、洞庭湖西北区澧水和沅水流域的皂市下层文化、汉水上游的李家村文化。除玉蟾岩洞穴遗存外，上述原始文化在时间上有早晚区别，或大体接近；文化面貌或存有较大差异、各具特色，或相近相似。但它们之间又具有该地区新石器时代早期文

---

① 向安强：《论长江中游新石器时代早期遗存的农业》，《农业考古》1991年1期。

化的一般特点和共同因素。例如：皆已形成原始的定居聚落，遗址面积不大，文化层较薄，从事原始农业，并以采集和狩猎经济为主，打制和磨制石器共存，打制石器数量较多，工具类型简单，砍砸器、切削器、石片石器、盘状器、网坠、石斧、石锛、石凿、石磨棒是几种较常见的工具类型。

（1）湘南道县玉蟾岩洞穴遗存[①]。玉蟾岩，俗称蛤蟆洞，位于湘南道县寿雁镇白石寨村。遗址于 20 世纪 80 年代初发现后，曾进行多次调查，判定为旧石器时代文化向新石器时代文化过渡的全新世早期遗址，并于 1993 年和 1995 年进行两次发掘，获得重要成果。

生产工具主要是石制品和骨、角、牙、蚌制品。石制品全部打制，有石核、石片、砍砸器、刮削器、切割器、石刀、锄形器。石器制作粗陋，以中小型石器为主，缺乏细小石器。锄形石器是该遗址富有特征的工具，它采用一扁长形砾石为原料，在其一端及两侧单面打击成器，使用部位是端刃，可能绑在弯柄上用于掘土。骨器有骨锥和骨铲。玉蟾岩还出土了少量十分原始的陶片。

最为重要的是在该遗址中发现了水稻谷壳。1993 年就曾出土谷壳。1995 年又在文化胶结堆积的层面中发现水稻谷壳，稻壳出土时颜色呈灰黄色，共 2 枚，其中 1 枚形态完整。此外还筛洗一枚四分之一稻壳残片。在层位上它们晚于 1993 年该遗址出土的稻壳。1993 年发掘的 3 个层位均有稻属的硅质体，进一步证明玉蟾岩存在水稻的事实。农学专家对两次发掘出土的稻壳进行初步电镜分析，鉴定 1993 年出土稻谷为普通野生稻，但具有人类初期干预的痕迹。1995 年出土稻谷为栽培稻，但兼备野、籼、粳的特征，是一种由野稻向栽培稻深化的古栽培稻类型。显而易见，这一发现将人类栽培水稻的历史提前到 1 万年前。

遗址中同时伴出大量的动物遗骸。经初步观察，哺乳动物达 20 余种。数量最多的是鹿科动物。食肉类动物也很丰富。此外还有猴、兔、羊、鼠、食虫类动物。由此可知，玉蟾岩人主要狩猎大型的食草动物和小型的食肉动物。动物残骸中引人注目的是鸟禽类骨骼，其个体数量可达 30％以上，种类可达 10 种以上。这在我国早期史前遗址中是少见的，说明玉蟾岩人也将鸟禽类作为一种主要的捕猎对象，反映了这一阶段狩猎技术和狩猎经济有了进一步发展。动物残骸中还有鲤、草、青等多种鱼类和丰富的龟鳖、螺、蚌等水生动物，反映出渔捞的强化。

通过对每层堆积物土样的浮选和筛洗工作，收集植物种、核、茎、叶 40 余种，其中以朴树籽最为丰富。这些植物标本为了解玉蟾岩人的生存环境及经济生活提供了重要的证据。

玉蟾岩遗址的年代，从陶片的形态判断，早于距今 9 000～8 000 年的彭头山文

---

① 袁家荣：《玉蟾岩获水稻起源重要新物证》，《中国文物报》，1996 年 3 月 3 日。

化的陶片。参照玉蟾岩附近文化性质相同的三角岩遗存的$^{14}$C年代〔距今(12 060±120)年〕，估计其年代当在距今1万年。

玉蟾岩人的经济生活，应以渔猎、采集为主，兼营农业。但其出土的稻作遗存，是目前世界上发现时代最早的水稻实物标本，对于研究水稻的演化历史，研究水稻农业起源的时间、地点有着特殊意义。

(2) 彭头山文化①。彭头山文化因1985年首先发现与湖南澧县彭头山遗址而得名。主要分布在洞庭湖西北的澧水流域，到目前为止，仅发现于澧县境内。被确认为属于彭头山文化的遗址有十余处，经过发（试）掘的遗址有彭头山、八十垱、李家岗。该文化$^{14}$C测定为距今(9 100±120)年至(8 200±120)年，其年代范围肯定超出距今8 000年很远，而可能到达距今9 000年左右。

彭头山文化发现的遗迹有居址、壕沟、灰坑、墓葬等。生产工具有石器、骨器、木器。石器由大型打制石器、细小燧石器、磨制石器三大部分组成，并以打制石器占绝对多数，大型打制石器制作粗糙，无固定形状，作用多系砍砸，形制有石核、砍砸器、穿孔盘状器、刮削器、石片石器等；细小燧石器亦缺少正规样式，功用当以切割、刮削为主，器形有石片和刮削器。磨制工具不仅数量极少，且种类单纯、体形偏小，常见一种既可谓之斧又可谓之锛的器形，双面刃。还有个别石杵、石棒，疑为食物加工工具。该文化的晚期磨制石器有了明显的进步，一是数量有所增加，二是出现了较大型的斧。骨木器发现的数量和种类都十分稀少，造型简单，制作加工粗糙原始。骨器有小型和大型斜刃锥形器，前者为掌上型工具，功用为采掘和开挖小洞坑；后者可捆缚木棒而构成复合工具，可用于取土或开沟。木器有钻、杵、耒等。陶器均为手制，质地以夹炭陶为主，夹砂夹炭陶次之，泥质陶甚少。

彭头山文化遗址，普遍发现稻作遗存；将稻壳作为陶胎的主要掺合料之一，是彭头山文化陶器的一大明显特征。1988年秋，发掘彭头山遗址时，在出土的器物（陶片）及红烧土中见到众多的炭化稻壳；1989年冬，试掘李家岗遗址时，又在陶片中观察到大量炭化稻壳；1990年夏小面积试掘曹家湾遗址时，在出土的陶片中发现稻壳遗痕；在下刘家湾遗址采集到的陶片中也发现稻谷遗痕；1993—1997年，发掘八十垱遗址时，不仅在出土的陶片中观察到炭化稻壳，还在遗址中出土了大量炭化的稻草、稻壳、稻谷。尤值得一提的是，这里从遗址边缘古河岸坡下含古生活

① 湖南省考古所、湖南省澧县博物馆：《湖南省澧县新石器时代早期遗址调查报告》，《考古》1989年10期；何介钧：《洞庭湖区新石器时代早期文化探索》，《湖南考古辑刊》第五集，岳麓书社，1989年；湖南省考古研究所、澧县文物管理所：《湖南澧县彭头山新石器时代早期遗址发掘简报》，《文物》1990年8期；裴安平：《彭头山文化的稻作遗存与中国史前稻作农业》，《农业考古》1989年2期；裴安平：《彭头山文化的稻作遗存与中国史前稻作农业再论》，《农业考古》1998年1期。

垃圾的淤积土中发现了数以万计形态完好无损的稻谷和米粒，许多谷粒上还带有芒；另有莲藕、菱角。彭头山文化家畜遗存的发现，并非特别普遍，仅出土水牛头骨。

彭头山文化的时期，经济生活中特别值得一提的重大事件首推水稻种植。其经济特征为：采集、渔猎在经济生活中居主导地位，兼有水稻种植与家畜饲养。

（3）皂市下层文化①。皂市下层文化因1977年和1981年两次发掘湖南石门皂市遗址而得名。它主要分布在洞庭湖区的澧水中下游和沅水下游，分布地域较彭头山文化大大扩展，最密集的地块是澧县和临澧县境内的澧水北岩，初步统计发现20余处。经过发掘的遗址有石门皂市、临澧县胡家屋场两处。据$^{14}$C测定，年代为距今8 000～7 000年。

文化遗迹有居址、灰坑和墓葬。居室地面与四壁均被烧烤，类似一座红色陶屋。生产工具仍然以打制为主，一种是砾石石器，有砍砸器、刮削器、盘状器、穿孔盘状器、网坠等，往往保留部分自然砾石面；另一种是燧石打制的石片石器，体形很小，似可归入"细石器"，器形有长刮器、短刮器、长身短刮器、切割器等。磨制石器的体形个别较大，大多个体不大。但要明显大于彭头山文化时期的磨制石器，且磨制甚精，棱角分明；主要器形有斧、锛、凿和棒形物，还有一种平面薄的板状石，疑为磨盘。值得注意的是，这时期的生产工具中，石器大型化、专业化、正规化趋势明显。陶器均为手制，仍使用泥片贴筑法。器物较规整，胎壁较薄，表面打磨比较平整。以夹砂红陶和红褐陶为大宗。

皂市下层文化亦发现有水稻存在，1986年，发掘胡家屋场遗址时，在出土的一件陶支座中发现稻谷颗粒。另外在孢粉分析中有禾本科植物。皂市下层文化的动物遗存比较丰富，经鉴定有猪、水牛、羊、鹿等，其中以水牛、鹿和猪牙齿居多。这些动物是否由人工育养，有待进一步研究。考虑到彭头山文化和城背溪文化皆出现家畜饲养，推测这时期的动物应属于人工畜养；当然，不可排除猎物的可能。

这一时期的经济形态与彭头山文化有相当大的阶段性差异，其原始农业较彭头山文化无疑有长足发展。其经济特征为：原始农业在经济活动中占有主要地位，兼有家畜饲养，采集渔猎经济是必不可少的补充。

（4）城背溪文化。城背溪文化是首先通过对湖北省宜都市城背溪遗址的考古调查（1973年）和发掘（1983年、1984年）而被逐步认识并命名的。主要分布于长

---

① 湖南省博物馆：《湖南石门县皂市下层新石器遗存》，《考古》1986年1期；湖南省文物普查办公室、湖南省博物馆：《湖南临澧县早期新石器文化遗存调查报告》，《考古》1986年5期；湖南省文物考古研究所：《湖南临澧县胡家屋场新石器时代遗址》，《考古学报》1993年2期。

江沿岸的秭归、宜昌、宜都、枝江等地，集中分布在长江三峡口和峡口以下不远地段。城背溪文化诸遗址以兽骨作标本的[14]C年代测定数据为距今（6 800±80）年，如果加上骨骼测定的数百年差数，年代已超过距今7 000年。其文化的原始性和所反映的经济特征表明，时代应接近彭头山文化。估计城背溪文化距今8 000～7 000年。

城背溪文化的生产工具，有打制和磨制石器两大类。打制石器多石片石器，还有石球、网坠等；磨制石器主要有石斧，亦有石铲；与皂市下层文化相同，出土有磨光的或粗或细的棒状物，疑为磨棒；出有较薄较平的板状石，疑为磨盘。陶器多夹砂红褐陶、泥质红褐陶和灰褐陶，采用泥片贴筑法制作。

城背溪文化发现有稻作遗存。1983年，调查发现枝城北遗址时，采集到满布炭化稻壳的陶片和红烧土块。1984年发掘该遗址时，又在陶片中发现有掺稻谷壳碎屑现象。城背溪文化还发现有家畜遗存。在遗址中出土大量动物骨骼，且有完整的水牛头骨，估计水牛也已成为家畜种类之一。

城背溪文化遗址分布于典型的山前地带，这样的地理环境为当时人们从事农业与狩猎或渔猎提供了良好的自然条件，使当时人们发展原始农业成为可能。城背溪文化的稻谷遗存、生产工具和家畜遗存皆证实了这一点。归纳其经济特征为：尽管出现了原始农业和家畜饲养，但规模有限；其生产工具组合反映采集、渔猎在经济生活中占相当重要的地位。[①]

（5）李家村文化[②]。李家村文化因1960—1961年发掘陕西省西乡县李家村遗址而被认识并命名。主要分布于陕南的汉水上游。[14]C年代测定为距今（6 995±110）年，经树轮年代校正，超出距今7 000年很远，有可能到达距今8 000年。

文化遗迹有居址、陶窑、灰坑、墓葬等。生产工具主要是磨制石器，仍有相当数量的打制石器，兼有骨器和陶器。其种类有垦荒翻地用的石斧、石铲以及锛、凿、砍伐器、尖状器、刮削器、砍砸器，还有骨锥、骨镞、陶锉等。典型的生产工具有扁平舌刃铲、穿孔铲、扁圆形斧等。陶器火候较低，质地疏松，皆手制，彩陶

① 湖北省博物馆：《湖北省文物考古工作新收获》，见文物编辑委员会编：《文物考古工作三十年（1949—1979）》，文物出版社，1979年；中国考古学会编：《中国考古学年鉴（1985年）》，文物出版社，1985年；陈振裕、杨权喜：《湖北宜都城背溪遗址》，《史前研究（辑刊）》，1989年；国家文物局三峡考古队：《湖北秭归朝天嘴遗址发掘简报》，《文物》1989年2期；杨权喜：《试论城背溪文化》，《东南文化》1991年5期。

② 陕西省社科院考古研究所：《陕西西乡李家村新石器时代遗址》，《考古》1961年7期；陕西省社科院考古研究所汉水队：《陕西西乡李家村新石器时代遗址一九六一年发掘简报》，《考古》1962年6期；陕西省考古研究所汉水队：《陕西西乡何家湾新石器时代遗址首次发掘》，《考古与文物》1981年4期；陕西省考古研究所汉水队：《陕西南郑龙岗寺发掘的"前仰韶"遗存》，《考古与文物》1986年5、6期；魏京武、杨亚长：《从考古资料看陕西古代农业的发展》，《农业考古》1986年1期。

罕见。陶质有夹砂陶和泥质陶。

在发掘李家村和何家湾遗址时，在一些李家村文化时期的红烧土块中发现有稻壳印痕。

李家村文化的先民们已经过着以原始农业为主的定居生活，其经济特征为：尚属原始农业早期，采集和渔猎经济仍占有很大的比重。

**2. 大溪文化**　因1925年首先发现了四川省巫山县（今属重庆市）大溪遗址而得名。分布范围，西达川东的三峡地区，东抵汉水，南至湘北的洞庭湖北岸，北界达荆州地区北部。大溪文化有早晚之分，其中，晚期年代距今6 000～5 000年，大体和黄河中游地区的仰韶文化相当或稍早。

大溪文化的遗迹有城址、居址、灰坑、墓葬、陶窑以及水稻田等。生产工具仍以石器数量最多，除少部分遗址中还有少量打制石器外，多数都是经过精制细磨，棱角分明，刃部锋利。打制石器有斧形器、镢形器、刮削器、切割器和砍砸器等。磨制石器有铲、斧、凿、锛、矛、镞等。石斧一般较大，大者长达43厘米；石锛分长方形石锛、有锻石锛和双肩石锛等。个别遗址还出土整套碾磨工具——磨盘、磨石、磨棒等。还发现一些骨矛、骨镞、陶纺轮等。陶器的陶质以砂质红陶和泥质红陶为主，其次是灰陶与黑陶，并有少量白陶。陶器都是手制，火候较低。

大溪文化普遍发现稻作遗存。如在大溪文化房屋建筑遗迹的红烧土中，夹杂着大量稻谷壳与稻末。在大溪文化的部分陶器胎质中，发现有用稻壳作掺合料的。湖北红花套遗址中出土稻壳，经鉴定属于粳稻。湖南澧县城头山遗址揭示出叠压在大溪早期古城墙之下的水稻田——所揭露的田埂、田土中显示了龟裂纹和静水沉淀特点，田土中包含的稻茎、叶、根须[①]，显微镜下观察到的大量稻壳、叶和测试出的稻的植物硅酸体，与耕作配套的水塘、水沟等水利设施，无不确证了水稻田遗迹的可信。年代至少在6 500年之前。[②]　在大溪文化遗址中已发现有牛、羊、猪、狗等家畜，野生动物和鱼类遗骸，还有矛、镞、网坠等渔猎工具。

大溪文化时期的社会经济，也是以农业生产为主，兼营畜牧与渔猎。而农业又以种植水稻为主。[③]

**3. 屈家岭文化**[④]　因首先发现于湖北省京山屈家岭而得名。1955—1957年两次发掘屈家岭遗址；1959—1960年，学界开始普遍把这种遗存称为屈家岭文化。

---

①　张绪球：《长江中游新石器时代文化概论》，湖北科学技术出版社，1992年，54～178页。

②　湖南省考古所发掘新资料：湖南省澧县城头山古文化遗址学术意义专家论证会纪要（打印稿）。

③　湖南省文物考古研究所：《湖南省考古工作五十年》，见文物出版社编：《新中国考古五十年》，文物出版社，1999年。

④　张绪球：《长江中游新石器时代文化概论》，湖北科学技术出版社，1992年，179～237页。

屈家岭文化直接承袭当地的大溪文化发展而来。其分布范围在以江汉平原为中心的湖北省境内和湖南北部与河南省西南部。屈家岭文化有早晚之分。就 $^{14}$C 测定年代看，年代为距今5 000～4 000年，大体和黄河中游的仰韶文化晚期和龙山文化早期相当。

屈家岭文化的遗迹有城址、居址、灰坑、墓葬等。屈家岭文化的生产工具以石器为主，少量骨、陶器。石器都是磨制的。早期较粗糙，晚期较细致。石器有铲、斧、锛、凿、锄、镰、镞、纺轮等。有些石铲与石斧的中部钻有圆孔。石锄双肩形，石刀较少。还发现有一些骨铲、骨镞、陶弹丸与陶纺轮等。陶纺轮上多彩绘有图案，颇具代表性。陶器以砂质泥质灰陶较多，黑陶次之，红陶与黄陶更次之。砂质陶内除掺有砂粒外，也有掺碎陶末和稻壳的。陶器制法仍以手制为主，但多经慢轮修整。其中陶胎薄、制作精致、色彩鲜艳的薄胎似蛋壳彩陶杯和高柄杯，更是屈家岭文化中的艺术珍品。

屈家岭文化遗址的许多房屋墙壁和红烧土块内，都发现夹杂有不少的稻草和稻谷壳。屈家岭遗址晚一期在2 000米$^3$烧土中发现掺和大量稻谷壳，以致密集成层。据鉴定，稻谷颗粒大，属于粳稻，和现在长江流域种植的粳稻品种相近。另外还发现有饲养的猪、狗、羊等家畜骨骸。

屈家岭文化时期的社会经济，以种植水稻的农业生产为主，兼营畜牧与渔猎。大量陶、石纺轮的发现，反映其纺织业比较发达。

**4. 石家河文化①** 石家河文化是江汉地区继屈家岭文化之后发展起来的一种考古学文化。② 目前已发现的石家河文化遗址不会少于千处。其分布范围与屈家岭文化略同，即以江汉平原为中心，波及周围地区。经过发掘和试掘的遗址有 30 余处，其中发掘规模最大、收获最丰富的是石家河遗址群。据 $^{14}$C 测定，年代为距今 4 600～4 000年。

石家河文化的遗迹有城址、居址、灰坑、墓葬、陶窑等。生产工具是石器为主，骨制和陶制的工具较少。石器以琢磨和通体磨光的最多，打制的很少。主要

① 张绪球：《长江中游新石器时代文化概论》，湖北科学技术出版社，1992 年，238～315 页；北京大学考古系、湖北省文物考古研究所石家河考古队、湖北省荆州地区博物馆：《石家河遗址群调查报告》，《南方民族考古（第五辑）》，四川科学技术出版社，1992 年；湖北省荆州博物馆等：《肖家屋脊》，文物出版社，1999 年。

② 长江中游地区晚于屈家岭文化的遗存，近年来发现的比较多。对于这些文化遗存的文化系统归属及其文化命名，意见很不一致。考古界相继提出过湖北龙山文化、季家湖文化、桂花树三期文化、青龙泉三期文化、长江中游龙山文化、石家河文化等命名。由于湖北天门石家河是第一个发现和发掘这种文化遗存的地点，特别是近年来石家河遗址群的大规模发掘和资料的正式公布，目前绝大多数学者都同意用石家河文化作为江汉地区新石器时代最后一个考古学文化的命名。

器形有斧、铲、锛、锄、刀、凿、镞、矛、纺轮等，还有少量耘田器。可细分为扁平穿孔石铲、长方形单孔或双孔石刀、长方形弧背双孔和马鞍形穿孔石刀、有段石锛、刀、有段石凿、有肩石锄、三棱有铤石镞、四棱有铤石镞、双翼有铤石镞。其中以有段石锛、长方形穿孔石刀、各种形制的石镞，数量最多，是新出现的典型器形。另有一些蚌镰、骨镞和骨锥等。陶纺轮的数量较多。陶器的陶质以砂质和泥质灰陶为主，并有少量棕灰陶与黑陶。从陶器器形和纹饰看，显然是承袭当地屈家岭文化发展而来，但也受到中原地区龙山文化的影响。石家河文化具有特色的遗物还有大量玉制品，有些可能具有礼器的性质，反映了社会分工与社会变革。

石家河文化遗址的红烧土块中夹杂有稻草和稻壳遗存，并出土有饲养的羊、猪、狗的遗骸。在石家河邓家湾遗址中，还发现有用泥捏制的猪、狗、羊、鸡等家畜、家禽陶塑制品。这是当时农业兼营畜牧业与渔猎社会经济的最佳写照。

石家河文化的社会经济以种植水稻的农业生产为主，兼营畜牧与渔猎。

## (二) 鄱阳湖及赣江流域地区的新石器时代文化

鄱阳湖和赣江流域的新石器时代文化，其早期遗存以江西万年大源仙人洞遗存为代表，晚期以山背文化和筑卫城文化为代表。该地区的新石器时代文化缺环较多，新石器时代文化的发展序列尚不清楚。

**1. 江西仙人洞遗存**[①]　仙人洞是 20 世纪 60 年代即已发掘的一处被认定为新石器时代早期的洞穴遗址。1995 年再次对此进行发掘，同时对距仙人洞仅 800 米许的吊桶环岩棚遗址也进行了发掘。这二处遗址的文化内涵有着密不可分的内在联系，两处皆可分为上、下两层。从部分 $^{14}$C 测年数据来看，两处遗址的上层距今 14 000～9 000 年，无疑属于新石器时代早期。下层距今 20 000～15 000 年，结合出土遗物观察，应属旧石器时代末期或中石器时代。

仙人洞、吊桶环二遗址的地层相同，同样可分为上、下两层，二者同一层位的出土遗物一致。如上层出土有夹粗砂陶片和局部磨制石器，而下层不见。从遗址所处位置、地形地貌及出土遗物考察，其文化内涵二者有着密不可分的内在联系，吊桶环应是栖息于仙人洞的原始居民在这一带狩猎的临时性营地和屠宰场，这是中国新石器时代早期聚落考古的新收获。

---

① 江西省文物管理委员会：《江西万年大源仙人洞洞穴遗址试掘》，《考古学报》1963 年 1 期；江西省博物馆：《江西万年大源仙人洞洞穴遗址第二次发掘报告》，《文物》1976 年 12 期；刘诗中：《江西仙人洞和吊桶环发掘获重要进展》，《中国文物报》，1996 年 1 月 28 日。

仙人洞、吊桶环发现的生产工具主要是石器，包括打制石器、穿孔石器、局部磨制石器和类似细石器的石片等。其中以打制石器为多，磨制石器较少。打制石器有刮削器、砍砸器、盘状器等。磨制石器也较为粗糙，一般只磨出刃部，器形有锥形器、凿形器、扁圆形钻孔石器、扁平钻孔石锛和两端尖的梭形器等。还有磨制的骨锥、骨铲、骨笄、骨针、骨凿、骨刀、骨镞、骨鱼镖、骨矛和蚌器等。

在仙人洞、吊桶环遗址的上层，也发现了一些陶片，纯系手制，胎厚，夹粗砂粒，火候低，表面有草搓擦错乱条纹，是目前国内发现的最原始陶片之一。

孢粉分析表明，两处遗址的上层，禾本科植物陡然增加，花粉粒度较大，接近于水稻花粉的粒度。植硅石分析上层有类似水稻的扇形体，从而为稻作农业的起源提供了重要线索。

文化堆积中出土了大量兽骨、鱼骨、螺蚌介壳。兽骨有十多种，以斑鹿占多数，有少量的羊骨、野猪骨、狗骨。羊是否为家畜尚难确定。

根据仙人洞吊桶环遗址所出生产工具的性质来推断，当时人们的经济生活以渔猎和采集为主，原始农业处在初始阶段，可能开始了稻谷的人工驯化。

**2. 山背文化** 山背文化是以 1962 年调查发现并试掘的江西修水山背遗址为代表的一种新石器时代晚期文化遗存，主要分布在鄱阳湖和赣江中、下游。经过发掘的主要遗址有修水山背跑马岭、清江营盘里遗址等。其年代距今 5 000～4 500 年。

山背文化的遗迹有居址、灰坑、墓葬等。生产工具以石器为主。石器磨制精致、器形长大、浑厚，种类有锛、斧、铲、镰、刀、镞、网坠、扁平长方形石斧和半月形穿孔石刀颇具特征。有段石锛是数量最多的生产工具，约占全部石器的33%。有段石锛均属高级型，下段比上段长。石斧除一般常见的形制外，还有有段石斧和有肩石斧。石镞数量也很多，仅次于有段石锛。石刀有无孔和有孔之分，有孔石刀其穿孔有单孔、双孔和四孔，其形制以半月形居多，有少量的梳形和梯形。另有一些磨制骨器和陶纺轮。陶器以砂质红陶和泥质红陶为主，还有一些泥质灰陶和黑陶。陶器多手制，少数器物兼以轮修。

山背文化发现较多稻作遗存。跑马岭房基红烧土掺合料中有稻秆和稻谷壳，又在一件陶钵内发现炭化稻谷痕迹；山背遗址房屋用红砂土掺稻壳泥筑墙。[①]

山背文化出土的农业生产工具较多，发现的稻作遗存也较多，这说明当时山背地区的人们主要从事栽培水稻的农业生产。

**3. 筑卫城文化** 在鄱阳湖周围及赣江中下游地区，广泛分布着一支被命名为

---

① 江西省文物管理委员会：《江西修水山背地区考古调查与试掘》，《考古》1962 年 7 期；彭适凡：《试论山背文化》，《考古》1982 年 1 期。

筑卫城文化或称为樊城堆文化的聚落遗存①，其年代，大约与山背文化相当，距今5 000～4 500年。

筑卫城文化的石质生产工具，有锛、斧、镞、铲、刀、矛、钻、凿等，磨制都精细。锛分有段和常形两种，有段锛多呈长方形，段部多偏上。镞有柳叶形、扁菱形和三菱形之分。刀常见的是梯形和长方形，有对钻的单孔和多孔，少见半月形石刀。陶器以夹砂和泥质红褐陶居多，兼有夹砂、泥质灰褐陶和黑皮磨光陶等。器种有鼎、鬶、豆、壶、罐、盆、盘、钵、器盖等；三足器特别发达，豆类器变化复杂；带"丁"字形脚的盘形鼎和带棱座豆是筑卫城文化中最多见的典型器物。

筑卫城文化与山背文化都是新石器时代晚期的稻作文化。湖口文昌洑等遗址，都发现有稻作遗存。

## 二、长江下游及杭州湾地区的新石器时代文化

本区以太湖平原-杭州湾地区为中心，包括江苏、上海市和浙江北部地区。随着考古事业的发展，在这一地区已发现了上百处新石器时代遗址，并作了大量的考古发掘，其中不乏重大发现。本区新石器时代文化的文化类型和发展序列已基本弄清，成为研究我国史前时期文明起源的重要组成部分。根据已经发掘的遗址的地层与器物资料，初步可以划分为河姆渡文化、马家浜文化和良渚文化三大考古学文化。其中河姆渡文化与马家浜文化时代相近。

---

① 唐舒龙：《试论筑卫城文化》，《南方文物》1996 年 2 期；李家和、刘林、刘诗中：《樊城堆文化初论——谈江西新石器时代晚期文化》，《南方文物》1986 年 1 期；江西省博物馆、北京大学历史系考古专业、清江县博物馆：《清江筑卫城遗址发掘简报》，《考古》1976 年 6 期；江西省博物馆、清江县博物馆、厦门大学历史系考古专业：《江西清江筑卫城遗址第二次发掘》，《考古》1982 年 2 期；清江博物馆：《江西清江樊城堆遗址试掘》，《考古学集刊》第 1 辑，中国社会科学出版社，1981 年；江西省文物工作队、清江博物馆、中山大学人类学系考古专业：《清江樊城堆遗址发掘简报》，《南方文物》1985 年 2 期；江西省文物工作队：《永丰县尹家坪遗址试掘简报》，《南方文物》1986 年 2 期；江西省文物工作队、九江市博物馆：《江西九江神墩遗址发掘简报》，《江汉考古》1987 年 4 期；石钟山文物管理所：《江西湖口县文昌洑遗址调查》，《东南文化》1990 年 4 期；石钟山文物管理所：《江西湖口城墩坂新石器时代遗址》，《南方文物》1997 年 3 期；瑞昌市博物馆：《江西瑞昌大路口遗址调查简报》，《南方文物》1992 年 1 期；李弦、适中：《江西靖安寨下山遗址调查简报》，《南方文物》1992 年 1 期；刘诗中：《拾年山遗存文化分析》，《南方文物》1992 年 3 期；徐长青：《拾年山遗址的分期及相关问题研究》，《南方文物》1996 年 2 期。

## （一）新石器时代早中期的河姆渡文化①

河姆渡文化因首先于 1973 年在浙江余姚县河姆渡遗址发现而得名，现已发现同类遗址数十处，分布在宁绍平原、姚江两岸至舟山群岛一带，以宁绍平原东部和舟山群岛发现的遗址较多。河姆渡文化遗址可分为早、晚两期，$^{14}$C 测定年代为距今 7 000～5 000 年，早期属于新石器时代早期，大约和中原地区新石器时代早期的裴李岗文化与磁山文化接近或稍晚。

河姆渡文化发现的遗迹有居址、灰坑、水井、墓区等。居址地已建成大小各异的村落。生产工具有石、骨（角、牙）、木、陶四种。石器多为磨制，种类有斧、锛、铲、刀、凿、弹丸、镞、纺轮等。

骨器是河姆渡文化生产工具的重要部分，其种类有耜（铲）、镞、哨、凿、匕、锥、针、管状针等，其中以骨耜的数量最多，是河姆渡文化的典型器物，是主要的农业生产工具。这种骨耜大部分采用三种偶蹄类哺乳动物的肩胛骨作原料，体形厚重，其顶端厚而窄，末端即刃部，薄而宽；器形大小不一，一般长约 20 厘米，刃部宽 10 余厘米。刃部大都为平铲状，少数为舌状或双叉状。骨耜的正面中部从上到下有一道纵向浅凹槽，槽底修治平整。纵槽的下部两侧有两个平行的长圆孔，纵槽的上端有长方形銎或修磨成半月形。纵槽的上下端是安柄时分别捆扎绳索的地方。顺着中部的凹槽捆上一根木棍，即可作为挖掘工具。木柄顶端为"丁"字形或透雕三角形捉手或长方形带双孔的捉手。骨镞、管状针、骨哨和带柄骨匕也是具有代表性的骨器。骨镞有三种形制。斜铤式镞颇为特殊，铤的斜面用"斜面吻合捆扎法"安装箭杆。还有一种柳叶形的箭头，锋端特别尖细，突出如针状，可能是射鱼的工具。骨哨是吹奏的乐器，它可用于狩猎。狩猎时，以骨哨声来诱捕野兽。管状针和带柄骨匕可能是纺织工具。

木器也是河姆渡文化中数量较多、品种丰富的一类器物。其主要器形有矛、匕、铲、耜、纺轮、槌、器柄、划桨、矢、碗、桶、卷曲棍、齿状器、经轴等。利器（矛、矢）前端用火烧法致尖并硬化。木桨的出现，说明当时已用船作为水上运输工具。木曲棍、经轴、齿状器等，都是纺织工具。加之大量的陶纺轮出土，反映当时的人们已能纺线织布。

陶器的胎质有夹炭黑陶、砂质灰陶、砂质红陶等。灰炭黑陶是在陶胎内掺杂植物的茎叶碎末和谷壳等有机物质烧制而成的。陶釜的型式多种多样，变化较大，是

① 浙江省文物管理委员会、浙江省博物馆：《河姆渡遗址第一期发掘报告》，《考古学报》1978 年 1 期；河姆渡遗址考古队：《浙江河姆渡遗址第二次发掘的主要收获》，《文物》1980 年 5 期；牟永抗：《试论河姆渡文化》，见中国考古学会编辑：《中国考古学会第一次年会论文集》，文物出版社，1980 年；刘军：《河姆渡文化的再认识》，见中国考古学会编辑：《中国考古学会第三次年会论文集》，文物出版社，1984 年；游修龄：《对河姆渡遗址第四文化层出土稻谷和骨耜的几点看法》，《文物》1976 年 8 期。

河姆渡文化的主要炊器。

河姆渡文化还出土有木碗、木桶和木盆，其中有的木碗和木桶上还施有红色涂料与漆，微显光泽。这是我国出土最早的漆木制品。

在河姆渡文化遗址中，普遍发现有稻谷、谷壳、稻秆、稻叶等遗存。其中堆积最厚的有达1米多的。陶胎中也掺和大量的谷壳。有些遗址还发现有稻谷颗粒。有关稻谷遗存保存数量之多和保存之好，都是已发掘的新石器时代文化遗址中少有的。特别是稻谷虽已炭化，但颖壳上的有些稃毛尚可清楚看出。河姆渡遗址出土的稻谷经鉴定属于栽培稻的籼亚种晚稻型水稻。在第二期发掘时，还发现了薏仁米，说明当时被栽培的禾本科作物已不止水稻一种。在孢粉分析中，还发现了豆科植物。遗址中还出土有许多动植物遗存。如橡子、菱角、桃子、酸枣、葫芦与藻类植物遗存。还有狗、猪、鹿、象、犀牛、麋鹿、猴和鱼类的骨骼。其中以猪和鹿骨的数量最多，反映了猪是当时饲养的主要家畜，而鹿则是当时的狩猎对象。

河姆渡遗址中丰富的动植物群，与当时人类的生产和生活有着密切的联系，给当时的人类提供了丰富的食物来源和生产资料。据统计，河姆渡遗址的第四文化层出土的生产工具中，以兽骨制造的竟达600多件，是生产工具的70%以上。骨器是当时最重要的生产工具。大量的动植物和家畜，给当时人们的衣着和食物提供了丰富的来源。

河姆渡文化的社会经济是以稻作农业为主，兼营畜牧、采集和渔猎。骨耜（铲）是农业生产中用于翻土的工具，它的大量出现，说明在六七千年前的中国长江下游地区，已进入"熟荒耕作制"的"耜耕农业"阶段，即锄耕农业或村居农业。随着农业的发展，家畜饲养业也有了发展。在当时饲养的家畜中，有猪、狗，可能还有水牛和羊。渔猎和采集在当时的经济生活中仍占有很重要的地位，遗址中除出土成堆的野生植物果实外，还发现1 000余件骨镞和50多个种属的动物遗骨。动物的遗骸有犀牛、象、熊、虎、鳄、水獭、麋、鹿、猕猴、鲸鱼等。

## （二）新石器时代早中期的马家浜文化[①]

马家浜文化是太湖流域一种时代较早的新石器时代文化，因1959年发现于浙

① 浙江省文物管理委员会：《浙江嘉兴马家浜新石器时代遗址的发掘》，《考古》1961年7期；罗家角考古队：《桐乡县罗家角遗址发掘报告》，见浙江省文物考古所编著：《浙江省文物考古所学刊》，文物出版社，1981年；南京博物院：《江苏吴县草鞋山遗址》，见文物编辑委员会编：《文物资料丛刊（3）》，文物出版社，1980年；上海市文物保管委员会：《上海市青浦县崧泽遗址的试掘》，《考古学报》1962年2期；黄宣佩、张明华：《青浦县崧泽遗址第二次发掘》，《考古学报》1980年1期；姚仲源：《二论马家浜文化》，见中国考古学会编辑：《中国考古学会第二次年会论文集》，文物出版社，1982年；陈晶：《马家浜文化两个类型的分析》，见中国考古学会编辑：《中国考古学会第三次年会论文集》，文物出版社，1984年；上海市文物保管委员会：《崧泽——新石器时代遗址发掘报告》，文物出版社，1987年；上海市文物管理委员会、浙江大学农史室：《1987年上海青浦县崧泽遗址的发掘》，《考古》1992年3期。

江嘉兴马家浜遗址而得名。主要分布区域在浙江北部、上海和江苏东南部太湖周围一带；其影响所及，东到海滨，西达宁镇山脉一带，南至杭州湾，北达江淮之间。其内涵十分丰富，可分为早、中、晚三期。根据早、中、晚期的多个$^{14}$C年代测定数据，马家浜文化所延续的年代为距今7 000～5 000年。

马家浜文化的遗迹有居址、灰坑、墓葬和水稻田等。生产工具有石器和骨器。石器，早期制作得比较粗糙，主要器形有斧、锛、刀、凿、臼、砺石等。晚期，制作得比较精致，大多通体磨光，器形规整；穿孔技术比较进步，已出现管钻技术；主要器形有斧、锛、穿孔石铲、锄、犁、凿、镞、纺轮等。骨器的数量也比较多，制作比较精致，其器形主要有镞、鱼镖、匕、锥、勾勒器、靴形器、器柄、针等。此外，还有少量的陶质工具，如网坠、纺轮、陶杵等。陶器的陶质分砂质红陶、泥质红陶、泥质灰陶和泥质黑皮陶。

马家浜文化的经济生活以农业为主，水稻是当时的主要农作物。在草鞋山、崧泽、罗家角等遗址都发现水稻遗存。崧泽遗址出土稻的茎叶、稻谷、米粒等，经鉴定属籼稻。草鞋山的炭化谷粒经鉴定有籼稻和粳稻两种。特别是草鞋山遗址还发现了6 000年前的水稻田遗迹——水稻田、水口、水沟、水塘、蓄水井等。[①] 还出土有桃核、杏梅、圆菱角等。家畜饲养业也比较发达，罗家角、草鞋山和圩墩等遗址都发现数量较多的家畜骨骼，其种类有猪、狗、水牛等。渔猎和采集在经济生活中仍占一定比重，如马家浜遗址在50 米$^2$的范围内出土兽骨达1 000千克，下层底部堆积全为兽骨，厚度有20～30厘米。兽骨的种类有水牛、鹿、野猪、狐狸、麝等。此外，还发现水龟、蚌、各种鱼类。圩墩遗址发现堆积成层的敲去尾部的螺蛳壳，说明螺、蚌之类的软体动物已被这一带人们作为食物。

马家浜文化的纺织业已较进步。遗址中出土大量石、陶纺轮。草鞋山遗址的第十层曾发现3块炭化了的纺织物残片，这是我国出土的最早纺织品。其密度是经线每厘米10根，纬线每厘米罗纹布26～28根，地布13～14根。花纹为山形斜纹和菱形斜纹。草鞋山和罗家角遗址还发现这一时期的绳索。罗家角遗址还出土了芦苇编织物。

## （三）新石器时代晚期的良渚文化

良渚文化是20世纪30年代发现的，因首先于浙江省余杭县（今杭州市余杭区）良渚发现而得名。良渚文化的分布虽以太湖流域为其中心地区，但波及面很广，北达苏北和鲁南，西到宁镇地区、安徽的江淮地区及鄂西地区，南抵赣北和粤北地区。其年代距今4 000年左右，大致和中原地区龙山文化相当。

---

① 梅香衣、袁雪洪：《长江下游六千年前即有稻米生产》，《文汇报》，1996年11月21日；谷建祥等：《对草鞋山遗址马家浜文化时期稻作农业生产的初步认识》，《东南文化》1998年3期。

良渚文化的遗迹有居址、灰坑、墓葬等。生产工具中石器仍占很大的比例，石器通体磨光，制作精致，棱角分明。穿孔技术比较发达，穿孔普遍使用管钻法。石器中具有特征性的器形有扁平长方形穿孔石斧、有肩穿孔石斧、有段石锛、有柄石刀、三角形穿孔石犁、石镞、石矛、石镰、石凿等，还有玉斧。良渚文化的陶器以泥质黑皮陶和夹砂灰黑陶为主，基本上是轮制，器形浑圆、规整、胎薄。

良渚文化时期，农业经济已较发达，整个经济生活仍以稻作农业为主，兼有家畜饲养与渔猎。但比马家浜文化有较明显的进步。如在水田畈、钱山漾和良渚等遗址的发掘中，曾发现成堆的稻谷和稻壳，经鉴定有籼稻与粳稻。另外出土有许多农作物种子，其种类有蚕豆、芝麻、甜瓜子、酸枣核、毛桃核、葫芦、两角菱等。

在各地的良渚文化遗址中，曾出土较多的丝和麻纺织品残片。如在钱山漾遗址中出土过麻布残片和细麻绳，经鉴定属苎麻。麻织品多为平纹，经纬分明，密度和现在的平纹麻布近似。丝织品有绢片、丝带和丝线，经鉴定属家蚕丝织成。在吴江梅埝袁家埭遗址中，发现黑陶上刻划有蚕形图案。陶纺轮和骨梭等纺织工具时有发现，可知良渚文化时期已有纺织手工业的专门生产部门。说明中国在四五千年前，就已开始养蚕织绢，中国是世界上养蚕织丝的最早国家。

良渚文化的遗址中，还发现不少竹编织物、草编织物。在钱山漾遗址中，曾出土竹编物200多件（片），有竹篓、谷箩、竹箕、竹算、竹梢（捕鱼用）、竹席、竹篷盖、竹门扉、竹绳等。编织的竹篾多经利器刮光，十分细薄。编织纹样有十字纹、人字纹、插花眼纹、菱格纹，做工精致，编扎紧密。竹编织器往往在口部用细篾编造成"辫子口"收口，与现代的竹编器相似。

良渚文化的最大特色是出土了大量制作精美的玉器，如璜、琮、璧、钺等，具有丰富的精神文化和艺术价值，因非本书范围，从略。[①]

长江流域从整体上来看虽同属亚热带气候，但各地区的地形、地貌和自然环境存在一定的差异。长江流域各个不同地区生态环境的差别，使其各个地区的新石器时代文化面貌也各不相同。尽管如此，长江流域新石器时代文化的经济形态基本一致。

新石器时代，长江流域充沛的降水和温暖的气候，适宜水稻的生长。从1万年前的玉蟾岩洞穴遗址，到彭头山文化、城背溪文化、皂市下层文化、河姆渡文化、马家浜文化、大溪文化、屈家岭文化、石家河文化遗存中，都普遍发现了稻谷、稻米或茎叶的遗存，证明长江流域在新石器时代早期至晚期，始终是广泛进行稻作，

① 汪遵国：《太湖地区原始文化的分析》，见中国考古学会编辑：《中国考古学会第一次年会论文集》，文物出版社，1980年；吴汝祚：《太湖地区的原始文化》，见文物编辑委员会编：《文物集刊(1)》，文物出版社，1980年；牟永抗、魏亚瑾：《马家浜文化和良渚文化——太湖流域原始文化的分期问题》，见文物编辑委员会编：《文物集刊(1)》，文物出版社，1980年；牟永抗：《浙江新石器时代文化的初步认识》，见中国考古学会编辑：《中国考古学会第三次年会论文集》，文物出版社，1984年。

长江流域是中国稻作文化的发祥地；长江流域的稻作文化，有一种由中游向下游发展的趋向。

## 第四节 华南、东南沿海和西藏、云贵高原的 新石器时代文化

根据华南地区的新石器时代文化在地域上所反映出的区别，可将华南地区的新石器时代文化分为两个大的区域，即东南沿海地区和西南地区。东南沿海地区是指武夷山至南岭一线以南的地区，即包括现今的浙江南部、福建、台湾、广东、广西等地。西南高原地区主要是指云南全境、西藏的东半部、贵州的西部和四川西南部等地。

从现有资料来看，华南地区在陶器出现以前人类就开始栽培根茎类和果树类植物，并开始饲养牛、羊、鹿之类的食草动物。这就是说，华南地区在陶器出现前，农业和家畜饲养业已经产生，新石器时代就已开始。

### 一、华南地区的新石器时代文化

新中国成立以来，华南地区（广东、广西）曾发现了许多新石器时代文化遗址，并对部分遗址进行了发掘。该地区本阶段考古工作的深入研究，不仅有利于了解该地区原始社会后期的文化面貌，而且有助于解决石器时代的一些理论问题，如新石器时代的根本含义、农业起源等。

华南地区多洞穴遗址和滨河贝丘遗址。新石器时代的洞穴遗址均位于山麓，洞口向南或向东南，洞口相对高度 20 米左右；滨河贝丘遗址大多分布在河流两岸的一、二级台地上。该地区的新石器时代文化，不论是海滨地区，还是内陆地区，其文化面貌虽然都有许多共同特征，但也明显存在一定的区别。从已发掘的遗址来看，更具有区域性的特点。

### （一）广东地区的新石器时代文化

广东地区，在已发现的新石器时代文化遗存中，有早期阶段的，也有较晚的。已命名的有石峡文化。

**1. 新石器时代早期阶段文化遗存**[①]　在广东地区，曾发现不少新石器时代早

---

① 安金槐主编：《中国考古》，上海古籍出版社，1992 年，147～148 页；英德市博物馆、中山大学人类学系、广东省文物考古研究所编：《英德史前考古报告》，广东人民出版社，1999 年；英德市博物馆、中山大学人类学系、广东省博物馆编：《中石器文化及有关问题研讨会论文集》，广东人民出版社，1999 年；杨式挺等：《广东先秦考古研究》，2000 年，打印稿。

期阶段的文化遗址。由于遗址保存不好，发掘的也不多，其面貌和文化内涵还不能完全了解。已发掘的主要遗址有广州青山岗、潮安陈桥、石尾山、海角山、澄海苏北村、内底村、阳青独石仔、封开黄岩洞、南海西樵山、英德青塘吊珠岩和牛栏洞等。其居住的遗迹以洞穴遗址为主，并有一些贝丘遗址。这些遗址，在年代上有着明显的早晚之分。但由于发表的资料不多，对于这类洞穴和贝丘遗址的分期很难进行。其绝对年代为距今11 000～6 500年。

生产工具以石器为主，并有少量骨器。打制石器的年代有可能早到新石器时代早期，有的甚至还可能早到中石器时代。磨制石器有的可能属新石器时代早期，有的则可能晚到新石器时代中期。如阳春独石仔洞穴遗址下层，出土有大量打制的砍砸器、刮削器、石锤、石砧和少量琢制成的穿孔石器和骨角器；而上层虽仍以打制石器为主，但出土少量磨制切割器和石斧；下层和上层均未见陶片。潮安陈桥的一处贝丘遗址，出土大量的打制斧状器、砍砸器、敲砸器，并有一些仍保留有打制痕迹的磨制石锛；有大量磨制精细的三角形刀、锥、镞、针等骨器；还有一些胎质内掺有粗砂和蚌末的粗砂陶片。英德青塘圩一带的洞穴遗址中发现的石器，多是一些简单打出刃部的打制石器，大部分还保留着砾石面。南海西樵山遗址分布面积大、遗存点多，是一处延续时间比较长的石器制作场，发现有石料，以及大量打制的石器成品、半成品、废石片，还有细石器与磨制石器等；石器的种类有打制与磨制的刮削器、敲砸器、双肩石斧、椭圆形（或梯形）石斧、扁平形石锛、有段石锛、石铲、石矛、三角形镞等。英德牛栏洞遗址出土的打制石器，多数是直接用砾石打制加工成器，器类可分为两端刃器、陡刃器、砍砸器、刮削器、铲形器、凿形器、斧形器、矛形器、钻、锤、敲砸器、砧等；磨制石器基本属于半磨制石器，更准确地说是局部磨制石器，主要是加磨刃部，有切割器、斧、穿孔器、砺石等；骨制品有锥、针、铲；牙、角制品有锥、铲等；蚌制品有刀、坠、矛形器。

出土陶器的数量并不多，而且多为残陶片。但从陶片的胎质、纹饰与器形看，有的可能早到新石器时代早期，有的则与中原地区的仰韶文化晚期相当。

英德牛栏洞遗址动物群中有相当数量的青壮年鹿类个体，疑其可能属于驯养，但目前难以确认，或可暗示家畜饲养在这里已经开始，这为岭南地区家畜饲养起源的研究提供了重要的材料。

英德牛栏洞遗址（二、三期）发现有水稻硅质体，其形态有两种，一种为双峰硅质体，另一种为扇形硅质体。两种水稻硅质体的形态数据经计算机聚类分析，结果表明，属于非籼非粳的类型，在水稻的演化序列上处于一种原始状态。这个发现，首次将岭南地区稻作遗存的年代前推至1万年前，对岭南地区水稻起源的研究及原始农业经济的发展探索，都具有重要意义，同时也为探讨岭南南北地区原始稻作农业的相互关系提供了实物资料。

**2. 石峡文化**[①]   石峡文化因 1973—1976 年发掘广东省曲江县石峡遗址而得名。分布范围主要在北江和东江流域，是岭南地区具有代表性的新石器时代中晚期文化遗址。其年代为距今 4 700～4 200 年。

石峡文化的遗迹有居址、灰坑、墓葬。生产工具主要是石器，有镬、锛、铲、凿、镞等。石镬长身弓背、两端刃，长达 31 厘米。石铲均穿孔，扁平长方形或长身梯形。石锛按形制可分为长身、梯形、有段、双肩等 4 种，后两种石锛颇具特征。锛、铲、镬都是重要的农业生产工具。石镞共发现 500 多件，相当于其他石器总和的一半，其形制多样，除作狩猎工具外，还是一种兵器。陶器大多为灰褐色和灰黄色，制作大都为轮制和模制，器表多为素面。

石峡文化的经济生活以经营稻作农业为主，兼营渔猎。锛、铲、镬等重要农业生产工具的大量出现，说明石峡文化时期的岭南地区已进入发达的锄耕农业阶段。石峡文化遗址发现不少炭化的米粒、稻谷、稻壳、稻秆等，散见于墓葬、窖穴和作为建筑遗存的烧土块中。经鉴定其水稻遗存属于栽培稻的籼稻和粳稻两种，以籼稻为主。在许多遗址中，还发现有不少动物骨骼。

## （二）广西地区的新石器时代文化

广西地区新石器时代文化遗址有早晚之分。

**1. 新石器时代早期文化**[②]   广西境内新石器时代早期遗址大多发现在洞穴之中，也有少量位于河旁阶地上的贝丘遗址。前者可以桂林甑皮岩遗址为代表，后者可以邕宁顶蛳山遗址为代表。

居址遗迹发现甚少，估计当时人们主要居住在洞穴或某种简陋的半地穴中。生产工具以打制石器为多，少量磨制石器和骨器。打制石器有蚝蛎啄、砍砸器、手斧

①　广东省博物馆、曲江县文化局石峡发掘小组：《广东曲江石峡墓葬发掘简报》，《文物》1978年7期；苏秉琦：《石峡文化初论》，《文物》1978年7期；杨式挺：《谈谈石峡发现的栽培稻遗迹》，《文物》1978年7期；杨式挺等：《广东先秦考古研究》，2000年，打印稿。

②　广西壮族自治区文物工作队、桂林市革命文物管理委员会：《广西桂林甑皮岩洞穴遗址的试掘》，《考古》1976年3期；广西壮族自治区文物考古训练班、广西壮族自治区文物工作队：《广西南宁地区新石器时代贝丘遗址》，《考古》1975年5期；周国兴：《白莲洞遗址的发现及其意义》，《史前研究》1984年2期；柳州市博物馆、广西壮族自治区文物工作队：《柳州市大龙潭鲤鱼嘴新石器时代贝丘遗址》，《考古》1983年9期；广东省博物馆：《广东东兴新石器时代贝丘遗址》，《考古》1961年2期；广西壮族自治区文物考古训练班、广西壮族自治区文物工作队：《广西南部地区的新石器时代晚期文化遗存》，《文物》1978年9期；广西壮族自治区文物工作队：《广西隆安大龙潭新石器时代遗址发掘简报》，《考古》1982年1期；蒋廷瑜：《广西考古四十年概述》，《考古》1998年1期；中国社会科学院考古研究所广西工作队、广西壮族自治区文物工作队、南宁市博物馆：《广西邕宁县顶蛳山遗址的发掘》，《考古》1998年1期；蒋廷瑜等：《资源县晓锦遗址发现炭化稻米——确认该遗址为桂北新石器晚期原始文化》，《中国文物报》，2000年3月15日。

状器、三角形石器、双缺口石网坠、带凹窝的敲砸石器、琢孔石器、球状石器等。磨制石器有斧、锛、磨盘和杵等。还有双肩石斧和石凿。骨蚌器有骨锥、骨镞、蚌铲和蚌壳网坠等。陶器以砂质粗红陶和灰黑陶为多，掺合料有粗砂粒和蚌末，火候低。当时的人们主要从事广谱采集经济，尤以采食贝类动物为大宗；早期农业经济的痕迹不明显，或许已有农业，但渔猎采集占很大比重。因为生产工具中除部分农具外，多为渔猎工具，并有大量的螺壳类的堆积以及鹿、象、兔、鱼、龟、鸟等动物遗骸。

（1）桂林甑皮岩遗址。桂林甑皮岩遗址坐落在广西北部的一个峰丛平原之上，其间发育众多的石灰岩溶洞和地面或地下河流，分布着各种各样的水陆动植物资源，是史前人类生活的理想环境。据研究，距今8 500～3 800年，本地区的气候虽有波动，但基本是比较温暖湿润的。从距今12 000年起，便有人类在这里居住，他们在此生息了5 000多年，直到距今7 000年左右才迁离。该遗址20世纪70年代开始发掘，90年代再度大规模发掘，收获甚丰。其史前文化堆积可以分为5个时期，地层关系清楚，发展线索清晰，其经济生活和变化特征具有强烈的延续性和稳定性。甑皮岩遗址不但是桂北地区有代表性的典型遗址，而且对研究中国南方和东南亚地区新石器时代文化具有重大意义。

甑皮岩遗址出土遗物有石器、骨蚌器和陶器。石器均以河砾石为原材料，早期（距今12 000～10 000年）是清一色的打制石器，加工技术比较单一，器类以石锤和砍砸器为主。当时石器的制作加工是在洞内进行的。早期骨器和蚌器的数量较多，有骨锥、骨铲和穿孔蚌器等，以后又出现了骨针。磨制工艺已应用于骨器加工，尚未应用于石器制作。但穿孔石器已经出现。后期磨制石器出现，且数量逐渐增加，器形主要是磨制的斧、锛类，制作精致，大部分通体磨光。在磨制石器出现和增多的同时，骨蚌器的数量却持续减少。陶器在第一期（距今12 000年）即已出现，主要是敞口、浅斜弧腹的圜底釜，掺和粗大的石英颗粒，手捏成型，在器物上部有滚压粗绳纹的痕迹，器形低矮，器壁极厚，烧成温度极低（不超过250℃），器表开裂，表现出一系列初级陶器工艺的特征，应是中国目前所见最原始的陶容器。后期采用了分体制作的泥片贴筑法，并有慢轮修整痕迹，陶质变硬，纹饰也较丰富。

甑皮岩遗址的居民从事以采食贝类动物为主的广谱采集经济。甑皮岩遗址出土的动物共计107种，其中贝类47种，螃蟹1种，鱼类1种，爬行类1种，鸟类20种，哺乳动物37种。从2001年的孢粉和植物硅酸体组合来看，该遗址的植物资源总体而言以草地植被为主，有少量林木在遗址附近生长，在气候比较温暖的时期针阔叶林木的数量可能有所增加。蕨类植物孢子在遗址各期文化中都有发现，表明蕨类是甑皮岩史前植物群中比较主要的种类。在上述动植物种类中，贝类无疑最容易采集而营养又最丰富，可以花最少的时间和气力获得最高的回报。依最佳觅食模式（the optimal foraging model），甑皮岩人自然大量捕捞贝类水生动物为食。遗址中介壳堆积和蚌器之多也证明了这一点。但贝类主要提供了蛋白质，根据膳食营养平衡的要求，还需要富含淀粉的食物来搭配。块根块茎类植物因而成为人们的首选。植物浮选结果表明，在植物资源中甑皮岩史前居民的确主要利用块茎、野生植物种子和果类。而蕨类的根茎亦属于块茎之一，其嫩叶也可食用。蕨类孢子在遗址各期文化都有发现，有些蕨类孢子集聚在灶坑中，应当是人类食用该类植物的证据。多学科综合研究的结果表明，甑皮岩第一期所处的地质时代，正是最后一次大冰期已经过去，全球气候开始回升，动植物资源逐渐增加的时期。此期地层出土了大量的水陆生动物遗骸和植物遗存，表明甑皮岩史前居民的经济形态主要是采集渔猎。根据考古实验，依赖这些资源为生的甑皮岩居民，每天花费在生计活动上的时间可能只需要 3～5 小时。因此他们应当有比较充裕的时间休闲或从事与获取食物没有直接关系的其他"非采集活动"（non-foraging activities）（Kelly，1995），如社会礼仪、手工业技术的尝试，包括摸索如何制造陶器这种全新的器物等。

长期以来，很多学者认为甑皮岩遗址居民已从事原始农业——原始稻作农业或园圃式的块茎类植物的栽培①；并把野猪驯养为家猪。新旧世纪之交的发掘和研究质疑这些结论。袁靖在深入分析后指出，甑皮岩遗址猪骨的遗存仍然属于野猪，没有证据支持这些猪是家养的。本卷第五章还将有所讨论。2001 年，考古工作者同时运用了浮选法和植硅石两种不同植物考古学研究手段，都没有在甑皮岩遗址发现任何稻属植物的遗存。因此，也排除了甑皮岩遗址居民种稻的可能性。野生稻可能还没有成为甑皮岩居民采集的对象。② 桂北地区的稻作农业是新石器时代中期才出现的，最明显的证据是晓锦遗址出土的大量炭化稻谷。这里的稻作农业很可能是从邻近的湖南传入的。其说详后。

甑皮岩遗址与栽培稻起源乃至稻作农业无关，但不能就此结论当时不存在任何形式的早期农业生产活动。原始农业的出现并不是以开始种植谷物为唯一标准的，

---

① 广西壮族自治区文物工作队、桂林市革命委员会文物管理委员会：《广西桂林甑皮岩洞穴遗址的试掘》，《考古》1976 年 3 期；李有恒、韩德芬：《广西桂林甑皮岩遗址动物群》，《古脊椎动物与古人类》1978 年 4 期；韦君、胡大鹏、罗耀：《从甑皮岩遗址的骨、蚌器看农业起源》，见英德市博物馆、中山大学人类学系、广东省博物馆编：《中石器文化及有关问题研讨会论文集》，广东人民出版社，1999 年。

② 桂林地区存在着比较丰富的野生稻资源。2001 年初冬，考古工作者曾在甑皮岩遗址周边地区见到了现生的野生稻。但是，经过仔细观察发现，这些野生稻的结实率很低，小穗看似饱满，实际大多为空壳。根据实验，采集 600 余穗野生稻，经过脱粒后实际所得可食用稻粒总重还不到 30克。因而不大可能成为采食对象。

在某些地区根茎繁殖类植物的栽培和种植有可能早于种子繁殖类植物。现代根茎繁殖类作物最主要的品种有马铃薯、甘薯、山药、参薯、芋等，其中山药（Dioscorea opposita）的栽培应该起源于中国，参薯（Dioscorea alata）和芋（Colocasia esculenta）的起源地一般认为在东南亚一带（Harlan，1992），但也可能包括了中国的两广地区。山药、参薯和芋都是块茎类植物，块茎是一种变态的地下茎，茎内储藏了丰富的养料，表皮有许多小芽，只要外部条件适合，这些芽就可以依靠储藏养料萌发并成长为新植株。块茎类植物的这种特殊的繁殖能力使其栽培过程相对简单，在一些条件适合的地区，其栽培历史比禾谷类久远。甑皮岩遗址居民大量采集块茎植物为食，在这里定居达5 000年之久，他们很可能已经从事块茎植物的种植，只不过块茎植物容易腐烂，难以在考古遗址中保存下来罢了。

甑皮岩遗址的陶器在距今12 000～11 000年的第一期文化堆积中即已发现，这时甑皮岩还不存在稻作农业，而采集植物种子如野生稻谷等也不是甑皮岩史前居民主要的经济活动。那么，这里的陶器起源的机制和动因是什么呢？考古工作者认为这应是甑皮岩先民因大量采食贝类的需要而产生的。

临桂的大岩遗址与甑皮岩遗址同在桂林地区，在其属于中石器时代第二文化层（距今15 000～12 000年）中，曾发现了两件烧制的陶土块，这是该地区发明陶器的先声。[①] 而甑皮岩和大岩遗址的发掘资料表明，桂林地区陶器的出现与大量螺壳堆积的出现基本同时或略晚；这些螺壳个体完整，没有经过敲砸。考古工作者的实验表明，介壳类动物如不砸碎外壳，极难把肉挑出；但一经放在水中加热，则极易把肉挑出而食用。他们据此认为，桂林，甚至包括华南大部分地区，陶器起源的动因或契机，大概是由于最后一次冰期结束，气候变暖，水生动物大量繁殖，人类开始大量捕捞和食用水生介壳类动物，而它们有坚硬的外壳，不可能直接烤食，这就促使人类发明了陶器，用以加工取食介壳类动物，也因此在该地区产生了与以往不同的生业形态。根据上述分析，他们提出陶器起源有不同的途径和模式，它可以是定居农业的产物，也可以是发达的渔猎采集经济的产物。他们的分析是有道理的。不过，除了贝类需要加热取食外，某些块茎（如芋）的食用也需要烹饪加工，如果甑皮岩先民确实已经栽培块根，也不能说这里陶器的创始绝对与农业无关。[②]

（2）顶蛳山遗址和顶蛳山文化。邕宁浦庙镇顶蛳山遗址是一处贝丘遗址，位于城南约3公里处的顶蛳山上。华南地区新石器时代早期遗存大多发现在洞穴或岩棚

---

① 在大岩遗址发现了两件烧制的陶土块，泥质，均残，一件为圆柱形，另一件呈凹形。两件陶土块虽然不是陶容器，但显然经过人工捏制和烧制，表示当时的史前居民开始尝试用土、水和火三种自然元素结合创造出一种新的材料。这两件烧过的陶制品为探寻陶器的起源提供了非常重要的信息。

② 中国社会科学院考古研究所等编：《桂林甑皮岩》，文物出版社，2003年。

中，顶蛳山遗址则位于河旁台地，为认识新石器时代早期人类生活方式和活动范围提供了新线索。该遗址的文化堆积分为四期。第一期距今约10 000年，不含或少含螺壳，未见任何遗迹现象，出土大量的玻璃陨石质细小石器、石核，少量的穿孔石器和原始陶器等。第二、三期距今8 000～7 000年，堆积以螺壳为主，发现墓葬，石器有通体磨制的斧、锛和穿孔石器等，出土数量较多、制作较精的蚌器（刀、铲）和骨器（锛、斧、铲、镞、锥、针、鱼钩等），以及比一期数量增多，质量提高，但仍为手制的陶器。第四期不含螺壳，未见其他遗迹现象，出土少量刃部磨制较精的石斧、石锛和砺石，骨器有斧、锛、矛、锥、针等，以锛为最多，斧次之，制作均较精致，基本不见蚌器，陶器制作工艺有了明显提高，已开始运用轮制技术。

第二、三期是顶蛳山遗址的主要堆积，其文化面貌基本一致，经济生活尤其相似。发掘者认为，可以将以顶蛳山遗址第二、三期为代表的、集中分布在南宁及其附近地区的、以贝丘遗址为特征的这一类遗存命名为顶蛳山文化。它们均属贝丘遗址，分布的地理位置一般皆面河背山，具有相同的器物组合，工具中蚌器占有较大比例，存在形态各异的鱼头形蚌刀，并有相同的埋葬习俗。这类遗存堆积中大量存在的水生、陆生动物遗骸，说明捕捞和狩猎是他们共同的获取食物的手段，和甑皮岩遗址一样属于广谱采集经济，农业经济的痕迹则不太明显。

顶蛳山遗址发展至第四期，堆积中不含螺壳，表明食物来源及结构发生较大变化，可能已出现农业经济。

**2. 新石器时代中晚期文化** 广西地区的新石器时代中晚期文化大多是洞穴和贝丘遗址。生产工具以石器为主，有部分骨器。除打制石器外，磨制石器明显增多。洞穴遗址的打制石器和磨制石器各占一半。打制石器有砍砸器、盘状器、刮削器、石砧、石杵；磨制石器以长身与短身石斧和石锛为大宗。南宁地区的部分贝丘遗址出土的石器，绝大部分经过粗细不等磨制，有长条形、梯形和双肩的石斧与锛、石矛、石杵、石砧、石磨棒、石网坠等；并有较多的骨锛、骨刀、鳖甲刀、骨鱼镖、骨镞等工具。陶器的胎质仍以掺有砂粒和蚌末的砂质灰褐、红褐色和红陶为多，并有少量泥质红陶与灰陶。多圜底罐类器。其经济生活很可能处于初级农业加渔猎阶段。在遗址内除发现农业生产工具外，还有饲养的和渔猎的猪、鹿、象、龟、鳖、螺、蚌等动物遗骸。

兹以桂北的晓锦遗址和桂南的大龙潭文化遗存为代表予以说明。

（1）资源县晓锦遗址。晓锦遗址位于广西北部资源县晓锦村后龙山上，属于较为特殊的山坡遗址，南距甑皮岩遗址只有百余公里。[14]C测定距今5 000～3 200年。后期可能晚至商周时期。

晓锦遗址发现的遗迹有灰坑、柱洞、排水沟、房基、陶窑等。据柱洞排列分布推测，可能是一种依山势而建的干栏式建筑；发现有半圆形地基及环绕它的排水沟，可能是房基；大量红烧土块可能是泥包草墙，或炉壁，与原始陶窑有关。生产工具以石器为主，出土800多件，大都磨制精细，种类繁多，有斧、锛、钺、凿、刀、矛、镞、网坠、镯、环、球、钻、锯、砺石等。其中发现过去所不见的新的石器加工工具，为研究石器制作工艺提供了新资料。陶器绝大多数为夹砂陶、红褐陶，也有灰陶和个别白陶，还有零星彩绘陶。出土纺轮数量较多。

晓锦遗址发掘的最大收获是发现有炭化稻米，通过浮选法共选出炭化稻米12 000多粒，其形状各异，品种较多，经初步鉴定是较原始的栽培粳稻，有少量籼稻。这是目前为止广西地区发现的最早的一批史前稻作标本，不但年代较早，且数量大，对稻作农业的起源和稻作文化的传播研究有十分重要的意义。有的考古工作者认为，桂林地区新石器时代早期没有稻作遗存，晓锦遗址的炭化稻米不见于该遗址属于新石器时代中期前段的第一期堆积，而在第二、第三期堆积中却突然大量出现，这清楚地表明，在晓锦一期和二期之间出现过一次较大的经济形态转变，即自二期始，稻作生产技术传入该地区，稻作农业成为当地的主要经济形态。而稻作技术的传播源则可能是北邻的湖南澧阳平原。

（2）大龙潭文化遗存。广西南部地区，其中包括今玉林地区、钦州地区、南宁地区、百色地区东南部和柳州地区南部，发现一种以大石铲为主要特征的新石器时代晚期文化遗存。其中以隆安县大龙潭遗址的文化遗存最为丰富和典型。[①] 钦州独料遗址也发现灰沟、灰坑、柱洞等遗迹和石器、陶片、果核等大量遗物。

大龙潭文化遗存全部是石器，个别遗址有极少量的陶器共存。其石器又以石铲的数量最多，斧、锛、犁、锄、凿、敲砸器、砺石等发现得很少。石铲样式繁多，制作精致、美观、规整，造型较为复杂，其中以小双肩者的数量最多。石铲大多通体磨光，其大小、厚薄、轻重，都存在较大的差异，以体形硕大者居多。有不少石铲扁薄易断、质地脆、刃缘厚钝，有的则为平刃，在生产上无实用价值。

钦州独料遗址出土有斧、锛、凿、锤、刀、锄、镰、矛、铲、犁、杵、磨盘、磨棒、镞等磨制石器和果核。大量农业生产工具和粮食加工工具的出现，反映出当时的经济生活已处在农业为主的阶段。

大龙潭文化的石铲，除散置于地层或杂乱叠压于灰坑之中，其余石铲多整坑出土，有一定的排列形式，以刃部朝上的直立或斜立的组合为主，均为有意识摆置。大龙潭文化中这种有一定排列组合的石铲，可能是原始社会晚期，某种与农业生产

---

① 大龙潭遗址共测得3个[14]C年代数据，分别为距今（6 570±130）年、（4 750±100）年和（4 735±120）年。第一个数据偏早，后两个数据可能比较接近实际。大龙潭文化遗存年代的下限，一般认为进入青铜时代。

有关的祭祀遗迹。这种遗迹在桂南地区普遍发现，说明当时在桂南地区普遍存在与农业生产有关的祭祀活动。这也反映出当时的桂南地区，其经济生活已发展到以农业为主的阶段。

## 二、东南沿海的新石器时代文化

这里所指东南沿海包括浙江南部、福建和台湾。本地区新石器时代文化与华南地区有很多相似之处，但又有自己的特点。本节主要介绍福建的昙石山文化和台湾的新石器时代文化。

### （一）福建地区的昙石山文化[①]

昙石山文化因发现于福建省闽侯县昙石山而得名，昙石山遗址下层属于新石器时代晚期文化遗存。该文化主要分布在闽江下游地区。年代距今5 000～4 000年。

昙石山文化的遗迹有居址、灰坑、墓葬等。生产工具以石器为主，另有少量骨、蚌、陶器。石制生产工具的磨制比较粗糙，不精致，一般只粗磨部分器身和刃部。器形主要有锛、凿、镞、锄、斧、钺、镰、刀等，以锛的数量最多。锛的器形较小，形制不固定，其中以扁平梯形和长方形的有段石锛较典型。石锄的剖面为三角形，一面扁平、一面有一条人字形纵脊，器身厚重。石钺为梯形双孔弧刃。另有蚌铲、蚌刀、骨镞和陶网坠、陶纺轮等；蚌铲，或双孔或四孔。陶器的陶质是砂质多于泥质，分红陶与灰陶，均为手制。遗址中出土有稻谷遗存，并有猪、狗等家畜骨骼。

昙石山文化的社会经济状况，是从事农业生产为主，兼营畜牧与狩猎。其农业生产已获得一定的发展，饲养的家畜有猪、狗等。渔猎经济仍占有一定地位，海生贝类是经济性的食物之一。

---

[①] 福建省文物管理委员会、厦门大学人类学博物馆：《福建闽侯县石山新石器时代遗址第二次至第四次发掘简报》，《考古》1961年12期；福建省文物管理委员会、厦门大学考古实习队：《福建闽侯县石山新石器时代遗址第五次发掘简报》，《考古》1964年12期；福建省博物馆：《闽侯昙石山遗址第六次发掘报告》，《考古学报》1976年1期；福建省博物馆：《福建闽侯县昙石山遗址发掘新收获》，《考古》1983年12期；福建省文物管理委员会：《福建福清东张新石器时代遗址发掘报告》，《考古》1965年2期；福建省文物管理委员会：《闽侯庄边山新石器时代遗址试掘简报》，《考古》1961年1期；福建省博物馆：《福建闽侯白沙溪头新石器时代遗址第一次发掘简报》，《考古》1980年4期。

## （二）台湾岛的新石器时代文化[①]

台湾岛十分复杂的地形，导致了该地区史前文化有别于其他地区的一个重要特征，那就是台湾新石器时代考古学文化类型极为复杂，所以考古界对其如何分类与命名素有分歧，至今未有共识。现为讨论方便，拟避开这种考古类型学与命名的争端，将台湾省新石器时代文化暂分为早、中、晚三期；至于其地域分布则按西海岸北部、中部、南部地区和东海岸地区来讨论。

**1. 新石器时代早期文化遗存**　台湾省新石器时代早期文化有前后两个阶段的代表——先陶文化和大坌坑文化。

（1）先陶文化。台湾省先陶文化遗存，以台东县长滨乡海雷洞为代表，同期的还有台东长滨乡的潮音洞、乾元洞和台湾中部的玉山，以及西海岸南部地区的屏东县鹅銮鼻第二史前遗址的第一史前文化层等。其中除玉山和鹅銮鼻外，均为洞穴遗存。台湾先陶文化的绝对年代为距今10 000～6 000年。

长滨文化遗物中，没有发现陶器，也不见磨制石器；所出石器都是利用河床砾石打制而成，形制主要有经过修整或使用痕迹的砾石片，一面或两面打击的砍砸器，以及少数用较小的石英石片所作的刮削器和尖器；骨角器有长条尖器、一端带关节的尖器、穿眼的骨针和两头尖的骨针。玉山发现的石器有石斧、石镞、石枪头等，但打制石器的器形均与台湾新石器时代文化的磨制石器中的同类器相似。鹅銮鼻先陶文化层出土有石器、骨器和贝器；石器有砾石砍器、石片砍器、石片器、石锤、石片；贝器有螺盖刮器；骨器有骨凿和骨尖器；还出土多种贝壳、野猪和鹿科动物骨骼以及鱼骨、龟甲等。

台湾先陶文化的打制石器为狩猎、采集工具，骨器则与渔捞有关，农作物与家畜遗存未见。这些似乎表明当时的经济以渔猎采集为主，农业还不曾露面。不过，台湾长滨文化和仅有的两处先陶新石器时代早期文化尚不能反映当时人类的方方面面；长滨文化的位置紧临海滩，其洞穴堆积则暗示了这是一种季节性的临时营地，这里的工具和遗存或许只代表当时人类生活的一个侧面，不能排除他们在其他地方从事农耕活动的可能性。有迹象表明，在台湾中部丘陵湖泊地带的居民在1万多年以前便已开始农耕活动。

1964年，美国耶鲁大学的冢田松雄在台湾日月潭的日潭湖底分层采集孢粉标本，研究近6万年以来日月潭一带的古植物史。他发现从距今14 000年（[14]C测定）开始，这一地区的原始森林逐渐为次生森林所代替，而且湖底淤泥中木炭的数量开始持续性地增加，并认为这是人类反复焚烧森林、破坏原始森林的结果。张光

---

直更进一步推测焚烧森林的目的是人类进行原始农业，他认为：这种现象的一个可能就是，到更新世末期日月潭湖岸已有人类居住，而且，这些人类已经开始从事一种可能包含一定程度的农业在内的生产方式。

1972年，孢粉学家们分析了头社盆地取得的岩芯后，得出如下结论：自距今18 000年以来（1 050厘米），树木花粉减少，而禾本科植物花粉增加，同时发现枫香属花粉和海金沙孢子，由此证明，这个地区从那时开始可能有农业性质的人类活动。

根据孢粉分析提供的间接证据，我们推测：本阶段的台湾省已存在刀耕火种的原始农业，属于规模有限的园圃式农业范畴；这种初创期的生产性经济，最初可能仅占整个原始经济的一小部分，是作为狩猎采集和渔捞活动的补充而存在的；种植或栽培的作物构成，可能包括根茎类作物、果树、葫芦、水生植物等。

（2）大坌坑文化。大坌坑文化因1964年发现于台湾省台北县八里乡大坌坑遗址下层而得名。主要分布在台湾北部、西部沿海及其岛屿。这种文化的陶器以粗绳陶为特征。一些研究者称"粗绳纹陶文化"。大坌坑文化遗存都出现在新石器时代遗址的最下层，是台湾省迄今发现的时代较早的新石器时代文化。该文化的年代，只有一个$^{14}$C数据，为距今（5 480±50）年，这一年代属于该文化的晚期。大坌坑文化年代的上限，可能在距今15 000年。

大坌坑文化用于农业或可能用于农业生产的工具，有磨制的中小型石锄、小型石斧和石锛、石凿、石镞，打制的石网坠、树皮布打棒等；它们的普遍出现，标志着原始农业在经济生活中已占有比较重要的位置；磨制的石锄、石斧等农具，则表明了早期锄耕的存在。陶器多粗砂陶，火候低，质软而粗疏。

日月潭花粉分析结果表明，在距今6 200年前，在禾本科的花粉中，至少有三分之二的谷类植物。它们是不是当时当地的人类种植栽培谷类植物的结果，尚待考古新资料证实；但这强烈地暗示了谷物农业的肇始。有学者研究指出，大坌坑文化时期，已有豆类、硬果类、根茎类、果树类等农作物。

大坌坑文化的石镞和兽骨等材料，反映了狩猎生活；遗址的临近位置和海贝遗骸及陶器贝纹，反映了采贝活动。其表明渔捞的证据更加充分：绳子、网坠、临海位置及可能制作小船的木工工具，它们综合显示出用网捕鱼在当时的生产活动中占有重要地位，特别是比较大的石网坠倾向性地表明大网和小船已用在离海岸相当远的地方进行捕鱼活动。

大坌坑文化的经济特征为：渔猎采集在经济生活中居主导地位，但农耕亦是经济构成的重要成分，其农业耕作处于锄耕农业早期。

**2. 新石器时代中期文化遗存** 属于本期的台湾省新石器时代文化主要有西海岸北部地区的园山文化、芝山岩文化，西海岸中部地区的牛骂头文化，西海岸南部地区的牛稠子文化，东海岸地区的麒麟文化前段等。它们虽然分布在台湾岛上的不同地区，考古学文化上也有较大差异，但它们的年代基本相同，其经济和文化的发展相对一致，特别是农业生产状况大致相当，如此众多的共同之处，表明它们属于一个相同的农业经济发展期。

台湾省新石器时代中期文化比先前的大坌坑文化有显著的进步，有许多新颖的文化因素，如谷物农业（稻、粟）、农具，陶器中的鼎和豆，石器中用于农耕的工具大量出现，包括斧、镰；陶片上有稻米和粟的遗存发现；在陶器类型上以鼎和豆为显著特征，鼎和豆是烹调食物使用的器具，在它们的背后便埋藏着有关烹调食物的重要的文化特征。

本期的农业生产工具数量大大增加，种类比较齐全，且制作也较前期精致。一般以石质工具为主，少量骨、角、木、陶质工具，推测还有蚌器。石质工具磨制的增多，打制的减少，其中与农业有关的主要有锄、斧、锛、刀、镰、磨盘、靴形器等，据说还有"原始石犁"。骨角器有角尖器和钩状器；木器有掘棒，可能是所谓棒耨耕作的原始耕作农具，台湾省至今还有一部分部族之中使用木制的棒和耨，这是用于开垦时的掘凿、除草以及间除，又兼收获地中作物等较多功能的器具。陶质的有纺轮。

与大坌坑文化相比，本期陶器的种类和数量都大大增加，纹饰多样，出现部分彩绘；器类中出现了许多与粮食增产和生活改善有关的器皿，如罐、钵、碗、鼎、豆、盆等，特别是鼎、豆的出现尤值一提。

本期的农业经济已较发达，农耕种植的范围较前期有一定扩展。已由发现所证实的主要粮食作物有水稻、粟、豆类等。芝山岩文化曾发现两块保留穗形的炭化稻谷[1]，另在文化遗存中筛出许多炭化稻米，米粒一般较小，形体粗胖，似粳稻。牛稠子文化的牛稠子遗址，在红陶文化层中发现了粟（谷子）粒的遗迹；牛稠子文化的垦丁遗址，在陶器上发现豆类及稻谷的印痕。据说芝山岩文化还发现了一些植物种子，是否为农作物种子，目前尚不清楚。另外，日月潭的植物孢粉史表明距今4 200年出现了大规模伐木的痕迹，并且有了大量的禾本科植物花粉，据说有30%以上是人工培植的。

本期出土的动物遗存较多，一般估计这是狩猎经济的反映；但芝山岩文化出土的猪、狗遗骸值得注意，不能排除这是畜牧经济的反映。采贝与渔捞可能是当时人类一项仅次于农耕的主要活动。以园山贝丘人类为例，其大量的蚌壳，是当时园山居民所食之残渣，其数量之巨，足证此等蚌贝为园山人的主食之一。贝丘中出土了不少与渔捞有关的器物，如石镞、骨镞、鱼骨叉、石网坠、石矛头等，可见当时人

---

[1] 游学华：《介绍台湾新发现的芝山岩文化》，《文物》1986年2期。原文为"保留穗形的炭化稻米"，恐有误，"保留穗形"者应为"稻谷"。

类捕捞鱼类的方法起码有射鱼、叉鱼和网捕。出土的直径达 5 厘米的鱼脊椎骨和重达 1 公斤左右的大石网坠，足证当时已使用深水大网捕捞体形很大的鱼类。

台湾新石器时代中期经济状况为：原始农业在经济生活中占有主要地位，除种植水稻、粟等谷类和豆类农作物外，前期种植的根茎类和瓜果类等作物依然保留，农业类型为轮耕种植，可能开始兼有家畜饲养，渔捞的地位也较重要，采集狩猎经济则是必不可少的补充。

**3. 新石器时代晚期文化遗存**　属于本期的台湾省新石器时代文化，主要有西海岸北部地区的植物园文化、中部地区的营埔文化、南部地区的大湖文化、东海岸的卑南文化等。

本期的生产工具有石器、骨角器和陶器等。石器有打制和磨制两种，以磨制石器为主。器形有长条弧形刃石锄、石斧、长柄匙形石斧、大型石斧、石锛、石刀、马鞍形石刀、多孔石刀、石镰、穿孔石镞、带铤石镞、网坠、凿、矛、戈形器、杵、钺、靴形器、"原始石犁"等。还有骨尖器、蚌刀、陶纺轮等。上述生产工具中，无论数量上还是种类上，都以农业工具最多，反映其农业比较发达。

本期制陶业有较大发展，表现在制陶规模的扩大、陶器数量和种类增加、纹饰多样、火候高、质地坚硬等方面，出现了用拍垫法制器，还经慢轮修整。陶器有夹砂红陶、红褐陶、灰黑陶，器表多素面，纹饰有绳纹、划纹、点纹、印纹和少量彩陶，主要器形有罐、钵、鼎、豆、壶、杯、碗、盆、盘等。

本期发现不少农作物遗存，营埔文化的营埔遗址出土了中间掺有稻壳的陶片，日本学者据稻壳外形，鉴定认为其属于印度亚种的栽培稻；而牛骂头这一文化层出土的黑陶片上据说有谷子（粟）印出来的圈圈纹。卑南文化还出土有动物的牙齿、肩胛骨、肋骨、肢骨、脊椎骨及鹿角、鱼骨、陶猪等。狩猎工具和兽骨的存在，表明狩猎采集经济还继续保留，是必不可少的补充。渔业捕捞仍是经济生活中的重要内容，众多的渔猎工具和鱼骨可以佐证。

台湾省新石器时代晚期的经济特征为：原始农业居主导地位，种植的作物可能以谷类为主（各类石刀大量出现），包括其他的根茎类、豆类、瓜果类作物；已有小规模的家畜饲养，卑南文化出土的陶猪模型可以佐证。渔捕仍具有比较重要的位置，狩猎采集经济则是不可缺少的补充。农耕劳作处于发达的锄耕农业阶段。农业类型为稻作耕种。

## （三）对东南沿海地区新石器时代早期经济生活的认识[①]

东南沿海地区是我国原始农业和家畜饲养业产生的最早地区之一，在前陶新石

① 张之恒：《中国新石器时代文化》，南京大学出版社，1992 年，261～264 页。

器时代原始农业就已萌芽。其农业产生的直接证据有二：

第一，该地区在前陶新石器时代的各个遗址中都出土数量较多的农业生产工具，如砍伐器、石斧、石锛、穿孔砾石（重石）。飞虎山遗址还出土一定数量的可能属于农业工具的骨铲。武鸣和桂林的一些洞穴遗址还发现用于加工谷物的石磨盘和磨棒。最原始的农业是一种"焚而不耕"的"火耕农业"。其耕作程序：人们先将野地里的树木砍倒、晒干、烧光，以草木灰作肥料，用竹木棒挖穴播种或撒播，既不中耕，也不除草，待作物成熟即行收割。这种原始的火耕农业只需要简单粗糙的砍斫器、石斧、竹木棒（套以重石）就能满足耕作需要，并不需要锄耕农业阶段常见的用于翻土耕种的石耜、石铲、石锄等农具。

第二，从植物孢粉分析来看，当地植被的变化反映了人类的生产活动对原始森林的破坏。1964年在日月潭采了一个深达12.79米的湖底泥芯，作了一次孢粉分析。分析结果表明自距今12 000年前起，当地的植被发生了显著的变化，即木本植物递减而禾本科与莎草科植物急速增加，次生树种和海金沙也在增加，而且湖底淤泥中的木炭数量开始持续增多。

该地区较早产生原始农业的条件有如下几点：

第一，更新世末期，冰期首先在该地区消退，由冰期寒冷的气候转入冰后期多雨的气候，为农作物的栽培创造了有利条件。

第二，该地区有适宜被人类栽培的野生植物，如芋类、薯蓣、瓜类、豆类、水生作物、果树等。根茎果类植物大都为无性繁殖的植物，易于栽培，故在该地区最早被人类种植。

第三，该地区有丰富的旧石器时代遗址，从旧石器时代早期至旧石器时代晚期，都有人类生活。文化发展的连续性和继承性，尤其是采集和狩猎经验的积累和继承，是产生原始农业的一个重要前提。

该地区在全新世初期农业生产的客观条件已经成熟，遗址中已出现一定数量的农业生产工具和谷物加工用具，植物孢粉分析材料也反映了农业活动的出现。这些都说明该地区在前陶新石器时代原始农业已经产生。

从该地区新石器时代早期中段开始，磨制石器的数量逐步增多，属后段的一些遗址，其磨制石器的数量和打制石器已趋相等。增多的磨制石器大都为石斧、石锛之类的农业生产工具。农业工具的逐步增多，是原始农业发展的标志。

该地区在新石器时代早期所栽培的农作物，一般认为是无性系列的根茎果类作物、水生作物、葫芦、竹等，豆类作物也可能被栽培。日月潭植物孢粉史的分析研究表明该地区谷类作物的出现要到距今四五千年前的新石器时代中晚期。

该地区前陶新石器时代遗址中的独石仔洞穴遗址已发现水牛骨骼，武鸣和桂林的几处洞穴遗址以及桂林穿山月东岩洞都发现了牛的骨骼。这几个遗址的报告中对所出土的牛骨未曾说明是否为家畜，但根据当时生产力发展的水平来看，牛之类的食草动物完全有可能被人工饲养。食草动物不需要谷物作饲料，不依赖于农业的发展，故在农业产生的初期，有的地区甚至在农业产生前就人工饲养食草动物。该地区前陶新石器时代遗址中的牛骨应是人工饲养的家畜。

该地区在新石器时代早期的豹子头、石尾山、仙人洞、甑皮岩、鲤鱼嘴等遗址中不但发现牛、羊等家畜骨骼，还发现猪的骨骼。甑皮岩遗址发现的 67 具猪的骨骼中，一岁半的最多，而且出土的猪牙床上很少有粗壮犬齿，证明这些猪已被驯化，属于人工饲养的家畜。

该地区在新石器时代早期虽已产生原始农业和家畜饲养业，但在整个新石器时代早期的四五千年中，人类的经济生活仍以采集和渔猎为主，农牧业只能作为当时人类经济生活的补充。

总体来说，该地区新石器时代早期，人们的经济生活以采集和渔猎为主，但不同地域不同类型的遗址，人们在采集和渔猎经济方面的比重以及采集和渔猎的对象是各不相同的。洞穴遗址，人们以采集和渔猎为主；而贝丘遗址，人们则以采集软体动物和捕捞为主。滨海地区的贝丘遗址，人们以海水动物捕捞和海生软体动物的采集为主；而内陆地区淡水河旁的贝丘遗址，人们则以采集淡水软体动物为主。不同类型的遗址，人们的食物对象和经济生活不同，这是由不同类型遗址所处生态环境的不同所造成的。

总括以上分析，可知该地区农业和家畜饲养业虽然产生得很早，但发展非常缓慢，致使延续四五千年的新石器时代早期，人们的经济生活一直以采集和渔猎为主。该地区新石器时代早期人类经济生活的这种特点是和该地区的气候及自然环境密切相关的。该地区属热带和亚热带地区，在新石器时代早期有丰富的动植物资源可供人类利用，同时广阔茂密的森林也影响农业的发展。这种自然环境和生态系统的制约，有利于采集和渔猎经济的发展，而限制了农业经济的发展。

## 三、西南地区的新石器时代文化

西南地区是指云南、贵州、西藏和四川西南部的广大地区而言。在这一地区中，曾调查发现了不少新石器时代文化遗址。这里仅就云南和西藏的情况作些介绍。

### （一）云南地区的新石器时代文化

云南的新石器时代文化不是单一的文化。就目前已经发掘的材料来看，大体可以划分为下列几个地区：洱海地区；金沙江中游地区；滇池地区。另外，在澜沧江上中游地区和滇东北地区，也分布有新石器时代文化。

**1. 洱海地区的新石器时代文化**①　这一地区的新石器时代文化以宾川白羊村遗址为代表。考古工作者对该遗址曾作过发掘，出土遗迹与遗物较为丰富。遗址下层经过¹⁴C测定，年代为距今4 000多年。

文化遗迹有居址、灰坑和墓葬等。生产工具也是以石器为主，皆为磨制，有长条形石斧、梯形石锛、柳叶形石镞和较多的新月形弧刃穿孔石刀等。陶器以砂质褐陶最多，砂质灰陶次之，器表饰划纹、绳纹、点线纹、篦齿纹等，盛行圜底器，有侈口圜底釜、敛口卷沿圆腹罐、小口深腹罐、敛口钵等。

发掘中除发现有许多石质农具外，在部分窖穴内还发现有大量灰白色粮食粉末和稻谷、稻秆等遗存。另外，还出土有许多牛、猪、狗、兔、羊、鹿、野猪、龟的遗骸。

其社会经济状况是以种植水稻的农业生产为主，兼营畜牧与狩猎。

**2. 金沙江中游地区的新石器时代文化**②　元谋大墩子遗址位于金沙江南岸的高原盆地中，是云南滇中地区发掘面积较大和遗迹、遗物比较丰富的一处遗址，它也许代表着分布于金沙江中游及其支流地区的一种新石器时代文化。遗址分早晚二期，早期¹⁴C测定年代为距今3 000多年。

文化遗迹有村落居址、房基、灰坑和墓葬等。生产工具以石器为主，少量骨、角、蚌器。石器以磨制为主，也有少量打制石器。石器有扁体石斧、石锛、扁长条形石凿、扁新月形（或长条形）双孔石刀、柳叶形石镞和石球、石杵、石纺轮以及打制的刮削器等。还有骨角质的锥、凿、镞和蚌镞及有孔的蚌刀。陶器以砂质灰褐陶为主，另有少量砂质红陶、砂质橙黄陶、泥质红陶等。陶器的制法以泥条盘筑为主。器形以罐最多。

在元谋大墩子遗址中曾发现有大量炭化的稻谷颗粒，窖穴内堆积有谷糠与禾草类粉末等遗存，稻遗存经鉴定属于粳稻。遗址中还有大量与饲养和渔猎有关的猪、狗、牛、羊、鸡、鹿、麝鹿、豪猪、野兔、松鼠、黑熊、猕猴等动物骨骼以及蚌、鱼、田螺壳等遗骸。

其经济生活特征为以种植水稻为主，饲养猪、牛等家畜，并从事狩猎、捕鱼和采集。

**3. 滇池地区的新石器时代文化**③　从1953年起，在滇池周围连续进行了几次调查，发现了新石器时代文化多处。经过试掘的有晋宁石寨山遗址和昆明官渡遗

---

① 云南省博物馆：《云南宾川白羊村遗址》，《考古学报》1981年3期。

② 云南省博物馆：《元谋大墩子新石器时代遗址》，《考古学报》1977年1期。

③ 云南文物工作队：《云南滇池周围新石器时代遗址调查简报》，《考古》1961年1期；黄展岳、赵学谦：《云南滇池东岸新石器时代遗址调查记》，《考古》1959年4期。

址。多数遗址有一个明显的特点，即存在较厚的螺蛳壳堆积，有的厚达 8~9 米。滇池新石器时代文化年代未经测定，关于它的年代有待今后更多材料出土才能揭晓。[①]

其生产工具以石器为主，也有少量骨、蚌、陶器。石器有斧、双肩石斧、梯形石锛、亚腰石铲、锥、镞等。还有骨锥、骨铲和有孔蚌刀。另有陶纺轮、陶弹丸和陶网坠等。陶器主要是一种泥质红陶，火候甚低，手制，制作时用谷穗或谷壳作垫，故器物上能看到谷壳的痕迹；器身少见纹饰；器形简单，有小碗、盘、钵等，特征是凹底浅壁。

在部分陶器的内外壁与胎质内还发现夹杂有稻谷壳、稻谷穗芒等遗痕。据陶片上的谷壳痕迹来看，其品种也是一种粳稻。

新石器时代滇池周围的居民以经营原始农业为主要生活来源，兼有渔猎与采集，当时人们要在滇池中捕鱼和捞螺作为食物的补充，大量螺壳堆积即是当时人们食后所遗。

## （二）西藏地区的新石器时代文化

迄今，西藏共发现石器时代遗址 50 多处，其中确定为新石器时代遗址的共有 20 余处。西藏发现的新石器时代遗址主要分布在东部地区的澜沧江上游和雅鲁藏布江流域，中部和西部也有分布。

**1. 西藏西部的细石器地点** 西藏已发现的细石器地点有多处，其中具有代表性的是申扎、双湖境内的 18 个地点。这些地点均为采集点，仅一处发现一件磨制石斧，一处发现陶片，其余皆为不含陶片、不含磨制石器的细石器地点。但除细石器外，有些地点还含有大型打制石器。这些地点统称为"西藏西部细石器地点"。

其大型打制石器占有一定数量，有石核、石片，石器毛坯以石片为主，器形有切割器、刮削器、尖状器、砍砸器等。细石器，属典型细石器，最多的是楔形、锥形和柱形石核，还有石叶、石片和刮削器、切割器、雕刻器。对于这些石器的年代，一般认为属新石器时代，有人认为可能属于中石器时代，而有人则认为应属前陶新石器时代。但根据标本制作技术的不同，遗存本身有着早晚差别。

西藏西部细石器遗存特点十分明显：其一，除一处发现陶片外，其余地点均无陶片，属"无陶片新石器时代遗存"。有人认为，当时的人们主要从事游猎或游牧活动，流动性大，陶器等用具不易携带。其二，分布的海拔高度平均在 4 500 米以

---

① 据螺壳[14]C 测定，滇池贝丘遗址上限距今 7 000~4 000 年前；石寨山遗址螺壳距今（4 262±160）年。2008 年调查时，取碳化种子测定的年代为前 780—前 480 年。参见《昆明市志》第 9 分册《文物志》，人民出版社，1999 年版，711 页。

上，最高处可达5 200米。在西藏如此高海拔地区，只能从事游牧，而不适合农业。[①]

**2. 西藏东部的卡若遗址及卡若文化[②]**　卡若遗址位于昌都市卡若区卡若村，分布在澜沧江的二级台地上，海拔高度为3 100米。遗址内发掘出了原始村落遗迹，出土了大量打制石器、磨制石器、骨器和陶器，还出土了许多炭化粟米及大量动物骨骼。和卡若遗址相同的还有昌都的烟多遗址和小恩达遗址，可以命名为卡若文化。经[14]C年代测定，将卡若遗址早期断代为距今5 555～4 750年（经树轮校正）。

卡若遗址的房屋，为红烧土和石墙房屋，分圜底、半地穴、地面三种类型，可能出现半地穴楼屋。面积一般在10～30米²，最大一间双室房屋近70米²。生产工具有石器和骨器，以石器为主。石器有大型打制石器、细石器和磨制石器三种。大型打制石器数量最多，器形有铲、斧、锄、犁、钻、切割器、刮削器、研磨器、尖状器、砍砸器、敲砸器、矛、镞等。细石器多于磨制石器，种类有石镞、尖状器、雕刻器、刮削器等。磨制石器最少，器形有斧、锛、刀、研磨器、切割器、镞、重石等。另有骨斧、骨锥、骨针、骨刀柄等。陶器均为夹砂陶，有夹粗砂和夹细砂两种；大部分陶器经过打磨；陶色有红、黄、灰、黑4种，以黄、灰色为主；均为手制，火候不高。出土有粟粒和谷灰。还出土有牛、猪等动物骨骼。

从以上生产工具的性质、陶器及农作物与家畜遗存来判断，卡若文化时期，人们的经济生活以农业为主，兼有家畜饲养和渔猎等生产活动。粟是当时栽培的一种农作物；猪、牛是人工饲养的家畜。

**3. 西藏中部的曲贡遗址及曲贡文化**　曲贡遗址位于拉萨市北郊5公里的曲贡村附近，海拔3 685米。发掘出的主要遗迹为灰坑，个别灰坑中还出土人头骨。出土物十分丰富，为石器、骨器、陶器。石器为大型打制石器和细石器、磨制石器，大型打制石器数量较多，在许多石器上涂有红色矿物颜料。和曲贡遗址文化性质相同的遗存，还有拉萨市堆龙德庆区德龙查遗址、山南市琼结县邦嘎遗址和贡嘎县昌果沟遗址。上述遗存分布在雅鲁藏布江中部，因文化面貌独特，命名为曲贡文化。其时代为距今约3 700年的新石器时代晚期。

曲贡文化的经济生活以农业为主，农作物为青稞、粟、小麦等，饲养的家畜有牦牛、羊、狗等。狩猎业也很发达。曲贡文化时期，人们有在石头上"涂红"的习惯，对猴、鸟等崇拜。发掘者认为曲贡遗址灰坑中有人头骨，为"人祭坑"，与

---

① 安志敏、尹泽生、李炳元：《藏北申扎、双湖的旧石器和细石器》，《考古》1979年6期；西藏自治区文物局：《新中国成立以来西藏自治区考古工作成果》，见文物出版社编：《新中国考古五十年》，文物出版社，1999年。

② 西藏自治区文物管理委员会：《西藏昌都卡若遗址试掘简报》，《文物》1979年9期；西藏自治区文物管理委员会、四川大学历史系：《昌都卡若》，文物出版社，1985年。

"祈求丰产或报祭地母有关"。这种农耕文明的存在，反映了农业在经济生活中的重要地位及人们对农业的重视。

（1）曲贡遗址。曲贡遗址的出土物有打制石器、磨制石器、骨器和陶器。打制石器较多，器形有刮削器和砍砸器，及少量的石铲和网坠。磨制石器较少，器形有斧和锛。骨器有针、钵、匕、镞等。陶器有夹砂和泥质两种，陶色有灰、褐、黑三种。器表多素面磨光。制法为手制，出现慢轮修整。器类有罐、钵、豆、壶等。曲贡遗址还出土有石磨盘、齿镰等工具，显示这是一处新石器时代的农耕遗址；但曲贡遗址尚未确切报道有何农作物遗存。

（2）昌果沟遗址。昌果沟遗址位于西藏山南市贡嘎县昌果乡，分布在雅鲁藏布江北岸的一个支沟——昌果沟内，遗址海拔3 570米。经1994年7月考古发掘，出土了包括打制石器、磨制石器、陶器、骨器在内的考古遗存。经木炭取样的$^{14}$C年代测定，其树轮校正的上限年代为前1370年，为距今3 500年左右的新石器时代晚期遗存。[1]

昌果沟遗址发掘的重大成果是，科学家在灰坑内的烧灰中发现并采集到一批新石器时代的农作物遗存——农作物种子炭化粒。这批农作物遗存，除部分燃烧前已击碎的炭化果核外，较大粒的多类似于麦类的种子，籽粒小的则均类似于粟的种子，另有少量其他植物种子的炭化粒以及部分难以划分类别的炭化种子。经鉴定与研究，已确认遗址内的农作物遗存以青稞和粟的炭化粒为主，在大量青稞种子炭化粒中混杂有少数几粒小麦种子的炭化粒。除麦与粟的种子炭化粒外，其他植物种子的炭化粒均很少见。

具体情况为：采集到约3 000粒类似于麦类种子的炭化粒，经鉴定与研究认定为青稞（*Hordeum vulgare* L. var. *nudum*）种子炭化粒。发现有4粒不同于青稞而类似于小麦属成员的炭化种子，鉴定其中一粒属于普通小麦（*Triticum aestivum* L.）种子的炭化粒。采集到一些小粒炭化种子，拟为粟类，经鉴定确认昌果沟遗址有粟的存在，其古粟全系脱壳的粟（*Setaria italica* L. Beauv.）炭化粒。在灰坑中出土尚需进一步鉴定才能确认的农作物遗存有一粒裸燕麦（*Avena nuda* R.）已碎断的种子炭化粒；一粒豌豆（*Pisum sativum* L.）种子炭化粒；草本植物"人参果"（*Argentina anserina*）的地下茎炭化物；2个中空的青稞茎秆的炭化筒及其碎片。

研究者根据随机采取的4个灰样总计获得94粒古青稞炭化粒，略多于所获得的78粒粟炭化粒，且青稞炭化粒重量为粟炭化粒重量的1.75倍。表明青

---

① 西藏文管会文物普查队：《拉萨曲贡村遗址调查试掘简报》，《文物》1985年9期；中国社会科学院考古研究所等：《曲贡遗址第一次发掘》，《考古》1991年10期；傅大雄：《西藏昌果沟遗址新石器时代农作物遗存的发现、鉴定与研究》，《考古》2001年3期。

稞虽可以认为是昌果沟遗址的主要粮食作物，但粟在当时的粮食生产中亦占有相当的比重。

昌果沟遗址古青稞炭化种子是西藏高原上首次发现的史前青稞遗存，这个发现将西藏高原上传说中的青稞农耕提前了约 1.5 个世纪，并首次将西藏高原的青稞农耕上溯到了新石器时代。昌果沟遗址古青稞与古小麦亦可以认为是整个青藏高原上迄今发现最古老的麦类遗存。

昌果沟遗址内发现粟的农作物遗存，意义重大。这是整个青藏高原上首次发现的一处青稞与粟两种粮食作物并存的新石器时代遗址。"昌果沟遗址无论对青稞或粟以及对青稞与粟的并存而言，都可以认为是目前世界上海拔最高的新石器时代农耕遗址。它表明除传统农作物青稞之外，粟肯定是西藏高原上长期、广泛栽培过的一种作物，这对于全面把握西藏高原的史前农耕与栽培植物起源演化历史均具有重要的意义。"[1]

**4. 西藏高原史前农耕与栽培植物起源演化的讨论**  西藏高原自古形成了以藏南谷地的雅鲁藏布江流域及藏东"三江流域"为主体的河谷农业地带，这里集中了整个西藏四分之三以上的耕地，而西藏其余地区多为高寒牧区，不适宜农耕种植。"西藏高原史前农耕及栽培植物起源演化研究"是近一个世纪以来国内外学术界长期关注、悬而未决的重大理论课题。卡若及昌果沟遗址出土的农作物遗存已将西藏主要栽培作物的农耕上溯到新石器时代，这对阐明整个西藏的史前农耕及栽培植物起源演化均具有重要的学术价值。

西亚已被公认为是世界麦类的初生起源中心。我国黄河中下游地区则被认为是粟的世界初生起源中心。西藏高原地处东、西亚的过渡地带，昌果沟遗址于新石器时代晚期同时栽培粟与麦这两类东、西方具代表性的旱地主栽农作物，这对西藏高原史前农业文明的渊源具有明显的启示作用。

西藏高原尚未发现新石器时代早期的农耕遗址，早期人类可能主要从事狩猎和游牧，估计高原上的农耕种植出现在新石器时代中期。卡若遗址对西藏高原史前农耕有以下启示：①它代表了西藏高原上较早的一批农耕遗址；②它传承了来自中原及毗邻地区单一粟的农业文明；③卡若单一的古粟遗存显示了新石器时代中期西藏高原上有粟而无麦，即西藏高原本无麦，并不是青稞的初生起源地。稍晚或与卡若同步，西藏腹地的雅鲁藏布江流域出现了以昌果沟遗址为代表的西藏新石器时代中晚期的农业文明。昌果沟遗址对西藏高原史前农耕有以下启示：①粟的农业文明于新石器时代中期以来在西藏高原上自东北向西南传播。②继卡若之后，昌果沟古粟的再度发现表明，粟肯定是青藏高原上长期、普遍栽培过的农作物，而且应当是整

---

① 傅大雄：《西藏昌果沟遗址新石器时代农作物遗存的发现、鉴定与研究》，《考古》2001 年 3 期。

个西藏高原上最早栽培的粮食作物。③昌果沟遗址古青稞的发现表明，新石器时代晚期，西藏高原上已接触到西亚"麦"（青稞）的农业文明。青稞高产、早熟、抗旱、耐瘠，无须脱壳而易于炒食作糌粑，对高原农业生态表现出了独特的适应性，青稞农耕很可能是首先在雅鲁藏布江流域确立后再向藏东北传播的。④昌果沟遗址新石器时代晚期粟与麦的混合农耕最终演变成了以麦（青稞）为主栽作物的西藏近代农耕。它表明，自新石器时代晚期以来，经过长期的自然选择和人工选择，青稞以其对高原农业生态独特的适应性而逐渐取代了粟。

研究者指出："西藏高原于新石器时代中晚期是粟与麦的东、西方农业文明的汇合部，西藏高原是栽培植物的次生起源中心。"①

上述论点为我们探索西藏高原史前农耕文明与栽培植物起源演化有积极的启发与导向作用；但它需要更多的考古发掘与研究予以证实。

# 第五节 北方地区的新石器时代文化

北方地区，其中包括东北、内蒙古、宁夏、甘肃北部、新疆等地区，地域辽阔，地理条件和气候比较复杂，域内各地的经济生活呈现出多样性。各地经济生活的不同，必然导致新石器时代文化面貌的不同。根据北方地区新石器时代文化在地域上所反映出的差异，可将该地区的新石器时代文化分为两个大的区域，即东北地区和西北地区。

## 一、东北地区的新石器时代文化

这里东北地区除东北三省外，还包含内蒙古等地区。在该地区曾发现和发掘了数量众多的新石器时代文化遗址。其中不乏考古上的重大发现，是研究我国原始农业发生与发展，以及文明起源的重要区域。

### （一）辽河流域的新石器时代文化

在内蒙古东南部和中南部地区，发现了各具特色的新石器时代诸文化，以及星罗棋布的原始聚落遗址。过去有观点认为内蒙古是荒凉的游牧之地，而实际上，内蒙古地区从距今8 000年的兴隆洼文化到距今5 000年的富河文化，曾经有过发达的原始农业文化，那里的气候湿润温暖，植被繁茂，降水充沛，适于农业。原始先民

---

① 转引自傅大雄：《西藏昌果沟遗址新石器时代农作物遗存的发现、鉴定与研究》，《考古》2001年3期。

们制造石锄以开垦荒地，种植粟米以供生计，烧制陶器以供炊煮，建造房屋、挖掘窑洞以供居住。在数千年的历史中，创造了灿烂的原始农业文明。

东北地区辽河流域的新石器时代文化，主要有查海文化、兴隆洼文化、赵宝沟文化、新乐文化、红山文化、小河沿文化和富河文化。

**1. 查海文化**[①]　查海遗址位于辽宁省阜新市阜新蒙古族自治县沙拉镇查海村西南约 2.5 公里处，现存面积约 1 万米$^2$。遗址自 1986 年以来进行过 6 次发掘。发掘者认为，查海遗存的内涵特征十分鲜明，它与同一地区、同一时期的兴隆洼遗存之间的差异十分明显，故提出了"查海文化"的命名。该遗存已公布两个$^{14}$C 测年数据，年代距今（6 925±95）年、（7 360±150）年，经树轮校正年代距今 7 500～8 000 年，属新石器时代早期。

查海遗存发现的遗迹有房址、灰坑、墓葬。发现房址 55 座，均为圆角方形半地穴式，排列密集有序，可分为大、中、小三种。灰坑分圆形与不规则形两种。生产工具有石器和玉器。石器种类少，但数量多，达 200 余件，以打制器物为主，又多大形器。其中铲状器、斧、敲砸器和磨盘、磨棒所占的比例较大，且特点明显。其他还有刀、饼状器、臼、杵等。制作方法有打制、磨制、琢制和压、削几种。铲状器形制多样，皆打制，均束腰，有柄或宽柄端易于捆缚；出现了穿孔技术制此类器。斧均磨制。磨盘选用长圆形花岗岩石块，磨面中凹。磨棒有长、短两种，短棒兼有杵的功能。玉器工具仅玉斧一类。陶器以夹砂陶为主，泥质陶极少，陶色红褐较少，灰褐为大宗，皆手制，火候稍低。陶器纹饰丰富，"之"字纹和以勾连纹母题为特征的几何纹与斜线纹，构成了查海遗存陶器纹饰的主要特征。器形的大小分别明显，以直腹罐、鼓腹罐和斜腹罐三类为主要器物组合。

查海文化的时代虽然很早，却具有相当的进步性。如聚落遗址规模较大，房址布置数量多，布局密集，排列有序，其形制、特点较明显；单体房址面积多在 40 米$^2$ 以上，最大者近 100 米$^2$；每座房址内皆有铲状器、斧、刀、磨盘、磨棒等比较齐全的石质农业生产工具和组合齐全的生活用具；其文化内涵以有肩铲状器和 A 形直腹罐为突出特征。这些反映了查海遗存属于定居农业聚落。

**2. 兴隆洼文化**[②]　因 1982 年发现于内蒙古自治区赤峰市敖汉旗宝国吐乡兴

①　辽宁省文物考古研究所：《阜新查海新石器时代遗址试掘简报》，《辽海文物学刊》1988 年 1 期；《辽西发现"前红山文化"遗存——阜新原始村落遗址》，《中国文物世界》1989 年 40 期；辽宁省文物考古研究所：《辽宁阜新县查海遗址 1987—1990 年三次发掘》，《文物》1994 年 11 期。

②　中国社会科学院考古研究所内蒙古工作队、中国科学院植物研究所：《内蒙古敖汉旗兴隆洼遗址发掘简报》，《考古》1985 年 10 期；杨虎、刘国祥：《红山文化的源头——兴隆洼原始聚落遗址》，载李文儒主编：《中国十年百大考古新发现（1990—1999）·上册》，文物出版社，2002 年，149～155 页。

隆洼村而得名。主要分布在辽河流域和大凌河流域，是该地区新石器时代较早的文化遗存之一。据[14]C 测定，年代为前（5290±95）年，经树轮校正，距今8 000～7 000年。

发现的主要文化遗迹有村落居址、围沟、房址等。生产工具以石器为主，另有骨器。石器制法有打制、琢制、磨制和压制 4 种。打制石器数量最多，器形也较大，种类有亚腰形锄、倒丁字形锄、铲形器、盅状器、敲砸器等。琢制石器有磨盘和磨棒等。磨制石器有窄顶宽刃斧、梯形锛、斧和凿等。压制石器只有一种骨梗石刃鱼镖，这种复合工具是将石叶嵌粘在骨柄的槽中。还有较多的骨锥、骨鱼镖、骨匕形器和骨刀等。陶器均为砂质陶，基本不见泥质陶。陶色分红褐、灰褐和黄褐 3 种。皆手制。胎壁厚重，火候不高，质地松软。

在兴隆洼遗址 10 号和 31 号房址内发现有炭化的粟，经过人工栽培，是中国目前所发现的年代最早的粟，也是兴隆洼先民从事原始农耕生产的实证。该遗址出土的石锄、石斧、磨盘和磨棒等应为农业生产工具。说明狩猎经济仍占重要的地位。又发现少量炭化山核桃、较多蚌壳和少量鱼骨，说明兴隆洼先民同时从事采集和捕捞。

**3. 赵宝沟文化**[①]　　赵宝沟文化以内蒙古自治区赤峰市敖汉旗赵宝沟聚落遗址为代表。经[14]C 测定，年代为前（4270±85）年，距今约6 200年。

赵宝沟遗址发现居住遗迹，发掘清理房址 17 座，均为半地穴式建筑，平面呈方形、长方形或梯形。生产工具有细石器和磨制石器。细石器有石片和石核。磨制石器有斧和耜，石耜以锄形和鞋底形最具特色，还有磨盘和磨棒。陶器以夹砂陶为主，手制，火候不高，外表多呈黄褐色。器种较简单，少量圈足器和浅凹底器外，大都为平底器。另有陶塑人头。

赵宝沟文化反映出定居农业的特点。

**4. 新乐文化**[②]　　新乐文化因发现于辽宁省沈阳市北郊新乐遗址下层而得名。新乐文化的时代距今7 200～6 800年，略与中原地区的裴李岗文化、磁山文化晚期的年代接近，属本地区新石器时代早期。

新乐文化发现的主要遗址有居址等。生产工具以石器为主，石器有细石器、打制石器和磨制石器三种。其中以细石器数量最多，占全部石器的二分之一，其次为磨制石器，占三分之一，打制石器最少。细石器以石叶最多，其次为各种尖状器和石镞；磨制石器有斧、锛、凿、镞、磨盘、磨棒等；大型打制石器有砍砸器、刮削

---

①　中国社会科学院考古研究所内蒙古工作队：《内蒙古敖汉旗赵宝沟一号遗址发掘简报》，《考古》1988 年 1 期；中国社会科学院考古研究所编著：《敖汉赵宝沟：新石器时代聚落》，中国大百科全书出版社，1997 年。

②　沈阳市文物管理办公室：《沈阳新乐遗址试掘报告》，《考古学报》1978 年 4 期。

器、石铲、网坠等。陶器以夹砂红褐陶最多，占全部陶器的90％以上，泥质陶的数量很少。陶器火候较低，胎质疏松，但胎壁均匀，造型规整，可能已使用慢轮制陶。

新乐文化出土的石器中有石斧、石锛、磨盘、磨棒等农业生产工具和谷物加工工具，说明当时已有了定居农业；较多的细石器和石镞、网坠的发现，反映渔猎经济仍占较大的比重。

**5. 红山文化**[①]　因1935年首先发现于现今内蒙古东部的赤峰市红山后遗址下层而得名。在西辽河和大凌河流域发现有许多红山文化遗址。分布范围大体北起内蒙古昭乌达盟的乌尔吉木伦河流域，南到辽宁朝阳、凌源和河北北部，东至通辽市与锦州地区。红山文化的年代，$^{14}$C测定为距今5 000年左右，应属该地区新石器时代中晚期。

红山文化发现的遗迹有房址、窑址、大型石砌祭祀遗址、"女神庙"址、积石冢群和石砌围墙遗址等。生产工具以石器为主，并有骨器与角器。石器有细石器、打制石器和磨制石器。细石器有石叶、石片、刮削器、尖状器和石镞。大型打制石器有砍砸器、斧状器、两端很尖的桂叶状石器、桂叶形双孔石刀等。磨制石器有梯形石斧、梭形石锛、石刀等。琢制的石器有磨盘和磨棒。叶形石耜在各种石器中数量最多，是主要的生产工具之一，也是一种最富特征性的农业生产工具，是红山文化的标志之一。石耜分打制和磨制两种，是一种类似石铲的翻土工具。陶器的陶质以砂质褐陶和泥质的红陶为主，并有少量泥质灰陶与黑陶，均为手制。

红山文化的居民已过着一定程度的农业定居生活，社会经济以农业为主，兼营家畜饲养，但渔猎仍是重要的经济部门。遗址中发现有较多的石农具和饲养的牛、羊、猪的骨骼，以及狩猎来的鹿、獐等动物遗骸。

**6. 小河沿文化**[②]　因1977年发现于内蒙古自治区赤峰市敖汉旗小河沿乡的南台地遗址而得名。多数学者认为小河沿文化是从红山文化发展而来的一种文化。分布范围与红山文化大体相同。其中心区域在老哈河流域。已发掘的同类遗址有翁牛特旗的石棚山、敖汉旗的石羊石虎山，年代距今5 000～4 500年，属新石器时代晚期。

---

① 吕遵谔：《内蒙赤峰红山考古调查报告》，《考古学报》1958年3期；郭大顺、张克举：《辽宁省喀左县东山嘴红山文化建筑群址发掘简报》，《文物》1984年11期；卜昭文、魏运亨、苗家生：《辽西发现5 000年前祭坛女神庙积石冢群址》，《光明日报》，1986年7月25日；辽宁省文物考古研究所：《辽宁牛河梁红山文化"女神庙"与积石冢群发掘简报》，《文物》1986年8期；辽宁省文物考古研究所编：《牛河梁红山文化遗址与玉器精粹》，文物出版社，1997年。

② 辽宁省博物馆、昭乌达盟文物工作站、敖汉旗文化馆：《辽宁敖汉旗小河沿三种原始文化的发现》，《文物》1977年12期。

文化遗迹有房址、灰坑、墓葬等。生产工具以石器为主，石器基本都是磨制，器形有斧、锛、带孔石铲和石球，并有少数琢制的石铲和石斧。加工精细的细石片，应是镶嵌在骨器上的复合工具的部件。陶器的陶质以夹砂褐陶为主，其次是泥质红陶，也有一些砂质与泥质黑陶和泥质灰陶。陶器的制法有手制和慢轮修整。

**7. 富河文化①** 因发现于内蒙古自治区赤峰市巴林左旗富河镇富河沟门村的富河沟门遗址而得名。主要分布于西木河以北的乌尔吉伦河流域。已发掘的还有林东的金龟山和南杨家营子等遗址。富河文化的年代，据$^{14}$C测定为距今5 000年左右。

文化遗迹有房址、灰坑等。生产工具有细石器、大型打制石器、磨制石器和骨器。细石器数量较多，占全部石器的三分之一以上，其种类有石叶、锥状石核、扁体石核、圆柱状石核、圆头刮削器、条形尖状器、锥形器、镞等。打制石器的数量仅次于细石器，其种类有砍砸器、尖状器、梭形器、刮削器、锄、斧、锛、凿等，其中长方形石锛、有肩石锄是颇富特征的农业工具。磨制和琢制的器形较少，其种类有斧、锛、磨盘、磨棒等。骨器的数量较多，器形有锥、镞、针、匕、鱼镖、鱼钩、复合工具中的刀柄（有槽，以镶嵌石叶）。另有陶纺轮。陶器均为砂质灰褐陶与黄褐陶，火候低，质松软。皆手制，以泥条盘筑为主。器形以大口深腹筒形罐的数量最多，占全部陶器的90%以上。遗址中出土的动物骨骼以鹿类最多，野猪、狗獾次之；全部动物骨骼中未见可以肯定为家畜的。

富河文化除有定居农业外，渔猎采集在经济生活中占有较大比重。

## （二）辽东半岛及其沿海岛屿的新石器时代文化

辽东半岛及其沿海诸岛，现已发现新石器时代遗址100多处。旅大沿海地区小珠山遗址的发掘，使我们对该地区新石器时代文化的发展序列有了一些比较明确的认识。

**小珠山文化②** 小珠山遗址位于辽宁省大连市长海县广鹿岛中部的吴家村。1978年进行了发掘。遗址中所揭示的地层关系，为辽东地区的新石器时代文化年代序列提供了地层依据。小珠山文化遗存在辽东半岛地区颇有代表性，暂称为小珠山文化。以小珠山下、中、上三个文化层为代表，可将小珠山文化分为早、中、晚三期。

（1）早期。主要分布于辽东半岛南端的一些小岛上。其年代距今约6 000年。

---

① 中国科学院考古研究所内蒙古工作队：《内蒙古巴林左旗富河沟门遗址发掘简报》，《考古》1964年1期。

② 辽宁省博物馆、旅顺博物馆、长海县文化馆：《长海县广鹿岛大长山岛贝丘遗址》，《考古学报》1981年1期；旅顺博物馆：《旅大市长海县新石器时代贝丘遗址调查》，《考古》1961年12期。

生产工具以石器为主，石器有打制和磨制两种，打制的比较多，磨制的较少。打制石器有刮削器、尖状器、盘状器、长条形束腰网坠、石球等。磨制石器有弧刃石斧、石刃、磨盘、磨棒等。还有用陶片加工的陶纺轮。陶器多为含骨石粉的夹砂红陶或红褐陶，手制、厚胎，器表打磨光滑。堆积中还有大量的贝壳和兽骨。兽骨中多见鹿骨，也有犬和獐的骨骼。

（2）中期。属于小珠山文化中期的遗址有小珠山中层、长海县广鹿岛的吴家村、旅顺郭家村下层等。根据$^{14}$C测定，年代为距今6 000～5 000年。

生产工具以石器为主，另有骨器和陶器。石器多磨制，打制石器较少。磨制石器有斧、锛、方形石刀、铲、扁平柳叶形镞、磨盘和磨棒等。打制石器有铲、刀、网坠等。另有骨镞、骨锥、骨凿、牙刀和陶纺轮、陶刀等。陶器仍以夹砂红陶、红褐陶为主，但夹砂陶中含滑石的很少。有少量的细泥红陶。手制，薄胎，火候较高。此期除发现有石制农业生产工具和粮食加工工具外，还出土大量狗、猪、鹿、獐等动物骨骼与蚌壳。猪的饲养是农业经济发展的反映。

（3）晚期。属于小珠山文化晚期的遗址有小珠山上层、长海县广鹿岛砺碴岗、南窑、上马石中层、郭家村上层等。据$^{14}$C测定，年代距今约4 000年。

生产工具以石器为主，石器均磨制，相当精致。器形有平刃斧、肩斧、段锛、长方形（或半月形）带孔刀、镞、镰、矛、凿、穿孔网坠、纺轮、磨盘、磨棒等。打制石器已很少见。另有一些骨镞、骨锥、骨针、骨鱼钩、角锥和陶纺轮等生产工具。陶器以夹砂黑褐陶和泥质黑陶为主，有少量的磨光黑陶、蛋壳陶、白陶。出现快轮制陶。

社会经济状况，是以农业生产为主，兼营渔猎。依据是除去有比较进步的石制与骨制农业生产工具外，并有饲养与渔猎的狗、猪、鹿、獐等动物骨骼和海产的贝、鲸鱼骨、螺等发现。

## （三）松花江与嫩江流域的新石器时代文化

包括黑龙江省和吉林省的大部地区。在这一地区，发掘了不少新石器时代遗址，其中具有代表性的是嫩江流域的昂昂溪文化和松花江流域的新开流文化。

**1. 昂昂溪文化**[①]　昂昂溪遗址位于黑龙江省齐齐哈尔市昂昂溪区附近。这类遗址的分布范围，主要是在以齐齐哈尔为中心的嫩江流域，包括吉林省西北部和松花江流域的一部分。代表性遗址有昂昂溪附近的王福、莫古气、额尔苏、红旗营子等。昂昂溪文化的年代距今5 500年左右。

---

① 梁思永：《昂昂溪史前遗址》，见中国科学院考古研究所编辑：《梁思永考古论文集》，科学出版社，1959年；黑龙江省博物馆：《昂昂溪新石器时代遗址的调查》，《考古》1974年2期。

生产工具有压制石器、打制石器、磨制石器和骨器。压制的细石器有石叶、石核、石镞、投枪头、刮削器、切割器、尖状器等。打制石器有锛形器、刮削器、盘状器、半月形石刀、网坠等。磨制石器有锛、斧、敲砸器、砺石等，骨器也较多，主要器形有带倒刺的骨鱼叉、无倒刺的鱼镖和骨刀柄。陶器以砂质和泥质黄褐陶为主，胎质内多掺有蚌末，均手制，胎壁厚重，火候不高。遗址大都分布在低地沼泽沙丘地带，出土物多石镞、投枪头、鱼叉、鱼镖一类的渔猎工具，以及用于刮、割兽皮，切割兽肉的各种刮削器、尖状器、刀形器等，反映其经济生活以渔猎为主。

**2. 新开流文化**[①]　因发现于黑龙江省鸡西市密山市兴凯湖畔的新开流遗址而得名。1972 年调查并发掘新开流遗址。同类型的遗址还有松花江下游桦川县万里霍通遗址。年代为距今 6 000～5 000 年。

新开流文化发现的主要遗迹有鱼窖、墓葬等。

新开流文化的生产工具，以琢制的细石器为主，只有少量的打制和磨制石器。细石器有桂叶形凹底石镞、平底石镞、三角形石镞、带铤石镞、刮削器、尖状器、投掷器、石叶和石片。打制和磨制石器有斧、凿、矛、镞、磨盘等。另外还有一些骨鱼镖、骨鱼卡、骨鱼钩、投枪头、角锥、角矛、骨鱼叉、骨匕首、带孔牙镞、牙锥等。

陶器以砂质灰褐陶为主，次为砂质黄褐陶，也有少量泥质红褐陶。器表多是用纹饰组成的复合纹，有刻划纹、戳刻纹、压印纹等。压印鱼纹为主的复合纹是新开流文化的特色。陶器有直腹直筒罐、直口（或侈口）鼓腹罐、折沿罐和钵等。

遗址中还出土大量鱼骨及鹿、野猪、狗獾、狼等动物骨骼。

新开流文化的石器、骨器以渔猎工具为主，下层的鱼窖、文化堆积中大量的鱼骨和兽骨，陶器纹饰中的鱼鳞纹等，都反映当时的人们以渔猎经济为主，尤以捕鱼为主要生活来源。

**3. 牛场遗存**[②]　牛场遗址位于牡丹江中游的一级台地上，前临盆地平原地带。牛场遗址没有 $^{14}$C 测年数据公布。1960 年考古工作者对其进行了清理。出土的生产工具有石器和骨器；石器有刀、斧、刮削器、镞、凿、球、磨盘、磨棒等；骨器有针、鱼钩、凿等。出土的陶器皆手制，平底，侈口，厚胎，多素面，火候较高、坚硬。表面稍加修整，制作粗糙。夹砂陶多大型和中型的陶罐，泥质陶多小型器如杯、盅、碗等。新开流文化的经济生活以渔猎为主，农业经济很不发达。但牛场遗址的出土物中有较多的农业工具和谷物加工工具，反映其经济生活则以农业为主，渔猎经济退居次要地位。

---

①　黑龙江省文物考古工作队：《密山县新开流遗址》，《考古学报》1979 年 4 期。

②　黑龙江省博物馆：《黑龙江宁安牛场新石器时代遗址清理》，《考古》1960 年 4 期。

**4. 亚布力遗址**[①]  亚布力遗址位于黑龙江省哈尔滨市尚志市亚布力镇东北 1.5 公里的岗地上。其年代据推测下限不晚于距今 4 000 年。其文化因素不仅与新开流等遗址有关，而且与辽宁新乐文化、红山文化也存在着某些联系。

遗址发现房址 1 座，为半地穴式，平面略呈长方形，居住面及四壁未经进一步加工，有伸出壁外的坡状阶式门道。出土的陶器均为手制夹砂陶，火候低，陶质松，器种单一，仅见罐、碗。但很有特色，几乎都有纹饰，主要为压印绳纹和戳压箆点纹。石器多为磨制，部分打制。其中长身弧刃石斧、穿孔石铲、束腰形石锄、双刃刮削器、玉锛、玉凿等，均有自身的特点。亚布力遗址出土的农业生产工具比较成套，可见当时的农业经济已有一定的水平，为研究黑龙江地区新石器时代农业生产状况提供了珍贵资料。

**5. 莺歌岭遗址下层文化**[②]  莺歌岭遗址位于黑龙江省牡丹江市宁安市镜泊湖南端东岸。遗址分上、下两层。下层属于新石器时代文化，有地方特色。这类文化遗址主要分布于牡丹江流域，在图们江和绥芬河流域也有发现。其年代距今约 4 000 年。

遗址发现居住遗迹，房屋为圆角方形和长方形半地穴式。房基周围有柱洞，有的房基底部周围还放一排石块。陶器以砂质红陶为主，也有少量粗黑陶。均为手制。器形简单，有筒形罐和钵两种。生产工具有打制的有肩石铲、亚腰石锄、网坠、长方形石斧、鞋底状石器、磨制石斧、鹿角锄等。这些居住遗迹和生产工具，反映了原始农耕的特点。

## （四）河套地区的新石器时代文化

这里所指的河套地区，包括河套东部地区和阴山以南的河套平原。这些地区的新石器时代文化，由于所在地区自然环境和生态条件的不同，其文化面貌也有区别。该地区原始文化比照中原地区而分为仰韶文化和龙山文化两大阶段，每一阶段内都可分出早、中、晚三期。

相当仰韶文化早期的遗存，只发现阿善一期文化。

相当仰韶文化中期的遗存，仅见白泥窑子第一种文化。

相当仰韶文化晚期的遗存，可分为三种类型。第一种类型以阿善二期和三期为代表；第二种类型以朱开沟遗存为代表；第三种以庙子沟和大坝沟为代表。

相当龙山文化早期的遗存，以凉城县老虎山遗址为代表。

---

① 黑龙江省文物考古研究所：《黑龙江尚志县亚布力新石器时代遗址清理简报》，《北方文物》1988 年 1 期。

② 谭英杰等：《黑龙江区域考古学》，中国社会科学出版社，1991 年。

相当龙山文化中期的遗存，仅在准格尔旗大庙圪旦清理了一个灰坑。

相当龙山文化晚期的遗存，仅见于朱开沟第一段。

现分别列举典型遗存介绍于下：

**1. 阿善遗址①**

（1）阿善一期文化。由于保存情况不好，未发现遗迹。生产工具有石磨盘、石磨棒、石球、磨石、砍砸器等。陶器以泥质红陶居多，陶泥多经淘洗；夹砂红褐陶次之，火候低。器种有锛、盆、罐、重唇小口瓶等。

（2）阿善二、三期文化。阿善二期文化遗存的房子，为半地穴式，多呈正方形；居住面用褐色土抹成并经火烤，坚硬平整。房子附近的窖穴多呈方形圆角直壁状。出土生产工具有磨壳石斧、石锛、长方形或弧背形石刀、石铲、盘状器、敲砸器、磨盘、磨棒、石镞等。陶器有泥质陶和夹砂陶；彩陶不多，器种有折服钵、曲腹钵、小口双耳罐等。经$^{14}$C测定，分别为距今（5 090±80）年、（4 475±85）年、（4 790±70）年（未经树轮校正）。

阿善三期文化的房子，分为半地穴式和槽沟结构的地面建筑两种，平面是呈进深大于间宽的长方形；居住面用草拌泥抹成后略加烧烤，墙壁涂抹一层草拌泥。房子附近的窖穴多方形圆角，呈斜壁覆斗状。出土生产工具有磨制石斧、打制石斧、有孔长方形石刀、单孔石铲、长柳叶形石镞、镶石片刃的有柄骨刀等。陶器的泥质灰色篮纹陶及磨光陶最具特色。经$^{14}$C测定，年代为距今（4 340±70）年、（4 330±80）年、（4 240±80）年（未经树轮校正）。

**2. 庙子沟遗址②** 庙子沟遗址发现居址、窖穴、墓葬等遗迹。房址均为圆角长方形浅地穴式、上部有木构泥墙的建筑，居住面和四壁用草拌泥抹面，坚硬平整，但未经烧烤。室内四角一般挖1～3个窖穴，内葬有人骨。房子周围分布着墓葬，有多人合葬、双人墓葬和单人墓葬。生产工具中，磨制石器数量多，制作精美，有长方形有孔石刀、单孔石铲、小石锛、石纺轮等。陶器以褐陶为主，灰陶和红陶次之，少量黑陶。多素面磨光或饰绳纹，彩陶数量不多，以红彩为主。以双耳罐为典型器。

**3. 老虎山遗址③** 老虎山遗址位于一座北高南低的山坡上，周围依山势修筑石墙。在依山势形成的台地上，筑有一排排房子。早期房子均为圆角方形半地穴式；晚期房子多半为半地穴式，平面呈凸方形，室内地面和墙壁先抹一层黑色草拌泥，再罩以白灰面。晚期还发现墓葬。生产工具有磨制长方形石斧、长方形

---

① 内蒙古社会科学院蒙古史研究所、包头市文物管理所：《内蒙古包头市阿善遗址发掘简报》，《考古》1984年2期。

② 内蒙古文物考古研究所：《内蒙古察右前旗庙子沟遗址考古纪略》，《文物》1989年12期。

③ 田广金：《凉城县老虎山遗址1982—1983年发掘简报》，《草原文物》，1986年1期。

石刀，打制的龟背形刮削器，及三角形石锥、石矛形器、刮削器、石片等细石器。陶器分夹砂和泥质两类，以红褐和灰褐为主；多为手制，普遍经过慢轮修整。晚期模制和轮制陶比一期增多。老虎山晚期（二期）出土的木炭标本距今（3 870±70）年。

**4. 朱开沟遗址**（第一段）①　朱开沟遗址第一段发现房址 3 座、灰坑 10 个、墓葬 10 座（含 3 座瓮棺葬）。房子都是圆角方形半地穴式，地面抹白灰面。生产工具有长方形有孔石刀、石凿、骨镞、骨凿、骨针等。陶器以灰陶为主，褐陶和黑陶次之。以手制为主，模制很少。器形以三足器尤为发达，占陶器半数以上。

**5. 西园遗址**②　西园遗址位于内蒙古自治区包头市东郊沙尔沁乡西园村东约 1 公里的大青山西段南麓，西距阿善遗址 5 公里。

（1）第一期遗存。发现较少，未见遗迹现象，除在少数探方第五层中发现一些陶片外，多数都混杂在晚期地层中，可以确认的遗物仅见陶制生活器皿。时代相当于仰韶文化早中期。

（2）第二期遗存。发现房址、灰坑等遗迹，房址均为半地穴式建筑，门向南或西南，平面呈圆角方形和前宽后窄的圆角梯形。室内绝大部分都有柱洞。灰坑有圆形、圆角方形、长方形和不规则形四种。生产工具有石器，陶、骨制品等，石器绝大部分都磨制，有少数琢制的细石器，种类有磨盘、斧、刀、纺轮等。陶制品种有刀、纺轮。骨制品仅锥一类。陶器分为泥质、砂质和夹砂三大类，其中泥质为主，还有较少红陶、橙黄陶和黑陶。陶器以手制为主，少量慢轮修整，极少泥条盘筑。时代大约相当于仰韶文化晚期。

（3）第三期遗存。发现房址、灰坑、墓葬、陶窑等遗迹。房址是半地穴式建筑，据平面布局可分为前宽后窄的梯形、圆角方形、圆形和凸字形 4 种。房屋间大体上按东西向成排分布。居住面和墙壁均抹一层白沙泥。灰坑仍是圆形、圆角方形、长方形和不规则形 4 种，直壁式为多，少数袋形坑。生产工具较多，主要有石器、骨器和陶制品等。石器绝大多数为磨制，只有少量为琢制，有斧、刀、磨棒、锛、纺轮、镞等。骨器有刀、锥、凿等。陶制品仅见刀和纺轮。陶器仍可分为泥质、夹砂和砂质陶三大类。泥质陶较二期有所增加，夹砂陶、砂质陶相对减少。时代大约相当于龙山文化早期。

---

① 内蒙古文物考古研究所：《内蒙古朱开沟遗址》，《考古学报》1988 年 3 期；田广金：《内蒙古伊金霍洛旗朱开沟遗址Ⅶ区考古纪略》，《考古》1988 年 6 期。

② 西园遗址发掘组：《内蒙古包头市西园新石器时代遗址发掘简报》，《考古》1990 年 4 期。

**6. 白泥窑子遗址**① 遗址位于内蒙古自治区呼和浩特市清水河县喇嘛湾镇东北的白泥窑子村附近。石器有磨制石器、打制石器和压制的细石器。器形有石斧、石铲、刮削器、尖状器、盘状器、石刀、石镞、纺轮、磨盘、磨棒、砺石等。陶器以砂质和泥质红陶为主，并有少量灰陶和彩陶，均手制。火候高，质地坚硬。陶器有大口（或小口）罐、深腹钵、折口钵、折沿盆、瓮、尖底瓶等。

**7. 海生不浪遗址**② 遗址位于内蒙古自治区呼和浩特市托克托县中滩乡海生不浪村附近的黄河边上，1965 年调查发现。同类遗址还有清水河县的台子梁、岔河口等。石器有打制和磨制两种。打制石器有敲砸器、刮削器、尖状器和网坠。磨制石器有斧、带孔刀、镰、锛、磨盘、磨棒等。陶器以泥质红陶为主，并有少量砂质红陶和少量泥质灰陶、褐陶和彩陶，均手制。有些彩陶器形和纹饰与马家窑文化有一定联系。

**8. 大口遗址**③ 位于内蒙古自治区准格尔旗龙口镇大口村（即元峁圪旦）。石器以磨制为主，也有少量打制石器。磨制石器有斧、锛；打制石器仅见尖状器。陶器主要有泥质和夹砂灰陶、泥质褐陶，有少量的夹砂褐陶、泥质黑陶。均手制，火候较高。还有少量彩陶，彩绘纹样简单。

**9. 转龙藏文化遗存**④ 转龙藏遗址位于内蒙古自治区包头市东北。1955 年和1958 年进行过两次试掘。可能属于转龙藏类型的遗址还有伊金霍洛旗巴尔吐沟、准格尔旗二里半等。生产工具有石、骨、陶器三类。石器中以打制石器为主，器形有石叶、石核、刮削器、尖状器、镞等。磨制石器有斧、梯形锛、有肩铲、长方形带孔刀、磨盘、磨棒等。另外，还有少量骨铲、骨锥和有孔陶刀等。陶器以泥质灰陶最多，皆手制。

二里半遗址出土的农业生产工具有磨制的石斧、石锛、多孔石镰，打制的亚腰石斧、束腰石铲、敲砸器等。细石器有尖状器、刮削器、石核、石片等。陶器以泥质灰陶为主，夹砂灰陶和褐陶、泥质褐陶次之，并有少量泥质黑陶。

① 汪宇平：《内蒙古清水河县白泥窑子村的新石器时代遗址》，《文物》1961 年 9 期；内蒙古历史研究所：《内蒙古清水河县白泥窑子遗址复査》，《考古》1966 年 3 期；崔璿、斯琴：《内蒙古清水河白泥窑子 G、J 点发掘简报》，《考古》1988 年 2 期；崔璿：《内蒙古清水河白泥窑子 L 点发掘简报》，《考古》1988 年 2 期。

② 吉发习：《内蒙古托克托县新石器时代遗址调查》，《考古》1978 年 6 期；汪宇平：《清水河县台子梁的仰韶文化遗址》，《文物》1961 年 9 期；内蒙古历史研究所：《内蒙古中南部黄河沿岸新石器时代遗址调查》，《考古》1965 年 10 期。

③ 吉发习、马耀圻：《内蒙古准格尔旗大口遗址的调查与试掘》，《考古》1979 年 4 期。

④ 内蒙古文物组：《包头市东门外转龙藏发现细石器文化遗址》，《文物参考资料》1954 年 8 期；内蒙古自治区文化局文物工作组：《内蒙古自治区发现的细石器文化遗址》，《考古学报》1957 年 1 期。

## 二、西北地区的新石器时代文化

中国的西北地区，含宁夏、青海、甘肃、新疆等广大地区。其中青海、甘肃的新石器时代文化已放在黄河上游部分予以介绍，故这里的西北地区，仅指新疆的全部和宁夏的部分地区。

### （一）宁夏地区的新石器时代文化①

在黄河以北的宁夏地区，发现了一些具有地方特色的以细石器为特征的新石器时代遗址，但发掘得很不够，其文化发展序列不甚清楚。其中高仁镇、沙坡头等遗址时代较早，大约和马家窑文化的时代相当；兴隆镇遗址的时代较晚，大约和齐家文化的时代相当。

生产工具以石器为主。石器有细石器、打制石器、磨制石器 3 种，以细石器的数量最多。细石器有细长石叶、柱状石核、锥状石核、扁体石核、圆刮器、尖状器、凹底石镞等。磨制石器有梯形弧刃石斧、梯形弧刃石锛、磨盘和磨棒等。陶器有夹砂红陶、泥质红陶、夹砂灰陶和彩陶，以夹砂红陶为主。器形多钵和罐。

遗址出现的石斧、石锛、磨盘、棒和陶器，反映了农业经济的存在。但这些新石器时代文化遗存，石器中含有一定数量的细石器，说明狩猎经济仍在经济生活中占有一定的比重。

### （二）新疆地区的新石器时代文化②

截至 20 世纪 90 年代初，新疆地区的新石器时代遗址发现得不多，资料也比较零散，其文化发展序列不甚清楚。根据当时新疆地区的田野工作和对有关资料的分析研究，新疆地区真正的新石器时代遗址是很少的。过去关于新疆新石器时代文化遗址和墓葬的报道和介绍，可能不是新石器时代文化遗存，而是属于青铜时代文化甚至是铁器时代文化。当然另有观点认为，这批遗址和墓葬中，有相当一批的时代

---

① 钟侃：《宁夏陶乐县的细石器遗址调查》，《考古》1964 年 5 期；宁笃学：《宁夏回族自治区中卫县古遗址及墓葬调查》，《考古》1959 年 7 期；钟侃、张心智：《宁夏西吉县兴隆镇的齐家文化遗址》，《考古》1964 年 5 期。

② 李遇春：《新疆发现的彩陶》，《考古》1959 年 3 期；史树青：《新疆文物调查随笔》，《文物》1960 年 6 期；吴震：《新疆东部的几处新石器时代遗址》，《考古》1964 年 7 期；新疆维吾尔自治区博物馆考古队：《新疆疏附县阿克塔拉等新石器时代遗址的调查》，《考古》1977 年 2 期；新疆维吾尔自治区博物馆考古队：《新疆奇台县半截沟新石器时代遗址》，《考古》1981 年 6 期；陈戈：《关于新疆新石器时代文化的新认识》，《考古》1987 年 4 期。

较早，如距今约3 800年的罗布泊地区孔雀河古墓沟墓地、塔城卫校墓地、托里萨孜村墓地、石河子水泥厂墓地和硕新塔拉遗址，应属于铜石并用时代，和齐家文化有一些相似之处。对此纷争，我们不参与讨论，并省略不予介绍。新疆境内有可能属于新石器时代文化遗址的有哈密七角井，吐鲁番的阿斯塔那、辛格尔、英都尔库什，疏附县的阿克塔那，阿克苏的喀拉玉尔衮等；另在罗布淖尔周围也分布有一些。这些遗址按细石器的多寡，拟分为两类。

**1. 细石器较多的新石器时代遗址** 代表性遗址有七角井、阿斯塔那、辛格尔、英都尔库什，以及罗布淖尔周围的一些。其时代可能距今10 000～7 000年。石质生产工具以细石器为主，兼有大型打制石器，罕见磨制石器（个别遗址除外）。大型打制石器有刮削器、尖状器、砍砸器、石磨盘、磨棒、石球、穿孔石器等。细石器有条形石片、石叶、石核、刮削器、圆刮器、镞（可分为柳叶形、桂叶形、三角形和菱形）等。陶器在多数遗址中不见和少见，部分遗址中比较普遍。陶质多为砂质红陶，胎质坚硬。器形有小口罐、圜底钵、筒形杯和壶等。

**2. 以磨制石器为主的新石器时代遗址** 主要分布在喀什、阿克苏等地区。代表性遗址有疏附县的阿克塔那、阿克苏的喀拉玉尔滚等。这类遗址的时代下限可能晚到铜石并用时期。生产工具以石器为主，石器多为磨制，种类有弧背直刃半月形刀、弧背凹刃镰、马鞍形磨盘、杵、斧、镞、球、环状器、纺轮和砺石等。陶器均为手制，火候不高。以夹砂褐陶为主，还有少量砂质红陶与灰陶。以圜底器居多，平底器与圈足器较少。

新疆地区的新石器时代文化，代表着两种不同的经济类型：细石器居多的文化遗存，代表着狩猎经济类型；而以磨制石器为主的文化遗存，则代表着以粟为主的农业经济类型。

北方地区，地域辽阔，各地的自然条件差异较大。这些地区既有山地丘陵，也有冲积平原；有些地方森林茂密，但多为相间分布的草原和沙漠。过去曾笼统地将北方地区的新石器时代文化作为单一的"细石器文化"，并认为细石器只代表单一的畜牧经济，这是不符合客观情况的。北方地区含细石器的各种文化遗存，因地域和时代的不同，其文化面貌各不相同，经济形态也有区别。

北方地区，新石器时代遗址发现较多，其中文化系统较明确的地区有辽河流域、辽东半岛、松嫩两江流域、河套地区。西北地区的文化系统还不甚明确。

辽河流域新石器时代早期文化，主要有新乐文化和兴隆洼文化。新乐文化虽已有定居农业，但较多的细石器和石镞、网坠的发现，反映渔猎经济仍占较大比重。兴隆洼文化的社会经济生活以农业生产为主，兼营渔猎、采集。辽河流域新石器时代中晚期文化，主要有红山文化和富河文化。二者的石器均以打制石器为主，打制石器中有一定数量的细石器。从这两种文化各种遗存的特征来看，都已过着一定程度的定居农业生活，社会经济以农业为主，但狩猎经济在经济生活中仍占重要的地位。

辽东半岛沿海地区的新石器时代文化以小珠山遗址的文化遗存比较有代表性。小珠山文化的社会经济以农业为主，兼营渔猎采集。

松嫩两江流域的新石器时代文化以昂昂溪文化和新开流文化为代表。二者的社会经济都以渔猎为主，农业经济很不发达。

阴山以南的河套地区，新石器时代文化面貌和阴山以北地区有明显区别。阴山以南地区的新石器时代文化受到渭河和洮河流域新石器时代农业文化的影响，其文化遗存带有仰韶文化、马家窑文化、齐家文化等因素。有大量的磨制石器，如石斧、石铲、石刀、磨盘等，这些均属农业工具，是农业经济的反映。

阴山以北的沙漠草原地区，新石器时代文化具有显著特点：制陶业不发达；石器以打制的细石器为主，磨制石器极不发达，打制石器大多为渔猎工具。这反映其经济生活以渔猎为主。这一地区含细石器的遗址中所发现的动物骨骼都是野生动物，未发现家畜。这说明畜牧业在这些地区出现是很晚的。该地区产生游牧业可能在新石器时代晚期，或更晚的时期。

中国的西北地区，从河西走廊到新疆地区，其新石器时代文化有很多相似之处，社会经济形态大致相同。这一东西方向的条形地带，其东部地区的新石器时代文化时代较早，西部地区的新石器时代文化时代较晚。这种由东向西、文化时代逐步变晚的趋势，反映黄河流域的新石器时代文化由东向西的发展。时代较早者，以细石器为主要特征，代表着狩猎经济类型；时代较晚者，以磨制石器为主，则代表着农业经济类型。

新石器时代的北方地区，在主要经济形态上，可分为三类：①以农业经济为主或带有农业经济因素的，如兴隆洼文化、红山文化、富河文化、小珠山文化及阴山以南河套地区的新石器时代文化、新疆地区以磨制石器为主的新石器时代文化等；②以渔猎经济为主的，如新乐文化、昂昂溪文化、新开流文化及阴山以北新石器时代文化、西北地区以细石器为主要特征的新石器时代文化等；③推断以畜牧经济为主的，如阴山以北沙漠地区的新石器时代晚期遗存。这种分类只就主要的经济形态方面而言，当时两个或两个以上的经济手段并用，都是当然的事。

应该指出的是，辽河流域和河套这两个地区，在经济形态发展的过程上，农业、畜牧相兼的氏族出现是很早的。至于这两个地区出现的畜牧部落，那已经是以后的事，这个现象值得注意。

过去学术界曾认为，细石器只代表畜牧经济，农业是从南方来的，这个意见值得考虑。细石器是否只代表畜牧经济，单从细石器本身是难以判断的。过去这个意见，是根据内蒙古存在的游牧形态推断出来的，是不可靠的；这个问题，只有今后通过对发掘动物骨骼的研究才能解决。细石器绝不是只代表单一的畜牧经济，因为它已经见于渔猎经济的昂昂溪文化和农业经济的红山文化，所以细石器是各种经济形态所共有的，因此认为细石器只代表畜牧经济的意见，是没有科学根据的。①

---

① 佟柱臣：《试论中国北方和东北地区含有细石器的诸文化问题》，《考古学报》1979年4期。

# 第四章　原始农业的植物栽培与利用

## 第一节　栽培作物的起源和驯化的学说

植物的起源学说很多，早期人们用神赐说来解释，这在世界各地都有之。中国有著名的神农氏教民树艺五谷，还有后稷、盘古等（详第二章）。在地中海区域的埃及有伊西斯（Isis）女神，希腊有德墨忒尔（Demeter）女神，罗马有刻瑞斯（Ceres）女神，墨西哥有羽蛇（Quetzalcoatl）神，秘鲁有维拉科查（Viracocha）神。这些神话的传说虽然很是美妙，可惜不能说明农业起源的实际情况。

现代科学对栽培作物的起源学说法不一，据哈伦（J. R. Harlan）的归纳，大概有以下这些：

**1. 宗教起源说**　主张作物起源于宗教而非经济的原因。许多植物，不论是栽培的或是野生的，最初都是由于祭祀的、仪礼的或巫术的原因（动物也一样）；这些植物中有的是药用的，有的是染料用的，有的是因其叶片或花朵美丽好看。如西非森林中有一种植物的叶片具有金属闪烁的光泽，用来标识在丛林中一种神秘的集会场所。有一种苋属（Amaranthus）植物，它的花序呈血红色，是古代南美洲的一种宗教节日中常用的祭品。在印度和巴基斯坦，人们把这种苋属放在门口，或用于祭祀。太平洋西北有一个少数民族，还过着渔猎、采集的生活，却精通种植烟草，而烟草是很不容易栽培的作物，可是他们却不种植其他比烟草容易栽培的食用植物。

**2. 拥挤说或接近说**（Propinquity Theory）　戈登·柴尔德（1925）提出北非和近东的部分地区，在史前时期经过连续几千年的气候干旱化，迫使食草动物和人类从河流沿岸撤出，集中到绿洲地带，因为只有绿洲才能终年有水。人和动物在绿洲带里有了较以前更为密切的接触，促使人们驯化动物，成为牧人，牧人在其居住地附近收割牧草，从而产生出种植作物。这种"猎人、牧人、农人"的三阶段说，其实早在古希腊古罗马时期即已有之。它流行了相当长的一段时期，现在已经过时了。因为接近说显然不能适用于其他地区农业的起源，就是在北非和近东，这种三阶段说也过于刻板机械，与实际情况不符合。

**3. 发明说** 这是达尔文于 1896—1909 年提出的，他认为原始人经过反复的实践体察，识别哪些植物是有用的，可以烹饪的，他们先是在住所旁边试行移植，以后发展到用种子播种，从而发明了农业。达尔文的学说归纳起来有四点：①人类在知道种植之前，必先已经定居生活；②最有用的植物必先从住处周围的肥沃垃圾堆中发现；③有用的植物必先在垃圾堆里开始种植；④以上过程需要一个聪明的人在其间起领头作用。

卡尔·索尔（1952）综合达尔文和其他人的观点，认为无性繁殖的起源要早于种子繁殖，他对此给予更理论的思考，归纳为以下六点：①农业不可能起源于食物短缺的地方，生活在饥荒阴影下的人，没有充分的时间采取缓慢的农业步骤，获取食物；②驯化的起源地应当是动植物多样性中心和气候变异的地带；③原始的种植者不大可能生活在大江大河的河谷地带，那里经常有长时期的淹水，需要筑堤坝防水、排水和灌水；④农业起始于林地，原始种植者可以容易通过伐木，留出空地，进行播种。草地地面草丛密集，地下茎蔓延纠缠，难以清除净尽，不适宜于最初的农作；⑤农业发明者事先必然已经具备一些其他方面的技巧（如投枪之于点种棒），使他们很容易转用到农业上来；⑥总起来说，农业奠基人必须首先是定居生活的人。

卡尔·索尔又指出，渔捞人可能是最先定居的人，而淡水渔捞与农业起源的关系远较海洋渔捞为重要，海洋渔捞对农业没有帮助。据此，他认为东南亚是农业起源中心地，农业从这里向中国的华北传播，往西横跨印度、近东，进入非洲和地中海沿岸。同理，在美洲农业起源于南美，往北传向墨西哥、东北美洲，往东传向大西洋沿岸巴西直至加勒比群岛。他还认为农业可能是从旧世界向新世界传播。之所以选中东南亚，是因为大多数人类学者认为亚洲的农业较美洲为古老。东南亚的气候温和，富有淡水资源和可以采集的植物，于是人们就长期定居下来。

埃德加·安德森（Edgar Anderson）（1954）的观点类似卡尔·索尔，他给了遗传学的补充，他认为杂草是驯化的"候选者"。他说在一个被扰乱的生态环境里，会增加植物相互间杂交的机会，这就导致变异的增加和新的遗传组合，从其中便可以获得有益的变异。埃德加·安德森也赞成农业起源于垃圾堆和无性繁殖早于种子繁殖的观点。垃圾堆的露天生境，很可能成为新的植物杂种滋生的"小生境"（niche），而在人类未到达以前，这种情况是不能发生的。但事实的发展表明，索尔-安德森模式是经不起考验的，例如肯特·弗兰纳里（1968）指出，定居并不是农业发生的必然前提，在中美洲的考古发掘表明，那里的人们在种植粮食作物很久以后，还过着游牧生活。在近东，农业的核心地带不是在热带，也没有依靠淡水资源为前提。反之，该地区的纳图夫（Natufian）人长期以来依靠渔捞和捕捉禽类为生，进入农耕却是最迟的。

**4. 农业源于采集延伸说**　这是一种初看起来言之成理的观点，因为在种植之前，人们普遍过着采集的生活。可是实际并不这么简单，理查德·李（Richard B. Lee）曾询问非洲的布须曼人："为什么不从事农业？"他们回答："既然有那么多的芒果（mongongo）可以采食，干吗还要去种植？你们的种植需要太阳和雨水，我们的采集也一样，不同的是我们只要到植物成熟时去采集就可以了，再也没有你们那么多的麻烦手续！"从能量的投入产出比来看，布须曼人的意见是正确的。布莱克曾对13个系统作了分析，所得的平均数字是每投入1 000焦，可以收回17 000焦（变幅为3 000～34 000焦）。哈伦曾亲自在土耳其作了采集野生小麦的调查，结果表明，劳动的净收入是每支出1 000焦，可收回50 000焦，远远超过任何农业系统的劳动生产率。由此可以看出农业系统愈集约，每单位粮食产量所需的工作量也愈多。工业化社会生产的粮食能量是亏损的，拖拉机取代人力看起来是一种效率提高，但是把拖拉机所消耗的石油、开发石油所需用的能量消耗、制造拖拉机所需用的电力、钢铁消耗等统统计算出来，就是极大的支出，所收到的粮食能量是一种负收入。可见农业对于采集者不是一见钟情、就有吸引力的，人们之所以采用农业还有某些其他强制性的因素。在前农业时期，狩猎采集的人口受到环境压力的调节，狩猎采集人对他们赖以生存的环境负载力，能很好地适应，不会发生采猎危机，所以不会导致农业发生。看起来植物驯化活动是独立发生的，而且可能在世界各处同时发生。

路易斯·宾福德非常强调人类到更新世晚期，已经成为水生资源成熟的开发者，独木舟、小船、木筏已经发明了，大量考古遗址表明那时的人们业已定居下来，依靠捕鱼、打野禽和采集为生。植物的驯化不是在渔人中发生，而是从渔人中分离出来的一些迁徙者，进入原先狩猎采集的地区中开始实行的。渔人的人口是保持稳定的，而迁徙者沿着定居人和移动的猎人采集者的交界面，陷入了危机，对这个困境作出的反应，是人们愿意选择从事栽培的努力。他还指出，在近东、欧洲、亚洲和美洲都有类似的情况。生物学和生态学也有理由证明栽培起源于"搜集范围"（foraging range）的最佳边缘，而不是在该范围之内。在近东，大量的野生小麦覆盖了大量区域，在这样的条件下，既然野生小麦可以任人们去采食，为什么人们还要花大力气去耕翻土地、进行播种？这个问题也完全适用于非洲的稀树草原和美国的加利福尼亚，那儿的野生食物资源都是非常的丰富。这一观点的意义在于，植物的驯化可以在全世界的不同地方独立地、可能是同时地发生的。

**5. 驯化地理学起源说** 这是近百年来一批遗传学家和资源学者根据作物种质资源多样性分布情况，归纳出它们在世界上的分布集中地点，从而推断这些集中点当是该作物的起源中心。首先提出的是瑞士植物学家德康多尔（A. P. de Candolle，1882），他认为中国、西南亚、埃及及热带美洲是世界作物的最先驯化起源地。其次是权威的瓦维洛夫（N. I. Vavilov，1935），他首先提出多样性中心学说，认为世界栽培植物有八大起源中心，1940年又扩充为19个起源中心。接着1945年，达林顿（C. D. Darlinton）等修订瓦维洛夫的八大中心，提出12个起源中心。1955年，库普佐夫（A. J. Kupzov）另外提出10个起源地的观点。1968年，茹科夫斯基（P. M. Zhukovsky）提出大基因观点，分世界为12个大中心。1970年，丹尼尔·佐哈里（Daniel Zohary）主张10个中心。[①]

如果我们对各种作物的起源逐一予以分析，就会发现许多作物并非起源于瓦维洛夫的中心，有些作物甚至没有多样性中心，其模式远较瓦维洛夫的学说复杂而分散。例如在中国北方，有充分理由可以证明它是一个中心，而在东南亚和南太平洋，就找不到作为中心的证明。同样，中美洲可视为是一个中心，而南美洲则是非中心。所以哈伦（J. R. Harlan，1971）另外提出三个独立的系统，每个系统都有一个"中心"（center）和"无中心"（non-center）的新概念，主张世界的农业起源地可划分为 $A_1$、$B_1$、$C_1$ 三个中心和 $A_2$、$B_2$、$C_2$ 三个无中心，并设想在每个系统之内，其中心和非中心之间有某种概念、技术或物质的"刺激"（stimulation）和"反馈"（feedback）。譬如近东地区的大麦、小麦、豌豆、扁豆、鹰嘴豆和绵羊、山羊、猪等，是西向横越欧洲，东向到印度，南向至埃塞亚比亚高原，这种四面扩散的传播表明，曾有一个农业起源的中心存在过，只是我们不知道它们传播的细节而已。难道欧洲人、印度人或埃塞亚比亚人在那个时候完全没有栽培过植物吗？中美洲的"玉米-菜豆-南瓜"复合体（complex）农业也是扩散型的，有充分的证据表明，当这个复合体到达东北美洲和北智利时，那儿的印第安人在那时还只种植少数的作物。哈伦说，至于中国这个中心，他表示还有待于进一步的研究。我想，这个任务应由我们中国人来完成。

瓦维洛夫承认他的"植物地理学分化"说并不尽如理想，又创造了一个"次中心"的概念，以说明多样性中心并不等于起源中心这一事实，而实际上次中心的变异往往比真正的驯化中心还要大。真正的中心是可以逐个予以证实的。他还提出一

---

① Zeven A C，Zhukovsky P M. Cradles of agriculture and centers of diversity//Dictionary of Cultivated Plants and Their Centers of Diversity：Excluding Ornamentals，Forest Trees and Lower Plants. Wageningen：Center for Agricultural Publishing and Documentation，1975：18-26.

个"次生作物"（secondary crop）的概念，说次生作物是从古老的杂草或原始作物衍生而来，他以黑麦和燕麦为例，当农业从近东中心和地中海中心向北欧传播时，杂草黑麦和杂草燕麦就作为小麦田及大麦田的"杂质"一起跟随着传播，在这个过程中，黑麦与燕麦远离它们的故乡，发展成为驯化种系，即次生作物。埃德加·安德森（1954）深受瓦维洛夫的影响，认为农作物常常可以由杂草衍生而来。

泽文（A. C. Zeven）和茹科夫斯基汇总各家学说，把栽培植物起源的顺序作了如下归纳[1]：

◎ 人们采集野生植物。

◎ 野生植物的果实、种子、块根的一部分，或采集来的果实、种子、块根的一部分，被带到临时的或半永久性的住所附近，之后，这些籽实块根的一部分被遗留或有意地丢在这里，这种情况要持续很长的时间。

◎ 只有最先适应的、高度变异的野生植物，能在住所附近占据被干扰过的土壤。人们从这些"杂草植物"中选取需用的植株的某些部分。

◎ 不利的自然选择压力减少了，有利的选择压力被引进了，变异减少了，但因杂交和突变而增多的变异抵消了这种减少，继之以隔离、保护和选择，导致了来自野生表现型的更多的"变员"（deviants）能够存活。这种变员属于"稻生植物区系"（Ruderal Flora）或"居住地杂草植物区系"（Habitation Weed Flora）。这个阶段称之为"前农业"（Proto-agriculture）时期。

◎ 当需求超过了可能，人类对某些植物的依赖性更增加了，于是他就开始清除野生的杂草，或采取措施，以改进这些需求植物的生长。当人类的活动超出植物所能供应的范围，他就学会保留种子等办法。当植物生长在它原先生长的范围以外，人们就有目的地为植物翻动土壤，以便能更多地收获这些野生植物，这时，野草便变为一种作物了。这个阶段可称之为"初期农业"（Incipient Agriculture）。

◎ 作物的进一步改进是通过半有意的和有意的改善农艺方法和植物类型，这个阶段可称为"有效的农业"（Effective Agriculture）。

完全驯化的植物先要经过"部分驯化"的阶段，包括"稻生植物"（Ruderal Plants，是指野生于人类居住的环境中，不同于野生于自然界中，也不同于野生在栽培的田间）、"居住地杂草"（Habitation Weeds）和"垃圾堆植物"（Rubbish Heap Plants）。凡是对人们有用的植物总是受到重视保护。

最早的作物祖先必然具有杂草的特征，并且有很大的"食物"贮备，能抗干旱

---

[1]　Zeven A C，Zhukovsky P M. Cradles of agriculture and centers of diversity//Dictionary of Cultivated Plants and Their Centers of Diversity：Excluding Ornamentals，Forest Trees and Lower Plants. Wageningen：Center for Agricultural Publishing and Documentation，1975：10-14.

和耐贫瘠的土壤，没有多年生植物与它们竞争。在栽培条件下，通过反复的物种间、类型间、生态型间和种系间的分化及杂交周期而诱发变异。在分化的时期里，植物处于遗传的、种的、栽培的和杂交障碍的隔离状态之下。例如，杂交要受到从异花授粉向自花受粉转换的妨碍，受到开花期的改变或生态适应性改变的妨碍；有性繁殖的二倍体植物，其分化作用的时期要比无性繁殖的多倍体植物短得多。短的距离可以只有几百米，如斜坡上生长野生型，山谷地里生长栽培驯化植物。发生于驯化植物与杂草或野生亲缘间的杂交，常常导致一种"双向的基因流"（two-way gene flow），当栽培的基因—显性时，它们就很少有机会生存于杂草或野生植物中，如玉米和大刍草（maize-teosinte）所表现的那样。杂草和野生亲缘的滋生，对于向日葵有很大影响，由于杂交，变异就会增多，适应性就会扩大；变异愈大，适应性愈广，该作物可以栽培的地方也愈广泛。

克伦（M. B. Crane）（1950）和马斯菲尔德（G. B. Masefield）（1969）提供了一个从野生植物变为栽培作物的"选择设计"（selective schemes）两级分类表：

◎ 驯化作用，没有明显的外来基因材料流入。

● 栽培植物形态上类似野生亲本，物种 A。

● 栽培植物形态上同野生亲本有很大差异，物种 A，变种 B，或物种 B。

● 自动多倍性化（auto polyploidization），新起源的植物可以不同于其亲本，物种 A，或物种 C。

◎ 驯化作用，有外来基因材料的流入。

● 栽培植物在形态上仍类似野生植物（渐渗杂交），物种 A。

● 栽培植物在形态上同野生植物不同，物种 A，变种 B，或物种 D。

◎ 双多倍性化（amphi polyploidization）。

● 发生于栽培植物与一个不同种的野生植物之间，物种 E。

● 发生于栽培植物与另一个相同种之间，物种 F。

植物由于驯化所产生的变化，归纳如下（Polunin，1960；Puresegrove，1968）：

◎ 布及较大的多样性环境和较大的地理范围。

◎ 具有不同的生态选择（或偏爱）（ecological preference）。

◎ 开花和结实同时进行。

◎ 缺乏落粒性和散落性，有时已完全丧失落粒的机械作用。

◎ 果实或种子增大，使散落性减退。

◎ 从多年生向一年生过渡。

◎ 种子休眠性丧失。

◎ 丧失光周期的控制。

◎ 缺乏正常的授粉器官。

◎ 育种系统从完全的，或部分的异花受精，变为部分的或完全的自花受精。这种变化可能是花器形态的改变，也可能是从自交至不亲和性向自交亲和性转变。

◎ 丧失自卫的适应性，如茸毛、刺、棘等。

◎ 丧失保护作用的被覆和坚韧性。

◎ 食味和化学组成的改变，更受到动物的喜爱。

◎ 对病虫害的抵抗力减弱了，即感染力增加了。

◎ 发展为无籽的单性果实。

◎ 发生重瓣花的选择，重瓣的花瓣是由雄蕊变成。

◎ 无性繁殖。

驯化的速度取决于一个世代的长短，禾谷类的一个世代通常为一年，而无性繁殖的植物就不能期望有较快的改变。据罗伯特·布雷德伍德和豪（B. Howe）（1962）的估计，小麦和大麦的主要改变需要不超过2 000年的时间，汉斯·赫尔巴克（Hans Helback）（1966）的估计是1 500年。有些物种是因某种目的而被驯化的，举例说明如下：

◎ 高粱：①一年生饲草；②多年生饲草；③糖浆高粱；④食用高粱；⑤帚用高粱；⑥爆裂高粱（糖果用）；⑦花序供观赏用。

◎ 大麻：①纤维用；②药用；③油用；④还存在杂草型。

◎ 小油菜，即甘蓝型油菜（*B. napus*）：①油菜（rape）；②芜菁甘蓝；③hungry gap kale；④油用芸薹。

◎ 小油菜（*B. rapa* var. *oleifera*）：①油菜籽；②芜菁；③叶菜。

◎ 甘蓝（*B. oleracea*）：①蔬菜用甘蓝；②饲用甘蓝；③花卉用甘蓝；④手杖用；⑤建筑材料。

◎ 向日葵（*Helianthus annuus*）：①油用；②青饲；③花卉；④鸟饲料；⑤礼仪用。

类似例子不多举。某些已驯化的植物，如因利用目的的改变，如没有其他用处，它就会被放弃而消亡，或成为杂草而生存下来。有些作物因具有两种用途或因人们发现它们有新的用途而得以重新被利用。如某些药用植物常被兼作观赏植物栽培，芍药即是其例。还有一些偶像崇拜的植物，也都成了观赏植物。不少篱笆植物或栅栏植物，原为防范野兽或保卫耕地而种植的，也常成了观赏植物和绿篱植物。埃德加·安德森（1960）和张德慈（1970）认为最早的栽培植物不是粮食作物，而是一些为了文身、居住地筑栅栏、取毒、咀嚼、麻醉、宗教的目的而栽培的植物。或者为了制作容器（竹筒、葫芦果实）、绳索、药草而栽培的植物。这些植物都是原始人所需用的，一旦人们非依赖它们不可，人们就开始栽培它们。

但是绝大多数的科学家相信最先驯化的是粮食作物。伯基尔（I. H. Burkill）（1950）列出他认为驯化作物的次序：①禾谷类；②豆类；③绿肥；④油料种子；⑤块根类；⑥草本果实；⑦纤维；⑧木本果树；⑨各种工业用植物。

有些野生禾草植物非常适于驯化，因为它们能结大量的种子，它们成片成群地生长，很便于集体收获，它们的种子供食用，茎叶供饲料，种子又易贮藏，人类不会对此视而不见。

不论这些学者的观点多么分歧，但他们对中国的看法则颇为一致，中国在他们的心中，都具有突出的地位，如第 1 起源中心（瓦维洛夫），第 7 中心（达林顿），第 3 起源中心（库普佐夫）等。他们把中国中心都放在华北黄河流域，以粟黍为代表，这是因为长江流域有关水稻的考古发掘资料在 1975 年以前未有大量报道之故。

瓦维洛夫的八大起源中心，以中国中心的栽培植物最丰富，共 136 种，占全世界 666 种主要粮食、经济作物、果树、蔬菜的 20.4%，哈伦所归纳的全世界 419 种重要栽培植物中，中国有 64 种，占 15.2%，属 $B_1$ 中心，其余归入 $B_2$ 东南亚中心。泽文和茹科夫斯基的 12 个中心共 167 科 2 297 项（items）栽培植物，中国 284 项，占 12.4%，居世界第二位。最集中的是禾本科、豆科、菊科、十字花科、百合科、锦葵科和莎草科。

以上所归纳的主要是 20 世纪 80 年代以前的国外关于农作物起源的学说，此后的研究进展已在绪论中作了介绍，这里不再重复。

国内的卜慕华（1981）根据古籍记载，参考国外资料，统计出中国有史以来的主要栽培作物共有 236 种，其中禾谷、豆类、块根、块茎等类 20 种，蔬菜及调味类 45 种，果树 53 种，纤维作物 11 种，经济作物 25 种，药用植物 42 种，竹类 21 种，主要观赏作物 19 种。[①] 卜慕华只是对前人的研究结果作了综述，他本人没有对作物起源提出新的观点。

## 第二节 黄河流域的粟黍栽培及黍粟的起源驯化问题

中国古籍从《诗经》起，常常黍稷连称；稷就是粟。[②] 粟和黍虽然在植物分类上不同"属"（Genus），但二者的传播、种植和分布则常常在一处，生理特性和栽

---

① 卜慕华：《我国栽培作物来源的探讨》，《中国农业科学》1981 年 4 期。

② 唐以后，文献记述对稷的释解发生歧义。有以稷为粟的，有以稷为不黏之黍的，甚至个别人还有以稷为高粱的，但粟（*Setaria italica*）和黍（*Panicum miliaceum*）的不同，则绝无歧义。笔者是认稷为粟的（游修龄：《论黍和稷》，《农业考古》1984 年 2 期）。但为了不引起行文的误会，这里一律用粟和黍，避免用稷。

培条件也很相似。欧洲、近东和中东也常常把粟和黍合称，除非在特定场合，才给以区分。如英语的 millet 来自古拉丁语 milium＋et，法语、意大利语都如此。如果需要区别，则称黍为 Common millet，称粟为 Foxtail millet 或 Italian millet。单独的 millet，有时可泛指小籽粒的禾谷作物。因为原始农业时期作物的混播远较单种为普遍，混播中的作物并非一一取名，往往以少数名称包括多种作物，如印度尼西亚的词典中，只有 millet，hirse，qierst 三个词，代表粟、黍、稗、高粱、鸡爪粟、薏苡六种作物。这些也同中国的禾和谷，有时也可泛指一切谷类作物相似，是原始农业残余的习惯性的反映。

粟和黍是中国北方以黄河中游为中心最早驯化的栽培谷物，历来公认是世界的起源中心。欧洲、近东、中东的黍粟历史也很早，是否由中国西传？南美洲很早已栽培黍粟，东南亚岛屿的山区也早已种植黍粟，对此，都需要作一些介绍和探讨。

## 一、黄河流域粟和黍的出土情况

中国新石器时代遗址中出土有黍和粟遗存的，据现有报道，共计 49 处，见表 4-1。从表 4-1 中可以看出，西起新疆的和硕县，自西至东，经甘肃、青海、陕西、山西、河北、河南、山东，遍及黄河流域，而以甘肃、陕西、河南 3 省最为密集，年代也以这一中心地带为最早，一般距今 6 000 年左右，最早 8 000 年左右。其次，令人瞩目的是下游的山东和东北的辽东半岛，其年代稍迟于中游地区（河北磁山在外），可视为中游地区向东扩散的第一个层次。从山东和辽东半岛向朝鲜、日本传播，可视为从中心地区向外传播的第二个层次。新疆、西藏、云南、台湾（以及有可能而未能证实的长江流域）也可视为第二个层次。另一个值得注意的现象是，集中于黄河中游的似以粟为主，而散布在西北和东北的则以黍为多，少数遗址则是黍粟并存。这显然与环境条件有关，西北、东北及内蒙古平原的草原是野黍分布最多而种黍比较普遍的地方。有人认为，原始游牧人逐水草而生活，马、牛、羊群吃食野黍通过粪便把种子携带到新址，又生长起来，反复的传播繁殖，是引起粟黍栽培驯化的重要起因。第一节所述世界各学者有关农业起源中心的观点尽管有所不同，但对于中国粟的起源中心地位始终没有异议。那些文献还是在河北武安磁山遗址和河南新郑沙窝李遗址未曾发现以前的，这两处遗址把黄河流域的黍粟栽培时期从距今 6 000 年前，提早到距今 8 000 年前，更证实了黄河流域的起源地位。

## 表4-1　中国新石器时代出土黍和粟的遗址登录

| 序号 | 出 土 地 点 | 年 代 | 遗 物 | 资 料 出 处 |
|---|---|---|---|---|
| 1 | 新疆和硕新塔拉 | 约 4 000 年前 | 黍 | 《农业考古》1983 年 1 期，104 页 |
| 2 | 甘肃兰州白道沟坪 | 马家窑文化 | 谷灰 | 《考古学报》1957 年 1 期，1～8 页 |
| 3 | 甘肃临夏马家湾 | 马家窑文化 | 谷灰 | 《考古》1961 年 11 期，609 页 |
| 4 | 甘肃永昌鸳鸯池 | (3 890±120) 年前 | 粟粒 | 《考古学报》1982 年 2 期，218 页 |
| 5 | 甘肃玉门火烧沟 | (4 000±115) 年前 | 粟粒 | 《文物考古工作三十年（1949—1979)》，文物出版社，1979 年，143 页 |
| 6 | 甘肃永靖大何庄 | (3 675±100) 年前 | 粟粒 | 《考古学报》1974 年 2 期，57 页 |
| 7 | 甘肃永靖马家湾 | (4 455±150) 年前 | 粟 | 《考古》1976 年 6 期，353 页 |
| 8 | 甘肃秦安大地湾 | 前 4010 年 | 黍 | 《文物》1981 年 4 期，1 页 |
| 9 | 甘肃广河齐家坪 | 齐家文化 | 粟 | 《农业考古》1987 年 1 期，58 页 |
| 10 | 甘肃兰州青岗岔 | 前 2675 年 | 黍 | 《考古》1972 年 3 期，26～31 页 |
| 11 | 甘肃东乡林家 | 前 2740 年 | 黍 | 《考古》1984 年 7 期，654 页；《考古学集刊（4)》，中国社会科学出版社，1984 年，154 页 |
| 12 | 青海乐都柳湾 | (4 360±140) 年前 | 粟 | 《文物》1971 年 1 期；《考古》1976 年 6 期，366 页 |
| 13 | 青海民和核桃庄 | 马家窑文化 | 黍 | 《农业考古》1987 年 1 期，416 页 |
| 14 | 陕西西安半坡 | (6 720±135) 年前 | 粟粒 | 《考古》1955 年 3 期；《考古》1959 年 2 期 |
| 15 | 陕西宝鸡北首岭 | (6 970±145) 年前 | 粟痕 | 《考古》1979 年 2 期，104 页 |
| 16 | 陕西宝鸡斗鸡台 | 仰韶文化 | 粟 | 《燕京学报》1949 年 36 期，263～311 页 |
| 17 | 陕西华州泉护村 | 仰韶文化 | 粟 | 《考古》1959 年 2 期 |
| 18 | 陕西华州元君庙 | 仰韶文化 | 粟 | 《半坡氏族公社》，陕西人民出版社，1979 年，14 页 |
| 19 | 陕西长武下孟村 | 仰韶文化 | 粟壳迹 | 《考古》1962 年 6 期，292 页 |
| 20 | 陕西临潼姜寨 | 前 3690 年 | 黍 | 《考古》1982 年 4 期，419 页 |
| 21 | 陕西扶风宰板 | (4 620±135) 年前 | 粟灰像 | 《考古与文物》1988 年 5～6 期，210 页 |

（续）

| 序号 | 出土地点 | 年代 | 遗物 | 资料出处 |
|---|---|---|---|---|
| 22 | 陕西临潼康家 | 龙山文化 | 似粟壳 | 《考古与文物》1988 年 5～6 期，217 页 |
| 23 | 山西侯马乔山底 | 龙山文化 | 谷子 | 《中国文物报》，1990 年 3 月 1 日 1 版 |
| 24 | 山西万荣荆村 | 4 000～5 000 年前 | 粟，黍 | 《农业考古》1982 年 2 期 |
| 25 | 山西夏县西阴村 | （3 495±160）年前 | 谷子 | 《化石》1977 年 1 期 |
| 26 | 河北武安磁山 | 前 6005 年 | 粟粉末 | 《考古》1977 年 6 期；1979 年 1 期；1982 年 4 期，419 页 |
| 27 | 河南新郑沙窝李 | 前（5220±105）年 | 粟粒 | 《考古》1983 年 12 期；《农业考古》1983 年 2 期 |
| 28 | 河南郑州大河村 | （5 040±100）年前 | 粟 | 《考古》1973 年 6 期，333 页 |
| 29 | 河南淅川黄楝树 | （4 680±145）年前 | 粟 | 《生物史（第五册）》，科学出版社，1979 年，29 页 |
| 30 | 河南临汝大张 | 仰韶龙山之间 | 粟 | 《史前研究》1983 年 1 期 |
| 31 | 河南许昌丁庄 | 裴李岗文化 | 粟 | 《史前研究》1983 年 1 期 |
| 32 | 河南洛阳孙旗屯 | 仰韶晚期 | 谷壳 | 《文物参考资料》1955 年 9 期，61 页 |
| 33 | 河南安阳后岗 | 前 2700—前 2100 年 | 谷痕 | 《考古学报》1985 年 1 期，82～84 页 |
| 34 | 河南洛阳王湾 | 前 3390 年 | 粟 | 《考古》1961 年 4 期，175 页 |
| 35 | 山东滕州北辛 | （6 865±170）年前 | 粟 | 《农业考古》1983 年 2 期 |
| 36 | 山东长岛北庄 | 约 5 000 年前 | 黍 | 《农业考古》1983 年 2 期 |
| 37 | 山东胶州三里河 | 大汶口文化 | 粟壳 | 《考古》1977 年 4 期；《农业考古》1983 年 2 期 |
| 38 | 山东莱阳于家店 | 大汶口早期 | 粟壳 | 《农业考古》1983 年 2 期 |
| 39 | 山东栖霞杨家园 | 龙山早期 | 粟壳 | 《史前研究》1984 年 3 期 |
| 40 | 山东广饶付家 | 大汶口文化 | 粟粒 | 《考古》1985 年 9 期，781 页 |
| 41 | 辽宁大连郭家村 | （4 690±130）年前 | 谷子 | 《考古》1979 年 1 期 |
| 42 | 辽宁北票丰下 | （3 840±130）年前 | 粟 | 《农业考古》1986 年 1 期 |
| 43 | 内蒙古赤峰蜘蛛山 | （1 695±85）年前 | 粟 | 《燕京社会科学》1949 年 2 期，36～53 页 |

（续）

| 序号 | 出 土 地 点 | 年 代 | 遗 物 | 资 料 出 处 |
|---|---|---|---|---|
| 44 | 黑龙江宁安东康 | （1 695±85）年前 | 粟，黍 | 《考古》1975 年 3 期，158～169 页 |
| 45 | 西藏昌都卡若 | （4 750±145）年前 | 粟 | 《文物考古工作十年（1979—1989）》，文物出版社，1991 年，285 页 |
| 46 | 云南剑川海门口 | 前 1335 年 | 粟 | 《考古》1985 年 6 期，10 页；《文物》1978 年 10 期，30 页 |
| 47 | 湖北郧阳青龙泉 | 仰韶晚期 | 粟粒 | 《农业考古》1990 年 2 期，111 页 |
| 48 | 江苏邳州大墩子 | 前（6445±190）年 | 粟 | 《文物考古工作三十年（1949—1979）》文物出版社，1979 年，201 页 |
| 49 | 台湾高雄凤鼻头 | （3 670±130）年 | 粟秆圈纹 | 《考古》1979 年 3 期，255 页 |

注：本表据《中国农业科技史稿》第一章表 1-2 及《中国农业科技史图说》第一章表 1-1 资料合并，删去重复，经补充后，再请陈文华研究员审核、补充而成。

## 二、黍粟的传播途径问题

随着作物起源学说的深入开展，世界各地有关黍粟考古发掘及讨论的增加，在黍粟的单中心和多中心方面，以及如何驯化、传播方面，产生了许多需要进一步明确的问题。

瓦维洛夫推定黍粟的起源地在东亚的理由有二：一是黍在东亚的多样性猛增，特别是蒙古和中国东北一带有出乎意料的多样性，这些都在中华文明的范围以内；二是粟的多样性分布中心也在东亚，包括中国和日本，中日很早都以粟为粮食作物栽培（日本的粟还早于水稻，朝鲜也一样）。瓦维洛夫这个观点得到中国考古发掘的支持。但他根据多样性中心在东亚、推断中亚直到欧洲的黍粟都是从东亚西传过去的，却没有得到考古发掘的证实。而且后来的考古发掘反而表明欧洲和近东的黍粟起源也很早。如古希腊的阿尔吉萨·马古拉（Argissa-Maghula）遗址发现前5000—前6000年的炭化黍粒，在古代美索不达米亚的捷姆迭特·那色（Jemdet Nasr）遗址也发现有前 3000 年的黍粒。[①]

---

① Renfrew J M. The archaeological evidence for the domestication of plants：methods and problems//Ucko P J，Dimbleby G W. The Domestication and Exploitation of Plants and Animals. Chicago：Aldine Publishing Company，1969：149-172.

粟在欧洲若干新石器时代遗址也有发现。这些新出现的情况使哈伦修改了他先前的看法，对于黍和粟驯化和扩散他提出三种可能性：①黍和粟首先在中国驯化，约在前4000年时传播到欧洲；②黍和粟首先在西方驯化，在仰韶时期之前传入中国；③黍和粟可能不止一个单独的驯化地点，因为已知的作物中再也找不出像黍粟那样有这么大的时间和空间的分布。① 他进一步指出，由于我们对这两种作物的所知太少，独立起源可能是最好的观点。当然，如有新的信息出现，这很容易做出另一种结论。

中国黍粟的西传虽然没有考古或文献的证据，但在语言学上却有一些蛛丝马迹可寻。如黍粟在梵语（Sanskrit）中称"Cinaka"，即中国之意；印地语（Hindi）称"Chena"或"Cheen"；孟加拉语（Bengali）称"Cheena"；古吉拉特语（Guja-rati）称"Chino"；都只是语种上的拼写不同，确切地说，Cinka，Chena，Chino等都是"秦"的谐音，也有人说是"荆"（楚）的谐音。说明西传时间之早，波斯语（Persian）则作"Shu-shu"，可说是"黍粟"或"黍秫"的谐音。但是语言间的相互影响非常复杂，孟加拉语和古吉拉特语称黍也有作"Bajra"的，Bajra是"籽粒""谷子"之意，来自波斯语及阿拉伯语的"Buzir"。②

至于黍粟经山东半岛或辽东半岛传入朝鲜、日本，证据是较多的。《诗经》中已提到"貊"（音陌）。③ 貊亦称"貉"，均指"三韩之地"，即朝鲜。④ 说明3 000多年前中国与朝鲜已有密切往来。正式提到朝鲜农作物的是《孟子·告子下》："夫貉，五谷不生，惟黍生之。"这是朝鲜2 500多年前种黍的最早文字记载。1978年在南汉江 Hunam-ni 遗址陶罐内出土有稻、大麦及粟的籽实，$^{14}$C 测定为前1205年。⑤ 类似的还有北部的南京遗址（黍）等处。⑥ 日本在绳文末期弥生前期已栽培粟，粟是当时主要粮食作物，水稻传入以后，粟的地位开始下降，据日本弥生时期193个遗址出土的谷物种子分析，水稻占64.4%，麦占16.8%，稗子占5.6%，粟下降为4.6%，黍为1.5%（其余从略）。⑦ 从朝鲜、日本的粟黍出土时间来看，同中国的云南、台湾属同一时间序列，这是黄河流域粟黍向东扩散的终点了。

①　Harlan J R. Crops and Man. Madison，WI：American Society of Agronomy，1975：240.

②　Harlan J R. Crops and Man. Madison，WI：American Society of Agronomy，1975：241.

③　《诗经·大雅·韩奕》："王锡韩侯，其追其貊。"又，《鲁颂·閟宫》："淮夷蛮貊。"

④　《汉书·高帝纪》"北貉"颜注："貉在东北方，三韩之属皆貉类也。"三韩指马韩、辰韩、弁韩。日本以新罗、高句丽、百济为三韩，即三韩故地也。

⑤　Nelson S M. Recent progress in Korean archaeology. Advances in Archaeology，1982，1：99-149.

⑥　〔韩〕沈奉谨：《韩国之稻作农耕》（日文复印本）；〔日〕后藤直：《朝鲜半岛之谷物栽培和家畜》（日文复印本）。

⑦　〔日〕寺泽薰：《弥生时代之植物食料》（日文复印本）。

我国台湾地区、琉球及日本在种植水稻之前，已先种植粟及芋，东南亚岛屿也如此。这些粟是从哪里来的？台湾省凤鼻头遗址出土的粟是高山族先人种植的。高山族是百越的一支，生活在岛屿的越人，春秋战国时被称为外越。高山族是总称，实际包括十个族群，自北而南分布，名称是赛夏人、泰雅人、布农人、曹人、邵人、鲁凯人、排湾人、卑南人、阿美人和雅美人。其中雅美人是单独生活在台湾省东南方的兰屿岛上。高山族的体质、语言、文化与大洋洲、东南亚的波利尼西亚系统类似。多数人类学家同意高山族是从大陆华南，或迁回通过东南亚岛屿，在不同时期，一波一波地进入台湾。仅兰屿的雅美文化与菲律宾有极密切的关系，其农业更处于原始阶段。

童恩正以四川古代文化因素和东南亚的作比较，得出四川对东南亚的影响有六项共同因素，其第一项即是粟，其次为岩葬、船棺葬、石棺葬、大石遗葬、青铜器及手工制品等。他指出四川到云南的交通，早在秦代已修有两条官道，南路从宜宾到曲靖，所谓"X道"；北路从雅安到云南的晋宁，所谓"青衣路"。至于从云南到中南半岛，可有三条通道，一是西路的缅甸道①；二是中路循红河的下航水道；三是东路沿盘龙江（清水河）入越南②。粟的证据是西藏昌都卡若遗址，距今5 000年，已有粟种植（表4-1，第45号）。岷江上游秦汉时代石棺葬中也发现粟米。新石器时代种粟是笮（西南夷的别称）文化的特征之一，童恩正从而认为东南亚的粟种植可能是笮文化向南传播的结果。③ 童恩正的这个推断，可用马来西亚山区特米亚（Temiar）人关于粟王（King of millet）和稻王（King of rice）传说故事所印证，该故事说粟王在与稻王的战争中，败给了稻王，从此水稻取代了粟。尽管马来半岛的居民很早已以稻米为食，但马来山区的各族人仍以粟为食，他们被称为"粟人"（Orang Sckoi），Orang 是"人"，Sckoi 是"粟"，意指食粟的人，Sckoi 音近汉语的"粟谷"，是个值得注意的现象。④ 20 世纪 30 年代，据在印度尼西亚的调查报告，印度尼西亚普勒岛附近一些地方还种植粟，但其地位低于稻。莱格尔盖尔格尔（C. Lekkerkerker）（1938）调查印度尼西亚语系统中，发现在稻以外的多种谷物中，粟类曾是特别重要的作物，从而提出印度尼西亚"粟岛说"。考古方面，8世纪的鲍勒普托罗遗址中有粟和稻的浮雕，马拉市附近的一块石碑文中（760 年左

---

① 《新唐书》卷四三下《地理七下》。

② 《水经注》卷三七，叶榆河条。

③ 童恩正：《试谈古代四川与东南亚文明的关系》，《文物》1983 年 9 期。

④ Hill R D. Rice in Malaya：A Study in Historical Geography. Kuala Lumpur：Oxford University Press，1977：1-13.

右）只讲到粟和稻，没有其他作物，说明粟的种植当在稻之前。① 又，日本的鹿野忠雄于 20 世纪 40 年代在菲律宾马尼拉的伯坦尼岛调查，发现该岛栽培陆稻和少量粟，从调查中了解到，菲律宾的土著族都种过粟，粟是在稻之前种植。

童恩正的推断只限于陆地传播路线，至于离开陆地以后怎样从海路进入台湾省，则未提及。阪本宁男（Sadao Sakamoto）是把童的观点具体化，他认为台湾省高山族是随同"黑潮"海流的漂流，渡过中国南海、经巴坦岛到达台湾东海岸上陆，把粟种带了过去。中国南海及太平洋海流的方向，大致上冬季从北而南流，夏季相反，自南而北流。夏季赤道太平洋水温上升、回转，把南海海流吸收，以 8 月最显著，经吕宋岛和台湾之间的巴士海峡，巴坦群岛通往台湾。②

从我国西藏、四川、广西、台湾到宫古岛、琉球直到日本本土，流传着粟、黍、稗子等谷物（不包括水稻）的神话，传说中的这些谷物种子是从天上或某个遥远的地方偷来的，通常是把少量的种子藏在男子或女子的生殖器里带过来。如台湾省排湾人关于粟的来源传说：一个妇女从兰屿岛上偷了若干粟的籽粒，藏匿在阴道里，在她回家的路上，她因小便而把种子冲走了；后来，一个男子再到兰屿岛上去偷粟种，把种子藏匿在阴茎的包皮内，成功地带了回来。这种传说既反映了当时人们还不穿衣服，也反映了生殖器官和种子繁殖的联系。③ 这些神话隐约地暗示——粟、黍、稗等作物是从中国西南向台湾省传播的。

最后需要提出的是，从以上叙述内容看，粟黍的传入长江流域及其以南，反而显得缺乏考古和文献方面的材料。其实，水稻既然早在龙山至仰韶时期传入黄河流域、淮河上游，甚至更早，粟黍不会停滞不动，也应该相应地向长江流域及其以南传播。春秋时的吴越两国都已普遍种植粟黍，不可能迟至有史以后才开始种植。《吴越春秋》记无余王初受封时："人民山居，虽有鸟田之利，租贡才给宗庙祭祀之费，乃复随陵陆而耕种，或逐禽鹿而给食。"说明吴越早期的农业还是山居农业，即种植粟黍等旱作的农业，且狩猎还占一定比重。这种形态的农业必然是有悠久历史的农业，也就是说，在江南的广大山区，原始农业的旱作也和北方一样，种植的是粟和黍。南方考古出土的粟黍遗址很少，与水稻的分布地和粟黍的种植地不同有关。粟黍是种植在靠天雨的山区、丘陵地带，水稻在平原水网地带，有水稻遗存出土的地点，不可能也有粟黍籽实出土。水稻遗址出现较多，又与基本建设开展的地

---

① Hill R D. Rice in Malaya：A Study in Historical Geography. Kuala Lumpur：Oxford University Press，1977：1-13.

② Sakamoto S. Origin and dispersal of common millet and foxtail millet. Japan Agricultural Research Quarterly，1987，21（2）.

③ 转引自 Obayashi T. Myths of agricultural origins in the Indo-Pacific area：culture-historical approach. East Asian Cultural Studies，1985，14（1-4）.

点都位于稻区有关，丘陵山区相对的机会自然要少些。吴越统治时期，被称作外越的势力范围，曾远及台湾，当时称"夷州"，蒙文通对此有详细考证①，这条海路早在吴越（甚至以前）即已开通，所以高山族的某一支，才有可能把粟黍带往台湾省。同样，在长江中游的皖、赣和鄂、湘山区丘陵地带，亦应有粟黍的栽培，至于四川则早已有出土实物遗存了。

## 三、粟黍的起源和驯化

粟的分布以黄河流域为中心，由此扩散，并向东南亚传播，线索是较为明朗的。但黄河流域的粟与整个欧亚大陆腹地广泛分布的粟之间的关系，则相对较为模糊。欧亚大陆的栽培历史也很悠久，可能存在另一个起源中心。日本的阪本宁男从欧亚大陆搜集到 86 份黍和 70 份粟的"地方种系"（landrace），把黍粟的比较研究深入了一大步。②

阪本宁男在其论文中指出，所有欧洲及中亚黍的品种都是极早熟的，只有阿富汗品系中还有中熟和迟熟的品系。阿富汗品系的特点是，株高、分蘖、穗长和生育期从播种至抽穗的天数、叶片数等都有很大的变异，罗马尼亚的品系表现，则介于中亚和欧洲品系之间。

阿富汗粟的田间生长特点是，植株矮小、抽穗早。将阿富汗品系带回日本作比较试验，其极早熟性同欧洲和中亚的品系一样，但同东亚的完全不同。另一特点是分蘖数特别多，可有 7～41 个，这一性状极似野生的狗尾草（即中国古籍的莠）。这表明阿富汗粟还保留较多的原始性状。比较研究还指出，欧亚大陆的西部与东部的品种之间差异很大，而阿富汗及其附近地区则是东西不同的分界线。

阪本宁男认为一种作物从它的驯化地向外扩散传播时，由于碰到不同的生态环境和农业措施，会产生新的遗传分化。例如亚洲稻随着传播扩散而分化为籼稻、粳稻和爪哇稻（即布鲁稻）。黍和粟应该有类似的遗传分化，只是研究得不够罢了。笔者按，中国黍和粟都有糯与非糯的分化，早在《诗经》即已有区分，黍是糯性，"穄"是非糯的黍；粟为非糯性，粱是糯粟。即是其例。

阪本宁男等以 83 份采自欧亚大陆的地方种系，进行了 223 个种内杂交组合，参加杂交的测试品系有三：测试系 A（来自日本），测试系 B（来自中国台湾），测试系 C（来自欧洲）。这 83 份地方种系中有 62 份成功地与测试系杂交，获得 $F_1$ 杂

---

① 蒙文通：《越史丛考》，人民出版社，1983 年，102～108 页。

② Sakamoto S. Origin and dispersal of common millet and foxtail millet. Japan Agricultural Research Quarterly，1987，21（2）.

种。可以把它们分成 A、B、C 三种类型，AC、BC 两种类型和 X 一种类型。A、B、C 型是指它们的 $F_1$ 杂交具有正常的花粉育性（分别指与 A、B、C 杂交时）。AC、BC 两种指它们的 $F_1$ 种与 AC 或 BC 两个测试系杂交时能产生正常的可育花粉。X 型指它们的杂种与三种测试系杂交时，花粉的可育性在 75％以下。

A 型的大多数品系分布在日本、朝鲜和中国，在这个区域内的品系彼此非常密切，都集中在一个单独的地方种系群中。另一个遗传多样性群分布于华南，因为来自湖南、云南的品系不属于 A 型。B 型呈狭长状分布于中国台湾山区、日本冲绳县西南部接近台湾的区域。C 型多属欧洲品系，说明欧洲品系也形成一个明显的地方种系群。AC 型品系只见于阿富汗；BC 型品系见于印度。AC 和 BC 型的遗传专化程度较 A、B、C 型为低。X 型可能包括不止一个类型，因为在三种杂交组合中，花粉的不育性表现各不相同。中国台湾兰屿岛的 X 品系和菲律宾巴坦群岛的品系可能属于同一地方种系，因为这些岛屿都是密切相邻的。X 型的另一些品系可能还有不同的起源，因为它们零星地分散于不同地区。要说明这些问题还需要进一步的杂交试验（图 4-1）。

阪本宁男等认为既然欧亚大陆自古以来就广泛栽培黍粟，当然各地人民有他们自己的传统食用方式，他们把调查的结果，按黍粟的利用方式分为食用和饮用两大类。食用之中又分为粒用、粥用和粉用三种；饮用之中又分为含酒精和不含酒精两种。食用之下再分为小米饭、小米粥、麻糍（mochi，糯小米饼）、米片粥（小米压片煮粥）、蒸团、粉粥、面包 7 种方式（表 4-2）。表 4-2 中附中国和阿富汗的资料系据文献列入，其余都系实地调查。从表 4-2 中可以看出，东亚的食用方式以煮饭、粥、团糍和酿酒最普遍，而在东南亚和印度至欧洲则以煮米片、粉粥、面包和不含酒精的饮料为主。又，中、日、朝的黍粟都有糯和非糯之别，其他地区则没有。这种人为选择方向的不同和利用爱好的不同，是否同黍粟的驯化起源有某种关系呢？

**表 4-2　欧亚大陆对黍和粟的利用方式比较**（阪本宁男，1987）

| 地区 | | 籽粒 | | | 粥 | 粉 | | | 饮料 | |
|---|---|---|---|---|---|---|---|---|---|---|
| | | 饭 | 粥 | 糍 | 米片粥 | 蒸团 | 粉粥 | 面包 | 无酒精 | 含酒精 |
| 日本 | 糯 | ＋ | | ＋ | | ＋ | | | | ＋ |
| | 非糯 | ＋ | ＋ | | | | | | | |
| 朝鲜 | 糯 | ＋ | | ＋ | | | | | | ＋ |
| | 非糯 | ＋ | ＋ | | | | | | | |
| 中国 | 糯 | ＋ | ＋ | ＋ | | ＋ | | | | ＋ |

（续）

| 地区 | 籽粒 | | | 粥 | 粉 | | | 饮料 | |
|---|---|---|---|---|---|---|---|---|---|
| | 饭 | 粥 | 糍 | 米片粥 | 蒸团 | 粉粥 | 面包 | 无酒精 | 含酒精 |
| 非糯 | + | | | | | | + | | |
| 中国台湾省 糯 | + | | + | | + | | | | + |
| 非糯 | + | | | | | | | | |
| 巴坦岛（菲律宾） | | | | + | | | | | |
| 哈尔马赫拉岛（印度尼西亚） | | | | + | | | | | |
| 印度 | + | | | + | | + | + | | |
| 阿富汗 | | | | + | | + | | | |
| 高加索 | | | | + | | | | + | |
| 土耳其 | | | | + | | | | | |
| 保加利亚 | | | | + | | + | | + | |
| 罗马尼亚 | | | | + | | | | + | |
| 意大利 | | | | + | | | | | |
| 法国 | | | | + | | | | | |

注：表内中国利用方式笔者略有补充。又，表内面包系英语 bread 的翻译，实际上包括中国的窝窝头（steamed bread）在内。

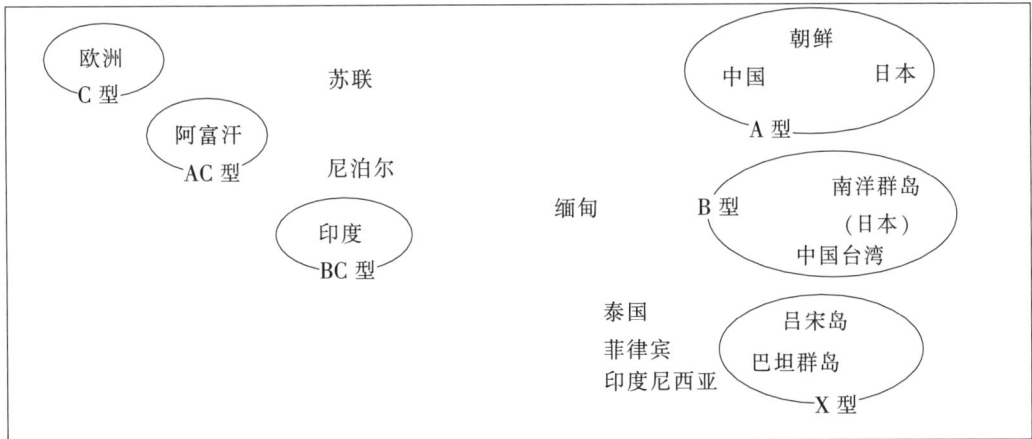

图 4-1 粟 6 个地方种系的地理分布
（阪本宁男，1987）

阪本宁男等将考察和比较试验的结果归纳成以下六点：①黍粟的考古遗址普遍见诸东亚、中亚和欧洲，表明黍粟是欧亚大陆最古老的驯化作物；②黍粟的利用方式至今在欧亚大陆仍然存在；③黍粟植物性状的多样性不仅存在于东亚，也存在于中亚及其邻近地区；④一种与栽培黍稷非常接近的杂草黍，广泛分布于华北至东欧，中经中亚，设想这种杂草型当是黍的祖先种；⑤阿富汗的粟品种特点和狗尾草相似，意味着阿富汗保留较多的粟原始性状；⑥对粟的种内杂交种的花粉部分不育性的分析可知，遗传专化程度较低的地方种系，即 AC 型和 BC 型，存在于阿富汗和印度。

基于以上观点，阪本宁男等对黍粟的地理起源提出了新的看法，即黍与粟最初是在中亚阿富汗至印度这个范围内驯化的，然后向西传至欧洲，向东传至东亚。在此过程中，逐渐发生遗传上的分化，它们又向东南亚传播，直到东南亚太平洋岛屿（通过印度次大陆）。至于历来认为黍粟起源于华北的观点，阪本宁男的看法是，黍粟的东亚品系虽然包括量和质两方面的多样性，但多样性中心不一定就是起源中心，可能是黍粟的地方种系在长期的种植下所形成，所以他认为东亚是黍粟的次中心而非驯化起源地。

阪本宁男等的论点存在如下不足：①以阿富汗和印度为黍粟的最初驯化地，由此而向西、向东传播这一判断，依据只有一条，即这两处的黍粟地方种系遗传专化程度都很低，保留较多的原始性状。对此，人们也可以做出相反的解释，由于阿富汗的农业发展较滞后，黍粟栽培所受的人为选择压力较小，故保留的原始性状较多，遗传专化程度较低。反之，像华北、朝鲜、日本的农业发展较快，集约的栽培压力造成遗传的专化向多样性发展，恰恰证明其驯化的历史悠久。同时，阪本宁男做出这个结论时，华北黍粟遗址还只有 6 000 年（仰韶文化）的记录。随后河北武安及河南新郑还出土了距今 8 000～7 000 年的黍粟（表 4-1）。②印度西部的印度河流域和北部的恒河流域，考古发掘都没有发现粟类，印度半岛南部迈索尔的 Hallur 遗址出土的是龙爪稷（*Eleusine coracana*），不是粟[①]，其起源很早（还有珍珠粟），是另一回事。与其说黍粟是从印度向东向西传播，不如说是印度的黍粟是兼受东西两方面的影响更为合适（已见上述语言学部分）。③缅甸、泰国、菲律宾、印度尼西亚等的地方种系之所以未能归入 A、B、C 三种类型，可能与受试验样品数目不够多有关，黍粟传播到南洋岛屿后，未能在当地取得主粮地位，可能是所受的选择压力不大，因当地的主粮本是芋、木薯和甘薯等块根作物。④哈伦对近东各国 20 多个考古发掘遗址（年代在前 6000 年之前）出土的植物遗存作了登记，作物有小麦、大麦、燕麦、豌豆、蚕豆、亚麻等，独没有黍和粟。[②] 近东（包括阿富汗）没有早期的黍和粟出土，是对阪本宁男观点的一个有利的反证。哈伦没有把希

---

① Harlan J R. Plant domestication：diffuse origins and diffusion//Barigozzi C. The Origin and Domestication of Cultivated Plants. Oxford：Elsevier Science，1986：28.

② Renfrew J M. The archaeological evidence for the domestication of plants：methods and problems//Ucko P J, Dimbleby G W. The Domestication and Exploitation of Plants and Animals. Chicago：Aldine Publishing Company，1969：165.

腊阿尔吉萨（Argissa）遗址炭化黍（1959 年定为前6000—前5000年）列入表内，是因为学者间对遗址年代有怀疑。[①] 公认的近东和中欧出土黍的最早遗址是两河流域的捷姆迭特·那色（Jemdet Nasr）遗址和德国朗威勒（Langweilera）遗址，二者的年代都在前3000年，比仰韶文化还迟。

至于黍粟的祖先种在欧亚大陆何以有广泛的分布，阪本宁男认为和早期的游牧人的游牧生活方式有关，黍粟等野生植物大片地繁生于广阔的草原上，牧民们驱赶着牛马羊群吃草，随着牲畜群的迁徙，牲畜随地撒下粪便，这些粪便带到没有野黍等生长的地方，粪堆里未曾消化的种子，便发芽生长起来，扩大了它们生长分布的范围。孔令平也持同样看法。[②] 另外，游牧人本来也有采集野生禾谷类籽粒的传统，粪堆里新生的野黍等，启发了他们的思考，便尝试着人工播下野草的种子，结果发现，只要播下种子，就会得到和自然生长一样的植物，从此迈出了栽培的第一步。其实，野生种的广泛分布，除了人为因素，更有自然因素，不单是食草动物，也还有鸟类、风力和水力的作用，如不考虑这些因素，便会扩大了人为因素的作用。但人类一旦开始游牧生活，则牛马羊群的移动迁徙便要起很大的作用了。

由于黍粟的分布范围十分广阔，主张单中心起源的观点受到怀疑。另有资料表明，中亚高加索的 Dikha-Gudzuba 和欧洲的 Moringen 两处遗址出土的黍粟，其时间比裴李岗及磁山迟不了多少[③]，美洲墨西哥出土的遗址中有大量的"粪石"（Coprolite），经分析，约有 75％ 是野生粟的种子，时间距今 5 000～4 000年，正可以证明在农耕开始之前，牲畜群的移动，导致野生粟的广泛分布，同时人们已开始食用野生狗尾粟。

## 四、中外黍粟的野生种问题

中国古书上称粟的野生种为"莠"，口语称狗尾草，莠（*Setaria viridis*）的染色体数目与栽培粟相同，$2n=18$，同属 AA 染色体组，相互杂交可以结实。古籍上提到莠的甚多，如《孟子·尽心下》："恶莠恐其乱苗也。"《淮南子·说山训》："农夫不察苗莠而并耘之。"苗指粟的幼苗。《战国策·魏策》："夫物多相类而非也，幽莠之幼也，似禾。"禾指粟的植株。徐光启《农政全书》引《救荒本草》中有莠草

---

① Renfrew J M. The archaeological evidence for the domestication of plants：methods and problems//Ucko P J，Dimbleby G W. The Domestication and Exploitation of Plants and Animals. Chicago：Aldine Publishing Company，1969：165.

② 孔令平：《关于农耕起源的几个问题》，《农业考古》1986 年 1 期。

③ 胡兆华：《人类发展的过去、现在及未来——农耕、文化、生态》，台湾晨星出版有限公司，2003 年。

子图，其文云："莠草子，生田野中，苗叶似谷，而叶微瘦，梢间结茸细毛穗，其子比谷细小，春米类折米。熟时即收，不收即落。味微苦，性温。救荒：采莠食，揉取子，捣米，作粥或水饭，皆可食。"这段文字使我们想起了采集社会时期里人们采食野粟的情况，大概也类似。

黍的野生种分布也很广泛，从东北、内蒙古到甘肃、新疆都有之，农耕发达地区现已少见。古籍称野黍为"䅆"，《说文解字》："䅆，黍属也。"段注："䅆之于黍，犹稗之于禾也。"程瑶田《九谷考》说："余目验之，穗与谷皆如黍。"卑是小义，黍旁加卑，意指小于黍的黍类植物。古籍中常常黍稷连称，稂莠并举，如《诗经·小雅·甫田》："或耘或籽，黍稷薿薿。"又《小雅·大田》："既坚既好，不稂不莠。"稂的别称还有狼尾草、童郎、狼茅、宿田翁等。历代注释家往往误释为莠的别称，其实莠相对于粟的野生种，稂相对于黍的野生种，是非常清楚的。《国语·鲁语》说仲孙生活俭朴，"马饩不过稂莠"，饩是饲料，用稂和莠作马的饲料，当是两种饲料，如果稂即是莠，何必半斤八两重说一次。

从以上所引古籍文献来看，稂和莠都属杂草型的野黍和野粟。阪本宁男等在罗马尼亚摩尔达维亚雅西（Lasi）市郊区发现大片杂草黍滋生于道路边和玉米田之间，并呈带状分布，有些已侵入玉米田，其形态很像栽培黍，只是植株较矮，着粒较稀，小穗很脆，极易落粒。经采回在温室中栽培，抽穗期平均 39 天，与在罗马尼亚的相同。我国内蒙古也有这种杂草型野黍，魏仰浩曾为文介绍。阪本宁男等将野黍定为亚种，学名为 *Panicum miliaceum* subsp. *ruderale*，但以前定名为变种，学名为 *P. miliaceum* var. *ruderale*。以上都是杂草黍的情况，栽培黍 2n＝36，野生黍 2n＝？至今仍不清楚。

野生黍的"种"很多，在西非的"采集-狩猎-捕鱼"部族，即以野生黍为食，其中的索尔科（Sorko）人用镰刀将野黍连穗带茎割下；马里的可勒·塔玛谢克（Kel Tamasheq）人常常因饥饿而一年三次收割野黍为食。第一次在野黍还处于成熟中即用镰刀割下穗头；第二次在成熟后不用镰刀而是把穗头拉入篮子里敲打，使之脱粒。第三次是在地面扫集掉下来的籽粒。这些野生黍的种名，都未有人鉴定，一般都作 *Panicum* spp.，不同于欧亚大陆有关黍的起源都与干旱的生态环境联系在一起，在西非则常见野黍和非洲野生稻 *Oryza barthii* 及野稗等同生长于水中，到雨季末和干季开始后的 9—12 月都可以收割。在这些地区，野生禾草、永久性水源和放牧地常常组成一个固定的食物供应源，这对于作物驯化和农业起源的研究也是一种启发。[1]

---

[1]　Harlan J R, De Wet J M J, Stemler A B L. Origin of Africa Plant Domestication. The Hague：Mouton Publishers，1976：84，67.

在欧亚大陆、非洲以外，美洲墨西哥的栽培粟也有很久的历史，遗址的年代不同，年代越晚，籽粒有逐次变大的趋向。卡伦（E. O. Callen）认为是栽培压力下人工选择的结果；贾曼（Jarman）和威尔金森（Wilkinson）则认为籽粒变大更可能是自然选择的过程，他们认为作物的驯化要从"人-动物-植物"的相互关系中去理解，从11 000年前到现在，新的驯化物种不断出现，旧的物种不断被取代（如野驴、麋、瞪羊、粟等），那是在"人-动物-植物"相互关系中旧物种让位给报酬更多的新驯化物种的结果。"人-动物-植物"的相互演变关系，也就是人膳食结构的演变表现。东南亚岛屿处于野生稻分布范围的核心地区，可是在距今5 000年以前，尽管有了聚落而居的农业，灌溉设施，如越南沙萤（Sa Huỳnh）人和菲律宾卡拉奈（Kalanay）人，他们种植的却是芋，而非水稻。如果从"人-动物-植物"的相互关系去看，就可以理解，块茎作物能够满足人对碳水化合物的需求远较水稻为容易。块茎作物能提供人热量消耗的三分之二，而只需三分之一的土地和少量的劳动力。但块茎作物只能提供淀粉热量，蛋白质和脂肪的不足，则依靠猎取小动物来补充，这样，就构成"人-小动物-块茎作物"的膳食结构，其中狩猎占很大比重。[①]

只有当狩猎的半径内小动物的资源减少，才会促使人们逐渐改种水稻，同时必须发展饲养家畜（如猪），才能同样达到膳食结构中淀粉、蛋白质和脂肪的平衡。家畜提供的蛋白质不足，是靠稻米中的蛋白质高于块茎类来弥补的。在沿海和江湖、河泊地区，"人-鱼虾贝类-水稻"的膳食结构中，水产物是重要的蛋白质来源。因此，当我们探讨黍粟的驯化起源时，要考虑在干旱的欧亚大陆内地，"人-牛羊-黍粟"的膳食结构中，虽然黍粟的植物蛋白质含量较高，但动物性蛋白质的来源还是靠牛羊肉及奶。在古代中国黄河流域，基本也是一种"人-牛羊-黍粟"的膳食结构，当动物性蛋白质相对不足时，人们驯化大豆提上了日程，驯化了的大豆（菽）成为极其优良的植物蛋白质给源。于是在黍粟之外，演变出菽粟、菽黍、菽麦这样的膳食结构，反映在古籍上充满了这些方面的叙述。北方这种膳食结构又与南方的"饭稻羹鱼"的膳食结构交流渗透，孕育了丰富多彩、灿烂辉煌的中华文明。

# 第三节　长江流域及其他地区的原始稻作

长江流域及其他地区的原始稻作遗址，在20世纪70年代以前所发现的，如良渚、屈家岭、修水、石峡等文化遗址（表4-3），它们的年代都大抵相当于北方龙

---

① Harlan J R, De Wet J M J, Stemler A B L. Origin of Africa Plant Domestication. The Hague：Mouton Publishers，1976：84，67.

山文化时期，迟于大汶口、半坡、仰韶等文化，长期以来，在学术界形成了中国文明起源于黄河流域的单中心观点。加之有史记载以后，汉唐盛世北方文化遥遥领先于南方更是不争的事实。到1973—1976年浙江余姚河姆渡遗址两次发掘以后，其年代经鉴定为距今近7 000年，超过仰韶和半坡，才引起了很大轰动。与此同时，河北武安磁山和河南新郑裴李岗遗址先后发掘，其年代经测定距今7 500～6 800年（未经树轮校正），大体上与河姆渡持平略高。20世纪90年代又在长江中游发现较河姆渡和裴李岗、磁山更早些的遗址（详后），如此南北相互"追赶"的现象，使中国原始农业的研究成为从未有过的热门课题。黄河流域单中心论遇到挑战，黄河流域和长江流域共同孕育中华文明的观点，便很自然地建立起来。

**表4-3　中国新石器时代遗址出土稻遗存**

| 出土地点 | 时　代 | 遗物情况 | 鉴定结果 | 出处 |
|---|---|---|---|---|
| 长江下游 | | | | |
| 浙江桐乡罗家角 | 前5190年 | 稻米 | 籼，粳 | 《浙江省文物考古所学刊》，文物出版社，1981年，20页 |
| 浙江余姚河姆渡 | 前（4780±90）年 | 稻谷 | 籼，粳 | 《考古学报》1978年1期，103页 |
| 浙江吴兴钱山漾 | 前（2760±135）年 | 稻谷及米 | 籼，粳 | 《考古学报》1960年2期，85页 |
| 浙江杭州水田畈 | 4 000年前 | 稻谷 | 籼，粳 | 《考古学报》1960年2期，104页 |
| 浙江宁波八字桥 | 前（4065±135）年 | 稻谷 | 不明 | 《考古》1979年6期，561页 |
| 上海青浦崧泽 | 前（3395±45）年 | 稻米 | 籼，粳 | 《考古学报》1962年2期，27页 |
| 江苏苏州草鞋山 | 前（4290±205）年 | 稻米 | 籼，粳 | 《文物资料丛刊（3）》，文物出版社，1980年，3页 |
| 江苏无锡仙蠡墩 | 前4300—前3700年 | 稻谷 | 粳 | 《文物参考资料》1955年8期，50页 |
| 江苏海安青墩 | 5 000年前 | 稻谷壳 | 不明 | 《考古学报》1983年2期，159页 |
| 江苏南京庙山 | 5 000～4 000年前 | 稻谷壳 | 不明 | 《考古学报》1959年4期，36页 |
| 江苏苏州摇城 | 4 500年前 | 稻米 | 粳 | 《农业考古》1983年2期，84页 |
| 江苏句容陈头山 | 5 000～4 000年前 | 稻谷 | 不明 | 《农业考古》1986年1期，254页 |
| 江苏丹徒磨盘墩 | 5 000～4 000年前 | 稻谷 | 不明 | 《农业考古》1986年1期，254页 |
| 江苏江浦龙山 | 5 000～4 000年前 | 稻谷 | 不明 | 《农业考古》1986年1期，254页 |
| 江苏常州圩墩 | 5 000～4 000年前 | 稻谷 | 不明 | 《农业考古》1986年1期，254页 |
| 江苏苏州越城 | 5 000～4 000年前 | 稻谷 | 不明 | 《农业考古》1986年1期，254页 |
| 江苏无锡施墩 | 4 000年前 | 稻谷 | 不明 | 《文物参考资料》1956年1期，27页 |

（续）

| 出土地点 | 时　代 | 遗物情况 | 鉴定结果 | 出处 |
|---|---|---|---|---|
| 江苏无锡锡山 | 4 000 年前 | 稻谷 | 不明 | 《文物参考资料》1956 年 1 期，27 页 |
| 安徽含山仙踪 | 4 000 年前 | 稻谷 | 籼，粳 | 《安徽农业科学》1982 年 2 期 《农业考古》1987 年 2 期，274 页 |
| 安徽潜山薛家岗 | 3 000 年前 | 谷壳压痕 | 不明 | 《农业考古》1987 年 2 期，274 页 |
| 安徽肥东大陈墩 | 4 000 年前 | 稻粒凝块 | 粳 | 《考古学报》1957 年 1 期，23 页 |
| 长江中游 |  |  |  |  |
| 江西修水跑马岭 | 前 2785 年 | 稻秆、稻壳压痕 | 不明 | 《考古》1962 年 7 期，359 页 |
| 江西萍乡新泉 | 4 000 年前 | 稻秆，稻谷 | 不明 | 《考古》1982 年 1 期，45 页 |
| 江西萍乡赤山 | 4 000 年前 | 稻秆，稻谷 | 不明 | 《考古》1982 年 1 期，45 页 |
| 江西永丰尹家坪 | 4 000 年前 | 稻秆，稻谷 | 不明 | 《农业考古》1985 年 2 期，109 页 |
| 江西清江樊城堆 | 4 000 年前 | 稻秆，谷壳 | 不明 | 江西省文物工作队藏品 |
| 江西新余罗坊 | 4 000 年前 | 谷壳压痕 | 不明 | 江西省文物工作队藏品 |
| 江西湖口文昌洑 | 4 000 年前 | 稻、谷壳压痕 | 粳 | 《农业考古》1988 年 1 期，142 页 |
| 湖北京山屈家岭 | 4 600 年前 | 稻壳，稻秆 | 粳 | 《考古学报》1959 年 4 期，31 页 |
| 湖北武昌放鹰台 | 4 000 年前 | 谷壳 | 粳 | 《考古学报》1959 年 4 期，31 页 |
| 湖北随州冷皮垭 | 4 600 年前 | 稻米，谷壳 | 粳 | 《农业考古》1986 年 1 期，87 页 |
| 湖北天门石家河 | 4 000 年前 | 谷壳 | 粳 | 《考古学报》1959 年 4 期，31 页 |
| 湖北枝江关庙山 | 前 3800—前 3400 年 | 谷壳 | 不明 | 《考古》1983 年 1 期，21 页 |
| 湖北宜都红花套 | 前 3800—前 3400 年 | 谷壳 | 不明 | 《农业考古》1982 年 1 期，24 页 |
| 湖北江陵毛家山 | 前 3400—前 2900 年 | 稻谷，壳 | 不明 | 《考古》1977 年 3 期，159 页 |
| 湖北陨阳青龙泉 | 前 2900—前 2600 年 | 谷壳，稻秆，叶 | 不明 | 《考古》1961 年 10 期，523 页 |
| 湖北云梦胡家岗 | 5 000 年前 | 谷壳，稻秆，叶 | 不明 | 《考古》1961 年 10 期，523 页 |
| 湖北云梦龚寨 | 前 2900—前 2600 年 | 谷壳，稻秆，叶 | 不明 | 《考古》1961 年 10 期，523 页 |
| 湖北云梦斋神堡 | 前 2900—前 2600 年 | 谷壳，稻秆，叶 | 不明 | 《考古》1961 年 10 期，523 页 |
| 湖北云梦好石桥 | 前 2900—前 2600 年 | 谷壳，稻秆，叶 | 不明 | 《考古》1961 年 10 期，523 页 |
| 湖北松滋桂花树 | 5 000 年前 | 谷壳 | 不明 | 《农史研究》第 2 辑，农业出版社，1982 年，74 页 |
| 湖北监利福田 | 5 000 年前 | 谷壳 | 不明 | 《农史研究》第 2 辑，农业出版社，1982 年，74 页 |
| 湖南澧县三元宫 | 前 3800—前 3400 年 | 谷壳压痕 | 不明 | 《考古学报》1979 年 4 期，463 页 |

（续）

| 出土地点 | 时代 | 遗物情况 | 鉴定结果 | 出处 |
|---|---|---|---|---|
| 湖南澧县丁家岗 | 6 000 年前 | 稻米，谷壳 | 不明 | 《湖南考古学辑刊》第 1 集，岳麓书社，1982 年 |
| 湖南华容车轱山 | 5 000 年前 | 稻米，谷壳 | 不明 | 《农业考古》1985 年 2 期，85 页 |
| 湖南澧县梦溪 | 5 000 年前 | 谷壳印痕 | 不明 | 《农史研究》第 2 辑，农业出版社，1982 年，74 页 |
| 湖南平江舵上坪 | 5 000 年前 | 谷壳印痕 | 不明 | 《农史研究》第 2 辑，农业出版社，1982 年，74 页 |
| 湖南新晃大洞坪 | 5 000 年前 | 陶片中谷壳 | 不明 | 《农业考古》1988 年 1 期，157 页 |
| 湖南怀化高坎垄 | 5 000～4 600 年前 | 稻谷印痕 | 不明 | 《农业考古》1988 年 1 期，157 页 |
| 河南淅川黄楝树 | 前 2900—前 2600 年 | 稻谷 | 粳 | 河南省博物馆 |
| 河南淅川下集 | 4 000 年前 | 稻谷壳 | 不明 | 《文物》1960 年 1 期，70～71 页 |
| 河南淅川下王岗 | 5 000 年前 | 稻谷印痕 | 不明 | 《考古》1979 年 5 期，403 页 |
| 长江上游 | | | | |
| 云南元谋大墩子 | 前（1470±55）年 | 稻谷，叶 | 粳 | 《文物》1988 年 10 期，21 页 |
| 云南宾川白羊村 | 前（1820±85）年 | 谷壳，稻秆印痕 | 不明 | 《考古学报》1981 年 3 期，365～366 页 |
| 云南晋宁石寨山 | 3 000 年前 | 稻谷，谷壳印痕 | 不明 | 《考古报告》1956 年 1 期，62 页 |
| 云南昆明官渡 | 3 000 年前 | 谷壳印痕 | 粳 | 《考古》1959 年 4 期，174 页 |
| 云南耿马石佛洞 | （2 925±110）年前 | 稻谷 | 籼，粳 | 《农业考古》1983 年 2 期，81 页 |
| 云南耿马南碧桥 | （2 925±110）年前 | 稻谷 | 籼，粳 | 《农业考古》1983 年 2 期，81 页 |
| 云南江川头嘴山 | 3 000 年前 | 稻谷壳印痕 | 不明 | 《考古》1978 年 1 期，68 页 |
| 广东、福建、台湾 | | | | |
| 广东曲江石峡 | 4 500 年前 | 稻米，谷 | 籼，粳 | 《文物》1978 年 7 期，23 页 |
| 广东曲江泥岭 | 4 500 年前 | 稻谷 | 籼 | 《文物》1978 年 7 期，23 页 |
| 福建南安狮子山 | 4 000 年前 | 谷壳印痕 | 不明 | 《考古》1961 年 4 期，194 页 |
| 福建福清东张 | 4 000 年前 | 稻谷印痕 | 不明 | 《考古》1965 年 2 期，61 页 |
| 福建永春九兜山 | 4 000 年前 | 稻粒，穗印痕 | 不明 | 《厦门大学学报》1956 年 6 期，112～127 页 |
| 台湾台北芝山岩 | 4 000～3 000 年前 | 稻米 | 粳 | 《文物》1986 年 2 期，35 页 |
| 台湾台中营埔里 | 4 000～3 000 年前 | 稻谷 | 不明 | 《考古》1984 年 5 期，441 页 |
| 黄河、淮河流域 | | | | |

（续）

| 出土地点 | 时　代 | 遗物情况 | 鉴定结果 | 出处 |
|---|---|---|---|---|
| 陕西西安丈八寺 | 4 000 年前 | 稻谷 | 不明 | 《人文杂志》1980 年 4 期，69～72 页 |
| 河南洛阳西高崖 | 5 000 年前 | 谷壳残迹 | 不明 | 《农业考古》1986 年 1 期，104 页 |
| 河南郑州大河村 | 5 000 年前 | 稻壳印痕 | 不明 | 《农业考古》1982 年 1 期，27 页 |
| 陕西华州泉护村 | 5 000 年前 | 稻壳印痕 | 不明 | 《考古》1959 年 2 期，73 页 |
| 山东栖霞杨家园 | 4 000 年前 | 谷壳印痕 | 粳 | 《史前研究》1984 年 3 期，99 页 |
| 安徽固镇濠城镇 | 4 000 年前 | 稻米 | 不明 | 《考古》1959 年 7 期，372 页 |
| 陕西扶风案板 | 4 000 年前 | 稻谷灰 | 不明 | 《文物与考古》1988 年 5～6 期，209 页 |
| 江苏高邮龙虬庄 | 7 000～6 300 年前 | 炭化米 | 近粳 | 《中国栽培稻起源和演化研究专集》，中国农业大学出版社，1996 年，68～70 页 |
| 湖南澧县梦溪八十垱 | 9 000～8 000 年前 | 稻谷米 | 籼 | 《中国栽培稻起源和演化研究专集》，中国农业大学出版社，1996 年，47～53 页 |
| 湖南澧县彭头山 | 9 000～8 000 年前 | 稻谷印痕 | 籼 | 《中国栽培稻起源和演化研究专集》，中国农业大学出版社，1996 年，54～60 页 |
| 河南舞阳贾湖 | 8 000～7 000 年前 | 稻米 | 粳 | 《中国水稻科学》1995 年 9 期，129～134 页 |

## 一、长江流域及其他地区稻作遗址

一般地说，南方新石器时代遗址应该都是有稻作的遗址，但我们进行统计时，必须以有炭化的稻谷、米或稻的茎秆等实物遗存（包括稻的孢粉、植物硅酸体）为依据，即使有农业生产工具、没有实物遗存，也不在统计范围以内。随着新石器时代遗址的不断发掘，发现有稻谷（米）等遗存的遗址也日益增多。如据 20 世纪 70 年代统计，只有 30 余处，到 20 世纪 80 年代便增至 70 余处，20 世纪 80 年代末至 20 世纪 90 年代中，已超过 80 处（表 4 - 3）。①

---

① 据郑云飞梳理，截至 2022 年，已发现稻作遗存的遗址有 257 处。参见郑云飞：《浙江文化研究工程成果文库　稻作文明探源》，浙江人民出版社，2022 年。——编者注

从遗址的年代来看，各地遗址距今9 000～3 000年，时间跨度约6 000年。20世纪70年代末最早的遗址是浙江余姚河姆渡遗址及桐乡罗家角遗址，距今7 000年；这一记录被20世纪80年代发现的距今8 000年的河南舞阳贾湖遗址所打破；进入20世纪90年代后，贾湖的记录又被距今9 000～8 000年的湖南澧县梦溪八十垱及澧县平原彭头山、安乡汤家岗等遗址的新发现所刷新，这些新遗址的陆续发现，大大促进和丰富了原始稻作农业的研究内容。由于鉴定技术的进步，现在可以在没有稻谷（米）遗存的条件下，从土层中寻找稻叶的硅酸体，同样可以找出栽培稻的证明，并区分其为籼亚种或粳亚种（本书暂时未将其统计在内）。表4-3内时间最晚的是云南的几处遗址，距今约3 000年，这在中原地区，业已进入有文字记载的社会，但因这些遗址的农业发展阶段，仍属原始农业范畴，故亦予以列入。

从表4-3遗址的地域分布看，有几个特点，一是长江流域明显可分为下游、中游和上游三个部分，长江下游、中游的遗址数目最多，分布也最密集，下游集中太湖地区，中游集中湖南、湖北两省。华南地区的遗址数较少，分布也显得较散。黄河和淮河流域数目亦少，分布也很分散。因而长江中、下游近十余年来一直是稻作起源研究的热点，其余地区被视为扩散传播的结果。

1996年在广东英德牛栏洞遗址的31个文化层（年代距今12 000～8 000年）中发现7个样品有水稻硅酸体，共24粒，其中双峰硅酸体7粒，扇形硅酸体17粒。研究人员对遗址的扇形硅酸体进行聚类分析，写出报告。[1] 主要结论认为牛栏洞遗址的硅酸体为一种非籼非粳的类型，其扇柄长度与现代籼稻相似，扇叶长与现代粳稻相似，双峰间距与现代籼稻相似，垭深与现代粳稻相似。在水稻的演化序列上处于一种原始状态。报告又附带指出，从已发表的资料来看，距今万年前的稻谷遗址，除牛栏洞遗址外，为湖南道县玉蟾岩遗址的稻谷，具有籼粳的综合特征，水稻双峰硅酸体具有粳稻特征。牛栏洞遗址文化层的硅酸体虽与玉蟾岩的相似，但籼性明显增加，其原因有待研究。[2]

福建和台湾的稻作遗址特点是数目很少，时间又较迟，可能与山地面积较大，发掘机会和次数较少也有关系。黄河流域的稻作遗址数目虽然较少，但分布甚广，表明这一广大地区的自然条件一度适合于稻的栽培，却因条件改变而缺乏连续性。

---

[1] 顾海滨、张镇洪、邱立诚：《牛栏洞遗址水稻硅酸体的研究》，见英德市博物馆、中山大学人类学系、广东省博物馆编：《中石器文化及有关问题研讨会论文集》，广东人民出版社，1999年，382～387页。

[2] 需要说明的是，牛栏洞遗址的年代估算偏早，详见第七章第二节有关牛栏洞遗址年代问题部分。至于牛栏洞遗址的水稻硅酸体报告，只有文字叙述及聚类分析数据，没有附硅酸体实物的照片，读者未能参与鉴别，是美中不足。

## 二、原始稻作的起源和驯化

探讨原始稻作的起源和驯化，牵涉面很广，尽管考古发掘为研究提供了其他学科无法提供的实物和绝对年代数据，但还有许多问题不是考古发掘所能一一解答。驯化的栽培稻来自野生稻，而野生稻的"种"很多，并非都是栽培稻的祖先种，所以首先要确定哪种野生稻是栽培稻的祖先种？其次，关于作物的起源地，向来存在着单中心和多中心的争议，水稻的起源是单中心或多中心？第三，稻的驯化和栽培，离不开人，最初从事原始稻作的是什么民族？第四，原始稻作给后世留下哪些足资印证的材料依据？对这些问题需要分别探讨。

### （一）野生稻问题

全世界"稻属"（Oryza）下的"种"（Species）经过鉴定并认可的，有 20～25个，其中栽培种仅两个，即亚洲栽培稻（O. sativa）和非洲栽培稻（O. glaberrima）。其余都是野生稻。亚洲栽培稻的祖先种，公认的是"普通野生稻"（Oryza perennis 或 O. rufipogon）。中国境内分布的野生稻有 3 个种，即疣粒野生稻（O. meyeriana）、药用野生稻（O. officinalis）和普通野生稻，前二者与栽培稻没有关系，这里从略。新石器时代驯化栽培的就是普通野生稻。

现代普通野生稻在中国境内的分布范围为：南起海南省崖州（北纬 18°09′），北至江西东乡（北纬 28°14′），东至台湾桃园（东经 121°15′），西至云南盈江（东经 97°56′）。南北跨纬度 10°05′，东西跨经度 24°19′。普通野生稻是多年生宿根繁殖为主，也能开花结少量的种子，收获指数不超过 20%；另一种为一年生的野生稻（O. nivara），以种子繁殖为主，其收获指数可达 60%。[①]

在亚洲栽培稻的起源上，存在着不同观点，一种认为栽培稻种起源于普通野生稻，一种则主张栽培稻种起源于一年生野生稻。主张栽培稻起源于多年生的，说一年生野生稻是多年生野生稻和栽培稻"渐渗杂交"（introgressive hybridization）的产物，属于"杂草稻"（weed rice）性质；主张栽培稻起源于一年生野生稻（O. nivara）的，认为 nivara 是栽培稻的直接祖先，nivara 则来自 O. perennis。日本学者在泰国发现另一种"多年生－一年生中间连续体"，主张栽培稻来自这种中间连续体。[②] 总之，近年来对一年生野生稻和普通野生稻及栽培稻的关系研究，已

---

① Oka H I. Origin of Cultivated Rice. Tokyo：Japan Scientific Societies，1988.

② Sano Y，Morishima H，Oka H I. Intermediate perennial - annual populations of *Oryza perennis* found in Thailand and their evolutionary significance. Botanical Magazine - Tokyo，1980，93（4）：291 - 305.

经深入到核基因组、叶绿体基因组及 DNA 等分子水平。这些新观点给中国古籍上记载的野生稻的探讨提出了难题，因为古籍上关于野生稻的记载，没有说明它们是多年生或一年生。中国古书上称野生稻为"秜"，《说文解字》："'秜'，稻今年落，来年自生，曰'秜'。"但《齐民要术》引《字林》（佚书）作："稻，今年死，来年自生，曰'秜'。"一个作"落"，一个作"死"。落是谷粒掉落田间，来年又自行生长出来，似乎强调一年生；死则是植株今年死亡，明年重又生长出来，含有宿根生长的意义，但也不排除有田间落粒的可能。汉字中还有一个"穭"字，谐音也可以写作"旅""稆"，都是修饰语，野生的意思，所以穭稻、稆稻、旅稻也就是野生稻，穭麦、穭豆也就是野生麦、野生豆。而"秜"则专指野生稻。根据炭化谷粒外表稃毛的电镜观察，可以鉴定是否为野生稻，但仍未能鉴别是一年生或多年生。

翻检古籍中有关野生稻的记载，起自三国吴，迟至北宋，共得 13 条，其分布的北界较现在偏北，即北纬 30°～38°5′。[①] 唐代至北宋早年气温较现在为高，故野生稻分布也较现在偏北。中国全新世距今 8 500～3 000 年这一阶段是一个大暖期，尤其是距今 7 200～6 000 年是大暖期中的稳定暖湿阶段（详见第一章）。当时华北远较现在温暖湿润，降水较现在丰沛，河流湖泊众多，野生稻的分布应较唐宋记载的北界还要偏北，从当时的植被种类偏于温带至热带型，也可以得到证实。遗憾的是，新石器时代遗址出土的栽培稻谷米遗存很多，但只有河姆渡遗址和贾湖遗址两处极少量的个别谷粒被鉴定或怀疑为野生稻谷粒。在北纬 30°～33°，并非很北。进入有史记载以后，中国气候虽然每隔三四百年也有冷暖交替的变化，但总的趋势是变化幅度较小，没有如 7 000 年前那样的年平均温度高于现在 3℃的现象。

新石器时代出土的都是栽培稻遗存，很少或几乎没有野生稻谷遗存，应视为正常现象，表明当时的稻田和野生稻小生境已相当隔离。同时，也表明当时人们已主要以栽培稻为食，所以遗址中没有发现野生稻谷，如果当时采集野生稻为食的比例还相当高，那么，就有可能在稻谷遗存中发现栽培稻和野生稻的混合物。

剩下的问题是，鉴于多年生野生稻是一个多型的复合群体，不论是在自然的或人为的选择压力下，都富于变异，但古代和现代的时间差应该有所不同。那么，长江流域或黄河流域在 8 000～7 000 年前的野生稻是否像今天这样，已经有了一年生及中间型野生稻的存在？如果发现数量较多的炭化野生稻谷，怎样判断它们是多年生，还是一年生，抑或是中间型连续体？如果今后相当长的时期里，炭化稻的遗存不断发现，而炭化野生稻始终较少，可否认为稻的栽培驯化时期还应推前？目前，

---

① 游修龄：《中国稻作史》，中国农业出版社，1995 年，6～12 页。

我们的理解和讨论，只能停在这样充满问题的水平上。

## （二）稻的驯化与起源中心

稻在驯化之前，要经过一个采食野生稻的阶段，现在印度奥里萨邦的杰普尔（Jeypore）及斯里兰卡的拜蒂克洛（Batticaloa）地区，还有人采集野生稻为食。采集的方法有两种，一种是收获之前，先到沼泽中把稻穗捆成一束一束，然后拿篮子逐个地将成捆的稻穗弯转向篮子里倾倒，同时轻轻敲打，即可获得稻粒。另一种方法是，拿一个敞口的布袋，在稻穗上面反复兜过去，谷粒即落在袋里。因成熟期不一致，必须分次收获。可以推想，原始人们在采集过程中已注意到野生稻很容易掉粒、成熟期不一致、必须分次采集、谷芒太长、不便于脱粒加工等缺点，但当时是没有办法的事，一旦人们实行播种繁殖，便会有意识地选择那些不至于一碰便落的穗子、成熟期较集中的穗子、谷芒较短甚至没有芒的穗子。因为野生稻是个多型的混合群体，这对于野生稻自己来说，是一种有利的生存竞争能力的表现。人们专挑自己所需要的性状，结果便会获得不易掉粒、成熟较一致、短芒或无芒的植株。当然，人们所进行的选择远非这样简单，还包括诸如种子休眠期短、米粒大小、形状、色泽、食味爱好，甚至为祭祀之用而专心选择等，拿它们去播种繁殖，在它们的后代中反复选择，便会慢慢地获得把这些期望的性状组合在一起的比较理想的新植株。这是驯化必经的步骤，所谓驯化，也就是不断选择期望的性状，汰除不需要的性状。如果把这种选择称之为正面选择，那么，同时也存在反向的负面选择，即植株努力保留自己的原始性状，逃避人力的干预，有利于它自身的生存，最终以杂草稻，即一年生野生稻的形式生存下来。不光是水稻如此，其他作物如大麦、燕麦、大豆、黍、粟等，各种作物都有其相应的"伴生杂草"。

在第一节黍粟出土的地理分布上，我们清楚地看到黄河中游是黍粟出土分布的中心，其次是黄河下游。我们把目光转移到长江流域，同样可以看到，炭化稻谷遗存的分布中心在长江中游，其次为长江下游。似乎黍粟和稻在时间跨越和空间分布方面呈一种大体相似而并行的现象。人们在探索某种作物的起源地时，往往把出土该种作物遗存最早的考古遗址作为首先考虑的对象。20世纪70年代末，因河姆渡是当时最早的遗址，当时的判断即以河姆渡为中国的水稻起源地，由此向四周传播。80年代末至90年代，汉水上游和长江中游舞阳贾湖、澧县彭头山等遗址的年代更早于河姆渡遗址，至今都倾向于长江中游（或中下游）是中国稻作起源中心，由此向四周传播。当然，配合最早起源地，必有一系列其他考古的、遗传的、文献的论证，但随着中心提法的改变，这些论证也随之沉寂。如果你认为这种判断太过随机性，离开考古年代，另作遗传学的、历史语言学的、民族迁徙方面的推断，即使言之成理，有根有据，由于缺乏年代坐标，便显得未能落实，没有说服力。所以这是个两难的问题。至少到目前为止，长江中下游起源说是唯一可以接受的观点。

普通野生稻的分布范围包括了整个东南亚及其岛屿，若说它们的北界在温带北纬30°上下、在为期近万年的历史长河中颇多徘徊移动，那么，它们在东南亚热带岛屿的分布是最稳定的，栽培稻的起源为什么偏偏不在这一带，却在长江中下游北纬30°上下这一带？历史和考古事实一再表明，东南亚岛屿的原始农业是从块茎类芋头、木薯等开始的（至今还处于石器时代的新几内亚西部的伊利安加高地的拉尼族，就是如此，拉尼人已知种植芋、薯类、葫芦以及养猪，但主要还处于狩猎阶段）①，继芋头、木薯以后种植的是粟、黍、薏苡等，水稻是最后才取代粟类登上主粮地位的。所以讨论水稻起源地既不能没有野生稻存在这个大前提，但这野生稻又不是唯一的大前提。

南洋岛屿的原始农业主要在山区，因为在相当长的时期内这里的原始居民仍然要通过狩猎获得动物性食物，而低地的环境条件并非理想的生活场所。食物来源既然通过林地采集、狩猎和少量种植可以充分满足，自然没有必要想到采集野生稻（加工麻烦），进而加以驯化栽培。换言之，缺乏驱使他们驯化栽培水稻的压力。长江中下游多江河湖泊的地带，既是野生稻分布的北部边缘，又同样生长着丰富的野生稻群落，早已是人们采食的粮食，人们在采食过程中进行有意识的上述诸种选择，便有了可能性，这可能就是水稻的驯化栽培起源于这一带的原因。

众所周知，稻除去有籼、粳亚种的区分，还有水稻和陆稻之别，不过水稻和陆稻不是亚种之别，只是生态型的不同。在现今残存的刀耕火种农业中（如云南、南洋岛屿山区及澳大利亚、新西兰山地少数民族以及史前的日本），各种作物混播占很大比例，陆稻常常是和粟、黍、苋米、玉米、薏苡等混种。陆稻和水稻的不同，只在于水稻茎秆的根部存在发达的通气组织，向根系输送氧气，陆稻则这种通气组织不发达，其余生长习性都没有什么差别，陆稻也可以当水稻栽培。从局部地区看，在刀耕火种的地方，人们往往先在山上种陆稻，后来下到平地才改种水稻。据对云南少数民族的调查，现在的傣族虽然以种植水稻、并以富有灌溉技术著称，但是据明嘉靖《临安府志》卷一八"纳楼土司"条记载，傣族在当时还是"居山者为旱摆夷，种旱稻，用火耕"（"旱摆夷"是元明时对傣族的称呼之一）。景颇族、阿昌族等也存在类似的经历。② 泰国山区的拉瓦族，自古以来就在火烧地里栽培陆稻。③ 日本学者佐佐木高明在云南省考察中，发现喜马拉雅山南麓海拔1 500～

① 承中国历史博物馆宋兆麟先生提供复印件资料。
② 李根蟠、卢勋：《中国南方少数民族原始农业形态》，农业出版社，1987年，142～156页。
③ 〔日〕渡部忠世：《稻米之路》，尹绍亭等译，云南人民出版社，1982年，7～19页。

2 500米地带，生长着以常绿青冈栎类为主的森林，经阿萨姆、东南亚北部山地、云南高原、江南山地、直到日本西南部，形成横跨东南亚的暖温地带，因其树种都是常绿树，叶表面有如山茶叶那样的光泽，因而称之为"照叶树林带"。在这一林带内农耕的最大特点是以杂粮（包括旱稻）和薯类为主要作物的火烧地农耕。这一带最初的农耕并非水田稻作文化，水田文化是在以杂粮类为主的火烧地农耕之中于较后时期里产生的文化。[1] 由此引发了先有旱稻或先有水稻的议论。

主张先有旱稻的，便是根据少数民族这种先在山上种旱稻，旱稻是刀耕火种时期即已存在的种植方式，下到平坝以后才改种水稻的实例。主张先有水稻的，指出野生稻的生境是浅水沼泽地，不可能从驯化开始即先有旱稻，旱稻是从水稻经人工选择、在缺水条件下慢慢形成的生态型。但主张先有旱稻者指出，在野生稻中，也有生长在山坡无水源地，靠雨季降雨能正常生长的事实。并且指出原始的稻并没有如现代这样明确的水陆分化，换言之，原始的驯化稻是一种间于水陆稻之间的生态型[2]，向山区发展便成为生育期短的、耐低温的、偏于粳型的陆稻，向平地多水源地区发展便成为生育期较长的、不耐低温的偏于籼型的水稻。同样的道理，而若长期处于深水浸泡之下，便成为耐深水的深水稻，在经常有洪水泛滥的地区，便形成了能随大水上涨而同时延伸其茎节的浮水稻。所以旱稻和水稻孰先孰后的问题只有在照叶树林带（如云南和日本）这种特殊的环境里才存在，因为水稻不可能进入这些高地。如果放到长江中下游那样范围很大的江湖河泊众多的野生稻环境里考虑，最先驯化栽培的当是水稻。不论水稻或旱稻，其时间都很悠久，早在原始农业时期即存在。问题是从地下出土的炭化稻谷，可以区分籼、粳亚种，却无法区别是水稻或陆稻。如果能明确遗址是在水田或山地里出土，或许可以有助于推断是否为水稻或旱稻。

## 三、稻作传播与史前氏族及历史语言的关系

稻作的起源和传播离不开人，现在的考古发掘已经把稻作起源历史推前到距今8 000年前。那么，距今8 000年前长江中下游生活着的是些什么氏族？黄河中下游生活着的是些什么氏族？彼此间如何交流融合？这是个非常困难的问题。古人类学着重研究农业起源之前的旧石器时代及其以前的漫长时期。考古学只告诉我们那是什么文化，是裴李岗文化、仰韶文化、龙山文化、河姆渡文化，它们区别的标志是

---

① 〔日〕佐佐木高明：《照叶树林文化的道路——从不丹、云南到日本》，尹绍亭编译，收入《云南与日本的寻根热》，云南社会科学论丛之二，1986 年。

② 〔日〕渡部忠世：《稻米之路》，尹绍亭等译，云南人民出版社，1982 年。

什么样的陶器，彩陶、黑陶、印纹陶，什么样的石器，石铲、石镰、石磨盘和磨棒、石杵和石臼，考古所借以区别的只是物，而非人。考古上牵涉人的，只有非常有限的墓葬的方式，推断其社会的性质而已。在文献记述方面，可以推溯的最早期的氏族名称或人物，像少典、炎帝、黄帝、颛顼、祝融、尧舜等，或是传说或是神话和传说的糅合，早些的很难与考古时期挂钩，迟些的已接近夏商的时期，与8 000年前还有数千年的空白。这些传说有一定的可靠性，又有很大的不确定性，有关它们的文献资料甚多，却紊乱而矛盾，它们本身还处于研究和争鸣之中。研究水稻遗传分化的科技工作者，可以使用现代手段，深入地分析线粒体DNA、植物硅酸体等，并以之结合出土的遗址年代，做出一些有关稻作起源、分化的结论，但同样不能与当时人的活动联系起来，提供某些信息。

因此，对稻作的传播，我们只能大体上按比较可信的传说材料，作一点分析。

中国新石器时代早期的氏族人，主要是西北甘青高原的羌人和东部沿海的东夷。所谓三危、三苗和蚩尤是羌人的三个部落。据传说，他们约在6 000年前就和炎帝一起，沿黄河向东迁徙，直到鲁中。在迁徙过程中，三个部落融合为一，由蚩尤统领，先战胜炎帝，后来和黄帝族争夺中原失败。战败的蚩尤族分不同的路线撤退，一路沿老路西迁至豫西山区，经历唐、虞、周长达2 000年的征伐，再向江汉平原洞庭一带退避，成为史书上所称的南蛮。另一路继续向西南迁徙的，便是今苗族（苗、蛮同音）。当然，未曾撤退的便和汉族融合了。所谓南蛮，是汉族对他们的称呼，其实他们的先人是古代活动于黄河流域的部落群体，后来因被羌戎、东夷等联盟集团战败，逐渐迁到长江中下游，以后迁至珠江流域、中南半岛，因而被称为南蛮。同样迁至北方、东北、西北的，被称为北蛮。黔东北的《苗族史诗》里唱道："……古时苗人住在广阔的水乡，古时苗人住在水乡的地方，打从人间出了魔鬼，苗众不得安居，受难的苗人要从水乡迁走，受难的苗人要从水乡迁去。"苗人留恋过去住过的"旺儿的城池"（旺儿指帝王），还有"勾吴水乡"（勾吴意为水乡之国，今苏、皖、浙一带）。① 这些史诗反映了苗人最初是南蛮的一支，住在太湖地区水乡，从事水稻耕作，他们每迁至一个新的地点，依然种植水稻，直到进入山区，才被迫改种杂谷。他们经过的地方，可能人烟稀少，稻作还是他们携带传播的。

东夷是上古时代亚洲东部最昌盛的一个族群，与羌族群媲美。东夷族奉鸟为图腾，主要是雁鹄、燕子等候鸟。从河姆渡、良渚文化到春秋时吴越国出土的器物上都有鸟图像（图4-2、图4-3）。

---

① 过竹：《苗族神话研究》，广西人民出版社，1988年，11～12页。

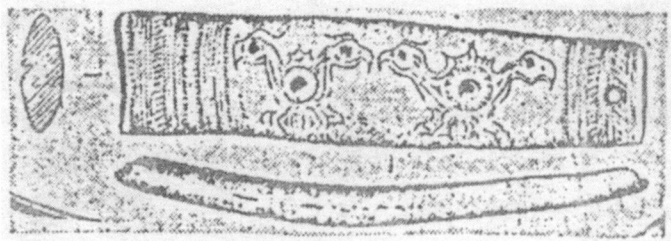

图 4-2 河姆渡遗址出土的双鸟朝阳

图 4-3 良渚遗址的"鸟田徽"

良渚出土的"耘田器",当初只是形容其形状像现在水田里使用的耘田工具,后来竟以良渚文化时已有耘田技术传播开去,经过许多人的怀疑和质疑,虽然不大有人坚持是耘田之器,但也说不出该器究竟作何用的解释。最近董楚平根据台湾学者发现"耘田器"和饕餮纹可以重合的现象,象征图腾神和人的合一,因而做出新的解释,即所谓"耘田器"当是一种飞鸟的图腾象征,拟取名"鸟田器"。[1] 笔者建议可取名为"鸟田徽",董先生表示同意。

何光岳认为东夷族团和西羌族团构成中华民族的主体,其他如南蛮族团、北狄族团、东胡族团、百越族团的分支,几乎都是从他们两个大族团中分出去的,或是由这两大族团的某些支系在融合中分出去的。[2] 西羌族团的始祖是炎帝神农氏和黄帝轩辕氏,东夷族团的始祖是太皞氏和少皞氏。这四个支族的共同祖先便是华胥氏。红山文化、大汶口文化、青莲岗文化是东夷族团的代表类型,但东夷族团的支系繁多,其来源、迁徙、演变、融合比较复杂,难以清理,至今是个难题。

---

① 董楚平:《"鸟田器"试说》,《故宫文物月刊》1998 年 5 期。
② 何光岳:《东夷源流史》前言,江西教育出版社,1990 年。

　　长江中游最早的稻作遗址已有8 000余年历史，下游也有7 000年历史，黄河流域早期的稻作遗址没有超过龙山文化时期（距今4 500～4 000年）的，这是否意味着在龙山文化以前，稻尚未传入黄河流域？同样，黄河流域的黍粟亦未曾传入长江流域？在黄河流域活动的族群还没有南下至长江流域？那么，在长江中下游从事稻作的又是哪些族群？是南蛮和东夷的先民？这些似乎都有可能，也都缺乏说服力。不过有一点可以肯定的，即稻作的北移（或黍粟南下）不是一朝一夕完成的，它们要经历一个年复一年的相当长的时期，从小规模的迁徙聚居交流，逐渐扩大范围。在这个漫长的时期里不大可能都留下遗迹。贾湖遗址地处淮河上游，贴近黄河中游，既然已经出土了稻谷遗存，是对上面推断的一个有力支持，我们期待有进一步的发掘，获得更为肯定的回答。到了龙山、良渚文化时期，部族间的交往或战争渐趋频繁，石器、陶器形制的变化，出现相互影响的痕迹，日益明显，自然亦意味着稻作和黍粟的交流日趋平常，龙山文化稻作的落户，遂为稻作的进一步向朝鲜、日本传播奠定了基础。朝鲜和日本稻作遗址的年代又较龙山文化为迟，证明了这一点。朝鲜和日本是中国稻作东传的终点站，再往东便是茫茫汪洋了。

　　如果说稻作北传在早期是朦胧不清的话，那么，稻作从长江流域向南的传播则要清晰得多。稻作南传与北传还有一点不同，北传的稻作，到日本的弥生时期（秦汉之交）业已结束了，此后是稻作在日本境内扩大的事。但稻作南下的时间要拖得很长，内容也很丰富，因为南传牵涉很多的少数民族，上述苗族的迁徙便是一例，其他如傣族、侗族等也类似，而且传播的地理范围直到南洋岛屿。

　　现今南洋的马来西亚人、印度尼西亚人、菲律宾人，都不是南洋岛屿的原住人。据徐松石研究，南洋的原住人是小黑人（Negro），现今马来半岛的沙盖族即是小黑人的孑遗。[①] 东南亚大陆在新石器时代已有大批的移民进入南洋群岛，他们与小黑人通婚，形成波利尼西亚族（夏威夷土著）。到了2 300～2 200年前（战国秦汉）时，另一支移民即百越人从中国东南沿海（包括渤海湾、山东、江苏、浙江、福建、广东）迁入南洋，把大部分波利尼西亚人挤走，又与留下的波利尼西亚人通婚而形成马来西亚人、印度尼西亚人和菲律宾人，即人种学上所称的棕色人种。百越人是东夷的一支，东夷又名鸟夷，今马来语称稻田为Lautan，即汉字"雒田"的音译，雒是短尾候鸟鸿鹄之类，与古籍所载"鸟田"有关，故徐松石称南洋人的血统为"鸟田血统"。但徐松石释"鸟田"为"海洋"，我们则认为"鸟田"当指稻田。鲍尔·惠特利（Paul Wheatley）指出"有关水稻在东南亚传播的

---

文献必须在该地区的历史研究中占主要地位"[1]，是很对的，所以论鸟田血统局限于海洋而排除水稻是不完整的。

希尔（R. D. Hill）指出，马来西亚、波利尼西亚制陶系统的"Ban-Malay"可能来源于中国东南的几何型陶，几何型陶的原始人已经知道种稻，并驯化饲养了猪、狗和牛羊等。约3 500年前 Ban-Malay 已经非常明显地形成自己的传统，所以他们不是在秦汉时因避汉人南下才开始制陶的。他认为外迁的汉人中，一部分人向北，把水稻带到日本，更多的是向南、向西到达巴拉望岛（菲）、婆罗洲、苏门答腊、马来西亚、泰国、越南及柬埔寨。[2] 比此前威尔汉姆·索尔海姆二世（Wilhelm G. Solheim）的估计要早得多，后者认为南下的中国人约在前 200 年（西汉）到达巴拉望，约 500 年（南北朝）到达沙捞越，约 1000 年（北宋）到达马来西亚，这些人都是种稻的。[3]索尔海姆把中国人到达南洋的时间估得这么迟，同希尔所估的相差很远，其实并不矛盾，因为中国人向南洋的迁徙是个历史延续的过程，并非局限于历史上某个特定阶段。

百越后裔把水稻带向南洋的另一重要证据是铜鼓。中国西南广西、云南的少数民族中，流行着特有的铜鼓文化，铜鼓的功能是多方面的，包括诸如乐器、礼器、祭祀、贮贝、庆典、集会、战阵、赏赐、上贡等，还有炫耀财富、显示身份等作用。但追溯铜鼓的初期使用目的，还是与农业的关系最为密切。虽然铜鼓不是农具，不能用于田间任何操作，但铜鼓确实是农业生产的精神寄托。上述铜鼓的各种社会功能，是在使用过程中逐渐增添上去的。铜鼓最初作为乐器，是与祭祀祖先、祈求稻谷丰收分不开的，它的纹饰内容最基本的也是这两个方面。因此，抓住这一线索，看看和水稻传播的关系，就很有启发。铜鼓上常有鸟人纹饰，印度尼西亚出土的铜鼓上即有鸟人乘舟的纹饰，似有"羽化登仙"的象征（图 4 - 4），与云南西林出土铜鼓上的羽人乘舟类似（图 4 - 5）。

20 世纪 50 年代，范海格尔（H. R. Van Heekeren）首先对流行于南洋的铜鼓作了调查研究，将他所看到的铜鼓分为范海格尔Ⅰ、Ⅱ、Ⅲ、Ⅳ四型，把铜鼓的起源中心定为越南东山铜鼓，把中国铜鼓归入Ⅳ型，缅甸卡伦铜鼓为Ⅲ型等。[4] 范海格尔的这个分类有很大错误，也不足为怪，因为他当时不可能想到中国西南在 20世纪 50 年代以后会积累起1 300多面铜鼓，改变铜鼓研究的面貌，明确了中国铜鼓

---

① 转见 Hill R D. Rice in Malaya：A Study in Historical Geography. Kuala Lumpur：Oxford University Press，1977：1 - 13.

②③ Hill R D. Rice in Malaya：A Study in Historical Geography. Kuala Lumpur：Oxford University Press，1977：1 - 13.

④ Van Heekeren H R. The Bronze-iron Age of Indonesia. Dordrecht：Springer Science Business Media，1958.

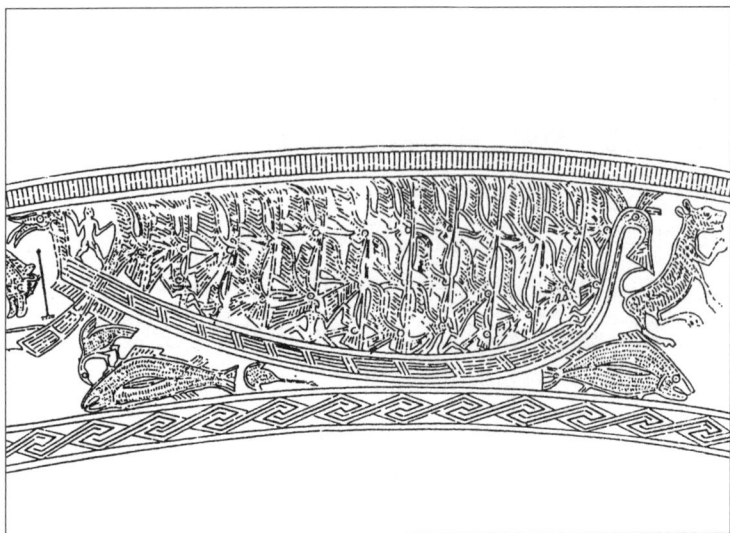

图 4-4　印度尼西亚沙巴岛出土的铜鼓上羽人乘舟

图 4-5　云南西林普驮出土铜鼓上的羽人乘舟

的时间系列大大超过越南东山及整个东南亚铜鼓的时间。云南楚雄万家坝铜鼓和祥云大波那铜鼓是最早的铜鼓，属春秋早期或中期，而东山铜鼓已属战国晚期，与云南晋宁、江川铜鼓及广西西林铜鼓相当。迄今，所有早期铜鼓都出土于云南境内，越南境内所有出土铜鼓，以东山最早，地理位置最北，其余铜鼓都在东山以南，表明它们自北而南传播。云南中期（战国至东汉）的铜鼓以晋宁石寨山铜鼓为代表（包括东山铜鼓），上与楚雄万家坝式相衔接，下与冷水冲式相衔接，时间在东汉至南朝之间，上下继承关系清楚。其中冷水冲铜鼓是出现羽人和蛙饰的重要时期。①

中国云南、贵州、广西、广东、海南和越南北部地区是铜鼓分布最密集的地区，老挝、越南中南部、泰国、缅甸、柬埔寨等地为铜鼓分布的次中心即过渡地

---

① 广西壮族自治区博物馆：《古代铜鼓学术讨论会纪要》，见中国古代铜鼓研究会编：《古代铜鼓学术讨论会论文集》，文物出版社，1982 年。

带，马来西亚及印度尼西亚群岛为铜鼓传播的最后地区。铜鼓到达南洋的时间并不很迟，苏门答腊岛、爪哇岛、巴厘岛、罗地岛及帝汶岛以东都有铜鼓分布。铜鼓到达爪哇及其以南的岛屿的时间据认为在 100—500 年（东汉至南朝）。[①] 引人注目的最大最漂亮的铜鼓是在印度尼西亚最东端的一些岛屿上。铜鼓上的图像和纹饰很多，图像方面加以归纳，不外两点：一是与物质生产有关的，如人的劳动、狩猎，动物如青蛙、飞鸟，天象如太阳、星星等；二是与精神生活有关的，如羽化的人、飞鸟等。当然，二者又有密切关系。表达农业劳动的如"芒人"（Muong，按，实即"蛮"的同音）的铜鼓上有两个人舂稻谷的图像，玉缕（Ngoc Lu）人（芒人的一支）的铜鼓上有两个人持杵臼、四个人持点种棒打穴播谷的劳动图像。黄河鼓（Hoàng Ha）上有两个怀孕妇女从事打谷、扬谷的劳动。这种有舂米劳动的铜鼓，在冷水冲式铜鼓上，其"鼓面既有十只以上的鹭鸟环飞，又有一晕羽人跳舞、击鼓、舂米的圆阵图"[②]，共有 170 余面，表明与稻作的密切关系。泰国、缅甸、老挝山区的拉蔑（Lamet）人在水稻收获时，必用铜鼓举行祭祀祖先的仪式，他们用羽毛蘸鸡血，洒在铜鼓青蛙图像的身上，一边唱念，一边击鼓，祈求祖先亡灵赐给他们更多的稻谷，他们认为祖先亡灵听到铜鼓的敲击声，会感到喜悦高兴，给他们带来丰收。印度尼西亚罗地岛上有一面当地人非常崇敬的铜鼓，问他们这面铜鼓的来历时，一些岛民说，这铜鼓是沿西部的岛屿带过来的；另一些人说是从天上降下来的，显然以前者的回答较为正确。这些事例都表明水稻的传播是与铜鼓的传播密不可分的。

铜鼓上的蛙饰是非常重要的求雨象征，据范海格尔的调查，对印度尼西亚大小 9 个岛屿上的所有铜鼓逐个描述，每个铜鼓的面上都铸有 4 只青蛙（古籍作蟾蜍），广西民间的传说，天上有 4 个雷公，雷公最怕蟾蜍，因为蟾蜍能压制雷公，所以在铜鼓上铸 4 个蟾蜍，以为相互对抗。云南佤族人说铜鼓上的青蛙象征雨水"青蛙愈叫，人愈喜欢"。缅甸克耶（Kayah）族至今还是每逢祈雨之时，便敲击铜鼓，同时唱道："蛙鸣咯咯雨水落，雨水落时鱼欢跃，鱼欢跃时河水涨，……木漂浮时国富饶。"[③] 他们又称铜鼓为"蛙鼓"。范海格尔的书中称青蛙为"rain maker"（雨师），他是按印度尼西亚人的说法给予英语翻译，完全正确。

青蛙和飞鸟图像在铜鼓上常常同时出现，代表了人的物质生产（稻米）的丰足有保障，以及精神信仰的寄托，朴素而智慧的抽象概括，是鸟田血统文化的特色。

同样是稻作文化的传播，为什么铜鼓不见于日本和菲律宾？因为江南吴越人并

①② 转见 Hill R D. Rice in Malaya：A Study in Historical Geography. Kuala Lumpur：Oxford University Press，1977：1–13.

③ 汪宁生：《佤族铜鼓》，见中国古代铜鼓研究会编：《古代铜鼓学术讨论会论文集》，文物出版社，1982 年。

不使用铜鼓，铜鼓在南方的边界线，未曾进入湘、赣、闽，远离边界线的吴越人把稻谷带往日本和菲律宾时，铜鼓还远在数千里以外的西南边陲。这里面存在一个时间和地域差，吴越人只到达菲律宾为止，没有再南下印度尼西亚群岛，以后是云南、广西一带的百越后裔，把铜鼓随同稻作传进印度尼西亚岛屿。在稻作传入菲律宾及印度尼西亚以前，当地的原始农业以种植块根类作物为主，且已有相当发达的灌溉设施和梯田兴筑等，辅以小动物为蛋白质来源，前节业已论及。

中国稻作向南传播的关系从泰语、傣语与壮语的关系上也有迹象可寻。据对泰、傣、壮三种语言词汇对比，在 2 000 个常用词中，泰、傣、壮三种语言都相同的有约 500 个，泰语和傣语相同的约 1 500 个。三种语言都相同的词，都是基本的单音节词根，表明这三种语言起源于共同的母语——越语。三种语言都没有本族的"冰""雪"这类词，而同有"船""田""芭蕉"等词，表明他们的祖先一直生活在温暖多雨水但不见冰雪的南方，都以稻作为业。壮语使用汉语假借词很多，而泰语、傣语则保留本族语词汇，说明壮族比泰族、傣族较早分化，泰族、傣族则较晚分化。这种情况与百越南迁之说吻合，壮族留在汉人势力范围较强的两广，语文受汉语影响较深，泰族、傣族迁徙到汉人势力不及的西南边远地区，语言上保留本族成分较多。

泰国如今称陆稻为 kao rai（或记作 kauk lat），称水稻为 kao na，这两个称呼都是百越方言。kao 即汉语"谷"，rai 是"山"，少数民族的"雷"姓，也是"山"的意思。na 是"水田"的意思，壮语也称水田为 na。百越语的词汇序是修饰语在名词汇之后，汉语则是修饰语在名词汇之前，故换成汉语的词序，rai kao 即山谷（陆稻），或 na kao 水谷（水稻）。在中国两广、越南、老挝、缅甸和泰国北部，至今还有大量的小地名，汉字作"那"，即 na，最远处在缅甸掸邦的"那龙"（东经 97°5′），南至老挝沙拉湾省的"那鲁"（北纬 16°）。① 这些带"na"地名的残存，反映了当时水稻分布的广泛性。泰国的陆稻品种都带有 khao（即谷）的词汇头，如 khao daw，khao nam mum，khao man tun，khao sim（均为陆稻），khao jao dawk-pradu，khao jao nga chang（为非糯稻）。② 缅甸如今称籼稻为 kauk kyi，称粳稻为 kauk yin，这两个词汇的前半 kauk 是"谷"音的另一种拼写法。缅甸现在的稻品种名称，不少仍带有 kauk 的词汇头，如 kaukhlut，kaukunan，kaukhangl，kauk-san 等③，和泰国的一样。云南少数民族的稻品种名称亦类似，都带"谷"或"禾"的词头，从略。谷（或禾）是极其古老的谷物称呼，且是大名，即泛指一切栽培的

---

① ② 游汝杰：《从语言学角度试论亚洲栽培稻的起源和传布》，《农史研究》第 3 辑，农业出版社，1983 年。

③ 程侃声：《稻米之路》中译本序言，见〔日〕渡部忠世：《稻米之路》，尹绍亭等译，云南人民出版社，1982 年。

禾本科谷物，如黍、粟、稻、麻、薏苡、高粱等。这与原始农业实行混播有密切不可分的关系，在混播的作物群体中，人们并没有给每一种作物取名。这与英语的corn一样，在苏格兰可以泛指小麦、大麦、燕麦。故玉米从美洲传入英国，便用印第安人原名，称maize，以与本地的麦类相区别。但玉米在美国则称corn，因为不会发生与麦类发生混淆的问题。

## 四、籼与粳的分化问题

讨论籼和粳的分化问题，先要从现代籼粳的地理分布情况开始。现代籼稻主要分布在长江以南的广大华南地区；粳稻主要分布在淮河黄河流域以及东北和境外的朝鲜、日本；长江中下游及浙北苏南是籼粳分布交错地带或过渡地带，相当于北纬29°～32°。过此往北进入粳稻区，往南进入籼稻区。西南云贵高原的籼粳分布则因海拔高低而不同，在云南，籼稻一般分布在海拔1 750米以下，粳稻分布在2 000米以上（超过2 700米，即不能种稻），1 750～2 000米为籼粳交错地带。贵州的籼粳分布与云南类似，1 400米以下为籼稻，1 400～1 600米为籼粳交错带，1 600米以上为粳稻带。凡是高山的粳稻多为陆稻。温度方面，云南一般籼稻区的年平均温度在17℃以上，粳稻区则在16℃以下。

稻是从多年生普通野生稻驯化而来，追溯原始的稻作，该是先有籼稻，或先有粳稻，或两者都有。考古发掘出土的稻谷遗存表明，有全是籼稻的，也有全是粳稻的，但更多的既非籼稻，亦非粳稻，而是籼与粳并见于同一遗址。又，按遗址的地理分布看，也同样存在与现代类似的现象，即出土于黄河流域的都是粳稻，出土于长江流域的籼粳都有，出土于南方的基本上以籼稻为主。

早在20世纪50年代，水稻遗传育种专家丁颖根据上述云南、贵州的籼粳分布规律，对籼粳起源的解释是，人们从低海拔和低纬度下的野生稻中驯化选育出来的当是籼稻，随着水稻向海拔升高或纬度偏北的方向传播，便选出了耐寒的粳型稻来。[①] 这个理论的要点是先有籼，后有粳，粳是从籼中分离出来的。

籼和粳现在已经在稻属分类上属于栽培种下的两个亚种，相互间杂交很困难，表明它们之间已经有长期的生殖隔离和地理隔离。

现代栽培稻的籼和粳因种植地区不同，人们食用习惯和爱好不同，各有各的栽培范围，各有各的育种目标，虽然进行籼粳杂交，培育新品种，但注意的重点不在籼和粳的区别问题。考古出土的稻谷遗存，却对籼粳的区别带来特别的要求，因为

---

① 程侃声：《稻米之路》中译本序言，见〔日〕渡部忠世：《稻米之路》，尹绍亭等译，云南人民出版社，1982年。

这涉及出土实物的鉴定及稻作起源问题。

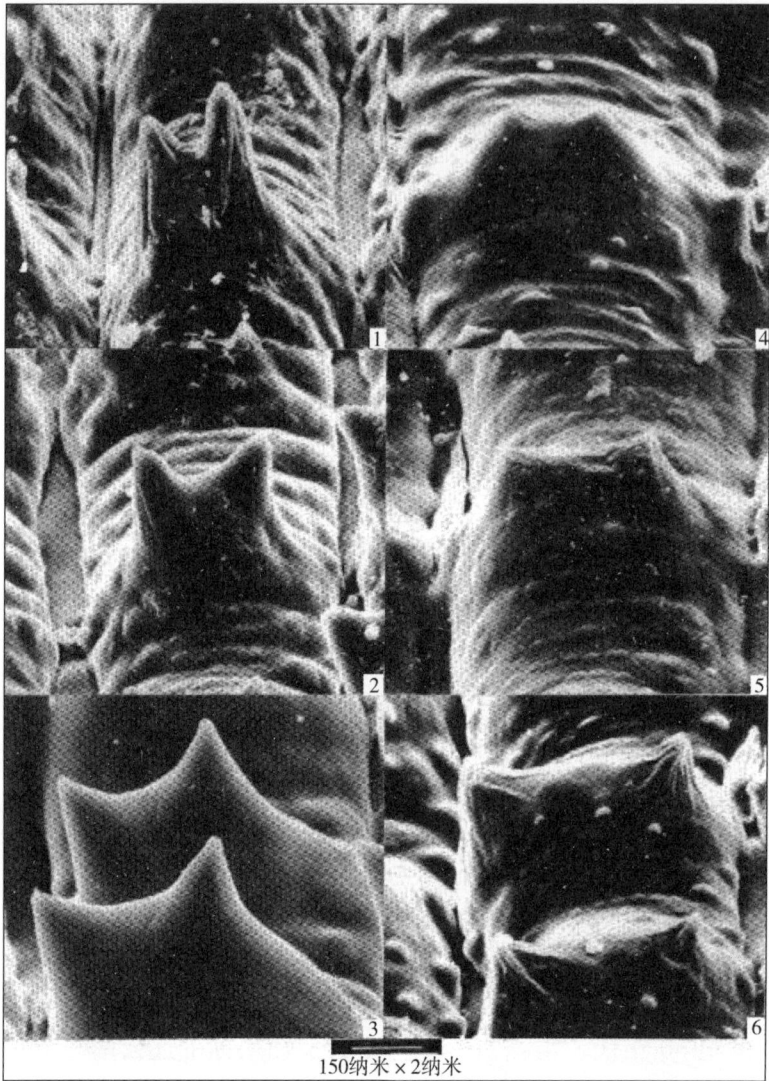

150纳米×2纳米

图 4-6　双峰乳突类型的代表稻种（正面）

1. 锐Ⅰ型 acute type-1 *O. longistaminata*　　2. 锐Ⅱ型 acute type-2 *O. grandiglumis*
3. 锐Ⅲ型 acute type-3 *O. latifolia*　　4. 钝Ⅰ型 obtuse type-1 *O. meridionalis*
5. 钝Ⅱ型 obtrse type-2 *O. glaberrima*　　6. 钝Ⅲ型 obtuse type-3 *O. glumaepatula*

（张文绪、汤圣祥，1996）

　　传统鉴别籼粳的方法，最简单、常用的是测定谷粒或稻米的长宽比。通常粳稻的长宽比都在 2 以下，变幅在 1.6～2.3，高的可达 2.5。籼稻的长宽比一般都在 2以上，变幅在 2～3，高者可达 3 以上。由此可见，籼与粳的长宽比存在着部分交错现象，通常其准确率约有 70%，仍有 30% 左右的长宽比可能会误判。另外，还有不少鉴别籼粳的方法由冈彦一所首创，如植株高度差异、每株穗数、叶色浓淡、苯酚反应、秧苗对氯化钾反应等，都只适用于活体。如果出土的谷粒数量很多，如河姆渡遗址，可以用统计分析提高长宽比的可靠性。但考古出土的稻谷数量往往很少，甚至几颗，除非是非常典型的谷粒，否则，用长宽比测定容易误判。为此，进一步提高鉴别方法，也成为研究的重点之一。近年来发展起来的新方法也不少，如利用电镜观察谷粒外颖表面的双峰乳突差异，其准确率较之长宽比大为提高（图 4-6）。也有脱离对长宽比依赖的方法，如日本学者藤原宏志从遗址土壤中提取并观察水稻叶片机动细胞的硅酸体形状，根据籼粳叶片硅酸体形态的不同。这种方法判断籼和粳的，其正确性较依据长宽比要高得多（图 4-7 至图 4-9）。但不论鉴别方法如何改进，由于籼和粳是稻种下的两个亚种，二者之间还有相当的遗传同质性，要把它们彻底分开是不可能的。于是问题又回到了原始驯化的稻是籼在先，或是粳在先，或籼和粳是分别起源的老问题上。

渡部忠世在印度阿萨姆至中国云南一带进行了长期的考察，于《稻米之路》一书的最后一章"亚洲栽培稻的起源和传播"中，提出"从阿萨姆、云南到日本"的观点。[①]

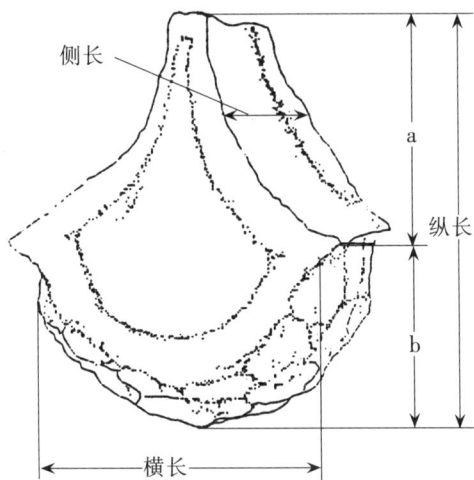

图 4-7 水稻机动细胞硅酸体的形状特征示意

（郑云飞等，1999）

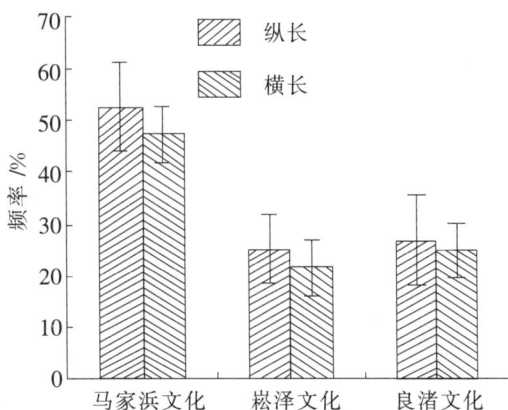

图 4-8 太湖地区新石器时代纵长小于 33.50 微米和横长小于 28.00 微米的水稻机动细胞硅酸体的百分率变化

（郑云飞等，1999）

---

① 〔日〕渡部忠世：《稻米之路》，尹绍亭等译，云南人民出版社，1982 年。

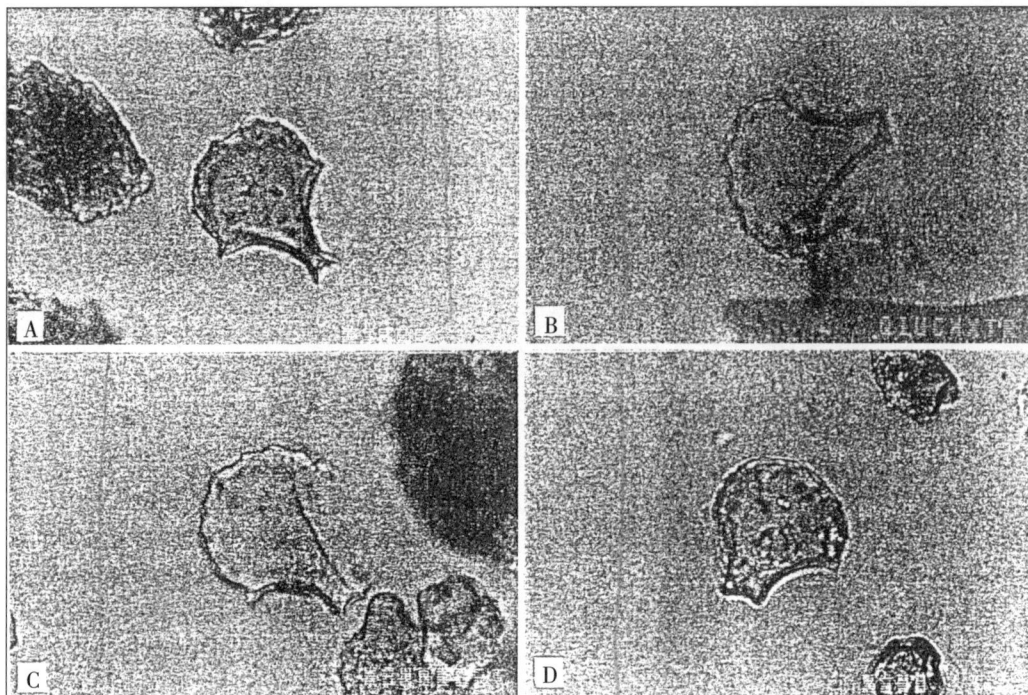

图 4 - 9  马家浜、邱城、徐家湾、南河浜等遗址检出的水稻机动细胞硅酸体

A. 马家浜遗址下层  B. 邱城遗址下层  C. 南河浜遗址（崧泽文化）  D. 徐家湾遗址（崧泽文化）

（郑云飞等，1999）

张德慈把稻作的起源探讨扩大到包括非洲稻在内。[①] 亚洲栽培稻及非洲栽培稻又共有一个更早的祖先，要追溯到古生代的冈瓦纳大陆时期，亚非两洲稻的起源可用以下图解表示：

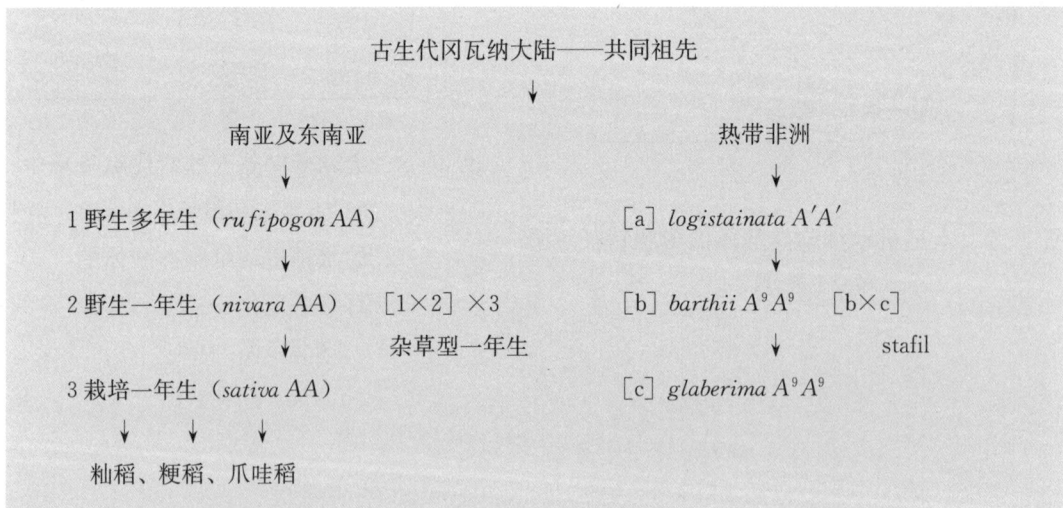

古生代冈瓦纳大陆——共同祖先

| 南亚及东南亚 | | 热带非洲 | |
|---|---|---|---|
| ↓ | | ↓ | |
| 1 野生多年生（*rufipogon* AA） | | [a] *logistainata* A′A′ | |
| ↓ | | ↓ | |
| 2 野生一年生（*nivara* AA） | [1×2] ×3 | [b] *barthii* A⁹A⁹ | [b×c] |
| ↓ | 杂草型一年生 | ↓ | stafil |
| 3 栽培一年生（*sativa* AA） | | [c] *glaberima* A⁹A⁹ | |
| ↓   ↓   ↓ | | | |
| 籼稻、粳稻、爪哇稻 | | | |

---

① Chang T T. The origin, evolution, cultivation, dissemination and the diversification of Asia and Africa rices. Euphytica, 1976, 25：425-441.

张德慈认为亚洲栽培种的广泛传播，导致形成印度型、中国型（取名 sinica）及爪哇型三个生态地理种系，以及陆稻、水稻及深水稻三种栽培型。他指出，非洲栽培种的发展晚于亚洲栽培种，故其多样化程度也较低。南美洲和大洋洲的野生种系保持原始的特征较多，主要因为缺乏栽培压力和扩散。

张德慈梳理了亚洲、大洋洲栽培稻及其野生亲缘的分布和地理生态种系的传播关系，他认为野生稻的分布范围是很广泛的，但这些地区并非都会成为栽培稻的起源地，倒是中国长江流域处于野生稻分布的边线地带，却成为栽培稻的起源中心。张氏把籼和粳稻的起源中心放在从印度阿萨姆至中国云南一带，由此向东北、东南、西的方向发展，这与渡部忠世的观点有所不同。他认为起源于尼泊尔一带山区的陆稻，往东南传入南洋，成为爪哇稻，其后又沿东南亚岛屿向北传入日本。程侃声在与笔者交谈中亦有类似见解，略为不同的是程所指的是云南山区的陆稻。程、张的见解相同，大概是反映了这种共性之故。

综观上述各种观点，关于栽培稻来自野生稻的演化历程有三种分歧，图解如下：

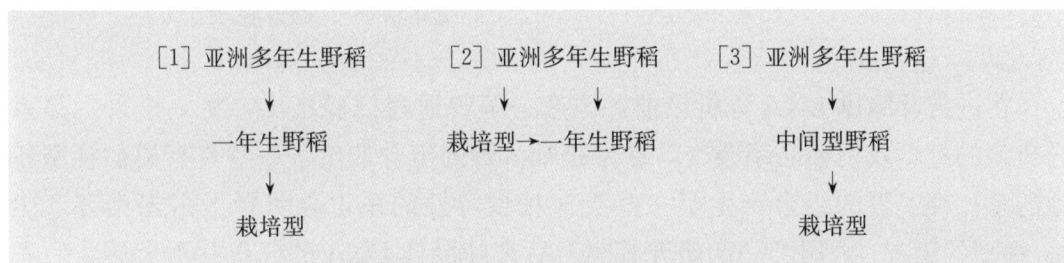

| [1] 亚洲多年生野稻 | [2] 亚洲多年生野稻 | [3] 亚洲多年生野稻 |
|:---:|:---:|:---:|
| ↓ | ↓　　　　↓ | ↓ |
| 一年生野稻 | 栽培型→一年生野稻 | 中间型野稻 |
| ↓ | | ↓ |
| 栽培型 | | 栽培型 |

如果把渡部忠世和张德慈的观点看作稻的起源、传播"地理一元说"，则冈彦一的观点可称之为稻的起源传播"系谱一元"说。冈氏认为，籼和粳由同一祖先分化而来，这一祖先是指介于一年生和多年生之间的中间型野生稻。他还认为籼和粳的差异是稻在人工栽培以后才发生的，籼和粳的诞生没有先后，二者是同时发生的。这是他与丁颖的不同之点，丁颖认为籼来自多年生野生稻，粳来自籼，即先有籼，后有粳。冈彦一的观点是收集大量品种资源、进行多年反复的杂交研究所得，因非本书的范围，只好割爱不引用了。张德慈在这方面与冈彦一的观点相似。

佐藤洋一郎回顾 20 世纪 80 年代以来，日本学者寺地氏、法国留日学者瑟康德（G. Second）、中国留日学者陈文炳及他本人分别从事叶绿体 DNA 的研究，根据 DNA 的分析，佐藤指出籼稻和粳稻分属于两个不同的品种群，它们由不同的祖先进化而来。[1] 叶绿体是存在于细胞核以外的器官，因而其所含的 DNA 纯粹是母系

---

① 〔日〕佐藤洋一郎：《DNAガ语稻作文明——起源と展开》（粳稻长江起源、求证与展开）日本放送协会，1996 年。

遗传，不受父本基因的影响。利用这一点，不管品种特性如何离异，仍可以追溯其母系。寺地氏将叶绿体的功能分为两大组，一是粳稻及部分野生稻，另一是大部分籼稻和部分野生稻。野生稻中有两个类型与籼及粳的品种相对应，即是说籼和粳是栽培之前即已存在的。瑟康德等也有类似结论，指出野生稻的叶绿体 DNA 大约有6 种类型，其中一个与籼品种相间，另一个与粳品种相间。陈文炳研究指出，籼品种的大部有缺失的 DNA，而粳品种的大部分没有缺失的 DNA，即籼和粳的母系是不一样的。佐藤指出，大多数多年生野生稻与粳型一样，没有缺失的 DNA，而大部分一年生野生稻与籼型一样，具有缺失的 DNA。"一年生-多年生"这种生态型的分化和"籼型-粳型"这种栽培稻大型品种群的分化似乎有一定的关系。

上述籼粳一元说起源和籼粳二元说起源的差异，也可以图解如下：

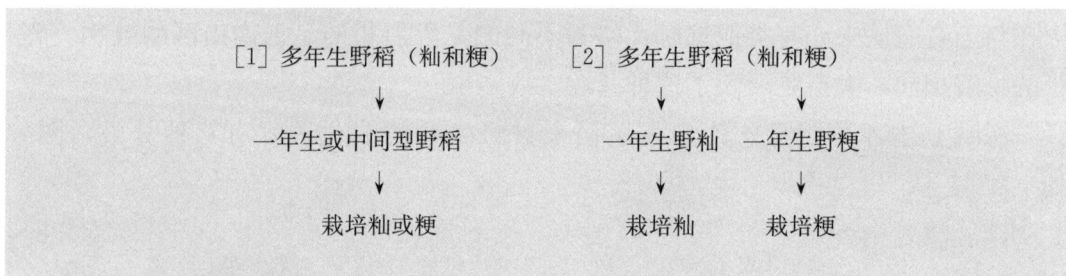

|  |  |  |
|---|---|---|
| [1] 多年生野稻（籼和粳） | [2] 多年生野稻（籼和粳） | |
| ↓ | ↓ | ↓ |
| 一年生或中间型野稻 | 一年生野籼 | 一年生野粳 |
| ↓ | ↓ | ↓ |
| 栽培籼或粳 | 栽培籼 | 栽培粳 |

在进行叶绿体 DNA 分析以前，冈彦一等曾通过试验指出，将一个野生品系与典型的籼稻及粳稻品系杂交，结果是籼×野的组合产生了一些具有类似粳型特性的系；粳×野的组合产生了一些类似籼型特性的系，表明野生祖先具有产生籼-粳型的潜能。[1] 冈彦一的研究其实与后来叶绿体 DNA 的分析并不矛盾，后者是把研究深入一步罢了。籼粳分化问题随着同工酶和叶绿体 DNA 等研究的深入，出现新一轮的见解、推翻原有见解的同时，又带来新的问题。即为什么野生稻群体包含这么多的不稳定性？原来学者们解释为它是多型复合体（polymorphism），在人工和自然的选择压力影响下，不断向籼和粳的方向分化，但是还没有达到成为两个独立种的地步，所以在古遗址中出土的稻谷（米）的形态（如河姆渡、八十垱遗址）往往既有区别又有重合的现象（图 4-10）。[2] 同时，张文绪等对稻属20 个种的外稃乳突的电镜扫描观察结果，指出这种重合现象表明水稻在几千年前曾经历了一个籼粳特征集于一体的类似杂草型普通野生稻的"古栽培稻时期的启示"。[3] 赵志军对江西吊桶环洞穴稻谷的乳突分析结果，提出统计理论的解释

---

① Oka H I. Origin of Cultivated Rice. Tokyo：Japan Scientific Societies，1988.

② Pai A P. Notes on new advancements and revelations in the agricultural archaeology of early rice domestication in the Donting Lake region. Antiquity，1998，72（278）.

③ 张文绪、汤圣祥：《稻属 20 个种外稃乳突的扫描电镜观察》，收入王象坤、孙传清主编：《中国栽培稻起源与演化研究专集》，中国农业大学出版社，1996 年，33～41 页。

（图 4 - 11）。① 这些观察都是对多型性复合体的进一步深入分析，基本属于籼粳一元的观点。但按佐藤等的深入探讨结果，这个群体本身变成了具有籼与粳的二元结构，栽培的籼和粳亦随之变成各自起源的二元论，提出二元说的人，未曾对以下问题附带作出解释：

图 4 - 10　湖南澧县八十垱遗址
出土稻米的形态差异
（Pai，1998）

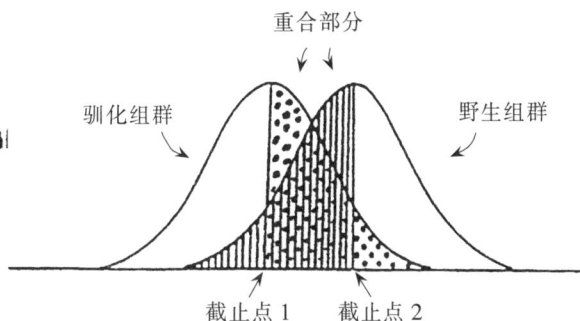

图 4 - 11　中间组群之示意图解
（Zhao，1998）

一是，原始农业时期（8 000年前）的野生稻是否如同现代一样，已有一年生、多年生和中间型的存在？如果未能证明这一点，现代所见的一年生、多年生和中间型野生稻的分化情况，就难以作为推断古代的依据。这关系到籼粳分别起源的根本问题。

二是，现在通过叶绿体 DNA 的母系遗传，证明籼和粳的分化早在原始农业时期即已存在，那么野生稻的籼粳分化，是否全是自然选择的结果而与人工选择无关？

三是，原始人是否只是从自然界现成的籼型野生稻中选择籼或粳型野生稻中选择粳？换言之，原始人对野生稻的籼粳分化不曾起过干预作用？只是现成地拿来种植而已？

四是，籼和粳的生殖隔离，即杂交困难，起源于什么时候？是在野生稻群体内部即已存在？或是在人类将它们分别种植以后逐渐形成？

五是，人把稻带到不同的海拔高度和不同的纬度种植，籼在环境改变中表现为不耐低温，只能生长在低纬度和低海拔地区；粳在环境改变下表现为耐低温，故能推进到高海拔和高纬度地区种植。籼和粳的这种对低温适应能力是在野生稻中本已存在的或因人工选择而产生？如果本已存在，热带地区（包括河姆渡时期相当于现

① Zhao Z J. The Middle Yangtze region in China is one place where rice was domesticated：phytolith evidence from the Diaotonghuan Cave, Northern Jiangxi. Antiquity, 1998, 72（278）.

在的热带）并不存在低温的外界条件，这耐低温的能力从何而来？

六是，从现有研究达到的结论而言，是否到了可以修改野生稻学名和栽培籼、粳稻学名的地步？即是否有必要把野生稻及籼粳视为两个各自独立起源的物种？

由于研究工作的分别进行，一旦需要把各种观点综合起来时，就产生上述这类问题，我们期望各学科的交流，将给这类问题带来新的综合解答。

## 五、糯稻问题

原始农业时期，人们对于所驯化的种植的农作物，常常由于食味、庆祝丰收、祭祀、宗教和神的崇敬等需求，进行有意识的选择，如香味、颜色、形态等，持之以恒，便从作物群体中选得他们所期望的植株类型，糯稻便是一个典型。糯稻以其含有近百分之百的支链淀粉，而具有一种独特的软滑糯性食味，很早即得到单独的栽培。

糯稻只是淀粉的组成不同，不是一个变种或亚种。籼和粳中都有糯性和非糯性的区分，籼糯亦称小糯，粳糯则称大糯。通常非糯的籼米含直链淀粉在 25% 左右，或更多些，所以食味较硬而脆，非糯的粳米含直链淀粉约 18%，故食味比籼软，又不如糯米柔软而黏。糯米不含或只含少量的直链淀粉。

将非糯和糯杂交，$F_2$ 代非糯与糯的分离比例为 3:1，表明糯性是由一对遗传基因所控制，非糯是显性，糯是隐性。所以糯稻是原始种稻者因食味的偏爱而从野生稻群体中发现隐性单株，给予反复的单独选择和繁殖，而成功地获得纯合的糯稻类型植株。

糯稻的产生客观上极其重要的原因之一，是因糯米不含直链淀粉可以酿酒，而酒则是祭祀所不可缺少的物品，是用以崇敬祖先和神灵的。神灵和祖先实际上不会饮酒，祭后还是人饮了，于是酒成为原始时期人们须臾不离的饮料。南方的酿酒原料是糯米，北方则是糯黍，早期黍在北方的地位重要性还超过粟，即因黍关系到酿酒祭祖先和神灵。

现在世界上绝大部分地区的人们是以非糯性的籼米或粳米为饭食，糯米只用来制作各式点心。但在古代并非如此，古代好多地方的人们是以糯米为饭食及各种点心。渡部忠世在印度至云南一带考察中发现，这一带的人们是以糯米为主食的，又因糯稻栽培圈内同时也是茶树的起源地，因而合称为"糯稻栽培圈和茶树的起源地"。[①]

其实，这个糯稻栽培圈的范围在早期要远远地大得多，可以说扩大到长江黄河

---

① 〔日〕渡部忠世：《稻米之路》，尹绍亭等译，云南人民出版社，1982 年。

流域，直至日本，因为祭祀和酿酒的共性，决定了这一点。《诗经·周颂·丰年》云："丰年多黍多稌，亦有高廪，万亿及秭；为酒为醴，烝畀祖妣，以洽百礼，降福孔皆。"又，《山海经·南山经》中也有"稰用稌米"之句。"稰"指祭祀，这"稌"字，是早在"糯"字之前的糯米名称，"糯"是后起的书面语，"糯"字通行以后，"稌"就渐渐少用了。"为酒为醴"中的"醴"，是一种用糯米酿造的酒精含量很低的甜味酒，不会醉人。早期的酒都偏淡，日本现在还有这种浓度低的淡酒。醴又很像南方用糯米酿的"甜酒娘"（按，"娘"其实是"酿"的同音借用字）。《诗经》和《山海经》所记的以糯米供祭祀，当然不局限于周代，而实在是很悠久的传统承袭。汉字中还有个"糒"（bèi）字，专指军伍士兵或行旅之人在路途中随身携带的干粮，用糯米蒸熟、晒干，置于长形的布袋里，缚在背后，需要进食时，临时用热水冲泡即可，这字在日本汉字中还保留，意义和汉字完全相同。这种加工食用的方式，其起源当很早，在原始农业时期，是人们打猎或远行时随身带的干粮。

日本民俗学者注意到中国云南一带少数民族的饮食、祭祀、居住、对歌和招魂等风俗，同日本民族有惊人的相似之处，认为日本文化的根应到藏缅语系各族中去找，最先传入日本的应是陆稻中的糯稻，而且是红米。[①] 渡部忠世在《稻米之路》中也注意到中国西南地区人民用蒸笼或甑子（按河姆渡已有陶甑）直接蒸糯米饭吃，同日本的吃法很相似，认为日本的饭食习惯同这一带有着令人意外的相同关系。

## 第四节　原始农业的栽培技术[②]

### 一、旱作的技术

黍粟的栽培同其栽培的环境条件有关。最初的黍粟还属于畜牧业的补充而种植，既作饲草又供食用，其栽培方式可能是很粗放的，人们可以骑上马撒播种子，任它们自然生长，无所谓耕地、开沟、施肥、除草之类的工序，待到成熟时去收获就是了。老子说的"天下有道，却走马以粪"[③]，意思是天下（即国家）的政治清明了，战马用不着上战场了，可以用来"走马播种"。"走马"即跑马，粪种之

---

　　① 〔日〕荻原秀三郎：《日本文化的根同中国少数民族的习俗》，梁小棋译，日本《中央公论》1984 年 2 期。

　　② 本节把黍粟和稻的原始栽培技术放在一起讲述，因为黍粟及陆稻有密切的关系，分开反而不便于叙述。

　　③ 《道德经》第四十六章。

"粪"，同播，指播种，可见骑着马儿播种，就是有史以后还属常见的一种播种方式，所以老子拿来譬喻。

但是到了有聚落定居的阶段，田地在聚落周围形成一定规模，实行较长时期的耕作、休闲或轮作，有序的从种到收的操作环节，就逐渐形成起来，这是进入耜耕阶段的事了。由于单独的木耒，一个人操作，只能刺土，不能翻起土块，必须两个人并排同时刺耒尖入土，才能翻起土块，这就是古籍所称的"耦耕"。这种双人双耒的耦耕方式已经有西藏门巴族和珞巴族的实例，有人又进行了模拟实验，获得了证实。

把耒尖做成扁平状或在耒下安装一片扁平的石耜或骨耜之类（详三及六章），耜与柄安装成直线式的，就称耜；耜与木柄安装成直角式的，就称锄。不论耜耕或锄耕，都可以摆脱必须双人操作的限制，单独一人也可以刺耜入土并翻起土块，或掘起土块翻地，提高了劳动效率（图4-12、图4-13）。但耜耕和锄耕比，锄耕的效率比耜耕高，因为耜耕整地的方式，是翻起的土块在前，未翻的地在后，人的操作走向是后退的；锄耕则是翻起的土块在后，未翻的地在前，人的操作走向是前进的，所以锄耕要略胜于耜耕。到了新石器时代晚期的一些遗址，如良渚文化开始出土有石犁（木犁的出现可能更早，只因木材容易腐朽而不能保存下来，但少数民族如侗族在20世纪50年代还使用木犁）。这种木犁或石犁，当然都是人力拉犁（详后蹄耕部分）。犁耕比之耜耕和锄耕，最大的不同是耜耕和锄耕，其操作都是间歇性的。改用犁耕以后，人的劳动走向是前进的，而且是持续不断的，其效率当然要大为提高。据宋兆麟在侗族中的调查，锄耕一人一天只能耕1担田（6担田合1市

图4-12 西藏门巴族的木耒　　图4-13 西藏珞巴族的木耜

资料来源：宋兆麟、黎家芳、杜耀西：《中国原始社会史》，文物出版社，1983年，133页。

亩），木牛（侗族称木犁为木牛）耕田，一人一天可耕 4 担田，如果是牛耕，则一人 1 天可耕 14 担田。①

土地的耕作方式与土地利用有密切关系，在刀耕（火种）时期，烧除地面草木以后，不进行翻土，用木末（图 4-12）点穴，即行播种，由于杂草很多，土壤肥力下降很快，必须年年或隔年就要放弃，另开新地。直到弃耕地的地面植被恢复生长，才能进行第二次的刀耕。为此，刀耕农业的一个单位的播种面积必须要有 7～8 倍以上的土地面积作为后备，才能轮转过来，所以一个人一生砍烧同一块土地的次数不过三四次。② 进入耜耕阶段以后，土地可以连续使用的年限大大延长了，因为翻土可以改善土壤结构和肥力，并且改用休闲制代替不断的抛荒制。

播种方式起于刀耕（火种）农业时期，通常有点播、撒播和混播三种方式。从保持原始农业形态的少数民族情况看，点播宜于大粒的种子，如豆类、玉米、高粱、薏苡等。撒播适用于小粒种子，如苋子、粟类（包括龙爪稷、蜡烛稗、珍珠粟等）、稗子等。这些方式一直沿用到后世。条播是后起的，因为条播首先需要整治平整土地，以及开沟工具等。到了实行条播就可以肯定已经实行除草的工序，因条播的目的就是便于除草。移栽是个很难肯定的方式，因为树木幼苗的移栽起源很早，以之应用于田间作物，是很自然的事。台湾高山族即有把疏除出来的粟苗，另行移栽的举措。

所谓混播，就是把各种不同的作物种子，混合起来，一起播种在同一块地里。其数目的多少不一定，凡是当地作物种类很多的地方（往往是热带），可以提供混播搭配的作物也愈多样化。愈是原始的混播，其作物的种类愈多而杂。如新西兰的赞巴加人一共有 36 种之多栽培植物，其混播的事例之一是包括芋、甘薯、玉米、香蕉、薯蓣、木薯等。③ 李根蟠等在云南的调查，怒族、独龙族、傈僳族等的园地里，混播的作物种类约有玉米、小米、黄豆、马铃薯、芋、瓜类、豆类、辣子、荞麦等。混播的作物中有主要和次要之分，主要的往往是粮食作物，配以其他作物。④ 关于混播的方式，以前往往被视为栽培技术落后和粗放的表现，这是很大的误解。混播是原始农业时期很好地适应原始耕作条件的最佳选择。其优点计有：①单一种植的作物，往往容易受病虫害的侵害，较难应付，由于病虫害的危害对象，往往有专一性，危害甲者，不危害乙，实行混播，可以减少病虫危害的程度，不会全军覆灭。同样，混播中的杂草危害，亦不如单作严重。②不同作物的成

---

① 宋兆麟：《木牛挽犁考》，《农业考古》1984 年 1 期。

② 李根蟠、卢勋：《中国南方少数民族原始农业形态》，农业出版社，1987 年。

③ Cox G W，Atkins M D. Agricultural Ecology：An Analysis of World Food Production Systems. San Francisco：Freeman，1979：116-117.

④ 李根蟠、卢勋：《中国南方少数民族原始农业形态》，农业出版社，1987 年，63、90 页。

熟期也不同，可以分次收获食用。③早期的原始农业还没有仓库的建立，单一作物一次收获量多了，不易保存，混播等于把园地当仓库，方便省事。④混播的安全系数较高，碰到意外损害，如风雨打击之类，总有部分的收成。但是，混播的最大弱点是随着聚落人口增加，混播不能如单作那样提供更多的粮食产量，结果是在种植业中逐渐减少了它的比重。

在混播中，只有陆稻可以参加，水稻则只能单种，陆稻还是混播中重要的粮食作物。由于混播的起源极早，这也是有人主张陆稻先于水稻的原因之一。但因混播主要是山区的刀耕火种制，水稻一定要在积水的平地栽种（山地筑梯田种水稻是后起的），二者各有起源，很难在不同的条件下区分先后。

## 二、水田的技术

水田的修造当始于新石器时代早期，在人工修造水田之前，可能存在着部分地区的"天然"水田，人工修造水田应从此获得启发，同时这也是牛耕起源的一个前奏曲。

### （一）关于蹄耕

东汉王充在《论衡·书虚篇》中提到"海陵麋耕，若象耕状"。海陵在今江苏泰兴。据晋张华《博物志》的记载，海陵一带，有很多麋鹿，它们成群地在吃食野草之后，无意中把泥土踩踏得非常软糊，农民趁此机会赶走群鹿以后，即在这种软糊的土里播种水稻。王充所称的麋耕，即指此事。当然，麋耕的现象绝非起源于汉代，而是渊源久远的事，特别是汉以前的东南沿海一带，还是人烟极其稀少的地方，这些沿海多沼泽地带正是麋鹿理想的生境。浙江桐乡罗家角遗址的发现，即起因于农民兴修水利或整地时，常常从距地表不太深处掘到大量麋鹿角，当作中药的"龙骨"，售给当时的废品收购站，才引起考古部门的注意，从而发现了这一内涵丰富的遗址。所谓象耕，也是同样道理，利用野象踩踏过的软糊地播种水稻。牛耕的起源，可能受到麋耕及象耕的启发；原始农民由此想到利用野生的水牛，驱赶它们在积水地里来回践踏，把泥土踩糊，然后播种水稻。这种习惯至今在东南亚岛屿国家如菲律宾、印度尼西亚等国，仍有采用，称之为"蹄耕"或"牛踩田"。华南的海南岛黎族亦一向有牛踩田的历史，"生黎不知耕种，唯于雨足之时，纵牛于田，往来践踏，俟水土交融，随手播种于上，不耕不耘，亦臻成熟焉"[①]。据高谷好一、田中耕司等的调查，蹄耕在东南亚的分布很普遍，从日本九州南部起，经冲绳、琉球、

———————————
① ［清］张庆长：《黎岐纪闻》，见《小方壶斋舆地丛书》。

宫古岛等岛屿及我国台湾，一直到菲律宾、马来西亚、越南、斯里兰卡、加里曼丹等处，都有分布。① 九州南部的蹄耕，最初见于 15 世纪时朝鲜南朝《李氏实录》的与那国："水田十三月用牛践踏，然后播种，正月移栽，不除草。"②

这里涉及蹄耕和水牛驯化的关系，采用蹄耕时的水牛，是否已经驯化？根据有关人类学的资料，推测其可能尚未完全驯化，或者说尚在驯化过程之中。因为在驯化与野生之间还存在一个过渡阶段。在马来西亚的沙捞越（Sarawak），平时水牛是野生状态的，它们生活在森林沼泽中，到了水田准备整地时，人们临时到森林的沼泽里捕捉十几头水牛，驱赶到田里来回踩踏，踏耕完毕，又放回森林。③ 这些水牛虽是野生的，但已和人熟悉，愿意接受踩田的劳动，是半驯化的证明。海南岛的黎族，在牛的头颈上挂一串木铃，走动时发出"拓落、拓落"的铃声，平时让它们在山林里野生自行觅食、繁殖，到要使用它们时，才上山寻找，根据铃声将它们捕捉回来，进行蹄耕，耕毕放回山里。它们繁殖出来的后代是纯野生的，很难捕捉，时常拒捕，以致有时不得不给予击毙。④ 喜马拉雅山南麓的人们，只饲养小牛犊，对成年的牛只不加拴养，放任它们在村庄周围自行野牧。到晚上它们会自己跑到各自的主人家，吃一些为它们准备的盐巴和碎谷物。⑤ 这三种情况说明牛的驯化没有一个统一的模式，但又大同小异。要经历漫长的时间，随着水稻种植走向集约化，有了犁耕、脱谷、运输等多种役使，牛才从半驯化转向完全的家养。其中利用牛踩田恐怕是共同必经的阶段。由此可见，河姆渡遗址出土的水牛，可能还处于野生半驯化的蹄耕阶段。至于象耕的记载，其情形应与牛踩田类似，但完全缺乏文献及其他材料，只好不多叙。

## （二）关于鸟田

与蹄耕类似的还有鸟田，《吴越春秋》说："少康……乃封其庶子于越，号曰无余。无余始受封，人民山居，虽有鸟田之利，租贡才给宗庙祭祀之费。乃复随陵陆而耕种，或逐禽兽而给食。"⑥《越绝书》亦有类似之记载，不俱引。以前的人把鸟

———————————

① 〔日〕田中耕司：《稻作技术之类型及分布》，见〔日〕渡部忠世主编：《亚洲稻作史》（日文版）第一卷，小学馆，1987 年。

② 〔日〕高谷好一：《南岛农业之基盘》，见《南岛之稻作文化》（日文版），日本放送协会，1984 年。

③ A Study of padi cultivation in the State Sarawak，Discussion Paper 96，1978，CSAS，Kyoto University.

④ 曾定夷编辑：《广东风物志》，花城出版社，1985 年，343～344 页。

⑤ Geoffrey G. Himalayan village，an account of the Lepchas of Sikkim，见《东南亚传统农业资料集成》（日文版）第二卷，1987 年。

⑥《吴越春秋》卷六《越王无余外传》。

田看作是神助，把它神秘化。只有东汉王充把事实说得清清楚楚："舜葬于苍梧，象为之耕，禹葬于会稽，鸟为之田。盖以圣德所致，天使鸟兽保佑之也，世莫不然。考实之，殆虚言也。……实者，苍梧多象之地，会稽众鸟所居，……象自蹈土，鸟自食苹，土勵草尽，若耕田状，壤糜泥易，人随种之。世俗谓为舜禹田。海陵麋田，若象耕状，何尝帝王葬海陵者耶？"①

把鸟田附会成神佑，亦有其原因。因为沿海一带的东夷族（越先人亦属东夷族）本来是信奉鸟图腾的，其所信奉的鸟是一种候鸟，王充说是雁鹄："雁鹄集于会稽，去避碣石之寒，来遭民田之毕（毕是一种捕鸟网具）。蹈履民田，啄食草粮，粮尽食索，春雨适作，避热北去，复之碣石。"王充这个解释是完全正确的，王充是会稽人，这种现象是他亲眼所见。这种候鸟南下，吃食沼泽地苹草的现象，到北魏还有记载："山上有禹冢，……有鸟来为之耘，春拔草根，秋啄其秽，是以县官禁民，不得妄害此鸟，犯则刑无赦。"② 不能把蹄耕、鸟田看成是汉时的现象，实际上当是原始农业的残余形式，由于人口稀少的条件下，耕作制的变化是很缓慢的。《吴越春秋》说当时的农业还是"随陵陆而耕种，或逐禽兽而给食"充分反映了这一点。

王充指出的雁鹄是从碣石飞来避寒，不能说错，但据现代知识，雁鹄是栖息在西伯利亚至中国东北一带，秋天南下避寒，分布在长江流域及其以南，开春后，返回西伯利亚。所以鸟田的现象，虽以沿海的江浙一带为多，其他地方有类似条件的，也会成为雁鹄的留宿地。只因历史文献以江浙为多，故鸟田见诸记载的也以江浙为多。鸟田现象较之蹄耕，当以蹄耕为重要，鸟田依靠候鸟南下，利用的面积有局限性，一旦永久性农田发展了，候鸟便转移到湖泊沼泽非农田区栖息，鸟田现象便慢慢趋向衰亡，远不如蹄耕有发展前途，因为随着蹄耕发展，人们会进一步完成水牛的驯化，利用牛力取代人力从事更多的劳动。

## （三）关于火耕水耨

整地技术在鸟田和蹄耕之后，牛耕或人力耕之前。南方水田的整地技术，便是火耕水耨了。火耕水耨延续了很长的时期，以至于到汉时，还被司马迁形容为"江南之地，地广人稀，饭稻羹鱼，或火耕而水耨"。司马迁所说的江南，范围不太明确，《盐铁论·通有》则说得很清楚："荆扬南有桂林之饶，内有江湖之利。左陵阳之金，右蜀汉之材。伐木而树谷，燔莱而播粟，火耕而水耨，地广而饶材。"这段话明确了整个长江流域及其以南的农业，都处于这样一个阶段：旱地农业还处于刀

---

① 《论衡·书虚篇》。
② 《水经注》卷四〇《浙江水》。

耕火种时期，水稻则处于火耕水耨时期。这种描绘，显然有点北方汉人对较落后的南方农业的偏见，但不能否认江南的确还存在原始农业残存的部分。就是到 20 世纪 50 年代，不是在西南不少地区也还仍然残存有原始农业形态吗？

对火耕水耨，文献上历来很多争议，多数是由于不了解具体操作而引起，这里不一一引述。正确的理解，可以彭世奖的文章为代表，简述如次：火耕水耨可能只应用于江、河、湖、海等滨水地区，其具体内容可因地区略有差异，但总的特点是以放火烧草，不用牛耕、蹄耕，直播栽培，不用插秧，不用中耕。这种栽培方式虽然较为粗放，但由于巧妙利用水和火的天然力量，劳动生产率还是较高的。[①] 之所以采用火耕水耨，是同古代江南地广人稀、劳动力缺乏密切相关。水耨又与特定环境条件有关，就是到了今天，珠江三角洲的大禾田（即深水田），几乎全靠水淹抑制杂草生长，基本上没有除草这个环节。一些长出水面的杂草，农民在有空的时候，乘船进入深水田中，用手拔除，带回家中当柴草烧。当旱地农业从事刀耕火种时，水田农业则从事火耕水耨，这大概是原始农业的两种农业形态。唯火耕水耨只限于南方，北方稻作在龙山文化时业已发展起来，采取的是什么技术，是否也经历火耕水耨的阶段，不得而知。

## 三、关于选种

作物品种的选育在原始农业时代即已开始。在这方面，文献并没有留下多少记载，但从近代尚保存原始农业形态的民族中却可以找到生动的例证。

生活在台湾东南小岛兰屿上的雅美人还处于驯化粟的初级阶段，而台湾中部山区的高山族（泰雅、卑南、排湾和鲁凯人）则已进入驯化的高级阶段。华耐（H. F. Wayne）深入考察了台湾中部山区的高山族群和台南的雅美人种粟的全过程，对两者的细节作了有趣而出人意料的对比。他的结论是，粟在驯化过程中所获得的多样性，是通过不断的选择、相互交换和执着的宗教信仰及禁忌而实现的。现把华耐的研究介绍如下。[②]

华耐指出：原始粟的植株很矮小，不足 100 厘米，叶片狭窄，分蘖多而细，穗长仅 2～12 厘米，内外颖紧包籽粒，很难脱粒。而高山族（本部分提到的高山族特指生活在台湾中部山区的高山族群）种植的粟植株约有人高，只一次分蘖，茎秆坚

---

① 彭世奖：《火耕水耨新考》，收入陈文华、〔日〕渡部武编：《中国的稻作起源》，日本六兴出版，1989 年。

② Wayne H F. Swidden cultivation of foxtail millet by Taiwan aborigines：A cultural analogue of the domestication of *Setaria italica* in China//Keightley D N. The Origins of Chinese Civilization. Berkeley and London：University of California Press，1983：95 - 115.

硬，叶片宽，穗长可有 10～50 厘米甚至 50 厘米以上，内外颖不紧包籽粒，容易脱粒，颜色众多，而且淀粉有糯和非糯之分。高山族是如何实现这种变化的？驯化的动力和细节是怎样的？

**1. 刀耕地的选择**　泰雅等高山族人选择朝南向阳的斜坡地，约 65°。因为在斜坡地挖掘，由于重力作用，可以省力，而同样的工具在平地上开挖就很吃力。其次，放火时，火势顺斜坡向上烧，可充分利用热量，效果好。而在平地上放的火，其热量向上空放散，效果不好。斜坡上的树木烧剩后的残枝杂物，将其堆聚在斜坡树桩的后边，形成不规则的梯级状，也有防止土壤冲刷的作用，且能在作物生长期间积聚有机物质，使之渗入刀耕地里。

**2. 播种**　高山族将准备种子、播种和盖土在同一天完成。先把种子从家里拿到田间的草屋前，临时用双足或双手搓下来，扬干净，再掺进一些豆属和藜属的种子。播种开始时，由家长或族长主播，从斜坡自下而上进行撒播，其余的人跟在后面，排成行列，自下而上地进行覆土，不许走回头路，覆土厚度约 5 厘米。完毕以后，再在播种地里点播一些玉米、薏苡及高粱。并根据刀耕地的地形，树桩和岩石的分布，将其划分为几个区块，不同的粟品种要分别播在不同的区块里。有时用薏苡点播成一行一行，作为各区的分界线。雅美人把不同的品种在同一天撒播完毕，播种后不覆土，让种子裸露在地面。几周之后，再到地里看一下，如需要补种，就补种一次。高山族人的工具是狭长形的锄，雅美人则只是一根点种棒。雅美人从来不在粟地里掺种其他禾本科作物，但他们把一些块茎、块根作物如芋、甘薯、木薯等一株一株地栽在粟中间。另外在刀耕地四周种些野生浆果植物如芭蕉属（*Musa*）和露兜树属（*Pandanus*），以供劳动休息时采作点心。

**3. 除草间苗**　高山族人在粟生长到 4～8 周时（高 10～40 厘米），进行除草和疏苗，通常只除一次，除非播种后遇到雨，杂草又生，才再除一次。杂草是用手一株一株拔出来，同时也在苗株挤密处拔出一些粟苗来，这些苗通常即丢掉，但必要时也用来移植到另外的空地上。拔起的杂草和疏除的粟苗，通常都集中到刀耕地的外侧。虽然是撒播，经过除草和疏苗，看起来非常均匀，整齐。雅美人只除一次草，不疏苗，也没有想到通过除草使刀耕地保持苗株均匀整齐，因而他们的地里虽然除过草，看起来仍然高高低低不整齐。由于不拔除莠草（*S. viridis*）和原始型的粟株，使野生的基因型和驯化中的粟，可以继续发生"渐渗杂交"，有利于野生基因向栽培型输送。看来，这是驯化过程中一种必经阶段。高山族人在疏苗过程中，偏爱单茎的，疏去的都是分蘖很多的苗株，凡是分蘖多的植株，必然很矮，且不整齐，叶片也较小，而单茎的植株必然较高而又整齐，可见除草过程中有选择地间苗，是驯化过程不可少的步骤。拔除是根据植株的"表型"（phenotype）进行，但它的效果却是丢掉原始的"基因型"（genotype）。由于这种拔除是连根拔起，又在开花之前，这就避免了原始基因型同进化型（即驯化型）的植株发生杂交的可能。

**4. 防鸟兽**　对付粟在成熟期间鸟兽危害的办法，高山族人是在粟地周围用绳索拉起一圈屏障，挂上许多竹片、大石片、空罐头（显然是外来的）等，一边叫喊，一边拉扯绳索，发出种种声响，以惊吓鸟兽。而雅美人没有任何措施，只靠咒术，即用一只微型的木舟，放在粟地中间，周围栽四株西谷椰子（*Metroxylon sagu*）或芒属（*Miscanthus*）的植株，舟中放两块石头，他们认为这样可以杀灭老鼠。

**5. 收获**　收获时，高山族人是用手一个穗一个穗折取，小心进行。由于其品种在穗以下任何一节都容易折断，所以不必用收获工具。折下的穗连茎约40厘米长，随手往身后的背篓里一丢，到一定的数量，把篓里的穗倒出来，捆扎成束，背回家去，还要作第二次选种，接着予以干燥贮藏。收毕粟的第三天，开始收获其他的作物，这时，就都使用镰刀收割了。雅美人收割用铁刀和网袋，因他们的品种茎秆细而柔韧，用手折不断，必须用刀割。他们收割时也注意先割最大的穗，将其堆放在干净的处所，然后按穗的大小，分别堆放捆扎，带回家去。由于雅美人所种的都是多分蘖的品种，主穗和分蘖穗的成熟不一致，所以过一段时间后（1～2周），还要再收割一次。穗的长度少于3厘米的，即行丢弃，到接下去种甘薯时，用这些短穗作覆盖物。

**6. 选种**　高山族人在收获同时选种，供次年播种用。因为穗子是一个一个地折取，所以选时也是逐个地观察。收获是排成行进行的，当一个人发现一种特别的穗头，就将其折下，放到行列中间一个人的背筐里，人人如此。其余的穗头放在自己的背筐里，回家以后，对这些未中选的穗头进行一次复选，如认定有好的，同样放入原先那个专放好穗的筐里。任何一个品种都是当天收获，当天选出，当天捆扎，从而避免了和其他品种发生紊乱的可能。这与《齐民要术》所说"粟、黍、穄、粱、秫，常岁岁别收，选好穗绝色者，劁刈高悬之，至春治取，别种，以拟明年种子"几乎一样，所不同者，《齐民要术》已进一步发展到种子田，而高山族则还停留在年年选种留种上。由于籽粒的千粒重是很稳定的遗传性状，不容易改变，高山族人自然把选择压力都放在增加穗长上，从而获得非常长的穗头。选择不单促进了品种的多样性，也加强了适应性。如分布在台湾东南的鲁凯人，当地气候较潮湿，他们选择的品种便是长穗型，小穗簇疏散，有利于保持穗部干燥，减轻真菌类病害的发生。而泰雅人分布在台湾东北海拔800米的地区，他们选择了密穗型的品种，因为密穗型有利于减少鸟兽危害。至于雅美人则没有任何的选种行动。可见从不知道选择，到有意识的选择，是作物驯化过程中一个关键性转折，一次飞跃。

**7. 品种交换**　形成品种多样性的一个重要因素是交换，原始农业时期的品种交换是非常频繁的，据调查，有个人和个人间的交换，有村落和村落间的交换，有不同种族间的交换。种子的交换是件大事，人人都希望获得别人的好种子，不同种族的人因祭祀庆祝活动聚集在一起时，重要的事就是彼此交换种子，人们如果发现了新品种，都乐于分给别人，同样，也会从别人处拿到好的种子回来。

从以上对比可知，雅美人的粟种植还处于驯化的早期阶段，高山族则已进入先进阶段，高山人的粟要经受三次检验和选择，除草一次，收获一次，穗选一次。所选之穗，都以品种为单位，种于不同刀耕地，不同的日期，不同的面积，这种持续的隔离，保证了不同的遗传种质品系，而雅美人完全缺乏这种技术，所以他们的粟地有利于原始表型的生存。

**8. 祭祀和禁忌**　选择和交换之外，第三个重要因素是宗教信仰和禁忌。一个新品种的发现和保持，必须辅以宗教、祭祀或禁忌的控制，才能贯彻。实践经验的积累是通过禁忌的规范，使人人遵守执行。台湾少数民族中，人际关系要受"巫术-精神平衡"的控制，人们心目中的周围世界，充满了祖先的幽灵在游荡，如果活着的人忽视了祭祀和禁忌，这会受到祖先幽灵的可怕的谴责。各族人的祖先幽灵尽管不同，但它们都代表粟，粟就是他们的祖灵。这是一种人和物（粟）混同不分的信念，在祭祀时，人们把粟视如自己身体上的器官，认为它是有知觉的，丰收代表祖先高兴，歉收代表祖先生气。因此，用木棒或连枷之类敲打粟穗进行脱粒，或者用镰刀收割都是不能容忍的。由于把粟和祖先等同起来，他们自然不能接受外来的其他作物，例如水稻；如果接受了水稻，就等于更换了祖先，这是绝对不能容许的，他们甚至形成厌恶水稻的观念。在水稻不可抗拒地传入以后，他们还保留在临近祭祀粟祖时拒绝吃食稻米做的点心的习俗。20世纪30年代，泰雅人还称平地种稻的人（汉人）为"食米虫"。排湾人曾拒绝日本人探险队运送稻米。[1]

台湾高山族刀耕粟地成熟时非常好看，整片地面被装饰得五颜六色，沿山坡都是黄色、红色、紫色、黑色及白色的粟穗，中间穿插着深红色的红叶藜（Chenopodium rubra）以及绿色的芋的叶片。每个品种都有名称，各族的叫法不同，但所有的名称都不区分黏粟和非黏粟。

华耐把台湾高山族粟的驯化起源归因于气候变迁，说是距今20 000～6 000年以前，东南亚大陆的一半陆地曾因海平面上升而水深达50米以上，以前的陆地和陆桥沉没了，驱使成群的人大迁移，引起许多文化的接触交流，其中一些人迁到高山上，在山坡开发植物资源，从中央山区高山族的食谱看，粟的消费占一半，另一半是块根块茎类作物如薯蓣（后来为甘薯所取代）及芋。雅美人则主要食用根茎类，粟的栽培只是象征性和供祭祀，食用的比重不大。他推想野粟本是芋地里的杂

---

[1] 〔日〕鹿野忠雄：《印度尼西亚的谷物——稻粟栽培起源的先后问题》（日文），《东南亚细亚民族学先史学研究》第1卷，（东京）矢岛书房，1946年，278～295页。

草，由于芋的供应不足，人们同时也采食野粟，又因芋地要除草，使得躲过除草而存活下来的粟株，更加适应芋地的生存环境，经过这种"选择性除草"（selective weeding），便有机会产生出一些穗形较大，茎秆较高的新"表型"（phenotype），它们容易落粒，始终不能清除干净，引起了人们的注意，进行持续的试种，经过"试种—选种—留种—试种"的反复过程，迈出了驯化的第一步，慢慢从野粟中获得新的栽培型粟来。如果没有粮食和人口的压力，原始的栽培粟就会长时期延续下去，这种原始的粟很像雅美人所种的。换言之，雅美人正还处于这个驯化的初期阶段。

华耐所说的选择性除草是驯化的动力，是有说服力的，但他因此而说黄河流域仰韶文化的粟也是自南而北传播过去，则说反了。他当时还不知道黄河流域后来出土的粟其时间早到8 000年以前。而黍和粟在中国北方的历史（已如上述），证明这里才是黍粟的起源中心。台湾凤鼻头遗址出土的粟，时间距今只3 600余年，据台湾学者的研究，高山族祖先是百越族人，自距今3 500年前后陆续地从华南渡海进入台湾，其与华南越人具有共同的文化特征，如几何形陶器、干栏房屋、蛇图腾信仰、盘古传说等。

从高山族人种植粟的情况，使我们联想起《诗经·大雅·生民》的记述："诞后稷之穑，有相之道。茀厥丰草，种之黄茂。实方实苞，实种实褎，实发实秀，实坚实好，实颖实栗，即有邰家室。"这段话的意思是，后稷在种粟之前知道怎样选择地点，把选定的地点除草干净，又选择大（方）而饱满（苞）的种子下种。这样，禾苗才能生长良好整齐，抽穗结实才会饱满丰收。① 接着的一段："诞降嘉种：维秬维秠，维穈维芑。恒之秬秠，是获是亩；恒之穈芑，是任是负。以归肇祀。"大意是后稷赐给我们优良的品种，有黑黍（秬）和双粒的黍（秠），有红粟（穈）和白粟（芑），它们都生长得很好。到成熟时，忙着收割，背回家去，好准备给后稷祭祀。另外，在《豳风·七月》里有"黍稷重穋，禾麻菽麦"之句，《鲁颂·閟宫》里有"黍稷重穋，稙稚菽麦"之句。其中的"重"指晚熟品种，"穋"指早熟品种，"稙"指早播品种，"稚"指晚播品种。这些诗句只是概括地反映出粟黍等作物有早晚熟的区分，其实际的内容应该丰富得多。既然社会发展阶段远较西周为原始的高山族已掌握了这么先进的选种技术，那么，上述诗句所反映的技术无疑在商周以前即已出现。我们通常把它们视为西周的技术加以称赞，显然时间估计得太晚了。

高山族对粟的选择三条途径：穗选、交换、祭祀，不能视为只适于粟的特殊方

---

① 《诗经》诗句很精炼，含义很丰富，要把它们翻译成白话诗是非常困难的。有的《诗经》语译本把"实方实苞"以下一段译成"种子吐芽又含苞，苗儿长、苗儿高，茎儿长起穗儿早。茎儿坚呀茎儿好景不长……"虽然一句对一句地译，但原诗丰富的农业技术内容不见了，而且还有错误。

法，也不可视为高山族的独创，而实在是一种共性的原则，即适用于许多作物，特别是禾谷类作物，可说有极强的共性。所以当我们苦于找不到稻、麦、菽、麻等作物原始选种方法的实地考察材料时，高山族的这种方法对我们实在有非常重要的启发。

综上所述，可见稻作（及黍粟）的传播是个极其漫长的过程，从新石器时代中晚期起，一直持续到有史以后，一波又一波地从长江中下游向外缘扩散，东至朝鲜、日本，南至南洋岛屿，在这个传播过程中，引发了民族和语言的融合、风俗习惯的交流分化、文化的丰富充实等。

# 第五节　其他作物的驯化栽培

## 一、根茎类

根茎类指块根和块茎，也可总称薯类。块根类有甘薯（*Ipomoea batatas*）、薯蓣（*Dioscorea polystachya*）、木薯（*Manihot esculenta*）、豆薯（*Pachyrhizus erosus*）等；块茎类有芋（*Colocasia antiquorum* 或 *C. esculenta*）、魔芋（*Amorphophallus konjac*）、菊芋（*Helianthus tuberosus*）、马铃薯（*Solanum tuberosum*）等。芋和魔芋的块茎呈球形，又称球茎。这些根茎类植物，只有芋和魔芋耐阴，其余喜阳光。马铃薯、甘薯、木薯、豆薯原产南美洲，菊芋原产北美洲，魔芋原产欧洲沿海一带；它们传入中国的时间不一，都在有史以后，这里不加论述。只有芋原产东南亚，早在史前已传入中国和日本；薯蓣原产中国，又名中国薯（Chinese yam）。以下简要地说一下芋和薯蓣。

### （一）芋

芋是天南星科（Araceae）植物，天南星科是个大科，以下有 100 个属，可能有 1 500 个种。可以食用的种很少，但一旦成为食用，即成为原始时期最重要的无性繁殖粮食作物。因为研究芋的人太少，许多种的分类都还不很明确。自然界中的芋本是结子的，可以无性繁殖的球茎，是原始人从突变株中选择获得的。无性株多是三倍体，故不能进行有性生殖。无性株一旦获得，只要注意选择，选得的新个体是不会分离的，所以食味好的、无毒的、产量高的株，一旦选到，就可以一直种植下去。芋属的种很多（除芋外，有黄体芋、海芋等），非洲、亚洲、大洋洲和拉丁美洲的史前人，都以芋为主要粮食之一。

芋的原产地可能是沼泽地带或热带雨林地带，据一些人类学家的考察，人们最先发明灌溉应用于作物的，不是水稻而是芋，古代亚洲种稻的梯田，可能起源于种芋的梯田。原始人可能是先采食野生芋；栽培芋的起源，可能是人们发现丢弃在住处旁垃圾堆里的芋的片段，会重新生长出芋来，这就启发他们进行芋的栽培。[①] 但这只是推测的一种理由。在澳大利亚的土著人，他们在挖掘野生木薯时，总是要留下一段，不完全挖光，他们知道剩下的部分，会自行重新生长出来，这可说是一种通向栽培的"前栽培"行为。

芋属的原产地据斯皮尔（L. Spier）（1951）认为是在斯里兰卡或印度，向东传到东南亚、东亚（中国、日本）及太平洋岛屿，向西到阿拉伯、地中海、埃及，时间约2 500年前。[②] 星川清亲认为起源地在印度中部，由此而传播到斯里兰卡、越南、老挝、柬埔寨、马来西亚、中国南部等处。他认为芋是古代随着马来民族的迁徙，从菲律宾、印度东部传到密克罗尼西亚、波利尼西亚、澳大利亚、新西兰、太平洋沿岸一带，至今仍是主食。鉴于新石器时代中国东南操南岛语言的氏族，曾在东南沿海循着夏季赤道北上的海流，向北迁移，而当时的气温又远较现在为温暖，芋的栽培自然会随着人的移动而传播。20世纪60年代，一位研究芋的日本专家，曾在杭州西湖边的公路旁发现野生芋，令他非常兴奋。因中国研究芋的人极少，到底中国野生芋的分布有多大，可惜一无所知。栽培芋或野生芋，含水量太高，虽可晒干贮藏，但终不能久，更不可能像稻谷那样，因炭化而长期保留下来，因而说在稻作栽培之前存在着普遍的芋类栽培，虽然有菲律宾等岛屿的证据，是否同样适用于中国南方，仍只能停留在合理的推测之上。中国历史文献在西汉《氾胜之书》中专有区田种芋法，《齐民要术》中也专列种芋卷，而且品种很多，显然是长期积累的成果。

## （二）薯蓣（又名山药）

薯蓣（拉丁名 *Dioscorea polystachya*，英文名 yam）及参薯（拉丁名 *D. alata*，英文名 greater yam）是薯蓣属中两个栽培最广泛的块根作物，是多年生缠绕草本植物，叶腋间的珠芽称零余子，也可食。薯蓣原产中国华南西部的高山地带，栽培品种很多，是薯类中栽培最靠北方的作物。薯蓣的早期栽培历史，缺乏记载，其向外传播的历史也偏迟，如约在中世纪才传入日本。参薯原产印度阿萨姆及缅甸一带，其传播历史也都在有史以后。

---

① Simmonds N W. Evolution of Crop Plants. London：Longmans，1976.

② Simmonds N W. Evolution of Crop Plants. London：Longmans，1976：11.

## 二、纤维类

原始人在狩猎采集时期，即已利用植物纤维搓绳索及简单地遮蔽局部身体之用。但那都是采取野生的植物纤维。由于可供采集的野生资源丰富，尚未也没有必要栽培纤维植物，估计纤维作物的栽培当是偏迟的事。所以尽管考古出土有编织的植物纤维以及纺织工具，其原料恐仍以采集野生的为主，野生纤维和栽培纤维的组织结构，在形态方面有何不同，如何鉴别，也缺乏研究。

原始人的衣着材料，在北方是狩猎所得的兽皮、羽毛之类，在温暖地带只需编制树叶、茅草之类，但用以编制和缝制的工具如骨针早在周口店的山顶洞人即已发明使用了。在渔猎地区，原始人已知用植物纤维编织渔网（古称"网罟"），并制作网坠。陕西扶风、吉林长蛇山、黑龙江齐齐哈尔市昂昂溪、南京锁金村等新石器时代遗址，都曾出土过石质或陶质的网坠。

关于纺织的工具，编织、搓绳和结网技术的进一步发展便是纺织。河姆渡遗址虽然没有纺织品发现，但出土的陶、石纺轮很多，纺织工具有定经杆、综杆、绞纱棒、分经木、骨梭形器、机刀、布轴及齿状器等。据认为，河姆渡人使用的织机操作程序，依次是立刀引纬→机刀打纬→提综开口→立刀引纬，再用机刀击纬→放综立刀→引纬打纬等。操作时，"一升一降，每次投梭引渡纬线，奇数和偶数的经线轮流交替成为底经和面经，便可交织成布帛"。1956 年云南晋宁石寨山出土的汉代青铜贮贝器上有妇女织布像，是一种席地而坐的踞织机，在现今云南景颇族、独龙族、傣族、纳西族、哈尼族、佤族、普米族、苗族、拉祜族等族中都还可以见到踞织机的实物，是复原河姆渡原始织机的一种启发和依据。① 黄河流域中下游的河南、山西、陕西等仰韶文化遗址中，也曾多次出土了石、陶制的纺轮、骨针、骨锥。使用纺轮捻线，用简单的织机织麻布，用骨针缝制衣服，当时的纺织大多是麻类纤维的织品。陕西半坡的陶器上发现过印成布纹的痕迹和画有布纹的彩绘。东北地区的同期墓葬中也发现有陶纺轮随葬。凡有陶纺轮随葬的墓，不出石镞，反之，凡有石镞随葬的墓，不出纺轮，说明男女劳动，已有明确的分工。这一时期纺织品的原料是麻（大麻）和葛，都是利用其韧皮纤维。1958 年在浙江吴兴钱山漾遗址发现麻布织品，经鉴定，麻布片为苎麻纤维，平纹组合，编织密度每平方厘米有24、16、20 根三种，可以断定该地区的麻织工艺很发达。②

---

① 林华东：《河姆渡文化初探》，浙江人民出版社，1992 年，128～131 页。
② 李仁溥：《中国古代纺织史稿》，岳麓书社，1983 年，2～4 页。

## （一）大麻（*Cannabis sativa*）

大麻为桑科一年生草本植物，株高可达 3～6 米，雌雄异株，夏天开花，秋季结实。中国自古以来，即已认识大麻是雌雄异株，并分别称雌麻为"苴"，称雄麻为"枲"或"牡麻"。人们利用雄麻的纤维供纺织，利用雌麻的种子为食，古代麻子被列入"五谷"之一。《齐民要术》把雄麻和雌麻的栽培技术分作两章叙述，称"种麻第八"和"种麻子第九"。并且知道收获雄麻，要待雄花开放以后，否则纤维的质量不佳，其实也是为了给雌麻提供必要的花粉，保证雌麻可以受精结实。古人还早已知道大麻叶含有麻醉性物质，可作药物。故凡与麻构成的词组，如麻木、麻痹、麻沸散（中药）、麻醉等，都有被麻的含义，"魔"字也是指被药物麻醉后如着魔的迷幻感觉。麻的文字只有 3 000 多年历史，但对麻的上述特性的认识，绝不只有 3 000 年的历史，原始人对植物特性的观察和认识，是极其发达而令人惊诧不已的，对麻的这些知识完全有可能即起源于原始时期。

大麻的原产地据认为在中亚、黑海沿岸到西伯利亚南部及吉尔吉斯草原，野生大麻的分布遍及伊朗、印度北部、克什米尔、喜马拉雅山等广阔地带。中国早在仰韶文化时期即已出土纺织工具，其原料无非大麻、苎麻及葛。后二者主要分布在南方，北方当以大麻为主，所以虽非原产地，当亦是一个丰富的次生中心。

## （二）苎麻（*Boehmeria*）

苎麻属于荨麻科（Urticaceae）苎麻属（*Boehmeria*），本属共有 50 余种，人工驯化栽培的仅二种，即白叶苎麻（*B. nivea*）和绿叶苎麻（*B. utilis*）。白叶苎麻因叶背面密生白色茸毛，故名，主要分布于中国温带和亚热带，后传到日本南部，故又名中国苎麻。绿叶苎麻叶背无白色茸毛，分布于马来西亚，故又名马来西亚苎麻。因苎麻是多年生宿根草本植物，在地下形成许多真根和吸枝根，即地下茎，由此而丛生许多地上茎。每年冬季，麻茎枯萎，第二年春季从茎基部和吸枝上的休眠芽发生幼苗，年年如此，可以连续生长十年以至百年以上。故在自然界里，人们当初都是直接剥采利用，而且一年可以反复多次剥取，驯化栽培的起源时间较难确认。苎麻可以利用其真根或吸枝根进行无性繁殖，也可以用种子繁殖。肥大的真根富含养分，可以食用。苎麻的韧皮纤维十分细韧光洁，织成的苎布，质量极好。国外文献认为苎麻原产中国西南，绿叶苎麻可能是中国苎麻和另一未明的种杂交而成。①

---

① Zeven A C，Zhukovsky P M. Dictionary of Cultivated Plants and Their Centers of Diversity：Excluding Ornamentals，Forest Trees and Lower Plants. Wageningen：Center for Agricultural Publishing and Documentation，1975：40.

## （三）葛（*Pueraria thunbergiana*）

葛是豆科的藤本植物，原产中国，是新石器时代重要的纤维用植物资源，因它的根肥大，富含淀粉，又是很好的淀粉食物。亚洲至西太平洋岛屿都有分布，后来因甘薯推广了，逐渐被甘薯所取代。[①]

葛纤维的利用在古代中国人的生活中很是重要而普遍，古代常常绤绤连称，"绤"指极细的葛布，"绤"指粗纺的葛布。"绤"供官员和有地位的人穿着，绤则是普通老百姓穿着。葛织品的名称和种类甚多，除葛衣以外，还有葛巾，是一种小块的葛布，犹如现代的手绢；葛披，是一种披在肩上的披巾；葛带，是一种腰带；葛纱，是一种葛织的纱布；葛布，是夏天穿的衣；葛履，是葛纤维编的鞋子；葛荐，是葛做的绳供治丧时引棺之用；葛粉和葛面，是葛根磨制的食用淀粉等。葛的利用在文献记载上也很多见，如《墨子·非乐》提到："妇人夙兴夜寐，纺绩织纴，多治麻丝葛绪，细布缘，此其分事也。"《越绝书》载："使越女织治葛布，献于吴王夫差。"葛织品到宋时还盛行，陆游《夜出偏门还三山》诗云："水风吹葛衣，草露湿芒履。"

文献记载尽管有很多葛的利用，却都没有提及葛的栽培情况，似乎表明葛的野生资源很丰富，不必仰赖人工栽培，或者民间虽有所栽培，却未被纳入记载。而一旦大麻及苎麻的栽培发展，对葛的依赖便仍停留在采集阶段了。上面提到我国许多新石器时代遗址都出土纺织工具，纺织品则因系有机物质，难以保留下来，故至今未发现葛布残存的报道。

# 三、瓜菜类

## （一）甜瓜（拉丁名 *Cucumis melo*，英文名 melon）

甜瓜在秦汉前后的古籍中单称"瓜"，如《诗经·小雅·信南山》："疆场有瓜，是剥是菹。"《史记》《广志》《广州志》《永嘉志》凡提及甜瓜，都单称瓜，容易引起误解。到了6世纪的《齐民要术》，仍用"种瓜第十四"作为篇名。据《齐民要术》的征引，辽东、敦煌、永嘉、广州都是产瓜的著名地区，所举瓜的品种甚多，说明甜瓜实是中国种植最早的瓜。但单音词的瓜，确实有些问题，如《齐民要术》所举敦煌的瓜，很可能是哈密瓜，而永嘉、广州的瓜，则可能是甜瓜。到了后世，

---

① Zeven A C, Zhukovsky P M. Dictionary of Cultivated Plants and Their Centers of Diversity：Excluding Ornamentals, Forest Trees and Lower Plants. Wageningen：Center for Agricultural Publishing and Documentation，1975：30，50，110.

越瓜、西瓜、冬瓜等不同种类的瓜纷纷引种了，瓜的种类增加了，才使用甜瓜，与哈密瓜区分开来。

日本的星川清亲称 *Cucumis melo* 为白玉瓜，而以甜瓜和越瓜为白玉瓜下的变种，分别称之为 *C. melo* var. *makuwa* Makino 及 *C. melo* var. *conomon* Makino。他认为白玉瓜的野生种自生于非洲尼日利亚河畔的几内亚，该处也是白玉瓜的栽培起源地。古代由此相继传入埃及、中亚细亚、俄罗斯南部。又从阿富汗传至中国新疆、云南及西域。此外，古代传入印度的白玉瓜中又分离出一个甜瓜品系，公元元年前引入中国的北部，后再扩展到华北、东北和朝鲜。再从朝鲜于弥生时代或稍后传入日本。越瓜是在印度进一步分化，形成很多品种，主要传向南方，从越南传入中国，再传入日本，故名越瓜。[①]

泽文和茹科夫斯基的书中也说非洲中部是甜瓜的原产地，中国是甜瓜的次中心。[②] 但这些文献在写作时，都还不知道中国的良渚文化遗址中（太湖地区）已多处出土有甜瓜的种子，是否在4 500～4 000年前中国与非洲已有作物的交流，限于资料，无从作进一步的判断。

## (二) 葫芦（拉丁名 *Lagenaria siceraria*，英文名 bottle gourd)

泽文和茹科夫斯基指出，葫芦是个极其古老的作物，其原产地似乎在热带非洲，因为那里有很多与栽培葫芦近亲的野生种。[③] 葫芦从热带非洲传播到热带亚洲和热带美洲，时间都很早，考古发掘所见的葫芦遗存，亚洲有泰国仙人洞遗址，其年代为前10000—前6000年［此据切斯特·戈尔曼（Chester Gorman）1970年的报告，被认为不可靠］，哈伦把美洲各处农作物出土的地点及年代列成一个表，现将该表中有关葫芦的项目抄录列示如表4-4。[④]

---

① 〔日〕星川清亲：《栽培植物的起源与传播》，段传德、丁法元译，萧位贤校，河南科学技术出版社，1981年，64～65、70～71页。

② Zeven A C，Zhukovsky P M. Dictionary of Cultivated Plants and Their Centers of Diversity：Excluding Ornamentals，Forest Trees and Lower Plants. Wageningen：Center for Agricultural Publishing and Documentation，1975：40.

③ Zeven A C，Zhukovsky P M. Dictionary of Cultivated Plants and Their Centers of Diversity：Excluding Ornamentals，Forest Trees and Lower Plants. Wageningen：Center for Agricultural Publishing and Documentation，1975：30，50，110.

④ Harlan J R. Plant domestication：diffuse origins and diffusion//Barigozzi C. The Origin and Domestication of Cultivated Plants. Oxford：Elsevier Science，1986.

### 表4-4　美洲出土葫芦遗存的地点及鉴定年代

| 地点 | 鉴定年代 |
|---|---|
| 墨西哥塔毛利帕斯州（Tamaulipas）奥坎坡洞（Ocampo Cave） | 前7200年 |
| 秘鲁沿海地带 | 前6000—4000年 |
| 墨西哥特瓦坎（Tehuacán） | 前5500年 |
| 秘鲁阿亚库乔（Ayacucho） | 前5500年 |

哈伦所列表中其他作物有棉花、甘薯、菜豆、大麻、瓜类等，时间跨度为前7800—前2000年，而以南瓜及葫芦为最早。

非洲方面，埃及墓葬中出土的葫芦遗存的年代为前3500—前3300年（Purseglove，1968）。中国的河姆渡遗址出土的小葫芦及种子，国外文献多未收入。河姆渡葫芦遗存的年代约前5000年，较墨西哥为迟。据星川清亲的材料[1]，秘鲁的古墓中发现了前13000年的葫芦，但这个材料未被哈伦收录。总之，像葫芦这样同时为新旧大陆极早栽培利用的作物，实属独一无二。因而有人认为葫芦不是非洲一个起源中心，而是新旧大陆各自起源。如果只有一个起源中心，其传播范围之广，时间之早，路径之复杂，实在难以想象。葫芦（$2n=2x=22$）之所以如此多样性，据研究，现代葫芦可能是次生多倍体（Secondary polyploid），它来自远祖的基本$x=5$，推想是由$x=5+5+1=11$，故$2x=22$。[2] 若以葫芦类型之齐备，品种之多样化，利用之全面，文献记载之丰富，恐要推中国为首选。《氾胜之书》有区种瓠法，《齐民要术》"种瓠第十五"更有全面叙述。但墨西哥葫芦品种之多样化，亦不让中国，一东一西，远隔重洋，古代是怎样交流联系的？这更使葫芦蒙上一层神秘色彩。

新石器时代人们利用葫芦的方式，即已十分多样化。除鲜葫芦供食用以外，干燥后的葫芦，去掉内心，可作各种盛器，贮藏种子、贮水、贮酒；半片葫芦，可作瓢用；把小葫芦挂在竹竿和竹竿之间的绳子上，在作物成熟时插在田里，由小孩子看管，鸟兽来了，就拉动绳子，小葫芦发出咯咯的声响，可以驱赶鸟兽；空心葫芦若干个，围在腰间，可以渡水过河，犹如现代救生用的气袋，其他还有制作乐器、祭祀物等用途。

葫芦的形状及其利用方式，是对人工制陶的一个极其重要的启发和示范。很难设想，自然界里如果没有葫芦，原始人照样能够制造出各种陶器来。甲骨文的

---

① 〔日〕星川清亲：《栽培植物的起源与传播》，段传德、丁法元译，萧位贤校，河南科学技术出版社，1981年，64～65、70～71页。

② Simmonds N W. Evolution of Crop Plants. London：Longmans，1976：66.

"壶"字就是对葫芦形状的描绘，直到现代的瓷器茶壶和精钢茶壶，尽管形状变化不一，但其膨胀的壶腹，始终离不开葫芦的形状。

葫芦在新石器时代是否已属栽培植物抑或停留在采集利用阶段？答案应该是已经进入栽培阶段。否则很难想象在自然界中没有经过人为的选择，即存在那么多变形的野生的葫芦。虽然现在我们没有直接的证据说明这一点，但借助于现今仍然存在的少数民族原始农业资料，可以有力地说明这一点。据1963年的调查，居住在新几内亚高地的拉尼族人还处于原始的刀耕火种、钻木取火的阶段，他们种植甘薯和芋，饲养半驯化的猪。[①] 拉尼人有一个奇特的习惯，即所有男子的阴茎上都要套一个管状的套子，从小男孩到成人，概不例外。小男孩（六七岁）的套管短小些，大人的套管长大些，族长的套管最显眼，这些套管都是葫芦制的。套管朝上，和胸膛平行，不妨碍他们走路或劳动。这套管起什么作用？没有人解释，推想可能是一种不自觉的节制生育的措施。拉尼人培植这种细长葫芦的方式令人惊叹：葫芦是搭棚架栽培的，初结实的小葫芦从棚架上向下悬挂着，他们用一根绳子缚住果实的下端，绳子的另一头缚一块小石头，利用石头的重量，把果实向下拉，使其只能向下伸长，而无法横向膨大。到果实长大起来时，将小石头换成大石头，这样一来，葫芦的果实便长成细长的管状。成熟时摘下，晒干，去掉内容物，便成了一个合用的葫芦套。如果不是亲眼在电视屏幕上看到全过程的实况录像，若只是听人这么说，恐怕听者是不大会相信的。中国历史文献上最早是《庄子》中提到种植大葫芦的记载，西汉《氾胜之书》的"区种瓠法"有具体的介绍："下瓠子十棵，……既生，长二尺余，便总聚十茎一处，以布缠之五寸许，复用泥泥之，不过数日，缠处便合为一茎。留强者，余悉捣去。引蔓结子，子外之条，亦捣去之，勿令蔓延。"像这类记载，通常都视作汉时的技术成就，对比拉尼人，恐怕其起源要大大早于西汉，氾胜之只不过是把这种民间世代相传的技术记载下来罢了。

中国西南的苗、瑶、彝等少数民族，传说葫芦是他们以及汉族在内的共同远祖（详后），这显然是原始时期以葫芦为图腾的遗风。《后汉书·西南夷列传》及晋干宝《搜神记》等所记载的盘瓠故事（详见本书第二章），是把葫芦和犬联系在一起，其所涉及的地点东起会稽、西至西南，是个饶有兴味的现象，会稽（河姆渡遗址所在地）是中国最早出土葫芦遗存的地点，西南的少数民族中有信奉犬为图腾的，民族的迁徙融合，把两个图腾也糅合为一。盘瓠的故事又与马头娘的故事（详见本书第二章），在创作的手法上十分类似，一个是犬和女子结婚，一个是马和女子结婚，引起结婚的原因都是犬或马代替主人去猎取敌人的首级，而且当强敌逼境、御敌无

---

① 这是台湾学者在新几内亚的调查报告，复印件承宋兆麟先生提供，电视录像系作者在日本看到。

方的紧迫情况下，主人许下诺言，谁人能杀敌取得首级，即以女儿相配，一旦犬或马取回敌首，主人又食言不兑现……于是故事显得波折起伏，再添加些枝叶情节，从此流传不衰。故事传到汉族圈子里，到三国时吴国徐整的《三五历记》里，盘瓠变成盘古，从人的祖先扩大变成宇宙起源："天地混沌如鸡子，盘古生其中。万八千岁，天地开辟，阳清为天，阴浊为地。盘古在其中，一日九变，神于天，圣于地……后乃有三皇。"但另一种传说是把盘古（图4-14）作为人类起源的，《述异记》（卷上）云："吴楚间说，盘古氏夫妻，阴阳之始也。"据常任侠考证："伏牺一名，古无定书，或作伏戏、庖牺、宓羲，同声俱可相假。伏牺与盘瓠为双声。伏羲、庖牺、盘古、槃古、槃瓠，声训可通，殆属一词。无问汉苗，俱自承为盘古之后，两者神话，盖出于一源也。"[①] 常任侠的考证，获得彝族神话传说的支持。该传说云：人类祖先伏牺、女娲碰上洪水，经天神指点，躲进葫芦，才免受洪水淹死。二人婚配，生出彝、苗、汉、回各族，重新繁衍了人类。云南楚雄州南华县哀牢山区摩哈苴1个村（百余户），现还有5户用葫芦作为祖先灵位供奉，正堂的供桌上供奉3个祖灵葫芦，分别象征父母、祖父母、曾祖父母三代亡灵。全村各户每隔12年须举行一次祭祖大典，由彝巫在葫芦上绘一个黑虎头，悬挂于门楣，以示本户正在举行祭祖大典，外人不得入内。[②]

图4-14 南阳汉画像石"盘古"画像

　　彝族祖灵葫芦象征男女远祖赖葫芦躲避洪灾，葫芦上的黑色虎头，象征彝族尚黑崇虎。闻一多曾考证"伏羲、女娲是葫芦的化身"。潘光旦曾考证伏羲是老虎。闻、潘二位生前还不知道彝族有虎头葫芦的崇拜，这个虎头葫芦却把两位学者的考证综合在一起了。中国上古的"三皇五帝"之三皇，通常指伏牺、炎帝和黄帝，伏牺居于首位，就神话传说历史看，也显得顺序成章。[③]

　　葫芦图腾和盘瓠的神话故事，比之《三五历记》中的盘古开天辟地的引申，在反映远古历史面貌上，其价值要高得多。神话越原始，留给后人研究的价值和余地越大，后世人主观的增添，往往受后世环境和文化的影响，不能代表原始人的想

---

　　① 常任侠：《重庆沙坪坝出土之石棺画像研究》，见常任侠：《常任侠艺术考古论文选集》，文物出版社，1984年。

　　②③ 刘尧汉：《中国文明的又一源头：金沙江南北两侧彝山乡》，《寻根》1995年6期，12～13页。

象，反而较少实际的价值。

## 四、豆类——大豆

全世界的大豆属（*Glycine*）共 9 个种，分布于亚洲、大洋洲和非洲。其中中国的野生大豆公认是栽培大豆的祖先种，所以大豆（*Glycine max*）原产中国在国内外是没有争议的，只是在细节上的看法有些不同。星川清亲把攀缘性的*G. ussuriensis* 作为大豆的野生种。[1] 但泽文等则说大豆的野生种至今不明，被视为大豆野生种的 *G. ussuriensis*，其实是至今不明的野生祖先与栽培大豆的杂交种，另一种半栽培种（亦称半野生种）的 *G. gracilis*，则是栽培大豆与 *G. ussuriensis* 杂交的杂草种。[2] 据中国对野生大豆资源的调查，其分布的南限在广东、广西的北部，即北纬 24°以北地区，再往南即没有野生大豆分布。在两河（黄河和长江）源头及上游也没有野生大豆。可见，大豆起源于华南及两河源头的可能性不大。考察中发现，从华北到东北中南部地区，野生大豆不但分布广、群落大，类型也极丰富，具有各种各样的种皮色泽类型，白花野生大豆也发现在这一带。对全国野生大豆生育期的观察，也以该地区的熟期类型最为复杂。据此，李福山认为栽培大豆可能是在前 11 世纪左右，首先出现于河北省东北部至东北的中南部地区。[3] 野生大豆生长繁茂的地方，如河南黄河两岸，在 20 世纪 50 年代还有人采集野生大豆供食用和饲料用。在浙江金华红壤地区半栽培种常被种植在田头地角，农民称之为"田塍豆"。

栽培大豆和野生大豆的差异甚大，栽培大豆的种子变大了，油分含量增加了，蛋白质的含量则相应减少，植株从蔓生变为直立。株型变大，落粒性减弱，最大的变化是生育期，可有极早熟、早熟、中早熟、中熟、中迟熟、迟熟和极迟熟等 7 种之多。又，在北方栽培的大豆品种都是无限生长类型的，而在南方栽培的大豆品种都是有限生长类型的，这显然是在南北不同环境的光、温条件下，长期适应的结果，可见二者的驯化需要很长的时间才能完成。

由于野生大豆，即 *G. ussuriensis*（又作 *G. soja*）在中国的分布极广，对中国大豆的驯化起源就有不同的看法。有起源于东北说（福田，1933），有起源于华南说（王金陵，1958），有起源于华北东北部说（Hymowitz，1970），有起源多中心

---

[1] 星川清亲：《栽培植物的起源与传播》，段传德、丁法元译，萧位贤校，河南科学技术出版社，1981 年，44～45 页。

[2] Zeven A C，Zhukovsky P M. Dictionary of Cultivated Plants and Their Centers of Diversity：Excluding Ornamentals，Forest Trees and Lower Plants. Wageningen：Center for Agricultural Publishing and Documentation，1975：34 - 35.

[3] 李福山：《我国栽培大豆最早栽培地区探讨》，《作物品种资源》1987 年 1 期。

说（吕世霖，1978），有起源于两河源头说（李璠，1980），有起源于青藏高原说（昝维廉，1982），有起源于黄河中下游说（王书恩，1985）。近年来国外一些学者多同意希莫威茨（Hymowitz，1970）的假说，即大豆最初栽培在中国有冬小麦和高粱的地区，即以山东为中心的华北平原。[①] 但多中心说认为，根据野生大豆和栽培大豆的基本类型与当地夏末初秋的光照时数、温度条件相吻合这一现象，排除了大豆起源于低温地区的单中心说。认为长江流域的野生大豆先演化成秋大豆，后形成夏大豆，进一步形成春大豆，黄淮流域的春大豆近于野生大豆，后来演化成夏大豆。东北地区的春大豆直接从野生大豆演化而来。[②] 鉴于野生大豆的广泛分布，其应可适应多地的光照、温度条件，而一个栽培大豆品种的适应性很狭小，所以从整个大豆作物的适应性极广、生育期类型极丰富等特点来看，似以多中心起源较为合理。目前考古发掘出土大豆的遗址，其时代偏迟，应如何解释，是一个需要不断探索的问题。

出土大豆的考古遗址的特点是，遗址数偏少和遗址的年代偏迟。最重要的出土遗物之一，是1980年在吉林永吉县大海猛发掘的属于"西团山文化类型"的炭化大豆种子。其年代据 $^{14}$C 测定，并经树轮校正，为距今（2 655±120）年。为了鉴定这些炭化种子是大豆的栽培种、野生种还是其他豆类种子，刘世民等用现今的栽培大豆大粒种、小粒种、半栽培种、野生种及赤小豆种子与出土种子进行外部形态对比，又将这些种子与出土种子进行化学成分对比（用模拟炭化法），结果表明，出土炭化种子中的无机元素与半野生大豆、栽培大豆极为相似，同野生大豆有一定差别，同赤小豆差别更大。出土种子当属栽培类型中的小粒种大豆或半野生大豆，排除了是野生大豆或赤小豆的可能。这一结论同形态鉴别的结果完全一致。作者最后的结论是，永吉出土炭化大豆属于目前东北栽培的秣食豆类型，北方所称的秣食豆，相当于南方的饲料大豆，也就是上述浙江红壤地区栽培的田塍豆。[③]

大豆可能因其富含蛋白质及油分，容易氧化、腐败，故大粒型的种子难以保留下来。因为在金文中已经有"尗"字，作"𢏚"形，而《诗经·大雅·生民》中已有："艺之荏菽，荏菽旆旆。"荏菽，朱熹释作大豆。《豳风》中亦有"七月亨葵及菽"之句。金文和《诗经》的时间都早于吉林出土的炭化大豆，所以我们有理由期待将会有更早的炭化大豆出土。[④]

---

① 李福山：《我国栽培大豆最早栽培地区探讨》，《作物品种资源》1987年1期。

② 吕世霖：《我国栽培大豆起源及其演化》，《中国农业科学》1978年4期。

③ 刘世民、舒世珍、李福山：《吉林永吉出土大豆炭化种子的初步鉴定》，《考古》1987年4期，365～369页。

④ 据《舞阳贾湖》报告，2013年河南舞阳贾湖遗址已出土距今约8 000年前的大豆。——编者注

# 第六节 若干出土的作物遗存之辨析

中国新石器时代考古出土的作物遗存，见诸报道的，计有稻、粟、黍、大麻子、小麦、大麦、葛、甜瓜、葫芦、薏苡、菱、大豆、菜籽、芝麻、花生、蚕豆、莲子、桃、核桃、酸枣、梅、杏等。虽然考古发掘中未发现具有明确种属鉴定特征的块根、块茎大遗存，但芋、木薯等作物应该早已栽培，它们因为含水量太高，容易腐败，当然极难保存下来。

从出土的地点、次数和数量看，炭化稻谷（米）最多，粟和黍次之，其他作物比较零散。粟黍和稻恰恰是远古时代黄河流域和长江流域两大农业中心的主要栽培作物。稻和粟之所以较多保存下来，归因于二者都有较厚的颖壳保护，不容易腐朽。关于粟黍和稻作的起源和相关问题，以及其他薯类、纤维类、豆类、瓜菜类作物的驯化栽培，在本章第二、三节和第五节已经分别予以讨论。

核桃、酸枣、梅、杏等这时仍属采集的木本食物，不属栽培范围。莲子和菱是水生植物，也是采集对象，尚未进入栽培。薏苡和菜籽（十字花科）是否也属栽培作物，难以肯定。因为它们进入栽培以后，采集和栽植可以共存很长时期。没有实物出土，但从分布和文献记载上看，应该早有采集或栽培的是菰，希望今后有菰的种子出土。葛是野生资源极为丰富的植物，迄今所见最早的葛布是苏州草鞋山遗址出土的三块葛布残片，时间距今6 000年，葛的野生资源甚为丰富，极便采集，进入栽培当在有史以后，且和采集并存。对这些未进入栽培的植物，这里不作讨论。

成问题的作物有高粱、蚕豆、花生和芝麻。考古出土的某些遗存物，分别被鉴定为高粱、蚕豆、花生和芝麻；尽管考古界和农史界不少人提出疑问，但已经广泛流传，为国内外有关书刊所引用，导致了混乱，因而需要进行必要的讨论。

## 一、高粱问题

高粱是个充满争议的作物。它在中国的栽培历史很早，虽然早不过稻粟，但有许多研究者提出种种证据，把高粱的时间提前到新石器时代，最后主张高粱原产中国为止。此外，也有不少学者认为这些新石器时代遗址出土的所谓炭化"高粱"，其实并不是高粱。《中国农业百科全书·农业历史卷》高粱条目作者宋湛庆指出，甘肃民乐县东灰山新石器时代遗址发现5种炭化籽粒，其中一种被鉴定为高粱，是有问题的，因这"和文献记述存在3 300多年的差距，是否可信，仍需进一步研究"①。由于存在文献记述和出土"高粱"之间有3 000多年空白，有的学者乃把古籍上单音词之"粱"字（如《诗经》），考证成高粱，尽力使之提前（芝麻也有类似问题，详后）。

陕西咸阳马泉公社（1975）发现一座汉墓，内有11个陶罐，装满谷子、糜子、大麦及高粱。又在咸阳汉高祖陪葬墓陶仓内发现高粱。这是可信的考古出土高粱。② 又，据《考古学报》1957年第1期报道，河北石家庄市庄村战国遗址出土有炭化高粱两堆，比上述汉代墓葬的高粱稍早，是迄今最早的出土记录了。因为这些都是有史以后的事，不属本节讨论的范围，就不多谈了。

新石器时代出土的"高粱"，引起争议但也是最重要的，有两处遗址，一是1931年在山西万荣荆村遗址出土的炭化谷物，先是鉴定为黍稷及黍稷的壳皮，毕晓普认为是黍（*Panicum miliaceum*）及高粱（*Sorghum vulgare*）；后于1943年由日本学者高桥基生鉴定为粟（*Setaria italica*）及高粱（*Andropogon sorghum var. vulgaris*）。似乎高粱已属肯定。但黍、稷籽实比高粱的籽实要小，何以一度全被鉴定为黍稷？后来又分别鉴定为黍及高粱？由于荆村遗址的标本已不存在，无法进行继续研究鉴定。另外，安志敏指出荆村遗址不能视为全属仰韶文化，还包括龙山早期即庙底沟二期文化的遗存，炭化粮食究竟属哪一文化，尚无从判断。到20世纪70年代，又在河南郑州市大河村遗址发现炭化谷物，被认为是高粱。③ 安志敏为文表示怀疑，指出"所谓高粱遗存的发现确实不少，它们的时代包括新石器、西周、战国、汉代和唐代，似乎高粱是我国产生较早的传统谷物，不过，这里还存在不少问题。……目前考古发现中的所谓高粱，还不能作为肯定的证据"④。黄其煦对于高粱问题也表示怀疑，说"尽管荆村的材料我们还提不出什么有力的否定意见，但由于大河村的材料我认为是靠不住的，因而荆村的发现目前至多还只能算是孤证"⑤。

赞成荆村及大河村出土的遗存是高粱的，主要有卫斯和李璠等人。卫斯所举理由太分散，从史前到史后放在一起讨论，其实史后的文献无论怎样征引（如同意清

---

① 中国农业百科全书总编辑委员会农业历史卷编辑委员会、中国农业百科全书编辑部编：《中国农业百科全书·农业历史卷》，高粱栽培史条，中国农业出版社，1995年，68页。

② 李毓芳：《浅谈我国高粱的栽培时代》，《农业考古》1986年1期，276页。

③ 郑州市博物馆：《郑州市大河村遗址发掘报告》，《考古学报》1979年3期。

④ 安志敏：《大河村炭化粮食的鉴定和问题——兼论高粱的起源及其在我国的栽培》，《文物》1981年11期。

⑤ 黄其煦：《黄河流域新石器时代农耕文化中的作物续——关于农业起源问题的探索》，《农业考古》1983年1期。

人程瑶田之说，稷即是高粱，把高粱的时间提前了），正如宋湛庆所指出的，还差3 000余年的空白，不能填补。不像粟、黍、稻、麦等，从史前至有文字以后，一直连绵不绝。卫斯所引中国农业科学院农业自然资源和农业区划研究所做的中国高粱和印度高粱杂交不能结实或结实率很低的报告，这种杂交试验不能用以证明中国或印度的高粱各自独立起源，例如籼稻和粳稻，同是栽培稻下的两个亚种，它们相互间也不能杂交或结实率极低，二者却同在中国一起种植，在同一遗址中发现。卫文又引美国学者戈登·休斯（Gordon Hughus）的文章，说中国早在前2500年即已开始种植高粱了。殊不知休斯所据的不是他另有发掘发现，不过是引用中国的材料而已，这种引证不过是转个弯路而已。① 卫斯另一理由和李璠相同，而以李璠更为详细。

李璠肯定荆村和大河村的高粱最重要的理由有三点，一是据清人文献记述，山西有一种很容易掉粒的高粱，农民称之为"鬼秫秫"，说这就是高粱的野生种；二是蒋名川告诉他，我国南北各地都有野生高粱分布，农民称之为"风落高粱"，即风一吹，很容易掉粒的意思。三是他亲自到西南、华南一带考察，果然发现很多与栽培高粱远缘的多年生野生高粱，分布在山坡草地、河岸潮湿处、石隙中，他从而推断："那些分布在耕地的野高粱（鬼秫秫），应该是栽培高粱的原始类型，而那些多年生的'拟高粱'之类，则是栽培型的近缘野生种。"② 这种推论，看似有科学依据，又是实地调查的结果，但做出这样的推理，则经不起推敲。因为李璠并没有请植物学分类专家鉴定这些多年生野生高粱的准确学名，它们各自的染色体组数目，可以说明它们是不是栽培高粱的祖先种，缺少这关键的一步，就没有说服力。好比全世界有 20 来种野生稻，中国也有 3 种，都与栽培稻同一个属（Oryza），它们的染色体组很多不相同，只有普通野生稻才是栽培稻的野生祖先种。

关于鬼秫秫及风落高粱，并非仅中国有，国外也有，也并非仅高粱有，其他作物也有，名称不同而已。非洲的苏丹以及埃塞俄比亚等地的栽培高粱地里，都有类似风落高粱的野生种，英译"shattercane"，中文可译为"掉粒株"，也即容易落粒之意，和风落高粱同义，是高粱地的一种杂草。有趣的是，这种"掉粒株"的杂草高粱还有模拟特性，如在密集穗的高粱田里，它们是密集穗高粱；而在散穗型田里，它们就是散穗型高粱。哈伦认为它们来自两条途径，一是从栽培型高粱演化而来；二是从栽培高粱和野生种高粱杂交而来。③ 水稻、燕麦、大麦、黍等也都有各自的杂草型种系，跟随着栽培种生长，它们是对人力选择（产生人所期望的品种）

① 卫斯：《试探我国高粱栽培的起源——兼论万荣荆村遗址出土的有关标本》，《农业考古》1984 年 2 期。

② 李璠：《中国栽培植物发展史》，科学出版社，1984 年，65～66 页。

③ Harlan J R. Crops and Man//Madison，WI：American Society of Agronomy，1975：92 - 94.

的一种反选择（人所不喜欢的种系）的产物。不论是从栽培种分化而来或和野生种杂交而来，只要人们携带种子移居到新的田地种植，杂草种系便紧跟着在新田地里繁殖生长，故不能视为高粱的祖先野生种。

笔者的看法与安志敏及黄其煦两位相同，认为高粱在中国的栽培历史虽然很长，但到目前为止，不能认为在新石器时代已经栽培。笔者也曾在河南省博物馆看到过郑州大河村的"高粱"标本，觉得与其说是高粱，不如说是大麻子更来得可信。李璠的书里附有一张照片，把现代高粱种子和出土的炭化物并列，用以证明炭化物即是高粱，但这种照片并没有可比性。因为大麻种子和高粱种子的大小差不多，如果把大麻种子、高粱种子和炭化物放在一起，试问炭化物更近似哪一种？恐怕大麻子更像炭化物。所以这种简单的对比是没有说服力的。大麻是新石器时代早已利用和栽培的纤维兼食用植物，从考古发掘到文字记述，一直连绵不断，不像高粱存在3 000多年的空白。大麻是雌雄异株的植物，在新石器时代人们利用雄株的纤维纺织，利用雌株的种子作粮食，这种传统应该还可以追溯到原始采集时期。大麻织物在南北新石器时代遗址都有发现，种子则甚少，是因种子较难保存之故。推测总不是确凿的，最好的方法是对大麻和高粱的种子都进行炭化处理，用灰象分析法得知其元素成分，再拿出土炭化物也经灰象分析，所得成分与大麻或高粱的结果对照，便可以充分肯定了。如果不进行这种分析，光是作论证的推断，是事倍功半的办法，也很难使人信服。

## 二、蚕豆问题

蚕豆（*Vicia faba*，$2n＝14$）及花生和芝麻系20世纪50年代末同时在浙江吴兴钱山漾新石器时代遗址出土，标本送给当时浙江农学院种子教研组鉴定，鉴定书附见于"吴兴钱山漾遗址第一、二次发掘报告"（《考古学报》1960年2期），鉴定书的文字比较慎重，不作肯定的结论，但报告正文则认为浙江在新石器时代晚期已有这三种作物栽培，并认为它们不是从国外传入，而是起源地。因而"蚕豆（以及花生、芝麻）原产浙江"一说很快广泛流传，并被写入有关的专著或报刊中。虽然同时也有人表示怀疑，但肯定的宣传超过了怀疑反对的意见。直到20世纪90年代出版的专著中还有引用，笔者因而认为有必要加以澄清。

笔者也曾去浙江省博物馆观察"蚕豆"的两颗种子，埋藏在一个密封透明的小匣子里，露出两颗种子的外形轮廓，与国内以前刊登的照片一样。匣子是不可以打开的，据管理人介绍，这两颗种子只有种皮，没有了"肉"（即子叶），也就没有了"种脐"（hilum），而种脐是鉴定是否蚕豆的唯一最重要的依据。因蚕豆种脐的特点是其宽度几乎和种子宽度相等，呈两头尖的眉毛状。没有种脐，就无法鉴定。退一步说，假如出土的确是蚕豆，它在四五千年前即已栽培了，却又"消失"了几千年，直到宋代或略早些，才出现于四川的文献记载，历史上的各种作物，只有栽培地区广狭不同，重要性有升有降，名称因地区有所不同，决不会"消失"了几千年而重新出现，则它们的种子从何而来？

对比国外的报道，欧亚大陆新石器时代遗址出土的蚕豆，年代甚早。据霍普夫（M. Hopf）对中东和欧洲出土蚕豆遗址的记录（截至 1986 年）一共有 18 个国家 71 处遗址，包括前陶新石器时代、新石器时代早期、新石器时代晚期及青铜时代早、中、晚期共 6 个时期。最早的前陶新石器时代遗址都集中在中东以色列、叙利亚、伊拉克这一带，以色列的耶太（Yiftah'el）遗址年代为前 6500—前 6000 年，到新石器时代晚期及青铜时代，蚕豆已传遍地中海沿岸各国，尤以意大利、希腊为集中。① 耶太遗址（1983）一座房子里出土了一堆约 2 600 颗炭化蚕豆种子，1984 年又在邻近一所房子里发现 150 多颗蚕豆种子。②

蚕豆的种子有小粒型、中粒型和大粒型三种，小粒型是最原始的粒型，经过人工选择，逐渐形成中粒和大粒型。耶太遗址的种子都是小粒型，虽然是早期的种子，但小粒型蚕豆至今仍有栽培。钱山漾遗址的"蚕豆"，大小和当地现在栽培的蚕豆相似，属中粒偏大，从颜色看，不是炭化种子，那天同笔者一起去看种子的日本友人开玩笑说，这种子像新鲜的种皮。③

栽培蚕豆（Vicia faba）应该来自野生种的蚕豆，但蚕豆的野生祖先种至今未能肯定，有一个野生种 Vicia pliniana，被认为是蚕豆的祖先种，但没有取得一致认可。另外还有 4 或 5 个野生种，分布在东南欧地中海盆地和西南亚等处，它们同栽培种都不能杂交。中国迄今没有发现蚕豆野生种的报道，但像稻、粟、黍、大豆等作物，在中国有大量野生种的分布。④

## 三、花生问题

花生（Arachis hypogaea，2n＝40）问题和蚕豆不同，蚕豆只限于国内传播，花生则扩大到国外。除去钱山漾遗址出土花生以外，江西修水山背遗址也出土了花生，实物标本现存江西省博物馆，到 1981 年又报道了广西宾阳县双桥村出土了距

① Hopf M. Archaeological evidence of the spread and use of some members of the Leguminosae Family//Barigozzi C. The Origin and Domestication of Cultivated Plants. Oxford：Elsevier Science，1986：35 - 60.

② Klslev M E. Early Neolithic Horsebean from Yiftah'el，Israel. Science，1985，228（4697）：319 - 320.

③④ 游修龄：《蚕豆的起源和传播问题》，《自然科学史研究》1993 年 2 期。

今10万年前的花生化石，《农业考古》杂志上刊登了该花生籽粒的图片，这一"发现"，更给良渚和山背发现的花生增添了"支援"力量，似乎证明了良渚和山背的花生有着十分久远的历史根源，花生属中国原产的理由更有力了。引起了国外学者的注目，纷纷写信询问发现的详细经过。国内经过赵仲如、周和平和周国兴等对花生化石进行剖析，认为是一种陶制工艺品，湖南醴陵、江西、江苏宜兴和广西桂林等地，都有制作过供小孩玩耍或作为工艺品的陶花生，才结束了这一闹剧。宾阳花生化石闹剧结束后，良渚和修水的花生仍有人认可，张小华为文论说这两处花生的发现，是中国古代与美洲早已有文化交往的证明。张文又引起李约瑟（Joseph Needham）博士、美国海洋考古学家詹姆斯·莫里亚蒂（James R. Moriarty）博士及澳大利亚大洋洲史前文化专家彼德·贝尔伍德（Peter Bellwood）博士等的重视，他们认为花生物证是中国与美洲交往研究中很有价值的参考，中国与美洲交往之谜已经揭开，花生物证非常重要等。但林华东指出，张文所举的均是一些早被学术界所否定过的东西，4 000年前从南美洲玻利维亚越洋到中国，工具只有独木舟，又没有导航设备，航行时间至少需半年以上，花生是有生命的东西，恐怕早已被海水浸泡，失去发芽能力了。[①]

美国俄勒冈大学地理系教授卡尔·约翰逊（Carl Johnsen）长时间从事美洲作物传入亚洲时间的研究，他认为像玉米、向日葵、花生、番茄等作物，传入亚洲和中国的时间不应在哥伦布发现新大陆之后，应该早得多。当他从中国文献中看到浙江、江西有新石器时代遗址出土的花生以后，便亲自跑到浙江博物馆和江西博物馆考察花生标本，作了形态鉴定，对江西的实物认为可以肯定是花生，对浙江的实物因标本本身不全，认为难以肯定。因为江西的实物可肯定为花生，因而他也主张花生在新石器时代晚期已传入中国。据此他又从文献上看到中国古籍《南方草木状》中的"千岁子"是花生的别名，据此他认为在文献上也已找到花生早于哥伦布之前即已传入中国的证据。笔者不同意他的观点，虽经再三阐释，仍然无法令他接受，这是难免的，因他对中国的文献和历史太陌生，而中国的文献和有关历史对于判断花生问题是极为重要的。笔者认为花生问题，可以用反证法分析，即假定出土的实物是花生，有以下一些疑难无法解答：

第一，花生的原产地在南美洲，以玻利维亚为中心，向周边的秘鲁、巴西、危地马拉、阿根廷扩散传播。秘鲁出土迄今最早的花生年代为前3000—前2000年，花生的祖先野生种花生基本分布在以玻利维亚为中心及其周边的地区。南美的花生是由操阿拉瓦克语（Arawakan）的印第安人所驯化栽培。南美的花生属（Arachis）共有70多个种（Species），大部分没有被研究，已知的花生栽培种经过人们

---

① 林华东：《良渚文化研究》，浙江教育出版社，1998年，243～244页。

的驯化选择，共有两个亚种（Subspecies）和 4 个变种（Varieties），巴西亚马孙河多雨地带还有一种多年生的花生，专作饲料栽培。南美的花生资源如此丰富和多样性，仅凭浙、赣两处有花生籽粒出土，就说花生是中国原产，显然太过简单化了。

第二，南美洲的花生都是一年生的，它们分布在半干旱多风少雨的地区，花生的植株形态和生理特征无一不显示它对环境的巧妙适应性。它的茎蔓是匍匐在地面生长的，这可以使它适应干旱多风的环境，植株直立容易被风吹倒。花生的羽状复叶由两对即 4 片小叶组成，到傍晚日落不再进行光合作用时，两对小叶即闭合起来，紧贴于地面，蔓生的茎和会闭合的复叶，可以减少水分在夜间的蒸发。一旦开花受了精，这受精的子房（后来的花生荚）即钻入地下的沙土里慢慢发育成实。如果在地面结荚，那么，嫩荚裸露在干旱多风的环境下，水分很快将被风吹失，无法正常结实了。花生的学名 *Arachis hypogaea*，Arachis 是指结荚，hypogaea 是地下，合起来即指在地下结荚的植物。新石器时代，浙江和江西并非多风干旱的地区，而是多雨水、土质黏重适宜于稻作的环境，不可能是花生的原产地，如果是的话，上述花生的形态结构和生理特性，就成了无的放矢，不解之谜。花生初引进栽培时，必须种植在沙质、排水良好的疏松土壤，便是这个道理。原产地不能成立，新石器时代不可能越洋传入，两个最重要的条件都难以成立，单凭花生的籽实出土，孤立的证据是难以成立的，需要另作解释。[①]

## 四、芝麻问题

芝麻（*Sesamum indicum*，2n＝26）是个古老的作物，但它的野生种迄今不明，印度、中国和日本被认为是芝麻的次生中心。良渚出土的种子曾被鉴定为芝麻，和花生、蚕豆一样，引来许多怀疑意见，后来在苏南、浙北同属良渚文化的其他遗址中陆续发现这种"芝麻"种子，经鉴定是甜瓜种子，才结束了这个问题，可是在新出版的书刊中仍然误传着。被误认为是芝麻的原因是芝麻和甜瓜的种子非常相似，分开看，容易误认，放在一起比较，才能区别。简要地说，芝麻的种子，其基部大的一端，呈钝圆而平，甜瓜的种子，其基部大的一端，呈圆而尖形（图 4-15）。李璠在其《中国栽培植物发展史》中附有一张钱山漾遗址出土的"芝麻"照片，种子的基部圆而带尖，恰恰是典型的甜瓜子（该书第 85 页）。李璠为了论证古代单音词"麻"是脂麻，不是大麻，作了一些错误的判断，一是文字分析的误解，说"'麻'字是由'广'和'林'两部构成，意思是指人类在其居住周围栽培的茂盛植物。……大家知道，由于脂麻种子生食起来也很香美，不难设想，原始社会的

---

① 游修龄：《说不清的花生问题》，《中国农史》1997 年 4 期。

先民在采集野生植物过程中当其发现这种可生食又很美味的麻子时……因此在原始农业时期，在每个洞房周围，人们首先广植脂麻也应当是人民生活自然的。"李氏不知道"麻"的古字，即在甲骨文和金文中，本来写作"广"下从两片被剥离的麻皮，作"𣏕"状，到楷书中，因两片麻皮的笔画带半圆形，书写不便，被简化为从双木。这在较为详细的字典中都有解释，并附带指出双木是误写。连《说文解字》都不去

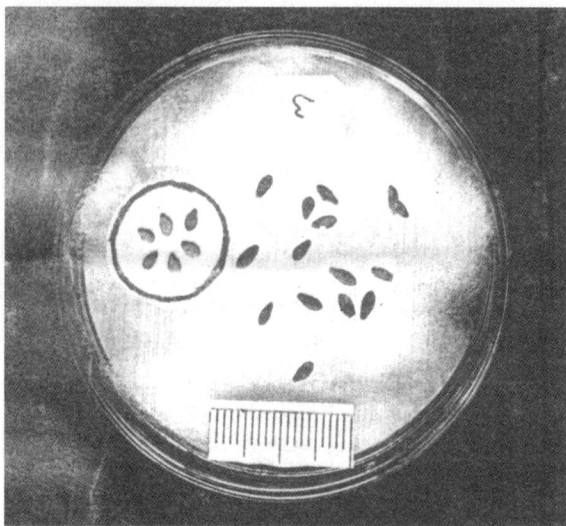

图 4-15  吴江龙埝遗址（良渚文化）出土甜瓜种子
注：圈内种子为芝麻，以供对照。

翻查一下，就作这种拆字论证，是很不严肃的。李氏根据自己的错误判断，反而指责前人正确的东西是"为什么长期以来有许多人竟把大麻当作谷食之麻呢"？这当然是受汉儒注《尔雅》等经书脱离实际、只凭主观臆断的影响。这里，主观臆断的不是古人，恰恰是李氏本人。李文考证的差错，不止这些，因与本节的内容无关，就不一一指出。

产生上述种种问题的原因很复杂，有些是正常的属于学术争鸣的问题，有些显然出于认识水平，有些是对国外同类研究了解不多，仅就国内情况做出推断，显得不够全面。这反映了农业起源研究投入的人力太少，队伍还较单薄，学科交流虽在进行，但相互吸收学习不够。

# 第五章 原始农业中的畜牧业

## 第一节 畜牧业的起源

畜牧业的发明和种植业发明一样，是人类历史上的一项重大革命，由此人类摆脱了完全依赖于自然的状况，大大地提高了人类自身的生存能力，人们可以有选择地从事食物的生产活动，改变了纯粹靠天吃饭的生活格局，有了相对稳定的食物来源和相对可靠的生活保障，从而奠定了人类文明发展和进步的物质基础，人类进入了一个全新的历史时期。

### 一、有关家畜饲养的起源和驯化的学说

家畜驯化是如何起源的问题，先秦时期的人们就试图回答，但是，直到今天，仍然是众说纷纭，莫衷一是。这一问题可以分解为如下几个次级问题，即家畜驯化的动机、方式、时间、地域、人物、对象等问题，而其中最为关键的问题是家畜驯化起源的动机和起源的方式两个问题。

### (一) 关于家畜驯化起源动机的诸多观点

旧石器时代的原始人类以采集和狩猎为生，直接攫取大自然中现成的食物是比较容易的，为什么要从事驯化、豢养动物这种十分费力的事情呢？其动机是什么呢？对这些问题，古今中外有很多人做出了各自的回答。

目前在国内学术界有下述几种解释：第一种观点认为，是因储备食物，以备缺食之需。生活在渔猎时代的先民，猎获物虽有增加，但并非每天都吃完，一次围猎即使收获多，由于没有较好的贮藏手段，被猎杀的动物体很快就会腐烂变质而不能

食用，因此只能贮藏活体，即把围猎获得的幼兽、怀孕的母兽等易于降服的动物拴系、圈养起来，以备食物缺乏时宰杀食用。类似现象在动物界中也有存在，动物界中有很多动物（像松鼠、田鼠、河狸、蚂蚁、蜜蜂等）常常本能地进行食物贮藏，以备冬天缺乏食物时食用。比这些动物拥有更多聪明智慧的人类，较早放弃"饥则觅食，饱则弃余"的动物行为，通过养殖活动获得食物，应该是不足为奇的。第二种观点认为是为了帮助狩猎。在渔猎时期，人们首先重视的是提高狩猎能力，以期获得较多的猎获物，有些动物能帮助猎人进行狩猎活动，驱赶、追捕野兽，自然成为人类驯化的对象。最早被人类驯化成家畜的动物当是猎犬，其次可能是马，因为马（*Equus caballus*）能驮负猎人追逐野兽，也可以驮负猎物。但从现有的考古发现来看，狗是最早的驯化动物没有问题，而马的驯化时间却相当晚。第三种观点认为是有些民族有豢养野兽的习俗（不是为了吃肉），导致了野生动物的驯化。例如处于渔猎经济时代的色曼人、虾夷人、鄂伦春人，都有豢养野兽的习惯。开始时可能是由于怜悯、好玩、喜爱，但由此却发现某些野生幼兽经过豢养后能与人亲近，野性渐退后而逐渐能驯服听命于人。猎犬可能就是这样被驯化而演变成为家犬的。[①]

英国人查尔斯·里德（Charles A. Reed）认为动物被驯化是一种宿命的且很自然的行为，并是一种生物现象。他指出，在自然界中存在一种共生的行为，表现在两种不同的生物相互影响彼此受益，人类的驯化行为则是共生行为的一个实例。他认为人类"并非唯一的驯化者"，有好几种蚂蚁饲养着能吸吮植物汁液的昆虫，就像家畜一样，蚂蚁能从昆虫那里获得蜜糖和营养微滴。蚂蚁对它的"奶牛"施行保护（驱赶敌害），迁移放牧和营造掩体"牛棚"，总之对其"奶牛"关怀备至。这一现象中的蚂蚁与昆虫之间的关系和农夫与奶牛之间的关系极其类似，由此可以证明，人类"并非唯一的驯化者"的命题是符合事实的。[②]

也有学者指出，不少文章描写人类为何及怎样驯化动物，其实都只是推测。原始人驯化动物的"自然"过程，现代学者是绝对看不到的，所有这些驯化都发生在有文字记载以前。[③]依靠古代文献的有限记载和一些神话传说所得出的关于动物是如何驯化的结论，也就不大可靠了。

这些是有关畜牧起源的比较有代表性的观点，各有特点，但又不十分全面。我们认为：动物驯化的产生，并不是一项孤立的发明，而是人类社会发展到一定程度以后，主、客观因素共同作用的产物。动物的驯化有其必然性，但又是由偶然因素引发的。说它必然要诞生，是因为随着人类社会的发展，以及人类本身的进化，人

---

① 邹介正等编著：《中国古代畜牧兽医史》，中国农业科学技术出版社，1994年，3页。
②③ 〔英〕梅森（I. L. Mason）主编：《驯养动物的进化》，南京大学出版社，1991年，2页。

们驾驭动物的能力增强，狩猎能力大大提高，对动物的了解程度逐渐加深，驯化某些动物成为家畜的条件随之逐渐成熟。说它是由偶然因素所引发，主要是指它与远古时期的外部环境发生大的变化有关，是某些外部环境促成了或者说诱发了它。家畜驯化是如何完成的，是一个较为复杂的过程，下面将详细地叙述。

## （二）关于家畜驯化起源方式的诸多观点

关于动物驯化起源的方式，可以分为两个问题：其一是定居式的畜牧业的起源方式；其二是草原地区游牧式的畜牧业的起源方式。

关于农耕地区的驯化起源的方式，比较普遍的看法是生活在旧石器时代的人们，在相对定居的情况下，将猎获野兽的幼兽拘系豢养起来，对之进行感情投入，给予食物，并精心地照料。动物的食物来源由原来的自行外出采食，变成大部分由人类提供，免去了饥饿的威胁。对大多数动物来说，这种生活环境十分优越，并乐于接受。经过长时期的人工选择，野生动物的生活习性、性情等发生了显著的乃至根本性的变化。那些原来生活在野外居无定所的野生动物，变得与人类能够友好相处了，动物与人类解除了相互的不信任，即一方面动物不惧怕与人类相处；另一方面人类也不惦记动物逃跑。而且，动物的这种新习性已经可以遗传给后代。到了这时，动物的驯化也就算基本完成了。由于拘系动物必须要有固定的场所，因此动物的驯化与人类的定居生活应该是结合在一起的，而动物驯化的完成，也需要相对定居的生活为保证。与此同时，植物的驯化和种植也需要相对的定居生活为前提。这些互为因果作用的结果是，定居式的生活显得更加迫切，人们便创造条件过上定居的生活。这样，有别于居无定所的游牧式的农耕地区的畜牧业便顺利产生了。最初的动物驯化的规模可能很小，种植业的规模也不大，仍然主要依赖于采集和狩猎以维持生活。然而，畜牧和农耕的这种新的生产方式的出现，具有十分诱人的前景，尽管其过程中有反复，但是畜牧和农耕的进步，伴随着人类社会文明的脚步前进，是不可否认的。

关于现今游牧的生产方式的起源，学者们认为有如下几条可能的途径：其一是通过由野牧直接转为游牧，亦即从狩猎占有很大比重的刀耕农业阶段，进入以畜牧为主的游牧经济阶段；其二是直接通过采集和狩猎的生产方式，进入游牧阶段；第三条途径是由初期的刀耕农业，进入到比较发达的长期定居的锄耕农业阶段，最后转为以游牧的方式生活。[1] 下面就此分别加以说明。

关于第一条形成途径的提出，与考古学上的细石器文化有关系。考古工作者认

---

[1] 李根蟠、黄崇岳、卢勋：《中国原始社会经济研究》，中国社会科学出版社，1987 年，173 页；马瑞江：《蒙古草原家畜驯化与畜牧起源方式探研》，《农业考古》1983 年 1 期。

为，在中国北方，新石器时代和旧石器时代之间，广泛分布着一种以细石器普遍存在为特征的细石器文化。细石器的概念是在草原和沙漠地区及其邻近的地带，在存有石英、石髓、燧石等石材的条件下，一定的技法，一定的形制，而反映在工具上的一种含义。① 曾经有人认为细石器代表畜牧经济。这是由于中国蒙古高原曾经是游牧民族的故乡，很早形成游牧生产方式，人们很容易把细石器和游牧经济联系起来。但这种推论经不起实践的检验。实际上，在中国北方发现有细石器的文化遗址中，既有以农业为主的或带有农业经济因素的，如红山类型、富河沟类型、高仁镇遗存、转龙藏遗存；也有渔猎经济为主的，如海拉尔类型、昂昂溪类型、东山头-官地类型；还有推断以畜牧经济为主的，如乌科套遗存、苏尼特遗存。② 因此，细石器的存在并不意味着该遗址的经济类型是游牧经济。

关于第二条产生途径，从西方人类学提供的资料中，可以看到这种方式产生的痕迹。如北美西部的土著人，见到兽群以后，暂不猎食，而随之留作别用，有时全村人跟随野兽移动，接下来是围绕牲畜的游牧生活。③ 俄罗斯人曾经用过将野兽驱入围栏的方式驯化野鹿。④ 也有观点认为蒙古草原东部大兴安岭的原始森林中的森林狩猎人群，如鄂伦春人、鄂温克人，正处于原始的畜牧萌芽阶段，他们从未离开过森林，饲养过驯鹿。国外确曾有过放牧驯鹿的游牧人。如果鄂伦春人、鄂温克人离开森林进入草原，是否也会走上游牧的道路？因此，有人推测蒙古草原可能存在着从游猎直接到游牧的发展历程。⑤ 不过，就中国的实际情况而言，这一条从野牧直接进入游牧的途径，在考古上并未能找到相应的证据。

我们倾向于游牧源于第三条途径。做出这种判断的理由有二。游牧经济是比较单一的经济，它的产生要求有一定的物质文化基础。例如，在野兽出没的茫茫的大草原上游牧和栖息，帐篷和运输工具是必不可少的。而且，游牧民族需要通过交换获取某些农产品和手工业品作为游牧生活的必要补充。因此，游牧民族的产生，要以农业和定居、分工和交换一定程度的发展为前提。只有经过比较长期的定居以后，才能够产生支撑游牧生活的足够的物质积累、文化积累和技术积累。物质积累包括帐篷、车辆、驮畜等，以及易于管理的足够的草食动物牛（Bos）、羊（Caprovinae）、马（Equus caballus）等；技术和文化积累包括驾驭和保护家畜、抵御野生动物袭击、应对各种环境变化的能力等。此其一。考古发现现今的最适合游牧的西北的甘肃、青海地区，华北的内蒙古自治区，在新石器时代遗址出土了大

---

①② 佟柱臣：《试论中国北方和东北地区含有细石器的诸文化问题》，《考古学报》1979 年 4 期。

③ 林惠祥：《文化人类学》，商务印书馆，1934 年，118 页。

④ 〔苏〕柯斯文：《原始文化史纲》，张锡彤译，张广达校，人民出版社，1956 年，84～88 页。

⑤ 马瑞江：《蒙古草原家畜驯化与畜牧起源方式探研》，《农业考古》1983 年 1 期。

量的与农业有关的文物，饲养的家畜也多是与农耕关系密切的动物——猪，说明这些地区的人们在相当长的时期内，其经济以农耕为主或包括农耕活动，而游牧经济是后起的。此其二。

因而，就中国的具体情况来说，上述第一、二条途径的可能性较小，中国北方游牧民族的产生，应该是通过第三条途径完成的。比较可信的观点是游牧起源于农耕，游牧民族产生的时间也较晚，大约为新石器时代末期。

## 二、畜牧业的起源

畜牧业的起源是人类历史上的可以称之为革命的一件大事，它不是一个简单的事件，也不是一项偶然的发明，而是人类社会发展到一定阶段的必然产物。从考古发现我们可以看到，自旧石器时代的元谋人开始，及以后的蓝田人、北京人，他们已经发明并使用了工具，用之于狩猎，这便是为畜牧的起源打基础。到了旧石器时代末期，人类的狩猎能力大为提高以后，便具备了驯化动物的前提条件，即能够拘系动物，但是何时产生畜牧驯养，还不能确定。而恰在这时，晚更新世冰期来临，严寒的气候，导致食物的缺乏，促成了畜牧驯养的产生。虽然在理论上可以认为，地球上所有的地区都将独立地产生驯化。但是事实并非如此，只是在局部地区诞生了畜牧业，这是因为只有在那些率先具备了产生驯化的各种内因和外因条件的地区，才能孕育种植和驯化行为。家畜的驯化和饲养产生于距今大约 1 万年前。旧石器时代的中国大地是典型的具备产生畜牧驯养的内因和外因条件的地区。

### (一) 起源原因

根据某一事物的产生应有内因和外因同时作用的一般规律，我们可以将畜牧业的起源原因分解为内因和外因两个方面，其中的内因，又可以分解为来自人类方面的内因和来自动物方面的内因。

**1. 来自人类方面的内因** 来自人类方面的内因的主要表现是，在旧石器时代后期，人们的狩猎能力已经大幅度地提高了，具备了拘系大多数草食和杂食野生动物的能力。

在距今 300 万～200 万年前，生活在晚更新世时期的高级类人猿，由于气候等方面的原因，不得不从森林走向平地，学会了制造工具，劳动，逐渐直立行走，成为今天人类的祖先。当时的人类，由于生活的需要，不得不为了生活获得更为有效的求生技能。考古工作者 1964 年在陕西蓝田发现了蓝田人遗址。生活在距今近百万年前的中更新世的蓝田人，已经能够制造石器，不过其制造的石器非常简陋，有砍砸器、刮削器、大尖状器、手斧和石球等，这些工具有的被用于狩猎，鸟类、蛙类、蜥蜴、老鼠常常成为人类的食物，另外，鹿、野猪、羚羊、野马等不时成为狩猎对象。① 到了距今约 60 万年前山西芮城匼河遗址，除发现了砍砸器、刮削器、三棱大尖状器外，还有小尖状器和石球等。②

到了距今天更近一些的时代，周口店北京人主要生活在洞穴之中，遗址出土的工具有砍砸器、各式刮削器、小尖状器和石锤、石钻等。猎取大型野兽是北京人的经常活动，在其遗址中有李氏野猪、北京斑鹿、肿骨鹿、德氏水牛、梅氏犀、三门马、狼、棕熊、黑熊、中国鬣狗等化石，当时北京人狩猎的工具主要是由木棒加工而成的木矛。③ 在北京人居住岩洞的上部、中部和下部的地层中，均发现了用火的遗迹，说明北京人已会使用火。火的发明是人类历史上的一大进步，意义重大：它不仅为人类的定居创造了条件，使狩猎的进一步发展成为可能；还可用于取暖，开拓生存空间，使人类进入较为寒冷的地区生活；此外，用火熟食，对人类智力的发育也有积极的作用。④ 与北京人同时代的安徽和县龙潭洞直立人的文化遗存中，也出土了大量的大型野生动物骨骼，有斑鹿、牛、猪、虎、狼、獾、中国鬣狗、中国犀、剑齿象、肿骨大角鹿、大河狸等动物化石，说明当时的古居民已具备了相当强的狩猎能力。⑤

到了旧石器时代中期和晚期，人类的狩猎技术又有了较大的进步，其主要表现在石球的使用和弓箭的发明。

石球最早见于陕西蓝田人遗址中，学者们都倾向于认同石球是狩猎工具。随后的许家窑文化遗址中，出土了大批量的石球，1974 年和 1976 年两次发掘共得石球 1 073 枚，并且石球与大量的被砸碎的野马和野驴的骨骼伴出，据此可以进一步推断石球是用于狩猎活动的工具，许家窑人应是使用石球的早期狩猎人群。陕西梁山旧石器时代遗址中，石球是分布最广、数量最多的石器之一，现在已经采集到的石球标本达 150 件以上，最大的直径 13 厘米，重 2 432 克，最小的直径 6 厘米，重 318 克，石球和砍砸器合占全部石器的 70%。这表明当时梁山与土地岭及其附近地区石球的使用已相当普遍。⑥ 山西的丁村遗址中，也有许多的石球发现。石球在狩猎的过程中是如何被使用的，今天的人们很难直接地了解到当时的具体使用细节，因此只能借助于一些国外的民族学研究成果，间接地提供某些线索。据研究，早期的狩猎民族在使用石球时，除了直接用石球砸向动物外，还可能用另外两种方式从

---

① 黄慰文：《蓝田人》，收入《中国历史的童年》，中华书局，1982 年，3～93 页。

② 贾兰坡、王择义、王建：《匼河》，科学出版社，1962 年。

③ 李根蟠、黄崇岳、卢勋：《中国原始社会经济研究》，中国社会科学出版社，1987 年。

④ 徐旺生：《中国原始畜牧的萌芽与产生》，《农业考古》1983 年 1 期。

⑤ 黄万波：《龙潭洞猿人头盖骨发掘记》，《百科知识》1981 年 2 期。

⑥ 阎嘉祺、魏京武：《陕西梁山旧石器之研究》，《史前研究》1983 年 1 期。

事狩猎，其一是绊兽索，其二是飞石索。绊兽索是用一根长木杆拴一条5～6米的绳子，在绳的另一端拴上石球，当遇有野兽时，猛地向野兽抛去，绳索接触野兽后，石球借助于惯性，迅速地缠绕其身体，野兽遇此种情况一般难以脱身；飞石索即是绳子两端拴上石球，有单股、多股及三股飞石索之分，可以远距离投向野兽，缠绕并击伤之。①

弓箭的发明代表着人类的狩猎能力大大提高，陕西的沙苑遗址、东北的扎赉诺尔遗址、山西的峙峪遗址都分别出土了石箭头，其中峙峪遗址出土的石箭头被核定为距今28 000年前。② 和绊兽索、飞石索的发明及利用一样，弓箭的发明和利用，也可以远距离地猎获动物。

石球和弓箭的发明和运用，均可以远距离地对动物实施攻击，说明从旧石器时代中期开始，人类就具备了一定程度上远距离狩猎较大野生动物的能力。

人类狩猎能力和手段的增强是驯化动物的重要条件，既然人类能猎获较大型凶猛的动物，当然就有能力拘系一些性情比较温顺的动物，或其年幼的个体，如草食动物的马、牛、羊、驴（*Equus asinus*），杂食动物的猪和狗等，这样，人类离成功地驯化野生动物的日子已经为期不远了。

人类自发明工具以后，狩猎能力便逐渐提高。旧石器时代的初期，人们仅能够捕食小型动物，后来，随着狩猎能力的提高，大型动物也逐渐被人类很轻易地制服，这是人类的身体机能发生变化的结果。但这还不足以使人类驯化动物。要成功地将动物驯化为家畜，还需要人类智力水平的提高。人类的身体机能经过长期的进化，属于优势种群，当人类又学会了制造工具后，四肢的机能得以延伸；当人类发明了语言，拥有社会组织后，大脑的机能得以延伸。到距今18 000年前的山顶洞人时代，其脑量已经和现代人相差无几了，人类的智力发展水平具备产生新的生活方式的能力。譬如，狩猎到了野兽后一时吃不完时，拘系它们以待没有食物时再食用，便是当时人们有可能做的一件事情。不过，具备了驯化动物为家畜的能力，并不代表动物的驯化便由此产生。

**2. 来自动物方面的内因** 来自动物方面的内因主要表现是野生动物作为地球生物圈中的一员，客观地具备了与人类友好相处的条件。

在动物界，人类虽然是其中的一员，但是当人类完成从爬行到直立行走这一过程，学会了利用工具，发明语言，拥有社会组织以后，人类便成为万物之灵了。在今天看来，人类完全具备了部分"统治"动物的本领。不过在极其遥远的旧石器时

---

① 宋兆麟、杜耀西：《石球——古老的狩猎工具》，《化石》1977年3期；宋兆麟：《投石器与流星索——远古狩猎技术的重要革命》，《史前研究》1984年2期。

② 尤玉柱：《黑驼山下的猎马人》，《化石》1977年3期。

代，相应的物质条件比较简陋的情况下，人类虽然狩猎能力有所提高，但是要将现有的一些家畜的祖先如野牛、野马的成年个体驯化成供人役使的动物，并不是一件容易的事情，因此人类要想把生活在大自然中的野生动物驯化成为我所用的家畜，在当时来说，必须借助于部分动物天然具有被人类驯化可能的内因，也就是说具备一种天性，假如野兽坚决不予合作，或其兽性难以改变，人类也没有什么办法。如肉食动物中的老虎、豹等，人类一直试图驯化它，直到今天仍未获成功。这类动物的天性难以改变，捕获以后，只能关在铁笼中，人类不可能安全地与其直接接触。有些动物通过人类稍微地实施驯化，可能就会变成家畜，如野猪、野马和野羊等，这可能就是早期相互隔绝的不同地区，均不约而同地驯化了相同的野生动物的主要原因；据统计，人类对野生动物的驯养历史不仅早，并且作为饲养对象的动物也所在多有，但是仅有 47 种动物被人类驯化为家畜。早在先秦时期，《庄子》《列子》两书中就有养虎的记载，今天人们依然在饲养老虎，但是依然没有改变老虎的野性而使之变为家畜；驯鹰的历史也可以追溯到狩猎时代，至今鹰仍被人们饲养，但是人类始终没有把鹰驯化成家禽。[①] 能够成为家畜和家禽的动物，必须具备能被人类轻易控制的习性，同时还需要具有经济价值或使用价值。由此表明，人类虽然能够征服某些动物，但是并不能都使之变成家畜或家禽。只有很少的一些动物具备上述的特征，那些经过驯化以后与人类和睦相处的动物才有可能成为家畜和家禽。

动物从食性的角度，可以分为肉食动物、草食动物和杂食动物，其中的草食动物和杂食动物的性情相对温顺，可以被驯化的概率大一些；肉食动物的性情较为凶猛，可以被驯化的概率相对较小。从人类已经驯化的动物情况来看，基本符合上述事实。肉食动物中仅有猫被驯化，其原因主要是因为猫的个体较小，不像其他肉食动物能够对人类的生命构成威胁。而老虎、豹等，由于天性难改，可以笼养，但是不能成为家畜。

动物之所以被人类驾驭或驯化，另一个原因可能是它们与人类有着非常密切的生态关系。在一定的生态条件下，地球上的各种生物之间有一条食物生态链连接着它们。食物生态链是指生物群落中各种动物和植物由于食物的关系所形成的一种联系。在生物群体中，许多类似的食物链彼此交错构成关系复杂的食物网络，人类也被纳入这种食物网络中，与各种动物结下不解之缘。现在人类饲养的家畜和家禽，都与人类有着一定的食物链关系。人排泄的大便为猪（*Sus scrofa domestica*）、狗（*Canis familiaris*）、鸡（*Gallus domestica*）等家畜所喜食，而猪、狗、鸡的产品肉、蛋等为人类所喜食，这种因各自的偏好而构成的食物链关系，导致人类和动物

---

① 李根蟠、黄崇岳、卢勋：《中国原始社会经济研究》，中国社会科学出版社，1987 年，184 页。

相互追逐对方的足迹，始终保持着若即若离的状态，为人类日后驯化动物提供了便利。[①] 因此当人类不得不驯化动物时，与其生活最为密切的动物狗、猪等成为最先被人类驯化的动物。与人类生活居住环境关系密切的动物还有老鼠、燕子、家蛇等，它们则未能被驯化。

3. **外因** 动物被人类驯化，除了上述的原因外，还应有一个重要的原因，即自然环境条件发生了巨大的改变，促成了人类不得不驯化原来与自己处于敌对状态的动物。

距今大约 7 万年前，历史上第四纪晚更新世冰期来临，此次冰期是全球性的，主要特点是降雪量增加，融雪量减少，雪线远远低于冰期以前，气温大幅度下降，这时中国有大理冰期，蓝田人所在地区气温比现在平均低 8℃，河北平原平均气温 4～5℃，欧洲威克塞尔冰期最盛时平均气温为－2℃，阿尔卑斯山地区有玉木冰期，气温大幅度下降，北美威斯康星冰期的温度比现在低 13～15℃。中国华南地区以山麓冰川为主。而欧洲大陆则为大陆冰川所覆盖。由于温度变化，气温带型也随之发生变化，蓝田地区生长在高山地区的云杉蔓延到河谷，发源于北美的真马在新大陆全部灭绝，其中的一支在旧大陆幸存，成为今天马的祖先。由于气温的变化，多汁浆果植物在蓝田地区被云杉代替，喜温植物少了，代之的草本植物大量繁殖，原来主要以木本植物为依靠的人类面临着食物危机，大量动物南迁，猛犸象、披毛犀等寒带亚温带动物向南分布，许多植物灭绝，只有一些封闭的山麓地区，由于影响较少，因而能保存一些古老的种、属，如中国南部保存下来的苏铁、水杉、银杏等。一些生长在南部地区的植物受冰期影响较小，而能大量保存下来。[②]

人类在旧石器时代早中期的漫长采集和狩猎之中，接触植物和动物是极为常见的和毫无阻碍的。何以他们没有产生种植和畜牧呢？这是因为人类并不经常处于饥饿的边缘，人口的增加是很有限的，并没有超过居住地的食物提供能力，以至于在一年中乏食季节也能有食物充饥。这种悠闲的生活持续了很长的时间。如果没有一种特殊的原因，打破这种低水平生活的平衡态，那么他们依然会继续那种低水平的悠闲生活。到更新世末期，由于上述气候的剧烈变化，很快就打破了那种靠采集和狩猎基本维持种群延续的平衡态。

由于温度下降，植被变化，浆果类植物减少，从前的采集生活和狩猎便变得极其艰难，原始人类赖以为生的野生植物减少了，以前那种很容易猎获的野生动物也不常见了。这一变化促使人类为了生存想尽办法：①寻找新的食物来源。气

---

① 吴存浩：《中国农业史》，警官教育出版社，1996 年，98 页。

② 曹家欣：《第四纪地质》，商务印书馆，1983 年；任镇寰编著：《第四纪地质学》，地震出版社，1983 年；杜恒俭：《地貌学及第四纪地质学》，地质出版社，1981 年；李四光：《中国第四纪冰川》，科学出版社，1957 年。

温的大幅度下降，直接造成浆果类植物减少，但同时促成禾本科类植物大量发育，禾谷类种子便成为人类的主要采集对象，这样促使人们对草本禾谷类植物的认识加强。②贮藏食物以备食物匮乏的季节食用。③将一时吃不完的幼小动物圈养起来，等到更需要食物时再食用。因为温度下降太大，原来那种四季食物采集无甚差别的状况，有了截然不同的变化，即采集出现淡季和旺季，这就要求人们在旺季采集足够多的食物以备淡季食用，这就意味着要贮藏。有了贮藏，人类便在与大自然的生存斗争中迈开了一大步。那些没有贮藏足够食物的人们可能就因为熬不过冬天而死去，而那些贮藏有足够食物的人们便能够活下来。将一时吃不完的小动物拘系喂养起来类似于贮藏食物的行为，将大大加强人类对动物特征和特性的了解。

在人类和动物漫长的交往过程中，当人类需要与动物建立良好关系的时候，往往是人类需要动物的时候，而气温大幅度下降的更新世冰期，便是这一时机。人类给予动物额外的保护，成为其供食者和保护者，经过长期的人与动物的友好交往过程，动物便习惯人类所提供的相对舒适、现成的生活环境，而淡忘野外的相对恶劣的生活环境，久而久之，人与动物的这种新型关系便建立起来了。一方面，人是动物的保护者和部分食物提供者；另一方面，动物是人类的活的食物库，随时都有可能被宰杀而作为食物，相互之间的依赖显得缺一不可，动物进入人类世界之中便是必然的事情了。

可以说是因为生活和生存的需要，促使人类和动物之间建立了更为密切的联系。不过，由于冰期之中食物的缺乏，较长时间拘系动物的时机有限，大多数的动物可能很快就被宰杀而作为食物了，可供人类将其驯化成为家畜的机会在当时较为有限。只能等待适当时机，当被拘系的动物有足够的驯化机会，人类能连续地拘系和喂养动物以后，可以称之为家畜的驯养动物才会出现。[①]

## （二）农耕地区畜牧业的起源

农耕和畜牧的起源时间是在最后一次冰期退却以后，这时由于地球上的气温大幅度地回升，动物和植物大量发育，人类的食物来源大为改观，于是人类有可能把拘系的幼小动物长期地饲养起来，使之在生活习性、体格等方面发生相应的变化，这样，家畜驯化可以说具备了完成的条件，我们今天所见的家畜与其野生祖先的区别才能逐渐地显现出来。生活在晚更新世冰期的人们，其食物的获取单纯依靠采集和狩猎，由于这种生活方式在资源严重不足的晚更新世冰期遇到了前所未有的困

---

[①] 徐旺生：《中国原始畜牧的萌芽与产生》，《农业考古》1983年1期；徐旺生：《中国农业本土起源新论》，《中国农史》1994年1期。

难，食物经常缺乏，这使得他们萌发了种植和驯养的念头，即产生了需要学会种植和饲养的观念，只是因为当时条件不允许而未实现。到了全新世以后，气温升高，动物和植物的大量生长发育，资源变得比较充裕，这样人们便有能力也有条件，拘系一些幼小的野生动物后，并不食之，而是等其长大一些后再作为食物而食用。原来狩猎时大多数情况下猎获的是老弱病残的动物，特别是幼小动物，可以食用的纯肉数量不多，食用的价值不高，而将其经过拘系饲养后，显然其可供食用的肉食要多，这种看得见的实惠当时的人们不可能视而不见，由此促使家畜饲养的发展。渐渐地农耕和畜牧这两种新的生产方式产生了效应。尽管最初的时候，由于种植和畜牧的产品毕竟有限，食物的获得主要依靠采集和狩猎，从事种植和饲养在整个生活中实际上并不占重要的位置，但是这种新的生产方式的出现，具有重要的意义，它使得人们摆脱了完全依赖采集和猎获自然界已有的食物的状况，这一发明在人类历史上被称为第一次革命。通过养殖，人们能够获得比狩猎更为稳定的肉食来源，又借助于种植所获得的食物，生活状况大为改善。使得食物对人口数量的约束大为降低，由于食物获取方式的改善，能够养活更多的人口，反过来又促进了人们对畜牧和种植的依赖，这种新的生产方式代代相传，并逐渐成为人们的主要食物来源。[1]

动物被人类驯化为家畜是一件长期的事情，不可能一蹴而就。人类在驯化的过程中，将野生动物拘系并饲养起来让其繁殖，并对诸如性情、个头、色泽、角的大小、毛皮质量、肉的产量等都加以选择。通过长期的人工选择形成的选择性变化，是以遗传方面的变化为基础的。这样一来，在驯化史的早期，它们便开始与它们的野生祖先在各种性状方面出现较大的区别，譬如：绵羊的腿变短了；山羊的角变弯了；狗的头变小了；猪前身的比例相对地变小了，后臀的比例相应地变粗大了；几乎所有的哺乳动物的肾上腺变小了。肾上腺变小了后，肾上腺素的分泌相应也就少了。动物的攻击性与肾上腺素分泌的多少直接相关，相应地动物的攻击性也就大大降低。人类在拘系动物的过程中，对成年的野生动物必须有一个驯服的过程，有可能以实施去势的方式使之就范，这样雄性激素的分泌就大为降低，同样能起到降低攻击性的目的；而对一些幼小的动物，人类成为其供食者和保护者以后，一些动物变得与人类亲近起来。动物性情方面的变化，逐渐影响到后代产生一些相应的变化，并慢慢地在后代的个体身上表现出来，环境的压力也可以通过自身遗传性状的改变和产生有利于新环境的个体来进行适应。

---

① 徐旺生：《中国原始畜牧的萌芽与产生》，《农业考古》1983 年 1 期；徐旺生：《中国农业本土起源新论》，《中国农史》1994 年 1 期。

## （三）起源方式

拘系、圈禁家畜是把野生的动物驯化成家畜的必经阶段。家畜是由野生动物驯化而成，这是不争的事实，但是通过何种方式使生活在大自然中的经常被人类猎杀的而作为食物的野兽变成与人类友善相处的家畜呢？由于野生动物被驯化的时间十分遥远，没有任何的文字材料记载这一过程，因此我们只能从考古工作者的发掘、时间相对晚一些的上古文字和时间更近但社会发展阶段较古的少数民族生活等方面的研究中寻找答案。从古文字学、民族学的研究和考古材料来看，野生动物的驯化必然要经过一段时间的强制拘禁。从字音来看，古汉语中的畜与兽同音，《广韵》中两字皆为"许救切"，这从一个侧面反映了野生和驯化动物之间的同类关系。从字义来看，"畜"在甲骨文中作"🐛"①，郭沫若说："乃从幺从囿，明是养畜义，盖谓系牛马于囿也。字变为畜。"幺，状似绳索，为绳索纠集的象形字，其意有拘系之义，从中可以看到拘系的影子，拘系之义被用之代表牲畜文字的一部分，说明牲畜是通过拘系驯化而来的动物。更为直接的说明在古代文献《淮南子·本经训》上，文中有"拘兽以为畜"，由此可见在野生动物成为家畜的过程中，经过了一个拘系动物的阶段。说明在文字起源之初，人们在创造文字之时，能够直接或间接地了解到驯化家畜的过程。甲骨文中还有一些文字可以证明这一点。例如甲骨文中的"🦬"字，从廌、从册、从系，"廌"乃有角的动物，可能是野牛类的，"册"与"系"表示拘系圈禁之，从中可以看到早期先民对野生动物采取拘系等方式进行驯服。②

在现今的一些民族志中，可以找到活生生的牲畜驯化的例证，可以视为原始时代人们的驯化牲畜方式的孑遗。清代台湾的高山族，大多数的部落已经有农业和畜牧业，但有些部落仍在捕捉和驯养野牛。黄叔璥在《台海使槎录·番社杂咏·捉牛》诗云："未负耕犁未服辀，谁教驯狃入栏收，番儿自惯无鞍马，大武山前捉野牛。"至于如何捕捉野牛，该书卷三中引王士祯《居易录》说："台湾多野牛，千百为群，欲取之，先置木城四面，一面为门，驱之急，则皆入，入即扃闭而饥饿之，然后徐施羁靮，豢之刍豆，与家牛无异矣。"黄叔璥根据自己的亲眼所见，指出"木城"即是木栅栏，而喂养野牛的主要饲料是蔗叶。他又引郁永河的《裨海纪游》："至（淡水）中港社，见门外一牛甚（膌），囚木笼中；俯首跼足，体不得展，社人谓是野牛初就靮，以此驯之挽。又云：前路足堑、南嵌山中，野牛千百成群，土番能生致之，候其驯用之。今郡中挽车牛，强半皆是。"又清六十七所撰《番社

---

① 郭沫若：《殷契粹编》，科学出版社，1965年。
② 李根蟠、黄崇岳、卢勋：《中国原始社会经济研究》，中国社会科学出版社，1987年。

采风图考》也有类似的记载，其文曰："以长竿系绳为圈，合围束其颈，牛曳绳怒奔，则纵其所往，饲其力尽，绳势稍缓，徐徐收系于木，饿之，渐进草食……"又《小琉球漫志》引陈小崖《外纪》说："（捉到野牛之后）取其牡者驯狎之，阉其外肾以耕，其牝者则纵诸山以孳生。"虽然台湾地区在清代已经产生了畜牧和农耕，但他们对野牛的捕捉和驯养利用，很可能是沿用原始畜牧业产生时古人所采用的方法。①

原始居民对野生动物进行拘系驯化的时代离我们太遥远，我们无法看到他们如何驯化动物的过程，只能根据古文字和民族志的材料进行推测。不过在考古方面也发现一些相关的证据，证明拘系驯化这一过程可能真实存在。如在浙江河姆渡遗址中出土了木桩围成的小围栏，每个围栏的直径约为 1 米，也有两个围栏相互交错的。由于围栏的面积太小，缺乏活动场所，视其为已经驯化后的家畜的居住地较为勉强，推测其可能是用来拘禁野兽的场所。圈禁动物的方式在当代的一些少数民族的生活中，可以找到例子，如云南怒江西岸的怒族和傈僳族，经常把闯入他们周围的扭角羚捉回后，放进木栅栏关起来，养大后再宰食。国外也有一些类似的现象，如马来半岛的尼格利佗（Negrito）人，把狩猎时捉住的小野猪放在特定的围圈之中，以后才屠宰。②

## （四）起源时间

动物的驯化是何时完成的呢？这必须看气候条件是否发生了有利于动物驯化方面的变化。在末次冰期之中，由于长期的拘系动物的机会不多，驯化就不能连续进行，驯服动物也就难以完成。到了全新世，局面完全改观。大约在距今 12 000 年前，气温变得比冰期之前还要温暖。可供食用的植物多起来，人类采集生活比较宽裕，度过冰期的人们有条件从事种植和驯化的尝试。由于采集和狩猎到的食物比较丰富，越冬到第二年有可能剩余，于是人们便把剩余的种子有意识地撒在居住地周围或特定的区域；将一时吃不完的动物拘系起来，或者将幼小的动物养起来，以待将来再食用。更新世晚期采集狩猎资源不足和全新世采集狩猎资源有余，可以通过一系列考古发现来证实。从新中国考古发现来看，我们会发现一个明显的现象，即更新世末期的遗址中，除了吃剩的兽骨外，一般很难见到食物遗存，尤其是炭化的粮食作物；而全新世的许多遗址，都出土有一些完整的炭化粮食遗存。说明气候条件的适宜与否与食物的充足与不足直接相关，更新世由于气候寒冷造成食物不足和全新世气候温暖造成粮食略有剩余这一结论是可靠的。更新世末期贮藏的不足限制

---

①② 李根蟠、黄崇岳、卢勋：《中国原始社会经济研究》，中国社会科学出版社，1987 年，160～166页。

了农业和畜牧业起源的实现。全新世的这种剩余，将使得人类具备产生原始农业和畜牧业的基本条件，即不像更新世末期的人类那样仅仅偶尔从事类似于后来的种植和驯养活动，他们可以通过连续的贮藏、种植、收获和饲养、驯服、驯化活动来走上农耕和畜牧的道路。由此可知全新世来临的早晚直接决定农业和畜牧起源的早晚，这就为许多起源地点单独产生原始农业和畜牧业提供了关键的证明。那些农耕和畜牧业起源较迟的地区，并不都是由于传播造成晚于西亚的，而是由于全新世来临较迟导致相应的起源时间较迟。①

因此，中国畜牧业的起源时间，如果从驯化行为开始，跨度的上限是距今12 000年，在这以后的某一个时间产生。但是由于驯化从开始到完成，不是一天两天之功，也不是在某一个动物身上就能实现的，必须以几代人甚至几百代人的努力才能实现，在这过程中不大可能找到一个动物能够表明牲畜的驯化正是这时产生的。判断家畜驯化始于何时，只能通过考古的方法和动物学知识，做出大致的判断。

考古学上判别某遗址中的动物遗存是否为家畜，一是从骨骼看这种动物是否发生了某种变化；二是看其是否留下了不同于野生动物的某种人工干预的痕迹。但动物驯化开始时并不会马上引起动物自身的变化，必待驯化进行了很长时间后，动物的体形、体质才会发生明显的变化并反映到骨骼上。现在，通过对动物骨骼自身的鉴别大体能对距今8 000年左右遗址中的动物骨骼（如河北武安磁山文化遗址和河南新郑裴李岗文化遗址）作出是否为家畜的判断，但是，更早的遗址就难以单纯依据动物骨骼自身的变化做出准确的鉴定，而要考察是否有其他人工干预的特殊痕迹了。

现在考古界往往通过出土动物的年龄结构来判断其是否为家养动物。如果某一遗址动物遗存的年龄组合中，幼年个体（对于猪来说即一岁以下的个体）的比例占多数的话，则表明该动物群的生活是有人类干预过的，不大可能是狩猎打死的，应是经过人类圈养后宰杀所造成。李有恒等人首次运用这种方法鉴别广西桂林甑皮岩遗址中的动物骨骼，该遗址出土了相当数量的猪骨骼，其骨骼自身没有明显的被家养迹象，无法据此判断其是否家养动物。但该遗址发现的40余个猪骨的个体中，1岁以下的8个，占总数的20%，2岁以上的6个，占15%，1~2岁的个体共有26个，占总数的60%。在所观察到的该遗址的全部标本中，尚未见到有一枚M2（第二齿）磨蚀得很重的标本。他们认为，甑皮岩遗址动物年龄的这种分布情况，不大可能是由人类狩猎后处理造成的，而可能是由于人类有意识饲养后，因某种原因如

① 徐旺生：《中国原始畜牧的萌芽与产生》，《农业考古》1983年1期；徐旺生：《中国农业本土起源新论》，《中国农史》1994年1期。

食物缺乏等而宰杀造成的，这些猪骨是人类吃完后的遗弃物。此外，还发现猪的牙齿标本中，犬齿的数量不多，较为长大粗壮的犬齿更少见，犬齿槽外突的程度很差，而门齿一般较细弱。这些情况显示在人类的驯养条件下，猪的体质形态在发生变化。根据当时对甑皮岩遗址年代的测定，他们把家猪的驯养历史上溯到距今9 000年以前。[①]

李有恒等人的这一研究结论，在相当长的时期内被学术界所广泛接受。到了21世纪初，袁靖提出了不同的鉴定意见。[②]

袁靖提出判定考古遗址出土的猪是否为家猪的5条标准：①形体特征。考古遗址出土家猪的体形一般比野猪要小。可以通过对牙齿和骨骼的测量，明确区分家猪和野猪。依据对出土猪臼齿的测量和研究，家猪牙齿平均值中的最大值大致如下：上颌第3臼齿的平均长度35毫米，平均宽度20毫米，下颌第3臼齿的平均长度40毫米，平均宽度17毫米。考古遗址出土家猪第3臼齿的平均值一般都小于这些数值，而野猪第3臼齿的平均值往往明显大于这些数值。②年龄结构。养猪主要是为了吃肉，考古遗址出土家猪的年龄结构以1～2岁占据多数或绝大多数，而狩猎时杀死的野猪年龄大小不一。③性别特征。考古遗址出土的家猪中性别比例不平衡，母猪或性别特征不明显的猪占据明显多数，可以确定为公猪的数量很少。④数量比例。考古遗址出土的哺乳动物骨骼中家猪的骨骼占有相当的比例。如果是以狩猎为主，考古遗址出土的野生动物的种类和数量则依据它们的自然分布状况和被人捕获的难易程度。从中国新石器时代早期遗址出土的动物种类和数量看，鹿科的骨骼明显地占据首位。⑤考古现象。在考古遗址中往往存在证明当时人有意识地处理家猪的现象。一般把这些埋葬或随葬现象认定为出现于饲养家猪起源以后。

根据袁靖等人测量的结果，甑皮岩遗址出土的猪的牙齿尺寸偏大。如2001年发掘出土的1块猪右上颌的第3臼齿长度为40毫米。1973年发掘出土的10个猪上颌的第3臼齿的标本，长度的平均值为37.53毫米，标准偏差为2.4。宽度的平均值为23.36毫米，标准偏差为2.64。下颌第3臼齿的标本，长度的平均值为40.9毫米，标准偏差为3.65。宽度的平均值为19毫米，标准偏差为1.63。下颌第3臼齿的长度中超过40毫米的占据半数以上，其余的也没有低于35毫米。袁靖将这些数据和可以鉴定为家猪的其他遗址出土的猪牙做了比较，甑皮岩遗址出土猪牙明显偏大。虽有磁山遗址猪下颌的第3臼齿比甑皮岩遗址的要大0.5毫米，差别很不明显。但是磁山遗址发现多个放置1头或数头完整的猪骨架的灰坑，骨架上还放置小

① 李有恒、韩德芬：《广西桂林甑皮岩遗址动物群》，《古脊椎动物与古人类》1978年4期。

② 袁靖：《中国新石器时代家畜起源的问题》，《文物》2001年5期；袁靖：《中国新石器时代家畜起源的几个问题》，《农业考古》2001年3期。

米，可能与当时的祭祀行为相关。这是当时存在家猪的证据。① 袁靖对甑皮岩遗址中猪的年龄结构的分析不同于李有恒。袁靖依据牙齿的萌生和磨损级别，推测第一期 3 块上颌中有 2 块属于大于 2.5 岁的个体，有 1 块属于大于 2 岁的个体。1973 年发掘出土的猪的上颌为 32 块，平均年龄为 2.46 岁，2.5 岁以上的占 60％以上。下颌为 25 块，平均年龄为 2.17 岁，2.5 岁以上的占 42％左右。这种年龄结构也是比较特殊的。袁靖认为，从牙齿的尺寸和年龄结构等形态特征和生理现象看，甑皮岩遗址的猪属于野猪的可能性很大。另外，甑皮岩遗址里猪在全部动物中所占的比例极小，其他各种野生动物较多。这种现象与新石器时代农耕遗址中出土的动物种类里，猪占据相当多的数量，其他动物比例不高的状况也有很大的区别。故他们鉴定甑皮岩遗址出土的猪属于野猪。

由于河北武安磁山文化遗址和河南新郑裴李岗文化遗址所反映的发展水平相当高，不像是农耕和畜牧起源之初时的文化遗址，学者们倾向于它们是新石器时代早期的晚一阶段的文化类型，在黄河流域的某一或某些地区，还有更早一些的文化遗址没有被发现，或者曾经存在过一种尚未被发现的更为原始的文化。这一推断在河北徐水得到可能的证实。在徐水南庄头发现的早于裴李岗、磁山文化的新石器时代遗址，新石器文化层位于地表层下厚达 2 米左右的黑色和灰色的湖相沉积层之下，出土了大量的兽骨、禽骨、螺蚌壳、植物茎叶、种子和少量的夹砂陶、石片、石磨盘、石磨棒，其中猪、狗可能为家畜。该遗址的年代为距今（10 815±140）年至（9 690±95）年。② 因而，可以证实，黄河流域的早期文化的农耕和畜牧，是在当地产生的。

在距今 8 000 年前左右，可以比较明显地判断出动物的骨骼是不是家养动物，而时代更早一些的遗址的动物骨骼就无法判断，这就表明，距今大约 8 000 年以前，动物的驯化正处在一种拘系和驯养阶段，有一部分的动物正在驯养，但是其骨骼等特征并没有出现实质性变化，属于一种无法确认的驯化状态。从现有的考古发现所透露的信息和从畜牧起源机制来看，动物驯化的开始时间应是距今 1 万年左右，家畜的起源即出现驯化动物的时间则可能要稍晚一些。

## （五）起源地点

动物驯化开始的时间是在距今大约 1 万年，那么具体驯化地点应在什么地方

---

① 另外，虽然磁山遗址猪下颌第 3 臼齿长度的尺寸比甑皮岩遗址的要大 0.5 毫米，但宽度要比甑皮岩遗址的小 0.7 毫米，磁山遗址猪上颌第 3 臼齿的长度比甑皮岩遗址的要小 1.53 毫米，宽度要小 5.06 毫米。另外，磁山遗址还存在半数以上未成年的幼小个体，猪在全部动物中占有相当大的比例。这些特征都是和甑皮岩遗址有明显区别的。

② 徐浩生：《徐水发现万年前的新石器时代早期遗址》，《中国文物报》，1990 年 12 月 20 日。

呢？即什么地方最有可能成为最早的动物驯化地区呢？如果从现有考古发掘的情况来看，只能是从比河北武安磁山文化遗址和河南新郑裴李岗文化遗址更早一些的遗址中去找，但是难度较大，具体方法只能从动物骨骼的年龄组合来判断，这还必须结合考古发现来进行。而从畜牧起源的内因和外因等条件来看，答案就比较容易得出。只要是第四纪冰期产生较大影响的地区，都存在着促使当时的人们拘系和饲养一些野生动物的动力。地质学、气候学的研究表明，晚更新世冰期对中国南北各地都有很大影响，都存在着气温大幅度下降的情形和采集、狩猎出现困境的局面。各地都在全新世来临以后气温大幅度上升，由此人们有条件从事拘系动物，继而逐渐饲养并驯化它们，而以后由于各地的自然条件的不同，采集和狩猎所能够提供的食物的数量有所区别，农耕和畜牧业的发展水平，出现了参差不齐的状况，那是以后的事情。[①] 因此中国各地都可能是动物驯化的起源地。我们相信，将会有更多的发现证实这一点。

## （六）草原地区的畜牧业——游牧的起源

草原地区的畜牧业有两种内涵：其一是指定居式的畜牧业，它的产生过程与农耕地区的畜牧业没有什么两样，无需再作叙述；其二是年代大大晚于定居式畜牧业的游牧的生产方式，也是下文我们将叙述的内容。

我们认为，游牧民族的产生，是从农耕民族中分化而来的。这一结论，可以在先秦时期的一些游牧民族生活地区的新石器时代的发展历程中，找到依据。

首先，我们对曾经是游牧民族生活舞台的西北地区的甘肃和青海等地区的古代文化发展系列进行考察和分析。《说文解字·羊部》：“羌，西戎牧羊人也。”西戎活动在今天甘肃、青海、四川及其以西的广大地区，汉代应劭《风俗通义》也说：“羌，本西戎卑贱者也，主牧羊。故羌字从羊、人，因以为号。”[②] 范晔《后汉书·西域传》则云羌人：“所居无常，依随水草，地少五谷，以产牧为业。”说明汉魏时期的学者所见闻的羌人是以畜牧为主的游牧民族。但考古发现羌人活动地区的新石器时代遗址的经济内涵并非游牧经济，即使到了青铜时代以后的相当长的一段时期内仍然如此。羌人活动的甘青地区的新石器时代文化包括马家窑、半山、马厂三个互相连接的发展阶段的甘肃仰韶文化，其经济面貌与中原仰韶文化基本相同，是一种以农业为主，农牧结合的综合经济类型。例如马家窑文化时代的人们居住圆形和方形的半地穴式房子，后来又有打基筑墙的地面建筑，遗址中有些袋形窖穴藏有已

---

① 徐旺生：《中国原始畜牧的萌芽与产生》，《农业考古》1983 年 1 期；徐旺生：《中国农业本土起源新论》，《中国农史》1994 年 1 期。

② 《太平御览》卷七九四《四夷部》引《风俗通》。

经炭化的粟粒和穗。居址中常有集中的陶窑，居址旁有公共墓地。半山和马厂期遗址也有与此类似的发现。这些遗址都发现大量的陶器，出土的工具以农具为主，有石铲、石刀、石镰、石磨谷器、陶刀、骨铲等，也有细石器和骨梗刀，常见猪和羊的骨骼。与甘肃仰韶文化相衔接的，或与甘肃仰韶文化晚期马厂期相并行的是齐家文化，与中原的龙山文化相当，工具依然主要是石器，但普遍发现了少许的由红铜或青铜制造的斧、刀、匕、镰、锥等器物，表明齐家文化已进入了青铜时代。齐家文化的先民仍然过着以农业为主的定居生活，农具和农作物种子多有发现，但从农具的数量来看，其农业的发展程度不如中原地区的龙山文化。齐家文化盛行以猪的下颌骨随葬，少则一两件，多则几十件；出土的羊骨也为数不少，且多以羊骨占卜。这被认为是在以养猪为主的同时，形成了适于放牧的羊群，是一种值得注意的趋势。在甘肃相当于齐家文化晚期以后的火烧沟类型文化，上述趋势更为明显，其遗址的农业遗存大量出土的同时，与畜牧有关的随葬品数量大量增加，且尤以羊骨出土量大，而且普遍。在羌人活动的青海湟水流域，比齐家文化晚的辛店文化上孙类型遗址，出土的遗物未见有典型的农业工具，但牛、马、羊、狗等的骨骼大量发现。此后的青海柴达木盆地都兰县诺木洪文化，相当于中原地区的殷周时期，发现了畜栏，表明畜牧业在其经济生活中占有重要的地位。上述各遗址的文化遗存，从其生产结构的变化来看，可以发现一个明显的趋势，即从以农业为主、农牧结合的经济，逐渐发展成为一个畜牧业比重缓慢上升，乃至占了重要地位，农业的比重则相对下降的经济类型。在黄河中上游的广阔的草原上，到处都有丰美的水草，发展畜牧业条件优越，因此循着上述经济发展的趋势和惯性，就会有一部分的居民放弃农业定居生活，逐水草而居，形成游牧的部落。由此可知，作为游牧民族的羌族是从定居的农业民族群体中分化而来的。[1]

其次，我们再对游牧民族生活舞台的华北的、内蒙古自治区的远古文化发展系列进行考察和分析。考古发现表明，内蒙古自治区早在旧石器时代就有人类生存，1973年在呼和浩特市东郊，发现了两处旧石器制造场，一处是在保和少公社的大窑村；另一处是在榆林公社前乃莫板村脑包梁。两处石器制造场同时又是人类的生活和劳动场所。新石器时代遗址更是广泛分布在这一地区。以海拉尔西沙岗为代表的原始文化，分布于呼伦贝尔草原的海拉尔、札赉诺尔和阿木古郎一带，出土的石器以细石器为主。石器均为打制的，未发现有原始农业所使用的大型石器，反映了当时的人们过着一种狩猎畜牧为主的生活，在赤峰市北部西拉木伦河流域以及通辽

---

① 张波：《西北农牧史》，陕西科学技术出版社，1989年，30页；李根蟠、卢勋：《我国古代农业民族与游牧民族关系中的若干问题探讨》，载翁独健主编：《中国民族关系史研究》，中国社会科学出版社，1984年，194页；李根蟠、黄崇岳、卢勋：《中国原始社会经济研究》，中国社会科学出版社，1987年，160～166页。

市西辽河及新开河流域发现了大批原始文化遗址。这些遗址中的石器以打制为主，有石斧、刮削器、石手镰、石镐、石锄、砍伐器、石锤、石凿等，并有很多打制精细的细石器。陶器以褐色的粗陶为主。当时的人们过着农牧业为主的定居生活，狩猎退居到次要位置。①1983—1988年发掘的赤峰市敖汉旗东部的兴隆洼遗址，是一个保存较完整的聚落遗址，遗址内有约12排房子，每排约10座房子，房子为半地穴式。打制石器以有肩石锄为代表，还有少量的石铲及盘状器、敲砸器等。磨制石器有磨盘、磨棒、斧、锛、凿形器、饼形器等。还有少量的细石器。该遗址的年代距今约8 000年，相当于中原地区的裴李岗、老官台、磁山、大地湾等文化的阶段。在各房址居住面上，房址、灰坑和围沟废弃后的堆积中，都有较多的猪骨，以及鹿、狍的骨骼。②该遗址出土了胡桃，这是一种需要土质肥沃、气候湿润的环境才能生长的乔木，说明当时该地气候比现在温暖湿润，完全适合于从事农业生产活动。从遗址的文化面貌来看，当时的人们过的是一种农业和畜牧业兼营并辅以采集和狩猎的生活方式，并且其中出土了猪的骨骼，说明当时人们的经济生活和中原农业民族没有什么区别，并非像当地后来的居民那样以游牧为特征。在内蒙古自治区中南部的黄河沿岸地区，分布着众多的原始文化遗址，有的属于仰韶文化类型，有的属于龙山文化类型，有的属于当地特有的文化类型。以清水河县白泥窑子为代表的仰韶文化，各遗址中都发现有大量的原始农业所用的石器，有石斧、石手镰、石铲、盘状器、砍伐器、石磨盘、石磨棒等，有的石斧、石手镰和石铲已经磨光，而打制石器比重颇大。内蒙古自治区凉城王墓山坡上遗址，出土的农业工具占生产工具的一半以上，经济形态以农业为主，狩猎工具和大量的动物骨骼及鱼骨出现，表明狩猎、捕捞也是重要的辅助经济活动，而动物骨骼中，猪骨占有大量的比重，反映当时的养猪业有较大的发展。该遗址属于仰韶文化的庙底沟类型。③以托克托县海生不浪遗址代表的另一原始文化类型，其农业工具与上述的仰韶文化较为接近，其时代稍晚于仰韶文化。内蒙古自治区的龙山文化遗址，已经发掘的有包头转龙藏遗址、准格尔旗二里半遗址，在这一类遗址中，出土的农业工具很多，有石斧、石锛、多孔石手镰等磨光石器，也有亚腰石斧、束腰石铲、敲砸器等打制石器，并有一些打制精巧的尖状器、刮削器、石片和石核等细石器。④属于龙山文化至早商时期的内蒙古自治区鄂尔多斯市伊金霍洛旗的朱开沟遗址，发现了大量的动物骨骼，计有1 002件。这些出土的骨骼主要属于家畜的骨骼，野生动物的骨骼较少，其种

①④　文物编辑委员会编辑：《文物考古工作三十年（1949—1979）》，文物出版社，1979年。

②　中国社会科学院考古研究所内蒙古工作队、中国科学院植物研究所：《内蒙古敖汉旗兴隆洼遗址发掘简报》，《考古》1985年10期。

③　内蒙古文物考古研究所、日本京都中国考古学研究会、中日岱海地区考察队：《内蒙古凉城县王墓山坡上遗址发掘纪要》，《考古》1997年4期。

类有猪、绵羊、牛、狗、马鹿、狍、青羊、双峰驼、獾、豹等，其中可以被认定为家畜的有猪骨252件，代表7个个体；绵羊骨406件，代表56个个体；牛骨39件，代表24个个体；狗骨22件，代表7个个体。[①] 该遗址还出土了石斧、石刀、石镰、石铲和骨铲等农业工具，畜牧业也相当重要，从猪骨占总动物骨骼的三分之一看，当时的经济仍以农业生产为主。总之，属于华北的内蒙古自治区的新石器时代文化，和中原地区的几乎没有什么两样，经济类型主要以农业为主，所以考古学上没有将其命名为一个新的系统，而是和中原地区的文化类型对应，分别归属于仰韶文化和龙山文化的范畴。

由此可知，现今的西北地区和北方地区新石器时代的生产方式并不是以游牧为主要特征的，其经济类型和中原地区一样，是一种以农业为主兼营畜牧的生产类型，这就充分地说明，后来这一地区游牧的生产方式，是在农业的基础上逐渐产生的。

一般而言，越是单纯的经济类型，其出现的时代越晚。在早期，由于生产力的水平有限，单纯依靠某一种谋生手段难以满足基本的生活需要，只能是通过多种谋生手段才能满足基本的生活需要。随着生产力的进步、社会物质财富的增加，才会出现分工和交换，比较单一的生产方式才可能产生。游牧生活是一种比较单纯的经济生活，其产生的时代应该是比较晚的。

生活在新石器时代的从事农耕的早期居民们，为什么要放弃农耕，而去选择游牧的生活方式生活呢？我们认为可能与环境变迁有关。

游牧是适应环境变化的不得已的选择。我们推测，生活在甘肃和青海以及蒙古高原一带的早期农牧兼营的定居居民，由于气候的变化，种植变得比较艰难，而收获较少，于是不得不逐渐减少对种植的依赖，食物的来源转而主要依靠养殖，畜养方式则越来越多地依靠在草场上放牧。这样，食性比较单一的草食动物——牛、马和羊等成为主要的饲养对象，而杂食的、不适合在草原上单纯以草为饲料的放牧生活的猪，逐渐放弃饲养。这种主要依靠天然草场饲养草食家畜的生产方式一旦确立，当某一地区的牧草被吃得差不多的时候，势必要转移至另外一些草料丰富的地区继续放牧。开始，只是转移放牧地，并不改变居住地。后来，在各种条件进一步配备的情况下（如逐渐拥有移动的房子——帐篷等），人们就随同牲畜一起转移了，真正的游牧生活便开始了。这个巨大的转变不是短时间内能够完成的，而应该经历反反复复的长过程。种植的比重只能是逐渐地减少，其减少的程度与迁徙的程度成正比，由于从事农业时，地上的庄稼无法移动，所以，一旦开始游牧，就意味着基本上放弃农耕。而一旦放弃农耕，就只能是义无反顾，勇往直前了。

---

① 黄蕴平：《内蒙古朱开沟遗址兽骨的鉴定与研究》，《考古学报》1996年4期。

导致游牧民族产生的气候方面的因素，在内蒙古自治区新石器时代文化的演进中，确实可以找到其踪迹。以内蒙古自治区中南部为例，气候的变化直接决定着本地区早期农业和畜牧业发展的比例关系，并导致游牧民族的出现。该地区距今7 000～5 000年的"仰韶适宜期"，先后有仰韶文化半坡类型、后岗一期文化、仰韶文化半坡-庙底沟过渡类型文化进入了内蒙古中南部。而发生在距今6 000年左右的突然降温，使岱海地区在距今6 000～5 800年出现了文化空缺现象。① 不过，这种空缺可能只是考古发现上的空缺，这一地区的人类，可能以另外的生活方式继续存在。而在鄂尔多斯东部和包头山前地带的气温比海岱地区高，故在鄂尔多斯东部黄河两岸和包头山前地带，出现了由喇叭口尖底瓶向喇叭口高领尖底篮纹罐发展的过渡性遗存，加上红山文化，特别是受常山下层文化影响而出现的阿善文化，开始与岱海地区发展起来的老虎山文化分道扬镳。在距今4 800年前后，由冀中北上经张家口地区西进的"午方类型"与黄河两岸小口尖底瓶系文化撞击以后，在凉湿环境中发展起来了老虎山文化，并出现了划时代的变革。到了距今4 300年，发生了气温大幅度下降事件，老虎山文化开始东进和南下，向南形成了朱开沟文化的主体。距今4 000年开始，受干冷气候的影响，鄂尔多斯的生态环境逐渐向草原环境发展，朱开沟文化也经历了由农业向半农半牧型经济的发展过程。② 在经过4次发掘、共分5个文化阶段的朱开沟遗址中，从第三阶段开始，其随葬物普遍出现装饰品，如铜臂钏、铜环、戒指等；第四阶段的大墓中，出现随身佩戴的饰品如蚌串珠、绿松石串珠和骨柄石刀等；至第五阶段，随葬品中除随身佩戴的饰品外，还有随葬的兵器和工具，如剑、铜刀、铜鍪、石刀和石斧等，这种随身佩戴的兵器、工具和装饰品的习俗，与鄂尔多斯式的青铜器墓的葬俗相同。其殉牲的习惯，在一至四阶段均很流行，从第三阶段开始，在一些比较讲究的墓葬中，还殉葬有数量较多的羊下颌骨。说明鄂尔多斯地区从第三阶段开始，畜牧经济已经比较发达，至第五阶段，游牧经济可能已经产生。③ 在距今3 500年前，由于气候的持续干冷，鄂尔多斯地区已经不适合于农耕了，朱开沟遗址所代表的文化南下到了晋、陕的黄河两岸发展成为李家崖方国文化。在李家崖发现了石头建筑的古城址，从中还可以看到当时人们主要以定居的方式生活，从事半农半牧的经济形态。从晋、陕黄河两岸地区的石楼、柳林、绥德等地出土的青铜器组合来看，既有北方民族的工具，也有中原的礼器，说明他们既生产适应牧业的短剑、铜刀、铜斧等维系自己生存的需要，也以中原的礼器维持社会的等级制度。由于生活方式的不同，且由于不断地为争夺生存空间侵扰农业民族并发动战争，被中原地区的农耕民族视为异族，所以商代甲

---

①② 田广金：《论内蒙古中南部史前考古》，《考古学报》1997年2期。
③ 田广金：《鄂尔多斯式青铜器的渊源》，《考古学报》1988年3期。

骨文中常常有土方、鬼方等方国出现。这些北方民族在经历商、西周、春秋战国以后，经过长期发展，形成了诸部落联盟的匈奴联合体。司马迁在追溯匈奴族的起源时曾经说："匈奴，其先祖夏后氏之苗裔也。"[①] 在早期的文化发展过程中，由于人类抗御自然的能力有限，受自然环境特别是气候因素的影响很大，中国北部鄂尔多斯高原这块曾经适合于农耕的土地，在新石器时代晚期变得不适合于农耕了，而游牧民族得以在此产生。[②] 因此我们可以得出这样一个结论，游牧民族的形成，是生态环境发展的必然结果。

单纯的考古学视野下的朱开沟文化遗址，是一种静态的文化面貌。我们可以看到由于气候因素的影响，其文化的面貌发生变化，人群向南迁徙，文化向南扩展。但是我们可能看不到由于气候方面的原因，从事农耕已十分艰难，凭借着畜牧业的发达，另外的一部分居民向干凉草原深处或就在当地从事游牧的生活方式。由于这一部分人群，逐水草而居，不像农耕民族的居住地容易留下遗址，所以我们通过考古发现只能跟踪到其向农耕地区迁徙的过程。实际上，在气候发生变化的朱开沟遗址文化人群中，还存在着向北方的更深处以游牧方式迁徙扩展的过程。这一过程由于没有相应的考古发现作为事实依据，容易被忽视。从这一角度来看，游牧民族的形成，可能比朱开沟遗址第五段的时间要早。

游牧民族产生并与农耕民族发生分野以后，两种生产方式并不是相互隔绝，由于单纯的游牧生活不能提供全部的生活资料，因此游牧社会与农耕社会密切相连，最早的游牧部落应是出现在与农耕相距不远的地区。通过交换，从其他社会中弥补物质资源的某些不足。甘肃玉门火烧沟遗址可能就是农业和游牧两种方式生活的一个结合点。火烧沟遗址发现有石锄和石磨盘，墓葬中经常出现石刀、铜刀，并伴有铜镰，青铜工具众多，还有陶纺轮。饰品较多，金银已开始作为装饰品。火烧沟遗址出土 20 多件陶器，在一些墓出土的大陶罐中，贮有粟粒，说明种植业在当地居民的生活中占有一定的地位；随葬的家畜有狗、猪、牛、马、羊等，其中羊骨多而普遍。火烧沟遗址出土彩绘的狗、马，雕塑的羊头和狗，形态逼真。从甘肃玉门火烧沟遗址出土情况可以看出，当时从事农业的地区和从事非农业的畜牧地区的交流活动也是十分普遍的，如墓葬中普遍出现的松绿石珠、玛瑙珠、海贝和蚌饰，就应是交换而来的。说明当时的各地物质交换活动比较频繁，尤其是与外部世界的交换活动。

---

① 《史记》卷一一〇《匈奴列传》。
② 田广金：《论内蒙古中南部史前考古》，《考古学报》1997 年 2 期。

# 第二节　考古出土的家畜遗存所见的畜牧业

## 一、考古出土的家畜遗存综述

中国新石器时代的考古工作发展迅速，大量的动物骨骼被发掘出来，其中不少家养动物的骨骼和与动物有关的文物。出土的动物骨骼中，散见于堆积和废弃坑穴之中的，多是人们吃完后的遗弃物；放在葬穴之中的多是随葬物；此外，还发现了少量的刻画的动物形象或捏塑的家畜形象。这些发掘出来的动物骨骼和动物形象，大概地展示了新石器时代中国畜牧业的基本面貌。但是，考古发现的只是一些直到今天仍然保留的动物遗物，而且我们还不能说已经把所有的遗物全部发掘出来。此外，还有大量的畜牧业遗物已经消失而永远不能被发现。因此，当前的考古发现并不能完全反映出当时畜牧业的发展全貌。我们今天所能够做的，只能就现有的考古发现，了解其当时畜牧业的大致的、基本的概况。下面对此分别从出土的各类动物骨骼的埋藏最早年代、数量和地域等方面的特点加以叙述。

现今发现的新石器时代的家畜骨骼中，年代比较早的是猪骨，距今约8 000年的河北磁山遗址已有养猪的确切证据。在这以前，距今9 000多年的河北徐水南庄头遗址也可能养猪，距今12 000年的广西甑皮岩遗址也具备开始驯养猪的可能性。中国在全新世的初期，动物的驯化可能是在不同地区大致相同的时间内各自独立开始并完成的。猪是最早的或较早的驯养动物，这还表明动物驯化开始时，其居住方式是定居，因为猪不像牛、羊可以频繁地迁徙。此外还可能意味着当时的养殖业与种植业同时存在，因为猪是一种杂食动物，习惯于以农业的副产品为食物。

驯化年代与猪差不多的是狗。华北新石器时代遗址南庄头遗址的第六文化层发现了狗骨，可能是被家养的。① 河北的磁山遗址中出土的狗骨较多。除贮粮窖穴的底层有个别的完整狗的骨架外，其余的狗骨一般都较破碎。狗颅骨额部明显隆起，吻部较短，臼齿适合于杂食习性，下颌骨的角突明显向上弯成钩形。成年个体的体形都不算大，鼻骨长度明显比狼的短。从头骨及下颌骨的特征及测量数据看，据此可以肯定为家犬。据此可以认定狗的饲养时间不晚于距今7 000年前。

鸡的骨骼最早发现在河北徐水南庄头遗址，南庄头出土了19根至少代表3个个体的鸡骨，但尚不能肯定是家鸡。②目前发现较多，同时又经过全面鉴定研究的是武安磁山遗址出土的鸡骨。磁山遗址中发现的鸡骨较多，主要是完整的跗跖骨，

①② 任式楠：《公元前五千年前中国新石器文化的几项主要成就》，《考古》1995年1期。

此外还有锁骨、肱骨、股骨和尺骨、桡骨。其中的跗跖骨在形态上来看与原鸡很相似。磁山的鸡稍大于现代原鸡，而小于现代家鸡。因此家鸡的在中国的驯化年代可以早到距今7 000年以上。

裴李岗文化的裴李岗、贾湖遗址中均出土了牛的骨骼，但是还不能认定是家畜。河北武安磁山遗址中出土了可能是家养的小型黄牛，因而黄牛的驯化不会迟于距今约7 000年。

可能被驯化的水牛最早见于距今7 000年的浙江余姚河姆渡遗址。① 在随后的长江中游的大溪文化、屈家岭文化、马家浜文化、崧泽文化、良渚文化中，常见的动物就包括水牛，水牛骨骼的出土范围多在南方。北方地区水牛骨骼出土较早的是山东泰安大汶口遗址和兖州王因遗址。

关于羊的驯化时间，迄今仍无定论，南方的江西万年仙人洞遗址中，出土过绵羊的骨骼，但是经过鉴定，不是家养的。河南新郑裴李岗遗址出土了少量的羊的牙齿。大地湾文化的元君庙灰坑中，也出土了羊的骨骼。② 仰韶文化的大河村、南召二郎岗等地均出土了少量的羊骨。陕西省西安半坡遗址，出土了3 块羊的残骨、1 枚牙齿，这些遗骨是不是家羊的骨骼存在争议，《西安半坡》一书的作者认为其近似于"殷羊"，因为"殷羊"已是家养的，所以实际上承认是已经被驯化的。周本雄则认为，西安半坡遗址中出土的动物骨骼，包括绵羊、山羊和马，都不能肯定是被驯化的。只有到了龙山文化时期，其出土的羊骨已经明显具备家养特征。陕西南郑龙岗寺遗址半坡类型中出土的羊骨61 块，鉴定者判断为家养的。这样羊的驯化时间可以从龙山文化时期提前到距今5 000～4 000年。③ 在中原地区的河南庙底沟二期文化遗存中，出土了山羊的角，从角的特征可以认为是家养的。

马的驯化至今尚无定论。早在仰韶文化类型的半坡遗址中，即出土过少量的马的骨骼，但是不能判断为家畜。在龙山文化中，收集到的马骨不多。山东章丘城子崖和河南汤阴白营出土的标本只能鉴定到马属，不能断定属于家马。因此，有把握的说法是，在中原地区，到了商代才有肯定无疑的家马。④ 不过，也有报道甘肃永靖大何庄遗址出土了马的下颌骨和下臼齿，经过鉴定与现代的家马无异。⑤ 甘肃永

---

① 浙江省博物馆自然组：《河姆渡遗址动植物遗存的鉴定研究》，《考古学报》1978 年1 期。

② 北京大学考古研究室华县报告编写组：《华县、渭南古代遗址调查与试掘》，《考古学报》1980 年3 期。

③ 陕西省考古研究所：《龙岗寺——新石器时代遗址发掘报告》，文物出版社，1990 年。

④ 中国社会科学院考古研究所编著：《新中国的考古发现与研究》，文物出版社，1984 年。

⑤ 李根蟠、黄崇岳、卢勋：《中国原始社会经济研究》，中国社会科学出版社，1987 年，104 页。

靖秦魏家遗址，也出土了马的骨骼，并认为是已经驯化的动物。[①] 这一报道如果可以确认的话，则马的驯化时间约在距今4 000年前的齐家文化时期。

驴的驯化可能早至距今4 000多年的齐家文化时期的甘肃永靖秦魏家遗址，据报道，出土的驴的骨骼已经被鉴定为家养动物。[②]

从现有的考古发掘的动物骨骼的最早年代来看，后来所谓的"六畜"，在新石器时代已经基本出现了。

从出土的动物骨骼的数量来看，数量最多的是猪骨，在磁山文化、裴李岗文化、仰韶文化、大汶口文化、马家窑文化、齐家文化等遗址中，均有猪骨出土。其中单一遗址出土数量较多的分别是：河北武安磁山遗址，出土的猪骨代表28个个体；湖北黄冈螺蛳山遗址出土的猪下颌骨代表19个个体；山东莒县大朱庄遗址出土猪骨80多件；河南安阳后岗遗址出土猪骨83块；山东莒县陵阳河遗址出土猪骨160多件；山东诸城呈子遗址出土猪骨42件；山东泰安大汶口遗址出土猪头骨96个；辽宁大连郭家村遗址下层出土猪骨骨骼代表88个个体，上层出土猪骨骨骼代表116个个体；江苏邳州刘林遗址出土猪牙床191个；甘肃永靖大何庄遗址出土猪骨194件；属于齐家文化和青铜文化早期的甘肃永靖秦魏家遗址，出土猪下颚骨430块；甘肃武威皇娘娘台遗址出土猪骨430块。[③] 猪骨出土有越到后来数量愈大的趋势，庙底沟遗址的26个龙山文化窖穴出土的猪骨，比该处128个仰韶文化窖穴出土的还要多。[④]

其次是牛、羊和狗，不过数量远比猪要少。牛在单一遗址中出土较多的有：浙江余姚河姆渡遗址，出土水牛头骨16个；江苏邳州刘林遗址，出土牛牙床30件。羊在单一遗址中出土较多的有：江苏邳州刘林遗址，出土羊牙床8个；甘肃永靖大何庄遗址，出土羊骨56块。狗在单一遗址中出土较多的有：辽宁大连郭家村遗址，出土狗骨骼11个；辽宁建平水泉遗址，出土代表37个个体的狗骨。[⑤]

数量比较稀少的是马和鸡，在单一遗址中未见大量出现。对于鸡来说，其原因可能是因为鸡的个体较小，骨骼疏松，不易于较长时期保存；对于马来说，可能是因为马主要生活在北方草原地区，驯化时间较短，或者是因为在草原地区动物的骨骼不易长期保存的缘故。

从家畜遗存出土的地域特征来说，家猪的分布范围遍及全国各地，仅新疆、天津等少数地区未见报道，其他各省份均有猪骨出土。驯化的家猪出土地域相当广泛与野猪的分布情况类似，这就意味着猪的驯化应是在多个地区完成的，即多中心起

①② 中国科学院考古研究所甘肃考古工作队：《甘肃永靖秦魏家齐家文化墓地》，《考古学报》1975 年 2 期。

③⑤ 陈文华编著：《中国农业考古图录》，江西科学技术出版社，1994 年。

④ 中国社会科学院考古研究所编著：《新中国的考古发现与研究》，文物出版社，1984 年。

源的。牛的出土情况则表现出南方主要以水牛为主，而北方则主要是黄牛，这与今天牛的饲养情况十分类似，说明现在这种分布格局早在新石器时代即已经初具雏形。马在新石器时代出土较多的是在云南，在总共 20 处遗址中占了近一半，这与现在北方大量饲养马的现状不相符合，意味着云南可能是现在云南马的起源地。羊骨主要出土在北方以及中西部，东南地区出土较少，多数遗址中还不能区别是山羊还是绵羊。狗和鸡的出土也是主要在北方和中西部地区，东南部较少出土。这可能与新石器时代东南部地区的文化没有北方和中西部地区发达有关，同时也可能与东南部地区自然条件不利于动物骨骼长期保存有关。

从出土的早期畜牧遗存看，最早饲养的动物是猪和狗。这大概是因为猪和狗在家畜中在体格上属于中等动物，相对于小型家养动物鸡来说，更具有经济价值，相对于较大型家养动物牛和马来说，容易驯化。

## 二、考古出土的家畜遗存所见的畜牧业

原始的驯养出现以后，和种植业一样，这种新的生产方式便成为当时人类的重要产业，人们的食物来源就不仅仅是依靠狩猎和采集，而是更加渴望从畜牧和农耕中获取食物。但是，由于当时的生产力水平所限，畜牧业水平很低，一般只能是拥有极其少量的家畜和种植物，主要的食物来源还要靠采集、狩猎来提供。由于动物被驯化以后，并不能马上在体质上面表现出家养的特征，单纯地根据出土的骨骼情况来看并不能十分准确地反映出当时畜牧面貌，容易出现一种滞后的现象，如有些动物已是被驯化，被当时的人们饲养着，但是没有明显的家养特征，我们就会将其定为非驯化动物，这样大多数早期遗址中，畜牧业的比重就显得较低。以猪为例，直到距今4 000年前的内蒙古自治区朱开沟遗址属于龙山文化至早商文化的遗存中，才出现可以明显看出是家猪的动物骨骼。其特征是牙齿与新石器时代早期遗址中出土的家猪相比明显变小，与殷墟肿面猪相似，吻部也变宽与野猪不同。鉴定者认为我国驯养的家猪只有到了夏代，其骨骼形态才开始与野猪区分开来。① 由于上述的原因，要了解新石器时代畜牧业的发展水平，单纯地从新石器时代早期的大多数遗址所出土的动物骨骼的特征来分析，显然不能十分准确地反映当时的基本情况，而我们现在能够做的也只能如此，即大致地反映一种极其粗略的概况。由于中国的幅员广大，各地区文化发展水平不一样，特别是南方和北方，各自的新石器时代的畜牧业内涵不同，宜分别叙述，下面就分别对南方和北方的新石器时代的畜牧业情况加以概述。

---

① 黄蕴平：《内蒙古朱开沟遗址兽骨的鉴定与研究》，《考古学报》1996 年 4 期。

## （一）中国北方新石器时代的畜牧业

**1. 磁山-裴李岗时期的畜牧业**　裴李岗文化的经济类型以农业为主，作物有粟，有猪、狗等家畜的骨骼发现。磁山遗址的主要经济基础是农业，在磁山80个窖穴中发现有粮食的堆积，有的厚达2米。主要的农业生产工具有石斧、石刀、石镰等，其饲养的动物除了猪和狗以外，新增的家畜是鸡。渔猎经济尚占有相当的比重，所以遗址中发现了大量的骨镞、鱼镖、网梭以及鹿类、鱼类、龟鳖类、蚌类和鸟类等骨骸，榛子、胡桃和小叶朴等炭化果实。[①]

**2. 仰韶文化时期的畜牧业**　仰韶文化处于原始的锄耕农业阶段，家畜饲养业不发达，经过鉴定，能够肯定为家畜的有猪和狗两种，羊和马的骨骼有少量的发现，就有限的材料尚难以确定是否为家畜，鸡很有可能驯化为家禽。采集和渔猎经济占有相当的比重。半坡出土的猎获物的骨骼，有斑鹿、水鹿、竹鼠、野兔、狸、貉、獾、羚羊和雕。狩猎工具相当多样，有三角形、柳叶形、带翼和圆锥状等10种不同的型式，磨制得都较锋利。[②]

庙底沟遗址的家畜的品种和数量都有增加，不仅有猪、狗，还有可能是家畜的牛、羊以及鸡的骨骼。所有的发掘动物以猪的数量最多。[③]

相当于仰韶文化时代，位于东北地区的大连市北吴屯新石器时代遗址，距今6 000～5 000年，该遗址出土了大量的动物骨骼，均发现于房址和废弃的灰坑中，种类有哺乳类、禽类、鱼类和软体动物类，分别有鼢鼠、獾、鼬、棕熊、虎、貉、犬科、牛、斑鹿、獐、狍、马、象、家猪及文蛤等，其中家猪的数量最多，保存完好的猪骨骼共400多件，主要出土于房址一侧和灰坑中，从保留的几件完整的猪下颌骨形态看，獠齿的发育程度稍低，下颌水平枝及联合处较厚，齿带不发育，下颌第三臼齿（M3）较短，上前白齿排列紧密，这些特征与野猪的有区别，应是人工饲养的家猪。这些标本中的相当一部分M3均已萌出，且瘤状突起已磨蚀，表明死于老年。另有一部分标本的M3未完全萌出，股骨头、肱骨头的骨骺未完全愈合，表明是幼年个体。牛骨的数量仅次于家猪，但是牙齿和齿柱粗壮，臼齿原尖和次尖都很发育，成年个体占多数，不能肯定是驯化的动物。

大汶口文化以农业经济为主，但是家畜饲养业在这一时期也十分发达，饲养了猪和狗，可能还有牛和羊，刘林遗址的一条早期灰沟中堆放了26个猪牙床。在刘

① 中国大百科全书总编辑委员会《考古学》编辑委员会、中国大百科全书出版社编辑部编：《中国大百科全书·考古学》，中国大百科全书出版社，1986年，208页。

② 中国大百科全书总编辑委员会《考古学》编辑委员会、中国大百科全书出版社编辑部编：《中国大百科全书·考古学》，中国大百科全书出版社，1986年，595页。

③ 中国社会科学院考古研究所编著：《新中国的考古发现和研究》，文物出版社，1984年，72页。

林、大墩子早期墓葬中随葬物中有用整狗随葬的现象。中期以后盛行殉猪，有的葬猪头，有的葬下颌骨，或葬半只猪身。在大汶口第一次发掘的 133 座墓葬中，有三分之一殉猪。三里河的一座墓葬中随葬猪下颌骨达 32 个之多。大汶口遗址的猪骨，经鉴定成年母猪占有一定的比例。大墩子还有饲养两年的大猪遗骨。葬猪的风俗习惯固然是某种原始信仰的体现，同时也说明大汶口文化中期以后家畜饲养业得到进一步发展，才能使大量殉猪成为可能。①

**3. 龙山文化时期的畜牧业**　龙山文化的遗址毫无例外出土较多的猪骨，养猪业有伴随种植业越来越发展的趋势。庙底沟 26 个早期龙山文化遗址中灰坑里出土的骨骼，比同一地点的 168 个仰韶文化遗址灰坑中出土的还要多。② 属于仰韶文化和龙山文化之间的陕西扶风案板遗址，位于关中地区渭河支流沣河与美阳河交界地区，文化堆积很丰富，出土了大批的骨器、陶器、石器和大约 300 件动物骨骼；动物骨骼很残破，有啮齿目的竹鼠、豪猪、中华鼢鼠，食肉目的家犬、豺貉，偶蹄目的家猪、野猪、斑鹿、牛、羊等，还有少量的爬行类、双壳类、腹足类、鸟类。其中的家畜有猪、狗、鸡、牛，家猪的骨骼占有较大的份额，出土于仰韶文化层和龙山文化层。猪的骨骼标本的特征是犬齿不甚强大，与现代家猪一样，较野猪的要弱得多。家猪的骨骼中有 42 个下颌骨，代表着 42 个个体，其中小于 1 岁的占 7%，1～2 岁的占 45%，2～3 岁的占 41%，大于 3 岁的占 7%。家猪大量的个体的死亡年龄在青壮年，不可能是自然死亡，表明这些猪是被人类饲养。多数的猪能够活到成年，意味着饲养技术较高，同时也意味着当时的采集和狩猎较易获取食物，否则要么在饲养过程中死亡，要么没有等猪长大就被杀掉了作为食物。③ 杨庄遗址位于河南省驻马店市，文化内涵属于石家河文化、龙山文化和二里头文化 3 个时期，发现的动物骨骼有猪、牛、羊、马、轴鹿和圆田螺，其中以家猪的标本最多，计有下颌骨 10 个，单个牙齿 15 枚，其他有肩胛骨、肢骨、颈椎、胸椎等，至少代表 20 个个体。从这些动物骨骼标本可以看出，该遗址二里头文化时期的饲养技术比龙山文化时期有较大提高，龙山文化时期幼猪的死亡比例较高，成体猪的比例低，未见老年猪。到了二里头文化时期，幼猪的死亡率降低，成年猪的比例上升，并出现较多的老年猪，也就使得二里头文化时期的家猪数量大大多于龙山文化时期。④

**4. 马家窑文化和齐家文化时期的畜牧业**　马家窑文化是发现在甘肃和青海地

---

① 中国社会科学院考古研究所编著：《新中国的考古发现和研究》，文物出版社，1984 年，91 页。

② 中国大百科全书总编辑委员会《考古学》编辑委员会、中国大百科全书出版社编辑部编：《中国大百科全书·考古学》，中国大百科全书出版社，1986 年，701 页。

③ 傅勇：《陕西扶风案板遗址动物遗存的研究》，《考古与文物》1988 年 5、6 期。

④ 周军、朱亮：《驻马店杨庄遗址发现的兽骨及其意义》，《考古与文物》1998 年 5 期。

区的一种文化类型，实际上是仰韶文化晚期的一个地方分支。仰韶文化的经济生活以农业为主，饲养的动物有猪、狗、羊、鸡、牛等，有些墓葬中发现整只的猪、狗或羊随葬，说明当时畜牧业处于一个比较重要的位置。马家窑文化的永靖马家湾遗址和临洮马家窑遗址，都有羊骨骼出土，说明这一地区的畜牧业表现出了与中原地区不同的特征。齐家文化的经济生活以原始农业为主，人们已经过上了定居的生活。主要农作物是粟。该文化的畜牧业十分发达，从出土的动物骨骼可知，家畜以猪为主，还有羊、狗、牛、马等。据皇娘娘台、大何庄、秦魏家三处的地层和墓葬统计，仅猪下颌骨即达 800 多件，说明当时的养猪业十分发达。从出土的野生动物骨骼可知，鼬、鹿、狍等是当时的主要狩猎对象。齐家文化的遗址和墓地中更普遍地出土羊的骨骼，可能预示着游牧的生产方式可能在这一地区产生。[1]

属于齐家文化时期的内蒙古自治区的朱开沟遗址，出土的农业工具有石刀、石斧、石镰、石铲、骨铲等，兽骨中猪骨约占三分之一。因而当时的居民主要从事农业生产。但是该人群的畜牧已经相当发达，家畜种类有猪、羊、牛和狗。动物骨骼共1 002件，种类有猪、绵羊、牛、狗、马鹿、狍、青羊、双峰驼、獾、豹和熊，以家养为多。以兽骨所代表的最小个体数统计，猪、羊占的比重大致相当，分别是33.12％和35.67％，其次是牛，占 15.29％，狗最少，占 4.46％，捕获的野生动物占11.4％。该遗址中动物最小个体数中羊的比重超过猪，表明游牧的生产方式开始孕育。[2] 而从理论上推测，游牧的生产方式应该比我们所知的朱开沟遗址的年代要早。

## （二）中国南方新石器时代的畜牧业

中国南方的新石器时代遗址发掘相对逊色于北方，动物骨骼出土较少，但就现有的材料来看，畜牧业也是相当发达的。

广西桂林甑皮岩遗址出土的猪骨，考古学者曾鉴定为家猪，但后来另一些考古学者提出了否定的意见。因此，该遗址是否已经出现畜牧业未能肯定。

距今约7 000年前的河姆渡文化时期，确实已经出现了驯养的动物，畜牧业无疑已经产生了。

河姆渡遗址中动物遗骸发现很多，初步鉴定多达 47 个种、属，其中哺乳纲灵长目 2 种，偶蹄目 9 种，奇蹄目 1 种，食肉目 11 种，啮齿目 2 种，其他种类 21种。这些动物可以分为两大类，即"驯养和可能驯养的动物"和"狩猎和捕获来的

---

① 中国社会科学院考古研究所编著：《新中国的考古发现与研究》，文物出版社，1984 年；中国大百科全书总编辑委员会《考古学》编辑委员会、中国大百科全书出版社编辑部编：《中国大百科全书·考古学》，中国大百科全书出版社，1986 年，369 页。

② 黄蕴平：《内蒙古朱开沟遗址兽骨的鉴定与研究》，《考古学报》1996 年 4 期。

动物"，前者有猪、狗和水牛；后者为除猪、狗和水牛以外的动物。在这些动物中，以鹿、龟为最多。[①]

该遗址中还出土了一个陶猪，猪腹下垂，体态肥胖，四肢较短，前后躯比例（1∶1）被认为是介于野猪（7∶3）和现代家猪（3∶7）之间，据此推测猪在当时已经被养殖。[②] 假如上述的推测是正确的话，那么养猪业在当时已有相当长的历史，而且在经济生活中占有一定地位。河姆渡人除了饲养猪用于肉食外，还可能饲养蚕以作为纺织原料。该遗址还出土了一个牙雕小盅，其外壁雕刻有编织纹和蚕纹图案，刻有 4 条好像蠕动的虫纹，其身上的环节数，均与家蚕相同。同时出土的有纺轮，木制的刀、匕、小棒、骨针、织网器、木卷布棍、木径轴、骨机刀等纺织工具，可能是一种原始腰机的织机组件。可能意味着养蚕也是当时人们生活中的一个重要方面。

该遗址出土的鹿科动物下颌骨标本有 700 余件，角的标本达到 1 400 件，数量仅次于龟鳖类，而比较完整的猪骨标本为 300 件，说明当时狩猎所获在食物中占有很大的比重。可见，尽管养殖业在当时占有重要位置，但还不足以完全取代狩猎。这一特征在这一地区后来的马家浜文化遗址中也依然存在。

位于杭嘉湖平原的罗家角遗址、位于太湖地区的马家浜文化的崧泽遗址，以及此后的圩墩遗址均是鹿科动物多于猪科动物，说明狩猎所起的作用依然大于养殖业。

良渚文化时期的龙南遗址，动物标本以猪骨为多。马桥文化的良渚文化阶段的动物出土也是以猪科动物为多，而到了马桥文化层时，情况发生了变化，又是猪少而鹿多。属于良渚文化和马桥文化的马桥遗址，共出土动物骨骼 10 328 块，其中属于马桥文化的有 10 163 块，属于良渚文化的有 165 块，这些动物的骨骼保存良好。属于良渚文化的动物有无脊椎动物的田螺、牡蛎、文蛤、青蛤，脊椎动物的鱼类、龟类、狗、猪、野猪、獐、牛等，其中猪的比例占可统计动物总数的 50％，鹿类占 38％；属于马桥文化的动物除了上述之外，还有貉、猪獾、虎、梅花鹿、麋鹿、獐等，其中猪占 18％，鹿类 71％。从良渚文化到马桥文化，猪和狗、牛的数量由多到少，而梅花鹿、小型鹿科动物及麋鹿的数量却从少到多。[③] 这是一个值得关注的现象。一种可能是良渚文化遗址中出土的动物比例并不足以代表当时人们的食物构成；另一种可能是因为良渚文化的养猪业的确较发达，后来由于尚不清楚的原因衰退了。后一种可能性相对来说较小一些。

---

① 浙江文管会、浙江省博物馆：《河姆渡发现原始社会重要遗址》，《文物》1976 年 8 期。

② 浙江博物馆自然组：《河姆渡遗址动植物遗存的鉴定研究》，《考古学报》1978 年 1 期。

③ 袁靖、宋建：《上海市马桥遗址出土动物骨骼的初步研究》，《考古学报》1997 年 2 期。

从河姆渡遗址到马桥文化遗址，遗址动物出土的情况是猪少而鹿多，这似乎可以表明，整个江南地区直到汉代，如司马迁在《史记》中所言，地广人稀、森林茂密，可以猎获的动物较多，采集和狩猎相对来说容易一些，不像在中原地区，森林稀疏，野生动物较少。因此，江南地区对畜牧这种相对来说需要投入的产业的需求不是特别的迫切。

有人根据出土的遗物，描述马桥、崧泽新石器时代的生活画面：原始先民们的茅舍村落聚集在较为高爽的高阜处，狗和猪为人类饲养，猪的生长并不太好。村落周围，有小块稻田，但产量不高，收获不丰。附近的水域中有鱼、鳖等水产食品，近海边者有海味。水牛等大型动物栖息在水边，时常被先民们猎食。湖沼周围的土地上，芦苇、杂草生长茂密，野禽、麋鹿等在此栖居，稍远处数量众多的梅花鹿是先民们的主要肉食来源，尤其在寒冷的冬天。狗在马桥、崧泽遗址中不是供吃肉之用，从其作为墓葬主人的殉葬品来看，应是用于狩猎。[①]

距今5 000多年的良渚文化的吴兴钱山漾遗址，其遗址下层出土了丝麻织物，其中的丝织品有绢片、丝带和丝线，经过鉴定为家蚕丝，确认为长丝产品，经、纬向丝线至少是由20多个茧缲制而成的没有加捻。[②] 绢片为平纹组织，密度相当于每厘米有40根比较均匀的经、纬纱，反映当时已有比较完备的织机。丝带为带子组合，观察为10股，每股混单丝3根，共计单纱30根编织而成。[③] 由此可知，钱山漾遗址的主人们，已经掌握了相当高的织丝技术，养蚕成为当时人们生活中的一个重要组成部分。

## 第三节　动物的驯化

### 一、家畜的驯化

#### （一）猪的驯化

猪（*Sus scrofa domestica*）在动物分类学上属于哺乳纲，偶蹄目，猪科，猪种。家猪和野猪有着共同的祖先，家猪是由野猪驯化而来的，理由是因为直到今天，在野猪出没的地区，常有野猪和家猪混群自行交配，并产生正常的后代的事情发生。世界上发现最早的驯化猪出土于距今约9 000年的土耳其安纳托利亚高原东

---

① 黄象洪、曹克清：《上海马桥、崧泽新石器时代遗址中的动物遗骸》，《古脊椎动物和古人类》1978年1期。

② 陈维稷主编：《中国纺织科学技术史（古代部分）》，科学出版社，1984年。

③ 周匡明：《养蚕起源问题的研究》，《农业考古》1982年1期。

南部的恰约尼（Çayönü）遗址。① 似乎，其他地区的驯化猪都是从此地传入的。但是，中国河北徐水南庄头遗址，发现了距今 9 000 年以上的可能是被驯化的猪的骨骼。因此，得出中国的家猪是由别的地区传入而来的结论还为时尚早。我们可以初步地认为，中国可能是最早的家猪起源地之一。

野猪的生活史十分悠久，到更新世初期，野猪早已经广泛分布在非洲和亚欧大陆。今天野猪的分布也十分广泛，因此，中国的家猪是由哪种野猪驯养而成的，存在分歧。关于中国野猪的动物分类学的研究，目前存在着不同的分类方法。更新世的化石动物野猪，现分为欧洲野猪和李氏野猪两类；而到了全新世，遗址动物野猪则被分为欧洲野猪和亚洲野猪两大类，它们各自又分化为许多亚种。而当今的现存野猪，据《中国猪品种志》一书，将中国的野猪分为 8 个不同的亚种。② 围绕着这些不同的分类方法，产生不同的观点。高式武指出，在野猪被驯化为家猪之前的更新世的洞穴中，出土的野猪骨骼化石，大部分属于更新世的中晚期，据鉴定，有欧洲野猪（*Sus scrofa* L.）和李氏野猪（*Sus lydekkeri*）两种。根据现有资料不完全统计，从这两种野猪在中国的分布情况来看，欧洲野猪分布范围很广，共有 15 个省、市、自治区，几乎东、南、西、北、中都有；李氏野猪则仅分布于北京、河南、山东和陕西等 4 个省、直辖市，范围相对小得多，并且在更新世晚期未见有发现。③ 到了全新世，如陕西西安半坡、江西万年仙人洞、河南安阳殷墟、浙江嘉兴马家浜等遗址发现的野猪骨骼材料都属于欧洲野猪，而李氏野猪可能已经灭绝了。在全新世以来，中国大地上生活的野猪主要是欧洲野猪了。而生活在当今中国的欧洲野猪的后裔分为华北野猪和华南野猪两大类型，因此中国的家猪起源于欧洲野猪便确定无疑了。④德国学者威廉·瓦格纳（Wilhelm Wagner）在 20 世纪初来中国，他指出中国的华南猪与印度的猪种很相似，分布于云南和广西等地的矮猪种，是起源于喜马拉雅山南麓以及与云南省接壤山地的喜马拉雅野猪或矮野猪（*Sus silyianus*）。至于华北猪，他认为其与华南猪非出同源，可能是北方野猪的后裔。⑤ 日本学者板本江认为中国野猪来源于亚洲野猪，因为亚洲野猪的特征是从鼻尖到颊部有白色条纹，其泪骨短而低，呈正方形，而中国古代文献中有"辽东之豕"多白头，

---

① 〔英〕梅森（I. L. Mason）主编：《驯养动物的进化》，南京大学出版社，1991 年，2 页。

② 中国家畜家禽品种志编辑委员会：《中国猪品种志》，上海科学技术出版社，1986 年，7～12 页。

③④ 高式武：《我国猪的起源和进化》，见张仲葛、朱先煌主编：《中国畜牧史料集》，科学出版社，1986 年，174～179 页。

⑤ 〔德〕瓦格纳：《中国农书》，王建新译，商务印书馆，1936 年，665～681 页。

这种白头猪可能就是由白色条纹的野猪驯化而来。① 不过他的这一观点证据十分单薄，不足为凭。重庆万州（旧属四川）盐井沟发掘的野猪化石，其头骨的泪骨呈狭长形或三角形，下颌骨一般大于 $90°$，与亚洲野猪（即印度野猪 Sus indians）头骨相似，与欧洲野猪的头骨有区别，因而他认为四川省的地方猪可能由亚洲野猪驯化而来。② 动物学家薛德焴指出：我国野猪属于北方野猪的一系，最重要的有两个亚种，即华南野猪和华北野猪，家猪恐由印度野猪驯化而来的。③ 谭邦杰认为：北方野猪是猪科的模式种，其中的模式亚种产于欧洲，又有华北亚种，另有二亚种，即华南亚种和蒙古亚种。④ 陆长坤认为我国的野猪只有一个种，属于北方野猪，从东北到海南岛，沿海到新疆都有。⑤ 还有一些有关野猪的分类和对家猪起源的观点，在此就不一一列举。上述猪的分类以及对我国家猪的驯化渊源的观点不一，其出现分歧的主要原因是与各自的分类方法有关。化石动物的分类依据，与遗址动物以及现存动物的分类依据不同，所以不能直接对应，且分类方法也并非尽善尽美。如以更新世的欧洲野猪和李氏野猪的划分方法为例，李氏野猪仅个体稍大，就被单独命名为一个新种，实际上仅就化石的分类特征骨骼和牙齿而言，其大与小有可能完全是一种个体差异，而不是种的差异，归为两类就缺乏科学依据。因此由于不同的依据得出的结论不同也就可以理解了。不过上述的诸多论点中，大多数的观点对中国的南北地区的野猪存在区别是肯定的。如有人认为全新世中国南北的野猪是欧洲野猪的后裔，生活在华北的为华北野猪，生活在华南的是华南野猪。另有人则认为中国南北地区的野猪分属于亚洲野猪和欧洲野猪两类，在华南的则属于亚洲野猪的后裔，在华北的则属于欧洲野猪的后裔。现今学者们一般认为中国的家猪起源可分为华北猪和华南猪两大类型，二者在体形、毛色、繁殖力等方面都迥然不同。华北地区的家猪和现今生活在华北地区的野猪（Sus scrofa moupinensis，分布于中国北部从沿海到甘肃西部和四川省等地）相近，而华南地区的家猪和华南地区的野猪（Sus scrofa chirodontus，分布于华南）相似。这是家猪起源于不同地区的有力证明，说明家猪的起源是多个中心的。⑥ 这也符合农耕和畜牧在欧洲和亚洲大陆上不止一个中心起源的观点。这从逻辑推理的角度来看也是正确的，因为在全新世时

① 〔日〕板本江：《东亚物产史》，瀛生节译，见张仲葛、朱先煌主编：《中国畜牧史料集》，科学出版社，1986 年，477～478 页。

② 魏达成、段诚中：《四川出土的有关古代养猪的文物》，见张仲葛、朱先煌主编：《中国畜牧史料集》，科学出版社，1986 年，477～478 页。

③ 薛德焴：《代表性的哺乳动物志》，上海新亚书店，1954 年。

④ 谭邦杰编：《哺乳类动物图鉴》，科学出版社，1955 年。

⑤ 陆长坤：《猪科》，载寿振黄主编：《中国经济动物志（兽类）》，科学出版社，1962 年。

⑥ 张仲葛：《我国猪种的形成及其发展》，《北京农业大学学报》1980 年 3 期。

期，中国南北地区都有野猪分布，不管南北地区的野猪是否同一种类，各地要驯化野猪只能是驯化当地的常见的本地野猪，而不会舍近求远。因此，中国的家猪应是由当地的野猪驯化而来的。

20世纪90年代，河北徐水南庄头发现了一处早于裴李岗、磁山文化的新石器时代遗址，新石器文化层位于地表层下厚达2米左右的黑色和灰色的湖相沉积层之下，出土了大量的兽骨、禽骨、螺蚌壳、植物茎叶、种子和少量的夹砂陶、石片、石磨盘、石磨棒，其中猪、狗可能为家畜。该遗址的年代为距今（10 815±140）年至（9 690±95）年。① 因而家猪的驯养历史可能追溯到距今9 000年以前。②

野猪经过长时间的人工圈养驯化、选择，在生活习性、体态、结构和生理机能等方面逐渐变化，终于与野猪有了明显的区别，典型是体形方面的改变。自然界的野猪因为寻找食物的缘故，经常觅食掘巢、拱土，使嘴进化得长而有力，犬齿发达，头部强大伸直，头长与体长之比例大约为1∶3，而被人类控制的野猪，经过长期的给料喂养，无须费劲觅食并限制其活动后，头部明显缩短，犬齿退化，胴体伸长，头与体长的比约为1∶6。③ 年代在距今大约7 000年的浙江余姚河姆渡遗址中，也出土了猪的骨骼，同时出土了陶制的猪模型。在极其遥远的古代，陶制工艺制作时的动物形象极有可能是以当时的猪的形体为模特的，余姚河姆渡遗址中出土的陶制的猪模型也不应例外。我们发现余姚河姆渡遗址中出土的陶猪的前、后躯的比例为5∶5，介于野猪的比例7∶3和家猪的比例3∶7之间，属于驯化和野生之间的中间型，因而从侧面间接地反映出河姆渡遗址的家猪远远不是最初开始驯化时的家猪，而是比较进步的家猪了。新石器时代遗址出土的猪遗骨及陶猪，其体形依然保留不少野猪的特征。如大汶口出土的猪头骨和李氏野猪有一定的差别，生产性能比野猪有很大的提高，但与现代家猪相比，生产性能还是比较低的，只能称之为原始家猪。④ 也许是地区的差异，抑或是陶猪的形象不能代表当时的驯养猪的体形。内蒙古自治区鄂尔多斯市伊金霍洛旗朱开沟遗址出土距今3 000多年的猪骨，其牙齿与早期出土的家猪相比，明显变小，而与殷墟的肿面猪相似，吻部变宽短且与野猪不同，最后鉴定者认为，驯养的猪到了夏代，骨骼形态已可以与野猪区分开来。⑤ 如果是后者，那么就表明，陶器所塑造的动物形象，属于文化方面因素的夸大反映，不能作为当时家畜的形态依据。

---

① 徐浩生：《徐水发现万年前的新石器时代早期遗址》，《中国文物报》，1990年12月20日。
② 李有恒、韩德芬：《广西桂林甑皮岩遗址动物群》，《古脊椎动物与古人类》1978年4期；李有恒：《与中国的家猪早期畜养有关的若干问题》，《古脊椎动物与古人类》1981年3期。
③ 李复兴、曹运明、贾兰坡：《猪的起源，驯化和改良》，《化石》1976年1期。
④ 张仲葛：《我国养猪业的历史》，《动物学报》1976年1期。
⑤ 黄蕴平：《内蒙古朱开沟遗址兽骨的鉴定与研究》，《考古学报》1996年4期。

猪是新石器时代遗址中最常见的动物，出土的数量比其他任何家畜的都多。新石器时代的畜牧业中，唱主角的是养猪业，甘青地区的齐家文化和中原地区的大汶口文化遗址中，有大量猪的骨骼出土，特别是在墓葬中出现，表明猪已经被作为当时可以炫耀的财富，成为经济生活中的重要组成部分。

## （二）狗的驯化

狗（Canis familiaris）在分类上属于哺乳纲，食肉目，犬科，为肉食动物。现有的犬属动物可以分为 10 大类，所有的犬属动物都可以杂交，基本特征完全相同。野生的犬属动物可以分为 6 个种，它们分别是狼、美洲山狗、豺、斯门士胡狼、黑背胡狼、侧纹胡狼等。其中的狼是一个进化极为成功的猎手，除人之外，它是世界上分布最广的哺乳动物。达尔文在研究动物的变异时，已注意到了世界各地的家犬，在形态和习性上大都与当地的野生的狼相差甚微。犬与狼的平均寿命都是12 年，染色体为 2n＝78，并且犬和狼有许多共同的体内、体外寄生虫，患相同的传染病。因此，20 世纪 70 年代以来，大多数人逐步相信家犬是由狼驯化而来的。尽管有的研究者通过对家犬和野生的犬属动物的狩猎特征进行分析发现，生活在野外的犬与狼的狩猎特征有区别，而且犬与其他除狼以外的犬属动物也可以杂交，但是人们还是相信狼与犬关系最大。其狩猎方面的特征可能与犬被人类驯化有关。小型的西亚狼是大部分欧洲和南亚犬的祖先；小型中国狼是早期中国犬的祖先；北美狼是爱斯基摩犬的祖先。考古报道，世界上最早的可以认为家养的犬出土在距今12 000～10 000年前耶利哥（Jerico）的特尔早期遗址和伊拉克的巴勒哥拉洞穴之中。[①] 中国在新石器时代也有大量的狼生存，在驯化动物的过程中，狼也被驯化成为犬。已有报道表明，磁山遗址的动物骨骸，只有狗和猪的可以肯定属于家畜。除在贮粮窖穴的底层发现有个别完整的狗和猪的骨架外，其余的狗骨一般比较破碎。狗颅骨额部明显隆起，吻部较短，臼齿适合于杂食习性，下颌骨的角突明显向上弯成钩形。成年个体的体形都不算大，鼻骨长度明显比狼的小。从头骨及下颌骨的特征及测量数据看，可以肯定为家犬。[②] 因而可以认为狗的饲养时间不应晚于7 000年。河南新郑裴李岗遗址、浙江余姚河姆渡遗址也出土了狗的骨骸，此外余姚河姆渡遗址还出土了陶塑小狗，由此可以判断，大约在距今7 400年前，狗可能已被驯化成为家养动物了。

---

① 〔英〕梅森（I. L. Mason）主编：《驯养动物的进化》，南京大学出版社，1991 年，228 页。
② 周本雄：《河北武安磁山遗址的动物骨骸》，《考古学报》1981 年 3 期。

## （三）牛的驯化

**1. 黄牛的驯化**　牛类家畜在动物分类学上属哺乳纲，偶蹄目，反刍亚目，牛科，牛亚科。中国的现生牛亚科有牛属（*Bos*）和水牛属（*Bubalus*），牛属的有牛种（黄牛）（*Bos taurus*）、牦牛种及印度野牛，水牛属的有水牛。据古生物学的研究表明，牛类动物的最早祖先是生活在距今大约3 900万年前始新世晚期时的一种叫作古鼷鹿的动物，其后到了距今约2 800万年的渐新世晚期，鼷鹿又分化出几个分支，其一是由东方鼷鹿演变而来的始鼷，它是牛、羊和鹿类的共同祖先，到了距今大约1 200万年前的中新世中期，就已经从始鼷类动物中分化出来成为独立的系统；水牛的分化则更早。关于家牛的野生祖先，目前国内存在着两种说法，其一是一元说，即认为家牛的祖先是原始牛。原始牛曾遍布于欧亚大陆，而且其化石已在更新世的地层中被发掘到了。中国的华北和东北等地更新世的地层中也有发现，因此有学者认为中国和东南亚地区的现代牛种都起源于原始牛。[①] 其二是多元起源说，这主要是由谢成侠提出来，他对安徽涡阳、宿州等地的更新世晚期地层中出土的原始牛头骨化石与华北各省出土的原始牛化石，如北京西郊发现的化石进行比较，发现在同一地层中出现了不同类型的原始牛化石，说明在相同的时代里曾经生活着多种或几种牛类，现今的驯化牛很有可能是几种野生牛类的杂交种。[②] 当然化石牛的分类方法可能存在一些缺陷，没有活体，种的分类准确性不会太高，即分类上的几种牛类可能实际上是一个种。因为由骨骼形成的化石的差别完全有可能是由于个体的差异造成的。多元起源说可能更确切的含义是驯化在多地区完成，后来又逐渐融合杂交，成为今天的驯化牛。

**2. 水牛的驯化**　水牛（*Bubalus*）在分类学上属于哺乳纲，偶蹄目，反刍亚目，牛科，牛亚科，水牛属。研究表明，野生的非洲水牛虽然能够或者可能被驯化和在圈养的情况下繁殖，但是还没有被驯化。现在世界上所有的驯化的水牛都是亚洲水牛属的后代。[③]

要追溯家水牛的起源问题，有必要先看看水牛的化石情况。水牛的化石在中国的南方和北方均有分布，在中国北方更新世以来的地层中已有 7 种不同的水牛化石，从年代来看，有最早的短角水牛（*Bubalus brevicornis* Young），散见于河南、山西、山东和四川等地更新世中期的地层中。继之，在北京猿人发现地周口店地层中发现的有德氏水牛（*Bubalus teihardi* Young），其生活时代与北京猿人接近，其

---

① 邹介正等编著：《中国古代畜牧兽医史》，中国农业科学技术出版社，1994 年，99～100 页。

② 邹介正等编著：《中国古代畜牧兽医史》，中国农业科学技术出版社，1994 年，100 页。

③ 〔英〕梅森（I. L. Mason）主编：《驯养动物的进化》，南京大学出版社，1991 年，58 页。

与现代水牛的特征较为相似；在大致相同的地质时代，山西境内发现了丁氏水牛（*Bubalus tingi* Bohlin）、在更新世晚期的地层中还发现了杨氏水牛（*Bubalus youngi* Chow et Hsu）；在周口店猿人发现所在地的另一地点，出土了王氏水牛（*Bubalus wansijocki* Boule）；到了历史时期的安阳殷墟遗址，发现了一种圣水牛（*Bubalus mephistopheles*）的遗骨。中国东北和内蒙古等地也有水牛化石的发现。[①]

杨钟健当年在中国地质调查所新生代研究室收集的水牛化石标本中，有在河南渑池县发现的几乎是完整的头骨，在山西永济发掘的头骨破块和角心基部，以及在重庆万州发掘的左侧完整角心。杨钟健对这些化石进行鉴定后发现，其中的河南水牛，属于短角水牛，可能是中国最古老的化石水牛。河南水牛的头骨较大，与圣水牛相似，但圣水牛的枕部更突出一些；河南水牛的角心较向侧方，新月形更为扩大，角心粗大，其测定数据与德氏水牛较为接近。在重庆万州发现的水牛化石被鉴定为短角水牛。[②] 中国北方地区广泛分布短角水牛和圣水牛，从而可以断定，水牛的驯化可能与这一地区有关。全新世以来，随着第四纪冰川的退却，全球气温的大幅度上升，现今比较干冷的华北地区在新石器时代初期有大量的水牛分布，与现今的情况有着显著的不同。

中国东南一带的安徽、浙江、江苏等省的考古和地质工作者，发现了大量的水牛骨骼。其中的浙江余姚河姆渡遗址，出土了水牛头骨16件，另有破碎的颌骨和牙齿数十件，掌骨10余件，经过鉴定以后，被认为是已经驯化了的水牛。这些水牛的头骨角心粗短，两角从基部向后侧方伸展，角心横切面略呈等腰三角形，角心后缘棱角清楚，前缘呈弧形，枕部不突出而近于垂直。考古工作者认定在距今7 000年左右的河姆渡时代，水牛可能已经被驯化。此外嘉兴的马家浜、桐乡罗家角等新石器时代的遗址中，水牛骨骼的发现均很普遍。其中桐乡罗家角遗址的水牛，整个头骨及角心的形态特征，都与我国更新世的短角水牛（*B. brevicornis*）和全新世安阳殷墟遗址的圣水牛（*B. mephistopheles*）极其相似。该遗址共出土了至少代表37个个体的水牛标本，其中少年和青年个体之和占总体的64%，这一年龄结构的组合形式，意味着这些水牛不大可能是通过狩猎而被捕杀的。在狩猎时代，吃剩的猎物遗物的组合一般来说应是年幼或老年的个体居多；如果大多数个体在青年时被杀，一般来说这些动物应是处于驯化的阶段。可以认为，至迟在罗家角遗址先民们生活的年代，水牛已成为当时人们的家养动物了。[③]

关于中国的家水牛起源的问题，即水牛是起源于本土，还是从境外引进来的，

① 〔英〕梅森（I. L. Mason）主编：《驯养动物的进化》，南京大学出版社，1991年，58页。

② 谢成侠编著：《中国养牛羊史（附养鹿简史）》，农业出版社，1985年，9～17页。

③ 罗家角考古队：《桐乡县罗家角遗址发掘报告》，见浙江省文物考古所编著：《浙江省文物考古所学刊》，文物出版社，1981年。

需要我们从多个方面分析和研究。目前的论者多从起源地的角度来考虑，提出的问题表现为起源于印度或东南亚地区，还是起源于中国本地？关于这一问题，目前尚无肯定的结论。国内的畜牧学界较多地倾向于是起源于印度和东南亚地区。① 我们在此认为水牛的起源问题应该分成两个性质不同的问题来区别对待回答，而不能混为一谈。其一是水牛的种质起源地问题，其二是家水牛即驯化水牛的起源地问题。前者主要是一个生物学问题，而后者则主要是一个社会学的问题。畜牧学界倾向于水牛是起源于印度和东南亚地区这一结论，应是从种质起源的角度即生物学的角度得出的，因为印度和东南亚地区的气候环境更适合于水牛的生存，现今的水牛种群较丰富，从种质起源的角度来看，最早的水牛可能发源于此地。但是，从考古学现有发现的角度来看，中国的驯化水牛完全有可能是在中国本土产生的，假如在水牛的种质起源地东南亚和南亚一带也全部完成了水牛驯化这一过程的话，那么驯化水牛可能是在两个以上的地区各自独立产生的，亦即多中心起源的。理由是从生物学的角度来看，水牛的生活环境是温暖湿润的，其最适合的生活区在全新世来临以后，就曾经包括中国的南部和北部及东南亚地区，而不仅仅是现今的中国的南部地区和东南亚地区。我们不能以今天的气候特点为背景，一成不变地认为整个历史时期的气候特点就是如此。自从更新世到现在，地球上的气候出现过多次的冷暖交替变化，现今无水牛分布的华北和东北一带陆续出土的水牛化石，足以说明这一点。水牛的种质起源地极有可能是现今的东南亚或南亚地区，但是，一旦水牛在某地起源后，假如环境适应的话，肯定会有一部分慢慢迁徙到别的适合其生存的地区生活，其分布就不以人的意志为转移了，也就不可能只在起源地生活，因此某一动物的驯化地并不一定必须是其种质起源地。中国的华南乃至于华北地区在距今10 000年左右已较广泛地有水牛分布，因此全新世以来随着农耕和畜牧的产生，水牛在此地被驯化也就不奇怪了。水牛的驯化有两个以上的驯化地的结论，可以间接地从现有的驯化水牛分为江河型和江河型两种，而同时两类水牛分布的区域明显不同中得到印证。现今的印度-东南亚一带，水牛主要是江河型水牛，而中国内地则主要是沼泽型水牛，这种明显的区别，可能意味着两地同时在新石器时代初期，各自独立地驯化当地的野生的水牛。

关于中国本土家水牛何时出现的问题，这需要从出土的水牛的骨骼遗存中寻找答案。余姚河姆渡遗址出土的水牛骨骼的生长时代，仅晚于江西万年仙人洞遗址的生长年代，但是这两个遗址的水牛遗骨均仅鉴定到属（*Bubalus* sp.），所以似乎不能肯定是家水牛，在长江下游地区，除河姆渡遗址以外，在圩墩、崧泽和马桥等遗址，大都有水牛的遗存发现，说明从河姆渡文化、马家浜文化、良渚文化直到湖熟

---

① 谢成侠编著：《中国养牛羊史（附养鹿简史）》，农业出版社，1985年，10页。

文化的居民，可能传统地均饲养了水牛。这也许是因为家水牛的畜养和水稻的种植有着密切关系的结果。上述诸文化遗址大都也有水稻的遗存发现。如果万年仙人洞的水牛是家水牛，则水牛在中国南方的驯养可以早到距今8 825年左右。或者说至迟在距今6 000年左右的河姆渡文化遗存中，已有家水牛的遗骨。总之，家水牛在中国南方新石器时代的遗址中，已很普遍。例如，在河姆渡遗址中有水牛头骨16个，江苏吴江梅堰遗址出土过7个完整的水牛头骨，马家浜遗址出土的水牛骨骼也占相当多的数量。此外，还报道有不少遗址出土了牛骨，但是未区分是水牛还是黄牛。①

中国华北地区水牛化石的大量存在，说明全新世这一地区的气候与今天有很大不同，这一结论与古气候学其他方面的研究结论一致。因此我们不能仅仅依据今天的气候状况和水牛的某些分布特征来推断出全部的历史就是如此，气候是在不断地变化的，水牛的分布与气候的变化关系十分密切。历史上，中国大地是畜牧业的起源地之一，同时又是水牛广泛分布的地区，因此中国的驯化水牛起源于本地是顺理成章的事情。尽管东南亚一带也有可能是水牛的驯化地，尤其是江河型水牛的起源地，但是这并不妨碍中国内地驯化了沼泽型水牛。

## （四）羊的驯化

羊类家畜在动物分类学上属哺乳纲，偶蹄目，反刍亚目，牛科，羊亚科（Caprinae），其下有绵羊（*Ovis*）和山羊（*Capra*）两个属。世界上最早驯化羊的地区可能是西亚，在前9000年的伊拉克萨威·克米·沙尼达（Zawi Chemi Shanidar）遗址中，发现了被认为是驯养的绵羊的遗骸，其判断凭据是较年轻的羊的比例较高。在伊朗和伊拉克交界的扎格罗斯山脉，发现了距今9 000年前的驯化山羊遗骸，其判断凭据依然是较年轻的羊的比例较高。也有人认为在距今10 000年左右的伊朗高原阿西阿布（Asiab），出现了最早的驯化的羊。② 西亚和中亚地区的草原上非常适合羊的生长和繁殖，同时又出土了年代十分早的人类驯养的羊骨骼（从其年龄组合作出的判断），那么，大体上可以确认西亚地区是羊的最早驯化地区。

由于西亚地区羊的驯化历史如此之早，关于中国驯化羊的起源就免不了受传播论的影响，即中国的家羊可能来自西亚地区。不过，羊的化石在中国北方地区时有发现，北京周口店第九地点发现了盘羊的化石，其地质年代在早更新世晚期，和三门马是生存在同一时期的动物。这种化石盘羊在形态上和华北、西藏等地的现生盘

① 中国社会科学院考古研究所编著：《新中国的考古发现与研究》，文物出版社，1984年，197页。

② 〔英〕梅森（I. L. Mason）主编：《驯养动物的进化》，南京大学出版社，1991年，73、99页。

羊很相似。其头骨特征是：①角心的横断面呈三角形，厚而粗长，3 个标本的角根部周径为 305～348 毫米，与现代的阿尔格里羊的角根周径 360 毫米相近，角心的形状很相似；②枕骨壁部非常峻直，泪骨窝看来不是很发达，不过山东绵羊（*Ovis shantungensis* Matsumoto）化石出现在角后方的枕骨小突，在化石盘羊那里看不到；③牙齿和绵羊的很相似，与现代盘羊的上颌的臼齿相比更为发达，但和在泥河湾早更新世地层中收集到的山东绵羊化石比较，则又有很明显的区别，因为后者的角心更为细长，横断面更呈三角形，角的方向更为挺直，枕骨在角心的后方更为突出。因此，有人单纯从上述化石的角度进行比较，认为山东等地的化石绵羊所代表的个体可能是盘羊的一个变种，其来源不一定是来自于西北。不过仅仅以两个个体来作出判断似乎稍显证据不足。1957 年中国科学院古脊椎动物与古人类研究所在辽宁建平地区发掘出来的盘羊化石，被认为和现生绵羊有关。通过化石绵羊来判断和现代某一羊种存在何种关系，显然有很大的缺陷，就化石绵羊的头骨来说，只能了解其角心的发育程度，而角的形状是否全螺旋形以及其长度等，均难以证明。①

据考古发现，裴李岗遗址中发现了一些动物形塑品，其中有羊头一件，长角而粗，造型简单。不知名器一件，形象似一羊头，中部鼻梁稍突，两侧下陷，似为鼻孔。② 北方地区的西安半坡、临潼姜寨也出土过羊的牙齿。浙江余姚河姆渡遗址中，也出土了陶制的羊模型，塑造得十分逼真，很有可能是以家羊为模特塑造的，说明江南一带也可能饲养了羊。中国南北地区有所不同的是北方饲养的是绵羊，而南方饲养的是山羊。更为稳妥的看法是，中国羊的起源，还需要更进一步的考古和古生物学方面的研究才能下结论。

## （五）马的驯化

马（*Equus caballus*）在动物分类学上属于哺乳纲，奇蹄目，马型亚目，马科，马亚科，马属动物，现今世界上马属动物仅 7 种，包括马、驴、斑马 3 大类。其中的马分为家马和野马，家马是由野马驯化而来的。现代马的进化系列分别是始马、中马、原马、上新马、真马，其系列中的始马是生活在距今 6 000 多万年前的"髁节目"一类动物的后代，到了距今 5 000 万年前的始新世才演变成始马，当时的始马脚为 5 趾或 4 趾，个体仅及现今的狐狸大小，生活于矮树林中，以鲜嫩多汁的树叶和林地软草为食料；始马经 1 000 万～2 000 万年演变才成为如羊大小的中马，脚为 3 趾；中马进一步进化发展，到了距今 2 800 万～1 200 万年前的中新世时，发展成为原马；原马

---

① 谢成侠编著：《中国养牛羊史（附养鹿简史）》，农业出版社，1985 年，136～137 页。
② 开封地区文物管理委员会、新郑县文物管理委员会、郑州大学历史系考古专业：《裴李岗遗址一九七八年发掘简报》，《考古》1979 年 3 期。

是马科动物进化中的一个重要阶段或环节，当时因为气候干旱少雨，多数的原始马类不能适应新的气候环境而死亡，仅原马及与原马相似的马种生存下来了；到了距今1 000万年前的中新世晚期时，原马演变成为上新马，即生物史上的著名的"三趾马"，三趾马的体躯结构已与现今马类非常接近；三趾马到后来演变成了真马，真马生活在距今260万年前的更新世，后来由于气候的关系，真马只在旧大陆分布，生活在美洲的真马则因气候寒冷而全部灭绝了。[①] 根据古生物学的研究，中国大地上有许多马的化石出土。在距今6 000万～5 000万年前的古新世至始新世时期，就曾经有过原始马类的动物出现。山东发现过始新世中华原古马，稍后发现的衡阳原古马，它们都只有猎狗般大小，前脚3趾，后脚4趾；到距今2 000多万年前的中新世，在今江苏和内蒙古等地发现有安琪马；距今500万年前的上新世，在华北许多地区发现齐氏中华马；从上新世末到更新世初，我国三趾马广泛分布于现今的河南、山西、陕西、内蒙古、甘肃等地区，其中最为著名的是贺风三趾马。更新世早期，中国北方出现了三门马、黄河马、北京马，南方出现了云南马等。更新世晚期，中国大地上到处有野马和野驴，其中又以西部和北部最多，如甘肃庆阳、河北阳原、河南新蔡、辽宁建平、山西许家窑、北京山顶洞及内蒙古、宁夏的河套地区等，都发现了距今20万年至2万年的野马和野驴。全新世以后，野马和野驴依然频繁出现在中国大地上，现今世界上唯一存在的蒙古野马就是生活在中国西部的高原上。[②]

国外的学者们认为，马的驯化可能在中亚和西亚的干旱的草原上，后来扩散到世界各地。世界上最早的可以被认为是驯化的马出土在乌克兰的青铜时代遗址中，时间距今约3 500年。[③] 马的驯化在中国时间上可能很早，但是考古发现的关于马的遗存则相当晚。甘肃永靖马家湾曾出土过马骨架，但是只鉴定到属这一层次，不能更进一步地确认。属于新石器时代马家窑文化的甘肃临夏马家湾遗址发现了零星的马骨；属于菜园村文化的林子梁遗址发现零星马骨；山东历城城子崖和河南汤阴白营遗址曾出土过马骨，齐家文化的一些遗址中也曾出土过马骨，如甘肃的大何庄、吉林扶余长岗子等曾出土过马骨。到了青铜时代，在甘肃永靖张家嘴遗址的辛店文化层里发现了3枚马牙。南方的云南通海黄家营、马龙仙人洞、麻栗坡小河洞等都出土过马的骨骼，经过鉴定，与现代马的骨骼牙齿特征没有太大的区别。而大量发现马骨的是新疆维吾尔自治区和静县察吾沟1号、3号遗址，发现了动物骨骼1 747块，主要是动物的头骨，分别来自68座墓葬，其年代约距今2 600年，动物的种类主要是属于奇蹄目的马，不过这些马的骨骼难以判断是属于家马还是野

---

①② 邹介正等编著：《中国古代畜牧兽医史》，中国农业科学技术出版社，1994年，71～73页。

③ 〔英〕梅森（I. L. Mason）主编：《驯养动物的进化》，南京大学出版社，1991年，185页。

马。① 能够确定为家马的是河南安阳殷墟出土的马的骨骼，一同出土的有马车，马已被人们驯化的证据十分确凿。甲骨文中也有把马畜养在栏圈中的象形文字。马从驯化到驾挽役使，当非一日之功。而据古文献所载传说，马的役使可以追溯到黄帝尧舜时代。如《周易·系辞下》："黄帝尧舜……服牛乘马，引重致远。"《史记·五帝本纪》说帝尧"彤车乘白马"。《通典·王礼篇》引《古史考》曰："黄帝作车，至少皋始驾牛，及陶唐氏制彤车，乘白马，则马驾之初也。"

鉴于中国马的驯化时间从考古学的角度来判断是相当晚的这一事实，许多学者不太囿于这种可能有悖于事实的结论，大胆地提出了自己的看法。如有的报道认为，甘肃永靖大何庄出土了马的下臼齿，经鉴定发现与现代的马没有区别，可以确认为是被家养的马，因此可以认为马的驯化历史有近 5 000 年了。② 又如谢成侠认为马的驯化历史更长，可能距今六七千年前，相当于仰韶文化时期。③

## （六）驴的驯化

驴（*Equus hemionus*）在动物分类学上属于哺乳纲，奇蹄目，马型亚目，马科，马亚科，马属，驴种。家驴是由野生的驴驯化而来的。据研究，家驴和野驴属于同源动物，两者的染色体均是 2n＝62。④ 它们都是由更新世与人类同在地球上出现的真马发展起来的。野驴主要的生活年代是在更新世。中国北部地区较为广泛地分布有世界上两大驴种中的一种，即亚洲野驴（又名骞驴）。中国北部的甘肃庆阳、河北阳原、河南新蔡、辽宁建平、山西许家窑、北京山顶洞及内蒙古和宁夏的河套地区等，都发现了距今 10 万年至 2 万年的晚更新世骞驴。⑤ 国外学者相信，所有家驴的驯养都发生在非洲的北部。对驯养群贡献最大的是一种努比亚驴，这是一种来自埃及的石板色、长耳、有特殊肩纹和无条纹腿的驴。另外的种质来源是索马里驴，也就是条纹野驴提供了家驴的腿纹。⑥ 国内的学者也有认为家驴来自西方，以后再经过中国的西部地区传入。也有人认为，中国的骞驴分布如此之广，数量又多，历史又相当悠久，家驴可能起源于中国，即便不是起源于中国，但是也会受中国驴的影响。⑦ 显然，现在要对中国的驴是起源于何时的问题下结论为时尚

① 安家瑗、袁靖：《新疆和静县察吾乎沟口一号、三号墓地动物骨骼研究报告》，《考古》1998年 7 期。

② 李根蟠、黄崇岳、卢勋：《中国原始社会经济研究》，中国社会科学出版社，1987 年，104 页。

③ 谢成侠：《中国养马史》，科学出版社，1959 年。

④ 〔英〕梅森（I. L. Mason）主编：《驯养动物的进化》，南京大学出版社，1991 年，194 页。

⑤ 邹介正等编著：《中国古代畜牧兽医史》，中国农业科学技术出版社，1994 年，87 页。

⑥ 〔英〕梅森（I. L. Mason）主编：《驯养动物的进化》，南京大学出版社，1991 年，196 页。

⑦ 邹介正等编著：《中国古代畜牧兽医史》，中国农业科学技术出版社，1994 年，87 页。

早，因为缺乏必要的证据。已有学者认为，驴的驯化可能早至距今4 000多年的齐家文化时期，甘肃永靖秦魏家遗址出土的驴的骨骼已经被鉴定为家养动物。① 此外，据《史记·匈奴列传》所载："唐虞以上，有山戎、猃狁、荤粥，居于北蛮，随畜牧而转移，其畜之所多，则马、牛、羊。其奇畜，则橐驼、驴、骡、駃騠、騊駼、騨騱。"唐虞时代，是相当早的，距今应在4 000年以上，这虽然是传说，但是可以从侧面反映中国的家驴，可能和马一样，也是在本地驯化而来的。

## 二、家鸡的驯化

鸡（*Gallus domestica*）在动物分类学上属于鸟纲、鸡形目。家鸡是由野生的原鸡驯化而成的。原鸡属中有4种原鸡，分别是红色原鸡（*Gallus gallus*）、绿原鸡（*Gallus varius*）、黑尾原鸡（*Gallus lafayetii*）、灰原鸡（*Gallus sonneratii*）等4种，其中的红色原鸡是现代家鸡的直接祖先，这一点已经被各国的学者们所公认。野生的红色原鸡至今仍然分布在南亚次大陆自巴基斯坦以东至中南半岛，并向南达爪哇和苏门答腊岛，中国的云南、广西以及海南岛一带。在中国的西南一带曾经发现过半野生的"茶花鸡"，已被证明是家养的红色原鸡。② 而郑作新通过对考古资料的研究，认为野生的原鸡在古代可能分布至中国中部。③ 因此我们可以认为现在的红色原鸡是现有的家鸡的近亲，两者有着共同的原始祖先。世界上曾经有人认为，家鸡起源印度，达尔文认为这一时间节点大约在前1200年，英国的考古学家佐伊纳（F. E. Zeuner）则认为是在前2000年。显然，这些观点是在没有关注中国考古发现的情况下得出的。实际上，中国北方一些已知较早的新石器时代遗址中，均有鸡的遗骸出土，如河北徐水南庄头遗址、河南新郑裴李岗文化遗址、河北武安磁山文化遗址和北辛遗址等。鸡的骨骼发现最早是在河北徐水南庄头遗址中，有19根至少代表3个个体的鸡骨，研究者认为尚不能肯定其是家鸡。④ 河北省武安磁山遗址出土的鸡的标本中，雄鸡的跗跖骨长度的观察变异范围是72.0～86.5毫米，平均长度是79.0毫米。雌鸡标本一件，跗跖骨长度为70.0毫米。与雉族的现代原鸡、勺鸡、红腹锦鸡、褐马鸡、雉鸡河北亚种相比较，可以看出磁山出土的鸡骨之跗跖骨的长度与现代原鸡的测量数据最为接近，除红腹锦鸡与之稍稍接近以外，与其他各种属都相差悬殊。此外磁山鸡的标本稍稍大于现代原鸡，而小于现代家鸡。

---

① 中国科学院考古研究所甘肃考古工作队：《甘肃永靖秦魏家齐家文化墓地》，《考古学报》1975年2期。
② 邹介正等编著：《中国古代畜牧兽医史》，中国农业科学技术出版社，1994年，148页。
③ 周本雄：《河北武安磁山遗址的动物骨骸》，《考古学报》1981年3期。
④ 任式楠：《公元前五千年前中国新石器文化的几项主要成就》，《考古》1995年1期。

因此，磁山鸡的标本属于原鸡属的可能性最大，并且有可能是驯化中的早期家鸡。大致可以确信，距今大约7 000年前，中国北方先民已开始驯化家鸡。①

中原地区的仰韶文化和龙山文化遗址也有家鸡的遗骸出土。庙底沟二期出土了4块鸡的骨骼；在西北地区马家窑文化的兰州西坡坬，也有家鸡的遗骨出土；陕西宝鸡的北首岭遗址，也有较多的鸡骨出土。在中国南方的新石器时代遗址中，家鸡的骨骼发现较少。江西万年仙人洞出土一些鸡骨，不过只鉴定到属，没有排除其属于原鸡的可能性。在湖北京山屈家岭和天门石家河均有陶鸡的模型出土，应是依据家鸡的原样进行仿制而成的。②

## 三、家蚕的驯化

蚕属于昆虫类动物，其正常生活周期必须经过卵、幼虫、蛹和蛾的变态过程。人类利用蚕，所需要的是幼虫阶段的后期，由丝腺分泌的丝线结成的茧，用作织物的原料。根据研究，家蚕是由野生的桑蚕经过长时间的驯化而成的。学者们对蚕的染色体进行研究后发现，家蚕和野蚕的染色体均是28个，这就为两者是同一祖先提供了生物学方面的证明。不过日本学者研究认为野蚕的染色体是27个，但是二者是杂交可育的，二者交配时，野蚕的一条大染色体与家蚕的二条染色体配对。因此有人认为家蚕的这二条染色体是由野蚕的一条大染色体横断而成的。③家蚕与野蚕在幼虫的体态、体色、茧形、茧色及胚胎期的形态等方面都极其相似。家蚕某些品种的食性、孵化、眠起、密集性等也与野蚕相仿。最近已经分离出来了家蚕和野蚕的丝素mRNA，并完成了部分的定序分析，该两种RNA的分子大小在变性条件下与它们的核苷酸序列一样没有差别，只是某些密码子的第三核苷酸上有些轻微的饰变。④这些研究和分析表明，家蚕和现在的野蚕完全可能有着共同的祖先，它们之间的现有区别，是由于古代人们实施了长期的人工干预后，如采用人工喂养、对茧的大小进行选择等措施，逐渐形成的。

世界上的家蚕起源于中国已是定论。关于家蚕在中国的起源问题，传说和文献给人们提供了一些线索。一说伏牺氏最早地驯化蚕，《皇图便览》说："伏牺化蚕"；又南宋罗泌的《路史》注引《文子》云："太古太昊，伏牺氏化蚕桑为帛。"《周易·系辞下》说黄帝尧舜"垂衣裳而治天下"，孔颖达疏云："以前衣皮，其制短小，今衣丝麻布帛，所作衣裳，其制长大，故曰垂衣裳也。"《史记·五帝本纪》称"黄帝淳化鸟兽虫娥"，所言的"虫娥"即是指蚕或与蚕相似的经济类昆虫，后来又

---

① ② 周本雄：《河北武安磁山遗址的动物骨骸》，《考古学报》1981年3期。
③ ④ 蒋猷龙：《家蚕的起源与分化》，江苏科学技术出版社，1982年。

有一些更为具体的传说，如南宋罗泌的《路史》注引《淮南王蚕经》云："西陵氏劝蚕稼，亲蚕始此。"文中的西陵氏以及包括《礼记·月令》《周礼·天官》等有一些关于黄帝元妃嫘祖发明养蚕的传说，并把嫘祖作为蚕神来供奉。不过，传说和先秦文献所记都没有较准确的家蚕被人工养殖的时间，相比之下，考古发现能够提供值得信赖的依据。

首先从纺织工具的情况来看，黄河流域的磁山、裴李岗以及仰韶文化各期的遗址中，曾经不止一次地出土了纺轮（缚）和骨针等原始纺织工具，说明至少8 000年前，当时人们已经能够利用自然界的一些物质作原料，制作衣物。半坡遗址曾出土了大量的陶制、石制的纺缚，缚盘直径为 26～70 毫米，孔径为 3.5～12 毫米，厚度为 4～20 毫米，重 12～66 克，说明到了半坡文化所处时代，人们已经能够大致掌握不同粗细的纱线纺织技术。当然，发明了纺织技术并不能代表就能纺织丝类，即能利用蚕的茧作为纺织原料。即使当时的人们能够利用一些茧类作为纺织原料，也不能就此认为当时的人们已经开始养蚕了，是否养蚕还需进一步的证据。

距今5 600年前的黄河流域的山西省夏县西阴村遗址中，发现了曾经人工"截断的蚕蛹和一个纺坠。蚕茧的残长约 1.3 厘米，最宽处为 0.71 厘米，1928 年经美国史密森尼学会（Smithsonian Institution）鉴定，认为是蚕的蛹"[1]。又据日本人布目于 1968 年用丝片仿制复原，得知茧长 1.52 厘米，茧幅 0.71 厘米，割去的部分占17％。[2] 这样可以初步判断出当时的西阴村人已经开始利用蚕丝为原料制作衣物了。1980 年在河北正定距今5 400年的南杨庄遗址出土了两枚陶蚕蛹，长 2 厘米，腹径 0.8 厘米，灰黄色。该两枚陶蚕蛹虽然不是真实的蚕蛹，但是经中国科学院动物研究所的郭郛教授鉴定，结果认为两枚陶蚕蛹的大小接近当时的蚕蛹的大小，长宽的比例也非常接近当时蚕蛹的比例，特别是蚕蛹中部一条非常明显的胸腹之间的曲线，线条流畅，自然生动，酷似蚕胸部、腹部之间的横走缝线。说明这两个陶蚕蛹是以实物的蚕蛹为模特制作而成的，或者是非常熟悉蚕蛹的工艺师制作而成的。该遗址还发现了"加捻牵伸的陶纺轮，以及既可理丝，又能打纬的薄刃条形骨匕 70 件"。南杨庄遗址距今5 400年左右，与半坡遗址的年代相近。此外，1958年在山西芮城西王村仰韶文化遗址中，也曾发现了一件蛹形陶饰，形制与南杨庄陶蚕蛹很相似。[3] 这些遗址中出土的遗物，尽管不能直接地表明当时人们已经利用蚕茧，但是可以从侧面间接证明当时蚕茧已成为纺织原料了。长江流域距今约7 000年的河姆渡遗址，出土了一个牙雕小盅，其外壁雕刻有编织纹和蚕纹图案，刻有 4

① 陈维稷主编：《中国纺织科学技术史（古代部分）》，科学出版社，1984 年。
② 梁家勉主编：《中国农业科学技术史稿》，农业出版社，1989 年，40 页。
③ 唐云明：《我国育蚕织绸起源时代初探》，《农业考古》1985 年 2 期。

条似蠕动的虫纹，其身上的环节数，均与家蚕相同。同时河姆渡出土有纺轮，木制的刀、匕、小棒、骨针、织网器、木卷布棍、木径轴、骨机刀等纺织工具，可能是一种原始腰机的织机组件。不过，上述的发现只能间接地证明当时已开始利用蚕茧作衣物。而直接能证明蚕已经被人工饲养并利用其产品的是在 1958 年发掘的浙江吴兴钱山漾遗址出土的丝织物，在该遗址的第二次发掘时，其探坑 22 出土不少丝麻织物。丝织品中有绢片、丝带、丝线、丝绳等，大部分都保存在一个竹筐里。该遗址的年代据测定为前（2750±100）年，经树轮校正为距今（5 260±135）年。残存的绢片长 2.4 厘米，宽 1 厘米，尚未炭化。细丝带已经揉作一团，无法正确确认其长度，宽约 0.5 厘米，纺织方法与现代草帽辫一样，有着二排平行的人字形织纹，体扁，但靠近尾端的一节呈圆形，丝线已拧成一团，较粗。[1] 据浙江省纺织科学研究所鉴定，确认其为长丝产品，经、纬向丝线至少是由 20 多个茧缫制而成的，没有加捻。[2] 绢片为平纹组织，密度相当于每厘米有 40 根比较均匀的经、纬纱，反映当时已有比较完备的织机。丝带为带子组合，为 10 股，每股混单丝 3 根，共计单纱 30 根编织而成。[3] 专家对该遗址出土的绢片进行鉴定，绢片丝纤维的显微切片摄影表明一对单丝的截面均成三角形，从而断定它不是柞蚕丝、椿蚕丝和天蚕丝等野蚕丝的截面，而是典型的桑蚕丝结构。由此可知，钱山漾遗址的先民们，已经掌握了相当高的织丝技术，既而可以推断，他们从事育蚕缫丝，必定发生在此之前的很长一段时间。

---

① 浙江省文物管理委员会：《吴兴钱山漾遗址第一、二发掘报告》，《考古学报》1960 年 2 期。

② 陈维稷主编：《中国纺织科学技术史（古代部分）》，科学出版社，1984 年。

③ 周匡明：《养蚕起源问题的研究》，《农业考古》1982 年 1 期。

# 第六章　原始农业的工具

## 第一节　原始农具的概貌和特点

　　人类的历史是从制造工具开始的，人类经济时代的演进，总是伴随着相应工具的发明和改进。作为生产力主要要素之一的工具，不但是衡量生产力发展水平的重要标志，也是判别生产关系和社会发展阶段的指示器。马克思强调"研究劳动手段的遗物"，即生产工具对于历史研究的重要性。农业的发生、发展，同样伴随着生产工具的发明和改进。研究原始农具的形制、制作、功能及其变化，是研究原始农业不可缺少的重要内容。

　　原始农业时代的工具虽然是相当简陋的，但比起此前的旧石器时代已有明显的进步，基本满足了原始农业各个生产项目和生产环节的需要，并为传统农业工具的发展和完备奠定了最初的基础。

　　原始时代的农业工具大体有如下主要特点：

### 一、制作工具的材料主要利用现成的天然物

　　这点与旧石器时代基本相同。但原始农业时代（新石器时代）工具的取材更为广泛，而且开始利用人造物——陶来制作工具。制作原始农具所利用的天然物主要有以下三类：

### （一）天然的石头

　　石器是原始社会的主要生产工具，其在史前时期的社会经济中起着重要作

用。我国原始农具所使用的材料以石质材料为主，其来源为天然砾石或开采石料。

在中国不同区域的新石器时代考古学文化或同一文化的各遗址中，制造生产工具所使用的石材各有不同，这是在地质构造和岩石条件不同的地区就地取材的缘故。例如，仰韶文化中的半坡遗址，石料多用玄武岩、片麻岩、石英岩、辉长岩、花岗岩；庙底沟遗址的石料多用砂岩、石英岩、闪长岩、辉绿岩、玄武岩、片麻岩。龙山文化中的灵宝城东寨遗址，石料多用辉长岩、泥质灰岩、砂质页岩；两城镇遗址的石料多用变质岩、石英岩、花岗岩。石器和岩性有一定关系：半坡遗址多用玄武岩制作石斧，大汶口遗址多用硅质灰岩制作石锛，城子崖遗址多用变质页岩制作石镞。石斧、石锛的石料都是硬度较大的，石镞的石料则硬度较小。岩石节理也得到了利用：牛砦遗址多用砂质板岩制作石刀，大汶口遗址多用页岩制作石刀，客省庄遗址多用片岩制作石刀，这些工具的制作都是利用了易于剥离的片状岩石节理。

中国原始农业遗址的先民们除就地取材制造石器以外，有时还从附近的石器制造场取得石材或石器毛坯。中国已发现为数不少新石器时代的石器制造场，有的规模相当大。如坐落在珠江三角洲一个古火山丘上的广东南海西樵山遗址，就是一处新石器时代的石器制造场。该场利用当地丰富的霏细岩等石料，制成有肩石器的半成品（包括斧、锛、铲等）。周围珠江三角洲的其他原始农业遗址，由于缺乏合用的石料，往往从西樵山石器制造场取得石材和石器毛坯，并进一步磨制加工。[1] 近年，在广东英德史老墩、内蒙古自治区阿拉善盟、台湾省澎湖七美岛等都发现了新石器时代的大型石器制造场。[2]

## （二）天然的树木

木器是人类最早制造和使用的工具之一。从某种意义上说，原始农业是从使用木器开始的。原始的点种棒就是削尖了一头的树枝（或从木矛转化而来），以后发展为木耒、木耜。木耒、木耜是原始农业最常用的工具之一。虽然木制工具不易保

---

[1] 中山大学调查小组：《广东南海县西樵山石器的初步调查》，《中山大学学报（自然科学版）》1959年1期；广东省博物馆：《广东南海西樵山出土的石器》，《考古学报》1959年4期；黄慰文等：《广东南海县西樵山遗址的复查》，《考古》1979年4期；曾骐：《西樵山东麓的细石器》，《考古与文物》1981年4期；杨式挺：《试论西樵山文化》，《考古学报》1985年1期；李根蟠、黄崇岳、卢勋：《中国原始经济研究》，中国社会科学出版社，1987年，255～257页。

[2] 王宏、金国林：《广东英德史老墩遗址的石器分类与农业生产——兼论广东地区新石器时代的农业发展》，《农业考古》2003年1期；包秀文、周占忠：《内蒙古阿拉善盟荒漠发现新石器时代石器加工场》，新华网，2004年10月23日；臧振华、洪晓纯：《澎湖七美岛史前石器制造场的发现和初步研究》，台北《"中央研究院"史语所集刊》，第七十二本第四分册，2001年。

存，但考古学家仍在原始堆积中找到了它的遗迹或遗存。这有力地证明了在原始社会时期确实存在木质工具，并且它们曾被广泛使用。除木耒、木耜外，史前先民还使用木铲、木锄、木锸、木杵和木臼等农业工具，另有木矛头、木标枪、木投矛器、木弓箭、木鱼叉、木鱼钩等渔猎工具。河姆渡遗址发现 10 多件木矛，形同标枪，应是矛头的原始形态。另有一些木纺织工具。

### （三）动物的遗骸——骨、角（牙）、蚌

骨器所采用的原材料，主要有动物的肋骨、肢骨、肩胛骨等，多制作较大型的农具。小型工具所选用的骨料，没有一定的范围。角质材料主要有鹿角；牙质材料则为各种动物的牙齿，如大汶口墓地的牙刀，系利用猪獠牙削磨而成。以蚌壳为材料制成的器具统称为蚌器，也包括其他一些以介壳类为原料的制品。其形制主要有刀、镰、铲（锄）、锯、镞几种，出土数量都不少，其中又以蚌刀最多。其他蚌器还有鱼钩、矛、锥、凿等，为数较少。[①]

### （四）陶

原始农业时代的工具材料除了上述三类现成的天然物外，还利用人造物——陶。陶器一般是伴随着农业出现的，中国古代有"神农氏耕而作陶"的传说。用陶作为原料制作工具，使工具材料突破现成天然物的范围，是一种进步；但由于陶的硬度不高，还不可能像后来人工冶炼的金属——铜、铁那样取代木材成为主要的工具材料。

陶质工具有两类：一类是用陶泥烧制，另一类是利用破陶片加工制作。后者数量比前者多。

## 二、工具制作技术比旧石器时代有较大的提高

原始农业时代工具制作技术的进步，突出表现为磨光和钻孔技术广泛应用，以及大量复合工具，主要是装柄工具的大量出现。磨光技术、钻孔技术和复合工具的制作均萌芽于旧石器时代晚期，但到了以农业生产为主要经济内容的新石器时代，它们才获得充分发展和广泛应用。下面分别作些简要的介绍。

---

① 王仁湘：《论我国新石器时代的蚌制生产工具》，《农业考古》1987 年 1 期。

## （一）石质工具的加工制作[1]

出土遗物和遗迹证实，旧石器时代人们对于石器的制作已存在专门化生产的原始分工；在内蒙古发现的大窑遗址就是一处旧石器时代石料开采、石器制作场所。[2] 到了新石器时代，在怀仁鹅毛口、南海西樵山、宜都红花套等处发现规模更大的石器加工制造场。这些制造场的共同特点是都有丰富的石料，有制作石器的工作场地和工具，有大量制作石器过程中产生的石片、废料、半成品和部分定型产品。根据西樵山石器制造场的资料，我们可以复原西樵山石器的生产程序：开采石料→打成毛坯→锤琢加工→磨制抛光。[3]

具体说来，我国原始石质农具的制作要经过以下步骤：

**1. 选料**　一般就地取材，选择天然砾石或开采石料。选料时要考虑岩性和岩石节理。

**2. 选形**　根据不同工具所需要的形状、大小、长短、厚薄去选择合适的石块。选形适当，可以减少工序，缩短制作时间，制作大型石器更是如此。如选择长宽适合的石块制作石斧，只打出刃部即可，其余保留砾石面；如选择宽度适宜，但长些的石料，只需打顶部和刃部，余为砾石面；如选择稍宽一些的石料，只需打两侧，余为砾石面。先民生产石凿时会选择适宜的条状砾石，生产石镬会选择表面微凸的长块砾石，生产石铲会选择长石板。有些工具如石网坠、敲砸器、缺口石刀、石镬等，只要选形合适，稍加工即可成器。

**3. 截断**　方法有砥断、划断两种。

**4. 打击**　可以把选形好的石块打击成毛坯，也可以直接打击成器。可按照不同部位、不同需要分别采取直接打击法、间接打击法、单面打击法、双面打击法、集中打击法、横砸法、保持两侧的中轴基线向两侧找平的打法、一侧找平打法、"作窝"的打法等。如制作缺口时横砸，制作偏刃时向一面打，制作正刃时向两面打，找平则保持基本点。

**5. 琢**　今天石工用语为"打点"或"刺点"。石材可因琢而成形，亦可因琢而成器。琢多用在大型工具上，小型工具上很少用。方法有上下直琢法、保棱琢法、分层琢法等多种。在通常情况下，琢是继打击之后的一道中间工序。

**6. 磨**　经过砥磨的石器提高了刃部的锋度；使工具光滑，减少了使用时的阻

---

① 佟柱臣：《仰韶、龙山文化工具的工艺研究》，《文物》1978 年 11 期。

② 内蒙古博物馆、内蒙古文物工作队：《呼和浩特市东郊旧石器时代石器制造场发掘报告》，《文物》1977 年 5 期。

③ 曾骐：《西樵山石器和"西樵山文化"》，见中国考古学会编辑：《中国考古学会第三次年会论文集》，文物出版社，1981 年。

力；使工具规整，更加适合专门的用途，从而大大提高劳动效率。砥磨的方法有纵砥和横砥两种，按磨制程度可分为局部磨制、两面磨制、通体磨制三种。

**7. 穿孔** 穿孔的目的在于制成复合工具，便于装柄等。穿孔方法有钻孔、先琢后钻、先划后钻、划孔、琢孔、管钻等多种。

## （二）骨、角、牙、蚌和木质工具的加工制作

与石质工具相比，骨、角、牙、蚌、木质生产工具的考古发掘资料较少，研究还不够。在这里，只作大致的介绍。

新石器时代骨、角、牙质工具的制作方法，基本继承了旧石器时代的传统工艺。主要的方法有砍斫、打击、截断、切割、磨制、钻孔和刮磨等。制作时可能无一定的工序，但在选料上有一定的讲究，即根据要制作的工具的形状和大小，选择相近的材料，在工具造型上无需太多加工。如河姆渡的骨耜，系选用体形较大的偶蹄类动物的肩胛骨磨制而成，外形基本保持肩胛骨的自然形状。

史前时代的工具制作，以蚌器的取材最为便利，也不需多费时间进行粗加工，有时甚至可以直接使用。云南元谋大墩子遗址所见的 69 件蚌刀就基本都是原形蚌片，很少进行加工，仅穿二孔而已。这是蚌器较早进入新石器时代居民生产活动的主要原因。在临潼白家村和万年仙人洞等新石器时代早期遗址中，磨制石器数量有限，而蚌器的数量则可观。在蚌器发展的早期，切割、磨刃、锉齿、钻孔等工艺均已出现。临潼白家村出土的三角形蚌刀的加工主要只有切割一道工艺，先民们将一整块蚌片分割为两块即使用。切割的工具应是磨制的利刃石器，蚌片割裂面一般没有第二步磨光处理。石器制作上的切割工艺有可能是从蚌器制作中借用的，当然蚌器的磨刃应是由磨制石器工艺取得的现成经验。裴李岗文化石齿镰的制作工艺是否同蚌器有关，尚难定论。

新石器时代有一套常见的砍劈和木料加工工具——斧、锛、楔、凿等石器，可使我们大致了解当时木质工具的制作方法和工序，从木材的砍伐入手，经横断、纵裂、选料等工序，进入细致加工阶段——刮刨、凿孔、穿眼等，最后成型。但需说明的是，当时的木质农具，大多只经简单加工，如木尖棒、木末耜等。另外，火的利用，也是木质农具制作的常用方法。尤值一提的是，当时已有卯榫结构和板材纵裂加工技术，石楔是一类以往不引人注意的板材纵裂加工工具，这类工具的特点是短身、斧刃宽厚均等，顶端常有击打破损痕迹。纵裂一根原木需要使用成组的石楔，这种板材纵裂加工技术在当时是极为先进的。我国新石器时代文化，从较早的河姆渡到龙山文化的七里河，都普遍存在这类石质工具，可见这种技术的使用范围极广。

## （三）复合工具及其加工制作[①]

所谓复合工具，就是用不同的材料制作工具的不同部件，然后装配成一件完整的工具。在生产工具发展史上，复合工具的出现，是生产工具制作技术的第一次突变和飞跃，标志着生产工具开始由单体结构向组合结构的转变。最初的复合工具，是由石器同骨、角、木制柄（或梗）结合而成的，主要包括两大类：一类是由石料制成器体，然后装上骨、木、角制的柄，如木柄石斧、骨柄石匕首等，可统称为木（骨、角）柄石器；另一类是由骨、木、角等制成器体，而在其刃部嵌装石刃，如石刃骨刀、石刃角矛头等，可统称为石刃骨（木、角）器。复合工具在装配时，还使用垫塞材料——麻布、兽皮等，捆缚材料——麻、葛、藤、竹、皮条等，黏合材料——黑色或白色的胶状物质，经鉴定为一种天然生成的有机化合物，属桃胶、树脂之类，可知此类物质已在新石器时代为人们所认识，用来粘接器物了。

大量使用装柄工具，是中国原始农业生产力显著提高的标志。柄的使用，使一部分工具更有利于切割，另一部分工具更有利于挥动，产生更大的功效。我国新石器时代的遗址中，经常出土一些石、骨、蚌器，看上去是单——件器物，其实它们原来多数是有柄的，只是柄由于腐朽而不见了。以下事实可以证实：全国各地发现了一些带柄工具，在一些陶缸上发现了绘、刻带柄工具的图，工具本身具有装柄结构，在工具上遗留有装柄痕迹或出现装柄的磨蚀痕迹。这些都证明新石器时代工具多数装柄。下面看看几种主要石质生产工具的装柄方法。

在我国，石刃骨器的出土地点虽不甚多，但其分布地域相当广阔。其基本结构是用骨料制成器身，并在其一侧边或两侧边挖槽嵌入细石叶以形成锋刃。骨体部分的制作，往往是把动物的肢骨剖开刮削成形，或用动物的肋骨磨制，再行开槽。肢骨或肋骨的关节部分常用作柄首或柄端，柄部穿孔多为一面钻。侧边开槽使用刻划法，即用细石器中的雕刻器沿骨体侧边自后向前反复刻划，制出沟槽。沟槽的宽、深一般在0.3厘米左右。制石刃用的细石叶，质料多为燧石和水晶石。制作时，先用压剥法从石核上剥出细石叶，然后将细石叶的一端或两端截断，使其端部平齐以便于拼接，并对其一侧边沿腹面进行二次加工。细石叶的大小及一器上细石叶的数量随器物的大小及形制不同而异。细石叶嵌入骨柄的沟槽时，使用了黏合剂或填塞其他物质，以增强细石叶与骨柄的结合。这是因为骨柄上的沟槽深度有限，若不加用黏合剂类物质则不易使刀刃牢固。我国一些地区出土的石刃骨器的沟槽内确实发现了用于粘接的黑色或白色的胶状物质。其中鸳鸯池发现的黑色胶黏质，经科学鉴

---

[①] 佟柱臣：《中国新石器时代工具的研究》《中国新石器时代复合工具的研究》，俱载佟柱臣：《中国东北地区和新石器时代考古论集》，文物出版社，1989年。

定，是一种天然的生成物质，属桃胶、树脂之类。① 据民族学材料，近代生活在澳大利亚的阿兰达人在制作复合工具时，常常使用树胶粘接②，这表明原始人有使用树胶的可能性。总之，我国境内发现的石刃骨器的结构和制作技术具有相当的一致性。

## 三、工具种类增加，已有比较明确的分工，初步定型和规格化

旧石器时代的工具比较简单，种类不多，而且往往是一器多用的"万能工具"。这种情况在新石器时代发生了变化，不但加工制作比旧石器时代精致得多，而且工具种类增多，分工比较明确，虽然还没有完全排除某一类工具身兼数职的现象，但已逐步形成了各种基本定型和规整化的、适合不同用途的工具，基本满足了不同生产项目和不同生产环节的需要。引发这种变化的动力主要是农业生产发展所形成的巨大社会需求；而农业工具的改进又反过来推动了原始农业经济的高涨。

在农业刚刚发生的时候，并没有形成其特有的成套农具。诚然，当时有旧石器时代由砍砸器发展而来的斧形器和尖头木棒可资利用，在孕育着农业萌芽的旧石器时代晚期，亦已间或出现石磨盘和用于掐割植物穗子的石刀等，而所有这些工具的广泛使用和定型化，是农业发生以后的事。随着农业的发展，又产生了锄、镬、耜等翻土工具以及其他工具。这样，到了新石器时代中期，广义农业生产所需的各种工具就基本定型和配套了。

有的学者按分工和用途的不同，把原始农业的生产工具划归为砍伐农具、翻地农具、碎土农具、播种农具、中耕农具、水利农具、看护农具、收割农具、加工农具、贮藏农具 10 类。③ 这一分类比较细致，但有些分类的界限还欠明确。而从广义农业生产看，农业工具还应该包括渔猎工具。在原始农业时代，纺织属于广义农产品的加工，而且，当时的纺织是原始农人的一种副业，在这个意义上，原始纺织工具也可归入原始农具之中。

为了叙述方便，我们将原始农业时代的各类农具归并为整地播种农具，收获、加工、储藏农具与设施以及其他农具三部分予以分节介绍。

---

① 甘肃省博物馆文物工作队、武威地区文物普查队：《甘肃永昌鸳鸯池新石器时代墓地》，《考古学报》1982 年 2 期。

② 〔美〕乔治·彼得·穆达克：《我们当代的原始民族》，童恩正译，四川省民族研究所，1980年，21 页。

③ 宋兆麟：《我国的原始农具》，《农业考古》1986 年 1 期。

# 第二节　整地播种农具

## 一、砍伐农具

原始农业不同于后起的传统农业，它所面临的耕作对象是荒山野林，需要首先把茂密林木砍倒，加以焚烧，然后才能在积满灰肥的土地上播种作物。砍伐和火攻是清理农地的主要手段，是播种作物的必要前提。砍伐农具主要有砍斫器、石斧和石锛等。

石斧的历史比农业悠久。很早以来，人们用它来打击野兽，也可用它来砍伐森林、加工木材、制造木器和骨器。在原始农业发明以后，它又成为砍伐林木、开辟和清理耕地的主要工具，是最有代表性、用途相当广泛的砍伐农具。在我国的新石器时代遗址中，南到海南岛、北至黑龙江畔、东达山东半岛、西及青藏高原，到处都有石斧出土。其形状一般有方形、长方形、梯形，横剖面可分为椭圆形和长方形，斧刃可分为正刃和斜刃、直刃和弧刃。此外，石斧还可分为有孔石斧和有肩石斧。

新石器时代的石锛，主要是砍斫木材的工具，但也可以用来砍伐树木或砍斫树根，有些大型有段石锛还能用来掘土挖坑，故它也可被视为原始农业的农具之一。石锛的形状主要有梯形、梭形、长条形；横剖面可分为拱形（即一面鼓起的长方形）和长方形、偏长方形。刃部有直刃、斜刃和弧刃之分。此外，还可分为有孔石锛和有段石锛，其中有孔者甚少。

从石斧的形制和使用痕迹观察可知，这些石斧中除少数手斧而外，绝大多数都安装有柄。石斧的木质把柄极易腐朽，一般很难保存至今。不过，考古发现已为我们了解史前石斧的装柄方法提供了真实的依据。关于无孔石斧的装柄，考古学者已经发现了三种方法。第一种是河姆渡文化以曲尺形树木杈丫作柄，将杈丫削成平面，与斧体平面相结合，缠以藤竹或麻革，十分牢固。第二种是良渚文化澄湖木柄上凿孔洞的方法，孔上细下粗与斧体上细下粗相吻合，斧顶露出柄外，采用劈砍的方式使斧体与柄结合紧密。这种装柄方法与阎村仰韶文化陶缸所绘的有柄石斧图中的装柄方式一致。凿孔装柄相较捆缠装柄是一种进步。第三种是良渚文化中不透孔装柄方法，洋渚的直柄石斧和曲柄有段石斧都是采用这种方法制作，即在木柄上凿一个未透孔槽，装入上细下粗的石斧，采用劈砍的方式使之结合牢固。有孔石斧的装柄由青墩有柄、有孔石斧红陶模型证实了原貌，即以三条条带穿过石斧孔与柄上三孔相捆扎。而草鞋山崧泽时期、薛家岗文化、良渚文化、石峡文化有孔石斧上的条带印痕，恰恰为青墩有柄、有孔石斧模型的装柄方法，提供了充足的旁证。这种装柄方法可以避免松动和脱落，是一种较好的装柄方法。①

从考古发现看，石锛至少有两种装柄方法：第一种是在木柄前端留出一个段，段以下削成平面，段部顶住锛顶，平面与锛体平面相结合，缠以绳索，这是较早期的一种装柄方法，常见于河姆渡遗址。第二种是良渚文化洋渚出土的木柄不透孔装柄方法，将有段石锛的段部卡在孔槽内，这是一种简单而又进步的方法。但无论哪一种方法，在使用上都是以锛面与劳动对象相接触，才能发挥其锛削作用。

装柄石斧和石锛的出现，大大地提高了它们的效能，是原始农业时期生产力发展的一个重要标志。

石斧由一人操作即可。但是砍伐树木相当艰苦，既费力又费时。我国云南的独龙族、苦聪人近代已使用铁刀，但他们从事耕地的砍伐也须依靠家庭公社的集体力量，男女成员都要参加，绝不是个人所能承担的，而且他们一般会砍倒比较小的树，大树则砍掉树枝和树头。原始农人使用石斧做同样的工作，为原始农业开拓新天地，其艰辛可想而知，石斧对原始农业的发展功不可没。

另外，据我国古代文献记载，远古时代先民们还可能利用其他方法使树木残废再以火焚烧。《周礼·秋官》："柞氏掌攻草木及林麓。夏日至，令刊阳木而火之。冬日至，令剥阴木而水之。"这说明在周代仍保留有火耕方法：人们在炎热的夏天把朝阳树木的皮扒下来，以太阳把树晒死；在严冬季节则把阴面树木的皮剥下来后泼上水，以结冰的方法把树冻死。树木干枯后再以火焚烧。《齐民要术·耕田》记载了一种古人"劙杀"树木开荒种地的方法。"劙杀"就是在树的主干上割去一圈很宽的树皮，导致全树死亡，林地当年就可耕种，3年后树木根枯茎朽，再放火烧之，可彻底清除。这两种方法必须依赖石斧及石锛、砍斫（砸）器、大型刮削器等砍伐工具。

---

① 根据以上考古资料，并结合民族学资料，史前石斧（有孔或无孔）装柄方法有如下几种：一是在圆形木柄上的一端凿一个与石斧上端相适合的卯槽，然后将石斧垂直插入槽内。二是把木柄一端的卯槽凿通，再将石斧加垫一些麻布或兽皮后垂直插入柄内。三是将木柄的一端劈裂，然后将石斧垂直夹入其中，再用绳索或皮条捆缚结实。四是将木柄一端凿一个与石斧相适合的浅槽，再将石斧上端嵌入槽内，并使之与斧柄锁合，然后再用绳索或皮条通过石斧的穿孔将其捆缚在斧柄上，有的则通过石斧和斧柄上的穿孔进行绑扎。五是把斧柄一端的卯槽凿通，再将石斧垂直插入槽内，然后用皮条通过石斧的穿孔将其绑缚在斧柄上，再在卯槽两侧对钻一些与斧面垂直的小孔，并在孔中楔入木钉进行加固，因此石斧不致脱落。六是选用一段鹤嘴锄式的曲木或鹿角，并将锄端劈裂或者剖去一半，然后再用绳索或皮条将石斧捆缚在锄端。七是先选出一段短横木，并将横木的一端劈裂或者竖凿一个卯槽，再将石斧插入裂口或卯槽中用绳索捆缚结实。然后选取一段较长的木柄，在一端凿一个与短柄木相适合的卯眼，再将短柄木垂直插入斧柄的卯眼中，并用绳索交叉捆缚。八是将石斧插入木柄，缠以绳索，再将木柄与曲尺形树杈接合，箍以藤条或皮条等，与前一种方法相似。参考杨亚长：《史前石斧的几种装柄方法》，《史前研究》1986 年 3、4 期。

## 二、播种农具

起源于农耕前的尖木棒，成为原始农业最初的播种工具。民族学资料为此提供了证明。我国云南的独龙族近代仍然使用长1米多的尖木棒、尖竹棒点穴播种。文献记载：独龙族"农具亦无犁锄，所种之地，惟以刀伐木，纵火焚烧，用竹锥地成眼，点种苞谷，若种荞麦稗黍等类，则只撒种于地，用竹帚扫匀，听其自生自实"①。由此可见，独龙族播种有两种方法，一种以尖木棒或尖竹棒点播，一种用手直接漫撒。佤族点种用的尖木棒则长达两米左右，需人站立使用。景颇族播种需三人合作进行：一人挖穴，一人用尖木棒点种，另一人覆土。云南布朗族、拉祜族、白族、傈僳族、瑶族、怒族等许多民族，都曾用过尖木棒掘洞点种技术。在美国的易洛魁人中也有相似的例子，他们在每一小块地上用挖掘木棒挖几个小洞，丢下种子，然后盖上土。大洋洲的一些原始民族也曾采用木棒戳穴点种技术。

我国新石器时代遗址中曾出土一种穿孔重石，被认为是一种播种农具。其用途是套于尖木棒下端以增加尖木棒的分量，便于播种。这种判断也可以从民族学和民俗学的材料中找到根据。在南美印第安人、南非布须曼人的采集和农耕活动中，常使用尖木棒，他们有时在尖木棒偏下的地方套一个有孔石器，以增加分量。其特点是在一个扁圆形的砾石中央穿一孔，套在尖木棒上后再加木楔固定。② 我国云南的佤族则在尖木棒下端加一铁尖。浙江农村有一种豆桩，也是一种尖木棒，用于点穴播种；还有一种菜麦桩，形制同豆桩，但尖端加一个槌形石，目的是加重尖木棒的重量，便于播种。我国新石器时代发现的穿孔石器甚多，其特点是体形较大，多不规则，有一定重量，孔径也较大，适于安在尖木棒上。可见，我国原始农业生产中也使用穿孔重石，使点种棒更加适手，以提高播种效率。

## 三、翻地农具

如果说石斧是原始阶段——火耕农业（或称刀耕农业）最有代表性的农具，那么，进入耜耕农业（或称锄耕农业）后，石斧就丧失了在农业中的主导地位，代之而起的是耒、耜、锄、铲，在后来的犁耕农业阶段，又出现了犁。耒、耜、锄、铲和犁是原始农业时代新兴的翻地农具。

---

① 尹德明等：《云南北界勘察记》（附录二），华文书局，1969年。
② 〔英〕塞利格曼：《非洲的种族》，费孝通译，商务印书馆，1982年，15～17页。

## （一）耒

耒是一种带尖端的木质翻地农具，在原始农业时代广泛使用，并延续到传统农业的早期。耒分单齿耒和双齿耒。单齿者是由尖木棒发展来的，比较长，为便于刺土安装有脚踏横木。台湾泰雅人所用的尖头、弯头尖木棒，又称掘土杖，是开垦、挖石工具，应是一种比较简单的木耒。西藏门巴族的青冈耒比较坚硬、粗大，有脚踏横木，是比较典型的单齿木耒。双齿木耒在我国考古遗址中多次出土，日本考古也发现了双齿木耒，其形制与我国发现的双齿木耒相同。《淮南子·主术训》中"一人跖耒而耕，不过十亩"的记载，证明耒是以脚踏而耕的。

尖木棒是如何演变成木耒的呢？原始农业在其发展中产生了翻土的需要，最初，原始农人是利用现成的尖木棒翻土的。但有的木棒较短，掘土时要弯腰，为使用方便，人们增加木棒长度，把尖木棒延长到可以立着身子把持的程度，同时在近尖端处添加一根供脚踩的短横木，便成为耒。掘土时利用脚踩的力量，把尖刺入土中，利用杠杆作用，翻掘土壤，效率比尖木棒高，而且省力。最初的耒，可能是直尖的，形如十字，后来发展成斜尖的，形成直尖和斜尖两种。后又从单尖耒发展为双尖耒或多尖耒，且由耒的上端装一曲柄便于手扶。从其变化过程我们可以窥见一个特点，即由一根直尖木棒发展成由三根木棒（一直两横）组成的耒，功能由单纯的播种发展为掘土翻地的功能。

我国新石器时代早期遗址中，即发现有木耒或其痕迹。在湖南澧县八十垱彭头山文化遗址发现少量木耒，是利用一节树杈制成的，上部有斜的扶手，下部为斜单刃，刃宽约 10 厘米，木耒全长约 90 厘米。[①] 河北武安磁山遗址部分长方形灰坑的坑壁上留有似斧和木耒之类工具的痕迹。如 H121 的北壁留有细条状痕迹；H124也有细条状痕迹，但较宽，深浅不一。这应是尖头木棒式的耒所留下的痕迹。陕西临潼姜寨新石器时代遗址、西安半坡仰韶文化遗址的一些半地穴式房子的坑壁上，也有单尖木耒挖掘的痕迹。在庙底沟遗址一座属于龙山文化早期的灰沟的北壁上，考古发掘者发现了许多交叉密集的条痕，是双齿形工具留下的，齿径 4 厘米，两齿间距 4 厘米，有的宽达 6 厘米，长约 20 厘米。发掘报告认为"它的器形可能和殷周时期木耒近似"。在三里桥一座龙山文化晚期的窑壁上，考古发掘者也发现了这种双齿形木耒的工具痕迹。山西襄汾陶寺龙山文化遗址部分灰坑的坑壁上留有"平行双齿"木耒遗痕。在甘肃广河县齐家文化遗址中的一个窑穴内壁上，考古发掘者同样发现木耒痕迹，痕迹系三个齿尖，齿距约 10 厘米，单面斜刃，入土深 20 厘米。这些考古发掘资料可与神农氏"作耒耜"的古史传说相印证，表明木耒确是我

---

① 裴安平：《彭头山文化的稻作遗存与中国史前稻作农业再论》，《农业考古》1998 年 1 期。

国原始农业时代重要的挖土工具。在磁山文化和仰韶文化早期阶段，所使用的木耒是尖头木棒式的。从龙山文化早期开始，木耒演变为双齿式的①，而齐家文化中还出现三齿式的木耒。

## （二）耜

单齿耒翻地面积小，工具也不锋利，故效率低，并且易折坏。人类在生产中又改进了耒的形制，除向双齿耒发展外，又加宽了刃部，于是木耒演变成了木耜；此外，人们以石、骨、蚌为耜刃并装柄，这种耜变成了一种复合农具。从农具的发展看，最初的耜是全木制的，后来才出现多种质地的耜冠组成的复合耜。现分别介绍如下：

**1. 木耜**　最早的木耜是从尖木棒发展而来的，只不过是将尖锥式刃改成平叶式刃而已。木耜是原始农业时代广泛使用的农具之一，其遗制在我国近世少数民族中还可以看到。如珞巴族的青冈锹、独龙族的木铲等，皆由一整木制成，上为柄和把手，下为木耜冠，在耜冠上方还套安一个脚踏横木。1973 年在浙江余姚河姆渡遗址第四文化层中出土了一件"木铲"。它器身较窄，两侧及刃部薄，中间厚，后端有一近方形的柄，长 16 厘米、宽 5.3 厘米、厚 1.5 厘米，实际上是木耜。这是考古发掘中迄今出土最早的木耜。在山西襄汾陶寺龙山文化遗址部分灰坑的坑壁上，考古发掘者曾发现木耜痕迹，痕长约 30 厘米、宽约 10 厘米、厚 3～4 厘米。从考古发掘中所发现的木耜遗物和遗迹来看，这种工具多平肩，有较长的柄，板叶较窄（宽 6～10 厘米），多弧刃或平叶状刃，中间厚两边薄。木耜的这些形制特点都有利于施力和入土。

**2. 石耜**　石耜在我国原始农业中使用非常广泛。考古发掘出土的大量被称为"石铲"的石质工具，其实多为石耜。其中只有形制较小才是真正的石铲；另一类体形较大，有挖土磨损痕迹，还有安柄的地方，应是一种石耜冠。石耜都有拴木柄的部位，如在肩部两侧打有凹口，或者凿有一两个孔，或有双肩，都是拴柄用的。石耜的用途与木耒相同，但翻土的功效却远大于耒。在北方较早的新石器时代遗址，如河北磁山遗址和河南裴李岗遗址以及辽宁、内蒙古等地的遗址中出土了很多石耜，其时代最早的可达 8 000 年前。石耜以东北的西辽河流域、内蒙古东部出土较多，河北、河南和山西等省发现较少。内蒙古阿鲁科尔沁旗出土的石耜长 35.6 厘米、宽 11.8 厘米、柄端厚 2.6 厘米。北方出土的石耜多通体扁平呈叶形，装柄使用，与骨耜同为耜耕农业的代表性农具。

---

①　根据考古资料推测，龙山时期的双齿耒，一般齿长 20～50 厘米，齿径 4 厘米左右，齿间距 6～10 厘米。

**3. 骨耜** 新石器时代的骨耜出土较多,仅在河姆渡遗址中出土的骨耜就达 76 件。骨耜是用体形较大的偶蹄类动物的肩胛骨磨制而成,外形基本保持肩胛骨的自然形状,上端柄部厚而窄,下面刃部薄而宽。其特征是在骨耜下面中部从上到下有一道纵向浅凹槽,槽底修治平整,纵槽上端修磨成半月形或穿横向方銎,在纵槽下端两侧有两个长圆形凿孔,便于安装竖向长柄时捆扎。河姆渡出土的木质耜柄顶端为丁字形或透雕成三角形的把手孔,有的木柄出土时柄上还残存捆扎用的藤条。骨耜装在木柄上,用于松土、挖排水沟。河姆渡骨耜,由于长期使用其刃部被磨成双齿刃、平刃、斜刃、凸弧刃等不同形状,它不是当时人们专门制成的样式。河姆渡骨耜反映了原始人类就地取材,巧妙地利用自然的能力。

**4. 蚌耜** 我国新石器时代遗址出土被称为"蚌耜"的,一类体形甚小、较厚、穿有孔,可能是拴在鹤嘴锄上的锄头,非蚌耜。只有其中比较大型的才是蚌耜。如福建闽侯县石山遗址曾出土一种所谓蚌器,其实是海产的牡蛎壳制成的耜冠,仅 1974 年就发掘出土这种蚌耜 10 件,多平背或弧背,中间穿孔,其中一件长 10 厘米,宽 8.4 厘米。

以上是四种主要的不同质地的耜,它们都是比较锋利的翻地农具。这种农具自新石器时代以来被普遍使用,一直沿用到商周时期,才为锸所取代。

## (三)铲

"铲"和耜同为原始农业时代直插式整地农具,两者并无明显的区别,都是耜耕农业阶段主要的松土农具。现在一般将器身较宽而扁平、刃部平直或微呈弧形的称为铲;而将器身较狭长、刃部较尖锐的称为耜。[①]

**1. 石铲** 全国各地出土的石铲较多,器形也较多样,早期呈长方形,较晚出现有肩石铲和穿孔石铲。器形可分为长方形、梯形、特殊形(心形、舌形、束腰形)等;横剖面有长方形、圆角长方形。铲刃有单刃、双刃和弧刃、偏刃。广西南部新石器时代晚期遗址发现一类带肩大石铲,其肩部多变,可被分成几个型式,是桂南地区很有特色的大型起土农具。但石铲原料多用泥岩、板岩,不少石铲扁薄易断,质地脆,刃缘厚钝,甚至有不少平刃的,实用意义不大。石铲在地层中出土时有一定排列形式,以刃部朝上的直立或斜立排列组合为主,可能与农业生产祭祀活

---

① 考古界所称新石器时代的"铲",与我国古代文献中所记述的"铲"并不一样。传统农业中的铲,是铲身平贴地面,农人手执铲柄往前推的除草农具;是蹲着操作的。后来出现大型的铲,用于其他用途(如清除地面杂物等),但操作原理是一样的。考古出土所称之"石铲",实际上应为石耜的一种;只有小型的"手铲",才与后世的铲相类似。

动有关。①

**2. 骨铲** 铲也有使用骨料制作的。如半坡出土的骨铲，受骨料限制，刃面较窄。广东潮安陈桥贝丘遗址出土的骨器很多，也有长身骨铲，柄上有的还留有清晰的捆扎条痕。河姆渡出土的有柄骨铲最有代表性，长18厘米，刃宽9.8厘米，上宽5厘米，厚4.2厘米。在方銎部位，横缠15道藤条，紧缚木柄，藤条下面露出木柄前尖，藤条上面露出木柄断茬。从断茬上看，木柄是扁柄而且是直向的，下部安装一件很规则的骨铲。河姆渡遗址第四层出土的骨铲，有的在肩胛骨的颈部有刻槽，有的在凹槽中间横穿扁孔，而下部则有相对称的扁长孔，这是为了木柄夹住铲体后上下均可捆缠。福建闽侯县昙石山文化出土许多长梯形有孔蚌铲，此类蚌铲为昙石山文化的重要内涵之一，形制上颇具特点，孔多在下部，一般皆双孔，有的还对称。推测其装柄方法是先从上部捆缠以后，再从双孔处捆缠，而其柄当与骨铲、石铲一样，也应是直柄。

**3. 蚌铲** 蚌铲系由整块比较厚实的大蚌片制成，上端一般都有柄槽。长江流域和华南地区发现的蚌铲还有装柄缚绳的穿孔2～4个。原料有的为牡蛎壳，长可达15厘米上下，蚌铲的形状可分为方形和三角形两种，在黄河流域主要见于龙山时期，在下游的北辛和大汶口文化中也有少量发现；南方较早的江西万年仙人洞洞穴遗址和较晚的福建昙石山文化遗址出土较多蚌铲。李恒贤先生认为这种蚌铲就是翻土用的耜②，恐不准确。用蚌铲耕土很易损毁，得不偿失。再说，蚌铲形体也太小，一般只有10多厘米长，不宜作翻耕工具。这种蚌铲可视为蚌锄，为除草工具，装上一个钩形曲柄则非常适用。

## （四）锄

锄是横斫式翻土农具。我国新石器时代的原始锄具发现很多。大型的锄用于挖土；小型的锄用于松土锄草，属于中耕农具。现在考古界一般称用于深挖土地的大型锄为镢，称用于中耕的小型锄为锄。实际上，原始农业阶段的锄分工不明确，既是翻土工具又是中耕除草工具。最早的锄是木制鹤嘴锄，起源于采集时期，被用来

---

① 广西壮族自治区文物工作队：《广西隆安大龙潭新石器时代遗址发掘简报》，《考古》1982年1期。又，大汶口文化遗址大型墓中出土两件精美的玉铲，类似材料在山东龙山文化、浙江良渚文化中也有发现。这类生产工具采用罕见的高级石料制作，极为扁薄，说明在氏族社会末期，某些生产工具已成为脱离生产劳动的氏族上层人物的礼仪性象征品。广东石峡遗址除出土扁平穿孔石铲外，还发现一批扁平长身石铲，应是石钺。其特点是长身、束腰、穿孔、斜弧刃，应是后来铜兵器靴形钺的前身，不同于铲而属兵器性质，也是氏族上层的礼仪性物品。参见曾骐：《我国新石器时代的生产工具综述》，《考古与文物》1985年5期。

② 李恒贤：《江西古农具定名初探》，《农业考古》1981年2期。

刨土、挖掘根块；原始农业产生后，它继续被用于翻地、中耕、播种等多种农活。之后又出现石质和骨质的锄具。汉以后，锄专门用于除草。《释名》："锄，助也，去秽助苗长也。"

**1. 石锄** 作为掘土工具的石锄始于新石器时代，它是锄耕农业阶段出现的一种刨土、松土、挖掘农具。石锄分有肩、有孔和亚腰等，都要装柄使用。新石器时代的石锄，出土数量不少，多出自仰韶文化遗址中，其体形比石斧薄，刃部较宽，呈梯形，一面平直，背部略隆起，似弓背弧状，多单面刃，也有双面刃的。这种工具的用途是利用力学原理撬土。

**2. 石镢** 石锄的一种，又称为镢或镐。《释名》说："镢，大锄也。"它多用于开垦荒地，是主要的耕地农具之一。起源于新石器时代的石锛和有段石锛，形状多为长条形，安装横柄使用，是深掘土地的得力工具，可分为有肩和束腰二式。有肩者窄顶正刃，分有肩尖刃和有肩凸刃，横剖面介于椭圆形和长方形之间。束腰者平圆顶正刃，分束腰尖刃和束腰弧刃，器体有厚薄的不同，腰部有宽窄的不同。在广东石峡文化中出土不少石镢，呈长身弓背，两端有刃，一宽一窄，最长者有 31 厘米，应是安装在鹤嘴锄木柄上使用的。江苏邳州大墩子大汶口文化遗址出土有一种"石镐"，应是石镢。新疆出土的一些长条形的石砍锄也应列为石镢。

**3. 骨、角、蚌锄** 骨角锄出土也不少，均以兽骨、畜骨和鹿角加工而成，其形制也多种多样。一种常见的是鹿角鹤嘴锄，如山东大汶口、三里河，江苏大墩子，浙江罗家角，河北邯郸涧沟、容城上坡村，河南郑州大河村等都有出土。另一种是以家畜下颌骨制成的，如陕西客省庄就出土过这种农具。江西仙人洞出土的某些蚌器，形制较小，有对称双孔，厚重、有尖，是一种安装在鹤嘴锄木柄上的蚌锄。在河北邯郸龙山文化遗址中曾出土不少方形厚蚌壳，其中有些也是蚌锄。

## （五）犁

犁是用动力牵引的耕地农具，也是农业生产中最重要的整地农具。我国新石器时代晚期的遗址出土不少石犁，可证原始农业的晚期已经出现犁耕。新中国成立以来，石犁在江、浙两省陆续有发现，总数不下百例。另在黄河流域的山西芮城、襄汾陶寺等遗址也有发现。江浙的石犁一般用片岩、页岩制成，平面呈三角形，刃部在两腰，夹角 $40°\sim50°$。犁体上有一孔至数孔，这些孔有的在中线呈直向排列，有的呈三角形分布。犁的底面平直，未见磨光和使用摩擦的痕迹。正面稍稍隆起，正中平坦如背，两侧磨出光滑的刃部，且都有磨损的痕迹。从形制看，石犁可区分为小型石犁、大型石犁、三角形石犁。石犁较薄，质地脆弱，容易折断，难以单独使用。此外，从各式石犁皆穿孔，底部平正，没有磨光的痕迹看，它显然是装柄使用的。

由于木质犁器未能保存下来，我们对原始耕犁的犁架结构尚不甚清楚。只能根据石犁的遗物和民族志的材料作些推测：①应有犁床。犁是由耒耜演变而来的。出土的石犁铧很大，显然已经不是一般的耒耜柄所能装纳的，因此在犁柱（柄）下必须有一个犁床（底）。所有犁床均小于石犁铧，部分属于杆状形木棒或树杈形枝干，多数则比较宽大。由于木犁床前端镶有石犁铧，而刃部又外露，所以犁床略窄于石犁铧，但也相当宽大。犁床和犁铧之所以这样大，可能与水田耕作有关，这样有一定浮力，使犁不易下沉。事实上，水田宜用石犁，所以江浙地区出土大量石犁不是偶然的。②部分犁铧可能已经有了犁箭。在有些犁铧的后端，都有一个内凹的结构，呈弧形，这是犁铧的一个重要改进，与犁箭的增设有关，即在犁床和犁辕之间加一立木，这就是犁箭。此类犁铧后端的内凹正顶在犁箭上。犁箭的作用起初是加固犁架，使犁辕和犁底固定化，便于控制耕地深浅，同时也能在一定程度上保护犁铧，增加抗力。但新石器时代先民是否已能利用犁箭调节耕地深度还不得而知。③应有一根长辕。新石器时代的石犁和犁架都很大，不是一人能操作的，因此一定安有长辕，供人力或畜力挽引。④可能还没有犁壁。但部分犁铧上起脊，其上的木质覆盖应小于底面的木质衬垫，并按刃部的斜度向中心凸起为脊棱状。其功能是使用时便于将土块向两侧翻开，底面的木质衬垫可能呈弧形。

石犁已具备动力、传动、工作三要素，远比其他原始农具复杂，可算是最早的农机具。它的出现代表着松土、耕地农具的划时代进步。

我国新石器时代考古还出土一种破土器，又称"开沟犁"，是原始农业的破土工具，主要出土于江苏、浙江的一些良渚文化遗址。它大致呈三角形，底边为单面刃，与底边相邻的一边，均呈不同程度的罄折状内凹，顶端有一个斜向的把柄，有的在近前边中段处有一穿孔，可能与装柄拖曳有关。[①] 破土器一般体形较大，多用片状页岩制成，制作较粗糙，小的边长一般为 20～25 厘米，大的边长可达 50 厘米以上。据破土器上的孔眼与斜柄边缘的距离和整个斜柄粗细分析，破土器的木柄，平均在 5～7 厘米，木柄的高度当在 1 米以上。由于木柄沿斜柄上升，所以破土器无犁床之设备，靠破土器的下边在地上划行，同样也起了犁床的作用。破土器不仅体形较大，而且沉重，尤其是安柄以后，一个人是不能操作的，为此一定要增设挽拉设备。其中可能有两种情形：一种是在木柄靠近破土器斜柄的地方，拴系绳索，由两人在前边挽拉，后边一人扶持而耕。这种方法犁架较轻，简单易行。另一种是

---

① 牟永抗、宋兆麟：《江浙的石犁和破土器——试论我国犁耕的起源》，《农业考古》1981 年2 期。

像犁架一样，在木柄上往前上方斜装一根犁辕，供人力或畜力挽拉。如果将两种方法加以比较，就不难发现，以绳挽拉虽有简单轻巧之便，但不易控制耕地深浅，并且在运行时一松一弛，费力难行。在这种情况下，以人力挽拉尚可，以畜力挽拉就更困难。所以第二种可能性最大，以此推断破土器的形制应与犁架基本相同，即由犁柄、破土器和犁辕等组成。

从民族志的材料看，最初的犁应该是木犁或木石结构的犁。在西藏、青海、甘肃、云南和四川一些民族还有使用木犁或木石犁的。唐代室韦人"剡木为犁，不加金刃，人牵以种，不解用牛"。我国原始农业时代也可能使用过木犁。但迄今尚未有原始时代的木犁出土。

原始农业是否也曾用牛挽拉犁，现在尚难言定。一般认为，当时的犁和牛并非联系在一起的。人类普遍有过以人力拉犁的历史；《汉书·食货志》："平都令光教过以人挽犁。"近代山东汉族、新疆少数民族还以人挽犁，贵州苗族、侗族则用人拉的木牛（木架）引犁。[①] 可见人力挽犁延续很久，推测其历史源头亦很早。此外，牛最初不是耕地的，主要是供肉食、祭祀，也是驮运工具。除驮运外，牛用于原始农业，最初可能是用于"踩田"，即所谓"践耕"（参见本卷第四章第四节）。但值得注意的是，长江流域普遍发现新石器时代的水牛遗骨，特别是晚期较多，说明当地可能是世界上最早驯育水牛的地区；长江下游出土的石犁和水牛遗骨，是否表明当地居民较早使用水牛犁田，是一个值得继续探索的问题。

## 四、关于碎土农具和除草农具

从后世传统农业的情况看，在土地翻耕以后，要把土块打碎、平整，才能进行播种。我国原始农业是否有碎土工序和专门的碎土工具？民族学资料告诉我们，火耕（刀耕）阶段是不用碎土的；但发展到耜耕（锄耕）阶段，用耜或锄挖起的许多土块，就产生了碎土的需要。门巴族、珞巴族利用耒、耜翻地之后，即有妇女拿着木制鹤嘴锄，跟在男子后面碎土。云南永宁纳西族妇女也承担碎土的任务，所用农具有木制鹤嘴锄、马鹿锄（即在鹤嘴锄刃包一铁刃）和木榔头三种。木榔头是取一根较大的树留其细枝为柄，取一段粗枝为榔头。木榔头碎土的效率高于鹤嘴锄，并兼有平整土地的作用。我国新石器时代考古也发现了碎土工具：一种是木榔头，如在浙江水田畈遗址就出土一件木榔头，它的原料是一段完整的木头，在一端削成小手柄状，另一端只稍稍加工，去掉其明显的棱角。[②] 另

---

① 宋兆麟：《木牛挽犁考》，《农业考古》1984 年 1 期。

② 浙江省文物管理委员会：《杭州水田畈遗址发掘报告》，《考古学报》1960 年 2 期。

一种是石器，如内蒙古新巴尔虎旗出土一种石锤，呈圆角三角形，上宽下窄，中央有孔，长21厘米、厚6厘米、孔径4厘米，应该是安木柄用的碎土农具；另在新疆乌鲁木齐出土一种椭圆形石环，长12.5厘米、宽10厘米、厚2厘米、孔径3厘米，也是一种碎土工具。除此两种之外，有些翻土工具在翻挖土块之后，可随即碎土平整土地，如石耜、石镬、石锄等。新疆哈密五堡等地出土一种石砍锄（或称石砍土镘），其用途除翻地外，当为碎土平地。与鹤嘴锄等相比，木榔头已是专门的作为碎土工具，它的使用一直延续至后世，在古籍中称为"椎"或"櫌（耰）"。

广义地说，有农业就有除草问题。因为地面原来草木丛生，要想种农作物就要除掉草木，火耕的作用就是除掉草木，既清理出耕地，又可以利用焚烧后的草木灰作肥料。火耕后的当年土壤肥沃，杂草很少。原始农业初期正是利用火耕的这种优势，实行年年易地的生荒耕作制。当原始农业由生荒耕作制进入种植若干年才易地的熟荒耕作制时，火耕后第二年、第三年的耕地杂草就多起来，于是产生了除草的需要。那么，在原始农业时代如何除草，使用些什么农具呢？从民族学资料看，最简单的除草是用手拔，或都用竹刀砍，如贵州苗族就利用这种方法。西藏的珞巴族同时进行除草、松土，所用农具有两种：一种是较硬的竹片，类似考古发现的小石铲、骨铲；另一种是竹制鹤嘴锄。由此推之，考古发现的小石铲、骨铲、蚌铲等都是中耕除草农具。不过，由于我国原始农业南稻北粟，使用的中耕农具也会有差异。我们推测，在长江流域和岭南地区的水田中，骨铲、石锄和鹿角鹤嘴锄等，应是主要的除草工具。如江苏邳州大墩子出土的鹿角锄、浙江罗家角出土的骨柄角器、角锄、角勾勒器等，其中罗家角的角锄有数十件之多。[①] 旱地的除草农具主要应是鹤嘴锄，但木质锄难以保存下来，考古多见鹿角鹤嘴锄。在河北磁山、山东大汶口、胶州三里河、江苏江阴夏港、郑州大河村、郑州旭旮王、邯郸涧沟、山东城子崖、河北容城上坡村等遗址都发现了鹿角鹤嘴锄。[②] 这种工具既可用于平地、翻土，也是重要的除草农具。良渚文化还出土过被称为"耘田器"的石器。其实，它并不是后世那样的水田中耕农具，而是反映越族先民鸟图腾崇拜的一种器物（参看本卷第八章第二节）。

总的来说，原始农业时代已出现了专用的碎土农具，但迄今尚未发现专用的中耕农具。除草一般是用别的松土农具兼而为之，而且，除草还不能等同于中耕。

---

① 罗家角考古队：《桐乡县罗家角遗址发掘报告》，见浙江省文物考古所编著：《浙江文物考古所学刊》，文物出版社，1981年。

② 宋兆麟：《鹤嘴锄与青铜镬》，《农史研究》1983年1期。

# 第三节 收获、加工、储藏农具与设施

## 一、收割农具

原始收割农具的发明，未必与农业的起源同步。一种观点认为它晚于农业，因为近、现代有些民族还以手直接收获谷物，进而才发明了各种收割农具。但也有早于农业的情况，如早期刀一类的采集工具移用于农业收获。

民族学资料表明：最初的收割农具是竹、木制的，如台湾阿美人以一块小竹片割取稻穗和谷穗。[①] 西藏藏族的收割工具更是别具一格，他们起初用右手的拇指、食指折下谷穗，因易磨伤手指，后以两根木棍代替手指，以其夹折谷穗。

原始农业阶段的收割农具，主要有两种：刀和镰，其质料有竹、木、陶、石、骨、蚌等。

### （一）刀

我国新石器时代的刀具，种类颇多，不仅有石、骨、蚌、陶等单一材料制成的，还有多种材料制成的复合工具。在这里，仅介绍最常见的石刀和蚌刀。

在原始的刀具中，石刀使用最普遍，历史也最古老，早在几万年前的旧石器时代晚期，人们就已经使用它来割取东西。山西省峙峪旧石器时代晚期遗址曾出土一些打制的小石刀，其年代距今 2.8 万年。当原始农业产生之后，石刀成为最早的收获农具。早期的石刀只是一块稍加打制的小石片，后来才逐渐加以磨制，并在两边打出缺口或在器身上钻孔，以便穿绳套在手指上使用。石刀的器形可分为无缺口石刀、有孔或两侧带缺口的石刀、镰形石刀、有柄石刀等四大类。无缺口石刀多为打制，形制不规整，有弧背弧刃、弧背直刃、直背直刃等。有孔或两侧带缺口的石刀，包括两侧带缺口的、长方形的、半月形的三种；两侧带缺口石刀，有弧背弧刃、弧背直刃、直背弧刃、直背直刃；有孔石刀，多磨制，孔数有单孔、双孔或多孔，可分为长方形、半月形、缺口式、不规则式等；有的石刀上既有缺口又有孔，为缺口刀演进为有孔刀之证。镰形石刀，都是长条形的薄片，一端收缩成尖状与刃相接，另外一端较粗大，刃部在长的一边，一般都不穿孔，个别带孔的也是偏在粗端。使用时附着木柄如现代的铁镰。有柄石刀，形状较复杂，都带有柄，在长的一边磨成刃部，形状有三角形、长条形、靴形、厨刀形、削刀形等。

---

① 李亦园等：《马太安阿美人的物质文化》，台北"中央研究院"民族学研究所，1962 年，35 页。

蚌刀数量也相当多，最常见的为长方形，也有一定数量的长条形、半月形、三角形和不规则形。长方形蚌刀系将蚌壳的两个弧边和角端截去，整修为长方形，磨出刃部，再钻上孔。穿孔数及其排列位置有一定区别，少仅一孔，多则三孔。长条形蚌刀一般形体窄长，有的接近镰形，但为反弧刃，与镰不同。这种蚌刀分无孔、单孔、双孔和三孔几种，穿孔平列在背侧中部。半月形蚌刀分弧背和弧刃两种，在背侧中部大都有一两个穿孔。在黄河流域大汶口-龙山文化中的半月形蚌刀以弧刃平背为主，而长江流域所见则基本为弧背平刃，两者具有明显的区域特点。三角形蚌刀可分为两类。一类为弧边刃，形体稍大，顶角为90°左右，整个造型为半月形蚌刀的一半那样的形状，有的也有穿孔。这种蚌刀在关中"前仰韶文化"、半坡和庙底沟类型仰韶文化、大汶口和龙山文化中均有发现。另一类比较小，近似等腰三角形，仅"前仰韶文化"中有一定数量发现，晚些的文化遗存中不易见到这种蚌刀。此外，还有相当多不规则形蚌刀。

原始刀具虽然质料和形制各异，用途非一，但绝大多数应是收割农具或可以用于收割。收割用的刀，不论何种质料，都需拴绳索使用。如仰韶文化的石刀和陶刀，两侧打出缺口，再在两个缺口之间拴一根绳索，使用时将大拇指插入套内，刀刃朝下，以拇指和刃部将粟穗割下来。至于有孔的石刀和蚌刀，无论是长方形还是半月形，都是通过孔眼拴一绳套，以便于使用和携带。这些石刀就是后世"铚"的前身。《诗经·周颂·臣工》："庤乃钱镈，奄观铚艾。"《说文解字》："铚，获禾短镰也。"《小尔雅·广物》："禾穗谓之颖，截颖谓之铚。"《释名·释用器》："铚，获禾铁也。铚铚，断禾穗声也。"铚的遗制在近、现代民间还时常发现，如东北的捏刀、华北的爪镰、苗族的摘刀、黎族的捻刀、珞巴族的收割小刀等。它们为长方形铁刀，有的在木板上镶一铁刃，但皆在中央偏上有一孔，供拴绳之用。也有不穿孔不拴绳的，如贵州有些地区的侗族也以长方铁刀为摘刀，在刀偏上中央的部位横安一木棍，使用时将刀握在手中，以食、中两指夹住木棍，同样起到绳套的作用。

## （二）镰

另一种重要的收割工具就是镰，我国各地不同时期的新石器时代文化遗址中出土了各种石镰、蚌镰和少数骨镰。镰是一种安柄的刀，以木柄为主。镰在古代称艾，《诗经·臣工》陆德明释："艾，音刈。"《国语·齐语》："挟其枪、刈、耨、铸。"韦昭注："刈，镰也。"

我国最早的镰，出土于新石器时代早期的裴李岗文化。裴李岗、磁山等遗址出土了大量石镰，且相当精致，它们呈拱背长条形，通体磨光，刃部有小锯齿，柄部较宽，并往上翘，下部有拴木柄的缺口，其夹角大于90°，这说明石镰是装柄的收割工具。石镰基本上都可分为凹刃的弯条形和直刃的长条形两种。其中弯条形的形成，除了少数是故意制成以外，绝大多数是由于长期使用不断磨锐损耗所致，早期石镰多作此形。石镰有无孔无缺口、有孔有缺口之分，有直刃和凹刃两种和有齿、无齿两类，其中无齿居多。石镰大多装柄使用。

蚌镰一般比较长，前端窄尾端宽，具有一定的弧度，有的在中部和尾端钻孔，用于固定手柄。有相当一部分蚌镰锉有锯形齿。蚌镰较早见于山东地区的北辛文化和大汶口文化，此时期蚌镰的镰体较宽。窄条形蚌镰在龙山文化时期发现较多。在蚌器工具的制作中，制镰工艺水平得到高度体现。

新石器时代的骨（牙）镰（刀）出土不少，其形制特点与石质、蚌质的镰（刀）相同。大汶口墓地出土刀 64 件，除 11 件石刀外，其余 53 件均为猪獠牙削磨而成；另有 25 件镰中，牙镰就占 21 件，另有骨镰 1 件，蚌镰 3 件。

骨、蚌镰一般加柄，其装柄方法与石镰基本上一致。考古发现有短斜柄骨镰（大汶口遗址 26 号墓出土），扁楔形柄复加直柄骨镰（大汶口遗址 87 号墓出土），直柄鹿角镰（邳州大墩子遗址出土）和蚌镰等。

这里尤值一提的是镰刃上的锯齿，这种形制一直影响到近代江南的铁镰形制。据近代对铁质锯齿镰的调查，其所以加锯齿，是在收割时不仅依靠刃割，还可以利用锯齿锯，这样比一般镰锋利。锋利的铁镰尚需加锯齿，较钝的石镰加锯齿则更有必要。我国中原地区的史前锯齿镰已是一种相当进步的收割工具。

过去人们把除齿镰外的所有带齿蚌器都称为蚌锯，当然这并非认定它们全都是作锯使用的，只是为了分类的方便而已。比如有些不典型的带齿蚌器可能就是锯齿镰，而不是严格意义上的锯。蚌锯没有独特的形体特征，与蚌刀造型一样，也有长方形、条形、半月形、三角形等几种。不过也有锯刀两用的，或者是下边为刀刃，上边为齿口；或者是刃口一半为刃、一半为锯。当然，这类蚌器数量并不多，有的可能是锯残后改作刀的，所以既有刀的特点，又保留有锯的痕迹。蚌锯在临潼白家村等新石器时代早期文化遗址就有大量发现，不过稍后的仰韶文化以及大汶口文化遗址却不曾见到它，到了龙山时期又有较多出土。

## 二、加工农具

### （一）脱粒农具

目前考古尚未发现原始的脱粒农具，或者已有出土而未识别出来。民族学资料表明，原始的脱粒工具和方法都很多。工具有木槌、木棍、陶片和碗片等或直接用手、脚脱粒；方法有脚搓、锤打、杖打、刮等。

以脚搓脱粒相当普遍，海南岛黎族，贵州苗、侗等族都曾采用脚掌搓动稻穗，使稻粒脱落的脱粒方法。广西有些瑶族在处理少量粟穗时，还以手掌搓动，同样能达到脱粒的目的。

用木锤锤打脱粒并不多见。侗族有些糯谷十分难以脱粒，事先必须晒干，然后挂在干栏内部继续风干。脱粒前夜，他们利用一种竹编的炕笼，将要脱粒的糯穗放在炕笼上部，最后把炕笼罩在火塘或火盆上烘干，只有经过这些程序，次日才能用木槌将谷粒锤打下来。

对于粟黍等作物，侗族人一般是将其放在晒场上，运用一根木棍打即可使谷粒脱下。这种木棍也适宜打麦类，在西南地区十分普遍。它可能是后来连枷的前身。

侗族除用脚搓、木槌敲打外，还用破的陶片、碗片脱粒。方法是左手握住一把糯谷穗，右手拿一块碗片，按顺时针方向把穗上的稻粒刮下来。此碗片可能是破瓷片，史前居民用这种方法脱粒的工具可能是陶片、石片、蚌壳等。

## （二）研磨与舂捣农具

这里的研磨是指谷物去皮或者将谷物研磨成粉状食物。粟和稻的皮壳都相当坚硬，用手是不易剥下来的，必须借助于一定的工具适度冲击或研磨才能达到目的。民族学资料表明，最简单的去壳方法是用两块石片搓。如西藏希蒙地区的珞巴族就用这种方法，后来改进为固定的石磨盘和石磨棒。云南独龙族也用石磨盘和石磨棒，但为了防止谷物溢出或掉在地上，要将上述工具放在簸箕或兽皮上。比较进步的方法才利用石杵、木杵和石臼、木臼舂米，如凉山彝族、黎族、高山族、怒族都有这种加工工具。

我们把民族学和考古学的资料相互对照，可以判明我国原始社会的研磨舂捣工具主要有以下几种。

**1. 石磨盘、石磨棒和石磨饼**[①]　　石磨盘的出现早于农业的起源，它是在旧石器时代晚期随着采集的高度发展、收割野生谷物的出现而出现的。农业发明后，石磨盘得到进一步的完善和发展。在新石器时代早期裴李岗文化、磁山文化、兴隆洼文化、新乐文化、北辛下层文化等均有较多的石磨盘出土。石磨盘在这个时期发展到顶峰，成为氏族日常生活用具之一。石磨盘形制多样，不同文化或同一文化的不同遗址的石磨盘往往呈现不同特点。绝大多数石磨盘只有一个磨面，个别的有两个磨面。一般石磨盘有较大和较长的磨面，以便于加工谷物。石磨盘按其形制特点，可分为两大类。甲类：磨面一般较规整而略内凹，包括有足和无足的。此类尚可细分为 4 型。Ⅰ 型，呈长椭圆形，即鞋底状，底有柱状四足，配套的磨棒为圆柱形，此型主要见于裴李岗文化。Ⅱ 型，前端略尖，后端圆弧，整个盘身相对瘦长，盘面平整，底面有乳突状足，与之配套的磨棒呈圆柱状或枣核状，

---

①　陈文：《论中国石磨盘》，《农业考古》1990 年 2 期。

此型主要见于磁山文化。Ⅲ型，无足，平面呈长方形或圆角长方形、椭圆形，此外还有弧边三角形等，与之配套的磨棒呈圆柱状，此型为北辛下层文化、新乐文化的主要类型，在裴李岗文化、磁山文化、兴隆洼文化和小珠山遗存中均有发现。Ⅳ型，为利用天然板形石块（或少许加工）的不规则形，其和磨饼或磨棒配套使用，此型主要见于下川文化和仰韶文化的北首岭遗址、半坡遗址，大溪文化遗址也有发现。乙类：呈马鞍形的石磨盘，主要分布在北方草原，多采用砂岩琢磨而成，两端翘起中间因磨蚀程度深而下凹，与之配套的磨棒一般为长条圆柱形，有的有几个磨面。

2. **杵臼**　近世我国的一些少数民族仍然保留了杵臼的原始形式，如云南苦聪人就在屋内地上挖一个坑，内垫一张兽皮，然后以一根木棒在其中舂米。可见，《周易·系辞》说"黄帝作杵臼""断木为杵，掘地为臼"绝非虚构。据民族学资料可知：一般用石杵者多用木臼，如凉山彝族、普米族都使用这种加工工具。西昌郊区的西番人，则以石杵和石臼加工粮食。

我国新石器时代考古发现的杵有石杵、木杵和陶杵，臼仅见陶臼、石臼却不见木臼。浙江余姚河姆渡遗址、山东滕州北辛遗址都发现距今7 000年左右的木杵和石杵，但未发现臼，可能当时使用的是地臼。但安徽定远侯家寨遗址曾发现7 000年前的石臼，说明石臼的历史也非常古老。[①] 早期的石臼较小，而且外形较不规则。新石器时代的石杵发现较多，遍布全国各地，木杵发现较少，仅长江下游两三例，陶杵有两例；石臼较陶臼多，有十多例，陶臼仅两例，地臼有一例，不见木臼。这些考古资料表明，当时已普遍使用杵臼加工粮食。杵以石、木质为主，臼以地臼和木臼为主，兼有石臼；木质杵臼发现少或不见，与质地易朽难保存有关，地臼发现较少则可能与不易识别有关。

从杵臼的演变看，石杵由木杵发展而来；石臼由地臼、木臼发展而来。随着农业生产的发展，木杵臼不能适应粮食产量不断增长的需要，人们创造了生产效率较高的石杵臼。石杵较木杵重大，石臼质地坚硬，相互碰撞产生的摩擦力和撞击力较大，相对比木杵省时省力，效率较高。

考古调查和发掘材料表明，在石磨盘棒还十分盛行的新石器时代早期最后阶段，石杵就已经出现了。在仰韶文化时期，中原一带研磨法和舂捣法交替并用，大量遗址有杵、臼出土。而舂捣法的盛行，则是龙山文化时期的事。

---

① 陈文华编著：《中国农业考古图录》，江西科学技术出版社，1994年，375页。

## 三、贮藏器具和设施

原始人类对食物的贮藏由来已久，远在旧石器时代的渔猎采集部落里，先民们已用晒肉干、鱼干或晒野菜、野果等方式来贮藏禽兽鱼肉和野菜野果等以备饥荒。人类从事农业生产以后，由于农业有强烈的季节性，春种秋实，必须把秋收的大量粮食贮藏起来，以供终年之需。此外，农作物种子也要贮藏以供来年播种。因而，贮藏是伴随着原始农业的出现而发展起来的。民族学资料表明，最早的贮藏农具是网兜、竹篮、藤筐、皮口袋、树皮器皿、葫芦和陶器等。如凉山彝族以竹篮子贮粮食，为了防止遗漏，则在篮子上抹许多泥巴。考古资料显示，我国新石器时代普遍用陶罐、陶瓮、陶缸装粮食。如青海柳湾墓地皆以陶瓮随葬，内贮有大量粟；河南王湾遗址出土一件陶瓮，能盛200公斤粮食。尤值一提的是，我国新石器时代文化中普遍存在一类贮种陶器——贮种壶、贮种瓶、贮种罐、贮种钵等。

我国原始社会用以贮藏粮食和种子的，除了上述器具以外，还有居室穗贮、窖穴贮藏、专门粮仓等贮藏设施和方法。

### （一）居室穗贮

穗贮是一种古老的收藏方法，即将若干稻穗或粟穗等扎在一起，悬挂在房架或房梁上。特别是江南的干栏建筑，楼上有许多可以挂谷穗的地方。这可以从民族学中找到例证，如海南岛"黎人不贮谷，收获后连禾穗贮之，陆续取而悬之灶上，用灶烟熏透，日计所食之数，摘取舂食，颇以为便"①。苗族、侗族、水族和瑶族也都利用穗贮法贮粮。由此看来，居室不仅是先民们居住、炊饮、保存火种的场所，还是贮藏粮食的好场所。

### （二）窖穴贮藏②

窖穴贮藏是我国原始社会大量贮藏粮食的主要方法，这种贮粮形式的出现显然与新石器时代社会的基本单位有关。当时社会以氏族或大家庭为基本单位，其粮食也必然是以氏族（或大家庭）为单位进行集体贮藏。一个氏族（或大家庭）人口绝非八口十口，因而要贮藏的粮食也绝不是几件乃至十多件陶器所能容纳的，而在当时要烧制成功一件大型陶容器也并非易事。先民们经过比较，认识到使用窖穴贮粮胜过使用陶器贮粮，因为这既省工又能大量地贮藏。考古资料表明，窖穴贮藏普遍

---

① ［清］张庆长：《黎岐纪闻》。
② 余扶危、叶万松：《我国古代地下储粮之研究（上）》，《农业考古》1982年2期。

存在于我国新石器时代的早、中、晚期，如磁山文化的窖穴内发现有成堆的腐朽粮食，经鉴定属粟类作物。在山东三里河大汶口文化遗址发现一大窖穴，内贮 1 米³ 的粟粒。甘肃东乡林家马家窑文化遗址有一窖穴，也存放有大量的粟子和粟穗。

新石器时代的窖穴，无论形制、容积，还是制作技术，都有一个不断发展的过程，这自然与社会的进步、农业的不断发展及挖穴工具的改进分不开。

**1. 早期**（磁山、裴李岗文化）　该时期已发现用于贮存粮食的窖穴，有的窖穴底部残留有成堆腐朽的粮食痕迹。如磁山遗址中就有 62 座窖穴发现有粮食堆积，堆积厚度现存 0.3～2 米。当时窖穴的种类有长方形、圆形、椭圆形和不规则形 4 种。这一时期的窖穴以大口小底或筒状居多，仅少数为口小底大的袋状；穴壁穴底都不甚规整，没有任何防潮处理；容积都比较小。这些都充分显示了早期粮窖的原始性。

**2. 中期**（仰韶文化、大汶口文化、马家窑文化、大溪文化）　这一时期的窖穴大有改进：一是数量和种类增加，如半坡有 200 多个窖穴，庙底沟有 168 个窖穴，加上临潼姜寨，共发现窖穴 800 余座。就种类而言，有圆形袋状、方形袋状、长方形圆角形坑、椭圆形、圆形竖井式和不规则形坑等。二是形制除大口小底窖外，小口大底的袋形窖穴也成为主要形式。三是窖穴扩大，贮藏量增加。四是制作精细，四壁光滑，有的设置上下台阶，还出现抹黄泥或草拌泥用火烘烤等防潮措施。

**3. 晚期**（龙山文化、齐家文化、良渚文化）　这一时期的窖穴愈趋进步。窖穴数量又有增加，种类仍比较多；但形制趋向固定；窖穴容积普遍增大，如客省庄二期窖穴底径一般为 3～4 米，最长达 5.6 米，深度一般在 2.5 米左右，最深达 5.25 米；窖穴都经过加工修整，口、底、壁都比较齐整，有的窖底还经过锤打。

## （三）房式粮仓

窖贮既不占地面空间，又有防火、防盗、防雀的作用。但窖贮也有一定的局限性，在地势低下、地下水位高的地方，就不能利用，而且也比较易于受潮。为了解决这个问题，在贮藏的方法上便产生了新的技术——仓贮。

在陕西武功曾出土一件圆形陶屋，房屋较矮，呈尖顶形，墙壁上部外斜，房门为椭圆形，门槛距地表较高。[①] 这些特征与一般仰韶文化的民居不同，特别是"这种墙体外倾的变形，仿佛后世的粮囤，可减少雨水对墙体的冲刷"[②]。类似的房屋

---

①　西安半坡博物馆、武功县文化馆：《陕西武功县发现新石器时代遗址》，《考古》1975 年 2 期。

②　杨鸿勋：《仰韶文化居住建筑发展问题的探讨》，《考古学报》1975 年 1 期。

模型在户县（今西安市鄠邑区）也有发现，呈穹庐式，圆顶，门也为椭圆形，距地面较高，也具有防水作用。[①] 在长江中游大溪文化层中曾出土一件陶仓模型，据说这种模型与后世的房式粮仓相似。[②] 山西襄汾陶寺龙山文化遗址的大型墓中曾出土若干木制的"仓形器"，下部为圆柱体，上部有蘑菇形盖，圆柱体周围凹进三个拱形顶小孔，整体形状近似秦汉墓中的攒顶陶仓。从生产发展和技术能力看，仓廪出现于原始社会晚期是完全可能的。

上述史前陶仓模型，作为艺术品，很可能就是当时人们贮藏稻谷所用"房式粮仓"的一个写照，这些陶屋模型就是粮仓的缩影。

卫斯认为：河姆渡文化时期出现的干栏式建筑，不仅是为了人们居住的需要，更主要的是为了解决粮食（稻谷）的贮藏问题。干栏式的最大优点是防潮，最初的干栏式建筑恐怕就是为解决稻谷的大量贮藏而设计的。至于大溪文化遗址中发现的红烧土建筑，它的出现可能也是为了满足人们贮藏稻谷的需要。大溪文化中红烧土建筑最大的优点就是防潮避雨，在这种房子里贮藏稻谷是再合适不过的了。中国长江流域的史前先民一直是采用房式粮仓贮藏稻谷的，只是长江中游的粮仓为红烧土地面建筑，长江下游的粮仓为干栏式建筑。[③]

总之，我国原始社会已有专门的粮仓，此乃农业发展、产量增加、贮藏水平提高的重要标志。

# 第四节　水利工具与设施、纺织工具和渔猎工具

## 一、水利工具与设施

在原始农业生产中，尤其是水稻栽培，需要排除积水或引水灌田，因而也就需要相应的水利工具和设施。

### （一）史前原始的水利设施

我国新石器时代的原始水利设施，已为考古发现所证实。

**1. 稻田水利设施**　在我国长江中游和下游地区分别发现了迄今世界上最早的水稻田：湖南澧县城头山古城墙下叠压着的距今6 500年左右的水稻田遗迹[④]，江

---

① 中国科学院考古研究所沣西发掘队：《陕西长安鄠县调查与试掘简报》，《考古》1962年6期。

②③ 卫斯：《中国史前稻作文化的宏观透视》，《农业考古》1995年1期。

④ 《湖南省澧县城头山古文化遗址学术意义专家论证会纪要》（打印稿）。

苏苏州草鞋山遗址马家浜文化时期的水稻田。在草鞋山水田遗址中，东片有水田 33 块，水沟 3 条，蓄水井（坑）6 个，以及相关的水口；西片有人工大水塘 2 个，水田 11 块，水沟 3 条，蓄水井（坑）4 个，以及相关水口。水田田块面积较小，一般为 3～5 米$^2$，为小块水田群。其灌溉系统有两种类型：一是以蓄水井（坑）为水源的灌溉系统，由蓄水井（坑）、水沟、水口组成，所有田块和水井相互串联，可相互调节水量。大的水井口径 1.8 米×1.5 米，深 1.9 米，可存水量 3 米$^3$。通向水井的水沟，上游未发掘，据判断应有水源地存在。二是以水塘为水源的灌溉系统。所有田块分布在大水塘沿边，有水口沟通水塘，田块群体串联，可调节稻田水量。西片灌溉系统已经比东片进步，由田边挖水井（坑）汲水，发展到挖水塘，通过水口从塘中引水灌溉，又通过水口排水。同时还发现穿牛鼻耳高领罐的盛水容器，水井井壁有踏台便于汲水，反映"古者穿地取水，以罐引汲"的情形。[①] 该遗址距今 6 000 年左右，是迄今我国最早的农田水利设施之一。到了前3000—前2000 年的屈家岭-石家河文化时期，又出现较大规模的灌溉工程。湖北荆门市马家垸古城址，从城西到城东南有一条人工内河穿过，将城外的河流及城壕沟通，在内河及城壕附近都有面积较大的水田低地。在屈家岭文化时期，阴湘城、城头山城、走马岭城均有类似人工水系。这些水系都具有排水、灌溉和行船等综合功能。[②]

**2. 井灌设施** 在长江流域也发现不少水井，如河姆渡遗址第二层的水井是由两百多根木桩叠筑的，呈方形木竖井，底部距地表 1 米多。到了距今 6 000 年的马家浜文化时期和距今 5 000 年左右的良渚文化时期，已经出现了农田灌溉用井，已如上述。此外在吴中澄湖、昆山太史淀、嘉兴雀幕桥等遗址也发现了良渚文化时期的水井。其中太史淀的水井是由四五块弧形木板围筑的井圈。这些井的底部多发现有汲水用的陶罐等残片。水井的发展，不仅有助于汲水、改善物质生活、便于安居从事农耕，还能以陶罐汲水浇灌住宅附近的园地和田地，无疑是我国原始水利应用的组成部分。水井的普遍使用，对农业的旱涝保收与定居生活都起着重要作用，可看作是我国原始先民农田水利的嚆矢。大量从井中汲水浇灌用的陶罐，应是当时最常用的灌溉农具。在中原，龙山文化时期已经发现多处水井，其中邯郸涧沟遗址有两口井，汤阴白营遗址有一口井，洛阳矬李遗址有一口井。特别是汤阴白营遗址的水井四壁用 4 根井字形木棍为架，层层叠压而成，说明北方的造井技术相当

① 邹厚本等：《江苏草鞋山马家浜文化水田的发现》，载严文明、〔日〕安田喜宪主编：《稻作、陶器和都市的起源》，文物出版社，2000 年；谷建祥等：《对草鞋山遗址马家浜文化时期稻作农业生产的初步认识》，《东南文化》1998 年 3 期。

② 张绪球：《长江中游史前城址和石家河聚落群》，载严文明、〔日〕安田喜宪主编：《稻作、陶器和都市的起源》，文物出版社，2000 年。

进步。①

**3. 护城河与护城壕沟** 考古资料表明：我国史前的村落居址和城址周围，大多挖有壕沟或护城河。建在平原和靠近江湖的古城除了防御敌人进攻的军事功能之外，还有防御洪水的功能。在古史传说中，"鲧"曾在"禹"之前受命治理洪水，同时，古籍中又有"鲧作城"②的记载，可见古人已把"作城"和防洪联系在一起。据考古发掘所见，湖南澧县八十垱遗址有距今8 000～9 000年的壕沟。③ 西安半坡遗址有距今7 000～6 000年前的壕沟。④ 湖北天门石家河城址北靠丘陵，南临北港湖，处于两条小河汇合处的三角形地带。南北长1 000余米，东西900余米的长方形城址，环绕着数米宽的环城壕沟。⑤ 湖南澧县城头山古城也发掘出距今6 000年前的护城河，护城河宽30多米，大部为人工挖成，只利用一段自然河道，并与自然河道相通。⑥ 黄河流域发现的龙山文化城址河南辉县孟庄、淮阳平粮台等城也应具有防洪作用。孟庄城址在辉县孟庄镇，平面呈正方形，每边长约400米，面积约16万米²。主墙体底宽8.5米，夯土筑成，另在主墙体内外各加宽约10米的夯土。城外有护城河，深5.7米。⑦ 四川成都平原上的新津宝墩古城、温江鱼凫村古城、都江堰芒城古城、郫县古城、崇州双河古城及紫竹古城等6座古城遗址，其年代都在距今4 000年以前。研究者指出，从6座城多数选址在两河之间的较高台地以及城墙的走向顺应水势的特点看，当时的城市已能起到一定的防洪作用，不过，如果遭遇较大洪水，土筑城墙的作用，仍然有限。⑧ 龙山时期长江流域两湖地区的城壕，还开了沟通江河发展水运之先河。马家垸城、阴湘城、城头山城和走马岭城等都有沟通自然河道的人工水系。这些水系都具有排水、灌溉和行船的功能，城头山大溪文化的城壕沟内发现两只船桨，就是很好的证明。⑨

① 方酉生：《从考古材料看我国中原地区原始社会的农业生产》，《农业考古》1984年1期。

② 《吕氏春秋·君守篇》。

③ 湖南省考古研究所发掘资料。

④ 中国科学院考古研究所、陕西省西安半坡博物馆：《西安半坡——原始氏族公社聚落遗址》，文物出版社，1963年。

⑤ 严文明：《龙山时代城址的初步研究》，见严文明：《农业发生与文明起源》，科学出版社，2000年。

⑥ 湖南省文物考古研究所、湖南省澧县文物管理所：《澧县城头山屈家岭文化城址调查与试掘》，《文物》1993年12期；《湖南省澧县城头山古文化遗址学术意义专家论证会纪要》（打印稿）。

⑦ 袁广阔：《辉县孟庄发现龙山文化城址》，《中国文物报》，1992年12月6日。

⑧ 王毅、蒋成：《成都平原早期城址的发现与初步研究》，载严文明、〔日〕安田喜宪主编：《稻作、陶器和都市的起源》，文物出版社，2000年。

⑨ 张绪球：《长江中游史前城址和石家河聚落群》，载严文明、〔日〕安田喜宪主编：《稻作、陶器和都市的起源》，文物出版社，2000年。

## （二）修筑水利的工具

**1. 常规工具**　在修筑水利的工具中，首先要提到的自然是骨耜、木耜和石耜，这是挖沟、修堤最常用的工具；另有各种材料制成的铲、锄等，也是修筑水利的常规工具。

**2. 特殊水利工具——开沟犁**　在江浙地区，尤其是太湖周围，发现了许多所谓斜把破土器，或称为破土器、开沟犁。这些石器基本属于良渚文化，或者年代略晚。这些斜把破土器制作都比较粗糙，皆有安木柄部位，而且是向后倾斜的木柄，前尖锋。这种破土器的用途应是开沟破土，它不是一般手臂所能操作的，使用时需装上木柄，再在柄下拴一长绳，前边用若干人牵引，一人扶柄，进行破土划沟；先将田土划出两道并行的沟，然后其他人用骨耜、石铲等掘土工具把两沟中间的土挖出堆在两边，形成输水沟渠①，以供排灌之需。近代浙江桐乡曾有一种开沟工具叫拖刀，形状和功能与破土器类似，使用时一人执柄将铁制的拖刀插入泥土，两人曳绳，牵引将田土划出两条相隔25厘米的缝隙，再挖去两缝之间的泥土，即成为沟壁光滑陡直的排灌水沟。此地也出土过破土器，可见破土器和拖刀的用途大抵相同，可视为一种开沟犁。

# 二、纺织工具

中国是世界上最早养蚕缫丝的国家。据古史传说，原始社会时期我国已经养蚕，这一点已为新石器时代的考古发现所证实——山西夏县西阴村遗址（距今5 400多年）出土的蚕茧②和河北正定南杨庄遗址（距今5 400多年）出土的2枚陶蚕蛹③。而浙江吴兴钱山漾遗址出土的丝织物和麻织品，不仅说明我国原始社会先民以蚕丝和麻类纤维为主要纺织原料，还表明钱山漾的原始居民已掌握了相当高的纺织技术。④ 如此先进的纺织工艺必定有与之配套的纺织工具，所以当时应该还有较完备的织机。这些已为考古发现所证实：我国各地新石器时代遗址中普遍发现纺轮等原始纺织工具，某些遗址还发现了成套的纺织工具和当时极为先进的踞织机。

纺轮是原始纺织业出现的标志物。新石器时代的纺轮，出土数量多，地域广，

① 牟永抗、宋兆麟：《江浙的石犁和破土器——试论我国犁耕的起源》，《农业考古》1981年2期。

② 李济：《西阴村史前的遗存》，清华学校研究院，1927年。

③ 郭郛：《从河北省正定南杨庄出土的陶蚕蛹试论我国家蚕的起源问题》，《农业考古》1987年1期。

④ 浙江省文物管理委员会：《吴兴钱山漾遗址第一、二次发掘报告》，《考古学报》1960年2期。

时空跨度大。虽种类繁多，但质地仅石、陶两种，其中陶质纺轮居多。形状有扁圆形、算珠状、截头圆锥状，各有大、中、小之分；纺轮多为素面，也有点、线压划纹装饰。纺轮加杆组成纺坠，纺坠结构虽然比较简单，但已具有现代纺机上纺锭的部分功能，既能用于加捻，也能起牵伸作用，可以加捻麻、丝、毛各种原料，也可以纺粗细程度不同的纱。一般认为，小型纺轮用于纺纱，大型纺轮用于纺线。半坡遗址曾出土大量陶、石制纺轮，直径为 26～70 厘米、孔径为 3.5～12 厘米、厚度为 4～20 厘米，重 12～66 克。表明那时半坡人已经大致掌握不同粗细的纱线纺织技术。[①] 屈家岭文化和昙石山遗址还出土有彩陶纺轮。施有彩绘花纹的陶纺轮是屈家岭文化最富有特征的器物。纺轮彩绘采用四分、三分式，以直线、弧线、卵点、同心圆、辐射线、旋涡纹等为构图内容，反映了屈家岭文化发达的纺织业。

除纺轮外，考古发现的原始纺织工具还有不同质料制成的针、刀、匕首、梭、梭形器等，以骨质和木质为多，石质较少。

在安徽潜山薛家岗文化遗址中曾发现 36 件较为大型的石刀，呈长方形，背部有若干孔，最短者 13 厘米、最长者 50.9 厘米，平均长度 30～40 厘米。宋兆麟先生研究认为，这是一种纺织工具——打纬刀。[②]

尤值一提的是河姆渡遗址出土的纺织工具，计有陶（石）纺轮，木制的刀、匕、小棒、骨针、骨梭、织网器、木卷布棍、木径轴、骨机刀等，可能是一套原始踞织机组件[③]，表明河姆渡文化时期已经有了当时至为先进的踞织机。

## 三、渔猎工具

渔猎是旧石器时代狩猎采集部落居民的重要经济活动，也是新石器时代农耕部落居民必不可少的经济手段。渔业是一项最古老的生产部门，最原始的捕鱼方法是人们在水中用手捕捉或集体用身、手、脚组成栅网围捕活鱼，或用木棒打捕，用石头摔砸捕鱼，甚或竭泽而渔。原始农业发明以后，捕鱼业更加发展，成为当时整个社会经济的一个重要组成部分。新石器时代的渔猎手段和渔猎工具，与旧石器时代相比已有很大进步，遗址中出土捕鱼工具数量之多、制作之精巧，都是旧石器时代难以比拟的。

---

① 中国科学院考古研究所、陕西省西安半坡博物馆：《西安半坡——原始氏族公社聚落遗址》，文物出版社，1963 年。

② 宋兆麟：《考古发现的打纬刀——我国机杼出现的重要见证》，《中国历史博物馆馆刊》1985 年总 7 期。

③ 浙江省文管会、浙江省博物馆：《河姆渡发现原始社会重要遗址》，《文物》1976 年 8 期；河姆渡考古队：《浙江河姆渡遗址第二期发掘的主要收获》，《文物》1980 年 5 期。

民族学和考古资料表明：原始社会的渔猎工具主要有矛、弩、弓箭、网、钩、镖、叉、筍、舟船等。

## （一）矛

矛属刺杀工具，既能猎捕动物，又能捕获鱼类，按制作材料可分为木矛、石矛、骨矛等，后两种皆为矛头，需安装木柄组成复合工具。矛头起源于圆柱状尖木棒。旧石器时代晚期，随着狩猎经济的发展，开始出现木、石复合的标枪——矛。阳原虎头梁出土形制多样的尖状器，其中包括有复合于木棒上的石矛头。新石器时代的矛头以石、骨两类为多，其形状多为梭形和桂叶形，有的和箭镞一样保留有短铤。大汶口墓地出土的部分骨矛，器身较长并有穿孔，似匕首或无柄短剑，为手握式短矛，是矛的一种类型。

## （二）箭镞

弓箭过去被认为产生于中石器时代，后来我国一些旧石器时代晚期遗址出土了石镞，表明弓箭的发明比我们预想的更早。但弓箭的普遍推广则是从新石器时代开始的。大多数新石器时代遗址都出土了数十计的石镞、骨镞和蚌镞，有的遗址出土有数以百计、千计的石镞、骨镞和蚌镞。如河姆渡遗址先后出土 1 000 多件骨镞，西安半坡遗址出土近 300 件骨镞和石镞。镞由石、骨、蚌等材料制成，是当时的狩猎工具，也是部落战争的武器。根据器物学的研究，这些箭头不仅用在弓箭上，还有的用在弩上。[①] 同时出现了在铤部有孔的石镞，人们可系一长线于石镞上，射中猎物后可拉线获得猎物，这就是弋射。[②] 弓箭、弩、弋射等狩猎工具，必然也是农耕部落的看护农具。

我国新石器时代的箭镞，发现数量多，分布时空广，种类繁多，型式各异，它们是用在弓箭和弩上的。多数箭镞经过通体磨光，扁薄锋利，少数采用压剥加工，保留细石器传统工业特点。华南及江浙一带流行使用页岩磨制柳叶形扁平石镞，型式多样、边刃锋利、制法简易。石峡遗址中所出的石镞类型多至 8 类。北方沙漠草原地带含细石器的诸文化中则流行压制的三角形石镞，有平底、凹底、桂叶状等型式。

石镞之外，主要是骨镞，还有少量用角、牙、蚌料制作的镞。它们的型式与石镞相同，有三棱体、四棱体、圆柱体和扁平体，少数带铤或有翼。河姆渡文化中有一种斜铤式骨镞比较特殊。黄河流域仰韶文化和龙山文化多流行骨镞，其铤的剖面

① 宋兆麟、何其耀：《从少数民族的木弩看弩的起源》，《考古》1980 年 1 期。
② 宋兆麟：《战国弋射图及弋射渊源》，《文物》1981 年 6 期。

多作圆柱状。

蚌镞出现较晚，无特殊形状，几乎都仿自骨镞和石镞。龙山文化以后，一部分蚌镞又仿自铜镞。在仰韶文化中，蚌镞只在年代较晚的郑州大河村遗址出土，有平底镞和双翼带铤镞两种。大汶口文化晚期也见到蚌镞，有扁平式和三棱式等几种。龙山文化中还见到三棱镞、柳叶镞、长铤镞、无铤镞等，型式较多。江西的万年仙人洞遗址也出土长铤蚌镞，铤长且宽。

### （三）石球与陶球、石弹丸与陶弹丸

旧石器时代中期就有石球出土，到了旧石器时代晚期出土就更多了，如山西许家窑、辽宁营口仙人洞等遗址，都出土了数以千计的石球，石球是利用飞石索投掷的猎具，分一球、二球和三球等飞石索。到了新石器时代后，石球依然是狩猎工具，也是看护农具，它的作用范围扩大了，且种类和大小也富于变化。如西安半坡遗址出土各种球 567 枚，其中石球 240 枚，射程远、杀伤力大，是当时重要的看护农具。[①] 在长江流域的屈家岭文化和薛家岗文化中，还出土不少制作精美的陶球，有些球是内空的，存放有砂粒，当投掷这些陶球时，能发出一定的声响，可能也兼有恐吓禽兽的作用。

弹丸出现的时间晚于石球，但其在全国各地的新石器时代遗址中都有发现，且沿用甚久。质地有石弹丸和陶弹丸两类。这种弹丸的用途，历来有多种说法，主要有玩具、生产工具两种。据研究，这两种情况都存在，但游戏起源于劳动，弹丸首先应是一种狩猎和看护农作物的工具，然后才派生为游戏用的玩具。

弹丸有固定的发射工具，这方面有许多生动的民族学资料。如在云南傣族、布朗族、佤族、哈尼族、景颇族和拉祜族地区，普遍使用一种弹弓狩猎，该具与弓相近，但有两点不同：一是比一般弓小；二是在弓弦中央有一个小的凹兜，以供贮存弹丸。在古文字学方面也有这种材料，如甲骨文中的弹字就写成弹弓形状，在弓弦中央也有一个凹兜。民族学资料还提供一个事实，即人们在护理庄稼时，往往每人都携带一把弹弓，作为他们看护和打鸟的重要工具。所以考古发现的无数弹丸，除一部分作玩具外，大部分弹丸是与狩猎、农业看护分不开的。

### （四）网

考古发现的大量新石器时代的网坠，证实了网捕的存在。在集体围捕捉鱼的基础上，人们发明了渔网；半坡遗址出土的陶罐上有鱼网状图案，宝鸡北首岭遗址出土的彩陶船形壶上绘有网纹图案，这是当时人们乘船撒网捕鱼的艺术反映。拴在渔

---

① 宋兆麟：《投石器与流星索——远古狩猎技术的重要革命》，《史前研究》1984 年 2 期。

网上的网坠，有石制、陶制和蚌制的；形状多种多样，有圆柱形、椭圆形、亚腰形、秤砣形、舟形等。最常见的石网坠是用扁平小砾石在两侧打成缺口，即可使用。此类石网坠流行于黄河流域仰韶文化中，仅西安半坡一处，就出土 320 件。长江中游新石器时代遗址，也多此类石网坠，还有一种蛋形有孔石网坠。陶网坠有打制和烧制两大类。打制者系用破陶片加工，形制同石网坠，两侧有对称的缺口。烧制的陶网坠多于打制者，形状多种多样，有圆柱形、椭圆形、橄榄形、秤砣形、舟形等，大小、重量不一。南方新石器时代早期的陶网坠，多长条形或方块形，两侧带凹槽。

## （五）鱼镖、鱼叉

鱼镖、鱼叉可远距离捕鱼。鱼镖多是骨鱼镖头，可与镖杆、绳索制成复合工具。鱼叉至迟始于旧石器时代晚期，在辽宁海城小孤山旧石器时代晚期洞穴遗址中发现了骨制鱼叉。新石器时代的鱼叉，除了在叉杆上的鱼叉外，又出现了脱柄鱼叉。鱼叉的柄部有凸节或锯齿，便于系绳，绳索一端系在叉杆上，另一端系在鱼叉柄上。当鱼叉刺中游鱼时，游鱼挣扎使鱼叉柄部与叉杆脱离，而绳索仍把它们牵连着。这种脱柄鱼叉最早出现在江西万年仙人洞遗址，以后磁山、河姆渡、半坡等遗址都有发现，反映了捕鱼工具与技术的一大进步。

## （六）鱼钩

鱼钩多骨制，有的还带倒刺。说明人们不仅能捉鱼、叉鱼、网捕鱼，而且还能从深水中钓得活鱼。半坡遗址出土 9 件骨质鱼钩，制作均很精巧，有的还有倒钩，已是相当进步的形式。这说明最初的鱼钩，一定产生于此之前。黑龙江密山新开流遗址则出现了骨质鱼卡。[①] 从民族学材料看，鱼卡是鱼钩的先行形式。新开流的鱼卡是把短条骨料从底面各向两端磨成尖，上面中段磨细两端或一端出梭，或穿孔，以便缚绳。这种鱼卡放在水中，似小鱼在水中流动，鱼儿吞食后，待其排水时，即横卡于鱼嘴中，或顺鳃外出，横于鳃外，即可捕获。它的设计，还体现原始渔人诱鱼捕之的匠心。

## （七）鱼笱

在杭州水田畈遗址发现一个呈三角形的竹编织器[②]，做工精细，是一种名叫鱼笱的渔具。从民族学材料看，这种鱼笱安在鱼梁开口的下处，用以诱捕鱼类。鱼笱

---

① 曾骐：《我国新石器时代的生产工具综述》，《考古与文物》1985 年 5 期。
② 浙江省文物管理委员会：《杭州水田畈遗址发掘报告》，《考古学报》1960 年 2 期。

进口呈漏斗形，有倒须，里面往往放着鱼饵。如果上述判断不错的话，中国使用鱼梁鱼笱捕鱼，可以追溯到新石器时代晚期。

## （八）舟船

2002年，杭州萧山跨湖桥遗址出土距今约8000年的独木舟。同时各地出土的舟船形陶器和代表深水捕鱼的大型石网坠，以及木桨和木橹等，充分证明了我国新石器时代先民已经发明了舟船。河姆渡遗址曾采集到一件完整的舟形陶器，宝鸡北首岭遗址出土有绘有网纹的彩陶船形壶[1]，辽宁东港后洼遗址（距今6000多年）出土有舟形陶器[2]，大连旅顺口郭家村上层（距今4000多年）也发现一件舟形陶器[3]。

距今7000年左右的河姆渡遗址第三、四层发现6件木桨。木桨是用一块木板制成，柄叶一体；保存较好的一件呈扁平长圆形，残长63厘米，叶长50厘米，宽12.3厘米，厚2.1厘米，柄残，全器如柳叶形。[4] 湖南澧县城头山古城下发现了"被古城墙叠压着的早于城墙2000年左右的壕沟"，沟内出土了"制作工艺十分精美的木桨和长约2米的木舵（橹）"[5]。吴兴钱山漾遗址出土了一件用青冈木制作的大木桨，桨呈长条形，长96.5厘米，宽19厘米，柄长87厘米。[6] 河姆渡出土的木桨叶较小，吃水不深，可推想当时的船体不大。钱山漾的木桨较大，可推想此时船体比河姆渡时期增大了。城头山的木舵（橹）长约两米，表明当时洞庭湖区的远古先民已有了可以掌握航行方向的大型船只，能够向江河进发，远距离航行。

总之，中国原始时代已经有了比较发达的水产捕捞业，并有许多与之相配套的捕鱼工具和技术。后世的许多捕鱼工具和技术，可以从原始时代找到它最初的形态。

原始农业时代的狩猎活动，既是人们生活资料的重要来源，同时又往往与保护农作物结合在一起。由于原始农业时期人口少、荒野多，鸟兽对农作物的危害很大，因此，看护，即保护农作物，是原始农业的重要的环节。看护的主要目的是防御自然界禽兽的危害，包括鸟吃、鼠咬和猴、熊、野猪等动物的破坏，因而看护活

---

[1] 中国社会科学院考古研究所编著：《宝鸡北首岭》，文物出版社，1983年。

[2] 中国考古学会编：《中国考古学年鉴（1984）》，文物出版社，1984年，95页。

[3] 辽宁省博物馆、旅顺博物馆：《大连市郭家村新石器时代遗址》，《考古学报》1984年3期。

[4] 河姆渡遗址考古队：《浙江河姆渡遗址第二期发掘的主要收获》，《文物》1980年5期。

[5] 唐湘岳：《澧县城头山古城遗址发掘表明长江流域六七千年前已出现人类文明曙光》，《光明日报》，1994年2月26日。

[6] 浙江省文物管理委员会：《吴兴钱山漾遗址第一、二次发掘报告》，《考古学报》1960年2期。

动实际上是一种比较固定的狩猎活动。

民族学为我们提供了这方面的资料：西藏珞巴族从事耜耕农业生产，农作物生长起来之后，人们必须迁居到耕地附近居住，搭一个临时的棚子，日夜看守。人们既在那里看护庄稼，又以采集和狩猎度日。所用的看护工具有地箭、弩、弓箭、飞石索、绳套、鸟网、夹子等。一般说来，白天看护比较容易，除鸟类外，野兽相对较少，即使来犯也易发觉；但夜间看护困难较多，因野兽多夜晚偷袭且不易被人们发觉。于是他们在棚子周围的庄稼地里安装许多"奔甲"，这种工具是用一根大竹制成的，下边埋在地里，上边劈为若干竹片，又在每根竹片上拴一根长绳，引到棚子内。每到夜晚，看护人就不断拉动绳索，使竹片相击，发出噼噼啪啪的声音来，来犯野兽闻声而逃，从而达到看护的目的。这种"奔甲"近世在西南拉祜族、瑶族、苗族地区也相当流行。台湾阿美人也运用这种方法。

民族学资料说明，看护工具基本是从渔猎工具借用的。结合考古出土的新石器时代渔猎工具，推知我国原始农业阶段用于守护的工具有矛、弓箭、弹丸、飞石索、有响声陶球等。

# 第七章 采集和渔猎在原始农业时期的地位

## 第一节 采集渔猎与原始农业的关系

农业起源于距今万年之前，而人类在这个地球上已生活了约 300 万年。人类作为地球上的生命之一，他们 99％的时间是在采集和狩猎的阶段中度过的。据估计，地球上曾生活过近 800 亿人，其中 90％的人是靠采集和狩猎度过一生的，有 6％的人是在农业社会中度过的，其余 4％的人才生活在工业社会中，一直至今。因而哈伦（J. R. Harlan）说，狩猎采集生活是迄今人类所能达到的最成功、最持久、最适应的方式。[①]

人类改变采集狩猎生活方式，走上农业道路的原因，可以从两个方面进行探索：一是人向环境所索取的资源，二是人所处的环境条件，二者既有一定区别，又密切相关。

人类要保持个体的生存以及种族的绵延壮大，必须从环境索取赖以生存的资源。在长达百余万年的采集、渔猎竞争生活中，人类学会了生火和熟食，学会了创制、改进渔猎采集的工具，提高了生存竞争力。对植物的采集，人类学会识别数以千计的植物种类，熟悉它们的生长特性，知道哪些植物是可食的，哪些是有毒不能食的，哪些虽然是有毒，经过处理就仍然可食的，对于个别有毒的植物，狩猎人用它们来制造毒箭头等；在狩猎方面，人类从使用简单的木棒、投枪进一步发明使用石球、弓箭、石镞、弩等。

这里单以石球为例，石球是早在旧石器时代就发明的，蓝田、三门峡等处即已

---

① Harlan J R. Crops and Man. Madison，WI：American Society of Agronomy，1975：1 – 32.

有少量粗糙的石球出土，到了旧石器时代中期，石球已广泛应用于狩猎。1976年许家窑遗址出土的石球数竟有1 059个之多。旧石器时代早、中期，石球的出土集中在陕西、山西、河南一带，到了旧石器时代晚期，辽宁、内蒙古、甘肃等地也相继发现石球。秦岭南麓及黄河两岸似乎是石球传播的中心。许家窑出土的石球，最重的有1 500克以上，小的不足100克，可能视使用狩猎对象而异。与石球一起出土的动物化石也极为可观，其中以野马、披毛犀和羚羊的化石最多，马匹累计即有300多匹，可见许家窑人猎马的技能之高明，考古学家誉之为"猎马人"。民族学的调查报告表明，石球的使用方式甚多，除以手直接投掷外，还有绊兽索、飞石索两种。绊兽索是用一条5～6米长的绳索，一端拴石球，另一端拴在木杆上，不用时，将绳子绕在木杆顶端，追逐野兽时，猛然用力甩开木杆上的绳索，石球一跃而出，击中目标后急速旋转，将兽足牢牢绕住。飞石索有单股飞石索、双股飞石索和三股飞石索三种。单股飞石索的索长60～70厘米，一头握手中，一头拴石球。投掷时先用右臂旋转石索，然后向狩猎目标投去，石球可以击伤或打倒野兽。纳西文字中有飞石索的象形字。双股飞石索长约1.3米，中间编有一个盛石球的凹兜，使用时，把飞石索两端握在手中，用力旋转将石球甩出去，有效射程为50～60米，双股飞石索可以投掷大石头，也可以投掷数枚小石头。我国少数民族中如藏族、羌族、纳西族、普米族和彝族，在20世纪前半期都还使用单股和双股飞石索。三股飞石索是印第安人所使用（图7-1），每股绳索上都拴一个石球，猎者经常骑在马上行猎，借助于马的奔跑速度加上手臂的摆动力量，有时可以连发四五副，能将70米以外的野马绊倒，或者击断马腿。[①]

图7-1　南美洲印第安人使用三股飞石索行猎情况

(Page J W，1939)

---

① 宋兆麟、黎家芳、杜耀西：《中国原始社会史》，文物出版社，1983年，93～94页。

　　弓箭、弩以及毒箭头等杀伤力更强工具的使用，使得狩猎的效率更为提高，这也意味着更多野兽可为人类所食用。积之以数十万年的时间，开始时人类活动半径范围内野兽的种类减少，继而经常被猎的动物逐渐从减少终至于消失。这又促使人类从猎取大型动物转向捕食小动物，又不得不趋向于依靠采集和种植，这一过程是如此缓慢，以至直到原始农业遗址里，依然出土有大量的动物遗骸堆积。

　　从环境条件看，很明显的是，农业在热带地区发生很早（指初期的种植），但进展最慢。因为热带地区可以提供的食物非常丰富，一年四季都可有收获，不需要贮藏备荒。据说，热带的面包树，只需 3 株，足够 1 个人全年的粮食。一个劳动力一天所需的食物，只要 12 支香蕉。至于西谷椰子，据说 1 个月的劳动生产量，足够两年的消费。块根类的产量尤其可观，据拉斯·卡萨斯（Las Casas）估计，20 名妇女劳动 1 个月，每天劳动 6 小时，在肥沃的土地上，其产量可以维持 300 人两年的粮食。自然界这种低投入、高报酬的慷慨大方，妨碍了土著人由原始种植向谷物种植迈进。在热带，果树是终年结实的，芋、薯蓣、木薯等，几乎一年四季可以随时挖掘，现挖现吃。但是谷物就不同了，因为谷物的收获期短，收获之后，必须再播种，贮藏就成为必要，谷物种植促使人们必须要有预见性地考虑明天的食物。[①]

　　从采集狩猎经济发展到农耕经济，中间经历的刀耕火种阶段，是非常重要的。因为农业种植所使用的农具并非都出自创造，而不少是从采集经济所使用的工具继承发展而来。采集狩猎使用的工具，是通过数以万年计的摸索才逐渐改进、创造出来的。耒耜在其间起着中间过渡的作用。耒耜的进一步发展，是锄、铲、犁等；耒耜往前追溯，是尖头的点种棒、挖掘棍、投枪。

　　南非的布须曼人（Bushmen）使用一种挖薯蓣用的挖掘棍（digging stick），恐怕是颇为先进的工具了。布须曼人在挖掘棍的中间套上一个石质圈套，在棍的尖端又套上一个尖尾的海螺壳（图 7-2），二者都有助于减轻使用的力量。挖掘棍的用途也是多方面的，印第安人除了用挖掘棍挖取块根类以外，还用来挖开小动物藏身的洞穴，捕捉小动物；又用挖掘棍敲打黏附在岩石上的软体动物，将其剥离下来。有挖掘棍的使用在前，才有耒耜的改进发明在后。妇女们采集来的块根类、橡子等植物，首先要加工磨成粉，才能制作成各种食品。石磨盘和石磨棒，首先是采集时期发明使用的加工工具，而非农产品加工工具，所以光有磨盘和磨棒出土，不能断定是农业遗址。最初的磨盘和磨棒是非常粗糙的，其经历的时间极长，像河南裴李岗和河北磁山出土的那样精美的磨盘和磨棒，是已进入农耕以后的工具了。同样，杵和臼也是采集时期用来对植物种子、果实等脱壳、去皮、捣碎的加工用具。最初

　　① Page J W. From Hunter to Husbandman. London：George Harrap，1939：34.

的臼，是利用天然凹陷的岩石，或稍加修整而成，臼内放入采集来的种子、果实等，用石块研磨，进行脱壳、研粉。或在室内地面挖个半月形凹穴，上面铺张兽皮，进行研磨加工。没有这种原始的、经历时间极长的"前臼杵"阶段，就不可能有以后的石臼、石杵和木臼、木杵。所以光有臼和杵，也不一定意味着进入农耕阶段。只有非常先进的、加工精美的磨盘和磨棒、臼和杵，才有可能是农耕社会的工具。有些地方的木臼，受到原先独木舟的影响，用整段的树干，挖成凹槽，女子们分列两行，各拿木杵，集体进行春捣，同时辅以歌唱，这说明劳动原本是一种愉快的工作。

图 7-2　非洲布须曼人的挖掘棒
(Page J W, 1939)

陶器是与农业定居生活相伴而发展的，所以陶器也是聚落生活的指示物，一个遗址虽然没有谷物遗存出土，如有相对发达的陶器，基本可以认为是农业遗址。因为原始农业的人们在定居以后，必须解决与群体生活切身有关的炊煮和取水两件大事，外加贮藏种子、饮料（酒）等与再生产及祭祀有关的事。不过，也有些地方是在比较发达的广谱采集经济中实现了定居，并可能由于煮食贝类食物的需要而发明了制陶，如广西桂林甑皮岩遗址，详见本卷第三章。不同类型和不同组合的陶器，代表一定的文化模式、反映不同地区族群经济生活的特点和个性。

截至1998年，我国已发现的最早陶器在距今12 000年以前。稻作文化区发现早期陶器的遗址有：广东英德的青塘遗址，距今9 000～7 000年，浙江浦江的上山遗址早期，距今11 000～9 000年，而江西万年仙人洞和吊桶环遗址出土的陶片距今14 000～10 000年，是至今最早的陶器。而桂林甑皮岩遗址第一期的陶器，距今也有12 000～11 000年。[①] 陶器的先进程度与其烧结的温度密切相关。甑皮岩和仙人洞的陶器，可能是在露天烧制的，其温度要较低。据在露天烧制试验，其温度为600～700℃；在窑内烧制的裴李岗陶器，则有820～920℃；制陶工艺专家认为河姆渡和罗家角遗址的陶器，较之其他稻作遗址的陶器要精致而进步，其烧成的温度可能为820～970℃。故河姆渡文化陶器的初创阶段可以上溯三四千年，这一推断也适用于解释河姆渡稻作的起源，其时间同样应有所推前。其推前的年代，据黄宣

①　参阅石兴邦：《河姆渡文化——我国稻作农业的先驱和"采集农业"的拓殖者》，见浙江省文物局、浙江省文物考古研究所、河姆渡遗址博物馆编：《河姆渡文化研究》，杭州大学出版社，1998年，1～17页。

佩的估计，（河姆渡遗址第四层的年代）应推前到距今7 800～7 100年。①

从采集狩猎到农业诞生，不是经济形态突然发生的跳跃，而是在原来经济形态内部逐渐萌发出新的生产形态，新生的成分慢慢增加，原有的成分逐渐降低了比重，终于导致后者取代了前者的地位。这个过程可从两个方面分析：一是微观的，即局部的；二是宏观的，即全局的。

微观局部的改变。原先在某一地区从事采集狩猎的人群，其活动半径范围内的动植物资源，由于持续不断的采集狩猎，其天然的恢复能力降低，平衡遭到破坏。由于弓箭的使用，毒箭头的使用，加速了大型动物的减少，人类的狩猎对象慢慢转向中、小动物，狩猎所施加于环境的压力，导致动物蛋白质的给源减少，原来由块根类提供淀粉热量和由动物提供蛋白质的膳食平衡结构发生了变化，动物蛋白质显得不够了。因为谷物的植物性蛋白质远高于块根类，于是采集野生谷物的比重开始上升，而野生谷物的采集和加工，远比块根类为麻烦，特别是野生谷物容易掉粒、难以脱壳等，促使人们对之加强选择、易地栽培，反复的实践，迈出了驯化栽培的第一步。这种驯化栽培试验，并非所有的原始人都经历过，而是只发生在膳食结构发生转变的地方。热带地区天然食物丰富，因此较迟进入农耕。原始人群之间，常有来往接触，包括战争，先进的事物总是通过接触交流中学习推广。孤立而缺乏接触交流的氏族，便停留在原始阶段，以至经历极长的时间，至今还残留着原始状态，难以发展。原始农业从采集狩猎晚期或前农业时期继承了许多有益的"遗产"，如灌溉、构筑梯田，块根块茎类植物，狗、半驯化的猪和水牛等。原始人"多识于草、木、鸟、兽、虫、鱼"的"知识结构"，终于成功地驯化栽培了如稻、麦、黍、粟、豆、麻等优良作物，延续至今。

宏观整体地看，中国大地上发现的旧石器时代晚期遗址的数量已相当可观，它们星星点点地分布于中国南方和北方两大地区，那时的人们都还是依赖采集、渔猎为生的一小股、一小股的人群，他们的活动范围，常有一定的半径，同时也常有持续不断的迁徙。无论是栖身于山林的，或沿江河湖海生活的，他们的迁徙能力是很惊人的。特别是沿海和岛屿上的原始人，他们的航海技术与能力，绝不可低估。当我们讨论原始农业的起源时，有必要追溯这些人群的来源和组成，因为这关系到原始农业格局的形成。

据《自然》杂志的报道，中国学者褚嘉祐及其合作者共13人，研究中国各民族的源流关系及与世界各民族的进化关系，他们用15～30个微卫星标记，测试中国18个省（区、市）28个样本的遗传变异（微卫星为染色体组中重复的短的

---

① 黄宣佩：《关于河姆渡遗址年代的讨论》，收入浙江省文物局、浙江省文物考古研究所、河姆渡遗址博物馆编：《河姆渡文化研究》，杭州大学出版社，1998年，76～83页。

DNA 片段，它们遵循孟德尔遗传定律，容易变化且易于控制，多用于对生物进化的分析）。在 28 个样本中，4 个为汉族，24 个为少数民族群落抽样检验，并以同样一套微卫星标记，测试 4 个东亚人、2 个印第安人、1 个澳大利亚人、1 个新几内亚人、4 个高加索人、3 个北美洲群体样本作对照。[①] 研究者按结果绘制了种系发育树，这个系统发育树的主要结构，与以前经典的、非 DNA 遗传标记的结果非常相似；根部的节点把非洲与不是非洲的种群分开来，所有东亚种群相互聚合在一个类群，与他们最近的遗传种群是印第安人，然后是澳大利亚和新几内亚人。这一结论与澳大利亚人（距今 60 000～50 000 年前）和美洲人（距今 30 000～15 000 年前）相继定居相吻合。

东亚种群中，南方种群（S）有 S1、S2、S3 三个类群，北方种群（N）有 N1、N2 两个类群。根据这个模式，S1 与 S2 的遗传关系最密切，S1、S2 与 S3 的遗传关系次之；S1、S2、S3 与 N1、N2 的关系又次之；与 S1、S2、S3 及 N1、N2 都有关系的是美洲人（距今30 000～15 000年前）（图 7-3）。

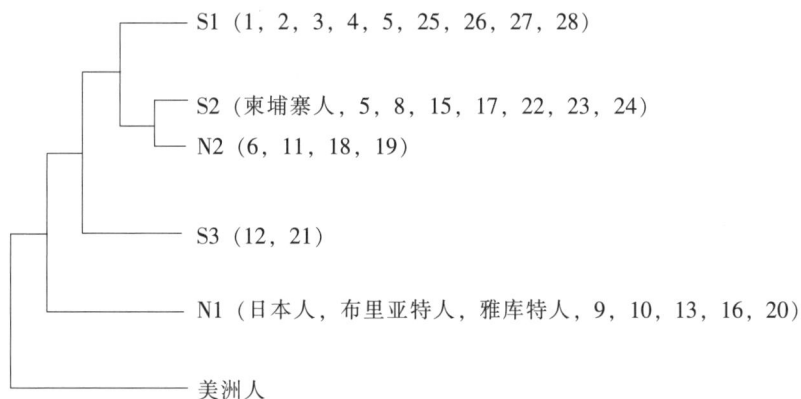

图 7-3　4 个汉族和 18 个少数民族群落的抽样微卫星标记所建的种
系发育树（局部），南方组（S）3 支，北方组（N）2 支

（褚嘉祐等，1998）

从这一分析结果，南方和北方东亚人的起源可以归结为 3 种模式：第一种模式认为东亚人是从东北迁移到南方，然后与已定居在东南亚的澳大利亚土著和巴布亚人融合，形成了混血的东南亚人（距今 5 万～3 万年前）。这一模式与中国语言分布相一致，中国北部以前为讲汉藏语的人所占据，南部被南岛语、苗瑶语、傣语所占据，到后来，汉藏语在距今约3 000年前的周朝，取代了中国南部大部分其他语言。第二种模式则认为北方人是从南方东亚人进化而来的。这一模式与褚嘉祐及其合作者们的遗传数据相吻合。其他遗传的、牙齿的、颅骨的数据也证明了这一假设

---

① Piazza A. Towards a genetic history of China. Nature，395：636-639.

的正确性。第三种模式认为北方和南方东亚人分别独立地从更新世晚期进化而来。这一模式与考古学相一致，如黄河中游的裴李岗文化、仰韶文化（驯化黍粟、猪、狗），长江中游的彭头山文化及下游的青莲岗、河姆渡文化（驯化稻、猪、狗）等。

以上三种模式，包含很大的时间跨度，第二种模式的时间最早，第一种模式的时间居中，第三种模式的时间最晚，距今约 1 万年前，正是原始农业萌芽的时期，也是与本书的讨论主题关系最密切的时期。

令人鼓舞的是上述第三种模式通过河南舞阳贾湖遗址墓葬中完整颅骨的测量分析结果，得到了进一步的揭示。根据聚类分析的结果，贾湖组与河南庙底沟下王岗组，及黄河下游的大汶口组、西夏侯组、野店组等，形成一个聚类群，并且与华县组、庙子沟组、半坡组和永登组等组成一个大的聚类群。[1] 由于这 11 个组的地理位置均处于长江以北的广阔地区，可称为北部类型。此外，还可看到河姆渡组、昙石山组、大龙潭组、甑皮岩组和河宕组等形成另一个大的聚类群，由于这 5 个组的地理位置都处于长江以南，可称为南部类型。另外一个孤立的外贝加尔湖组与前两大类型看，距离均较大，自成一类型。这一结果表明，贾湖与长江以南的新石器时代的颅骨特征具有明显差异，两者属两个不同的地区类型（图 7 - 4）。

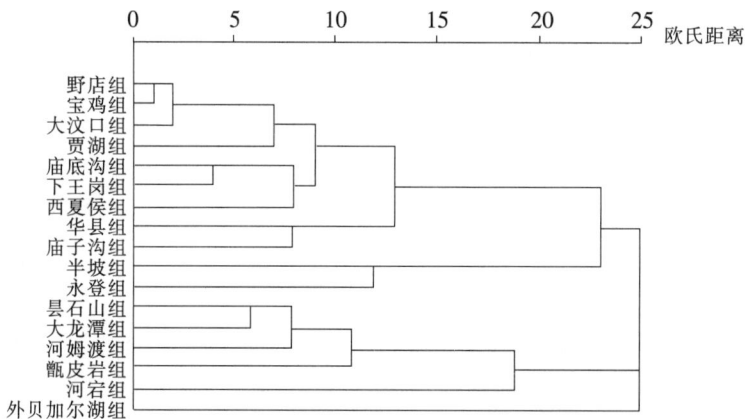

图 7 - 4　贾湖人颅骨的聚类分析树状图

贾湖人的种族特征属于亚洲北部的蒙古人种类型（包括北亚和东北亚类型）特征，包括颅宽、面宽较宽，面高、鼻高较高和鼻宽较窄，以及面部较垂直而扁平。贾湖组居民与同时代（新石器时代）、同地区（今河南境内）的居民（如庙底沟、下王岗）最为相似，这三组与黄河下游居民（今山东）有密切关系，同属一个类型，并且与长江以北的新石器时代居民组成一个较大的、有别于长江以南新石器时代居民的体征类型的北部地区类型。随着社会生产力的发展和人口的流动，部分居

---

① 河南省文物考古研究所编著：《舞阳贾湖（下卷）》，科学出版社，1999 年，875～882 页。

民沿黄河下游扩展，与当地居民混杂（基因交流），使黄河下游新石器时代居民体征的遗传表现型与贾湖组、庙底沟组和下王岗组等最为相似，可视为同一类型的体征，并且逐渐波及整个黄河流域，繁衍至今。

旧石器时代晚期的人类化石遗址和石器文化遗址，表现为各自集中在北方以黄河中游为中心，南方以华南为中心的南北对峙状态。令人惊异的是居于中间的长江流域，其遗址的数量远较南北两方为少，这是一个值得注意的现象。而到了新石器时代，遗址的数量猛增，表现为南北相互接近、融合，长江流域的遗址数量大增，同时，遗址开始从中心向周边的东北和西北扩散。对比旧石器时代遗址分布和新石器时代遗址分布，可以看出格局的同一性和发展的变异性，同时鲜明地表现出北方和南方东亚人是分别地、几乎同时地步入原始农业阶段。这也是对上述第三种模式的一个更为全面的支持和补充。

从采集渔猎向原始农业的过渡，是一个漫长的历程，直至进入完全的农业社会，狩猎还保留很小一部分，并转变为一种不值得提倡的文娱活动。采集的尾巴则更长，就是现代人，每逢春天到来，还要到野外采集可食的各式野菜，如荠菜、蘑菇、马兰头、香椿等；每到秋季，山里野果结实时，人们会进山采集各种野果，有的不光是一种个人消费，还是一种季节性的副业和商贩活动。

人类一旦进入农业社会，采集和狩猎的比重就加快下降，农业本身也由原始刀耕火种转向耜耕和犁耕，不适于农耕的地区逐步发展为畜牧区，保持狩猎的地区进一步缩小。如果以 1492 年哥伦布发现美洲大陆或 1506 年哥伦布逝世（相当于中国明朝正德初年）为一条分界线，可以看出，15 世纪末时，世界只剩下北美洲和澳大利亚还是狩猎的天下，其余的各地，或早已进入犁耕，或从事畜牧，或停留在刀耕阶段，只有北极的格陵兰仍然以放牧驯鹿为生。15 世纪末时，从东亚的中国，到南亚的印度，到中东地区，直到欧洲，犁耕农业已经连成一整片，中国内蒙古、新疆及欧亚大陆北部和非洲北部仍以畜牧业为主；整个南美洲和非洲的南部还停留在锄耕原始农业阶段。从万年前直到有史以后的 15 世纪，全世界还只有欧亚大陆的部分地区具有最悠久的农耕和畜牧历史（以犁耕农业为主），其他地区刀耕农业和采集狩猎仍然占很大比重。而缩小到中国一国，结合历史文献及考古发掘来看，则显得中国的农业历史非常源远流长。中国同样有刀耕农业的孑遗，都集中于西南一角，这是中国历史发展的特殊性所决定的。从 16 世纪到 20 世纪只不过 500 年（占万年的 5%），世界农业的格局就发生了飞速的变化，北美洲、澳大利亚和加拿大成了世界的粮库，刀耕农业地区迅速转入犁耕，只剩下极个别地区还可找到它们的残存形态。这样快的改变速度，当然要归因于西方 17 世纪掀起的工业革命。

1700—1980 年，农业急速发展带来了全球土地使用及生态面貌的改变。土地覆盖方面，全球森林及树木地面积减少 18.7%，草地及放牧地面积减少 1.0%，农耕地面积增加 466.4％（其中，北美地区农耕地增加 6 700％，拉美地区农耕地增加 1 930％，东南亚地区农耕地增加 1 289％，澳大利亚地区农耕地增加 1 060％）。在全球可居住地中，36.3％的区域被严重扰乱过，36.7％的区域被部分扰乱过，只有 27.0％的区域未遭扰乱。尤其 1850—1980 年，森林、草原面积分别减少 601％、1 362％，其中 80％发生在热带地区；全球牧地面积增加 130 800 万公顷，农耕地面积增加 89 100 万公顷，刀耕火种地面积增加 3 000 万公顷。

## 第二节　采集和渔猎的资源

采集狩猎时期人们采食狩猎动植物的种类究竟有多少，现在是个无解之谜，但可以肯定种类是非常多的。采集狩猎时期既然已成为过去、无法还原，本节只能根据考古遗址出土的遗存及古代文献记载，就黄河流域和长江流域分别加以推测，并借鉴少数民族的采集狩猎情况作为启发。

从全世界范围看，如非洲、大洋洲、美洲等处，还有残存的、停留在采集阶段的调查报告，有助于我们逆推采集狩猎时期一些更为近似的情况，就先从这部分内容说起。

### 一、非洲、大洋洲和美洲残存的个别采集情况

雅尔丹（C. Jardin）（1967）著有一本《非洲的实用食物清单》，哈伦把书中属于栽培的、引进的植物删去，并尽可能除掉同种异名的，对所剩 1 400 种以上的植物，进行分类统计，其中禾本科种子约 60 种，豆科约 50 种，块根块茎约 90 种，油料种子约 60 种，果实及核果超过 550 种，蔬菜植物及香料超过 600 种。[①]

雅尔丹书中所开列的植物，绝大多数代表农业部族采食的对象，代表采集部族的只占一小部分。这意味着：①人们采集的野生植物远比驯化种为多；②即使农业在已经很发达的地区，采集野生植物仍然值得进行；③野生植物资源与驯化植物资源同样普遍。

亚诺夫斯基（E. Yanovsky）（1936）著有《北美洲印第安人的食用植物》一书，共收入分属 120 科、444 属、1 112 种的植物，他指出其中约 10％是栽培作物或引进的杂草，其余 90％是美洲土生土长植物。换言之，北美印第安人采集近千种的植物。中美洲和南美洲的植物采集情况还没有系统的整理，但其数量肯定是很大的。

---

① Harlan J R. Crops and Man. Madison，WI：American Society of Agronomy，1975：1-32.

值得注意的是，大洋洲在 19 世纪以前还没有自己驯化的作物和真正的农业，据约瑟夫·梅登（Joseph H. Maiden）（1889）及欧文（F. R. Irvine）（1957）两人先后两次调查，澳大利亚人采集供食用的植物超过 400 种、250 多个属，大概可分为以下几类。

## （一）禾谷类籽实

野生禾谷类籽实长时期以来是重要的采集食物来源，据格雷戈里（A. C. Gregory）（1886）的报道："在 Cooper's Creek（澳大利亚地名），土著们收割一种黍属（*Panicum*）的禾草，那儿有约 1 000 英亩（约合 4.05 米$^2$）的面积，都生长着这种植物，土著们用石刀割下一半高的带穗植株，将籽实敲打脱粒，余下的茎秆常堆成很大的草堆。他们把籽粒向上往空中抛，利用风力吹走稃壳。磨粉是用两种石器——一块不规则的大石板，一根小的圆石棍（按即石磨盘和磨棒），将种子放在石磨板上，用圆棍子研磨，有时是干磨，有时加水磨。"

在美洲，据斯蒂克尼（Stickney）（1896）对威斯康星州的奥吉布瓦（Ojibwa）人收割野菰米（*Zizania aquatica*）的描述："两个妇女，在一只独木舟中共同采集，带着一个大的杉木皮搓成双股绳的绳球，在菰米乳熟时，她们将穗部以下的叶鞘相互扎住，然后回家。待到菰米完全成熟时，她们再来将扎好的叶鞘捆往独木舟上敲打，使之脱粒。每个妇女都熟悉她自己所捆扎的菰米把，彼此很尊重各人的所有权。有时菰米的茎秆事先没有扎好，在船尾的那个妇女会用竹竿慢慢将舟向前撑去，待她的同伴用一根弯曲的棒将穗头钩住，将其拉到舟内，用另一只手拿木棒敲打脱粒。每敲打一下，大概可得一个'及耳'（约合 0.14 升）的种子。当独木舟前进时，收获敲打左侧的菰米，到了舟的前半截装满了，妇女们便相互交换工具，并将舟后退，收获敲打右边的菰米，待全舟都装满了，舟内的菰米低于水平面时，才将舟靠岸，起出收获来的菰米。收获的菰米，可以在太阳下晒干或置于平台上用火烘干。脱壳的工作由男子负担，他们把晒干的种子放进一个布袋，在地面挖一个凹坑，将布袋放进凹坑里，用脚践踏，使之脱壳。已经脱壳的菰米贮藏在树皮袋或大的皮袋里，数量多时，竟可以吃到下一次收获时。"[①]

在澳大利亚北部，野生稻一度成为大规模采集的对象："卡奔塔利亚（Carpentaria）沼泽地的野生稻……是澳大利亚最重要的禾谷食物，并不亚于栽培的水稻。野生稻长约 1.8 米，即使在墨尔本这样的地方，产量也很可观。谷粒黑色，有长

---

① Jardin C. List of foods used in Africa. 转引自 Harlan J R. Crops and Man. Madison，WI：American Society of Agronomy，1975：18.

芒，需要放在一个木槽里摩擦，以去掉那些麻烦的谷壳。"①

印度种植水稻虽然有4 000余年历史，但至今仍然在一些地方采集野生稻。"印度中央各省的贡德（Gonds）人和迪马尔（Dhimars）人，收割野生稻时，先将它们捆扎成一把把，以防谷粒掉落。野生稻在这一带的市场上，专门供应虔诚的教徒在斋戒日（fast day）食用。此外，也卖给贫穷的人。"野生稻是穷人的粮食，伯基尔（1935）也有类似记载："穷人很重视野生稻，他们在野生稻成熟之前，把稻穗的芒缚起来，以留待他们自己来收割，或者去拾取掉下的谷粒，因为稻谷的芒长，拾起来也很容易。"②

在非洲有两种野生稻谷 *O. barthii* 和 *O. longistaminata*，也属采集之列，并常在市场上大量出售。南美洲乌拉圭马德拉（Madeira）河上游的吐比·卡瓦希普（Tupi-Kawahib）人，采集一种森林里的野生禾草（学名未鉴定）。为了便于收获，他们也是在禾草未成熟之前，先将若干株的茎秆缚在一起，到成熟时，种子便集中掉落成一小堆，很便于收获。

黍属（*Panicum*）是全世界采集者最喜欢的禾草种子。在北美，*P. capillare*、*P. obtusum* 及 *P. urvilleanum* 都有在野生状态被采集的记录（Yanovsky，1936），*P. sonorum* 则被墨西哥人所驯化（Gentry，1942）。在非洲，黍属共有7个种是采集对象，其中最重要的是 *P. laetum* 和 *P. turgidum*（Jardin，1967）。在澳大利亚，黍属有4个种被采集。黍属中的 *P. miliaceum*（黍）及 *P. miliare* 在欧亚大陆及印度已分别被驯化。这些情况说明采集者都注意到了类似的植物。

鼠尾粟属（*Sporobolus*）有5个种在北美、3个种在非洲、3个种在澳大利亚被采集。画眉草属（*Eragrostis*）的各个种在北美、澳大利亚及非洲都被采集。龙爪稷属（*Eleusine*）和龙爪茅属（*Dactyloctenum*）在澳大利亚、印度及非洲被采集；其中龙爪稷（*E. coracana*）是驯化作物。马唐属（*Digitaria*）的各个种在澳大利亚、印度、非洲和欧洲都被采集。直长马唐（*D. exilis*）及 *D. iburua* 在非洲被驯化。*D. cruciata* 在印度以及 *D. sanguinalis* 在中欧被作为谷物栽培，直到19世纪，它们还没有真正被驯化。

浮甜茅（*Glyceria fluitans*）在中欧和东欧的沼泽地区迟至1925年还被大量采集（Szafer，1966），它的种子甚至出口到波罗的海沿岸。亚诺夫斯基（1936）的报告说该种也被犹他州、内华达州和俄勒冈的印第安人采集。自从野燕麦等（*A. barbata*、*A. fatua*）杂草化的植物从地中海引入之后，它们就成为加利福尼亚州坡莫（Pomo）族的采集品（Gifford，1967）。总之，雅尔丹（1967）共列举了约

---

①② Jardin C. List of foods used in Africa. 转引自 Harlan J R. Crops and Man. Madison，WI：American Society of Agronomy，1975：18.

60 个种的野生禾草，在近数十年来它们仍然是非洲人采集种子的对象。亚诺夫斯基（1936）记录了北美的约 38 个种，欧文（1957）等记录了澳大利亚的约 25 个种。确切的数字不好说，因为存在着同义词以及有些未鉴定的种。对于欧洲和亚洲而言，除了上述的稻属、黍属、马唐属、甜茅属以外，野生禾草供采集的数目，相对而言，还是知道得较少。

## （二）豆类

采集人不光是吃食豆类的种子，还吃豆荚、豆荚内层的包裹种子的絮状物。豆科植物中有些结块根的，富有淀粉，如葛、豆薯，是很佳的食品。许多豆科植物的茎、叶都可食，特别是幼嫩时。另有一些豆科植物可以食用但是有毒的，原始人知道在食用以前如何去毒，至于毒质本身，常被用来毒鱼、麻醉不会飞的名 emu 的鸟（产于大洋洲），或用毒质制造毒箭头。如同禾本科一样，豆科许多常见的属以及特定的种，在世界各地都被采集。大洋洲广泛地利用金合欢属（Acacia）的各个种，其中亚洲、非洲也采食它们，美洲则不多。在美洲，对牧豆树属（Prosopis）各个种的采集多于非洲和亚洲。刀豆属（Canavalia）的各个种在南美及西南亚和大洋洲都有采集。亚洲、非洲及大洋洲采集 Parkia 属的若干个种。豇豆属（Vigna）和镰扁豆属（Dolichos）的各个种在亚洲、非洲、大洋洲被广泛采集，美洲则以菜豆属（Phaseolus）的采集较多。灰毛豆属（Tephrosia）的各个种在五大洲都有用来毒鱼的记录。

## （三）块根块茎类植物

块根、块茎、根茎、鳞茎等植物在没有明确记载的几千年前早已广泛食用。它们大量存在，比其他植物容易采集，因而优先被人类选中。薯蓣属（Dioscorea）是很庞大的一个属，约有 250 个种，分布在世界的温暖地区，许多块茎是可以食用的或经去毒后可以食用。非洲供食用的有 30 来个野生种，少数已经驯化。野生薯蓣在印度、西南亚、南太平洋、大洋洲及热带美洲，都是重要食物。

天南星科（Araceae）的茎和根在热带有广泛的采集，少数较温暖地区也有采集。百合科（Liliaceae）的鳞茎可食是尽人皆知的，亚诺夫斯基（1936）记述了北美洲印第安人食用的百合有 90 来种，其中葱属（Allium）不少于 17 个种，甚至致命性棋盘花属（Zygadenus）植物（death camus）经过去毒以后也可作食用。豆类、茄科、甘薯属、睡莲属（Nymphaea）及荸荠属（Eleocharis）的块茎可供广泛采食，而莎草（香附子，Cyperus rotundus）在北美洲、非洲、亚洲、大洋洲和欧洲都供食用。

### （四）油料植物

大多数采集者都有阶段性的动物性脂肪多余，但采集者都仍然需要植物油脂。在潮湿的热带地区各种不同的棕榈科（Palmaceae）果实特别吸引人，非洲油椰子（*Elaeis guineensis*）如同南美洲的 *E. melanococca* 一样，一直是野生采集的对象。另外，还有椰子（coconut, *Cocos nucifera*）。菊科、十字花科和葫芦科的种子在全世界都有采集，部分是为了它们的油分。许多核果和某些果实都是富含油分的，现在还是采集对象。其中著名的有油桐属（*Vernicia*）、鳄梨属（*Persea*）、可可属（*Theobroma*）、黄连木属（*Pistacia*）、木樨榄属（*Olea*）、牛油果属（*Butyrospermum*）等。芝麻属（*Sesamum*）和亚麻属（*Linum*）则专取其油料种子。

### （五）果实和坚果

果实和坚果类的种类可以列出很长的名单，这里无此必要。只需指出一点，即如同禾草、豆科、油料种子一样，同一属的不同种，凡是到处存在的，都会被利用。以温带为例，计有胡桃属（*Juglans*）、山核桃属（*Carya*）、榛属（*Corylus*）、栗属（*Castanea*）、桦属（*Betula*）、栎属（*Quercus*）、山楂属（*Crataegus*）、朴属（*Celtis*）、李属（*Prunus*）、悬钩子属（*Rubus*）、葡萄属（*Vitis*）、接骨木属（*Sambucus*）、松属（*Pinus*）等以及其他在欧洲、亚洲、北美、非洲和大洋洲的采集者们都很熟悉的种类。

在热带，过去（及现在）著名的属有榕属（*Ficus*）、柑橘属（*Citrus*）、芭蕉属（*Musa*）、番樱桃属（*Eugenia*）、露兜树属（*Pandanus*）、槟榔青属（*Spondias*）、猴面包树属（*Adansonia*）、波罗蜜属（*Artocarpus*）、番荔枝属（*Annona*）、番木瓜属（*Carica*）等。如果一种植物能吸引某一族的人采集，那么，类似的植物可能吸引另一族人去采集，甚至另一大陆也如此。

### （六）蔬菜及香料

蔬菜及香料植物中最重要的有两个科，即茄科和葫芦科。

**1. 茄科（Solanaceae）**　　茄属（*Solanum*）遍及每一大陆，本属包括数百个种，在非洲采集作食用的有 15 种，北美 9 种，南美洲、印度及大洋洲都有若干种。有些有毒的种类需要在食前去毒，人们大多数是吃它的果实，但也有作野菜食的。在美洲有一些种是食其块茎的。另外，灯笼果属（*Physalis*）也受到广泛的采食，在北美至少有 10 个种被采食，南美洲、非洲、欧洲、亚洲及大洋洲亦都有采食。美洲采集的野生属还有 *Capsicum*、*Cyphomandra* 及 *Lycopersicon*。烟草属（*Nicotiana*）是美洲和大洋洲人最喜欢的植物之一。其中有几个种特别有名，几乎到处都被采集。在美洲，烟草是可嚼也可吸的，但在大洋洲则只用以咀嚼，有某种酸橙（Lime，很像柠檬）常常和嚼烟块混合使用。曼陀罗属（*Datura*）不论是东半球或西半球，都作药物用。

**2. 葫芦科**（Cucurbitaceae）　葫芦科是最吸引采集者的植物之一，它们常常因大量存在而显得特别重要。在澳大利亚，据梅登（1886）观察，有一种葫芦（*Cucumis trigonus*）竟多到整个村庄似乎都被铺遍了。在南非，眼前的景物几乎被野西瓜（*Citrullus colocynthis*）所掩盖，因为那里的人和动物全靠野西瓜为饮水的来源，以度过漫长的干旱季节。热带的黄瓜属（*Cucumis*）和苦瓜属（*Momordica*）在非洲和亚洲都是采食野生种，广葫芦属只限于美洲，并被印第安人广泛利用，其中有若干种已被驯化。开白花的葫芦利用最广泛，因其果壳坚硬，可作各种容器。欧洲、亚洲、非洲、大洋洲各地都有利用葫芦的记载，但它们的野生种不很清楚。丝瓜（*luffa*）在亚洲等地也都被广泛食用，但在大洋洲则被用来毒鱼。

哈伦将澳大利亚土著采集野生植物的类属列成一表，现转录如表7-1。[①]

**表7-1　澳大利亚土著采食的主要植物属名，每属包括若干种**

| 植物属名 | 植物属名 | 植物属名 |
|---|---|---|
| *Acacia*（Af，Am，As）* | *Chenopodium*（Am，Af，As）* | *Eucalyptus*（♀） |
| *Adansonia*（Af，As）* | *Citrus*（As，O）* | *Eugenia*（Af，As，O）* |
| *Aleurites*（As，O）* | *Clerodendrum*（Af） | *Ficus*（Am，Af，As，O）* |
| *Alocasia*（As，O）* | *Cordia*（Af，As） | *Garcinia*（Af，As，O）* |
| *Amaranthus*（Am，As，Af）* | *Cucumis*（As，Af）* | *Gastrodia* |
| *Amorphophallus*（Af，As，O）* | *Cyperus*（Am，Af，As） | *Geranium*（Am，As，E）* |
| *Antidesma*（As） | *Dactyloctenium*（Af） | *Glycine*（As，O）* |
| *Araucaria*（Am，O，♀） | *Digitaria*（Af，As，E）* | *Grewia*（Af，As，O） |
| *Austromyrtus* | *Dioscorea*（Am，Af，As）* | *Haemodorum* |
| *Boerhavia*（Af，Am，As） | *Diospyros*（Am，As，O）* | *Hibiscus*（Am，Af，As，O）* |
| *Bowenia* | *Dolichos*（Af，As，O）* | *Ipomoea*（Am，Af，As，O）* |
| *Calamus* | *Elaeagnus*（As，E）* | *Lagenaria*（Am，Af，As，O）* |
| *Canavalia*（Af，Am，As）* | *Eleocharis*（Am，Af，As）* | *Lepidium*（Am，Af，As，E）* |
| *Capparis*（Af，As）* | *Eleusine*（Af，As）* | *Linum*（As，E）* |
| *Carissa*（Af） | *Eragrostis*（Am，Af）* | *Loranthus* |
| *Cassia*（Af，As，O） | *Eriochloa*（Af，As）* | *Lucuma*（Am） |

---

① Harlan J R. Crops and Man. Madison，WI：American Society of Agronomy，1975：18.

（续）

| 植物属名 | 植物属名 | 植物属名 |
|---|---|---|
| *Luffa*（As）* | *Oxalis*（Am，Af，As）* | *Solanum*（Am，Af，As，E，O）* |
| *Lycium*（Af） | *Pandanus*（As，O）* | *Sorghum*（Af，As）* |
| *Macadamia*（♀） | *Panicum*（Am，Af，As，E）* | *Spondias*（Am，Af，As，O）* |
| *Manilkara*（Af） | *Parinari*（Af） | *Sporobolus*（Am，Af） |
| *Marsilea* | *Phragmites*（Af，Am，As，E，O） | *Tacca*（As，O）* |
| *Mimusops*（Af，As） | *Physalis*（Am，Af，As，E）* | *Terminalia*（As，O）* |
| *Mucuna*（As）* | *Piper*（Am，Af，As，O）* | *Trigonella*（As）* |
| *Musa*（As，O）* | *Podocarpus*（Af，As，O）* | *Typha*（Am，Af，As，E，O）* |
| *Nasturtium*（As）* | *Polygonum*（Am，Af，As，E，O） | *Vigna*（Af，As，O）* |
| *Nelumbo*（Af，As）* | *Portulaca*（Am，Af，As，E）* | *Vitex*（Am，Af，As，O）* |
| *Nymphaea*（Am，Af，As）* | *Rubus*（Am，Af，As，E）* | *Vitis*（Am，As，E）* |
| *Ocimum*（Af，As）* | *Rumex*（Am，Af，As，E） | *Zamia*（O） |
| *Oryza*（Am，Af，As，O）* | *Sambucus*（Am，Af，As，E）* | *Ziziphus*（Af，As）* |
| | *Sesbania*（Am，Af，As）* | |

注：一属后有括号表明该属不只在澳大利亚被采食，括号内缩写字母指该属还在其他地区被采食，其中 Am＝美洲，Af＝非洲，As＝亚洲，E＝欧洲，O＝大洋洲，♀＝现代驯化种。＊表示该属中的一个种或多个种在澳大利亚之外的某地被驯化。

## 二、黄河流域采集和狩猎的动植物资源

### （一）植物资源

推测黄河流域的植物采集资源，可从两方面入手，其一是古代文献，其二是考古材料。

古代文献以《诗经》的价值最为重要。《诗经》在时间上与史前最为接近，3 000多年前的植被与史前采集时期的植被，应该非常相近。其次，《诗经》本身的内容十分重要，古埃及人留下来的识别植物只有 55 种，《圣经》中提到的植物为 83 种，希腊荷马（Homer，约前 900 年）的史诗中提到的植物约 60 种，历史学家希罗多德（Herodotus，前 484—前 424）提到的植物为 63 种，而《诗经》中提到的植物有 132 种，其中木本 54 种、草本 41 种，其余为人放弃种植的农作物及水生植物、竹类等。现将木本及草本植物名称抄录如表 7 - 2。

表 7 - 2 《诗经》中的植物

| 序号 | 木本植物名称 | 分布及记载次数 | | | | |
|---|---|---|---|---|---|---|
| | | 原野 | 山地 | 隰地 | 栽培 | 不详 |
| 1 | 乔木（泛称） | 2 | 4 | 1 | 1 | 2 |
| 2 | 桃（*Prunus persica*）* | | | | 1 | 4 |
| 3 | 楚（荆）（*Vitex negundo* var. *heterophylla*）* | 2 | | 1 | | 2 |
| 4 | 甘棠（*Pyrus betulifolia*） | | | | 1 | |
| 5 | 朴（*Quercus dentata*） | 1 | | 1 | | |
| 6 | 棣（*Prunus japonica*） | | 1 | | | 2 |
| 7 | 榛（*Corylus heterophylla*）* | | 2 | | | 2 |
| 8 | 桑（*Morus alba*） | 2 | 3 | 3 | 11 | 1 |
| 9 | 梓（*Catalpa ovata*）* | | | | 2 | |
| 10 | 椅（*Idesia polycarpa*） | | | | 1 | 1 |
| 11 | 栗（*Castanea mollissima*）* | | | 2 | 2 | |
| 12 | 漆（*Toxicodendron vernicifluum*） | | 2 | 1 | | |
| 13 | 李（*Prunus salicina*） | | 2 | | | |
| 14 | 杞（柳）（*Salix purpurea*） | | 3 | 1 | 1 | 1 |
| 15 | 檀（*Pteroceltis tatarinowii*） | | | 1 | 2 | |
| 16 | 棘（*Ziziphus jujuba* var. *spinosa*） | | 1 | | 3 | 2 |
| 17 | 枢（*Hemiptelea davidii*） | | | 1 | | |
| 18 | 栲（*Ailanthus altissima*）* | | 2 | | | |
| 19 | 榆（*Ulmus japonica*）* | | | 1 | | |
| 20 | 杻（*Quercus glauca*） | | 1 | 1 | | |
| 21 | 椒（*Zanthoxylum simulans*） | | | | 2 | |
| 22 | 杜（*Pyrus betulifolia*） | | | | | 3 |
| 23 | 栩（*Quercus mongolica*） | | 1 | | 1 | 1 |
| 24 | 杨（*Populus tomentosa*）* | | | 1 | | |
| 25 | 柳（*Salix babylonica*）* | | | 1 | 1 | 2 |
| 26 | 条（*Celtis sinensis*）* | | | 1 | | |
| 27 | 梅（*Prunus mume*） | | 1 | | 2 | |
| 28 | 栎（*Quercus acutissima*）* | | 1 | | | |
| 29 | 山梨（*Pyrus ussuriensis*） | | | | 1 | |
| 30 | 枌（*Ulmus parvifolia*） | | 1 | | | |
| 31 | 郁（*Vitis* sp.） | | | | 1 | |
| 32 | 薁（*Vitis* sp.） | | | | 1 | |
| 33 | 枸（*Hovenia dulcis*）* | | 1 | | | |
| 34 | 枣（*Ziziphus jujuba*）* | | | | 1 | |
| 35 | 桐（*Paulownia tomentosa*）* | | 1 | | 1 | |
| 36 | 谷（*Broussonetia papyrifera*）* | | | | 1 | |
| 37 | 六驳（*Litsea coreana*） | | 1 | | | |

（续）

| 序号 | 木本植物名称 | 分布及记载次数 | | | | |
|------|-------------|------|------|------|------|------|
| | | 原野 | 山地 | 隰地 | 栽培 | 不详 |
| 38 | 赤棘（*Ziziphus jujuba* var. *spinosa*） | | | 1 | | |
| 39 | 荺（*Ribes nigrum*） | | 1 | | | |
| 40 | 柞（*Quercus serrata*） | | 5 | | | 1 |
| 41 | 苕（*Campsis grandiflora*） | | | | | 1 |
| 42 | 棫（*Quercus*） | | 4 | | | |
| 43 | 楛（种属及学名不详） | | 1 | | | |
| 44 | 柽（*Tamarix chinensis*） | | | | | 1 |
| 45 | 栯（*Carpinus*?） | | 1 | | | |
| 46 | 椐（*Pterocarya stenoptera*） | | 1 | | | |
| 47 | 柘（*Maclura tricuspidata*） | | 1 | | | |
| 48 | 山桑（*Broussonetia* sp.） | | 1 | | | |
| 49 | 苌楚（*Actinidia chinensis*） | | | 1 | | |
| 50 | 松（*Pinus tabuliformis*）* | | 7 | | 1 | |
| 51 | 柏（*Platycladus orientalis*） | | 5 | | | 1 |
| 52 | 桧（*Juniperus chinensis*） | | | | | 1 |
| 53 | 枞（*Abies* sp.）* | | | | | 1 |
| 54 | 鼠梓木（*Ligustrum japonicum*） | | | | | |

| 序号 | 草本植物名称 | 分布及记载次数 | | | | |
|------|-------------|------|------|------|------|------|
| | | 原野 | 山地 | 隰地 | 栽培 | 不详 |
| 1 | 蔓草、稂莠（泛称） | 5 | 1 | | | |

（笔者按：稂应是黍的伴生杂草，即 *P. spontaneum*；莠是粟的伴生杂草，即 *S. viridis*）

| 序号 | 草本植物名称 | 原野 | 山地 | 隰地 | 栽培 | 不详 |
|------|-------------|------|------|------|------|------|
| 2 | 葛（*Pueraria montana* var. *lobata*） | 2 | 3 | 1 | | 1 |
| 3 | 卷耳（*Cerastium fontanum*） | | 1 | | | |
| 4 | 蕨（*Pteridium aquilinum*） | | 2 | | | |
| 5 | 白茅（*Imperata cylindrica*） | 2 | | | | |
| 6 | 虆（*Vitis flexuosa*） | | 1 | 1 | | |
| 7 | 瓟（*Lagenaria siceraria*） | 1 | | 1 | | |
| 8 | 芣苢（*Plantago major*） | | | | | 1 |

（笔者按：此学名是车前草，芣苢即薏苢，学名为 *Coix lacryma-jobi*）

| 序号 | 草本植物名称 | 原野 | 山地 | 隰地 | 栽培 | 不详 |
|------|-------------|------|------|------|------|------|
| 9 | 葑（*Brassica campestris*） | | 2 | | | |
| 10 | 菲（*B. campestris*） | | 1 | | | |
| 11 | 荠（*Capsella bursa-pastoris*） | | 1 | | | |
| 12 | 苓（*Cerastium fontanum*） | | 1 | 1 | | |
| 13 | 贝母（*Fritillaria verticillata*） | | 1 | | | |
| 14 | 萝藦（*Cynanchum rostellatum*） | | | | | 1 |
| 15 | 蓷（*Leonurus macranthus*） | | 1 | | | |

（续）

| 序号 | 草本植物名称 | 分布及记载次数 | | | | |
|---|---|---|---|---|---|---|
| | | 原野 | 山地 | 隰地 | 栽培 | 不详 |
| 16 | 茹芦（*Rubia cordifolia*） | | 1 | | | |
| 17 | 兰草（*Eupatorium chinense*） | | | 2 | | |
| 18 | 蔹（*Ampelopsis japonica*） | 1 | | | | |
| 19 | 荍（*Malva cathayensis*） | | | | | 1 |
| 20 | 蓍（*Achillea alpina*） | | 1 | | | 1 |
| 21 | 荼（*Sonchus oleraceus*） | 3 | 1 | | | |
| 22 | 台（*Carex* sp.） | | 1 | | | |
| 23 | 莱（藜）（Chenopodioideae） | 1 | 1 | | | |
| 24 | 蓫（*Phytolacca acinosa*） | 1 | | | | |
| 25 | 蓄（?） | 1 | | | | |
| 26 | 茨（蒺藜）（*Tribulus terrestris*） | 1 | | | | |
| 27 | 绿（?） | 1 | | | | |
| 28 | 蓝（*Persicaria tinctoria*） | 1 | | | | |
| 29 | 蓼（*Persicaria hydropiper*） | 1 | | | | 1 |
| 30 | 菫（*Viola patrinii*） | 1 | | | | |
| 31 | 菅（*Themeda triandra*） | 2 | | | | |
| 32 | 萎（*Artemisia vulgaris*） | | | | | 1 |
| 33 | 蘩（*A. lagocephala*） | 2 | | 1 | | |
| 34 | 蓬（?） | 1 | | | | 1 |
| 35 | 萧（*A. apiacea*） | 3 | | 1 | | |
| 36 | 艾（*A. vulgaris*） | 1 | | | | |
| 37 | 苹 | 1 | | | | |
| 38 | 蒿 | 1 | | | | |
| 39 | 芩 | 1 | | | | |
| 40 | 莪 | | 1 | | | 1 |
| 41 | 蔚（*A. japonica*） | | | | | 1 |

注：根据何炳棣《黄土与中国农业的起源》中的表三和表四合并修改而成。[①]原表个别有误处，作了修正说明；根据植物分类学的进展，表中种一级的植物拉丁学名已依据最新标准修订。——编者注

通过孢粉分析，在半坡和燕山南麓鉴定出的植物，同时亦见于《诗经》者，在上表中用 * 号标明，但《诗经》并非植物志，还有不少植物没有记及，计有：云杉（*Picea*）、铁杉（*Tsuga*）、落叶松（*Larix*）、胡桃李（*Juglans*）、柿（*Diospyros* sp.）、桦（*Betula* sp.）、鹅耳枥（*Carpinus* sp.）、椴（*Tilia* sp.）、榉（*Zelkova* sp.）、槭（*Acer* sp.）、楸（*Catalpa bungei*）、香椿（*Toona sinensis*）、槐（*Styphnolobium japonicum*）。

---

① 〔美〕何炳棣：《黄土与中国农业的起源》，香港中文大学出版社，1969 年，42～64 页。原文谓植物种类在 150 种以内，这里据陆文郁《诗草木今释》统计，为 132 种。

孢粉分析的依据是现代植物分类学，很细致，《诗经》是古代诗歌，所提到的植物往往只是大类，比较笼统，如松、柏、杉、桃、乔木等，实际上不止一种，所以表中编号的54种木本植物和41种草本植物（竹不计在内）实际上远少于《诗经》中提到的植物种类。有些极古老但很普遍的树如槐，《诗经》里没有提到，所以《诗经》中到底一共有多少植物，现在也无从判断。在54种木本中，有48种是阔叶落叶树，黄土区域植被中阔叶落叶树的比例如此之高，说明最后一次间冰期即距今万年以来，气候温暖，有利于农业的发展。

西安半坡遗址自20世纪60年代初期经过孢粉分析以后，20世纪80年代柯曼红、孙建中等又对其进行了深入的孢粉分析。[①] 研究共分析孢粉17块，单个样品统计孢粉128～698粒，共统计孢粉7 500粒，包括64个科属，两种水藻类。所见的植物孢粉中，针叶树种主要有松属、铁杉属。其次是云杉属、冷杉属和其他松科。温带落叶阔叶树种主要有栎属，其次是臭椿属、胡桃属、榆属、鹅耳枥属、桦属、朴属、榛属、柳属、椴属，还有少量的亚热带成分如枫杨属、漆属、栗属。灌木植物花粉主要有连翘属，其次是蔷薇科、麻黄属。草本植物花粉主要有蒿属，其次是藜科、菊科、禾本科、婆婆纳属、十字花科、香蒲属、毛茛科、少量的伞形科、石竹科、荨麻属、茄科、酸模属、拉拉藤属、豆科、莎草科、花葱科。蕨类植物孢子主要有水龙骨科、中华卷柏，其次是石松属、蕨属、里白属，及很少的铁线蕨科、中国蕨科等。淡水藻类有环纹藻和少量的双星藻。根据孢粉组合的特征，自下而上，主要划分三个孢粉带：Ⅰ带（409～329厘米）为"松-蒿-藜"优势带；Ⅱ带（329～196厘米）为"铁杉-栎-香蒲"增长带；Ⅲ带（196～45厘米）为"松-栎-蒿"组合带。每一带还可再分为若干个亚带。根据孢粉分析结果，半坡大围沟剖面主要经历了植被发展的三个阶段和相应的三次气候演替。半坡遗址在地质时代属全新世，其孢粉组合与我国北方全新世孢粉组合及国际气候分期的对应关系是：

Ⅰ带为早全新世，可与北方期、前北方期对比，是冰后期气候开始转暖时期。

Ⅱ带为中全新世，可与大西洋期对比，是冰后期气候最温暖时期。

Ⅲ带为晚全新世，可与亚大西洋期、亚北方期对比，是冰后期的降温期（表7-3）。

---

① 柯曼红、孙建中：《西安半坡遗址的古植被与古气候》，《考古》1990年1期。

表 7 - 3　西安半坡遗址与华北区孢粉组合及气候分期对比

| 深度（米） | 地质时代 | 岩性 | 西安半坡遗址 | | | | 华北地区 | | | | 气候分期 |
|---|---|---|---|---|---|---|---|---|---|---|---|
| | | | 孢粉组合特征 | 古植被 | 古气候 | 孢粉带 | 孢粉带 | 孢粉组合特征 | 古植被 | 古气候 | |
| 0.45~1.96 | 晚全新世 | 灰褐色黄土 | 松渐增，阔叶树明显减少，禾、蒿、藜、菊等旱生草本、蕨类植物孢子、中华卷柏显著增多 | 以松、蒿为主的疏林草原 | 凉干（降温） | III | III₂ | 松或桦，或松与桦，蒿、藜、禾本科 | 森林，或森林草原 | 凉较干 | 亚大西洋 |
| | | | | | | | III₁ | 松与桦，蒿、藜、禾本科 | 森林草原 | | 亚北方 |
| 1.96~3.29 | 中全新世 | 黄褐色、黄红褐色黄土　褐灰色亚黏土、褐红灰色黄土 | 针叶树松、云杉逐渐消失，阔叶树栎、臭椿、胡桃、榆等增加 | 以阔叶树、蒿为主的疏林草原 | 温和干旱（次温暖） | | II₃ | 松、栎、榆、蒿、藜、禾本科 | 落叶阔叶林 | 温暖湿润 | 大西洋 |
| | | | II₁、II₃带铁杉、栎、鹅耳枥、朴、胡桃、榆明显增加，松占一定比例，水生香蒲繁盛，蒿、藜、菊减少　II₂带短期松、云杉、冷杉显著增加 | 森林草原　针叶林及草原 | 温暖较湿（最温暖）　寒凉偏湿 | II | II₂ | 中部榆下降 | 森林草原 | | |
| | | | 松显著增加，栎、臭椿、胡桃、榆等很少，水生香蒲较繁，蒿、藜占多数 | 森林草原　以松、蒿、藜为主的森林草原 | 温暖较湿　温凉较干 | | II₁ | | | | |
| | | | | | | I | I₂ | 松或桦，蒿、藜、禾本科 | 森林草原 | 温和较湿 | 北方 |
| 3.29~4.09 | 早全新世 | 灰黄色亚黏土 | 乔木植物极少，中生草本植物十字花科、豆科、石竹科占优势，少量的蒿、菊、藜、禾草 | 中生草原 | 温和半湿润（转暖） | | I₁ | 中生草本植物 | | 较冷较干 | 前北方 |

资料来源：柯曼红、孙建中：《西安半坡遗址的古植被与古气候》，《考古》1990 年 1 期。

全新世存在温暖期，在半坡遗址中得到证实。半坡遗址的最温暖时期是在Ⅱ带。该带植被反映了分布区内的气候特征。半坡村落附近的草本植物繁茂，耐旱蒿属遍布，中生草本植物香蒲繁盛，淡水藻类环纹藻亦有出现，表明当时湖沼发育。遗址附近还散生有种类较多的落叶阔叶树种，主要有栎、臭椿、胡桃、榆、鹅耳枥、朴、桦，还生长着少量的亚热带树种如枫杨、栗、漆等。这些植物的花粉在地层中保存下来，证实当时半坡遗址附近的确生长着这些树种。孢粉分析还表明当时半坡附近湖沼发育、竹林茂密，这和现今情况迥然不同，估计当时温度较现在高2～3℃。

考古工作者在河北平原东部、浙江河姆渡文化遗址和镇江地区发现大西洋期（距今5 800～5 000年）的温度有下降趋势，在孢粉图式上出现过"榆下降"或阔叶树花粉下降的现象，这在半坡遗址中获得证实。半坡遗址的特点是大西洋期即Ⅱ₂亚带针叶树种显著增多，阔叶树种下降，呈现出针叶树林及草原的植被景观，表明全新世温暖期中出现过气候小波动——低温期。

位于半坡以北、属于龙山文化的山西襄汾陶寺遗址，其孢粉分析的结果，与半坡的十分类似。陶寺遗址的年代属于全新世中期，即温暖潮湿的高温期后段，随着气候趋向温干，落叶阔叶林分布面积减少，被温性针叶林所代替，温性草原进一步扩展。同样，在晋北的阳高取得的泥炭剖面揭示，在距今7 000～2 000年，该地亦属温性针叶和落叶阔叶林区。现今气候属于半干旱、干旱区的一些考古发掘点，在约前2000年，曾气候湿润，广泛分布着暖温带阔叶林或暖温性针叶林。陶寺遗址中除家畜骨骼外，还找到鹿、竹鼠、扬子鳄（*Alligator sinensis*）的骨骼，如果它们不是由远处搬运而来，那么可以说明当时陶寺有较广的水域和湿润的气候，才能使现今只见于长江流域的扬子鳄会在4 000年前分布到襄汾地区。因孢粉鉴定中未见到典型的亚热带科属植物，故对动物鉴定不能给予有力的支持。[1]

## （二）动物资源

何炳棣综合各家的研究结果，指出黄土区域古动物群的共同特征是反映干旱草原型的动物群，如鼢鼠类（*Myospalax* sp.）、鸵鸟（*Struthio* sp.）、马类（*Equus* sp.）、鹿类（*Cervus* sp.）等，都是有代表性的黄土区生物。[2]

需要注意的是动物群中一些"异常"的成分。黄土中的动物化石自更新世中期以来，即以啮齿类为主，其所代表的动物生态环境是干旱草原。这与黄土中的孢粉分析结论一致。但在黄土中曾报道发现过象（*Elephas indicus*）、犀牛（*Rhi-*

---

① 孔昭宸、杜乃秋：《山西襄汾陶寺遗址孢粉分析》，《考古》1992年2期。
② 〔美〕何炳棣：《黄土与中国农业的起源》，香港中文大学出版社，1969年，21～25页。

noceros sp.）、竹鼠（*Rhizomys troglodytes*）等喜湿的动物化石。早期也曾有人因为黄土出土有喜湿习性动物的化石而对黄土风积说提出疑问，进而认为黄土是流水作用所形成的。刘东生指出以往所提到的象、犀牛及其他喜湿动物的化石，根本不是来自黄土，而是来自砂砾石层中，多数层位不清楚，其产状不明。关于象、犀牛等动物化石，刘的结论是在黄土地区确实找到过不少含有象、犀、河狸化石的层位，这些化石都发现于不同时期的河流冲积或湖相沉积中。在河泥湾期的早更新世沉积物中，有河泥湾、三门峡、太谷、榆社、寿阳、临猗等地。在黄土期或马兰期的晚更新世河湖相地层中，有萨拉乌苏、丁村、庆阳、环县等地。刘的这一推论分析，有益于对黄土区古自然环境的正确理解。因为在长时期干燥的总趋势之下，更新世曾有几度旋回性的雨期和间雨期的交替，形成先后不同时期的河湖相沉积和不同层位的午城、离石、马兰等黄土。黄土与河湖相沉积一般皆呈不整合叠覆。主要的动物化石却是具有高度代表性的干旱草原动物化石。从古动物群也可反映更新世气候变化的总趋势和干旱的周期性交替。

根据局部出土的地层不明的动物化石，推断黄土区全部的古自然环境，而不了解地层形成的种种复杂原因，是很容易引起错解的。例如，若把象、犀牛、竹鼠的发现解释为黄土区自然环境的相对湿暖，那么，黄土区猛犸象（*Mammuthus pri-migenius*）、披毛犀（*Coelodonta antiquitatis*）的发现岂不象征黄土区是寒冷的草原，甚至是类似苔藓的半冻原野？骆驼和大量鸵鸟蛋化石的发现，岂不反映黄土区是荒凉的半沙漠或沙漠地带？正因为黄土的形成主因是长期干旱，而长期干旱的总趋势之中有相对干期和相对湿期的周期性的交替，所以不但黄土先后各地层与先后各河湖相沉积之间的关系相当复杂，而且各种地层之间的动物群化石也相当费解。黄土区河湖相地层为史前及上古有史时代排水不良的地带，因为水分较多，生长着丛林，为犀、象、竹鼠、香猫（*Paguma*）这类华南型、东南亚型喜湿暖的动物栖息之所，本不足异。事实上，地质、考古和古代文献（见《古本竹书纪年》、《国语·晋语》和《山海经》等）都证明殷商时华北还有象存在。迟至西周时，陕西还有犀牛；至战国时，犀牛还见于江汉区域。黄土平原的降水虽然比黄土高原略多，但古动物群与高原区并无显著不同。

河南舞阳贾湖遗址发现后跨学科研究不断跟进，发掘者对该遗址动植物群落的面貌，作出了及时的报道。[①] 贾湖遗址经多次的发掘，获得大量动物骨骼，主要有哺乳类、鸟类、爬行类、鱼类和瓣鳃类等38种动物（表7-4）。

---

① 河南省文物考古研究所编著：《舞阳贾湖（下卷）》，科学出版社，1999年，785～804页。

表7-4　贾湖遗址动物群组合

| 动物名称 | 学名 | 动物名称 | 学名 |
|---|---|---|---|
| 貉 | *Nyctereutes procyonoides* Gray | 鲤属未定种 | *Cyprinus* sp. |
| 紫貂 | *Martes zibellina* Linnaeus | 黄缘闭壳龟 | *Cuora flavomarginata* |
| 狗獾 | *Meles meles* Linnaeus | 中国花龟 | *Ocadia sinensis* |
| 豹猫 | *Felis bengalensis* Kerr | 龟科属种未定 | *Emydidae* gen. et sp. indet. |
| 狗 | *Canis familiaris* Linnaeus | 中华鳖 | *Trionyx sinensis* |
| 野猪 | *Sus scrofa* Linnaeus | 杜氏珠蚌 | *Unio douglasiae* Griffith et Pidgeon |
| 家猪 | *Sus scrofa domestica* Brisson | | |
| 梅花鹿 | *Cervus nippon* Temminck | 珠蚌属未定种 | *Unio* sp. |
| 麋鹿 | *Elaphurus davidianus* Milne-Edwards | 江西楔蚌 | *Cuneopsis kiangsiensis* Zhang et Lee |
| 小鹿相似种 | *Muntiacus* cf. *reevesi* Ogilby | 巨首楔蚌 | *Cuneopsis capitata* Heude |
| 獐 | *Hydropotes inermis* Swinhoe | 圆头楔蚌 | *Cuneopsis heudei* Heude |
| 羊属未定种 | *Ovis* sp. | 楔蚌属未定种 | *Cuneopsis* sp. |
| 牛亚科属种未定 | *Bovinae* gen. et sp. indet. | 楔丽蚌 | *Lamprotula bazini* Heude |
| 兔属未定种 | *Lepus* sp. | 拟丽蚌 | *Lamprotula spuria* Heude |
| 天鹅属未定种 | *Cygnus* sp. | 失衡丽蚌 | *Lamprotula tortuosa* Lea |
| 环颈雉 | *Phasianus colchicus* Linnaeus | 丽蚌属未定种 | *Lamprotula* sp. |
| 丹顶鹤 | *Grus japonensis* Müller | 剑状矛蚌 | *Lanceolaria gladiola* Heude |
| 扬子鳄 | *Alligator sinensis* | 短褶矛蚌 | *Lanceolaria grayoana* Lea |
| 青鱼 | *Mylopharyngodon piceus* | 冠蚌属未定种 | *Cristaria* sp. |
| | | 河蚬 | *Corbicula fluminea* Müller |

上述38种动物中，家猪与狗的材料众多，说明它们同人类活动有关。此外，材料较多的还有梅花鹿、獐与貉，再加上众多的鱼骨、瓣鳃类、爬行类与鸟类，说明贾湖人渔猎的对象相当广泛。牛类材料较少，所以涉及贾湖先民是否驯养动物这一论题时，很难确切回答。

贾湖动物群中的哺乳类动物共14种，除家养的猪和狗外，其余都是野生兽类（图7-5）。这14种动物中除紫貂属北方寒冷种之外，其余的都分布于较现今贾湖更为暖和与多水的地区。舞阳地处淮河上游，属中国东部季风区边缘，是南北两大动物区系渗透地带，紫貂在此出现，当是北方种向南渗透之故。也许从寒冷向暖和转变时，个别北方种可能残留下来，反映气候由冷转暖的早期状态。鸟类方面，贾湖遗址的特点是有众多的大型涉禽和游禽，以及雉类骨骼的堆积。显然不属于自然堆积，否则为什么没有出土猛禽和小鸟的骨骼？推想很可能是当时人类冬季活动的结果。当时贾湖的生态环境有很多常见的食草动物和地栖鸟类可资捕食，树林丰茂，动物繁多，人们决不会舍弃牛、羊、鹿等而去猎取水禽类。当时人们捕猎这些鸟禽是为了用鸟羽做装饰品，用鸟骨做骨笛等。爬行类方面，贾湖遗址出土的龟甲和鳖甲的数量都很大，实属罕见。特别是出土了 50 多件完整或部分完整的闭壳龟甲壳，更是首创纪录（图 7-6）。长时期以来，闭壳龟属仅以现生种为代表，直至 1981 年发现云南禄丰中新世晚期的古猿闭壳龟（距今 800 万年）首开该属龟类的化石记录，同年又在日本发现更新世中期的宫田闭壳龟；1983 年又发现浙江建德更新世晚期和余姚河姆渡文化期的黄缘闭壳龟，首次出土了黄缘闭壳龟的化石和亚化石，加上贾湖期的黄缘闭壳龟。至此，可以把闭壳龟的演化历史确定为：中新世晚期→更新世中期→更新世晚期→贾湖期→河姆渡期→大汶口期→现生种。

贾湖遗址据[14]C 测定，距今 9 000～8 000 年，处于全新世大暖期（距今 8 500 年左右）的前段，相当于大西洋期（距今 8 000～5 500 年）之初，气温已从寒冷转为暖和，大量的哺乳类、爬行类动物反映了这一情况。贾湖动物群正处于江西仙人洞动物群与浙江河姆渡动物群之间，与磁山动物群大体相当，与山东兖州王因大汶口遗址基本一致，如同样有大量淡水蚌类、鱼类、扬子鳄等。王因遗址的纬度比贾湖高 2°，但较贾湖晚 2 000 多年，属全新世暖期的最盛期。故可认为现今分布于长江中下游的生物群落，在距今约 8 000 年前时分布于北纬 33°37′的淮河上游地区，而到了距今约 6 000 年时更向北分布到了北纬 35°38′一带。

1988 年秋，吉林大学考古系和辽宁省文物考古所在辽宁省彰武县平安堡遗址中发现一批兽骨，经鉴定的标本种类有：

东北鼢鼠（*Myospalax psilurus* Milne-Edwards）、鼬（*Mustela*）、獾（*Meles meles*）、家犬（*Canis familiaris*）、家猪（*Sus scrofa domestica*）、牛（*Bos*）、羊（仅下前臼齿一枚）、马鹿（*Cervus elaphus*）、狍（*Capreolus*）、鸡（*Gallus gallus*），共 10 种。此外，有少量蚌壳以及猪、牛、狗等家畜的骨骼。其中，以猪和狗的最多，主要出自遗址的灰坑中，极少见于墓葬。野生兽类的鹿、狍、獾、鼬和东北鼢鼠系生活在较低矮的丘陵、干旱的草原及局部灌木林的地区，这一景观与现代相似。该遗址的第一期文化相当于红山文化，第二期为过渡期类型，第三期相当于高台山文化，年代最早为距今（3 700±135）年。[①]

关于前农业时期黄河流域的气候、水分、湖泊变迁情况，对动植物区系的影响等，请参阅本卷第一章。

---

① 傅仁义：《平安堡遗址兽骨鉴定报告》，《考古学报》1992 年 4 期。

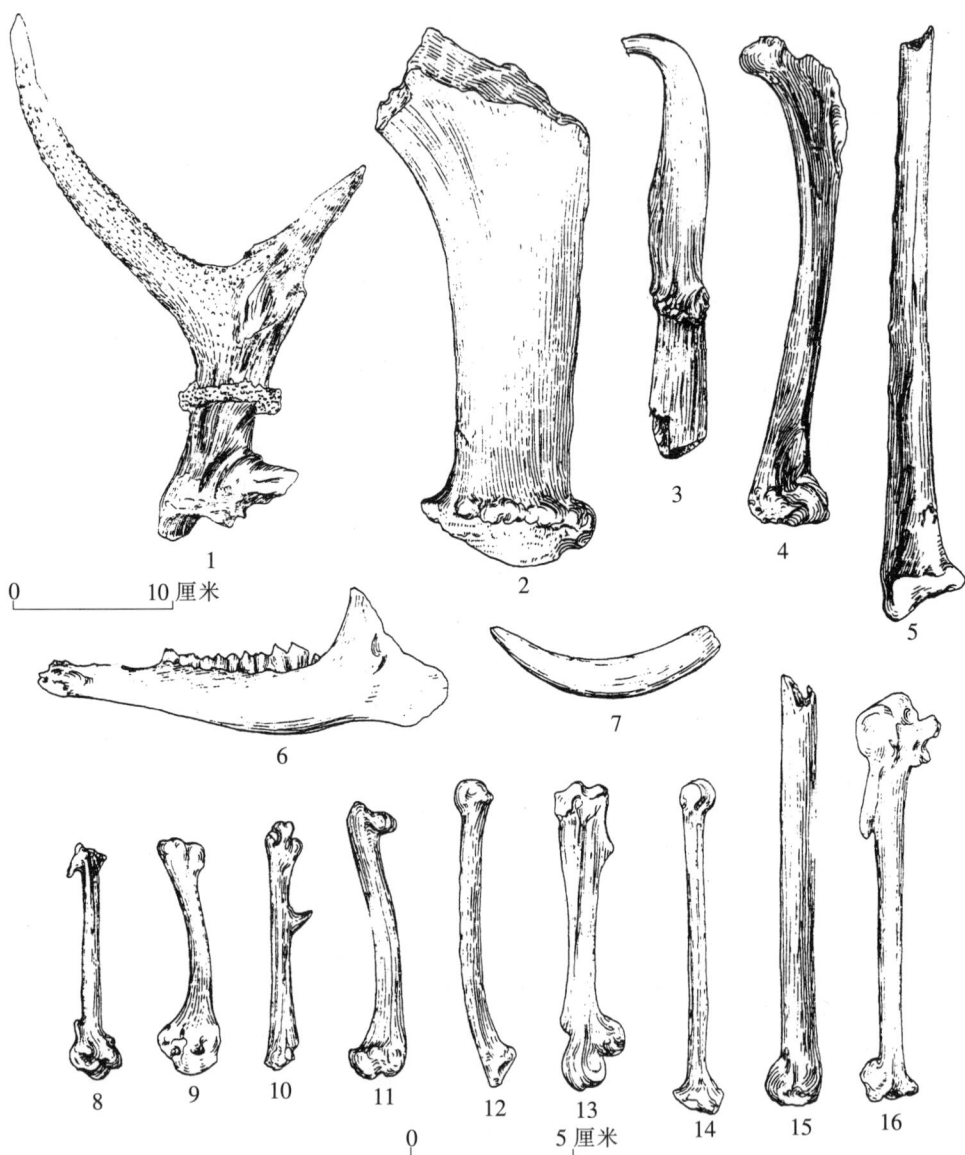

图 7-5　哺乳类、鸟类骨骼

1. 梅花鹿角（H196：5）　　2. 麋鹿角（H172：6）　　3. 小鹿角（H259：1）

4. 丹顶鹤股骨（H37：22）　　5. 丹顶鹤尺骨（H291：26）　　6. 獐下颌（T61⑤：11）

7. 獐犬齿（H245：5）　　8. 天鹅肢骨（H279：2）　　9. 环颈雉右肱骨（H37：24）

10. 环颈雉跗跖骨（H84：7）　　11. 环颈雉右胫骨（H189：7）　　12. 环颈雉尺骨（H37：23）

13. 天鹅肢骨（H189：8）　　14. 环颈雉右胫跗骨（H195：11）　　15. 丹顶鹤尺骨（H179：10）

16. 天鹅肢骨（H179：2）（哺乳类比例尺与鸟类比例尺不同）

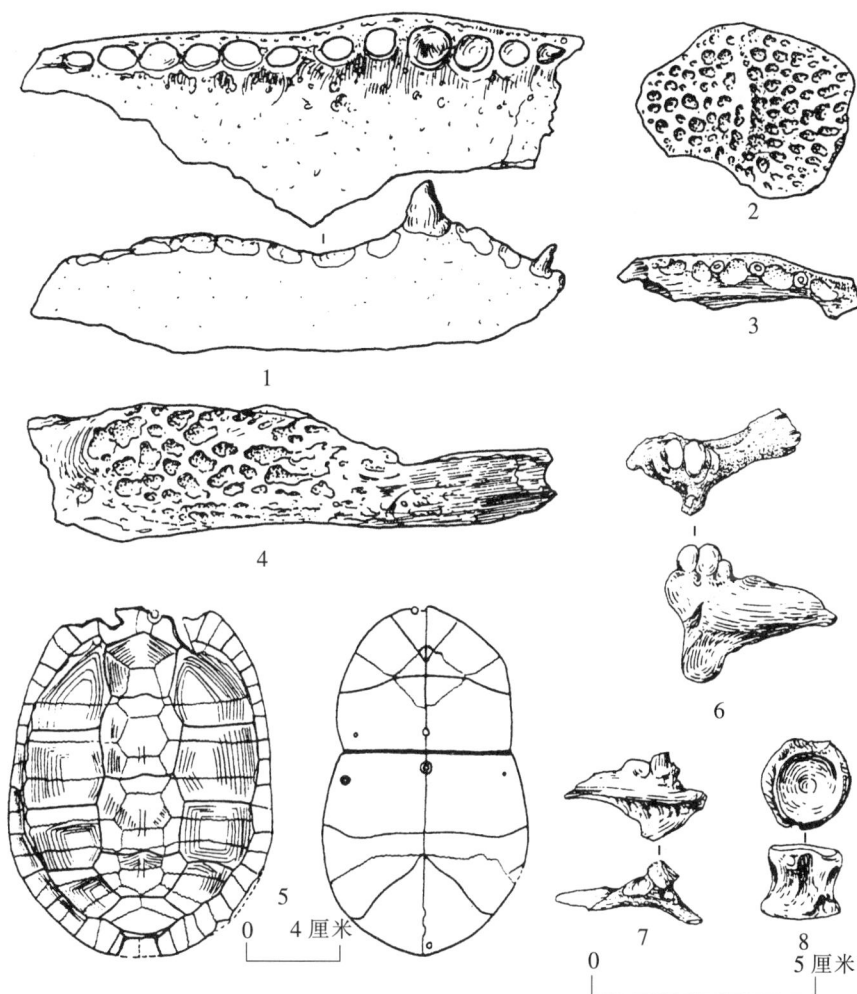

图 7 - 6　爬行类甲壳和骨骼、鱼类骨骼

1. 扬子鳄上颌（H187：39）　2. 扬子鳄背甲（H187：43）　3. 扬子鳄下颌（H187：40）

4. 扬子鳄上颌（H187：42）　5. 龟甲（H363：13）　　　6. 青鱼咽齿（H187：41）

7. 鲤鱼咽齿（H37：20）　　8. 鱼脊椎骨（H319：4）

# 三、长江流域采集和狩猎的动植物资源

长江流域的全新世气候条件和变迁情况已在第一章有全面介绍，这里以较有代表性的河姆渡遗址的动植物区系叙述如下：

## （一）河姆渡遗址的植物资源①

河姆渡遗址第四文化层出土的植物遗存，种类丰富、保存良好。根据对部分叶

---

① 浙江省博物院自然组：《河姆渡遗址动植物遗存的鉴定研究》，《考古学报》1978 年 1 期。

片的鉴定，树种计有壳斗科的赤皮椆（*Quercus gilva*）、栎（*Q. sp.*）、苦槠（*Castanopsis sclerophylla*），桑科的天仙果（*Ficus erecta*），樟科的细叶香桂（*Cinnamomum subavenium*）、山鸡椒（*Litsea cubeba*）、江浙钓樟（*Lindera chienii*），绣球花科的溲疏相似种（*Deutzia cf. scabra*）。这些种属在现今浙江省仍然分布很广，都属于亚热带常绿阔叶林植被的组成成分。

第四层出土的种子和果实也很丰富，除稻谷已专门讨论外，还有葫芦（*Lagenaria siceraria*）、橡子（*Quercus sp.*）、菱角（*Trapa sp.*）、酸枣（*Choerospondias axillaris*）等富有淀粉的采集食物。

发掘者在第四文化层的 20 厘米、50 厘米和 120 厘米深处采集土样，对其进行孢粉分析的结果如下：

20 厘米深处土壤孢粉组合：禾本科花粉占总量的 54%，居绝对多数；其次为木本植物，其中栎属（*Quercus*）占 17%，蕈树（*Altingia chinensis*）占 8%，松属（*Pinus*）占 6%，其余少量的木本花粉还有枫香树属（*Liquidambar*）、山核桃属（*Carya*）、芸香科（Rutaceae）、水青冈属（*Fagus*）、桦木属（*Betula*）、榆属（*Ulmus*）、鹅耳枥属（*Carpinus*）等，草本植物有龙胆属（*Gentiana*）、萹蓄属（*Polygonum*）及藜科（Chenopodiaceae）的花粉，但花粉数量甚微。

50 厘深米处土壤孢粉组合：禾本科花粉量大幅度减少，但仍占孢粉总量的首位（20%）。木本植物花粉量略有增加，主要种属的花粉比例有所变化。其中蕈树占 10%，枫香树（*L. formosana*）8%，苏合香（*L. orientalis*）2%，栎属 13%，栲属（*Castanopsis*）3%，榉属（*Zelkova*）4%，水青冈属 3%，其余少量的还有桑科（Moraceae）、五加科（Araliaceae）、椴属（*Tilia*）、青冈属（*Cyclobalanopsis*）、鹅耳枥属、柃属（*Eurya*）、香杨梅属（*Myrica*）、木樨属（*Osmanthus*）以及松属等。草本花粉有龙胆（*G. heterophylla*）、藜科、豆科、莎草科（Cyperaceae）、萹蓄属、蒿属（*Artemisia*）。水生草本花粉有菱角（*Trapa natans*）、香蒲属（*Typha*）、狐尾藻属（*Myriophyllum*）。蕨类植物孢子有瓦韦属（*Lepisorus*）、石松属（*Lycopodium*）、瓶尔小草科（Ophioglossaceae）以及其他水龙骨科的孢子。

120 厘米深处土壤组合：本组合中出现大量蕨类植物孢子，以水龙骨科的孢子含量最高，占总量的 63%，其他蕨类孢子有凤尾蕨属（*Pteris*）占 5%，膜蕨属（*Hymenophyllum*）、菜蕨属（*Callipteris*）、骨牌蕨属（*Lepidogrammitis*）、石松属等各占 1% 左右。木本花粉种属成分较单纯，栎属花粉含量仍居首位达 11%，其他则有松属占 3%，榆属、栲属各占 1%。草本花粉中禾本科花粉直径达 46 微米左右的占 4%。

以上孢粉分析和植物遗存情况较为一致，表明遗址第四文化层的沉积时期正处于冰后期的最适宜期（大西洋期），气候湿润温暖，森林茂密，山峦起伏的四明山以及河姆渡东边的小山丘，生长着亚热带常绿落叶阔叶林，主要有蕈树、枫香、栎、栲、青冈、山毛榉等，林下地被层发育，蕨类植物繁盛，有石松、卷柏、水龙骨、瓶尔小草，树上缠绕着狭叶海金沙和柳叶海金沙。这两种海金沙现在只分布于中国的广东省、台湾省以及马来群岛、泰国、印度、缅甸等地，说明当时的气候比现在更为温暖湿润。花粉谱中出现的水生草本植物孢粉，说明遗址附近存在湖泊和沼泽。遗址北 1 500～2 500 米处的耕土层下面有厚度不同的大片泥炭层，就是当年湖泊沼泽水退淤积造成的。这种自然环境有利于采集渔猎以及初期农业的发展。又，花粉谱中反映出禾本科草原植被和森林植被并存的现象，与遗址背靠四明山、面向沼泽的自然环境条件一致，随着湖泊沼泽积水的逐渐消退，遗址附近可以用来从事农耕的范围日渐扩大。花粉谱中禾本科花粉粒的直径一般都在 30 微米左右，根据栽培种的花粉粒通常大于野生种的这一现象，似可认为大部分大粒的花粉应属栽培种谷物。

## （二）河姆渡遗址的动物群[①]

河姆渡遗址出土的动物骨骼所代表的主要动物有 47 种之多，包括红面猴（*Macaca speciosa*）、猕猴（*M. mulatta*）、家猪（*Sus scrofa domestica*）、水牛（*Bubalus bubalis*）、青羊（*Naemorhedus* sp.）、梅花鹿（*Cervus nippon*）、麋鹿（*Elaphurus davidianus*）、水鹿（*Rusa unicolor*）、赤麂（*Muntiacus muntjak*）、小麂（*M. reevesi*）、獐（*Hydropotes inermis*）、犀（*Rhinoceros* sp.）、亚洲象（*Elephas maximus*）、狗（*Canis familiaris*）、虎（*Panthera tigris*）、黑熊（*Ursus thibetanus*）、貉（*Nyctereutes procyonoides*）、青鼬（*Martes flavigula*）、猪獾（*Arctonyx collaris*）、水獭（*Lutra lutra*）、大灵猫（*Viverra zibetha*）、小灵猫（*Viverricula indica*）、猫（*Felis* sp.）、花面狸（*Paguma* sp.）、黑鼠（*Rattus rattus*）、豪猪（*Hystrix* sp.）、穿山甲（*Manis* sp.）、鹈鹕（*Pelecanus* sp.）、鸬鹚（*Phalacrocorax* sp.）、鹭（*Ardea* sp.）、鹤（*Grus* sp.）、野鸭（*Anas* sp.）、雁（*Anser* sp.）、鸦（Corvidae）、鹰（Accipitridae）、扬子鳄（*Alligator sinensis*）、乌龟（*Mauremys reevesii*）、中华鳖（*Pelodiscus sinensis*）、鲤（*Cyprinus* sp.）、鲫（*Carassius* sp.）、青鱼（*Mylopharyngodon piceus*）、鲇（*Silurus* sp.）、黄颡鱼（*Pseudobagrus* sp.）、鳢（*Ophiocephalus* sp.）、裸顶鲷（*Gymnocranius* sp.）、鲻鱼（*Mugil* sp.）、无齿蚌（*Anodonta* sp.）。

河姆渡遗址出土大量动物遗骨，反映了渔猎经济在当时还占很大的比例。相当多的骨镞、骨哨、木矛、弹丸、陶球等狩猎工具，也说明了这一点。发达的水稻耕

---

① 浙江省博物院自然组：《河姆渡遗址动植物遗存的鉴定研究》，《考古学报》1978 年 1 期。

种必然也有相适应的驯化家畜，所以这个动物群中应包括来自渔猎的野生种和已驯养的家畜两类。

驯养和可能驯养的动物有猪、狗和水牛。猪的标本中，从半岁左右至一两岁，乳齿大多保存的个体，共 40 个标本，占总数的 54%；2～3 岁的成年猪标本 26 个，占总数的 34%；臼磨蚀很深的老年猪标本 7 个，占 10%。少年和成年猪占总数的 90%，说明当时养猪是为了食肉。值得注意的是，遗址第四文化层出土了一个陶猪模型，前躯和后躯的比例约 1∶1，介于野猪的 7∶3 和现代家猪的 3∶7 之间，表明其属于放养和圈养结合、由放养向圈养过渡的阶段，虽像家猪，还非完全的现代家猪。

狗是人类最先驯化的动物，因为狗是狩猎的得力助手。遗址中狗的标本与狼明显不同，排除了狼的可能，而且还在遗址居住区内发现 10 多块可能是狗的粪便块。

水牛的标本数量也较多，《河姆渡遗址动植物遗存的鉴定研究》报告认为："河姆渡遗址当时气候温热，有水有草，养水牛是很适宜的。因此，我们认为水牛可能是驯养的。"笔者以为这一推论和骨粗的大量存在相互矛盾，当时还没有牛耕，也没有利用牛力进行脱粒、磨砻等工序。根据民族学的资料，最初人们饲养水牛不是为了耕犁，而是"蹄耕"，也即"牛踩田"或"踏耕"，即驱赶若干头水牛在水田里来回践踏，把田土踩糊，接下来就可以进行播种。这种踏耕，是原始稻作的一种相当普遍的做法，历史上曾广泛分布于中国东南沿海，直至南洋岛屿各国，至今尚未完全消失。而且在踏耕的早期，水牛还未完全驯化，还处于半驯化阶段。如早先海南岛的黎族，在水牛的角上挂几只木铃，平时不使用它们踏耕时，让水牛自己生活在山林里，不给饲养，听其自行生活繁殖，到了耕田需要时，人们就到山里，听铃声方向，寻找水牛，将它们驱赶回村，进行踏耕，耕毕，又放回山里。这些水牛已经习惯于接受这种一年一度的踏耕任务，处于一种半野生或半驯化的阶段。① 类似的还有马来西亚沙捞越（Sarawak）的水牛，平时是野生的，生活在森林沼泽中，到了稻田准备整地时，人们临时到森林的沼泽地捕捉十几头水牛，驱赶到田里来回踩踏，蹄耕毕，又放回森林。② 喜马拉雅山南麓的人们只饲养小牛犊，长大的成年牛，则任它在村庄周围野牧。到了晚上，这些水牛会各自回到各自主人的牛舍，吃一点盐巴谷物之类过夜，白天又都自行外出觅食，这是从半野生向饲养的过渡阶段。③ 河姆渡时期的水牛，既然还未进入犁耕时期，亦未用牛进行其他的农业劳

---

① 曾定夷编辑：《广东风物志》，花城出版社，1985 年，343～344 页。

② A Study of padi cultivation in the State Sarawak, Discussion Paper 96, 1978, CSAS, Kyoto University.

③ Geoffrey G. Himalayan village, an account of the Lepchas of Sikkim，见《东南亚传统农业资料集成》（日文版）第二卷，1987 年，154 页。

役，似乎以踏耕的半驯化半饲养的可能性为大。海南岛黎族和尼泊尔的半饲养方式，对我们的研究富有启发意义。

从河姆渡第四文化层的动物遗存来看，可以推测当时原始村落周围的自然环境，生活在淡水湖泊的鱼类有鲤、鲇、青鱼等，生活在芦苇沼泽地带的水鸟有雁群、鸭群、鹤等；动物有獐子、麋鹿等；又有栖息在山地林间灌木丛中的梅花鹿、水鹿、麂等，半树栖半岩居的猕猴、红面猴；以及生活在森林密处的虎、熊、象、犀等巨兽。说明当时遗址的环境是平原湖沼和丘陵山地交接地带。现在遗址周围的地貌，与动物群所反映的自然环境基本相符。第四层出土的生产工具中，用兽骨制造的有 600 多件，占生产工具总数的 70％ 以上，其中骨耜 79 件。在 400 多件破损的鹿角中，有人工切割、琢磨痕迹的占 100 多件。可见骨器是重要的生产工具。大量野生禽兽骨骼的出土，表明狩猎和捕捞是当时人们经济生活的重要组成部分，狩猎多方面地提供动物蛋白质的来源、衣着的原料以及农业生产的工具。骨哨、骨镞、木矛、弹丸、陶球的使用，提高了人们的捕猎能力和捕猎范围。

## 四、华南两广地区采集和渔猎的动植物资源

### （一）广西南宁地区贝丘遗址的采集和渔猎资源

南宁地区位于广西的西南部，有邕江自西向东流贯其间，两岸是连绵起伏的丘陵地带，间有较开阔的低地。贝丘遗址主要分布在南宁、扶绥、武鸣、邕宁、横州等地，沿邕江及其上游的左右江两岸的台地上，共有 14 处。[①] 遗址通常高出地面 3～20米，地表均可见到较多的螺、蚌壳，并可采集到石器、蚌器、骨器、陶片及动物遗骸。在临江被河水冲开的断层中，可看到很厚的螺壳堆积层。

遗址中动物骨骼可以鉴定的有牛、羊、鹿、麋、獐、狐、獾、箭猪、竹鼠、猴、象、虎、犀牛、鱼、鳖等。另有兽类牙齿、鱼类脊椎骨，以及双棱田螺、三角帆蚌、环带丽蚌、多瘤丽蚌、背瘤丽蚌壳等。

南宁地区贝丘遗址的共同特点是，在地理分布上都在沿江一带，前临河，背靠山岭，大多位于大河拐弯处，或大小河流交汇处的台地上，附近有较开阔的平地。遗址所代表的文化有一定的地域性。另外，文化堆积主要是螺壳层，其中包括为数甚多的石、蚌、骨、陶器和大量的动物遗骸。大量石制斧、锛、杵、磨棒等农业工具和谷物加工工具的存在，表明当时已有了原始的农业。但石矛、网坠、骨镞、鱼钩等渔猎工具和大量的兽骨、鱼骨、螺蚌壳的存在，说明渔猎和采

---

① 广西壮族自治区文物考古训练班、广西壮族自治区文物工作队：《广西南宁地区新石器时代贝丘遗址》，《考古》1975 年 5 期。

集经济还占主要地位。

## （二）广东英德云岭牛栏洞遗址采集和渔猎的动植物资源

广东英德云岭牛栏洞遗址是 1983 年文物普查时发现的，1996 年进行复查后开始试掘，发掘面积约 20 米²，出土一批打制石器、少量磨制石器、陶片及大量动物骨骼，被鉴定为距今万年的史前洞穴遗址。[①]

出土的打制石器有两端刃器、陡刃器、各式砍砸器（图 7-7）、刮削器、斧形器、凿形器、矛形器、敲砸器等（图 7-8）；磨制石器有切割器、穿孔器、砺石等；骨制品有锥、针、铲等；蚌制品有蚌刀、蚌坠、矛形器等（图 7-9）。又，出土陶片 20 余片，系夹砂黑陶、夹砂褐陶，胎较薄，粗松，火候较低。

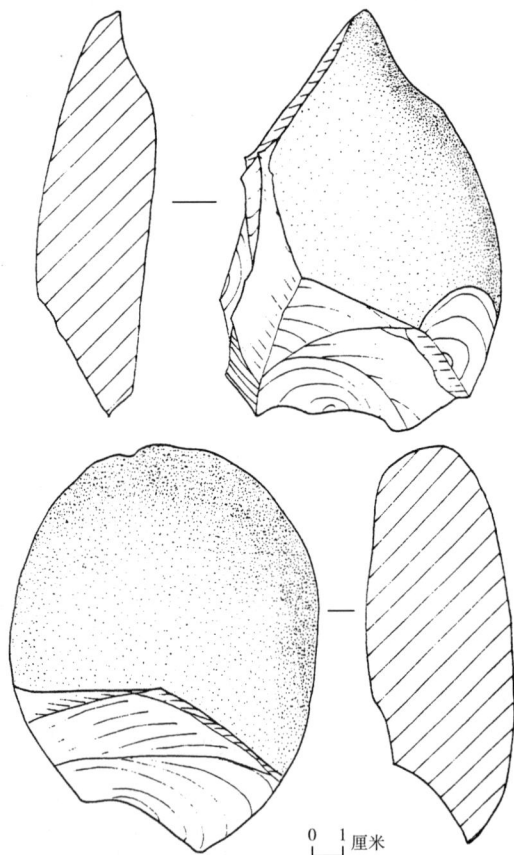

0 1 厘米

图 7-7　牛栏洞遗址的圆刃砍砸器

---

① 英德市博物馆、中山大学人类学系、广东省文物考古研究所编：《英德史前考古报告》，广东人民出版社，1999 年。

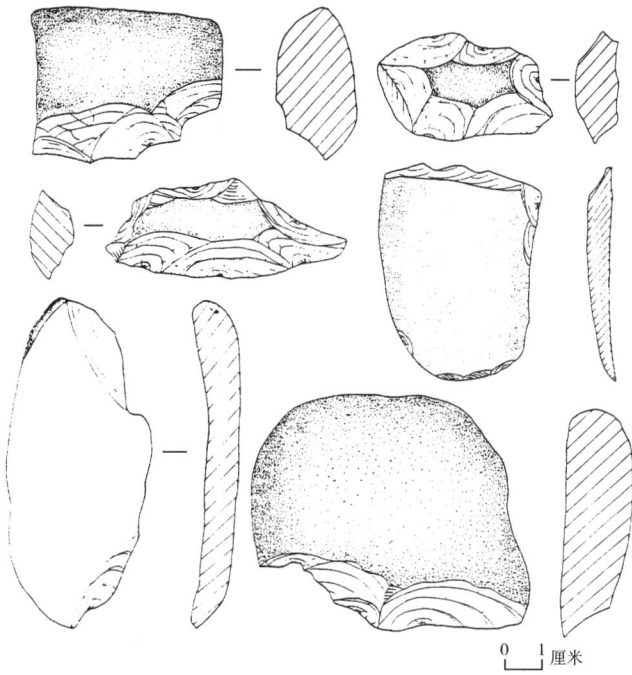

0 1 厘米

图 7 - 8　牛栏洞遗址的刮削器

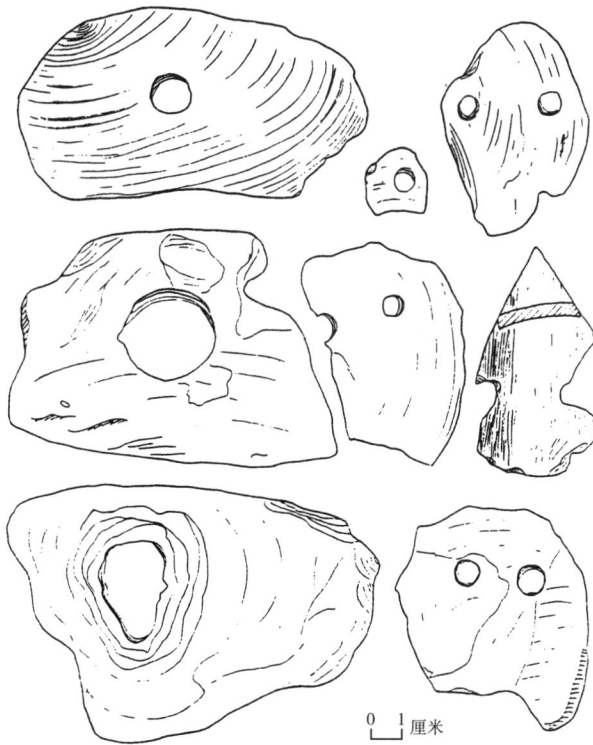

0 1 厘米

图 7 - 9　牛栏洞遗址的蚌器

经鉴定，牛栏洞遗址动物群由 7 目 23 科 25 属 37 种动物组成（表 7-5）。

**表 7-5　牛栏洞遗址的动物组成**

| 动物名称 | 动物名称 |
|---|---|
| **食虫目**（Insectivora） | 黑熊（*Ursus thibetanus* Cuvier，1843） |
| 麝鼩（*Crocidura* sp.） | 猪獾（*Arctonyx collaris* Cuvier，1825） |
| **翼手目**（Chiroptera） | 灵猫（*Viverra* sp.） |
| 南蝠（*La io*） | 水獭（*Lutra* sp.） |
| 大马蹄蝠（*Hipposideros armiger* Hodgson，1835） | 虎（*Panthera tigris* L.，1758） |
| **灵长目**（Primates） | 狐（*Vulpes* sp.） |
| 猕猴短尾亚种（*Macaca mulatta brachyurus* Elliot，1909） | 鼬（*Mustela* sp.） |
| 长臂猿（*Hylobates* sp.） | 化石小灵猫（*Viverricula malaccensis fossilis* Pei.，1987） |
| **兔形目**（Lagomorpha） | 果子狸（*Paguma* sp.） |
| 野兔（*Lepus* sp.） | 金猫（*Catopuma temminckii*） |
| **啮齿目**（Rodentia） | 小野猫（*Felis microtis* L.，1913） |
| 姬鼠（*Apodemus* sp.） | 貉（*Nyctereutes* sp.） |
| 拟布氏田鼠（*Microtus brandtioides*） | 云豹（*Neofelis* sp.） |
| 小巢鼠（*Micromys* cf. *minutus*） | **偶蹄目**（Artiodactyla） |
| 针毛鼠（*Niviventer fulvescens* Gray，1846） | 野猪（*Sus scrofa* L.，1877） |
| 华南豪猪（*Hystrix branchyura subcristata* Swinhoe，1870） | 野猪（*Sus* sp.） |
| 黑鼠（*Rattus* sp.） | 水鹿（*Rusa unicolor* Kerr，1792） |
| 帚尾豪猪（*Atherurus* sp.） | 斑鹿（*Cervus nippon*） |
| 竹鼠（*Rhizomys* sp.） | 赤鹿（*Muntiacus muntjak* Zimmermann，1780） |
| **食肉目**（Carnivora） | 鬣羚（*Capricornis* sp.） |
| 大熊猫洞穴亚种（*Ailuropoda melanoleuca fovealis* Matthew et Granger，1923） | 獐（*Hydropotes* sp.） |
| | 水牛（*Bubalus* sp.） |
| | 野牛（*Bison* sp.） |

注：根据古生物和现生动物分类学最新研究及命名法规，表内部分动物的拉丁学名已依据最新标准修订。——编者注

值得注意的是，动物群中与以后驯化有关的野猪的遗存特别少，仅出土 6 颗牙齿，暂定为一般野猪（*Sus scrofa*）和南方猪（*Sus australis*）。牛栏洞遗址的环境适宜野猪生活，何以猪遗骨如此的少，值得进一步研究。

牛栏洞遗址考古报告中把岭南地区 12 个动物群归纳成一个对照表（表 7 - 6），非常有助于了解整个岭南地区动物群的分布和栖息生活概况。

**表 7 - 6　牛栏洞遗址动物群与岭南地区 11 个遗址动物群的对比**

| 动物 | 庙岩动物群（桂林） | 马坝人动物群（曲江） | 罗坑桂龙岩动物群（曲江） | 甑皮岩动物群（桂林） | 罗沙岩动物群（封开） | 黄岩洞动物群（封开） | 鲤鱼嘴动物群（柳州） | 落笔洞动物群（三亚） | 九龙礼堂山动物群（英德） | 云岭牛栏洞动物群（英德） | 青塘动物群（英德） | 独石仔动物群（阳春） |
|---|---|---|---|---|---|---|---|---|---|---|---|---|
| 翁氏麝鼩 (*Crocidura wongi*) | | | √ | | | | | | | | | |
| 麝鼩 (*Crocidura* sp.) | | | √ | | | | | | | √ | | |
| 姬鼩 (*Microsorex* sp.) | | | √ | | | | | | | | | |
| 鼩鼱 (*Sorex* sp.) | | | | | √ | | | | | | | |
| 微尾鼩 (*Anourosorex squamipes*) | | | | | √ | | | | | | | |
| 小麝鼩 (*Crocidura* cf. *ricesula*) | | | | | √ | | | | | | | |
| 长尾鼩 (*Chodsigoa* sp.) | | | | | √ | | | | | | | |
| 菊头蝠 (*Rhinolophus* cf. *ferrumequinum*) | | | √ | | | | | √ | | | | |
| 南蝠 (*La io*) | | | √ | | | | | | | √ | | |
| 大马蹄蝠 (*Hipposideros* cf. *armiger*) | | | √ | | | | | √ | | √ | | |
| 中蹄蝠 (*H.* cf. *larvatus*) | | | | | | | | √ | | | | |
| 鼠耳蝠 (*Myotis* sp.) | | | √ | | | | | √ | | | | |
| 贵州菊头蝠 (*R. rex*) | | | | | √ | | | | | | | |
| 皮氏菊头蝠 (*R.* cf. *pearsonii*) | | | | | √ | | | | | | | |

（续）

| 动物 | 庙岩动物群（桂林） | 马坝人动物群（曲江） | 罗坑桂龙岩动物群（曲江） | 甑皮岩动物群（桂林） | 罗沙岩动物群（封开） | 黄岩洞动物群（封开） | 鲤鱼嘴动物群（柳州） | 落笔洞动物群（三亚） | 九龙礼堂山动物群（英德） | 云岭牛栏洞动物群（英德） | 青塘动物群（英德） | 独石仔动物群（阳春） |
|---|---|---|---|---|---|---|---|---|---|---|---|---|
| 大耳菊头蝠<br>(*R. macrotis*) | | | | | √ | | | | | | | |
| 安氏猕猴<br>(*Macaca anderssoni*) | | √ | √ | 红面猴 | | √ | sp. | 短尾猴 | √ | 短尾猴 | | |
| 丁氏鼻猴<br>(*Rhinopithecus tingianus*) | | √ | √ | | | √ | | | √ | | | |
| 猩猩魏氏亚种<br>(*Pongo pygmaeus weidenreichi*) | | | √ | | | | | | | | | |
| 猩猩<br>(*Pongo* sp.) | √ | | | | | √ | | | | | | |
| 长臂猿<br>(*Hylobates* sp.) | | | | | | | | 黑长臂猿 | | √ | √ | |
| 野兔<br>(*Lepus* sp.) | | √ | √ | | | √ | | | √ | | | |
| 黑腹绒鼠<br>(*Eothenomys* cf. *melanogaster*) | | | | | √ | | | | 绒鼠 | | | |
| 拟布氏田鼠<br>(*Microtus brandtioides*) | | | √ | | | | | sp. | | √ | | |
| 小巢鼠<br>(*Micromys* cf. *minutus*) | | | √ | | | | | | | √ | | |
| 小家鼠<br>(*Mus musculus*) | | | √ | √ | | √ | | | | | | |
| 姬鼠<br>(*Apodemus* sp.) | | | √ | | | | | | | √ | | |
| 黑鼠<br>(*Rattus* sp.) | √ | √ | | | | √ | √ | | | √ | | |

（续）

| 动物 | 庙岩动物群（桂林） | 马坝人动物群（曲江） | 罗坑桂龙岩动物群（曲江） | 甑皮岩动物群（桂林） | 罗沙岩动物群（封开） | 黄岩洞动物群（封开） | 鲤鱼嘴动物群（柳州） | 落笔洞动物群（三亚） | 九龙礼堂山动物群（英德） | 云岭牛栏洞动物群（英德） | 青塘动物群（英德） | 独石仔动物群（阳春） |
|---|---|---|---|---|---|---|---|---|---|---|---|---|
| 豪猪<br>(*Hystrix* sp.) | √ | √ | √ | √ | √ | | | √ | | | √ | √ |
| 华南豪猪<br>(*H. branchyura subcristata*) | | √ | √ | | √ | √ | | √ | √ | √ | √ | √ |
| 帚尾豪猪<br>(*Atherurus* sp.) | √ | | | √ | | | | | √ | | | |
| 竹鼠<br>(*Rhizomys* sp.) | √ | | √ | √ | √ | √ | | | √ | | √ | √ |
| 鼯鼠<br>(*Petaurista* sp.) | | | | | | | | √ | | | | |
| 库氏小鼠<br>(*Mus cookii*) | | | | √ | | | | | | | | |
| 卞氏小鼠<br>(*M. musculus* var. *bieli*) | | | | √ | | | | | | | | |
| 针毛鼠<br>(*Niviventer fulvescens*) | | | | | | | | √ | | √ | | |
| 爱氏巨鼠<br>(*Leopoldamys edwardsi*) | | | | | √ | | | √ | | | | |
| 板齿鼠<br>(*Bandicota indica*) | | | | | | | | √ | | | | √ |
| 褐家鼠<br>(*Rattus norvegicus*) | | | | √ | | √ | | | | | | |
| 古爪哇豺<br>(*Cuon javanicus antiquus*) | | √ | √ | | | √ | | | | | | |
| 大熊猫洞穴亚种<br>(*Ailuropoda melanoleuca fovealis*) | | √ | √ | | √ | | | | √ | √ | | |

（续）

| 动物 | 庙岩动物群（桂林） | 马坝人动物群（曲江） | 罗坑桂龙岩动物群（曲江） | 甑皮岩动物群（桂林） | 罗沙岩动物群（封开） | 黄岩洞动物群（封开） | 鲤鱼嘴动物群（柳州） | 落笔洞动物群（三亚） | 九龙礼堂山动物群（英德） | 云岭牛栏洞动物群（英德） | 青塘动物群（英德） | 独石仔动物群（阳春） |
|---|---|---|---|---|---|---|---|---|---|---|---|---|
| 黑熊<br>（Ursus thibetanus） | √ | √ | √ |  |  |  | sp. | √ | √ | √ |  |  |
| 最后斑鬣狗<br>（Crocuta crocuta ultima） |  | √ |  |  |  |  | √ |  |  |  | √ |  |
| 短吻硕鬣狗中国亚种<br>（Pachycrocuta brevirostris sinensis） |  |  | √ |  |  | sp. |  |  |  |  |  |  |
| 猪獾<br>（Arctonyx collaris） | √ | √ |  | √ |  | √ |  | √ |  | √ |  | √ |
| 突吻猪獾<br>（A. rostratus） |  |  | √ |  |  |  |  |  | 鼬獾 |  |  |  |
| 花面狸<br>（Paguma larvata） |  | √ | √ | 果子狸 |  |  |  |  | 果子狸 | sp. |  | √ |
| 宽吻灵猫期望亚种<br>（Viverra zibetha expectata） |  | √ |  | √ | √ |  |  |  | √ |  |  |  |
| 灵猫<br>（Viverra sp.） |  |  | √ | √ |  |  |  |  |  | √ | √ |  |
| 水獭<br>（Lutra sp.） |  |  |  | sp. |  | √ |  | √ |  |  |  |  |
| 虎<br>（Panthera tigris） | √ | √ |  | √ |  | √ | √ | √ | √ |  |  |  |
| 狐<br>（Vulpes sp.） |  |  |  |  | √ |  |  | √ |  | √ |  |  |
| 猎豹<br>（Acinonyx sp.） |  |  |  |  |  |  |  | 猞猁 |  |  |  |  |
| 金猫<br>（Catopuma temminckii） |  |  |  |  |  |  |  |  |  | √ | √ |  |

（续）

| 动物 | 庙岩动物群（桂林） | 马坝人动物群（曲江） | 罗坑桂龙岩动物群（曲江） | 甑皮岩动物群（桂林） | 罗沙岩动物群（封开） | 黄岩洞动物群（封开） | 鲤鱼嘴动物群（柳州） | 落笔洞动物群（三亚） | 九龙礼堂山动物群（英德） | 云岭牛栏洞动物群（英德） | 青塘动物群（英德） | 独石仔动物群（阳春） |
|---|---|---|---|---|---|---|---|---|---|---|---|---|
| 云豹<br>(*Neofelis* sp.) | | | | | | | | | √ | √ | | |
| 豹<br>(*Panthera pardus*) | | √ | | | | √ | √ | | | | | √ |
| 长尾麝香猫<br>(*Hemigale harduicki*) | | | | 椰子猫 | | | 椰子猫 | | | | √ | √ |
| 德氏狸<br>(*Felis teilhardi*) | | | | | | | | | √ | | | |
| 小野猫<br>(*Felis microtis*) | sp. | √ | | √ | | | | | | √ | | |
| 黄鼬<br>(*Mustela sibirica*) | | | | 食蟹獴 | | | | | | | sp. | √ |
| 中华貉<br>(*Nyctereutes sinensis*) | sp. | | | sp. | | | | | √ | sp. | | |
| 东方剑齿象<br>(*Stegodon orientalis*) | | √ | √ | | √ | | | | √ | | | |
| 珠玛古菱齿象<br>(*Palaeoloxodon namadicus*) | | √ | √ | | √ | | | | √ | | √ | |
| 亚洲象<br>(*Elephas maximus*) | | | | | | | | | √ | | | √ |
| 华南巨貘<br>(*Megatapirus augustus*) | | √ | √ | | √ | | √ | | | | | |
| 貘<br>(*Tapirus* sp.) | | √ | √ | | | | | | √ | | √ | |
| 中国犀<br>(*Rhinoceros sinensis*) | | √ | √ | | √ | | | | √ | | | √ |

（续）

| 动物 | 庙岩动物群（桂林） | 马坝人动物群（曲江） | 罗坑桂龙岩动物群（曲江） | 甑皮岩动物群（桂林） | 罗沙岩动物群（封开） | 黄岩洞动物群（封开） | 鲤鱼嘴动物群（柳州） | 落笔洞动物群（三亚） | 九龙礼堂山动物群（英德） | 云岭牛栏洞动物群（英德） | 青塘动物群（英德） | 独石仔动物群（阳春） |
|---|---|---|---|---|---|---|---|---|---|---|---|---|
| 犀牛 (*Rhinoceros* sp.) | | | √ | √ | | | | √ | | | √ | |
| 野猪 (*Sus scrofa*) | | √ | √ | | sp. | | | √ | | √ | √ | √ |
| 南方猪 (*Sus australis*) | | | | √ | | √ | | √ | | | | |
| 水鹿 (*Rusa unicolor*) | √ | √ | √ | √ | | | √ | √ | √ | √ | | |
| 斑鹿 (*Cervus nippon*) | | | | √ | | √ | √ | 毛冠鹿 | | √ | sp. | √ |
| 赤麂 (*Muntiacus muntjak*) | √ | √ | √ | √ | | | | √ | √ | √ | | √ |
| 麂 (*Muntiacus* sp.) | | | | √ | 小鹿 | | √ | 小鹿 | | √ | | |
| 巨羊 (*Megalovis* sp.) | | | | sp. | | | | | √ | | | |
| 鬣羚 (*Capricornis* sp.) | | | | 苏门羚 | | | √ | sp. | | √ | | |
| 水牛 (*Bubalus* sp.) | √ | | √ | √ | | √ | | √ | √ | | | |
| 野牛 (*Bison* sp.) | | | | 黄牛 | | √ | √ | | | √ | √ | √ |
| 狍 (*Capreolus* sp.) | | | | √ | | | | | | | | |
| 獐 (*Hydropotes* sp.) | | √ | | √ | | | √ | | | | √ | |

（续）

| 动物 | 庙岩动物群（桂林） | 马坝人动物群（曲江） | 罗坑桂龙岩动物群（曲江） | 甑皮岩动物群（桂林） | 罗沙岩动物群（封开） | 黄岩洞动物群（封开） | 鲤鱼嘴动物群（柳州） | 落笔洞动物群（三亚） | 九龙礼堂山动物群（英德） | 云岭牛栏洞动物群（英德） | 青塘动物群（英德） | 独石仔动物群（阳春） |
|---|---|---|---|---|---|---|---|---|---|---|---|---|
| 羊<br>（Ovis sp.） | | | | | | | | √ | | | | √ |
| 山羊<br>（Capra sp.） | √ | √ | √ | | | | | | | | √ | |
| 野猪<br>（Sus sp.） | √ | | √ | √ | | | | | | √ | | |
| 秀丽漓江鹿<br>（Lijiangocerus speciosus） | √ | | | √ | | | | | | | | |

注：根据古生物和现生动物分类学最新研究及命名法规，表内部分动物的拉丁学名已依据最新标准修订。——编者注

据表7-6比较可知，广东英德牛栏洞动物群的种属和广西桂林甑皮岩、柳州鲤鱼嘴，广东封开黄岩洞、封开罗沙岩、阳春独石仔、英德青塘等遗址的动物群较为接近，甚至基本一致，都可划归到华南地区有代表性的大熊猫-剑齿象动物群范围内。其中代表性的种为东方剑齿象、华南巨貘、中国犀、大熊猫洞穴亚种等。

总之，牛栏洞遗址动物群介于晚更新世与全新世之间，其成员除大熊猫洞穴亚种已灭绝外，其余均为现生种或地区性灭绝种。它们反映的生态环境为温暖潮湿的亚热带气候环境。

植物孢粉方面，计有蕨类植物孢子、裸子植物花粉、被子植物花粉、藻类植物孢子等，共25种（表7-7）。它们反映的是温暖潮湿的热带亚热带环境，石灰岩及水系都比较发育。整体气候以温凉为主，结合地层的早晚关系，推断遗址早期偏干凉，晚期略为转暖，湿度增加。

### 表7-7 牛栏洞遗址的植物孢粉组成

| 植物名称 | 植物名称 |
|---|---|
| **蕨类植物** | 里白（Diplopterygium sp.） |
| 鳞盖蕨（Microlepia sp.） | 带状瓶尔小草（Ophioderma pendulum） |
| 扇叶铁线蕨（Adiantum flabellulatum） | 凤尾蕨（Pteris sp.） |

（续）

| 植物名称 | 植物名称 |
|---|---|
| 桫椤（*Alsophila* sp.） | **被子植物** |
| 蹄盖蕨（*Athyrium* sp.） | 禾本科（Poaceae） |
| 水龙骨科（Polypodiaceae） | 蒿（*Artemisia* sp.） |
| 一条线蕨（*Monogramma* sp.） | 苋科（Amaranthaceae） |
| 卷柏（*Selaginella* sp.） | 萹蓄（*Polygonum* sp.） |
| 车前蕨（*Antrophyum* sp.） | 枫香树（*Liquidambar* sp.） |
| 双扇蕨（*Dipteris* sp.） | 胡桃（*Juglans* sp.） |
| 原始观音座莲蕨（*Archangiopteris* sp.） | |
| 石松（*Lycopodium* sp.） | **藻类植物** |
| **裸子植物** | |
| 柏科（Cupressaceae） | 环纹藻 |
| 松（*Pinus* sp.） | 未知藻类 |
| 杉木［*Cunninghamia lanceolata*（Lamb.）Hook.］ | |

牛栏洞遗址的年代，可分一、二、三期。其中第三期又可分前后两期，共四期。各期的年代经$^{14}$C同位素测定后，发掘报告将各期的绝对年代作了大概划分，如下：

第一期　距今 1.2 万～1.1 万年；

第二期　距今 1.1 万～1 万年；

第三期（前）　距今 1 万～9 000 年；

第三期（后）　距今 9 000～8 000 年。

需要指出的是，发掘报告中提到螺壳标本与动物骨骼标本的测定数据相差甚大，距今时间最多达8 870年，其次3 440年，最小也有1 820年。这还是经过偏差纠正的数据，故报告认为"牛栏洞遗址的螺壳标本数据相差如此之大，或多或少影响了我们对遗址绝对年代所作的判断的正确性"。这一点对于分析牛栏洞遗址的性质时很是重要。

根据遗址第一期文化打击石器类的分析，该期人类的生活主要使用打制的砍砸器、刮削器等来制作狩猎用的枪矛一类工具。狩猎的对象主要是偶蹄类的野鹿、牛等及一些小型食肉类、啮齿类动物。另外，人们采集野生的块根块茎植物作为淀粉食物的来源。

到了遗址第二期文化时期，人们的食物来源起了重要变化，牛栏洞人在附近的河道江边采集螺类和蚌类动物，回到洞里进食，并将蚌壳加工成蚌刀和坠饰。从螺壳大多数是破碎的情况推断，他们是用砍砸器或石锤砸开螺壳，然后取食螺肉。但到本期稍晚时，出现有少量完整的螺壳，意味着取食方法有所改进。与此同时，牛栏洞人取食哺乳动物的数量和种群上都有所增加，动物群中偶蹄类占 60%，鹿类在其中又占到 75%，鹿类中的青壮年个体占 65%，是否暗示可能存在着驯养活动？因为如以捕猎为主，当以老幼的个体为主。报告认为穿孔石器的出现，意味着对薯蓣类植物的采集强度加大，有助于促进人工栽培的步伐。值得提出的是，本期还出土有水稻硅酸体，详见第四章第四节。

到遗址第三期中，所有的螺壳基本都是完整的，取食的方法是把螺肉挑出，这就需要大量的竹锥或骨锥。采食贝类动物似乎已成为人们主要的经济生活，而猎取哺乳类动物则退居辅助的地位。故堆积物中动物骨骼数量较前期略少一些。但通过捕捞增加了鱼类，成为重要蛋白质来源。

## （三）云南元谋大墩子遗址采集和渔猎的动植物资源

本遗址中出土的各种动物骨骼共有 1 300 多件，因破碎的很多，可以鉴定的有 300 多件。文化堆积中，兽骨到处可见，且经常与陶片、石器等伴出。动物骨骼中，属于家畜的有猪和狗；可能驯养的有牛、羊、鸡。属于狩猎对象的有水鹿（*Rusa unicolor*）、赤鹿（*Muntiacus muntjak*）、麝（*Moschus moschiferus*）、野兔（*Lepus* sp.）、豪猪（*Hystrix* sp.）、松鼠（*Sciurus* sp.）、竹鼠（*Rhizornys* sp.）、黑熊（*Ursus thibetanus*）、猕猴（*Macaca* sp.）等，种别复杂，数量也多，推测狩猎在当时人们经济生活中占重要地位。水生动物的骨骼、硬壳，在遗址中也随处可见，计有厚蚌、鱼、田螺以及少量的小蚌壳、小螺蛳、蜗牛，其中以厚蚌最多。推测当时采集水生动物也是人们的重要生活来源。

植物方面，出土有大量由禾草类叶子和谷壳构成的灰白色粉末，在 3 个陶罐内有大量谷物炭化物，经中国科学院植物研究所鉴定，灰白色粉末为禾草类粉末，罐内的谷物炭化物是粳稻。

大批动物骨骼的出土，为分析遗址的地理环境提供了科学的依据。猕猴、松鼠、水鹿、麝、黑熊均属森林动物。显示了当时大墩子东侧的莲花山，森林密布，野草丛生。赤鹿、野兔、豪猪在这一丘陵地区的草原、沼泽地带活动。竹鼠、竹子以及犏牛的出现，又似乎表明当时大墩子有大片竹林，气候比较湿热，与现在的气候有所不同，应属于湿热的亚热带气候。[1]

---

[1] 云南省博物馆：《元谋大墩子新石器时代遗址》，《考古学报》1977 年 1 期。

## 第三节　采集狩猎时期人的身体结构特点及其对被采集狩猎动植物的影响

### 一、采集狩猎、进食行为对人的消化系统的影响

人类在为期长达百余万年的采集狩猎生活中，其身体的生理结构和功能起了缓慢、渐进且不可逆转的变化，从而与其他的哺乳动物区别开来。这种变化使得人从采集渔猎进一步向农业社会发展，成为必然的别无选择的途径。

人类本来是从采食植物果实种子的灵长类动物进化而来的，所以原本是素食的动物；后来又增加了狩猎，开始了肉食，但并没有放弃素食，于是成为自然界少见的素食和肉食的兼食者。当人还是像猿猴、猩猩一样在树林里寻找水果、浆果和硬壳果时，他们的行动虽然是成群的，但觅食的方式是独立的，对果实类进行剥壳、咬碎等动作也是单独的行为，并不需要集体的配合。就是说，进食是群体中的个人行为。

从树林转移到比较开阔的草原，开始了狩猎的行为，情况就起了变化。采集是女子和小孩都可胜任的，狩猎则必须成年的男子追捕猎物。开始时，男子们从固定的栖息地出发，狩猎结束后，又返回原栖息地，女子和小孩留在栖息地从事采集。

狩猎和采集的最大不同是采集是各采各的，不需要几个人合采一个果实。但狩猎要求合伙，只有合力围猎，才能捕杀动物特别是捕杀大型的动物。也只有合作才能把猎物带回栖息地，进行分割、分食。男子要把猎物的肉食分给女子吃，女子要把采集的蔬食分给男子吃，这就出现了男女的分工合作。换言之，获取食物已经不是单纯的个体行为，而成了群体的一种社会行为。

肉食和蔬食混合，从此成了人类普遍的典型食谱。因而从采集转向种植业，从狩猎转向牧养业，农业自其诞生之始，便是包括种植和饲养两个方面的内容，反映在各处新石器时代遗址中，总是出土有谷物等的遗存，同时亦必有动物家畜类的遗存，只不过比重有所不同而已。

现代人类遗传学的研究已经深入到基因组 DNA 的水平，要探索到底是什么基因把人类与灵长类动物区分开来，走上农业文明的道路。初步结果是这样的出人意料，研究表明，人类和黑猩猩的两个物种极其相仿，以至于生理学家贾里德·戴蒙德（Jared Diamond）称人类是"第三个黑猩猩物种"。经过长期的研究，可以肯定地确认人类和黑猩猩的任何基因组区，至少有 98.5％ 的 DNA 是相同的，这就意味着只有很少一部分的人类 DNA 才是决定人之所以为人的原因。这极少数的基因是

如何授予人类具有直立步态、采集、狩猎能力……以至背诵诗篇和谱写音乐的能力？仍然没有弄清楚。① 这要有待于未来揭晓了。因此，现在我们只能从食物营养的器官水平分析其中的奥秘。

肉食和蔬食的混食，给人的消化道的结构和生理功能带来很大改变，只要把人与狗、羊三者的消化道结构和生理功能作一个对比，便可一目了然，表7-8是三者有关项目的对比。

表 7-8　人的消化道结构和生理功能与狗、羊的比较②

| 名称 | 人 | 狗 | 羊 |
|------|-----|-----|-----|
| 齿 | | | |
| 门齿 | 上下 | 上下 | 只有下门齿 |
| 臼齿 | 不平 | 不平 | 平 |
| 犬齿 | 小 | 大 | 缺 |
| 口 | | | |
| 运动 | 上下 | 上下 | 转动 |
| 功能 | 咬碎 | 咬碎 | 磨碎 |
| 咀嚼 | 次要 | 次要 | 极其重要 |
| 反刍 | 无 | 无 | 极其重要 |
| 胃 | | | |
| 容量 | 2夸脱（约合2.28升） | 2夸脱 | 8.5加仑（约合38.68升） |
| 空胃时间 | 3小时 | 3小时 | 无空胃时间 |
| 消化间歇休息 | 是 | 是 | 否 |
| 细菌 | 无 | 无 | 有，极其重要 |
| 原生动物 | 无 | 无 | 有，极其重要 |
| 胃酸 | 强 | 强 | 弱 |
| 纤维素消化力 | 强 | 强 | 弱 |
| 消化力 | 弱 | 弱 | 主要功能 |
| 吸食能力 | 无 | 无 | 主要功能 |

---

① 〔美〕Ann Gibbons：《哪些基因造就了人类》，李大卫、何方淑译，《世界科学》1999年4期。

② Walter L V. The Stone Age Diet. New York：Vantage Press，1975.

（续）

| 名称 | 人 | 狗 | 羊 |
|---|---|---|---|
| 结肠及盲肠 | | | |
| 结肠大小 | 短小 | 短小 | 长，大容量 |
| 盲肠大小 | 细小 | 细小 | 长，大容量 |
| 盲肠功能 | 无 | 无 | 十分重要 |
| 阑尾 | 残留 | 无 | 盲肠 |
| 直肠 | 小 | 小 | 大容量 |
| 消化力 | 无 | 无 | 十分重要 |
| 粪便量 | 少 | 少 | 大量 |
| 粪中食物量 | 少 | 少 | 大量 |
| 胆囊 | | | |
| 大小 | 发达 | 发达 | 常缺 |
| 功能 | 强 | 弱或缺 | — |
| 消化力来源 | | | |
| 胰腺 | 全部 | 全部 | 部分 |
| 细菌 | 无 | 无 | 部分 |
| 原生动物 | 无 | 无 | 部分 |
| 消化率 | 100% | 100% | 50%或以下 |
| 进食习性（次数） | 间歇 | 间歇 | 连续 |
| 生存能力 | | | |
| 缺胃 | 可能生存 | 可能生存 | 不可能生存 |
| 缺结肠、盲肠 | 可能生存 | 可能生存 | 不可能生存 |
| 缺微生物 | 可能生存 | 可能生存 | 不可能生存 |
| 缺植物性食物 | 可能生存 | 可能生存 | 不可能生存 |
| 缺动物性食物 | 不可能生存 | 不可能生存 | 可能生存 |
| 身体长度与消化道长度之比 | 1：5 | 1：7 | 1：27 |
| 身体长度与小肠长度之比 | 1：4 | 1：6 | 1：25 |

从表7-8对比可知，人与羊走上两条不同的演化道路，羊走的是食草的道路，其身体的结构和功能都服从于这个大前提。结果体长和消化道之比大至1：27，且胃没有休息的时候。这要妨碍它的脑力进一步发展。人走的是素食和肉食并进的道

路，身体的结构和功能同样也服从于这个大前提，结果使体长和消化道长之比缩小到1：5，胃可有3小时的空胃时间。这有利于脑力的使用和发展。同时，人养成肉食习惯以后，在营养上如没有动物蛋白质就难以生存，这促使人走上不是凭体力而是靠智力和工具猎取动物的道路。狗的祖先是肉食的狼，没有素食的习惯。肉食的共同点使狗在身体功能结构上和人较为接近。但凡是完全靠捕食其他动物为生的兽类，处于食物链的顶端，它们的生长量取决于食草动物的数量，不可能繁殖很多的"动口"，因而在自然界里，彼此只能保持一种食草动物和食肉动物的天然生态平衡。人因为动植物都食，食物来源多样化，人口容易繁殖，即在生存竞争中常常处于有利地位，能在打破生态平衡中求得自身的发展。

地球在第四纪时，大型动物发生大量的消亡，其原因有归咎于气候的，有归咎于人类活动的，莫衷一是。米勒等人采用了多种方法测定几万年前生活在澳大利亚的一种大鸟蛋化石的年代，结果认为早期大洋洲土著人的狩猎活动如纵火焚林、驱兽围捕，可能导致了5万年前大洋洲85％的大型动物群的消亡。[①]

詹姆斯·斯蒂尔（James Steel）指出，早期直立人（*Homo erectus*，古代的*Homo sapiens*，尼安德特人）最早到达温带欧洲至少在距今50万年前，他们的食谱中明显地包括大量的肉食，这可以从考古遗址中他们遗留的动物性垃圾获得证明，也可以从解剖学上显示他们的脑很大，而内脏很小（表7－8）加以证明。凡此，都说明他们需要消耗高质量的能量用于奔跑。

上述欧洲早期人的大量肉食现象，到新石器时代仍然如此。英国考古学家对英格兰中部和南部10处遗址中出土的23个新石器时代人骨进行分析，认为这些早期"农民"的食物主要靠肉类及其副产品如乳、干酪等，植物性食物只占无足轻重的地位。这些人骨的年份经测定，为前4100—前2000年。这个研究的根据是，人体是由有机和无机物质组成的，这些物质都是从进食获得的。追踪身体组织有机质的来源，有许多方法，其中之一是检查某些元素的相对比例，即骨骼中蛋白质的稳定同位素含量。通过同位素分析，可以知道某个人一生中最重要的食谱。其中一个特别的同位素可以告诉我们某个人的食物主要来自植物或动物。通俗地说，就是对比人的同位素数值和动物的同位素数值。如果人的同位素数值更接近于食草动物（如马、牛），表示他吃食较多的植物性食物；如果他的同位素值更接近于肉食动物（狼、狐狸），表明他吃食较多的动物性食物。需要指出的是，当时所食的动物性食物，已经是人们饲养的家畜之肉。[②] 但这只是英国的情况，欧洲大陆的种植业历史

① Miller G H，et al. Pleistocene extinction of *Genyornis newtoni*：Human impact on Australian megafauna. Science，1999，283（5399）：1，8.

② Richards M.'First farmers'with no taste for grain. British Archaeology，1996（12）.

也是很悠久的，在前5000—前3500年。不过它们是呈星点般分散在欧洲的中北部，与中国的情况不相同。

托马斯·伯杰（Tomas Berger）等也指出，尼安德特人遗留的骨骼中常有大量外伤，表明他们行猎时，常贴近大型的有蹄类动物（牛、马等），在搏斗中受伤。但是，还没有证据表明他们有过度的狩猎行为，以致引起食草动物的灭亡。反而到距今45万年前时，欧洲的食草动物如犀牛、大型牛科动物明显增加。这可以解释为当时的人口密度还很低，狩猎技术也不够先进，只是到后来解剖学意义上"现代人"（*Homo sapiens*）的出现，狩猎技术改进了，狩猎群体扩大了，才对物种的生物多样性产生大的打击。

解剖学上的现代人是距今14 000～13 000年最后一次冰河期到达美洲的，他们（指印第安人）到达美洲时，恰恰与美洲大型动物普遍性的灭绝高峰相吻合。到冰河期末，北美洲有33个属（或个别种）消失，包括若干个种所属的科以及整个"目"（Order），如猛犸象（mammoth）、乳齿象（mastodon）。在南美洲的同一时期，至少有46个属消失，包括树猴、乳齿象、马和各种南美洲野猪、骆驼和鹿。

导致这些动物的灭种，当然还包括一些间接因素，如人在捕猎其他动物时，把大型食草动物赶走了；又如气候激变引起植被的改变，迫使许多动物迁移他处。但是像旧石器时代早期灭绝的物种猛犸象、乳齿象、树猴、马、骆驼和巨型龟等，都有它们的人工制品发现，则不能否认其灭绝与人的捕猎有关。

事实上，要打破一个大型的、繁殖缓慢的物种从生到死的平衡，并不需要大量的杀戮。据史蒂文·米森（Steven Mithen）的估计，一个人口膨胀的旧石器狩猎群体，以每年随机猎杀一头猛犸象计（不分性别、年龄），不需1 000年，即可把北美的猛犸象猎杀至绝种。

但是，导致长期以来动物生物多样性毁灭的，并非都是过去的狩猎—采集者，全球膨胀很快的种植社会和家畜饲养，亦会导致大量物种的毁灭。

岛屿上的地方性物种受到人的这种打击时，就会显得特别脆弱。太平洋岛屿上几乎没有当地的哺乳动物，鸟类的演化填补了哺乳动物的生境，人类占领了这些岛屿以后，给生物多样性带来致命的损失。例如在新西兰，岛上最大的、不会飞的恐鸟（moa）是岛上最大的动物，在人类抵达以后不到300年，即彻底被消灭。光是热带太平洋岛屿，约2 000种的鸟类被消灭，约占全球鸟类物种的20%，其中绝大多数是"秧鸡"（rails），一种不会飞翔的地面鸟。

引起这种物种绝灭的因素中，除人的猎捕外，还有从外地引进捕食者（predators），如老鼠，富有竞争力的物种，致病的病菌等，都会引起动物生境的破坏。波利尼西亚当地物种的丧失与加拉帕戈斯群岛（Galapagos Islands）形成鲜明对照，后者在1535年欧洲人到来之前，一直有丰富的动物区系。

在被捕食动物中，生育繁殖缓慢的物种，特别经不起人类的捕猎。那些迁徙中的物种，经过不同人群生活的领域的时候，以及那些命运不佳的物种，碰上生活来源困难的人群，都有被过度捕杀的危险。因为物种的保留要有两个前提，一是所有的狩猎者对捕猎的资源受到强制的约束；二是理智地、有控制地使用动物资源（按这也就是孟子所说的"苟得其养，无物不长；苟失其养，无物不消"）。但这种理想的境界似乎是自相矛盾的，如现今的农业社会，自然的景观已被彻底摧毁，代之以人造的环境。①

以上是国外文献的见解，联系中国古代的环境和文献，亦可看到类似的问题和证据。典型的是犀牛和鳄鱼（古籍作鼍）。这两种大型动物新石器时代在黄河流域曾相当普遍生活（见第二节）。秦汉以前，人们猎取犀和鳄的目的不光是肉食，还利用它们的皮革。古籍中充满了犀甲、犀利等词汇，犀牛的皮十分坚硬并有很强的韧性，故用来制作战场上战士防身的犀甲，还有用犀皮装饰车厢的。《左传·定公九年》载："与之犀轩与直盖。"注："犀轩，卿车。"疏："犀轩，当以犀皮为饰也。"《晋书·温峤传》还提到温峤用犀角当烛，燃烧照明。这类记载反映了当时还有犀的来源。其次是鳄鱼（鼍）皮鼓，最初不是用牛皮蒙制，而是用鼍皮。《大戴礼记》说："二月剥鳝（即鼍），以为鼓也。"《诗经·大雅·灵台》有"鼍鼓逢逢"，形容以鼍皮蒙的鼓，击鼓所发出的声音，十分雄壮。但秦汉以后，鳄鱼退到长江流域，且数量大减，犀牛更是消失很快。其原因可有两方面，黄河流域气候的转凉转旱固然是因素之一，但不能否认人们无厌的需求，引起大量的猎杀，是更为重要的原因。

## 二、前农业时期人的植物知识

农业社会的人往往对于前农业时期采集者的植物知识估计不足，认为他们的植物知识是很差的，远不及后人，这是一种无知和偏见。中国的神话传说则把人们的植物知识归功于神农氏一个人的发明和传授，说是神农氏尝百草，一日遇七十二毒，才把所得的植物知识传授给人们。乔治·格雷（George Grey）（1841）描述1770年库克船长在一次航行中，水手们看到当地土著吃一种苏铁科植物的种子，他们也去采集一点试吃，结果病倒了。他们认为这些土著人的身体非常强壮，所以吃了没事。后来，他们拿这些种子去喂猪，有几头猪竟死了，他们更惊叹土著人身体的强壮。却不知道土著人是先行去毒，然后才食用的，真正无知的不是土著人，却是当时这些欧洲人。

---

① Steele J. 'Eco-noble savages' who never were. British Archaeology, 1996 (12).

采集者不但知道许多去毒的方法，而且还知道许多植物可供药物、麻醉、医疗、制鱼毒、毒箭头、树脂、树胶、染料和漆料，树皮作衣料，树木枝干作枪矛、箭头、弓、盾、火棒、独木舟等知识。并把知道的植物知识应用于纺织、编篮子、家用器具、渔网、面具、小塑像以及祭祀用品等。库恩（C. S. Coon）（1971）在其《猎人》（The Hunting People）一书中，提到加蓬和西非一带的俾格曼人（Pygmies）制造毒箭头的技能很是复杂，包括使用 10 种不同的植物，其中 8 种有毒，2 种为黏胶植物，使毒物粘于箭头上，另外又加 2 种动物毒汁（甲虫的幼虫和有角蝰蛇的毒汁）。①

狩猎时期的人都知道利用放火焚烧树林，把野兽驱赶到空旷处，以便围猎。中国古籍上称"畋猎"。畋，亦作佃。《周易·系辞》曰："以佃以渔。"狩猎而与"田"字相联系，是一个很有意义的浓缩历史的造字过程。原来当初的焚林，目的只是为了狩猎，后来发现焚烧过的土地，其新生的植物，又嫩又好吃，会招引许多食草动物来吃食，更便于打猎。于是人们逐渐积累起经验，有意识地放火，有意识地选择某些很会吸引动物的植物，进行种植。而其中一些植物的种子特别是禾本科植物的种子，人亦可以采食，于是原来焚烧是为了招引野兽的，这时变成也是为了采食这些植物的种子，这就是种植业迈出的很自然的第一步。到了这一步，放火的目的起了变化，狩猎退居其次，采集行为却反客为主，成为第一位了。

焚烧不是随意的行为，需要一定的知识，加上一些不成文的约束。如澳大利亚的土著，他们举火的时间和地点都要小心挑选，并有严格的措施，使火势控制在规定的边界之内。举火的目的意在促进某种期望的采食植物的生长，狩猎变成放火之后的一个附带的收获。每一群人都有他们的"领地"，采集他人领地的植被认为是很严重的侵犯事件。

乔治·格雷（1841）有一段很有趣的记载："在维多利亚省，我曾看到一片达数平方公里之大、密布着当地土著人挖掘山药后所留下的洞穴，使人走路跨步都十分困难。又，在西澳大利亚的珀斯（Perth），一个废弃了的沙荒村落，其周围的数千米都生长着另一种 Haemodorum 的植株。"很难区别那些大片"天然"生长的山药和同样很大的栽培山药，人们往往在收获栽培山药后把其顶部放回原处。②在撒哈拉，野生植物群丛在收获种子以前，常被有意地加以保护，以防野兽啃食。这在游牧和半游牧族群中都可以看到，但不能认为他们现在还处于采集阶段，因为非洲的农业起源很早，与其说他们现在还处于采集阶段，毋宁说他们这种保护野生植物以便采食的措施，是前农业时期传统的遗留。

---

①② Harlan J R. Crops and Man. Madison，WI：American Society of Agronomy，1975：24 - 27.

# 第八章 原始农业与原始信仰

　　所谓原始信仰是指原始人类从原始思维方式产生的对某些事物的极度尊崇。原始信仰在采集狩猎时期即已产生，过渡到原始农业时期以后，又有进一步发展。原始信仰表现为自然信仰、图腾信仰、祖先信仰（以上三者，一定意义上代表了原始信仰的三个发展阶段），以及巫术等。这些尊崇建立在未经实证检验的非理性认识基础上，它与宗教信仰有共同之处，所以，有人把原始信仰称为原始宗教。但它毕竟有自己不同的特点，并不等同于后世的宗教信仰；宗教信仰的形成是较晚的事情。对这些问题的认识，学术界存在较多分歧，本章不展开讨论。

　　从现代的标准看，人们或许会给它戴上"幼稚""迷信""荒诞""无稽"等帽子。但是，它从人的遗传基因在演化过程中形成的觅食和生殖的本能中摆脱出来，萌生了初步的思维，这是非常了不起的一个飞跃，是一切后起的日臻成熟思维的开路先锋。思维和本能不同，本能是遗传的，思维不会遗传，但可以积累和更新。一个人的思维是从小在大人的教育下培养、成长起来的，一代一代接受，一代一代积累更新，就会"长江后浪推前浪，一代新人胜旧人"。要说遗传，这是群体后天获得的积累和更新的遗传，不同于个体通过生殖基因的本能遗传。原始信仰反映了原始人类对世界的认识，蕴藏着丰富的历史信息，是我们研究理解原始人类生活和思想的宝贵资料。尽管随着社会发展，许多原始信仰已经逐渐消失，但仍然有不少变相地遗留下来，有形或无形地在一定程度上左右着后人的思想行为，有的甚至在当今社会中仍起着团结和凝聚的作用，显示出原始农业留给后世的一种不可低估却容易被忽视的影响力。

# 第一节 自然信仰

原始信仰包括不同的种类和形式，首先是自然信仰，即认为自然物和自然力具有生命、意志和某种神秘力量的一种信念。

人类本来就是自然界的一部分，是自然界经过长期发展而孕育产生的高级物种。人类生产生活中的一切无不取自于自然，人类无时无刻不在与自然界打交道，从而也产生了对自然界给予解释的欲望。人类刚刚从动物界出现的时候，一方面，生产力水平十分低下，远未能控制和支配自然，不免对自然物和自然力产生神秘感和依赖感，产生敬畏心理；另一方面，思维水平也十分低下，缺乏抽象的能力，还未能把自己和自然区分开来。原始人往往用类比的方式认识周围的事物，把周围事物也看作和自己一样是有意识和有喜怒哀乐的，尤其是当人类从梦境中引出灵魂的观念以后，更类推出自然物和自然力也是有灵魂的。这种万物有灵观念就是原始信仰的思想基础。因此，自然信仰的内容实际上是自然物特性与人类特性的混合物，或者说，在自然信仰的对象中折射了人类自身的某些特性。最初，自然物引起人的感觉被当作自然物本身的形态，人与自然浑然不分；当人们逐渐朦胧地将自己与自然区别开后，人开始把自然看作一种异己的力量，从对自然的祈求中产生对自然的崇拜；后来又从自然崇拜中产生出自然神。这些，反映了自然信仰不同的发展阶段。[1]

原始人类自然信仰的对象多种多样，十分广泛，大体可以区分为对日月星辰等天象的信仰、对土地山林的信仰、对水火雷电等自然力的信仰、对动植物的信仰等类，下面分别予以介绍。

## 一、天体崇拜

### （一）太阳、月亮崇拜

地球本身及地球上所有生物活动的能量都源于太阳，原始人的生产和生活不能离开太阳，太阳当然早就成为人类思考和解释的对象，从而产生了对太阳的崇拜。这在考古学、民族学以至民风民俗中，都留下了不灭的痕迹。

据牟永抗的归纳研究，中国新石器时代的考古资料中，有关太阳的形象，主要分布在三个区域，一是太湖及其以南地区；二是长江中游地区；三是泰山周围及黄

---

① 王小盾：《原始信仰和中国古神》，上海古籍出版社，1989年，20页。

河下游地区。① 此外，在岩画中也有一些资料。

太湖及其以南地区以河姆渡遗址出土该类遗存最为丰富，良渚文化也有不少发现。主要内容有"双鸟朝阳"的象牙雕刻、木质蝶形器、双头鸟纹骨雕、日月纹双耳陶盆、猪纹方形陶钵等（图8-1）。长江中游地区有湖南安乡划城岗遗址的印捺纹白陶盘、朱绘黑陶簋及长沙南坨遗址的彩陶罐等。泰山周围及黄河下游地区有河南郑州大河村彩陶片（图8-2）、泰安大汶口遗址彩陶、陕西华州泉护村彩陶片以及岩画上的太阳和太阳神等（图8-3）。

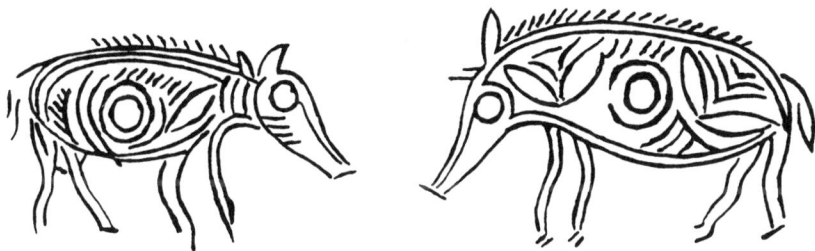

图8-1　河姆渡出土陶钵猪纹上的太阳

（牟永抗，1995）

图8-2　郑州大河村出土的太阳纹彩陶片

（牟永抗，1995）

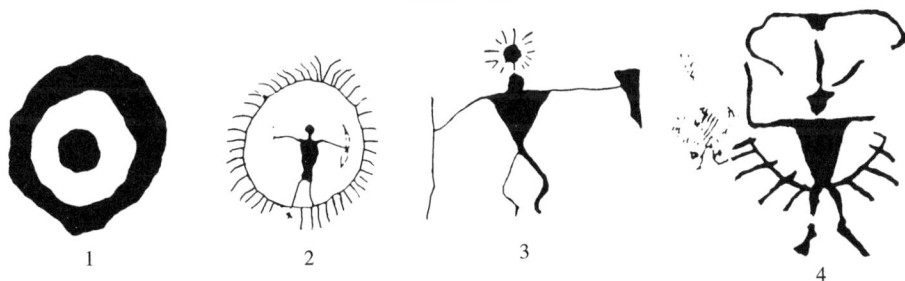

图8-3　岩画中的太阳和太阳神

1.乌兰察布岩画　2～4.沧源崖画

（牟永抗，1995）

① 牟永抗：《东方史前时期太阳崇拜的考古学观察》，台北《故宫学术季刊》12卷4期，油印本，作者见赠，1995年。

这些带有太阳纹饰的器物标本，根据其内含和时代先后，牟永抗将它们的发展划分为三个阶段：一是单体太阳图形阶段，其图形又可分红色圆球、重环同心圆和光芒四射的圆球三种。二是太阳和鸟兽植物等形象图画阶段，如"介"字形、三尖峰、横弓形等抽象符号组合。三是人形化太阳神阶段，人形化说明太阳神取得主神或主神之一的地位。介字形冠状符号和光芒，是东方太阳神的重要标志，鸟不是的唯一载体。东方太阳神的形态、功能，都和西方的阿波罗、古埃及的"拉"，以及南美洲用人血供奉的太阳神，有着明显的区别，彼此没有联系，是各自独立起源发展的。东西方不同的太阳神，植根于不同的生产方式，表现在农业上是稻粟、小麦和玉米三大谷物的差异上。

太阳崇拜虽然在考古遗址中得到充分反映，当时实际的祭祀情况则不得而知。但在现今少数民族和汉族的祭祀节日及民俗民风中还有不少的残存或变异形态。如杭州在 20 世纪 50 年代以前民间以农历三月二十九日为太阳生日，家家户户当天清晨第一件事是在门前插三炷香，然后前往光华寺进香，以敬日神。这种风俗显然与佛教混合了。天津一带民间则传说农历六月十九日为太阳生日，届时一清早家家户户摆起供品，点上香火，向东朝拜，祈求太阳神为人间赐福。如果这一天天气晴朗，表明太阳高兴，是吉祥的兆头；如果遇着阴天雨天，不见阳光，被认为该年时运不佳。东北鄂伦春族的"祭太阳节"，保留较多原始的内容，他们定农历正月初一为祭太阳节。初一一早，当太阳升起时，各家各户的男女老少，都走出屋外，面朝东方，烧香叩头，祭拜太阳神，祈求太阳赐福消灾，保佑全家老幼平安。祭毕回屋，按辈分入座就餐。平时，鄂伦春人遇到什么苦难，也要向太阳神（鄂伦春语称"得勒饮"）诉冤祷告。如日食，他们认为是黄狗吞食太阳，于是竞相敲盆击鼓，叩首祭拜，以求抢救太阳。彝族有"太阳会"，白族有"太阳祭"，土家族有"太阳祝生节"等，这类祭太阳的节日甚多，就不一一列举了。①

云南永宁纳西族认为太阳是女子，月亮是男子。白天，女子出来干活，晚上，男子去拜访女子，同过"阿注"婚姻生活。天明后，两人又分开。这种传说的起初是一群月亮访问一群太阳，后来变为一个月亮访问一个太阳。这种从多太阳向单太阳的转变，可能是从群婚制转向对偶婚制的一种反映。永宁普米族用石灰在房子上面画太阳、月亮和星星，认为它们是吉祥的象征。

汉字中与太阳崇拜有关的有"鬼""畏""吐火罗"等。据唐善纯的考证，"鬼"在古代和"畏"同为一字，意义亦相通。鬼源于甲骨文的"鬼方"，因其强大，为中原劲敌，故甲骨卜辞常多卜鬼方之事。鬼的字形在甲骨文中是人的头上顶着一个圆圈，内为十字交叉。圆内的十字，为太阳的符号，像以太阳为图腾的人。匈奴故

---

① 高占祥主编：《中国民族节日大全》，知识出版社，1993 年。

地今内蒙古狼山地区磴口县格尔敖包沟有一岩画，一人双手举过头顶，跪向太阳，顶礼膜拜。

前 6 世纪时中亚出现大夏国，大夏的译音甚多，《史记》的"大夏"，《魏书》作"吐呼罗"，《隋书》作"吐火罗"，《新唐书》作"吐豁罗"等，都是粟特文、回文或梵文的音写，含有太阳崇拜的意思。王国维《西胡考》主张西域大夏是中原大夏迁去的。徐中舒也认为汤灭夏后，虞夏两族相继西迁，夏称大夏，虞称西虞。虞夏是古代两个联盟部族，夏之天下，授自有虞，夏既灭亡，虞亦不能自存，他们只好西逃。刘起釪认为迁至西域的大夏，尚保存古音。罗为语尾，吐、覩为大的对音，火、货等则为夏的对音。藏语文献称吐火罗为 Tho - kar、Tho - gar，称回鹘人（匈奴先民）为霍尔（Hor），Hor 与 kar、gar 同义，皆源自波斯语 khor（太阳的），与突厥语 kyn 音近义同。战国时，大夏已迁流沙之西，流沙即今塔克拉玛干大沙漠。王国维以为即"覩货逻"之讹变。大夏曾在塔克拉玛干大沙漠中立国，已为考古所证实。玄奘《大唐西域记》所说"国久空旷，城皆荒芜"的"覩货逻故国"可能即周初的大夏。[①]

覩货逻故国之西有于阗国，即今之和田，梵文作 Gostana，突厥语作 Hotan，qortan，- tan 源自波斯语- stan，土地之意，Go 与胡对应。玄奘所见覩货逻，已是臣服于突厥的属国，从阿姆河下游古国花剌子模（Khorazm，波斯语，意为太阳的土地）、伊朗东北部古地名呼罗珊（Khorasan，波斯语，意为太阳的地方）等，可以窥见夏民族（太阳族）变迁的影子。[②]

## （二）星崇拜

天上的星星被认为主宰着地上人的健康安全，祭星是为了祈求祛病延年。丽江鸣音地区纳西人的祭星仪式十分繁复。祭星的起因往往由于家人生病，而生病的原因则是病者的灵魂冲犯了天上的星宿，失去星宿的保佑，被吓唬鬼俘去之故。祭星往往是为治病而举行。祭星的目的是从吓唬鬼手中索回病人的灵魂，解除病人与星宿的冲犯关系，重新获得星宿的保佑。因而祭星也要分两步走，第一步祭吓唬鬼，第二步祭星宿。[③]

祭星星的内容很多。如彝族的祭星节，是彝族古代星体崇拜的延续，增加了一些神话故事内容。祭星节的仪式是在夜晚月亮升起的时候进行。人们将煮熟的猪肉和米酒祭品，端到"秋架"（彝族流行的秋千）下，烧香叩头，极为虔诚。同时还

---

①② 唐善纯：《夏的变迁与中西文化交流》，《文史知识》1992 年 4 期。

③ 和志武、钱安靖、蔡家麒主编：《中国原始宗教资料丛编》纳西族卷，上海人民出版社，1993 年，73～77 页。

要举行荡秋架的活动。其来源是，传说远古时候，人烟稀少，彝族始祖感到很是寂寞孤单，晚上常常失声痛哭，哭声惊动了天上的星星，星星变成美女下凡，和始祖玩荡秋架，不过，到天亮，星星姑娘就得回天，彝族始祖要求姑娘留下来，星星姑娘没有同意，而且从此一去不再来。彝族人为了怀念星星姑娘，每年正月十五日就以荡秋架的方式纪念她。

唐善纯认为中国的"帝"字（帝喾、帝辛）（图8-4）与西亚图画式文字的"星"字有关（图8-5）。前4000年西亚创造了图画式文字，其星字作米，楔形文作米，简化作十。其字兼表示天、神，与图8-4所示甲骨文的"帝"字相似。英人波尔认为帝字由巴比伦文△而来，巴比伦文的读音为din-gir，di-gir，dim-mer，其首音与帝相似，而且和中国一样，兼有天神和人王二义。巴比伦月亮之神辛，即是di-gir sin，与中国的帝喾（又称高辛）可能有关，因单读前面di-gir为帝喾，读后面gir-sin则为高辛。古代两河流域兼用10进位和60进位，分圆周为360°，一天12时，与中国古历相合。郭沫若也认为中国十二辰本是黄道周天十二宫，可能是从古代巴比伦传来。[①] 帝字在中国词典中有天子、天帝、尊神（如白帝、赤帝）等义，"帝座"为星座名，皆与上述吻合。但亦有学者考证"帝"和"蒂"通，清人吴大澂《说文古籀补》说："疑古帝字本作蒂，如花之有蒂，果所自出也。"卫士贤则认为"在新石器时代的彩陶上多有三角形如△的花纹，即是女子生殖器之象征。此三角形后演变为上帝的帝字"。他还指出一些铜器金文中的△，也是帝。[②] 这一考证似不及上述唐善纯的有力。

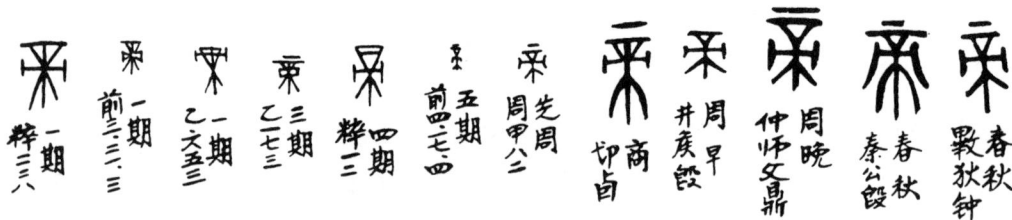

图8-4 "帝"字字形演变

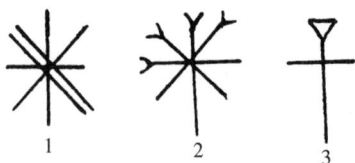

图8-5 西亚图画式文字的"星"字

---

① 唐善纯：《夏的变迁与中西文化交流》，《文化知识》1992年4期。

② 转引自周幼涛：《祭禹丛考》，见陈瑞苗、周幼涛主编：《大禹研究》，浙江人民出版社，1995年。

## 二、土地、山林崇拜

日月星辰之外，极受崇拜的是土地。土地是万物之母，人类采集、渔猎资源的供应者，人们对土地的依恋，自然产生神秘和崇敬的心情。土地崇拜在我国很早就出现了，这从先秦祭社风俗中可以反映出来。"社"从"示"从"土"，本身就是一种土地崇拜。最初，属于自然物的崇拜。《论语·八佾》："哀公问社于宰我。宰我对曰：'夏后氏以松，殷人以柏，周人以栗……'"应是原始时代的遗俗。后来，出现了管理土地的社神——后土。《左传·昭公二十九年》："共工氏有子曰句龙，为后土。……后土为社。"

万物都孕自土地，所以在原始人想象中，土地是女性，是万物之母。《汉书·礼乐志》载《郊祀歌》："后土富媪，昭明三光。"注引张晏曰："媪，老母称也。坤为母，故称媪。"这和《周易·说卦》中"坤，地也，故称乎母"是一致的。在《太平经》中还有"地母臣承阳之施，主长养万物"[1] 之说，在一定意义上也反映土地崇拜产生于母系氏族时代。浙江省永康一带民间有"祭田婆"的节日，当地人认为田婆一年四季辛劳，为了酬谢田婆，在农历夏至日，举行祭祀田婆的仪式。届时，每户人家都要备好祭礼酒肉、果品之类，拿到田头，摆好祭品，插上草标，焚香叩首，祈求田婆保佑五谷丰登，事事如意。称田婆而不是田公，反映母系时期的遗风。云南省墨江一带的布朗族有"土神祭"的节日，在每年农历正月下地生产之前举行。各家只留家长和巫师在屋里，其余人都要回避。祭前，各家先关好大门，门前插着一根木桩，桩上戴一个雨帽，告诫外人本家正在祭土神，不得入内。巫师口中念念有词："求土神保佑今年此家人畜平安，风调雨顺，庄稼丰收。"然后将供祭的公鸡杀死，取出内脏，埋于大门右角，用石头和泥土盖住。祭毕，巫师和家长把鸡煮熟，共同享吃。其他祭品（谷、米酒、茶等）由巫师拿走。祭土神毕，家人才可以返回家里。

原始人很多生活在山区，因而祭土地亦即祭山，其意义与祭土地完全一样。独龙族有祭山神节，日期不固定，一般选在逢年过节时，择日举行。独龙族崇拜多神，一切天灾人祸，都被视为有一种超自然的神力在起作用。其中他们认为山神"拉"（按此音和苗、瑶族称山为"雷""蓝"等音近）是使人畜兴旺、粮食丰收的神灵。因此，每逢年节时，全寨的人都要集体祭祀"拉"神。祭前，每家每户都要用熟荞麦面捏成粑粑人（寓意多子）和牲畜（寓意猎取更多的野兽）。届时，人们聚集在寨外的山坡上，献上带来的苞谷、米酒、肉食及荞麦面做的祭品。依照习

---

① 王明编：《太平经合校》卷一三七，中华书局，1960 年。

惯，男人靠近祭品而立，妇女在后边站立（独龙族认为"拉"神最讲卫生，女子不得在前）。人们祈祷山神，大意是村寨的男女老少要靠您保佑，我们今天送给您最好吃的东西，愿您永远保佑我们人畜兴旺，五谷丰收。祭毕，大家围着火堆纵情歌舞。

类似的祭山活动甚多，山神看不见，往往以具体的石头为代表，祭石和祭山常常不可分。如云南省各地的羌族都有祭山节，一般以村寨为单位，方式大同小异。茂县三龙乡（今沙坝镇）的祭山会，各寨在附近山上有一个高约两米的石塔（纳黑石），塔顶有几块白石，代表山神、天神、树神。塔的周围环绕着青翠的松柏、杉木等"神林"。祭山会在塔前的空地上举行，祭祀过程是先由端公在塔前点燃香烛，用酒肉和馍等敬神，唱开坛解秽词（塔特书）；其次，由端公念还愿词（郭喜格尔），表示祭山正式开始；接着唱抖水词、消灾灭祸经、开天辟地词、山神史迹、以羊替罪词、长寿永生词、向山神祈求青稞种、请鸟兽吃祭祀词；为青年人举行族礼。最后，由端公唱祭山会结束歌，宣告祭祀结束。于是举行"转山"，由端公领头，众人绕石塔载歌载舞，绕三周后回寨，将还愿用的"十卓"插在会首房顶的石塔上，以示该户为会首。

云南省弥勒、泸西、路南一带的彝族阿乌人有"阿乌祭山节"，一般于农历正月初二举行，以村寨为单位，节日当天，由每家的青壮年男子参加祭礼。他们穿起干净的衣服，携带祭品，聚集到山上，由主祭的长老将多根青冈栎树的树枝插在一棵神树四周，按人数把等量的鲜肉挂在树枝上，以便祭祀完毕后，各人带回家去，给未能参加祭礼的家人分享。人们根据青冈栎树枝在阳光的照射下被晒卷了的叶片形状，预测当年的收成。一切准备就绪后，长老取来一枚叫"山祖石"的圆石头，用清水洗过，接着用绿叶包裹起来，恭恭敬敬放在神树底下。传说这个石头是猎神"鲁特"的化身。众人依次把供品供奉在猎神跟前，在长老带领下，叩头膜拜。祭祀完毕，开始宴饮。进酒之前，要由两个小伙子端着酒碗，口中模仿布谷鸟鸣叫和马嘶的声音，边叫边问大家："格听见啦？布谷鸟叫啦，种得庄稼啦；骏马嘶鸣啦，丰收在望啦！"众人异口同声地回答："听见啦，听见啦，种得庄稼啦，丰收在望啦！"然后大家开怀畅饮，席间还玩各种有趣的游戏。祭山节的最后，是"撵雀"的狩猎活动，人们分成两群，手持短棍、竹竿，吆喝着朝山野的雀鸟发起捕捉，把捉住的小鸟带回家里，加工烘干，到播种荞麦时食用。相传到时候全寨人一齐炸雀鸟，让那些侥幸逃跑的害鸟闻到同类的气味，再也不敢糟蹋庄稼了。[①] 彝族阿乌人这个祭山节活动的内容，可认为是从原始狩猎时期的山林崇拜延续到原始农业以后逐次添加而成，名曰祭山，实际上是多神祭祀的浓缩，包含祭石（圆石崇拜）、祭

---

① 高占祥主编：《中国民族节日大全》，知识出版社，1993年。

树、祭猎神、祭谷神以及重演从狩猎到农业的祭祀。万物有灵在这里被综合表述了。云南红河地区哈尼族的祭山，和其他地区不同，主要是祈求不会发生山火，保佑平安。云南勐腊县傣族的拜山神节，傣语叫"紧刁巴拉"，分二月二和三月初七两次举行，第一次祈求人畜平安，五谷丰登。第二次要在村寨外的神树旁搭两个"神房"（草棚），南面的是寨神房，北面的是山神房。庙主主持祭礼毕，要杀一只鸡，把鸡血洒在地面，进行鸡卜，以决定是否出猎。这两次祭山，似乎反映祈求五谷丰登在前，鸡卜在后。但在次序上，把出猎放到最后。云南华宁县的苗族称祭山神为"兹省"，"兹"即祭。"省"是石，用石板搭成约 33 厘米见方的方形土地庙，内置一个人形石头，作为山神偶像。云南富源一带布依族的祭山神，是由村里各寨轮流负责，每次由 4 户承担全部工作，祭祀要买牛一头，节日当天，每户派一名男子进山，杀牛祭祀，祈求山神不下冰雹，庄稼丰收，人畜兴旺。贵州三都、荔波、都匀、独山、黎平等地的水族，于每年水历五月十五（农历正月）举行祭岩神。人们在荒野的巨岩怪石边，搭起一个岩神棚，是祭祀岩神的固定场所。届时，各家各户都要杀鸡宰鸭，打酒买肉，推豆腐，带着香烛、纸钱等祭品，燃香烧纸，敬祀岩神，求岩神保佑全家平安、五谷丰登、人畜兴旺。这个祭岩神活动，已日渐减少。

以上所述的神灵祭祀，从日月星辰到山林岩石，它们都与祈求赐福避灾、五谷丰收、人畜兴旺有关。它们是从狩猎社会到原始农业社会及相应的从母系氏族到父系氏族社会各阶段万物有灵的祭祀，先后融合在一起，很难予以划分。可以肯定，还有不少祭祀恐已在延续过程中消失了。

## 三、火、雷、水等自然力崇拜

自然力关系狩猎、畜牧、农耕的顺利或灾难，非人力所能控制，原始人只能在力所能及的范围里争取成功，更多的是敬畏和崇拜，乞求这些神灵的保佑。这里专就最引起崇拜的火神、雷神和水神作些叙述。

汉族方面，陕西延安一带民间以农历五月十六为"跳火"节。当天傍晚，各家各户便在自家院子里燃起篝火，到天黑时，篝火大旺，跳火正式开始。先由小孩子们从远处起跑，到火堆跟前，猛地跳过去，跳完自家院内火堆，再跳邻家的，乘兴跳过所有火堆，才算跳完。大人们只是象征性地从火堆上跨过去，取其意义。婴儿们由父母亲抱着跳过去。妇女们跳火以后，还要把被褥、衣物拿到火上燎一下，称"薰虫"。据认为凡是跳过火堆的人，这一年里便不会染病，俗称"燎百病"。最后，把火烬铲起，撒到室外地里。浙江嘉兴一带的"甩火把"节是在农历五月份，择一午夜，人们用稻草绑扎成火把，点燃后，扔向四面八方；或在田里堆起草把，黄昏时在锣鼓声中焚烧。甩火把时，还要念着："火把甩得高，三石六斗（指稻谷产量）

稳牢牢；火把甩到东，家里堆个大米囤；火把甩到南，国泰民安人心安；火把甩到西，风调雨顺笑嘻嘻；火把甩到北，五谷丰登全家乐。"（南方口音，北和乐押韵）传说这个节日起源于隋炀帝的命令，农民们因此发现甩过火把的田地，年景要比没甩过得好，所以后来就留传下来。① 这个解释不太正确，甩火把还应理解为从原始崇拜火神演变而来。

内蒙古鄂温克族的祭火节在农历十二月二十三日。传说火神（女神）是司管人间火事的，每年十二月二十三日是她回天宫的日子，人们都要拿出好吃的东西敬奉她，让她高兴，可以免遭灾难，平安一年。祭祀是在傍晚举行，人们在火架中间搭一个六七层的木框，框里放进一些布条和涂有羊油的羊胸骨，木框四周挂上五种不同颜色的布条，正面置一张矮脚桌子，上放羊肉、酒、乳制品等供物。东南西北侧铺有垫子。祭祀时，全家人围坐在垫子上，主祭人点燃木框，将供品放入火中，同时口中不断祈祷："呼日耶，呼日耶！"大家一齐向火神叩头祭拜，祈求火神保佑平安。大小兴安岭一带的鄂伦春族也有送火神节，也定在农历腊月二十三日，是送火神上天的日子，与鄂温克人大同小异。这种祭火神的方式和内容，同汉族在腊月二十三日晚送灶神上天相似，都从原始的火崇拜演变而来。

另一种与祭火节类似的祭火活动，专称"火把节"。因为举行仪式时，人们必须点燃或大或小的火把，大的火把竖立于村寨中央；小些的火把竖在各家门前，或由人手持游行，故名。

云南拉祜族定农历六月二十四日为火把节，届时人们杀猪宰鸡，酿制米酒，用松明捆扎大小两个火把，大的高约4米，小的2米，竖在自家门前。另在寨子中央竖立一对大火把。入夜后，由巫师将寨中央的大火把点燃，接着各家争相点燃自家门前的火把，霎时间，漆黑的山村，一下子被火光照耀得一片光明。各家围坐在一起，共进节日晚餐。饭毕，家长手举扎在长竿上的火把，带家人在屋内宅边，驱赶蚊蝇、毒蛇等害虫，以示驱邪。接着人们歌舞达旦，并利用这天进行选择女孩，到对方家求婚。附近的佤族，受到拉祜族的影响，也有火把节，内容类似但较为简单。②

景颇族的火把节没有固定日期，一般在瓜果收获季节进行。届时由男子上山砍取蒿枝、柏枝和干柴，扎成火把，并加一些野花作装饰。女子们忙于准备食物。晚饭后，家家男女老少点燃各自的火把，把床头、灶边、园圃、菜地、屋前房后的蛛网等不洁之物，统统烧掉，以示驱邪。然后成群结队在村头、寨边和山上，举着火把漫游，只见一队长长的火龙，夹杂着噼啪的燃烧声、锣鼓声、人们的喧闹声，沿着蜿蜒的山路，由远而近，聚集到一处，大家把火把团成一堆，霎时间，火光冲

①② 高占祥主编：《中国民族节日大全》，知识出版社，1993年。

天，如同白昼。基诺族、瑶族等都有类似的火把节。①

甘肃省临夏境内洮河以西、大夏河以东和黄河以南的山麓地带的东乡人，在农历正月十五夜晚举行火把节。届时村寨里的青壮年用麦秆扎起火把，人们点起火把，三三两两或成群结队，高举火把，走出村寨，奔跑于山间田野，老人、妇女和小孩们汇聚于村头寨前观看，远远望去，无数只火把，在山间田野里游动，似火龙翻滚，时隐时现，甚是壮观。维吾尔族亦有跳火节，与东乡人类似。②

各族举行火把节的目的都相同，即通过火神的力量，驱邪祈吉。但对于火把节的来历，则有不同的故事传说，这些故事传说似乎对于原始火神的崇拜有所淡化，这也是可以理解的。如东乡族的传说，他们的住地山多林密，从前常有凶猛野兽，入村伤害人畜，一年正月十五晚上，有几个青年自告奋勇，高举火把，追赶猛兽，使它们再也不敢进村为害。后来为了纪念这些勇敢的青年们，东乡族便每逢正月十五夜晚举行火把节。这显然是后起的解释。拉祜族的传说，带有人性的哲学观，比较突出。拉祜族相传，古时候拉祜族居住地来了两个人，一个是专吃人眼的恶人，另一个是心地善良、爱做好事的善人。恶人把拉祜山寨闹得人心惶惶，这个善人了解到恶人害怕火光，就在一天晚上，用蜂蜡做了一个羊角，绑在山羊的角上，并点燃了蜂蜡角，山羊受到惊吓，就往山上乱跑，只见整个山头到处是火把，那个恶人被吓得连夜逃跑，再也不敢回来了，拉祜人重得安宁。以后每逢六月二十四日，家家户户点燃火把，庆祝驱恶扬善的胜利。③

鄂温克族以老年妇女为火神，古代汉族也有以灶神为女性的，可能与母系氏族社会由妇女负责用火和保存火种有关。傣族和佤族不许向火吐痰、泼水，更不可以在火上走动。汉族古代有按季节更换取火工具的规定，称"改火"。浙江省温州一带20世纪50年代以前有一种风俗"分爨"（音 cuàn），兄弟分家时，要从老家厨房灶里的火种中，取出若干份，分放进钵头里，各家的人拿一份火种，送往新家保存，一路上必须撑伞（晴天也一样）。这是一种很古老的风俗，起源于分配火种，因为火种在古代是很宝贵、神圣的，保存火种有神秘的尊敬火神意义。古代用香火不断形容子孙绵延，都与此有关。

以下着重介绍东北地区和西北地区非农耕民族中雷神和水神的信仰情况。

在蒙古族中，凡是被雷击的住所、居室都应迅速搬迁。布里亚特人认为天神从腾格里发出的闪电，是一种最浓的鲜乳从天而降，在大雷雨时，谁看到这鲜奶谁得幸福。如果有人希望天神把鲜奶注入自家的桶，获得丰收，便去拜访萨满中的预言家，按预言家的办法去做，立刻就会有鲜奶灌注下来。把这些奶汁再倒入白桦树杯中，并把它奉祭在高处，就会永远保持天神的灵气。他们坚信桦树皮杯里的乳汁和

---

① ② ③　高占祥主编：《中国民族节日大全》，知识出版社，1993年。

雷神一样，都是应当返还归天的圣物。

每逢春雷第一声响时，塔塔尔人都集合到村头附近的高山上，向天空四方抛撒乳汁。柯尔克孜族听到春雷第一声时，立即用手提奶桶叩打毡房的墙壁，高呼："旧年走了，新年来到了！"同时，他们将奶桶放在房外边，祈求接到天降的奶汁。有的蒙古人为了祭祀落地的雷电，用穿透九孔的铁铲将乳汁洒漏在白色的毛毡垫上。

祭雷除用乳汁外，也有供奉牺牲的。如维吾尔族自古就有在上年夏天雷击过的地方，举行春祭的习俗。春祭时要杀公羊致祭的风俗。蒙古人中还有每年听到第一声春雷便立即杀公羊致祭的风俗，供品有时可达27种之多。也有以活马敬献雷神的风俗，他们把盛满鲜奶的盆放在马背上，由萨满往马背及四方抛洒乳汁，点燃干草和松树皮，让马从烟火中穿过，祭毕，把马放开。

在突厥语族绝大部分非农耕各族中，祈求雷神降雨，促使牧草丰美，固然是游牧民的信仰，但他们更多的是用祭雷神表示祈年，企望家庭幸福，丰衣足食。每当春雷第一声响时，人们立即判断雷声来自室外的哪个方向，如果来自男人们所在的方向，预示当年牧猎丰收；如果来自女人们所在的方向，预示当年奶产品丰富。雷神是北方诸民族狩猎、畜牧业的重要守护神，非其他神可比。对于被雷击致死的人，北方民族认为其是神所选中作牺牲供应的神灵物，多将死者置于山林平台上，实行风葬，而不入棺埋葬。在达斡尔族、鄂伦春族中，死者都以氏族祖神的身份受到供奉。①

汉字的"神"由"示"和"申"合成。"示"是祭拜，"申"是闪电。加"示"表示对雷神闪电的崇拜敬畏。现在的申字看不出闪电的样子，其演变过程如图8-6所示。

图8-6 "神"字字形演变

北方各民族的水神崇拜中，最广泛的是江河神。如赫哲族对乌苏里江、黑龙江、松花江的三江崇拜；蒙古族对鄂嫩河、克鲁伦河、黄河、嫩江、额尔古纳河及其支流的崇拜；鄂伦春族、鄂温克族、达斡尔族对伊敏河、诺敏河、海拉尔河、多布库尔河及其支流的崇拜；新疆各民族对塔里木河、伊犁河及其支流的崇拜。蒙古族对湖泊水神的崇拜与对江河水神的崇拜相似。他们通常相信湖泊水神常常掀起暴

---

① 乌丙安：《神秘的萨满世界——中国原始文化根基》，生活·读书·新知三联书店上海分店，1989年，34～35页。

风雨，每当暴风雨来临之前，据说能听到湖泊水神在湖中发出牛吼声似的轰鸣。尤其到冬天湖泊封冻之后，人们认为水神常常在冰下发出巨大的破冰声，隆隆震响。

水神中的主神是江河神，其中护航、护渔的神占有重要位置。江神中最有代表性的是乌苏里江神，满族称之为"乌苏里恩多里"，每年春季开江流凌时祭祀此神。同时受祭的有乌苏里恩多里的儿子朱拉贝子，据说朱拉贝子后来化作了牛。这大约和不少民族传说中水神发出牛吼，水神是牛形的说法一致。①

南方也敬雷神和水神，但其性质与北方不同，重要性也不如北方。南方多雨水，水的问题是不患寡而患不均，多时淹没田地，少时又形成旱灾。南方把司理雨水的主要神祇放在龙身上，雷公不过是受龙的指挥。春天龙上天，开始了降雨季节；秋天庄稼收获了，龙潜渊到海底，蛰伏不活动了。北方草原则大不相同，年降水量甚少，春雷动意味着万物复醒，打雷降下的阵雨是有限的，所以崇拜中把雷神想象为天降乳汁，只有江河才是奔流不停的，湖泊才是永不枯竭的水源。客观条件决定了自然力崇拜的行为和内涵，这也是不以人的意志为转移的。

## 四、生物崇拜

生物崇拜方面以动物崇拜为最多，植物也有。可能与对原始猎物的渴求和敬畏有关。赫哲族崇拜的动物神很多，有鹰神、杜鹃神、金钱豹神、狼神、犬神、野猪神、龟神、虾神等，他们把这些神制成木偶像，平时放在口袋里，出猎时取出祭祀。生活在四川木里地区的普米族认为人受到蛇神和蛙神侵害以后，必然重病缠身，驱赶病鬼必须用泥巴做一蛇一蛙，用一把木刀和木棒为武器，供些粮食，将它们赶走。② 赫哲族还有跳鹿神的节日，赫哲语称"乌恩珠耶"，是求神驱鬼、消灾赐福、保护村民人丁兴旺、渔猎丰收之意。跳鹿神当日，萨满先在家中向神祷告，有数名少年为其击鼓摆腰铃助兴。摆铃毕，萨满全副神装，头戴鹿角神帽，身着鹿皮神衣，脚穿神鞋神袜，腰挂腰铃，胸前背后挂数面铜镜，手执神刀，在击鼓声中一边挥刀，一边跳神，一边唱鸠神歌，按照事先安排的次序，轮流到各家去跳。要还愿的，都在跳鹿神时还愿。③

羌族之"羌"是羊下从人，羌人奉羊为图腾。四川阿坝的羌族传统有羊神祭的节日，定在正月初五。羌族人用泥石胶砌成一个圆锥形塔，中间镶一块白石，象征羊神。一般是几个村寨合设一个羊神石，设在野外。届时远近羌族牧民赶着羊，带

---

① 乌丙安：《神秘的萨满世界——中国原始文化根基》，生活·读书·新知三联书店上海分店，1989 年，34～35 页。

②③ 宋兆麟、黎家芳、杜耀西：《中国原始社会史》，文物出版社，1983 年，465～467 页。

了香烛、酒或鸡前来敬祭，祈求羊神保佑，羊群兴旺，免受豺、狼、豹、熊之害。白族也有类似的祭羊魂节。[①]

牛的崇拜与其他动物崇拜不同，它大概起始于对牛的驯化之后，人们深感牛耕减轻人力劳动、对农业生产的贡献巨大，出于对牛的爱护和敬畏之情产生了牛崇拜。

汉族各地农村有牛王诞的节日，在农历四月初八举行。北方民间，该节是让牛休息一天，喂以好草精料，并祭拜牛神。有的地方还兴办庙会，庆祝牛的诞辰。南方的农民与牛一起吃乌米饭，意思是同牛共甘苦。福建沿海一带给牛吃米粥，并到牛棚中祭拜牛王。牛王诞的来历有两种说法，一种说法是古代人在狩猎中捕获一头野牛，这野牛被驯养成家牛以后，在四月初八生下一头公牛犊，这公牛长大了替人耕田拉犁，并且繁衍成群，减轻了人的劳作之苦。为了纪念公牛的功德，人们称它为耕牛的始祖，在它生日这一天给它庆贺。另一种说法是，盘古开天时，人们常常顺着丝瓜藤上天游玩，激怒了玉帝，玉帝命牛王星向人间撒下百草籽，庄稼长不好，致使百姓挨饿。牛王星感到内疚，便在四月初八这一天，背起天犁，降到人间，一边吃草，一边拉犁耕田，草吃干净了，大地长出了庄稼。玉帝知道了，便责罚牛王星永留人间，过着吃青草耕地的清苦生活。为了感激天牛，人们把牛王星下凡的这一天定为牛王诞辰日。这两种说法中，前一种比较朴素地接近牛的驯化起源，后一种经过文学加工，非常富有故事性，而且编造得很合乎情理，更容易流传开来。云南华宁县的苗族，定农历十月初一为"糊牛角节"。节日这一天，家家户户欢聚在牛栏前，先把牛冲洗干净，然后牵牛出栏，用糯米糍粑把牛角糊得严严实实，插上鲜花，挂上一串串红辣椒，很是好看。接着，人们端来一大盆清水，让牛在喝水时照见自己被打扮成美丽的样子，又闻到糯米的香味，牛就知道这是主人对它一年下来辛勤劳动的答谢。中午的时候，各家还把耕牛牵到竞赛场上，看看谁家的耕牛喂得最肥、最壮，牛毛旋和犄角、蹄、眼长得最端正。大家指手画脚，评头品足一番。比赛完毕，回家以后，家人一起合计来年的生产和生活安排，愉快地度过糊牛角节。[②]这种通过糊牛角节日，相互鉴别、评比各家牛只的饲养水平、壮健状况，无疑具有交流经验、取长补短、选育更为健壮牛只的作用。

植物崇拜在汉族和各地少数民族中也很普遍，这里举贵州东北的梵净山神为例。在梵净山地区几乎每个村寨都有自己的神树，有的甚至还不止一棵。神树一般都很高大、粗壮，树下往往建有土地庙或神龛，以供烧香叩头。这些神树并不限于本村人祭祀，每年来梵净山朝山的人，路经神树都要祭祀一番。神树是梵净山山神之一。所有神树中，以梵净山西坡印江昔土坝的一棵贵州紫薇神树最著名。巨大的

---

①②　高占祥主编：《中国民族节日大全》，知识出版社，1993年。

古树高 27 米, 树干周长 5.12 米, 胸径 1.63 米, 冠幅 22.4 米×18.3 米, 树龄在 200 年以上。当地人说这紫薇树是天降神树, 一有病灾, 他们就去树下烧香化纸, 牲畜发瘟也去折几片紫薇叶煎水当药。每年腊月三十晚, 人们还带着猪头到树下祭祀, 乞求保佑一方平安。即使并非朝山之期, 紫薇树也是香火四季不断, 树干上挂满了红巾, 从来没人敢亵渎神树的一枝一叶。人们进入梵净山后, 山神是无所不在的, 不可大声喧哗, 不可骂人讲脏话, 使人感到神秘莫测, 庄严又可亲。①

从自然界的万物有灵崇拜, 又派生出灵物崇拜。灵物崇拜的特点是灵物就在村寨、家庭或个人身边。悬挂或佩戴它们, 意味着它们就在你身边保佑你。西双版纳的哈尼族村社寨门上都挂有木刀, 门两旁也挂有灵物, 突出的有左边挂一男一女的裸体木雕像, 右边挂铁匠的偶像。前者为了祈求生育, 后者是因铁是最硬的工具, 从而敬重铁匠为灵物。凡新建寨门必须同时悬挂灵物。其次是家庭供奉灵物, 如永宁纳西族人家里多供奉几支箭, 作为祖先信仰的标志, 他们相信弓箭能驱逐邪恶势力, 能够战胜敢于来犯的鬼魂。贵州水族在门楣上拴一串木刀; 拉祜族把熊爪、狐狸嘴挂在家族公社的门上, 象征熊的勇敢和狐狸的机智, 能够战胜外鬼。西双版纳傣族的个人灵物有野猪牙、爪、獐牙、雷公斧等, 各有各的作用。如他们认为兽爪能防野兽, 獐牙能防蛇咬, 雷公斧能防水灾。傣族人还采集五色石为灵物, 放在口袋里或随身携带。儿童身上也常佩戴灵物, 永宁纳西族在小孩身上挂一猪鼻子, 以防邪恶势力侵害小孩。鄂伦春族人在小孩的摇车上挂许多灵物, 其中的布人象征大人保护小孩; 狐狸鼻子使小孩呼吸正常; 狍蹄、哲里鱼骨有避邪、护身作用; 犴骨摇动时有催眠作用等。②

起源于采猎时代的自然信仰, 因社会生产力的发展而起变化, 并增加内容。例如, 农业发明以后, 从动物崇拜中生出了家畜崇拜, 从植物崇拜中生出了农作物崇拜。前者如上面说到的耕牛崇拜; 后者如谷物崇拜。《白虎通德论·五祀》:"稷, 五谷之长, 故封稷而祭之也。"粟(稷)早在裴李岗磁山文化时期已是黄河流域的主要作物, 对粟的信仰和祭拜应是原始农业时代的遗习。原始农业时代人们崇拜和祭祀的对象往往包括与农业有关的各种动植物和非生物的自然力。《礼记·郊特牲》记载年终大蜡之祭:"合聚万物而索飨之也。"又有:"主先啬, 而祭司啬也。祭百种, 以报啬也。飨农及邮表畷、禽兽, 仁之至, 义之尽也。古之君子, 使之必报之。迎猫, 为其食田鼠也; 迎虎, 为其食田豕也, 迎而祭之也。祭坊与水庸, 事也。曰:'土反其宅, 水归其壑, 昆虫毋作, 草木归其泽。'"据《礼记·郊特牲》

① 章海荣:《梵净山神——黔东北民间信仰与梵净山区生态》, 贵州人民出版社, 1997 年, 125~127 页。

② 宋兆麟、黎家芳、杜耀西:《中国原始社会史》, 文物出版社, 1983 年, 467~468 页。

所说，蜡祭起源于"伊耆氏"，可见其是产生于原始农业时代的原始信仰。它既体现了在采猎时代即已形成万物有灵的观念，又与原始农业的生产条件密切相关。祭祀的对象既包括与当时农业生产有关的禽兽、昆虫以至为农业除害有功的猫、虎等，也包括农作物（百种）、人类的农业设施（坊与水庸），以及为农业的发展做出贡献的农业发明者和管理者（先啬和司啬），已经不是单纯对自然物和自然力的依赖和敬畏。因此，它已经深深打上了比单纯采集狩猎经济进步的原始农业的时代烙印。在原始农业过渡到传统农业以后，许多原始的自然信仰仍然以改变了的形式延续下来。例如，原始时期的敬土地、祭山、祭石，与当时原始农业的内涵相适应，进入传统农业社会以后，以稻作为主的南方，祭山祭地变为祭田婆、祭秧门、祭稻魂、稻斋节等；同样，对自然界动物的崇拜，转为祭牛魂、牛王神生日、牛王诞等；原始的室内火塘，演变为灶房，祭火神演变为祭灶神等。只要是万物有灵的思维方式和观念存在，它就会适应形势，衍生出新的神来。如棉花是迟至宋代以后才快速发展起来的，于是不知在什么时候起，有了"棉花生日节"（辽宁）、"种棉节"（苗族）。以前原始村落的寨门被尊奉为"门神"，到后世社会，庙宇、祠堂、店铺、住家的大门也具有了门神的信仰，人们用绘画的方式，在大门上画出各式各样的门神来。这些都是自然信仰的延续和变异。

# 第二节 图腾信仰

## 一、图腾信仰的特点

"图腾"一词是英语 Totem 的音译，无义可释。英语 Totem 又是 Ototeman 的音译，也无义可释。Ototeman 是分布在北美东部五大湖区（Great Lakes）的奥吉布瓦（Ojibwa）部族、阿尔贡金（Algonkian）氏族的语言。奥吉布瓦共有 23 个氏族。Ototeman 的原意是"他的兄弟姐妹们"。其中的词根"Oto"意指兄弟姐妹间的血缘关系，这种关系包含两方面的意义：一是他们有一个共同的母亲；二是他们彼此不可婚配。

英语 Totem 一词是 1791 年一个英国商人及其译员对 Ototeman 的译音，在翻译成英语的同时，给了一个错误的解释，说图腾是指某个人的保护神，这个保护神往往是一种动物，这种信念表现在奥吉布瓦人的画像上所穿的该种动物的皮衣上。到 18 世纪末，即有报道说，奥吉布瓦人是以他们生活领域里的动物作为他们的族名，他们视该动物为朋友，又很害怕，敬而远之。

最先正确报道北美图腾崇拜的是循道宗信徒（Methodist）传教士彼得·约翰

（Peter Jones）。他本人是奥吉布瓦的族长，死于 1856 年；他的报告是在他死后才出版的。据他的介绍，巨神（Great Spirit）曾把 Toodaims（Totem）送给了他们的家族，所以切不可忘记，家族中的成员彼此都是亲戚，彼此不可以婚配。

总之，图腾的形式是基于所谓原始的心灵习性，其思维模式的特点是对自然和生物的一种"人类心理学"（anthropopsychic）的忧惧和不安。例如，归咎于某种像人的灵魂，野兽和自然界事物总是一再被视为与"人"一样，而且大多数情况下，都有超人的性质。

对图腾的定义应该尽可能地广义而具体，才能正确表达它的多样性。图腾崇拜是各种思想的复合体，以及基于世界观的行为方式，这种世界观是从自然中抽取出来的。

图腾是一个社会群体或特殊的人物与动物或其他自然物体之间的一种思想意识的、神秘的、激情的、恭敬的和亲缘的关系。图腾有群体的和个人的区分，二者有共同的特征，又有不同的侧重点，并非完全一致。其共同之处有：①图腾是人的同伴、亲戚、保护者、祖先，或具有超人力量的救星，其力量即来自图腾。故图腾有时显得可怕和令人敬畏。②使用特殊的称呼或标志，表达相应的图腾。③与图腾部分地认同，或象征性地与图腾同化。④禁止屠杀、吃食或接触图腾，回避图腾成为一种规矩。⑤与图腾有关的还有一些相应的仪礼。

图腾信仰和自然信仰的对象虽然都是自然物，彼此容易混同和转化，但两者毕竟有明显的区别。图腾信仰与氏族制度相表里，人们把图腾当作与本氏族有血缘关系和某种神秘联系的祖先和保护者，这是人类对自身起源的一种探索。图腾信仰所反映的已非单纯人与自然的关系，而是包括了人与人之间的关系，包含了社会的内容。图腾观念反映了模糊的生殖观念、自然物的分类概念等，是原始人类思维的一种进步，图腾信仰的行为表现也比自然信仰更为丰富、细致。因此，从人类认识的发展次序看，图腾信仰属于比自然信仰进步的阶段。当然，如前所述，自然信仰也是发展变化的，我们不可将上面这种阶段划分绝对化。

图腾还时常与其他各种信仰如祖先信仰、灵魂观念、信奉神灵等混合在一起，这使得要了解某种特定的图腾信仰方式变得困难。某一氏族部落对特定的动物及自然物的崇拜和敬畏，不能将其和图腾信仰混为一谈。① 但也有认为图腾就是原始的宗教的，在这个问题上，学界的看法尚未统一。

图腾信仰对于维护氏族的体制有重要的作用，因为氏族成员的亲缘关系是靠图腾为标志的，有了图腾，人们便相互认同为同一氏族。于是属于同一图腾信仰的人

---

① McHenry R ed. -in-chief. The New Encyclopedia Britannica. 15th ed. Chicago：Encyclopedia Britannica Educational Crop. ，1997，Vol. 18.

们便有一定的权利和义务，如议事权、表决权、被选举以及互助、复仇、服丧等。禁止族内婚，实行族外婚，是人类婚配演进中逐步由群婚向个体婚过渡的一次大的跃进，这在相当程度上要归功于图腾信仰。

这里需要指出两点小小的不妥之处：

一是关于图腾一词的来历。中国各类书籍、专文和一些辞典，对图腾的释义，往往是辗转相传，以讹传讹。它们说"图腾"一词是印第安语"totem"的译音。《辞海》："图腾 totem 系印第安语，意为'他的亲族'。"《中国大百科全书·宗教》图腾崇拜条："图腾系北美阿尔贡金人的奥季布瓦部族方言 totem 的音译。"又如《中国上古史纲》："这种动植物的名字或图画即取名图腾（totem，此语源于印第安人的土语）。"这些错误的原因都是把 totem 直接视为印第安语，不知道 totem 是印第安语 ototeman 的英译。只有《汉语大辞典》的解释比较正确："图腾，英语 totem 的音译。源出印第安语，意为'他的亲族'。"

二是与饕餮的关系。众所周知，良渚文化玉器和青铜器上的兽面纹，通常被称作饕餮，汉语拼音作 tāotiè。一些学者指出饕餮的发音很似 totem，印第安人的图腾，当是中国饕餮的谐音。印第安人是 3 万～1.5 万年前从白令海峡陆桥进入美洲大陆的，故图腾 totem 当亦即中国的饕餮，二者是同源的。但 totem 的字源是英语对 ototeman 的译音，它没有按原文的音节翻拼，已不是印第安语原音，所以把饕餮与图腾 totem 等同起来便不能成立。当然这不等于说中国历史上就没有图腾信仰，中国古代也有很丰富的图腾信仰事例，这是两码事。

## 二、中国图腾信仰的遗迹

1877 年摩尔根的《古代社会》一书出版，该书首次对美洲印第安人社会的图腾体系作了最详细的叙述[1]，引起世界各国学者的注意，对图腾的研究也随之有进一步开展，发现图腾现象并不局限于印第安人，世界好多地区和国家都有类似的信奉。中国学者对中国古籍和少数民族中有关图腾现象的研究不断深入，有关资料和情况不断地被揭示出来。

中国古籍上没有"图腾"这个词，也没有相应的类似的专门名词。自从被引进，学者们便普遍使用"图腾"这一术语，作为对古代氏族社会的历史分析工具。伏羲和女娲的形象在汉代画像石和帛画中是人首蛇身，下部交缠在一起，表示兄妹相配，他们被认为是人类的始祖。这大概是中国古老的图腾信仰的反映，虽然这里的图腾信仰已经发生变形，已经和兄妹通婚等后起的生育观念糅合在一起。传说黄

----

[1] 〔美〕摩尔根：《古代社会》，杨东莼等译，商务印书馆，1971 年。

帝同炎帝、蚩尤作战，率领了熊、罴、貔、貅、豹、虎六兽参加，一些小说的插图上，都绘出了这些动物在战场上奔驰作战的情况，这六兽其实是六个氏族的图腾，六兽以熊为首，是因为黄帝族属熊图腾之故。

《左传·昭公十七年》载郯子曰："昔者黄帝氏以云纪，故为云师而云名。炎帝氏以火纪，故为火师而火名。共工氏以水纪，故为水师而水名。太皞氏以龙纪，故为龙师而龙名。我高祖少皞挚之立也，凤凰适至，故纪于鸟，为鸟师而鸟名。"这段话所提及的火、水、龙、鸟可视为当时氏族社会的图腾。《诗经·商颂·玄鸟》曰："天命玄鸟，降而生商。"玄鸟通常解释为燕子，是商族的图腾。《国语·周语》说："我姬氏出自天鼋。"这表明周族的图腾可能是鼋。

中国的姓与图腾有千丝万缕的关系，姓是母系氏族社会的残余。姓是出自同一祖先的团体，姓起于母系氏族社会，故很多古姓都从女旁，如姒、姚、姜、姞、好、妫、嬴、匽等。同姓的男女不能通婚，这与同一图腾排斥族内婚相同。同姓往往有共同的墓地及祭典。凡此等等，都是姓的特点。

中国的少数民族地区，有关图腾的遗迹就更多了。据宋兆麟的辑述，东北鄂伦春族、鄂温克族和赫哲族共同信仰熊图腾。[①] 鄂伦春族称熊为"老爷子""舅舅""爷爷"。鄂温克族称公熊为祖父，母熊为祖母。赫哲族称熊为"老年人""长者"。当他们打死熊时，不说打死了，而说"可怜我了"，说熊是"睡着了"。他们在猎熊以后，把头取下来，实行风葬，并且向熊叩头，求熊的保佑。在驮运熊皮、熊肉时，要边走边哭泣。熊肉由"乌里楞"（狩猎公社）共食，吃剩下的骨头，也实行风葬。还有一些禁忌如妇女不能跨熊。鄂温克族对猎熊的武器不能说真名，剥熊皮时不能断熊的动脉，并将熊的头、心、肝和其余内脏进行风葬。分熊皮时要挨家挨户向人们告别，最后把熊皮送给老年人。赫哲族的贝尔特吉尔氏族族名意为"熊的心脏"。他们削两个木人，一男一女，外面包上带毛的熊皮，称其为"大老人"，视为本族的祖先。以上三个民族共同以熊为图腾，说明他们是同源的，是由一个氏族分化出来的。最初，他们都禁食熊肉，后来人口增加，食物资源减少，为生活所迫，只好把肉食对象转到一向禁止的图腾熊身上，并想出种种的理由和措施，平息不安的心理，求得自慰，既解决了肉食，又不得罪图腾。这是一种很有趣的文化演变现象。

海南岛的黎族奉猫为祖先，公猫是祖父，母猫为祖母，严禁杀害。猫死后实行安葬，由两个未婚男子用竹竿抬到林旁的猫坟山上，或椰子林里，抬的人要沿途痛哭。黎族的小孩生病要使用巫术治病，三年内忌说蛇、猴、狗和狼的名字，出猎时也如此。当地传说中的鱼姑娘、妹妹与龙恋爱、人和蛇结婚等故事，都有浓厚的图

---

① 宋兆麟、黎家芳、杜耀西：《中国原始社会史》，文物出版社，1983 年，471 页。

腾色彩。

台湾高山族之一的排湾人，以蛇为图腾，在器物上多雕刻蛇形。

苗族、瑶族和畲族奉狗为图腾。在畲族地区，一般人家都保存一个犬头拐杖，称祖杖，为图腾的标志。有的地区在公祠内供有犬头木祖偶像，或者绘成祖图，三年一大祭。在妇女的布帽子上，还有一个犬头状的竹筒。广西龙胜瑶族在除夕夜，首先以一块肉和一团糯米饭喂狗，名曰祭狗，然后全家人才能共进晚餐。按这一风俗并不限于瑶族，湖南省各地至今还流行在"六月六"尝新节时，先以新米饭敬祖宗，接着以新米饭喂狗，然后才是全家人尝新米饭。这种习俗在先秦时的黄河流域也有记载，《礼记·月令》说："季秋之月……天子乃以犬尝稻，先荐寝庙。"郑玄注只说"稻始熟也"，没有解释为什么稻始熟要先给犬食稻，可能那时已不很清楚这种带有图腾祭意味的历史了。

西南地区少数民族如纳西族、羌族、傈僳族、怒族、独龙族等也都有图腾信仰，以下再举几例。据1989年在丽江地区对纳西族的调查，纳西族东巴经和《木氏宦谱》载当地人认为人类起源于虎。[①] 云南中甸县（今香格里拉市）白地村可能是东巴文化的发祥地，白地东巴大师阿明的第一代祖先为"叶本叶老"，意指"叶氏族出自虎"。叶为虎氏族。东巴经记载的迁徙路线和一些地名，都与虎有关。如四川盐源县左所（今泸沽湖镇）的"老拓"，意为"虎"；云南丽江石鼓镇的"老八"，意为"虎啸"；迪庆维西的"老普"，意为"虎窝"；丽江白沙村石桥的"老若笮"，意为"虎儿桥"；拉市拉洛河的"老洛开"，意为"虎跳沟"。又，摩梭人居住的木里、丽江、盐边、永胜、华坪等地区也有许多山川、村落的名称是以"喇"（即虎）为名的。宁蒗彝族自治县永宁坝有条大河，源出四川纳喇山，流经木里、丽江、香格里拉，归入大渡河，摩梭语称此河为"喇波基"，喇是虎，波是群，基是河，喇波基意即"虎群河"。总之，含虎的地名甚多，不一一列举。

20世纪50年代以前，在土司衙门当婢子的人，都说土司对老虎是很虔诚的，像对老祖宗般供奉。土司视虎为一种特殊的神，严禁捕虎杀虎，打死虎的人要受鞭笞，重者坐水牢。土司视杀虎如丧考妣，要向死虎磕头。平时土司把老虎皮藏起来，秘不示人，只逢每年初一、初二，拿出来放在椅子上，让属官、百姓和家奴瞻仰、膜拜。纳西族在门楣上悬挂虎图，作为辟邪的神灵。永宁摩梭人称虎为"喇"，称神为"戛喇"，虎和神并列为最高崇拜的地位。他们自古以来禁忌打虎，奉虎为祖先。摩梭风俗，逢虎年为吉年，属虎之日为吉日。凡虎年、虎日出生的婴儿为贵。须请村邻亲友共贺。婚娶、修筑房屋、外出有事等日期，一般都择虎日。

纳西族又有猴图腾崇拜遗迹，丽江纳西族称祖先为"余"，意即猴。他们称岳

---

① 严汝娴、宋兆麟：《永宁纳西族的母系制》，云南人民出版社，1983年，189～193页。

父、公公为"余胚","胚"是"普"的变音,意即公猴;称岳母、婆婆为"余美",意即"母猴"。小孩出生后,家人即在婴儿的帽子上缝上一条猴尾,据说可以祈吉避凶。永宁和丽江地区的纳西族人皆称人体的汗毛为"余夫",意即猴毛。据传说,纳西族始祖母柴吉吉美与猴婚配,生下的儿子身上的猴毛尚未褪尽,才使得现在人们的身上还留有猴毛。白地村纳西族举行丧仪时,在棺材头部要画一个白猴,意思是请猴把死者领回祖先的故地。[①]

羌人的图腾崇拜有羊、狗、马三种,以羊最重要。关于羌人的起源,传说羌族之神托梦给羌人,羌人遵行,与葛人作战时,要在头颈系羊毛线,以为标记,即可战胜葛人,羌人遵行,果然获胜。羌人本自称"智改伯"(dze - gai - be),意为"人民",战胜葛人后,改称"尔米"(r - mee),尔米是羊的鸣声,羌族本为牧羊人,战胜葛人后,念图腾之恩,乃以尔米自称。这种信仰的遗迹还表现在羌族的冠礼和送晦气等行为中,他们都要举行用羊毛线围在颈上的仪式,表示与羊体同化。在礼仪中,羌族有"验尸"之俗,但不剖验死者的尸体,而是以羊代替,根据人羊同体的理解,凡表现为人体的病因,不一定直接解剖人体,也可以在羊体内检验,并且被解剖的羊是为死者引路的,称引路羊子,大概是来自兽界(羊)、返归兽界(羊)的意思。[②]

怒江地区的傈僳族,其图腾崇拜的种类特别多,各氏族都有自己的名称。计有虎、熊、猴、蛇、羊、鸡、鸟、鱼、鼠、蜂等动物及荞、竹、菜、麻、柚木等植物,还有农具的犁,自然界现象的霜、火等,共18种。直至20世纪50年代初,怒江地区的傈僳族还明显地保存着氏族制和图腾崇拜,如傈僳虎氏族自称"蜡扒",传说是一个女子上山砍柴,遇见一个由虎变成的青年男子,与之交配后,生下的后代。所以凡属虎氏族的成员,上山不可打虎,他们的汉姓称腊或胡。又,傈僳族的竹氏族称"马打扒",传说他们的祖先是从竹筒里出来的,号称"竹王",后来改汉姓为"祝",是竹的谐音。[③]

有关图腾的资料绝非以上所说的这些,但已经可以看出,图腾信仰的种类和内容尽管差异甚大,各不相同;在空间的分布上,可以说无分东西南北、纬度高低,各地都有;在时间方面,它们都源自原始社会采集狩猎时期,延续到整个原始农业时期,包括从母系氏族社会至父系氏族社会,而结束的时间则拖得很长,且表现极不

① 杨福泉:《丽江、中甸白地》,调查时间:1989年4月。转引自和志武等主编:《中国原始宗教资料丛编》纳西族卷,上海人民出版社,1993年。

② 胡鉴民:《羌族之信仰与习为》,转引自和志武等主编:《中国原始宗教资料丛编》纳西族卷,上海人民出版社,1993年。

③ 《傈僳族简史》编写组:《傈僳族简史》,云南人民出版社,1983年,10~11页。转引自和志武等主编:《中国原始宗教资料丛编》纳西族卷,上海人民出版社,1993年,734~735页。

平衡。图腾信仰在延续过程中，并非一成不变，它们随着社会生产力和文明的发展，或消失了，或遗留有残存形态，或转移为巫术，或与宗教结合成为宗教的组成部分，或因民族融合而形成新的形态，或保留在民间的风俗、娱乐、服饰、故事中，等等。

## 三、龙崇拜

龙是中国古老的图腾之一。《左传·昭公十七年》："太皞氏以龙纪，故为龙师而龙名。"在古族中又有所谓"豢龙氏"和"御龙氏"①。在考古中也发现了不少与龙有关的遗迹。辽宁省阜新市查海遗址出土距今8 000年的长19.7米的石堆龙，河南省濮阳市西水坡遗址出土距今6 000年的长1.78米的蚌塑龙，湖北省黄梅县焦墩遗址出土距今6 000年的长4.46米的石堆龙，是最著名的史前三大巨龙，分别位于北方燕山南北文化区、中原文化区和长江中游文化区。在新石器时代不同文化区系的陶器中，也保存了各式各样龙的形象。龙的原型是什么，学术界有各种不同的推断，尚难统一。现在看来，龙崇拜的起源是多元的，而且在发展中综合了各种动物的特征，在史前时期，已成为中华远古各族共同接受和崇拜的灵物，并逐渐形成多层面的变化特征。中国人以龙为神物，并且认为中华儿女都是龙的传人。天安门华表，北海九龙壁，故宫祭坛，曲阜孔庙，太原晋祠，以及全国各地许多地方的建筑物上，都有栩栩如生的龙浮雕。龙是如此深入地影响中国人生活的各个方面，以至用龙命名的地名（龙泉、龙门、龙游、龙岗……）、动植物名（龙虾、龙鲤、龙涎、龙眼、龙舌兰……），多至不可胜数。自从有帝王以来，人们就把皇帝拟作龙的化身，皇帝的衣服称龙袍，座椅称龙座，皇帝的容貌称龙颜，皇帝的子孙称龙种，皇帝出巡的仪仗里更是龙旗招展。

龙是这样的神秘莫测，龙的文化是这样多姿多彩，以至本章无法向读者作全面的介绍。在这里，我们只想指出，龙在进入农业时代以后，逐渐获得了与农业有关的诸种品性，以至一定程度上成为中华民族的农业保护神。

东汉文字学家许慎在《说文解字》中说："龙，鳞虫之长。能幽能明，能细能巨，能短能长。春分而登天，秋分而潜渊。"这个解释反映了龙和农耕的密切关系。春分是水稻和其他作物的播种季节，是最需要水分时期的开始；秋分是谷物需要雨水时期的结束。在古代人们的想象中，龙是司雨水的神虫（古代的虫，指大型动物如龙、虎等），春季龙上天司降雨，秋天人们的谷物收获了，龙就潜入水底过冬。有的学者认为，甲骨文、金文中的"辰"是由"龙"演变而来的，蛰龙爬出地面活动，正是春气发动之时，这就叫作"震"；而金文中的"农（農）"字正是《周易》

---

① 《左传·昭公二十九年》。

所说"见龙在田"的形象。对龙的原型近世学者虽然众说纷纭，但古人认定龙是"水物"①，则是没有疑义的。所以龙的基本功能是兴云布雨。这对主要依靠雨水滋润的中国农业关系实在密切。祭龙祈雨，在中国史不绝书。龙因为司雨，所以各地都有龙王庙，天旱不雨时，农民就出迎龙王求雨。

龙的传说是很丰富多彩的，龙在各少数民族中也广泛流传，变化也不少。白族的民间传说故事中，把龙王变成了人间的"官吏"，一个县有一个县的龙王，他们是否称职，要受张天师的管辖。如张天师问浪穹县（今洱源县）的进士："你们浪穹县的百姓，生活好不好？"进士回答说："我们浪穹县的龙王真有德政，要雨他就行雨，现在风调雨顺，百姓的日子过得很好。"反之，烂板桥的进士回答说，他们烂板桥的龙王是"最坏的东西，他随时放水冲淹我们"。这反映了古时人们面对自然界的降雨现象，缺乏科学的认识和解释，就想象成是司管这个县的龙王称职或不称职，希望碰着称职的龙王，害怕碰上不称职的龙王。

龙崇拜还有一种生殖的功能。在龙的雕刻或绘画中，龙的口里总是含着一颗圆珠，称为龙珠。各地民间在舞龙的表演中，这颗龙珠被分离出来，由另一个人操纵，向龙作各种戏逗的动作，引诱龙去吞珠。这种娱乐表演，不是随意的、单纯的娱乐创作，而是有着深刻的原始生殖含义。浙江永嘉有个龙母庙，同样是司雨，改龙王为龙母，便多了一份生殖的意义。当地的历史传说是，永嘉苍山从前有个周姓少女，在溪边汲水，"见一卵，悦之，不觉吞下，遂有孕。后产一白龙，女惊死。乡人取其骸骨，置岩洞间，旱则迎之求雨"②。这种吞卵（或吞石珠）的传说，是龙的雕刻或绘画中口含珠的来源，以后到舞龙的表演里，便变成龙戏珠。

由此联想到历史上沿袭至今的元宵节（农历正月十五）吃汤圆的风俗，这汤圆实在是龙珠的化身。舞龙灯（以及划龙舟）是祈求风调雨顺，吃汤圆是乞求人丁兴旺。前者是解决人的个体生存问题，后者是解决人的种族绵延问题，二者缺一不可。图腾社会及其现象离我们是那样遥远，那样原始，那样幼稚，那样迷信，却通过改头换面，千变万化，依然存在于我们身边，就在我们心灵的深处，还将一代一代地传承下去，它没有也不会退出我们的历史舞台，它已成为中华民族团结、凝聚、富有生命力的一份宝贵遗产。

## 第三节　生殖崇拜和祖先信仰

祖先信仰也是原始信仰的一种，但比之自然信仰和图腾信仰，它属于原始信仰

---

① 《左传·昭公二十九年》蔡墨语。
② 乾隆《温州府志》卷三〇《记异》。

更高的发展阶段，因为信仰的对象已经不是自然物，而是人类自身。祖先信仰往往是从生殖崇拜发展而来的，反映了人类在对自身繁衍奥秘探索中认识的进步。同时，祖先信仰的对象不仅是血缘始祖，而且往往是有功于本族发展的文化英雄。所以，在一定意义上，祖先信仰是人类对自身力量的一种发现。在原始农业时代产生的祖先信仰一直延续到文明时代。

## 一、生殖崇拜

恩格斯指出，人类社会存在着两种生产：物质资料的生产和人类自身的生产。对于自身种族的繁衍，原始人类一方面虔诚地企求，另一方面，由于对人类生育机制懵无所知而充满了神秘感，他们非常羡慕那些具有强大繁殖力的事物，希望借助他们的神秘力量加速自身种族的繁衍。这是产生对葫芦等瓜类、鱼、地母崇拜的原因之一，这些俨然属于自然崇拜的范围，但有的崇拜对象后来演变为图腾。后来人们又用对某种自然物的感应解释生育现象和种类的渊源，这就是图腾崇拜。以上两类在一定意义上也可以视为生殖崇拜的先声。当人们把探索的视野转到人类自身的时候，真正的生殖崇拜就出现了。

生殖崇拜和祖先信仰是两种相互关联而又不相同的现象。与祖先信仰有关的祭祀、礼仪、文献等，留传到后世的，大量而堂皇；生殖崇拜流传到后世的，则显得隐晦、变形甚至消失了。生殖崇拜形象直观，祖先信仰则是抽象的，要借助于偶像、绘图、相关事物和各种礼仪表达。所以从起源上看，当是生殖崇拜在先，通过对生殖崇拜思维的抽象凝集，提升形成祖先信仰。祖先信仰本来包括两性在内，但逐渐变成了以男性为主。这是有个历史发展过程的。

在早期的母系氏族社会中，妇女主要从事采集及社会家务劳动，男子以狩猎为主，男女双方都参加捕鱼。男女在经济上的比重大体相当，生产资料和产品公有，共同劳动，平均分配。到了中石器时代和新石器时代，原始农业及家畜饲养出现了，妇女作为初期种植业的发明者和主持者，负担较繁重的劳动，在生产经济生活中起着主导作用，从而在社会上受到尊敬。氏族首领由年长的妇女担任，管理氏族的经济和分配，男子从事的狩猎比重开始降低，在农业经济上的地位也随之下降。随着人口增加，母系氏族扩大，下面再分成若干个由几代母系近亲组成的母系大家族，即氏族分支。在这种情况下，很自然产生了女性的生殖崇拜及母系祖先信仰。

在原始母系氏族社会，人们只看到婴儿从母体分娩出来，不知道男子对形成胎儿的贡献，所以最初反映的是女性生殖器崇拜，也是女性地位崇高的象征。随着种植业发展，狩猎比重下降，男子在农业经济中的地位提高，男女的婚配相对固定，人们发现男子与女子的性行为共同促成婴儿的孕育，不仅明确了婴儿的母亲，也明确了婴儿的父亲，父子关系一旦明确，对男子的生殖崇拜便开始了。

女阴崇拜的遗迹，在考古上屡有发现，如内蒙古阴山乌斯台、宁夏贺兰山岩画的女阴图，广西左江新石器时代遗址的石制女阴模型等。[①] 1983年在辽宁喀喇沁左翼蒙古族自治县东山嘴红山文化用于祭祀的遗址中，发现了一个女性红陶裸体塑像，残高5.8厘米，距今约5000年（图8-7）。相比之下，发现模拟男根的陶祖和石祖的遗址更多，以陶祖为主，个别还有玉祖和铜祖的。计有陕西西安三店村遗址、宝鸡福临堡遗址、铜川李家沟遗址、华州泉护村遗址，河北满城遗址，河南淅川下王岗遗址、信阳三里店遗址、渑池遗址、安阳侯家庄遗址、郑州二里岗遗址、甘肃秦安大地湾遗址、甘谷灰地儿遗址、临夏张家嘴遗址，湖北京山屈家岭遗址，湖南安乡度家岗遗址，山东潍坊鲁家口遗址，山西万荣荆村遗址，云南大理金圭村遗址，广西邕宁坛楼遗址、钦州独料遗址，新疆罗布淖尔遗址等。可以看出，以上遗址几乎遍布全国各地，说明陶祖现象是各地文化共同必然经历的阶段。这些遗物大都属于新石器时代，最早的是甘肃秦安大地湾遗址，属新石器时代初期至中期，距今8000～7000年，铜川李家沟、甘谷灰地儿、淅川下王岗等遗址属新石器时代中期的仰韶晚期；其他遗址大部分相当于龙山文化，即新石器时代晚期，个别延续到汉代（图8-8）。[②] 从以上遗址年代看，男性生殖崇拜的最早时间也很早，女性生殖崇拜也有较迟的，但是更多的生殖崇拜是对女阴的崇拜。二者间存在重叠时期，故不可以机械地划分，不同文化遗址的发展阶段性比较，要看相对年代而非绝对年代。

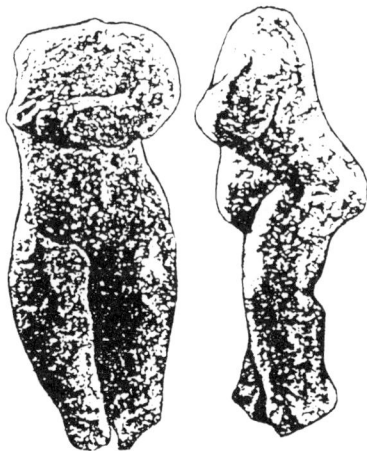

图8-7 红山文化的孕妇裸像
（刘达临，1993）

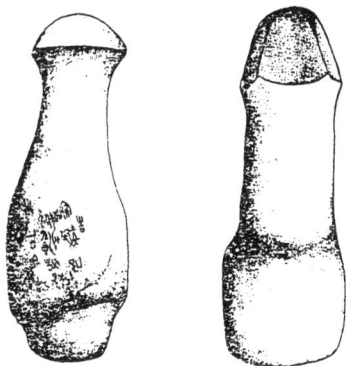

图8-8 出土的"石祖"
（刘达临，1993）

---

① 宋兆麟：《中国生育信仰》，上海文艺出版社，1999年，178页。
② 刘达临编著：《中国古代性文化》，宁夏人民出版社，1993年，33～34页。

看来最初的女阴崇拜，不是对女阴的直接描绘，而是借助于灵石或相似的、可以引起联想的东西。新中国成立前，贵州有些苗族妇女不育的，就去深山拜石；白族妇女不育的也去剑川拜"阿央白"，相当于女阴石。四川盐源左所区（今泸沽湖镇）有一个石洞，人们为了求育，往石洞里丢石块，中者被认为会受孕，当地纳西族称该洞为"打儿窝"。

以男女的性器官作为直接崇拜的对象，在现今摩梭人中还保留有残迹。如永宁摩梭人把格姆山洼视为女性生殖器官；泸沽湖畔摩梭人把湖西的一泓水视为女性生殖器官；前所的摩梭人把村前的峡谷视为女性生殖器官；乌角摩梭人把喇孜岩穴内的一个凹形钟乳石视为女性生殖器官。他们祭祀女性生殖器官的日期并不固定统一，有的是因不孕而去求生育的，有的是祈求神赐给家庭人口兴旺、妇女多孕的。他们在生殖器官象征物面前烧香、献祭品、叩头祈祷。也有不孕者特地请东巴（纳西族巫师）主持祭祀，诵念"潘米尼直"（祭女性生殖器神）经文，祭毕，求孕妇女要在山泉里汲一碗水饮下，此水为生育神之水，能洗涤不孕妇女身上的污秽，达到怀孕的目的。

男性生殖器是以自然石、山岗等为石祖，如木里藏族自治县俄亚纳西族乡卡瓦村的纳西族视该村北山坡岩穴内的一个突起的钟乳石石柱为男根，称之为"尼直"（生殖器）；盐源左所区（今泸沽湖镇）达孜村纳西族视村后山腰一具长条石为男根，长条石两侧的两块圆形岩石，被视为"咕噜"（睾丸）。丽江水文站山脚下旧土路旁的一堵岩上，有类似女阴的岩口，岩口对面为一条尖石，岩口（女阴）和尖石（男根）被香火熏得发黑，这是纳西族和白族妇女们烧香求子的地方。对男根的祭祀和对女阴的祭祀大体类似。纳西族这种女性和男性生殖器官崇拜，不同于中原地区出土的陶祖、石祖、木祖，都是人工制造的，属于高级的阶段；自然物的生殖崇拜，则处于低级阶段。考古出土的石祖、陶祖不会说话，不能告诉我们当时崇拜的具体内容，纳西族遗存的风俗，则给我们丰富得多的信息。

男女生殖崇拜是如此深入纳西人的生活，以至于他们把每一天的生活安排是否适宜，都与生殖崇拜联系起来。如摩梭人巫师掌握一种"算日子书"，又称"天书"，全书12篇，每篇1个月，合1年。每月的日子都分吉日或凶日。全书有32个图画文字，用来代表吉日或凶日。如代表初一的图，为女性生殖器，表示吉日；代表初二的图为马臀，为吉日；代表初四的图为女性乳房，表示大吉日；代表初五的图为男女生殖器，表示吉日；代表二十六的图为男性生殖器，表示大吉日；代表二十九的图为男女性交，表示大吉日等。[①]

---

① 和志武、钱安靖、蔡家麒主编：《中国原始宗教资料丛编》纳西族卷，上海人民出版社，1993年，106～108页。

纳西族生殖崇拜的祭仪，称祭"伙本"，"伙"是司掌男人之精的精灵。举行祭伙仪式时，象征"伙"的九块石头要从屋顶上放下来，每块石头用一块布包裹，上面拴一根柏枝，象征女性后裔，即"伙女"，石头象征男性后裔。从屋顶上放下来，代表由天神所赐，"伙"是男精，人们把它比作天上的银河。在"烧柏枝祭"（意译烧天书）中说："天上布满星星，地上长满青草。天上的星群中，银河是最博大的，星星不计其数。地上的青草是最多的，因为它们不计其数。天底下的人，没有银河的星星那么多，因此人们肩扛银河的木（女性后裔），怀揣银河的石（男精）。"由于人们没有足够的"尼"和"窝"，因此人们携带"伙"的树枝和石头。

生殖崇拜没有也不可能有统一的内容，各族根据自己的想象和理解，安排祭祀的仪式。永宁纳西族虔诚地信仰"那蹄"（生育女神），"那蹄"是女人形象，祭祀时人们用树枝编制一个方框，中央插一根竹竿，上拴彩色布条，称之为"那蹄底基"（那蹄的房子）。然后人们用糌粑塑一个女人，乳房大，肚皮鼓，阴部划出妇女特征，在她的腹部放一个鸡蛋，看起来大腹便便，象征多产。蛋孵鸡，象征生育。接着人们把偶像放在小房子里，供上麻线、麻布、鱼、腊肉、鸡蛋、牛奶和牦牛奶酪。达巴对着"那蹄"念道："主人家什么东西都给你准备好了，你可以走了，不必在此留恋。白天可以走，晚上也可以走，不要左顾右盼，不要晚上怕鬼，你要保佑孕妇平安，让她顺利地生下娃娃来。"最后，人们把那蹄挂在果树上，这果树被视为婴儿的保护神，世代相传。①

有了文字之后，初期的文字理所当然地会反映生殖崇拜的内容。汉字从象形开始，逐渐发展成指事、会意、形声、转注、借假等所谓六书，象形的文字数最少，比重也低，字形和字义又起了很大的变化，因而反映生殖崇拜的部分，显得隐晦甚至消失了。纳西族一向使用象形文字，其象形字特别发达，保留至今。如我们把汉字中有关生殖的字和纳西文字对照起来看，便可以看出，两者多么相似（图8-9）。

东巴象形文字中反映的生殖崇拜，在男性方面有"东鲁"（阳神之石）的象形符号，作形，此字同汉字的祖旁之"且"相似，"且"即男根的象形。在甲骨文中，且、士、土三者同源，都象征雄性。故"牡"是雄牛，甲骨文中凡羊、猪等动物，腹旁加"土"，即代表雄性，但因书写麻烦，后世改用雄和雌代表一切动物的性别。东鲁文的一般是白色石头，它们象征"东"与"色"，相当于汉族的阳神和阴神，是家庭的守护者。东鲁有不同的类型，每个神、精灵、祖先，都有自己的"东鲁"。

东巴文的母作形，音"美"，象征女阴。把置于一个带头饰的女人旁，即指母亲。汉字的"也"，本是女阴的象形字，《说文解字》："也，女阴也。象形。"

①　和志武、钱安靖、蔡家麒主编：《中国原始宗教资料丛编》纳西族卷，上海人民出版社，1993年，108～112页。

但现今的"也"字不像女阴。金文中的"也"便接近象形了。汉字的"它"与"也"是同源的，甲骨文和金文的"它"字确实与"也"是同一个字，只是以后分离

1  东巴文"东鲁"

3  东巴文"母"

4  东巴文"母亲"

2  《中华大辞典》所载的各种"且"字

5  甲骨文和金文的"它""也"

6  篆文"匝"

7  东巴文描述男女交合字形之一

8  东巴文描述男女交合字形之二

9  小篆"色"

图8-9  汉字有关生殖的字和纳西文字（东巴象形文字）

了。汉字的"匜"，是古代盛水或酒的器皿，篆文作 ⚱（春秋楚嬴匜）、⚱（春秋郑伯匜）、⚱形，考古出土的青铜匜，整个器皿像女阴的延伸，这是女阴崇拜的器皿化。

东巴文把男女交合描述为"天地交合，化生万物"之形，故在男的上方和女的下方，附上天和地，作 ⚱形，又作 ⚱形。⚱形中的男性为鹤头人身，女性为带头饰的妇女。这些字在东巴文中为常见，似有影射一切人类之意。[1] 汉字中与此对应的是"色"字，《孟子·告子上》有言："食、色，性也。"《礼记·礼运》有言："饮食男女，人之大欲存焉。"色的小篆作 ⚱形，与东巴文 ⚱的造字手法相仿，少了上面的天和下边的地，简化了男女的人形。《说文解字》释"色"说："色，颜气也。"显然已非原意。

汉字与生殖崇拜密切相关的当推"高禖"（或郊禖），据周幼涛考证，禖即媒[2]，之所以作禖，是因"变媒言禖，神之也"[3]。"高"是"郊"的假借[4]，为便于现代人的理解，不妨径直作"郊媒"。郊又通"交"，郊者，男女交合之地也。媒字至今还有撮合义，男女撮合的目的是生育，故媒可通"腜"。《说文解字》释"腜"："腜，妇始孕，腜兆也。"《广雅·释亲》："腜，胎也。"可见所谓"高禖"（郊禖），是到郊外某个生育神所在的地方，祭祀求怀孕的举动。其起源早在有文字之前，文字不过是把这一风俗记载下来而已。有史以后，求子的传统一直继承下来，而作为天子的继承人尤其重要，故《诗经·大雅·生民》曰："克禋克祀，以弗无子。"《毛传》："弗，去也。去无子，求有子。古者必立郊禖焉。玄鸟至之日，以太牢祠于郊禖。天子亲往，后妃率九嫔御。乃礼天子所御，带以弓韣，授以弓矢于郊禖之前。"这段记载，反映的是父系社会确立之后，作为最高统治者的天子，仍然面临子嗣是否有望的问题，所以必须祈求于郊禖，"以弗无子"，而这郊禖石却是女阴。除了上述纳西族的情况以外，汉族民间也有很多祈石求子的风俗。如湖南常宁一座凹形山的山腰有一口石井，当地称"求子洞"，求子的妇女先在井前祭拜祈祷，然后用木杆或竹竿（代表牡器）插入井（代表牝器）中，上下搅动几次，（象征交合），最后喝井水（象征受精）结束。浙江丽水市东西岩春风峡有一个"打儿洞"，当地畲族妇女求子，就在悬岩下往该洞投石子，认为将石子投入洞中，便能怀孕。

类似打儿洞之类的遗迹，后世往往给蒙上宗教色彩，其本义便隐晦了。如绍兴

---

① 和志武、钱安靖、蔡家麒主编：《中国原始宗教资料丛编》纳西族卷，上海人民出版社，1993 年，104～105 页。

② 周幼涛：《祭禹丛考》，见陈瑞苗、周幼涛主编：《大禹研究》，浙江人民出版社，1995 年。

③ 《礼记·月令》，郑玄注。

④ ［清］王引之：《经义述闻·礼记上》。

相传有禹穴，后世改称"阳明洞""宛委穴"，道教称之为"会稽山洞"，是道教"三十六小洞天"之一，后来洞的位置也找不到了。周幼涛根据《越中杂识》及宋代王十朋《会稽风俗赋》中"禹穴北有石岩高丈余，南面侧平如削……上有索痕二条，晋葛仙翁于此炼丹"相关记载，亲自去山上探寻，果然在唐代贺知章"龙瑞宫刻石"西侧山坡处找到此石。只见一条长缝从顶到底，将此巨石裂为两半，其形状与古籍所载完全吻合。但当地村中人却称这石为"和合石"，还保留原始命意。①

## 二、祖先信仰与鬼魂观念

祖先信仰与生殖崇拜颇为类似，但却是两个不同的概念。生殖崇拜是普遍性的，其对象是生殖之神，不论是女阴崇拜或石祖崇拜，崇拜物都是天然的（或略作加工）野外山岩洞穴之类，属于公共场所。前往祈祷的人与崇拜物之间是神和人的关系，没有血缘关系。祖先信仰的对象只限于直系的血缘亲子关系（图8-10），崇拜物祖灵，都设于室内一定的位置，与其他非本家族人无关。生殖崇拜以祈求子嗣为主，祖先信仰除祈求子嗣以外，还可以包括更多的内容，如祈求祖先保佑全家后人平安消灾、谷物丰收等。

祖先信仰是一个漫长的过程，从母系氏族的祖先信仰转移至父系氏族的祖先信仰，其间男子建立父系血统与女子维护母系制度，曾经经历了激烈、痛苦的斗争，表现在婚姻形式上有男子的抢婚和女子的逃婚，男子实行从夫居和女子维持不落夫家。有趣的是，男子为了突出自己在生育中的决定性作用，有时还把自己打扮成妇女的形象，或者让妇女穿上男子的衣服，强调只有在男子的配合下，才能生儿育女。云南宁蒗永宁的普米族妇女，遇有难产，必须把男人的裤子找来，放在产妇腹部按摩，助产者还说："孩子快出来，你爸爸在等你！"男子把自己打扮成妇女的形象，其实质是剥夺

图8-10 鄂伦春族的祖先像
（宋兆麟，1983）

妇女在母权制家庭里的财产和崇高的地位。② 因为"儿子以前在母权制的家庭里没有继承权，现在要求平等权利，以便掌管亡父的遗产和领导家庭。只是经过了整整

---

① 周幼涛：《祭禹丛考》，见陈瑞苗、周幼涛主编：《大禹研究》，浙江人民出版社，1995年。
② 宋兆麟、黎家芳、杜耀西：《中国原始社会史》，文物出版社，1983年，489～490页。

几个时代内战的结果，长子继承法才被承认；而且它只有靠宗教迷信的帮助才能维持"①。

祖先信仰的起源，是人类对自己血亲先辈的敬仰，通过鬼魂的观念发展起来的。鬼魂的产生又从人体自身开始。原始人类对于自己身体的构造不大清楚，尤其是精神活动，如做梦，梦中所见的事物，醒来全没了，觉得非常不可思议。于是，产生了魂和鬼的观念。魂是附生在肉体中的，做梦是魂离开身体的单独行为，梦醒是魂回到身体。生病则是魂离开身体，一时不能回到身体的表现，一旦魂回到身体，病就好了。如果魂不能回到身体，人就病重而死了。死人的魂离开人的肉身，就成为鬼。鬼和魂的区别在于鬼是永远离开肉体的魂，人会死，鬼是不会死的，鬼生活在另一个世界里了。鬼能给人带来幸福，亦能给人带来灾难，所以对于鬼必须要小心崇敬，不可得罪了鬼，以免受意外的灾难。《墨子·节葬下》提到一个畏鬼的极端例子："昔者越之东有輆沭之国，……其大父死，负其大母而弃之，曰'鬼妻不可与居处'。"

人为了要看到魂，最容易联想到的是人的影子，因为人的影子轮廓像人，又很不具体，随人走动，时长时短，非常神秘莫测。纳西人以影子为魂的代表，东巴喊魂经有"oq - lei - lu"和"heiq - le - lu"，意指"影子回来了""魂回来了"。在兰坪怒族的若柔人语言中，称人的灵魂为"腊拢"，它同人的影子有密切的关系，认为人的灵魂不止一个，当不同光源照射在人的身体上时，出现几重阴影，就是人有几个灵魂的证明。所以他们都忌讳有意识地踩踏别人的影子。若柔人认为人的魂魄可以离开人体独立存在。人活着的时候，魂魄会丢失，会离开肉体从事某种活动，某人受了惊吓生病，即因他的魂魄丢失了，若不能把他的魂魄找回来，他便会死去。

怒族人认为，人患病是鬼扣留了人的魂而使病人的灵魂和肉体分离之故，因而需要杀牲祭鬼治病，以牺牲换回人的灵魂，患者才能恢复。若一时不能换回，则病情将加重，若始终不能魂归病体，病人就会死亡。当病人垂危时，祭司便杀牛祭祀家鬼，反复向家鬼询问："你放不放病人的魂？请你放了病人的魂……"替病人祭祀崖神时，祭司需要沿着患者氏族或家族往昔迁徙和送魂的路线，逐一询问沿途各位崖神："你是否收留了某人的魂？你是不是带走了某人的魂？他的魂果真是你收留了，就请你还回来，求你了，拜你了……让我们以酒来换魂，让我们以肉来换魂，请你放出来。"②

---

① 〔法〕法拉格：《思想起源论》，转引自宋兆麟、黎家芳、杜耀西：《中国原始社会史》，文物出版社，1983年，489页。

② 1984—1988年调查资料，见和志武、钱安靖、蔡家麒主编：《中国原始宗教资料丛编》怒族卷，上海人民出版社，1993年，852～853页。

东北地区的赫哲族也认为人有三种灵魂，且较若柔人的影子灵魂更为具体。赫哲人的第一种灵魂，是生命的灵魂，叫"奥任"；只有人和动物才有奥任，奥任与生命同始终，人死后奥任也消失了。第二种是"哈尼"，是可以离开身体的灵魂，可以在人死后继续存在，与人有密切的关系。第三种是"法相库"，人死即离开肉体。云南阿昌族也认为人有三种灵魂，人死后必须把三种灵魂分送到三个不同的地方，一个送墓地，一个供奉在家中，一个送到鬼王或父母所在的地方。

北京周口店山顶洞人在死者身旁放置有赤铁矿粉末，并随葬有石珠、骨坠、有孔兽牙等装饰品，反映了山顶洞人可能已有灵魂崇拜的行为，人死了，灵魂还在，应该给灵魂以生前同样的生活用品。云南永宁纳西族和普米族认为人死后的灵魂还停留在遗骨里，因此，他们把骨灰放在留孔的布袋或陶罐里，以便鬼魂的出入。仰韶文化的瓮棺葬有两种形式，一种是瓮和盆组成的成年人二次葬，一种是尖底瓶与陶甑组成的小孩一次葬。

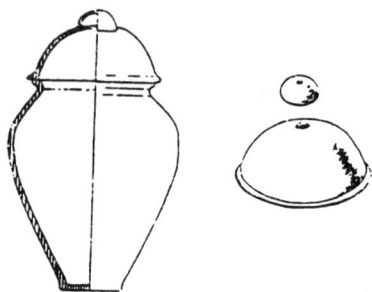

图 8-11　仰韶文化的带孔瓮棺

(宋兆麟，1983)

瓮棺上多凿有孔洞，以便鬼魂出入（图8-11）。赫哲族小孩死后不埋葬，用桦树皮捆扎，挂在树杈上，他们认为小孩的灵魂小，埋在地下就出不来，还恐怕今后妇女生不了小孩。

人死之后，要处理好灵魂遣送和尸体安置问题。灵魂要送到祖先居住过的地方，各氏族的送魂路线是不一样的，通常都是这些氏族迁徙过程中经历的道路。纳西族向死者灵魂告别时，低声对骨灰袋说："你去拾柴，我去打水，晚上好做饭。"说毕，他们必须丢掉手里的火把，拔腿就跑，不能回头看，以免死者的灵魂跟着回来。

尸体的安置问题，在仰韶文化时期还没有棺椁葬，先民们可能是利用草席或布包裹尸体，到大汶口文化和马家窑文化的马厂类型时，人们开始使用棺椁。棺椁是模拟房子的缩小形式，让死者如同生前一样地居住生活。贵州台江苗族在棺椁送进墓穴之前，要杀牲祭祀，祝贺死者获得新居。景颇族在坟上加盖一座3米高的圆锥形草棚，棚顶放一个木刻人像，注明死者性别、年龄、简历，坟周还挖一个环形深沟。[①] 这种墓葬形式表明草棚可能是景颇族远古的住房，深沟则是环绕村寨的环壕，这是让死者回归村寨，仍旧是村寨一员之意。

最为重要的是尸体的葬式，一般的葬式是仰卧直肢，或俯身葬、交手葬、侧身

① 夏鼐：《临洮寺洼山发掘记》，《考古学报》1949年4期。转引自宋兆麟、黎家芳、杜耀西：《中国原始社会史》，文物出版社，1983年，480页。

葬、屈肢葬等，大抵是模仿生人的睡姿。但各族都有各自的信念和解释。独龙族普遍实行屈肢葬，认为这是让死者环火而眠之意。西藏珞巴族的屈肢葬与投胎信念有关，他们将尸体的双手摆成弯曲状，双手放在两腮附近，两腿向上弯曲，如投胎状，祈求死者重新投胎。尸体停放在房门内右侧，头西脚东，认为死者跟太阳一同降落了。怒族妇女实行屈肢葬，是男尊女卑的产物。侗族实行交手葬。苗族实行扭首葬，出于祈求祖先对后人的保佑。李宗昉《黔记》卷三载："郎慈庙，在威宁州属，……父母将死，俟气初绝时，将首扭向背后，谓曰：好看后人。"仫佬族过去有一种俯身侧葬的习俗，其原因是俯尸侧葬可以"为死者避魔也"①。这些记载对解释考古所见的葬式很有帮助。

原始社会普遍实行土葬，以一次葬为主，也有二次葬的。仰韶文化二次集体葬相当普遍，其原因较为复杂，可能是与农业的迁徙有关。如畲族的农业处于火耕阶段，经常需要迁徙来易地火耕，人死在哪里就暂时埋葬在哪里，到一定时期，再迁葬于氏族住地附近。仰韶文化可能属于这种类型。游牧和畜牧经济更常需要迁徙。以捕鱼为生的赫哲族，迁居频繁，常多二次葬。也有出于特殊的信仰而行二次葬的记述，如贵州安顺苗族人，过去在人死以后用绳子将尸体吊于门后，然后用草席包裹，由人背负而出，选择高处悬挂在木架上，名曰"坑骨"，以后才埋葬。古籍上有关二次葬的，如《墨子·节葬下》："楚之南有炎人国者，其亲戚死，朽其肉而弃之，然后埋其骨，乃成为孝子。"又，"秦之西有仪渠之国（今甘肃东北庆阳）者，其亲戚死，聚柴薪而焚之，燻上，谓之登遐，然后成为孝子。"所谓燻上、登遐，是指人的灵魂随着火葬时上升的火烟而上天了，留下的骨灰是否埋葬，文中没有交代。

有些二次葬与宗教信仰有关，"因为他们有一种信仰，以血肉是属于人世间的，必等到血肉腐朽之后，才能作正式的最后埋葬，这时候死者才能进入灵魂世界"②。又有一种情况，如广西壮族遇人有疾，也往往挖坟洗骨，进行二次葬；海南黎族遇人有疾，即把横死（非正常死亡）的人骨挖出来，洗净，由人迁走，一路上东弯西拐，使死者鬼魂迷失方向，最后用巨石压住，再行二次葬，其目的在于不让死者危害活人。仰韶文化的成年瓮棺葬，也是对横死者的一种葬法。③

氏族墓地有一个发展过程，母系氏族以母系血缘为纽带，其公共墓地也是按母系血缘安葬的，故不存在夫妻合葬的现象。永宁纳西族还保留这一习俗，仰韶文化的半坡类型基本上也属于这种类型。由于各氏族的发展阶段进度不同，绝对年代的

①　[清]陆次云：《峒溪纤志》卷二。

②　夏鼐：《临洮寺洼山发掘记》，《考古学报》1949 年 4 期。转引自宋兆麟、黎家芳、杜耀西：《中国原始社会史》，文物出版社，1983 年，480 页。

③　李仰松：《谈谈仰韶文化的瓮棺葬》，《考古》1976 年 6 期。

比较是没有意义的，具体要看其墓葬葬式的所处阶段。

河姆渡遗址的氏族公共墓地至今未曾发现，是一件憾事。但据河姆渡第一期报告称，在遗址第四层居址内，发现一件陶釜、两件陶罐，各有一具婴儿骨架。婴儿的骨骼系零乱地与一堆鱼骨聚在夹炭黑陶釜的底部，鱼骨和婴儿骨骼是被煮过的，经贾兰坡教授鉴定，是出生不久的小孩遗骨。[①] 这与古籍记载的食婴之风相符。如《墨子·节葬下》载："昔者越之东有輆沭之国，其长子生，则解而食之，谓之宜弟。"又，同书《鲁问》也有类似记载："楚之南有啖人之国者桥，其国之长子生，则鲜而食之，谓之宜弟。美，则以遗其君，君喜则尝其父。"《墨子》所称的"越之东"，恰好为河姆渡所处的地理位置，而所称的"楚之南"，相当于湖南至华南一带，《后汉书·南蛮传》载："交阯……其西有啖人国，生首子，辄解而食之，谓之宜弟。……今乌浒人是也（乌浒在广州之南，交州之北）。"《广州记》《南州异物志》等亦都有类似记载。《节葬下》篇开头说"昔者越之东"，说明墨子记载的輆沭之国是历史上过去的风俗。《后汉书》说"今乌浒人是也"，则表明这一习俗在汉时的南方百越之地尚未完全消失。可见食长子一度是一种共性现象。黄展岳对此的解释是："杀食长子或以初生儿为祭品的习俗，则可能与父系氏族公社的确立相关联。父系氏族公社确立以后，婚姻关系由对偶婚转入一夫一妻制，在这漫长的过程中，长子的亲生父亲是谁？往往是不清楚的，为维护父亲的尊严，男子为建立自己的血缘继嗣（所谓宜弟）创造条件，杀食或杀祭非亲生的、来历不明的长子，是很可能的。"[②] 黄氏此说言之成理，似可认为河姆渡时期已开始向父系氏族过渡。

从母系氏族向父系氏族过渡的斗争中，父子连名制是巩固父系血缘氏族及家支的重要制度，有利于加强父系氏族家支间的亲属联系，父系氏族的祖先信仰即在这种背景下产生并沿袭下来。云南碧江县（1986 年撤县，原辖区划归今泸水市、福贡县）的怒族，过去曾使用父子连名制，许多怒族老人能背出 40 代以上的父子连名家谱，1956 年在对子罗村怒族老人的调查中，一位老人曾背述出 63 代家谱，如母以冲—冲主仁—阿独多—多刹波……者纳—纳排—阿纳，等等。按照这个父子连名制，以 20 年一代计，可以上溯至距今 1 200 年前的唐代，而几乎所有的家谱都出自一个共同的女始祖"茂允冲"，怒语意为"天上掉下来的人"，她的各种动物配偶即碧江怒族各氏族的图腾祖先。[③]

摩梭人还保留着母系祖先信仰并向父系过渡的祭祖形式。摩梭人崇拜女性祖

①　林华东：《河姆渡文化初探》，浙江人民出版社，1992 年，239 页。

②　黄展岳：《中国古代的人牲人殉》，文物出版社，1990 年。转引自林华东：《河姆渡文化初探》，浙江人民出版社，1992 年，264 页。

③　何叔涛：《碧江怒族命名法的历史演变》，《民族文化》1981 年 4 期，33 页。见和志武、钱安靖、蔡家麒主编：《中国原始宗教资料丛编》怒族卷，1993 年，上海人民出版社，860～861 页。

先，主要祭祀母系祖先，其次才是三代祖先。但他们的三代祖先信仰不同于父系制的三代祖先信仰（曾祖父母、祖父母、父母）。摩梭人的三代祖先信仰是母系三代祖先和父系三代祖先一起崇拜，即既有曾外祖母、曾舅祖母、外祖母、舅祖母、母亲、舅父的崇拜，又有曾祖父、曾祖母、祖父、祖母、父亲和母亲的崇拜。[①] 这是很难得的中间过渡形式的实例遗存。摩梭又称摩沙、么些（国外音译为 moso），是纳西族的别称，起源甚早，首见于晋代常璩《华阳国志·蜀志》："越巂郡定笮县（今盐源县）有摩沙夷。"摩沙的族源可追溯至商周时的"羌髳"及稍后的"牦儿羌"。"摩"是族名，"沙"即"人"，摩沙即"牧牛人"之意。纳西之"西"与"沙"同，即人，"纳"意为大，纳西即"伟大的民族"之意。纳西族以女性为中心的原始母系家族，到 20 世纪以来仍留有变异的形态，残存于云南、四川之间的泸沽湖畔纳西族社会中。

# 第四节　巫　术

"巫术"之"巫"，《说文解字》释曰："巫，祝也。女能事无形，以舞降神者也。象人两褒舞形。"这话的意思是，巫是善舞的女子，她能通天降神。字形像人的两褒（即两袖）作舞状。《说文解字》把"工"旁的两"人"释为两袖（小篆作巫）是对的，但把楷书的"工"释作像人，则不妥，工乃指规矩。甲骨文的"巫"字作田（三期《甲》2356），没有两袖，是最初的"巫"字，以后简省为"工"，加上两袖舞姿，成"巫"。

《说文解字》释"巫"为女子善舞者，是对的，因为巫术始自母系社会，故最初的巫师是女巫。以后进入父系社会，巫师便以男性为主，并另创造了专指男巫的"覡"字，甲骨文作覡、覡（战国《盟书》156.23），但此字没有推开，后世"巫"字可兼指女巫和男巫。男巫产生以后，女巫并未消失，至今如此。

高山族把"人"写成ㄚ，把"鬼"写成ㄨ，把"巫"写成ㄚ[②]，推想ㄚ的圆圈是人头，下边八形是人的两腿；到了ㄨ中，人死了，平卧，用头朝下，以示与ㄚ的区别；到了ㄚ中，表示巫是沟通人与鬼的中介人物。这是以最少笔画，表达了人、鬼、巫三者的关系。

在纳西族的东巴文中有两个象形字，分别代表女巫及男巫（图 8-12）。女巫

---

① 和志武、钱安靖、蔡家麒主编：《中国原始宗教资料丛编》纳西族卷，上海人民出版社，1993 年，87 页。

② 宋兆麟、黎家芳、杜耀西：《中国原始社会史》，文物出版社，1983 年，497 页。

的头发披散，手里持的是一种法器，称平锣，作坐姿击锣。纳西人常于月夜举行降神会，请女巫给人们传递死者通过她带来的信息。男巫的象形字表示头发披散，作跳神的舞蹈。[①] 巫的形状是否代表一种法器，以后简化为"工"字形，保留有规矩的意思？是否如此，不敢妄断。

图8-12 纳西族东巴文中"女巫"（左）"男巫"（右）

羌族称巫师为端公，以端公为精神领袖，因为端公记得羌人的历史，能与鬼神相通，能控制自然，呼风唤雨，繁殖牲畜和谷物，能治百病，左右人的命运。

巫术产生的背景是很复杂的，包括了诸多的因素。

从原始人的生产资料看，不论是狩猎、种植，都有一个成功或失败的可能性问题。猎物多了，谷物丰收了，带来生活安定和保障；反之，猎物打不到，谷物遇灾害，生活马上发生困难。这样现实的问题，必然迫使人们产生一种最好能预知吉凶的强烈愿望。虽然可以祈求祖先保佑赐福，仪式也很隆重，但祖先到底不会通过说话告诉你未来如何，只有巫师作为神和人之间的沟通者，能够把卜问的结果，口头告诉你，使你心中有数。人与人之间或族群之间遇到种种矛盾，激化之后，便诉诸决斗和战争。如历史上的佤族、景颇族和傈僳族，都把巫术用于复仇的战争。过去西盟佤族在进攻敌方之前，先遣人偷取敌方屋顶上的茅草，请巫师用来卜问吉凶，借以预知出击的胜负把握。人与人之间的一些纠纷，双方相持不下时，只有诉诸"神判"，由巫师作为神和人的中介，一切纠纷通过神判就平息了。

从自然背景来看，狩猎或种植活动，首先取决于自然条件是风调雨顺还是洪涝干旱肆虐，这就必然产生祈求上天保佑、趋吉避凶的期望。所以有关请巫师祭天地、求降雨的活动特别多。

个人生活方面，人生的大问题，生老病死、婚丧嫁娶，为婴儿取名，为成年男女举行成年仪式，为病者治病，为死人家治丧、送鬼魂等，都要依赖巫术的帮助。

巫术一般由巫师主持举行，巫师是汉语意，各少数民族对巫师有各自的称呼，如纳西族称东巴，羌族称端公，满族称萨满，等等。巫师原先在平时也从事劳动，有人来请时，临时换装，携带法器，去作法施行巫术。以后巫师慢慢成为脱离生产的专职人员，其地位也随之提高，受到尊敬，并在巫术施行完毕之后，享受邀请者

① 和志武、钱安靖、蔡家麒主编：《中国原始宗教资料丛编》纳西族卷，上海人民出版社，1993年，190～191页。

的饮食接待并拿取报酬。

原始巫术的形式很复杂，据宋兆麟等的归纳，就施行方式看，可分为祈求式、比拟式、接触式、驱赶式、诅咒式、禁忌式、占卜式和神判式等。[①] 就欲达到的目的看，按正反即善神和恶鬼两方采取不同的措施：对正面的善神使用尊敬、讨好、驯服等手段，通过巫术祈求祖先或鬼神保佑，免灾降福；对反面的恶鬼，采取咒骂、驱赶、回避等手段，通过巫术求得避邪、平安。

现将巫术各种方式举例简述如下：

**1. 祈求巫术之例** 云南傈僳族在正月初五出村生产时，事前于房前摆好肉和粑粑，引弩射箭，中肉则预兆狩猎多得，中粑粑，则预兆农业丰收。射毕才可出发行猎或种田。佤族从前为了祈求丰收，每逢播种前要猎头祭谷。四川理县桃坪的羌族每年秋收后还愿时，由端公祈祷天神除农害、收野物。端公作法时用青稞面做成各种害兽、害鸟，对其作法念咒，并用刀戳烂，然后将面屑埋入深坑，象征公害已除。[②]

**2. 驱赶巫术之例** 云南宁蒗的彝族逢家人生病，就请"毕摩"打鼓念经，让病者头顶簸箕，坐于门口，毕摩对之大呼："把害人鬼捉住，快捉住他！"同时令助手把草木灰撒在病人头上，象征灰把鬼赶走了。西双版纳傣族是在病人身边放一张竹席，上面放一个芭蕉叶盒，内盛一个泥人，象征害人生病的鬼。巫师在病人身上假装砍杀，作驱鬼的样子，然后把芭蕉盒里的泥人关闭，算是病人已经病魔脱身了。

**3. 诅咒巫术之例** 凉山彝族在"打冤家"时，用咒骂刺激对方，先声夺人。历史上，彝族如遇上破坏婚礼者，在树枝上拴鸡羊，另做一个草人，请毕摩念"咒人经"，用石刀砍草人，边砍边骂，意谓被咒者的下场将会像草人一样碎骨，仪式完毕，杀牲共食。贵州台江苗族失窃后找不到盗窃者，就请村落头人为证，砍鸡剁狗，发誓谁盗了东西，谁就会像鸡狗一样没有好下场。

**4. 比拟巫术之例** 独龙族出猎时，先用面粉做成各种猎物，然后对之开弓射击，射中为吉，不中则凶，借以决定是否出猎。云南傈僳族的祈雨仪式也先行比拟，一种方式是以弩弓射龙潭，激怒龙王降雨；一种是编一个小竹房，涂上泥土，由属龙的人点火，把烧起来的竹房投入水里，水淹火熄，就会下雨。景颇族认为水响就会下雨，为此他们在河里挖一个深约 1 米的洞，将木棍横插在洞里，然后用绳子拉动，如果洞里发出声响，意味着将会降雨。比拟巫术有时也用于意念杀敌，如

---

① 宋兆麟、黎家芳、杜耀西：《中国原始社会史》，文物出版社，1983 年，491～495 页。

② 和志武、钱安靖、蔡家麒主编：《中国原始宗教资料丛编》羌族卷，上海人民出版社，1993 年，499 页。

绘雕或塑造泥人，杀死这些比拟的敌人，从而达到置敌于死地的目的。这就是后世"魇胜术"的前身。

**5. 接触巫术之例** 这种巫术把敌人身体的某部分如头发、指甲或其衣物，拿来加以践踏，诅咒对方死去。历史上，佤族实行复仇时，先派人偷取对方屋顶上的茅草，或砍取对方门上的一块木料，进行占卜。接触巫术也可用于祈求，如云南剑川白族妇女不育时，就去山里朝拜一种女阴石"阿央白"，用铜钱在阴石上画几道，以为这样就会生育了。

**6. 禁忌巫术之例** 这是一种消极的巫术，用禁止某种特定行为，以求获得平安。如禁止猎取图腾对象，禁止跨越篝火等，否则将带来灾难。独龙族和佤族在开荒、播种、除草、收割和打谷的过程中，禁止外人来访。西藏珞巴族举行祭祀或者家有病人时，都拒绝客人入门，据说是怕异鬼来捣乱。永宁普米族认为孕妇不能遇见熊，否则会流产；反之，妇女遇难产时，他们认为用熊的生殖器在腹部按摩，可以助产。

**7. 占卜巫术之例** 占卜是预测吉凶祸福最通行的巫术。原始人以占卜为行动的准备和指南，举凡生产、生活，事无巨细，都要问卜，甚至天天占卜，事事占卜，希望预知行动的后果，否则，便觉得心中不安，无所适从。占卜的方式甚多，难以一一举例。苦聪人行草卜、鸡蛋卜；佤族行牛肝卜、鸡骨卜、手卜；黎族行鸡卜、石卜、泥包卜；景颇族行竹卜；傈僳族行刀卜、贝壳卜、竹卜；彝族行羊肩胛骨卜、木卜、鸡卜、竹卜、鸡蛋卜；羌族行鸡蛋卜、羊毛卜；等等。东北富河沟门遗址曾出土过鹿类肩胛骨的卜骨，只有灼，没有钻或凿，是较早的卜骨。山东章丘城子崖，河南安阳侯家庄、高井台子、后冈，西安客省庄等龙山文化遗址，也都出土过卜骨。

尽管占卜方式繁多，但以占卜物上出现的兆头作为判断的标准，则是一致的。如鸡蛋卜，看鸡蛋掉在地上是否破裂完整，或剥开蛋壳看大的一端是否饱满或有凹痕，以定吉凶。各种占卜中以骨卜较复杂，纳西族和羌族的牛羊肩胛骨卜，平时由巫师保管，用时现取。占卜法分祷祝、灼骨、释兆三步。以云南丽江地区纳西族的羊骨卜为例，其羊骨卜分"煮看法"和"灸看法"两种。煮看法是把羊的肩胛骨放到水里煮熟后，看它的颜色、血丝纹，以卜吉凶。灸看法是先用极易燃烧的火绒，蘸一点油，沾在骨上，然后点起火，烧灼薄薄的肩胛骨，一到火候合适，便将其放进一个小米桶里，巫师开始念咒，小木桶忽然会发出爆炸声，从中飞溅出两三颗白米粒，直上空中，巫师们即高呼"神来了"，停止念咒，从米桶中掏出肩胛骨，察看兆纹，将兆纹与经书中的图相对照，吉凶就这样确定下来。最后，这小桶的白米，即充作巫师的报酬"经功钱"。

纳西族的卜兆法和殷墟的灸龟原理相似，不过龟甲很厚，需要预先钻治一番。

么些（即摩梭，纳西别称）人在问卜过程中对同一个问题，总是不厌其烦地反复从正面、反面提问，"这样好吗""这样不好吗""要怎样才好呢"，最多可以问上七次。提问的次序是按北斗星的形式排列，先左后右，先上后下，不得有差错。① 凉山彝族的灼骨法较为原始，也分上下左右四方，上方为外方，下方为内方，左方为己方，右方为鬼方。卜骨经烧烤，如果在下方和左方出现直且长的纹，为吉，否则为凶。② 这些分次序的占卜法，可能对研究甲骨文的占卜有参考价值。

**8. 神判巫术之例** 凡是双方发生纠纷又是非难辨的场合，便诉诸神判，即让神做出判断。原始人类认为神是最公平的。其实神判的正确度只有二分之一，就是说，是方有一半的可能被判为非，非方也有一半的可能被判为是。当误判时，因这是神的判定，是方只好哑巴吃黄连，也助长了非方的侥幸心理，但在原始社会也找不出更好的办法了。历史上独龙族遇到双方发生争执、是非莫明时，就采用"捞油锅"等极端办法。历史上苗族遇两个人争执不休时，由鬼师出面，烧红三把斧头，三个人由鬼师带头，依次踩斧而过，争执的双方，谁的脚烧坏，就定谁的罪。

神判在各种巫术中属于后起，即有了私有制之后出现。在原始社会早期，猎物和谷物为数有限，都是按人头平均分配，谈不上私有财产。原始农业后期，狩猎比重下降，种植业比重上升，出现农田边界和集体所有制，随着谷物生产量大增，各人的份额不等，开始有了谷物、牲畜、工具等私人所有和积蓄，从而发生霸占、偷窃、破坏等行为，这种种纠纷，在没有后世法律之前，只能诉诸神判。

巫术本是原始社会祭祀项目中的一项，原先并没有专职的巫师，巫师是从祭司中分离出来的专职人员。最初的祭祀主持人系由家族中的老年人担任，如傈僳族祭祀祖先时，由族人中的老年人执行，分头为各家主祭。以后扩大为由氏族长或部落首领主祭。氏族公社转变为村社后，由村长主祭，这是村长兼任祭司阶段，后来祭司与村长分开，才有了专职的祭司。20 世纪 50 年代前，瑶族村落仍从各氏族长中卜选产生村长和祭司人员，任期多为 1～3 年。值得注意的是，祭司中还有由女性担任的，如傣族有女巫，鄂伦春族和满族也有女萨满，黎族有"娘母"，壮族有"禁婆"，有些女巫的地位甚高，说明祭司或巫师起源于母系氏族社会。巫师之所以会从祭祀活动中分离出来，是因巫术内容日渐积累增多，变成一种专门的知识，如背诵氏族谱系、讲述氏族历史、迁徙路线以及有关的传说故事之类，不是人人都可掌握，这就形成了巫师需要传授和继承的情况，巫师也成为一种世袭性的职业。这样发展下来，巫师自然成为氏族里知识最丰富的一类人，也即产生后世知识分子的

---

① 李霖灿：《么些研究论文集》，台北故宫博物院，1984 年。转引自和志武、钱安靖、蔡家麒主编：《中国原始宗教资料丛编》纳西族卷，上海人民出版社，1993 年，253 页。

② 林声：《记彝、羌、纳西族的"羊骨卜"》，《考古》1963 年 3 期。

萌芽。巫术活动中需要创造、使用各种符号，代表咒语和意义，成为后世文字产生的源泉。最初的文字不是每个人都能掌握的，因为绝大多数人还被牵制在体力劳动之中，没有条件摆脱出来。精神领域的活动，只能交给少数巫师脱产掌握。典型的是纳西族创造了著名的象形东巴文，即称之为"东巴经"，非东巴是看不懂的。上述的氏族谱系、氏族历史、迁徙路线、传说故事等都由东巴文记述在东巴经里，由巫师掌握讲解。

巫师为了使巫术具有神秘感，令人惊异、崇拜、信仰，在长期的实践中，创造出带有魔术性的技艺，更容易吸引、迷惑人。如东巴的助手吕波（有时东巴兼吕波）掌握了一种驱鬼、镇鬼的"捞油锅"技艺。施术驱鬼时，先把一些烈性酒倾倒在一个已经煮沸菜油的油锅中，这就立即冒出火焰来，吕波一手托起油锅，另一手伸进滚烫燃烧着的油中，火苗蹿上他的手，他不会烫伤，而是托着油锅和带火苗的手，到该人家的各个房间走动，驱逐可能躲藏在室内的"鬼魂"。他的手被烧得通红，但不受伤，约一小时以后，会恢复正常。[1]

我们不要简单地看巫术的一些具体操作项目，如上述的牛羊骨卜、竹卜、鸡蛋卜、"捞油锅"之类，看似迷信、荒诞可笑，特别是错误的施术，常常导致人们付出生命的代价。但透过这些表象，从历史发展的过程分析，有时付出沉重的代价，几乎是不可避免的。需要经历极其漫长曲折的过程，人类对客观世界和自身的探索，才能从盲目逐步迈向正确的方向。巫师在为病人治病时，不能光凭咒语，实际上也吸收原始人积累的植物药理知识，结合咒语，给病人服药，达到治疗目的。原始的医、巫是不分的，正确的医药知识，慢慢从巫术中分离出来，成为后世的医学和药学。这一切进步，又都建立在农业生产发展的基础上。只有社会产品有了剩余和积累，社会发生分化足以保证少数人脱产从事精神活动，变化才有可能发生。

萧兵把中华上古文化通称之为"巫觋文化"，按东、南、西、北、中，分为五种文化，即东方灵巫文化、南方毕摩文化、西方傩蜡文化、北方萨满文化、中原祝史文化。[2]

为此，先从巫觋说起。巫是女性的人与神鬼之间互通信息的特殊人物，起源于母系氏族社会。到父系氏族社会，巫术改由男子担任，故另造"觋"字代表男巫。但女巫仍然存在，男巫也可称"巫"，女巫则不能称"觋"。《说文解字》释小篆"巫"字是"女能事无形，以舞降神者也。象人两褎舞形"，但接着列出一个巫的古字"𢍭"。从该古字字形看，在"巫"的两人下方各增加一个口字，即双人双口，

---

① 和志武、钱安靖、蔡家麒主编：《中国原始宗教资料丛编》纳西族卷，上海人民出版社，1993年，243页。

② 萧兵：《傩蜡之风》，江苏人民出版社，1992年，20～50页。

又在下方加双手（足？）。巫的这个古字还保留在"筮"（**龞**）的字形中。这样一来，巫便与"舞"的甲骨文接近，可能是传写中的笔误或舞巫分工所致？巫和舞都是舞姿，所不同者，舞是人人可跳的，巫是巫师求神问卜时的专业舞蹈。纳西文女巫手里还拿着一样东西，释作法器，是问卜求答案的神器。上述五种分类，都离不开巫师和巫术，所以在分别叙述之前，必须有所说明。

**1. 东方的灵巫文化** 《说文解说·巫部》说："古者巫咸初作巫。"咸是人名，意谓巫是由咸所首创（好比农是神农所首创）。巫咸是东方殷夷的神巫或巫神。《尚书·咸有一德》后附《书序》说"伊陟（殷商大臣）赞于巫咸"。孔安国《书传》引马融注云："巫，男巫也。名咸。殷之巫也。"萧兵曾考证巫咸是专祭东夷始祖兼日神大舜的"太阳巫神"。"灵巫"最早见诸《山海经·大荒西经》："有灵山，巫咸、巫即、巫盼、巫彭、巫姑、巫真、巫礼、巫抵、巫谢、巫罗十巫，从此升降，百药爰在。"就是说灵山有十巫，巫咸是群巫之首。袁珂指出，灵（靈）山即巫山。① 灵的繁体字作"靈"，《说文解字》释"靈"云："靈，巫也。以玉事神。""从此升降，百药爰在"一句表明灵山是山中天梯，群巫在灵山，上下于天，宣神旨，达民情，并兼管采药（巫兼能治病）。萧兵认为这里的巫山不是云雨迷蒙的重庆巫山，而是东方的神山，故把热烈、浪漫、怪奇的东方民俗宗教文化定名为"灵巫文化"。他又认为楚文化虽然有西北夏羌文化的远源、南方濮苗文化的土著基础，但以跟东方夷殷文化的关系最直接、最亲密，故不妨称之为南方型的灵巫文化。

**2. 南方的毕摩文化** "毕摩"是南方许多少数民族对巫师的尊称。彝语作 pe-mo，或 bi-mo，又译"白马""笔姆""贝髦"等。"毕"是诵念经咒，"摩"是资深的术士，义近"长老""老师"。毕摩所主持监管的事，比任何其他地方的巫师为多，生老病死、吃喝拉撒、婚丧喜庆、衣食住行等，无所不管。跟南方的万物有灵、多神崇拜相一致，毕摩以其巫术干预、推进人们生命周期、生活行为的一切方面。这种文化的自然性、原始性很强，既实用，又可亲，比灵巫文化还富有娱乐性和审美价值，如三月三、六月六、九月九、跳马郎、踩花山、跳月、泼水、吃牯脏、绕三灵、火把节等，令人眼花缭乱，应接不暇。

**3. 西方的傩蜡文化** 萧兵认为傩（繁体作"儺"）的正字是"鬼"旁从"旱"，是尊奉猿猴图腾的西部鬼戎部落"调节"雨旱阴晴的巫术性舞蹈仪式，还包含粉饰猿猴图腾神（后来的方相）驱逐魑魅类"妖怪"的表演，后世演变为索室、殴圹、驱疫、魔胜巫术（charm magic）及丧葬出殡的仪式。傩的重点在扮神驱鬼，神不可能与人的面孔相同，故面具的使用成为必然，戴上神秘的面具巫师就代表神了。神的面孔当然不是千篇一律的，所以傩的面具富有创造性，这就形成了西南独有的

---

① 袁珂校注：《山海经校注》，上海古籍出版社，1980 年，396～397 页。

傩戏，再渗透到其他剧种去，成为后世戏剧面具的源泉。傩的原生地是中国西部偏北地区，与长江发源地相去不远，而非中原。但以后随着鬼戎东征和殷周的西进，傩逐渐"感染"给殷人和周人；又随着部分鬼戎与羌人一道被迫南迁，傩逐渐传播到西南方和东南方，尤其是长江流域上游及其延伸区的云贵高原，并与当地人的宗教文化艺术相融会，发展为极具特色的傩文化，与黄河以北的萨满文化相对列。

"蜡"是一种先与牧猎、后同农耕相联系的巫术性、祈禳性仪式。祭祀8种"神物"，祈求丰收和繁昌。其原生形态可从西南边疆某些丧葬仪式、耕作巫术，尤其是"蹉蛆舞"和"除虫舞"的再发现，得到"还原"。傩蜡着重"扮神逐鬼"，其原生态或母型仍然在西南地区有良好的保存和发展。

**4. 北方的萨满文化** 萨满教是阿尔泰语系满-通古斯语族、蒙古语族和突厥语族族众信仰的原始宗教。分布在中国北部草原和西伯利亚雪原地带，远达太平洋彼岸美洲草原、山原地区。萨满和傩蜡一样发源于远古。南方的傩蜡文化在其发展中逐渐依附于农牧，萨满则长时期联系着草原的牧猎经济。有关萨满的语源，诸家学说甚多，一种认为萨满一语源自俄文、西伯利亚人的用语，译音作 Saman，通常认为是通古斯（Tungus）语。Saman 是指一种摆动、狂欢和激动的人。也有学者认为萨满虽然是通古斯语 Saman 的汉译，其远源却可追溯到梵文的 Sramana，因俄罗斯学者的介绍，才广泛应用。中国古籍对萨满的译音十分歧异，有珊蛮、沙满、叉马、撒莫等，不一一列举，现今使用的萨满为统一的书面语。另有学者认为，萨满的词根是 Sama，是满族古老的基本词汇，它不是一般的跳舞，而是一种狂乱的舞蹈。萨满着重"降神禳灾"，以进入迷狂状态的舞姿，召唤神灵，驱逐邪病，因而具有通晓天意、天人中介的身份。萨满的另一特点是由女性担任，故古籍又称"巫妪"。在北方和西伯利亚诸少数民族中女萨满甚为普遍。某些满族姓氏崇信的神祇中，女性神祇占显赫的地位。他们的女娲式大母神"天母"用青天作鼓，高山当鼓鞭，不但是人类的始祖，而且是位伟大的女萨满形象。说明萨满教最初是狩猎-草原母系氏族社会的原始宗教，因而最初也多由女性担任萨满，有些女萨满还被祀为神。因为最初的萨满是女性，后世有了男萨满以后，男萨满也必须穿着女装，如雅库特（Yakut）人男性萨满的法衣上缝有两只铁环，象征女性乳房，他们平时也打扮成少女状，且族中只有男萨满与妇女可以接近产妇，一般男性绝不可以。萨满治病驱邪的风俗随着满族入关，依然保留了很长时期，在清代蒲松龄的《聊斋志异·跳神》中即有女萨满跳神治病的生动描写。

东北亚的萨满教里还保留鸟（鹰）图腾崇拜的痕迹，跟"天命玄鸟，降而生商"同样，有"吞卵生子"和"人鸟交媾"人祖传说。萨满教里都有创世鸟神，他们尊崇白水鸟等鸟类为创世之祖，认为其是人类传宗的母神。南方少数民族的巫师多属业余，不是职业者，而是劳动者，只有世代传承的萌芽。而萨满则是专业性和世袭性的，经过千百年的积累发展，有比较复杂的宇宙观、生命观，特别是灵魂观。

**5. 中原的祝史文化**　中原是古代中国文化的核心区，但中原的原生态宗教民俗神话已极难稽考。因为它经历了太多氏族部落和部落之间的"群雄逐鹿"，显得驳杂、混血而开放。它广泛地吸收北方萨满文化、南方毕摩文化、东方灵巫文化、西方傩蜡文化，此外又表现出浓厚的农耕文化色彩，内陆性、河谷性很强，生殖崇拜最烈。由于其形成的时期偏晚，即将进入有史记载时期，这里从略。

# 第九章　原始农业与科技、艺术的萌芽

## 第一节　原始农业促进科技的萌芽

### 一、物候的观察和知识积累

农业以自然再生产为基础，农作物的萌发、生长、成熟和收获与自然界气候季节变化的节律一致，因而掌握农时成为农业生产的首要问题。民族志和古籍的有关资料告诉我们，人类掌握农时的最初手段是观察物候。所谓物候，是指自然界生物和非生物对天气变化的反应，如草木的荣枯，鸟兽的出没，冰霜的凝消，等等，即古人所说"天气变于上，人物应于下矣"①，人们把它作为掌握气候变化和相应的农作时机的测度仪。② 物候及其所反映的气候季节变化是受地球绕太阳公转的规律支配的，所以，物候现象本质上反映了地球在环绕太阳公转的轨道——黄道上所处的位置。在农业生产的诸多要素中，物候是非常特别的一种要素。它不需要任何物力和财力的投入，它不像农具，需要加工制作；不像耕地，需要翻耕整理；不像用水，需要排水或灌溉。物候从原始农业起，绵延于数千年的传统农业中，在文字产生之前，借口头由上一代传递给下一代，有文字以后，即见诸书籍记述，同时口头仍旧通过农谚，流传不衰，一直发挥着指导农业生产的作用。

在中国一些近世或多或少保留原始农业成分的少数民族中，差不多都有以物候

---

① 《论衡·变动篇》。

② 物候指时虽然起源很早，但"物候"一词却相对晚出。它初见于南北朝文献，如南梁萧纲《晚春赋》："嗟时序之回斡，叹物候之推移。"在唐代诗文中，"物候"一词使用已较普遍，如郑谷《咸通十四年府试木向荣》："山川应物候，皋壤起农情。"

指示农时的成套经验，为我们研究原始时代物候知识的起源和发展提供了珍贵的资料。

物候起始于采集狩猎时代，当时还比较简略。20世纪50年代前，以狩猎为业的东北鄂伦春人和鄂温克人，虽然已从汉族那儿传入春夏秋冬四季的名称和观念，但他们在实际生活中还不大使用，因为这到底是农耕民族的物候。鄂伦春和鄂温克人是按生产活动的内容，把一年大体上分成几个不同的"时候"，其划分的标准就是物候。如春天河水解冻，家鹊和"塔鸟"飞来时，鹿类开始出来觅食活动，他们以打鹿取茸为主，因而称这一时期为"鹿茸期"。当水鸭、天鹅、燕子北归时，正是母鹿怀胎临产之前，这时主要是打鹿取胎，称为"打鹿胎期"。到野草发黄，大雁南飞，天气行将转冷时，正是鹿、狍子交配繁殖的时期，猎手们用"狍哨"模仿公鹿和公狍的呼叫声，进行诱捕，故称"鹿尾期"，因此时犴茸和鹿茸开始老化，故又称"打干叉子期"。冬天大雪降临，野兽都藏匿了，这时以捕细毛皮兽为主，称"打皮子期"。赫哲族人是以捕鱼为生的，春季里他们以草出芽、河水涨为物候，因为此时正值鱼类洄游江河产卵，这是"打长草芽子水鱼"的时期。天气转热，鱼类增多了，这时要赶快"挡梁子"，称"打暑水鱼"。赫哲族人还按不同植物开花与鱼类洄游产卵相应的物候为标志，进行捕捞作业，如捕大麻哈鱼以"五花山"（指百花盛开，五颜六色）为标志；"七月付子"（当地一种鱼名）咬汛，是以臭李子开花为标志；草根鱼咬汛，是以山丁子开花为标志；鲤鱼进草甸子产卵是以野玫瑰开花为标志等。①

种植业发明以后，尤其是种植业成为主要的生产项目以后，物候的使用就更为复杂，内容也更为丰富了。渔猎的活动是短期的，以一天或数天为单位，猎物到手便告一段落；谷物从播种到收获，要经历数月甚至以一年为单位，其依赖物候的程度又因地区而异。黄河流域和长江流域的物候即大不相同，华南气候暖热，动植物丰富，其物候就更为多样。通常动物的物候是以该动物一年中各种活动为依据，植物物候则大抵以多年生植物的花期或结果期为参照。《齐民要术》引古代农谚"欲知五谷，但视五木"，便是典型之例。因为多年生植物（五木）有长期积温的经历，一年生植物（五谷）的种子不可能有积温，首先碰到的是播种是否适期的问题，春寒年头，五木出芽会推迟，所以谷子下种也要相应推迟。云南怒族以"竹笋出"作为玉米播种的依据，即是同一道理。20世纪50年代前，独龙族人根据桃花盛开、布谷鸟和"坚克拉"鸟叫，开始春耕、春播；到"奔登鸟"和"夏公马巩鸟"叫时，进入全面播种；"崩得鲁那"鸟叫时，要播种完毕。就各种作物而言，早熟小米要在"洽多"花开或桃花含苞待放时播种；晚熟小米则在桃花已开、桃果初现时

---

① 李根蟠、卢勋：《中国南方少数民族原始农业形态》，农业出版社，1987年，93～94页。

下种。早稻要在蝉初鸣时播种，洋芋在桃花将开时下种，而玉米则在桃花已开、蝉鸣盛时播种，因为此时草莓已结籽，樱桃已有果，山鼠、蝼蛄等害虫都去吃草莓和樱桃，播下的玉米种子最安全。此例说明物候不光是简单的某种指标，它兼能考虑生态链之间的消长关系。

物候知识的积累，形成原始的物候历。如独龙族人称年为"极友"，其计年的标准是以当年大雪封山起，到次年大雪封山为一年；一年中又分若干"洛"，新中国成立前独龙族已将一年固定为十二个洛（表9-1）。[①]

表9-1 独龙族之物候历及其农事活动

| 独龙族之洛 | 意义 | 农事活动 |
|---|---|---|
| 阿 猛 | 过雪月 | 大家休息，个别户种早洋芋 |
| 阿 薄 | 出草月 | 山草开始生长，大量栽种洋芋 |
| 奢 久 | 播种月 | 开始种小米、洋芋、稗子 |
| 昌木落 | 花开月 | 桃花开，雀鸟集中鸣叫，播种完毕 |
| 阿 吕 | 烧山月 | 大量火烧山地，停止下种 |
| 布 昂 | 饥饿月 | 又称荒月，存粮吃完，上山采集野粮充饥 |
| 阿 容 | 山草开花月 | 薅草，采野粮 |
| 阿长木 | 霜降月 | 山草冻死，开始收庄稼 |
| 草 罗 | 收获月 | 收获小米、玉米、稗子和荞麦 |
| 总木甲 | 降雪月 | 收获完毕，把各种粮食储藏起来 |
| 勒 梗 | 水落月 | 河水降落，找冬柴，砍苦荞，准备过冬 |
| 得则砍 | 过年月 | 妇女砍火麻，织麻布，跳牛舞 |

独龙族的十二洛是个不断循环的过程，其命名原则是物候和农事相结合，没有第一、第二、第三之分，洛的长短也不固定，要看物候和农事的情况而异。如逢大雪的年头，"过雪月"就延长，有时可达两月之久。又如逢粮食歉收年份，五月即开始过"饥饿月"。20世纪50年代前独龙族受汉族影响，曾用"斯拉"（独龙语，即月亮）代替"洛"，但老年人不习惯，仍然用"洛"。

哈尼族也有按农事和物候划分的十二"季节月"，依序为："空埃"（送旧月，公历11—12月）、"空实"（迎新月）、"别洛"（草死月）、"常阿"（地湿月，准备播种）、"且拉"（种谷月）、"刚拉"（踩耙月）、"炒拉"（霉雨月）、"若拉"（拔草月）、

---

① 李根蟠、卢勋：《中国南方少数民族原始农业形态》，农业出版社，1987年，97～98页。

"西彦"（熬酒月或备仓月）、"那彦"（尝新谷月）、"唐拉皮尤"（入库月）、"盖拉"（樱桃月）。各月开始的早晚，依当年各种物候出现的早晚为准。如"刚拉"以卡巴树开花为标志，当年卡巴树若早开花，"刚拉"开始也早，反之，则推迟。每月大体上为 30 天，多几天或少几天也属常有。

独龙族和哈尼族都吸收了汉族以月计年的用法，但对于月相的盈亏变化，未曾吸收，故历法仍维持物候为主，成为一种过渡性物候农事历。早在渔猎时期，人们已注意到月相的变化，将其作为计时的单位，但没有纳入历法系统中。这种情况一直持续到原始农业采用物候历的初期，如上述独龙族和哈尼族历法，太阴月的概念还处于尚未生根的地位，哈尼族一般把新月初升定为初三，如果初二出现新月，也算初三。原始的季节也与月相联系，但不受月相变化周期的限制，而是以物候为依据。①

我国中原地区远古时代是否也经历过物候指时的阶段呢？答案是肯定的。据《左传》记载，春秋时代的郯子说黄帝时代的少皞氏"以鸟名官"：玄鸟氏司分（春分、秋分），赵伯氏司至（夏至、冬至），青鸟氏司启（立春、立夏），丹鸟氏司闭（立秋、立冬）。玄鸟是燕子，大抵春分来秋分去，赵伯是伯劳，大抵夏至来冬至去，青鸟是鸧鴳，大抵立春鸣立夏止，丹鸟是鳖雉，大抵立秋来立冬去。② 以它们分别命名掌管分、至、启、闭的官员，说明远古时代确有以候鸟的来去鸣止作为季节转换标志的经验。甲骨文中的"禾"字作"秂"，从禾从人，是人负禾的形象，而禾则表现了谷穗下垂的粟的植株，故《说文解字》讲"谷熟为年"。这和古代藏族以"麦熟为岁首"③、黎族"占薯芋之熟，纪天文之岁"④ 如出一辙，都是物候指时阶段所留下的痕迹。据一些学者的考证，甲骨文中的"夏"字是蝉的形象⑤，而"秋"字则是类似蟋蟀一类动物的形象⑥。可见，我国自古就把蝉和蟋蟀视作夏天和秋天标志的物候动物，因为它们的鸣叫意味着夏天或秋天到来。同时这也说明我们的祖先最初确实是以物候指时的。来源于《后稷农书》的《吕氏春秋·任地》诸篇也有不少物候指示农时的记载，其中以"菖（菖蒲）始生"作为"始耕"的时机标志，或说是黄帝时代流传下来的经验。⑦ 又据近人研究，楚帛书中保留了以肖

① 梁家勉主编：《中国农业科学技术史稿》，农业出版社，1989 年。
② 《左传·昭公十七年》。参阅谢世俊：《中国古代气象史稿》，重庆出版社，1992 年，106～109 页。
③ 《旧唐书》卷一九六上《吐蕃传上》。
④ 《太平寰宇记》卷一六九《岭南道十三·儋州》。
⑤ 丁山：《甲骨文中所见氏族及其制度》，科学出版社，1956 年，29 页。
⑥ 郭沫若：《殷契粹编》，科学出版社，1965 年。
⑦ 董恺忱、范楚玉主编：《中国科学技术史·农学卷》，科学出版社，2000 年。

形动物为标志的物候月历名。①

进入文字记述的早期，在西周至春秋时期业已应用的《夏小正》，是一个很重要的物候文献。《夏小正》全文仅 463 字，但涉及的物候有 70 条，其中动物物候 37 条，植物物候 18 条，非生物物候 15 条。动物物候涉及兽类 11 种，鸟类 12 种，虫类 11 种，鱼类 4 种。植物物候涉及草本 12 种，木本 6 种。非生物物候涉及风、雨、旱、冻等气象。在《夏小正》中，不仅每月都有一个甚至几个物候，而且还将物候和天象相结合，这里以正月及九月为例，分述如下：

正月：

物候：启蛰；雁北乡；雉震呴；鱼陟负冰；囿有见韭；田鼠出；獭祭鱼；鹰则为鸠；柳稊；梅、杏、杝、桃则华；鸡桴粥。

气象：时有俊风；寒日涤冻涂。

天象：鞠（星名）则见；初昏参中；斗柄悬在下。

农事：农纬厥耒；祭耒；农率均田；采芸；农及雪泽。

九月：

物候：遰（南去）鸿雁；陟玄鸟；熊罴豹貉鼶鼬则穴；荣鞠；雀入于海为蛤。

天象：内火；辰系于日。

农事：树麦；王始裘。

《夏小正》所记载的物候，肯定比其成书时间要早得多，这中间经历了一个漫长的逐渐改善的过程。《夏小正》虽然西周才整理成书，但所录的物候无疑源于有文字以前的时代，是人民大众口耳相传下来的，不断发展完善，并逐渐增加了气象和天象的内容。此后，《吕氏春秋·十二纪》《礼记·月令》《淮南子·时则训》《逸周书·时训解》所述的物候内容又有所增加，但其中主要的都来自《夏小正》。②战国时代形成了二十四节气以后，物候并没有退出农事指导，而是加入二十四节气中，组成七十二候，继续在农业生产中发挥着指时的作用。

## 二、天象的观察和知识积累

### （一）太阳的观察

日历是现代人赖以计日的必备物，十分平常。但是原始时期的人们从开始计

---

① 刘信芳：《中国最早的物候历月名——楚帛书月名及神祇研究》，载《中华文史论丛》第 53 辑，上海古籍出版社，1994 年。

② 梁家勉主编：《中国农业科学技术史稿》，农业出版社，1989 年。

日，直至产生日历，却要经历漫长曲折的过程。《周易·系辞》说"上古结绳而治，后世圣人易之以书契"，是完全正确的。所谓结绳而治，即用绳子打结，作为计数（特别是计日）的方法。云南苦聪人（及佤族人）在原始社会时期，就是用绳子打结记日或刻竹记日的（刻竹或刻木称契）。广西瑶族过去遇到双方辩论说理时，每人手里拿一根绳子，每说出一个道理，便打上一个结，辩论下来，谁的结多，便是谁胜。历史上独龙族如逢需要各村的族人集合开会时，具体的集合时间即用结绳通知。办法是事先准备好许多绳子，每根绳子都打上同样数目的结，代表距离集合的日期，然后分送给各村寨。每个村寨过一天，解开一个结，到全部结子解完了，就是出发集合的日子。一个人单独出门时，随身带根绳子，缚在腰间，走一天，打一个结，到达目的地后，把绳子数一数，就知道一共走了多少天的路。

以日出日落的周期为一天，并据此安排作息，是比较简单的。观察太阳更为重要的任务是掌握气候变化的规律，因为气候季节变化的周期是由地球绕太阳公转的周期决定的。在地球绕太阳公转过程中，地球与太阳的相对位置发生变化，气候也随之发生变化。中国传统历法中的二十四节气，就是反映了不同的日地关系所决定的气候变化规律。二十四节气创立于战国时代，但其形成经历了一个漫长的过程。首先需要根据太阳的视运动确定几个能反映季节变化的时点，建立一个标准时的体系。例如，什么日子太阳离地球最近，白天最长；什么日子太阳离地球最远，白天最短；什么日子不远不近，白天黑夜大体相等。这就是后来"夏至""冬至""春分""秋分"的概念。在这个基础上再增加其他的点，逐渐形成二十四节气。这就要依靠对太阳的观察。传说黄帝"迎日推筴（策）"[①]，已带有通过对太阳的观察推算历法的意味了。[②]《尚书·尧典》记载尧分别命令羲仲、羲叔、和仲、和叔在东、南、西、北四方的某个地方，恭敬地迎候太阳的出入（"寅宾出日"），以确定"东作""南讹""西成""朔易"等农事活动的次序。分别以"鸟""火""虚""昴"四星在初昏时刻的出现作为"日中""日永""宵中""日短"的标志，并以此确定春、夏、秋、冬四季之"中"。所谓"寅宾出日"，实际上就是观察太阳的视运动。所谓"日中""日永""宵中""日短"，相当于后来的春分、夏至、秋分、冬至。不晚于西周，人们用圭表对日影进行实测，在这基础上确定了准确的"分""至"点。《尧典》以太阳出没方位作为"日中""日永""宵中""日短"的标志，表明当时应该已有对日影的观测，但可能是以自然物（如山峰）或人体为标志的。[③]

---

① 《史记·五帝本纪》。

② 《史记集解》："晋灼曰：'筴，数也，迎数之也。'瓒曰：'日月朔望未来而推之，故曰迎日。'"

③ 我国观测日影起源很早。古代神话中有夸父逐日的故事。《山海经·大荒北经》说："夸父不量力，欲追日景，逮之于禹谷。"这可能就是原始人类在观测日影方面长期而艰苦的探索活动的神话化。

民族志的材料为我们提供了有价值的参证。原始人在观察日出日落、记录日数过程中，很自然会逐渐注意到每天的日出和日落的时间长短不同，位置也有差异。原始人不论从事种植、畜牧或狩猎，都知道看太阳的起落地点，以定农时。云南西盟莫窝寨佤族的经验是："太阳落在永帕寨子后面时白天最短，落到布帑山梁后面时，白天最长。落在新近、街寨子后面时种苞谷，落在布多牙梁后面时种稻谷。"①观察太阳起落的方法，各族不同。凉山彝族农民 20 世纪 50 年代前当播种季节来临的每天傍晚，会在同一地点如坐在门槛上，或某块石头上，或躺在 3 块石头中间（头顶一块、双脚各踏一块），或在朝西墙壁上凿一洞，观察太阳落山的位置。当太阳在某山口落下时，就该播种某种作物。若看到太阳落到另一山口时，就告诉大家播种另一种作物。独龙族知道夏天的太阳直走，冬天的太阳斜走。他们从窗口观察日影，知道每年日影最短在什么地方，最长又在什么地方。这已经是二至（冬至和夏至）的萌芽了。他们还在地上刻记号，观察日影变化，确定日影到什么地方可以播种，什么地方开始收获等。又按太阳影的刻度区别大小年，以之与物候观察相配合，调节种植时间。哈尼族按一年中太阳出山位置的变化，以定寒暑。太阳偏北出时，天气热，日长夜短；太阳偏南出时，天气凉，日短夜长；太阳正东出，不冷不热；天气寒冷时，太阳不会到头顶，影子更长。据传哈尼族过去也曾用木棍测日影，他们在棍上刻刀痕，置于屋里阳光可以直射处，以观察一年中棍影在地面的变化，以定时辰。这与独龙族通过窗户观测日影的原理相同，都是后世圭表和日晷的萌芽。②

### （二）月亮的观察

除去太阳，最容易引起原始人注意的天象是月亮。太阳下山以后，人们进入了黑夜，只有月亮带来光明。但这种光明与白天完全不同，月亮并不像太阳那样，夜夜明镜高悬，而是从眉月到半月到圆月，又回到半月、残月，如此周而复始，充满了神秘的感觉，促使人们去观察掌握它的圆缺规律，而这种圆缺交替的周期又是最容易掌握的。人们可以利用圆月前后的几天，进行男女谈情说爱、"跳月"唱歌、祭祖驱邪等社交活动，甚至军事行动。《汉书·匈奴传》说"举事常随月，盛壮以攻战，月亏则退兵"是游牧民族的首创。日出日落是人们以天计时的单位，尽管一天一天的计算是很容易的，但要把具体的天数，抽象成数的概念，普遍应用，则要困难得多。原始人最初能累积计算的数目是很少的，一、二之外，三及三以上是代表许多的数目，这种早期概念反映在甲骨文中，即三人为众，三木为森林，三牛、

---

① 卢央、邵望平：《云南四个少数民族天文历法情况调查报告》，转引自李根蟠、卢勋：《中国南方少数民族原始农业形态》，农业出版社，1987 年，109 页。

② 李根蟠、卢勋：《中国南方少数民族原始农业形态》，农业出版社，1987 年，110 页。

三羊、三马是指牛群、羊群和马群。经过相当长的时间以后，人们开始认识到月亮从圆到缺的一个周期大约为 30 天，到了这一步，以月的圆缺为一个单位，进而计算一年 12 个月还需要一个漫长的认识过程。因为开始时一年共有多少个月，还不一定清楚，人们关心的是与农业有关的那几个月，其余的几个月就较少注意。月份也不一定按月序排列，而用相应于物候的名称表示，如上述的花开月、出草月、鸟叫月、过雪月等，这中间可能有不自觉的包含闰月的成分。所以用月份与物候相配命名，可以认为是月份和季节搭配的萌芽。

至于一年四季及二十四节气是到春秋时期（前 770—前 476）以后才形成的，那是把一年从春分开始，均分为春夏秋冬四季，每季平均约 91 天。原始农业时期还不可能有这样严密的划分。游牧民族如甘肃的裕固族，虽然已经知道将一年划分为春场、夏场、秋场和冬场，但场与场间的间隔日子长短不一，要看当年牧草和降水而定。东北鄂伦春人也以雪和草的生长及鹿的活动规律划分四季。《后汉书·乌桓鲜卑列传》载乌桓人"见鸟兽孕乳，以别四节"，宋人记载海南岛的少数民族也"观禽兽之产，识春秋之气"[①]，说明这种粗放的历法一直持续了很长时间。

### （三）星辰的观察

世界上的文明古国，早期的天文学知识，都是应农事需要而产生，中国自不例外。至于日出日入，月亮圆缺，寒来暑往，花开花落，瓜熟蒂落等与天象有关的知识，恐怕早在旧石器时代的原始人就已经熟悉，但是有意识地对星辰进行观察，则只能产生于农业社会。中国传说黄帝时代已经有历法，还缺少印证。稍后的颛顼时代已有"火正"的说法，当属可信。火正是负责观测"大火"星，即心宿二，西方称"天蝎座 α 星"的天文官。"大火"是一颗引人注目的红色亮星。据推算，前 25 世纪，"大火"恰好是在春分前后的黄昏时出现在东方地平线上，预示春播季节的到来。《史记·历书》载颛顼之后，氏族混战，对大火星的观察停止了一段时期，造成很大混乱，后来帝尧立羲和之官，恢复了火正的职能，才风调雨顺。关于帝尧时代已有历法的传说，得到考古方面的印证。《尚书·尧典》及《史记·五帝本纪》都载此事经过，《尚书》的文辞古奥难解，《史记》加以转载用汉时文字阐释，比较易懂。大意是帝尧曾"乃命羲和，敬顺昊天，数法日月星辰，敬授民时"。他派羲仲去郁夷，观测天象，以殷仲春；羲叔去南交，以正仲夏；和仲去西土，以殷仲秋；和叔去北方幽都，以正仲冬，计"岁三百六十六日，以闰月正四时"。其中的羲仲被派到东方郁夷又名阳谷的地方，观测仲春季节的星象，祭祀日出。山东莒县

---

① 陈久金主编：《中国少数民族科学技术史丛书·天文历法卷》，广西科学技术出版社，1996年，21页。

陵阳河出土 4 件大型陶尊，上面刻有图案，其中 2 件刻的是"斧"和"锄"的象形字，另 2 件刻有太阳、云气和山岗图形。有学者认为，这些陶器是用来祭祀日出、祈祷丰收的祭器。其年代距今约 4 500 年，和帝尧时代相近。在此基础上，至春秋前成书的《夏小正》中，载有一年间各月的早晨或黄昏北斗星斗柄的指向，以及若干恒星的见、伏或中天等天体现象。到《尚书·尧典》中更明确记述了根据 4 组恒星（星宿一、心宿二、虚宿一、昴星团）出现在中天的时间，以判定仲春、仲夏、仲秋和仲冬的方法，从而确立了春分、夏至、秋分、冬至 4 个节气。[①] 这已是后话了。

回到较早的原始时期，从少数民族保留的原始天文知识，可以看出最初的天文知识是怎样逐步获得的。基诺族的传统是用苦笋的生长情况确定早稻播种期，基诺族老人布鲁些介绍："（以前）苦笋长到一锄把高，就该播种了，可是因雨水、土质不同，苦笋的长势也不一定，多数年头都有收成，也有时谷粒长不饱满，人们就要挨饿了。后来人们发现天上的星星比苦笋报信准。天上有 3 颗较亮的星星，一顺儿排列着，好像妇女绕线的拐子，我们叫它们'布吉少舍'，即大拐子星。还有 3 颗小一些的星星，离得很近，顶着大拐子星，我们叫它们小拐子星'布吉少朵'。稍远一点，还有一窝星，我们叫它们鸡窝星'布吉吉初'。每年播种季节，太阳落山不久，它们就在西边天上了。离地约有 1 米高，过不一会儿，它们就落下去。这时撒旱谷，就有好收成。后来我们撒种就看星星了。"布鲁些老人所讲的可能是参、伐和昴星团。基诺族人从实践中摸索到可以用参、伐和昴星团在日落后的位置来确定农时，改进了以苦笋为物候的较大偏差，是在天文历法的发展上迈出的一大步。

在黎族地区，人们是用"犁尾星"（汉族群众称犁头星）作为晚稻播种的适期。每当七八月看到"犁尾星"早晨从东方升起，正是种晚稻的时候；"犁尾星"升高后才天明的时节，再插晚稻就迟了。鄂伦春人也有用北斗星柄定四季的经验："春天傍晚杓子尾巴指向东边"，"冬天杓子尾巴朝南，天就快亮"。[②] 这与《鹖冠子·环流》所说"斗柄东指，天下皆春；斗柄南指，天下皆夏；斗柄西指，天下皆秋；斗柄北指，天下皆冬。斗柄运于上，事立于下"一致。鄂伦春人只是以北斗柄定四季，到《鹖冠子》里已发展为天人合一思想。

## 三、生物的观察和知识积累

原始人对周围生物的识别，掌握了解植物的生长、动物的出没，是生活所必

① 李廷举：《中国天文历法的东传》，见李廷举、吉田忠主编：《中日文化交流史大系·科技卷》，浙江人民出版社，1996 年，17～18 页。

② 卢央、邵望平：《云南四个少数民族天文历法情况调查报告》，转引自李根蟠、卢勋：《中国南方少数民族原始农业形态》，农业出版社，1987 年，108～109 页。

须具备的知识。不要说是原始人，就是其他动物也同样具有熟悉其他动植物的本能。猩猩就能识别几十种植物，且特别喜爱"流连"，知道哪些植物好吃，哪些味道较差，哪些不能吃。总是能及时找到它们喜爱的植物果实先吃，除非吃完了，才转而求其次。鸟类也很会选择它们喜欢的果实先吃，这是它们的本能。人类则是通过反复实践，从中获得知识，并且能够交流、传授给下一代。这是最大的区别。

人类生物知识的观察和积累来自采集和狩猎活动，本书第七章第二节曾专就采猎的种类作过讨论，这里从生物学知识的角度再加补充。第七章曾提及哈伦把雅尔丹的《非洲的实用食物清单》予以归纳，除去同种异名的，剩下还有1 400种以上，包括禾本科种子约60种，豆科约50种，块根块茎类约90种，油料种子约60种，果实及核果超过550种，蔬菜植物及香料超过600种，合计超过1 400种。书中的植物绝大多数代表农业部族采食的对象，属于采集部族的只占一小部分。说明进入农业种植的初期，人们对采集还有很大的依赖性；又说明人类在未进入农业种植之前，他们采集的野生植物种可能更多。随着农业的持续发展，采集的比重也迅速下降，采集退出了人们的生活，仅有少量遗留。相应地，人们的野生植物知识也锐减，直至现代，当大多数人不必直接从事种植时，"不辨菽麦"已经不足为奇，同样，现代人对天空星星的认识，远不如古代人。有关植物和天文的学问，现代已交给了专业的植物学家和天文学家。

原始人对植物的知识，当然不限于识别，而要丰富得多。比如他们能识别有毒和无毒的植物，一些有毒植物如何经过处理，仍旧可以食用；哪些剧毒的植物汁液可以用来制作毒箭头；哪些植物的汁液具有药物治疗作用等。中国古代的"神农氏尝百草，一日而遇七十二毒"的传说，一定程度上反映了原始农业时代人们识别各种植物的艰苦过程。但是，不能把"尝百草"理解为某个人的单独行为，也非某个氏族的行为，而是远古人类在漫长的采集活动中，都曾共同经历的阶段。这些识别植物的感性知识跟着他们的口头语言，一代一代留传，有文字以后，通过文字记述，保留下来。

原始人在未曾穿着衣服以前，即已普遍使用植物纤维编制腰裙、腰带之类，并染上各种鲜艳的颜色，这里面包含两方面的知识：可以编制的纤维用植物和可以提取颜料的染料植物（包括它们的茎、叶、花、果实），它们的种类是多种多样的。这种知识在今天少数民族里还有不少保留，如贵州苗族著名的蜡染技术，所用都是植物染料，其起源甚早。

原始人生活上的另外两件大事——住房和交通，都离不开使用木材，哪些树木可作屋梁屋柱，哪些大树适宜制造独木舟，哪些树叶适宜遮掩屋顶，这些知识都是他们所熟悉的。每个村寨都供奉神树，这种神树是怎样决定的，就很复杂。

东北的鄂伦春人打犴和叉鱼用的船，是用桦树皮制作的，船身以木为骨架，外面包上桦树皮，接头处用红松根缝上，再涂松香和桦树皮油混合的油膏，船长约9米。鄂伦春人在冰天雪地里行猎的交通工具是滑雪板，用轻而坚固的松木为原料，板面贴一块带毛的犴皮，穿上滑雪板行走如飞，一天能行80公里，是步行的3倍多，野兽在雪地里奔跑的速度是快不起来的，猎人穿上滑雪板很容易追上猎物。①

原始人对颜色有着特别的爱好，推测他们爱好颜色的原因往往与祭祀、信仰有密切的关系。他们把最好看的颜色用于祭祀和装饰，以至这种爱好成为他们进行选择的极大推动力，促进了原始人生物知识的积累。如台湾高山族种植的小米（粟）到了成熟的时候，非常好看，一眼望去，整片地面被装饰得五颜六色，沿山坡都是黄色、红色、紫色、黑色及白色的粟穗，间以穿插在其间的深红色的藜（苋类）和芋的绿色叶片。这许多的粟品种，每个品种都有它的名称，不是自然界里现成就有的，而是高山族人通过不断地穗选、单株种植、分离而得的，尽管他们不懂遗传学，却早已进行株型和穗型的选择。除了自己选择，也还有与邻近部族相互交换而来的。选择和交换之外，信仰和禁忌非常重要。一个新品种的发现和保持，必须辅以宗教式的信仰或禁忌控制，才能使人人都遵守执行。高山族人心目中的周围世界，充满了游荡着的祖先幽灵，如果活着的人忽视了祭祀和禁忌，就会受到祖先幽灵可怕的谴责。当地各族人的祖灵名称尽管不同，但它们都代表粟，粟就是他们的祖灵，这是一种人和物（粟）混同不分的信念。在祭祀时，人们对待粟的态度好像它们是自己身体上的器官一样，是有知觉的，丰收代表祖先高兴，歉收代表祖先生气。用木棒或连枷之类敲打粟穗脱粒，或用镰刀收割，都是不被容许的。② 用手摘穗，用手搓脱粒，是最原始的方式，可是他们却已掌握聪明的穗选技术，这也是难以理解的奇迹。

关于动物，原始狩猎民族的知识也非常丰富。打猎必备的条件有二：首先是打猎工具投枪、弓箭、弩以及有地区特色的飞去来器、吹箭筒等，其次便是猎人依为左右手的猎犬（草原还有鹰）。猎人对猎犬的训练便是建立在生物学知识的基础上。猎犬的嗅觉灵敏，可以及早发现野兽的踪迹，在野兽负伤以后，能快速追捕猎物，在野兽与人咬斗时，又能及时去咬野兽，使人不至于受伤，与人协同击退野兽，但这要经过训练才能体现。鄂温克人驯养猎犬的方式通常都从小犬开始，在小犬1岁时，带它去打猎，出发前不给它吃食，领它到有灰鼠的地方，它

---

① 秋浦等：《鄂温克人的原始社会形态》，中华书局，1962年，14页。

② Wayne H F. Swidden cultivation of foxtail millet by Taiwan aborigines：A cultural analogue of the domestication of *Setaria italica* in China. //Keightley D N. The Origins of Chinese Civilization. Berkeley and London：University of California Press，1983：95-115.

因饥饿，很快就嗅到灰鼠所在，在打到第一只灰鼠时，立即用鼠肉喂它，以后再猎灰鼠时，它对灰鼠的嗅觉就更灵敏了。到 3 岁时，鄂温克人再带它去嗅大兽的踪迹，把受伤的大兽让它去咬，同时还把大兽的心脏给它吃，这以后，它便有兴趣去追咬大兽了。驯鹿是鄂温克人行猎必不可缺的交通工具。据鄂温克人的传说，驯鹿的祖先叫"索格召"，原先也是狩猎对象，索格召的性情温和，过去有 8 个人进山捉住了 6 只索格召的幼仔，带回去关在栅栏内，用藓苔喂饲，便成了驯鹿。驯鹿在晚间可以露宿，不需要圈棚等设施。体健的能载重 40 千克，冬天日行 20 余公里，夏天日行 10 多公里。鄂温克人是在山林里追逐野兽，过着迁徙不定的生活，他们住宿在尖顶的"仙人柱"（一种轻便的帐篷）中，可以随时拆卸，每处最多住 20 多天，在迁徙的时候，就必须要有驮运仙人柱及生活用具、老人和小孩的交通工具，驯鹿的蹄瓣大，身轻，善于在密林沼泽地行走。如果骑马打猎，不能进入深山密林，就比靠驯鹿打猎的收获要少。故此，鄂温克人对驯鹿有特别的感情，尤其是妇女，专门负责饲养驯鹿，非常熟悉驯鹿的特性，在他们的生活语言中，有丰富的词汇是关于驯鹿的，例如，他们对驯鹿的不同毛色、年龄、牡牝等都有不同的专门语汇称呼。[①]

马鹿、犴子、狍子，是鄂温克人常猎的对象，它们体大肉美，皮又可供衣着和其他用途。猎人必须熟悉这些动物的生活习性，掌握它们的出没规律，才能每猎必有所获。如马鹿的嗅觉非常灵敏，警惕性很高，不容易猎取。鄂温克人知道打马鹿时必须逆风而行，以免马鹿从顺风中嗅到人的气味而逃走。鄂温克人为了提高猎获率，利用八九月马鹿交配期间，用木制的鹿哨吹出公鹿鸣叫的声音，附近的公鹿闻声必定赶来，以为公鹿鸣叫的地方必有母鹿，这给猎手以极好的射猎机会。浙江余姚河姆渡遗址和河南舞阳贾湖遗址分别出土了距今 8 000～7 000 年前的骨哨和骨笛（详下节），我们虽然不知道那时使用骨哨的细节，但从鄂温克人的事例中可以推知一二。骨哨的打猎原理同木哨一样，是一种熟悉动物行为的传统知识，也证明鄂温克人用木哨行猎的起源十分悠久。

犴的警惕性不如马鹿，但犴是夜间觅食的，天亮便上山伏眠。冬季里，猎人发现其脚印后，便知道它一定在脚印的左方藏匿，这样，就可以绕道左方，避开风向去打它。打犴的方法大致和打鹿差不多，也可以用犴哨骗它接近猎人，或藏身于靠近它觅食的地方，用矛枪扎它，或以弓箭射杀。也可利用犴在夜间到池沼边喝水的时机，预先隐藏在树皮船里，当犴的头部浸入水中时，一人快速划船向犴逼近，另一人扎枪刺入犴腰，即肾脏所在处，刺中后立即拔出，水一进入伤口，犴便立即死去。

---

① 秋浦著：《鄂温克人的原始社会形态》，中华书局，1962 年，16～19 页。

鄂温克人猎不到野兽时，便以捕鱼来弥补，夏秋两季，鱼是他们的主食，衣服也用鱼皮来做，鱼皮还可以制作口袋和贮物袋等生活用品。鱼皮胶是制造弓箭所不可缺的黏着剂。鄂温克人所捕的鱼，最大的可有 80～90 公斤，一般也有 20 多公斤。所以捕捉这些大鱼，用鱼叉就可以了。每年五六月间，天气转热，原来生活在大河里的细鳞鱼和哲罗鱼都游到水温较凉的上游，这时用鱼叉去叉就可以了。到秋天鱼儿交尾时，也是叉鱼的好时机。

鄂温克人的狩猎是一种有组织的集体分工方式。他们以"乌里楞"为单位，乌里楞的首领叫"新玛玛楞"，是生产的组织者和指挥者，他按季节变化和各人能力技术，分配各人以适当的工作，如派打猎技术好的去打鹿、犴等大兽，妇女老人去打灰鼠等小兽。鄂温克人过去还曾使用一种更原始的集体狩猎方法，即由全乌里楞中的妇女修造栅栏，把小山丘围起来，在栅栏的缺口处挖好陷阱，然后全乌里楞中的男女老少都出动去轰赶野兽，男子则用弓箭射杀坠落到陷坑中的野兽，反映出妇女也曾参加原始狩猎的一个阶段。

狩猎的技术不是天生的，需要经过训练，这得从孩子时开始，鄂温克孩子们在五六岁时就做着狩猎游戏，模拟和表演打野兽的动作。老年人有意识地用桦木做一些小弓箭，让孩子们练习打靶，并学习管理驯鹿，给驯鹿熏烟赶蚊子。再大一点，孩子们就开始练身体，跳高是经常训练的项目，每年 3 月让孩子们和青壮年一起练习滑雪，以培养他们不畏艰险的勇敢精神。

野兽之外，小动物方面值得一提的是人们对野蜂的采食。最原始的采食野蜂方式是用火攻，凉山彝族地区的人们采集牛角蜂和黄蜂的幼虫为食，一般他们在深夜里靠近蜂巢，把缚在长竹竿顶端的火把点燃，让火苗把蜂巢团团围住，烧死成年蜂，然后取下蜂巢。若是取食黄土蜂子，他们则在洞口烧火，往洞里吹烟，把成年蜂熏死，然后挖开洞穴，取出蜂儿。① 云南独龙族、怒族、傈僳族、西盟佤族和西藏登人居住区里，到处都是原始森林，四季野花不断，因而野蜂种类和数量都很多。独龙江地区的野蜂有"树蜂"（即中蜂 *Apis cerana*），"崖蜂"（即排蜂 *A. dorsata*）以及各种土家蜂。其中崖蜂和土家蜂至今还在被人采集，树蜂可以采回家养。崖蜂巢附在崖壁上，或大树上，其大如斗，往往几十个连成一大片。人们用竹索绑成梯子，搭在崖上，下面燃起树叶，用烟雾把蜂群熏走，然后攀缘竹梯而上，斫取蜂巢；或者直接爬树取巢，取巢人要随身带小捆烟火，以便把留在蜂巢中的野蜂熏走。据说一片崖蜂巢上一次取蜜可达 35～40 公斤，蜂蜡 2～2.5 公斤。独龙江、怒江地区都用这种方法采崖蜂。西盟佤族人则往往把大树砍倒，熏烟驱走野蜂后，取走蜂巢。

---

① 宋兆麟：《从彝族对野蜂的利用看人类由食蜂到养蜂的发展》，《中国农史》1982 年 1 期。

在少数民族中可以看到从采集野蜂向家养蜜蜂的各个阶段：最初人们是把野蜂养在原来的树洞里，只是稍微改变一下野蜂的生活条件而已。独龙族至今仍保留这种做法，发现野蜂后，他们先用火把蜂群熏走，从洞里取出蜂王，然后把烧红的木炭放进树洞，在洞口用竹筒吹风供氧，把洞里烧成的炭灰取出，用小挖锛修整扩大，再把蜂王放回洞里，其余被熏走的野蜂会自动回来。为了防止黄鼠狼、老鼠等偷吃蜂蜜，他们会在洞口放上几块石头，周围用枯草、泥巴封严，留一个小洞，供野蜂出入。完毕之后，他们就在树身上砍几刀，表示这树上的蜂窝业已有了主人，以后可以经常来采蜜，用不到其他措施。据李根蟠等在碧江的调查，并非所有树洞都可养蜂，只有当地称为"魁爽""托""灰责"的几种树洞适宜养野蜂，其他的树洞野蜂住不长久。位置、形状适宜的岩洞也可以养蜂。

西盟佤族地区有一种名叫苍蝇蜂（小蜜蜂 *Apis florea*）的，其蜂巢是悬吊在树枝上的，佤族人把蜂王捉住，剪去翅膀，用头发丝拴住蜂王的颈部，系在原地，蜂群就不会飞走，人们可以经常去采蜜。但有时小蜜蜂会把头发丝咬断，把蜂王迁走。这一事例说明，西盟佤族人业已了解蜂群的生物学特性，即蜂群是以蜂王为中心组成的集体，只要控制了蜂王，就可以控制整个蜂群。此例也说明驯化是要建立在生物学知识的基础之上的。

随着人们的定居生活延长巩固，野蜂留养在树枝或洞穴里，采蜜要走很多路，终嫌不便，进一步设法把野蜂采回到家里饲养，便提上日程。但野蜂容易飞走，家养有很大难度，并非任何野蜂都可饲养，人们要经历各种观察、选择、尝试的过程，而且家养的方法也是多种多样。其原理是尽量不要打乱野蜂的原来居住条件，采取移养、诱养等方法，让野蜂在不知不觉中习惯了家养。移养法是把蜂巢所在的树，连巢带树干砍回来，按照原先蜂巢的朝向放置，不可颠倒；蜂巢在树洞或有孔的竹筒内，则连树洞或竹筒取回来饲养。怒族人便是采取这种方法家养一种名叫"别美"的无刺小野蜂，这种无刺蜂的蜂蜜产量不多，但品质甚好，香甜可口，能治多种疾病。诱养法是利用天然的树洞，用炭火烧得大一些，往洞里涂抹蜂房的渣滓，洞口加一片木板门，上开小孔，以供野蜂出入。不要很长时间，就会有野蜂迁入这座"天然"的新居，独龙族即采取这种方法诱养。西盟佤族则用树干或大龙竹做成一个蜂桶，将其悬挂在崖壁下，或树林里，或田间窝棚外面，过了十来天，就会有蜂儿来做窝，待蜂群进入蜂桶后，即可拿回家里饲养了。[①] 移养和诱养比较，移养是利用原来的蜂巢，诱养是以人工蜂桶取代原有的蜂巢，显然是诱养又进了一步。

---

① 李根蟠、卢勋：《中国南方少数民族原始农业形态》，农业出版社，1987年，184～188页。

# 第二节 原始农业导致艺术的发生

## 一、农业劳动和舞蹈

古代的"舞"和"無"原是同一字，在甲骨文中作烾状（图9-1A），像人双手持羽饰的器械，作挥舞的动作。舞的种类据《周礼·春官·乐师》的记载，"凡舞有帗舞，有羽舞，有皇舞，有旄舞，有干舞，有人舞"6种。另据《尚书·大禹谟》"舞干羽于两阶"，则还有第7种干羽。帗舞是一根舞棒的上端装饰有五彩羽毛；羽舞是全部用羽毛制作的舞具；干是盾类，上面饰以羽毛，干舞也即盾舞。后来"無"取有无之无（無）的义，小篆乃在無下加双足（图9-1B）表示舞蹈，所谓"手舞足蹈"是也。"無"的舞义让给了"舞"字。

A甲骨文　　　　　　　　　　B篆文

图9-1 甲骨文和篆文中的"舞"字

从甲骨文"無"的字形看，双手所持的与上述的帗舞及羽舞似较接近。《吕氏春秋·古乐》："昔葛天氏之乐，三人掺（持）牛尾，投足以歌八阕。"这是指三人（亦即多人）手持（即掺）牛的尾巴舞蹈，与"無"字描绘的形象也很相似。总之，人手所持的可以是帗舞及羽舞式的，也可以是牛尾式的，文字只能描述其一种以为代表。

舞蹈的动作并非人类所独有，猩猩、猿猴在嬉戏时，也有类似舞蹈的动作，狮虎等的幼仔在嬉戏练习搏击时，也有类似舞蹈的动作。当然它们与人类的舞蹈终究有本质的区别。人类脱离动物的地位以后，能用舞蹈模仿各种动物的动作，如孔雀舞、喜鹊舞直至五禽戏等，动物则不能模仿人类的舞蹈动作，只有猩猩有较强的模仿能力，可见人类的舞蹈不是始自原始农业社会时期，而是早已有其深远的进化历史渊源。

舞蹈属于体力活动范畴。人类进入原始社会从事狩猎、采集和种植的阶段，体力活动分别向两个方向发展，一是采猎、种植的劳动方向，目的在于获取生存所需的食物来源，属于物质生产的劳动；二是精神活动的方向，把人的思想感情用舞蹈的方式表达出来，属于精神生活的劳动，但二者是密切不可分的。原始人的思想精神境界富有神秘感和幻想，想象力丰富，但却是物我不分，万物与人合一，肉体虽死，灵魂长在，敬天地、敬日月、敬图腾、祭祖宗、祭亡灵、祭鬼神、战争动员等，都是精神领域的重要内容。其方式就是通过舞蹈（结合音乐）来表达。如新西兰一个岛上信奉鳄鱼为图腾的土著族，在每年鳄鱼交配产卵时，便跳鳄鱼舞，同时对村里成年男子举行身体上刺鳄鱼纹的仪式，模仿小鳄鱼孵出的过程。《吕氏春秋·古乐》对古代舞蹈有综合的描述："昔葛天氏之乐，三人捼（持）牛尾，投足以歌八阕。一曰载民；二曰玄鸟；三曰遂草木；四曰奋五谷；五曰敬天常；六曰达帝功；七曰依地德；八曰总万物（一说禽兽）之极。""载民"即"岁民"，《尔雅·释天》："夏曰岁，商曰祀，周曰年，唐虞曰载。"孙炎曰："载，始也。取物终更始。"所以"载民"是一种祀年的舞蹈，这也是现今少数民族中保留最多的舞蹈。"玄鸟"是商族的图腾，也是《诗经·商颂》篇名，是祭祀商祖宗庙时的乐舞，其性质和上述鳄鱼舞类似。不同民族都有类似的乐舞。"遂"可训"通顺""生育"，"遂草木"即祈求草木顺利地生长发育。"奋五谷""敬天常""依地德"不必解释；"达帝功"是歌颂军事行动的舞蹈。"总万物之极"，一说作"禽兽之极"，两通，可释为模仿各种禽兽动作的狩猎舞蹈。《韩非子·五蠹》提到："当舜之时，有苗不服，禹将伐之，舜曰：不可。上德不厚而行武，非道也。乃修教三年，执干戚舞，有苗乃服。""干"是盾类，"戚"是斧类，所谓"干戚舞"，是手持盾斧相互攻防的舞蹈，也即显示军威的舞蹈，有苗慑于禹的军威，乃服了。少数民族中，独龙族有狩猎舞，景颇族有龙洞舞，都是反映狩猎生活的。

孙颖把中国原始舞蹈归纳为四大类：一是反映生产劳动及其有关的活动，这类舞蹈多是对某些生产劳动过程的模仿。内蒙古阴山岩画上刻有北方原始人类狩猎舞蹈的图像，属于这一类。二是反映性爱及有关的祈祷活动。原始社会时期这类舞蹈表达对性爱（通过生殖器）的崇拜和祈求氏族繁衍的愿望。新疆康家石门子天山岩画两性拥抱而舞的图像，是这类舞蹈的写照（图 9-2）。三是反映战争及其有关的祈祷活动。这类舞蹈表现拼搏、伤痛、胜利、死亡，有时还有残杀俘虏祭祀祖先等，其基调亢奋、狞厉甚至恐怖。四是反映对自然神灵的崇拜，如对日月、星辰、风雨、山河的祭祀仪式和丧葬等活动的舞蹈。[①]

这四大类的归纳是相当全面的。生产劳动是人们的个体得以生存的基础，生产劳动丰收了，令人快乐高兴；歉收了，令人失望挨饿，都会形诸舞蹈。生殖崇拜是解决群体（氏族）的绵延问题，性爱和生殖是这样的重要而神秘，性的欲望和冲动

---

① 孙颖：《中国原始舞蹈》，见中国大百科全书总编辑委员会《音乐　舞蹈》编辑委员会：《中国大百科全书·音乐　舞蹈》，中国大百科全书出版社，1989 年，907 页。

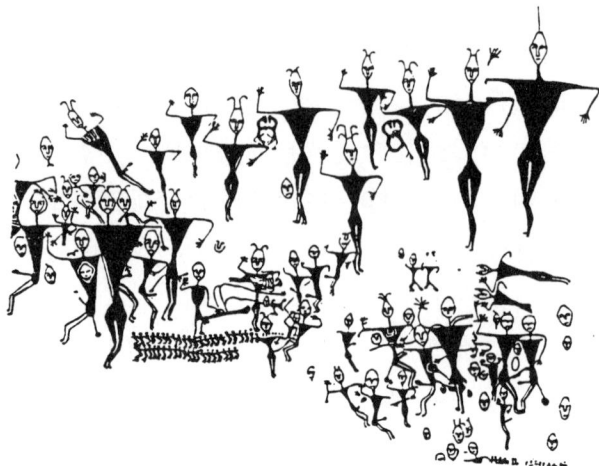

图 9-2　新疆康家石门子天山岩画
（刘峻骧，1996）

是那样的不可阻止，是催化舞蹈最强烈的动力。人类到了原始社会阶段无论狩猎或种植，都已形成了牢固的地域所有概念，采集狩猎种植活动力所能及的半径范围，既得到彼此的相互尊重和遵守，又很容易因意外因素而产生入侵和冲突，最终便要诉诸战争。一切动物，大至食肉类的狮虎，飞禽类的鹰鹫，小至昆虫类的蜂蚁，都有它们各自一定的索食范围，不容外来者进入，一旦发现入侵者，便发生斗争，人类也不例外。舞蹈是庆贺胜利、哀悼死亡最有力的表现方式。左右生产丰歉、生殖多寡、战争胜负的一股看不见的力量，是自然界的日月星辰和死去的祖先亡灵，所以这最后一类祈祷是最为频繁而重要的，用舞蹈去表达就成为促进舞蹈发展的一种推动力量。

　　考古发掘方面，特别值得一提的是青海大通县上孙家寨（齐家文化）出土的原始社会舞蹈纹的陶盆，盆边内缘的上部周围，绘有人和人手拉手跳舞的图像，共15人，分3组，每组5人。舞者的头上有发辫，下有尾饰，好像随风飘动，舞者并肩携手，两足作交互变换的动作，栩栩如生（图 9-3）。1991 年在甘肃省武威市新华乡磨咀子也出土一件彩陶盆，盆内壁也有 2 组舞蹈图，每组 9 人。① 1995 年在青海

图 9-3　青海大通县上孙家寨彩陶盆舞蹈纹
（刘峻骧，1996）

---

　　① 　孙寿岭：《舞蹈纹彩陶盆》，《中国文物报》，1993 年 5 月 30 日。

省同德县宗日遗址第 157 号墓也出土一件舞蹈彩陶盆，内有 2 组舞蹈图，一组 11 人，一组 13 人，头腹皆为球状，手拉手，下肢绘成直线。人像以剪影手法表现，像是穿着宽松短裙手拉手在整齐地踏着舞步，生动传神。①

原始舞蹈的实际场面，因舞蹈的种类和性质而异，十分复杂。上述孙家寨舞蹈陶盆，限于空间，只能表现其局部，更为复杂的舞蹈场面，不可能都绘在彩陶上。借助于现代少数民族保留的舞蹈场面，可以给我们以启发和想象。刘尧汉曾对彝族的十二兽舞作过生动描述，现转述如下，以见一斑：

舞蹈伊始，男女巫列为一行，各持一柄扇形羊皮鼓，为首女巫击鼓起舞时，笙乐吹奏虎啸声，群巫按笙乐节拍舞蹈。为首的女巫带头表演，舞蹈的主要情节是仿效十二兽的声音和动作，以象征纪日十二神兽的降临。其中较突出的是蛇舞和穿山甲舞，最突出的是虎舞。穿山甲舞和蛇舞无声音。表演蛇舞时，巫师用全身蠕动的舞姿，模仿蛇爬行的形态。穿山甲诱食蚂蚁时，全身蜷缩，甲壳敞开，待蚂蚁齐集甲壳内吮吸汗垢，它便伸直全身，甲壳闭合，群蚁便被夹死于甲壳间；然后，它又蜷缩全身，待甲壳复开抖动全身，死蚁纷纷落地，它就伸舌舔食起来。巫师就是用舞蹈体现穿山甲捕食蚂蚁全过程的体态活动特点，显示它的降临。对于猴，巫师则表演它爬树摘果吃的动作特点。在十二兽舞中，以表演虎神降临并以猛虎扑马、牛、羊，猪、狗的动态和虎啸声，最费劲也最精彩。为首的女巫一声长啸，腾空跳跃而至，以显示猛虎的威风，其他男女巫则表演被虎追扑的各兽，惊惶奔逃的状貌。②

原始舞蹈在内容上与生产活动（包括物质资料的生产和人类自身的生产，军事活动在某种意义上也可以理解为原始人类一种特殊的生产活动）密切结合，在形式上与原始信仰和巫术浑然一体（"舞"的初文"無"与"巫"相通就说明了这一点）；除此以外，原始舞蹈还有一个显著的特点是它的集体性，它是带有巫术性质的群众性的欢庆或祈禳活动，不是单纯为了观赏的表演，它没有专业的表演者，但往往由一个巫师领舞。这种集体舞一般表现为环形舞，它是原始人类生产生活集体性的反映。原始人的狩猎，一般是围猎。无论是游牧民族的帐篷，还是农耕民族的住房，都喜欢围成一圈，中央为广场。这些生活生产实践，经过艺术升华，就发展为形形色色的圆圈舞。少数民族中有很多这类形式的舞蹈，如鄂伦春族的转圈舞、佤族的圆圈舞、景颇族的"金再再"舞、藏族的跳锅庄等，都是环舞的形式。在广西花江山崖壁画上、内蒙古阴山岩画上的一些舞蹈图也多是集体性舞蹈。集体舞蹈还必须有一定的节拍和音乐伴奏，才能步伐一致，互相配合。因此，原始舞蹈和音

---

① 宗日遗址发掘队：《青海宗日遗址有重要发现》，《中国文物报》，1995 年 9 月 24 日。

② 刘尧汉：《十二月历法起源于原始图腾崇拜》，转引自刘峻骧：《东方人体文化》，上海文艺出版社，1996 年，125～126 页。

乐也是密不可分的，或称之为"乐舞"。最简单的方法是以踏步、击掌或装饰品摩擦发出响声。如拉祜族、纳西族和藏族都以踏步声伴舞，并随着踏脚发出呼喊声，颇有声势，能震撼人心。大通县上孙家寨彩陶盆上的舞蹈图像，正是一种集体环舞。舞者以左脚为中心，向左移动右脚，然后再移动左脚，按顺时针方向移步，但头却向后回顾，时而向右移步，头则转向左边，可以看出已经有了一定的节奏和韵律，仿佛能够听到他们的整齐有力的脚步声和热烈的呼喊声。①

## 二、农业劳动和音乐

音乐与原始农业劳动的关系如同舞蹈一样，密切不可分。古歌谣《弹歌》："断竹，续竹。飞土，逐肉"；《击壤歌》："日出而作，日入而息。凿井而饮，耕田而食。帝力于我何有哉"，都是反映原始人的生产生活的。② 下文将要谈到的骨哨、骨笛等，亦与原始人的生产活动有关。

|《京津》3728 |《后上》10·5 | 周晚"乐鼎" | 周晚"召乐父匜" | 春秋石鼓《而师》 | 战国印《续齐鲁古印扩》|

A甲骨文　　　　　　　　　　　　　　　　　　B金文

图 9-4　"东"字的甲骨文、金文字形

古代称人唱的歌为声，乐器配合的为音。"乐"的繁体字作樂，甲骨文作、（图 9-4A），金文作、、、（图 9-4B），小篆作。《说文解字》："乐，五声、八音总名。象鼓鞞。木，虡也。"所谓五声、八音，据段玉裁注："宫、商、角、徵、羽，声也；丝、竹、金、石、匏、土、革、木，音也"，意指人所唱为声，乐器所奏为音。其实即使在原始农业社会，人们已声音并举，早已使用乐器了。段玉裁认为"鞞"当作"鼙"，所谓"象鼓鼙"，段注是指"樂"字的上部，"鼓大，鼙小。中象鼓，两旁象鼙也。乐器多矣，独像此者。鼓者，春分之音"。段玉裁认为"虡"即"钟鼓之柎也"，鼓下的虡，是支架之意。远古时，曾以鳄鱼皮蒙鼓，鳄鱼是开春时初鸣，故说是春分之音。我们不能仅依文献记述，抽象地推断音乐的起源。考古发掘给我们提供了非常丰富的实物证据，因而音乐考古已经成为考古学

---

① 陈文华：《中国新石器时代文化艺术的萌芽》，《农业考古》2003 年 3 期。

② 《弹歌》见《吴越春秋·勾践阴谋外传》，传说是黄帝时代作品；《击壤歌》见《帝王世纪》，传说是帝尧时代作品。

的一个分支，从音乐的角度说，音乐考古则为音乐学的一个分支，二者有密切关系，也有彼此的区别。中国古籍的八音，将丝（即弦乐）、金、石列在前面，丝为首位。其实在原始乐器发展上，是竹、石、陶、骨在前，丝、金在后。但在古代西亚欧洲，却是弦（弦的材料不一定是蚕丝）居其首。在前3000年苏美尔人的黏土浮雕上有弹奏弦乐的人像；在前2825年埃及墓壁画上绘有女子竖琴演奏人像；在前2400年埃及祭司王谷迪亚时代有苏美尔人所刻的打鼓像和祭祀时演奏11弦竖琴的场面。古希腊和古罗马时期有关音乐的文物也很多。[1] 中国考古发掘所见的乐器主要是陶埙和骨笛，年代较上述西亚为早，但中国迄今还没有新石器时代弦乐器的文物出土。

陶埙（古籍单称"埙"）是最古老的吹孔乐器，用陶土烧制而成。最原始的陶埙只有吹孔而无音孔，有音孔的陶埙已能按音阶或调式制成，属于旋律乐器，可据以推断它们（有孔陶埙）所处的时代已有若干音阶或调式。陶埙的起源可能是从狩猎用的石流星——一种能发出哨声的球形飞弹发展而来，可以模仿鸟类鸣叫，以诱捕鸟兽。有了制陶工艺以后，石流星就慢慢地被陶埙所取代。河姆渡遗址出土有两件陶埙，埙身作鸭蛋形，中空，一端有一个音孔，能吹奏出一个小三度音程。甘肃玉门火烧沟等新石器时代遗址出土有2音孔、3音孔的陶埙，其年代距今7 000～6 700年。西安半坡村的埙，经测定是距今6 700年左右，1吹孔，1指孔，能奏出 $f^3$，$^b a^3$ 两个音，相互为小三度关系。山西万荣荆村出土的3个埙，一个只有吹孔，无音孔，发一音，为 $f^2$；另一个为1吹孔，1音孔，发2音，$^\sharp c^3$ 和 $e^3$，也是小三度；又一为2指孔，发3音，$e^2$、$b^2$ 和 $d^3$，已有小三度、五度和小七度音程，可以看出其进步的过程。[2]河南辉县琉璃阁殷墟出土的埙又进一步发展到5指孔，能吹出一个完整的七声音阶和部分半音，显然是很大的进步。其制作材料也从陶土发展为骨、玉、象牙等。埙的形状有球形、管形、鱼形和梨形。但以陶埙最普遍而规范。陶埙演奏时，主要是吹气灌满埙腔，吹出埙音。演者双手捧埙，两手大指分别按后面两个指孔，音量的强弱由吹气强弱控制。[3]

陶埙之外，乐器中更为普遍而重要的当是骨哨。以下重点介绍长江流域代表性的浙江余姚河姆渡骨哨和黄河流域最为重要的河南舞阳贾湖骨哨。

20世纪70年代后期浙江余姚河姆渡遗址首先出土了7 000年前的骨哨，是当时发现的中国甚至世界最早的乐器。直至1986年河南舞阳贾湖遗址出土了8 000年以前的骨笛，才打破了河姆渡的纪录。

河姆渡遗址第一次出土48件骨哨，第二次出土100件骨哨（图9-5）。关于骨

①② 谭冰若、黄翔鹏：《音乐考古》，见中国大百科全书总编辑委员会《音乐 舞蹈》编辑委员会：《中国大百科全书·音乐 舞蹈》，中国大百科全书出版社，1989年，800～801页。

③ 郭乃安：《中国古代音乐》，见中国大百科全书总编辑委员会《音乐 舞蹈》编辑委员会：《中国大百科全书·音乐 舞蹈》，中国大百科全书出版社，1989年，863～864页。

哨是狩猎用具，在上面生物学部分已作说明，这里专就它们作为乐器的性能试加讨论。这些骨哨系用鸟禽类的肢骨中段制成，长 6～10 厘米，多数骨哨只有 2 孔，少数有 3 孔或 4 孔。个别骨哨的骨腔中有一根拉杆，吹哨时，拉动内杆，可以变化出不同声音，以模拟鸟禽的声言，或不同的音阶，成为简单的乐曲。林华东指出，现今杭州街上偶见有农村来的艺人在路旁出售小孩玩的竹哨，上面开有吹孔和指按的音孔，哨腔中插入一端绑有棉球的铅丝拉杆，吹奏时上下抽动拉杆，可以发出各种模拟鸟鸣声或音阶，熟练的还可以吹出乐曲，显然是与河姆渡骨哨一脉相承。[①] 现今西南少数民族使用的骨笛或竹笛，模仿鸟鸣的，当是古老的传统。竹笛又名口笛，用竹管一节，中间开一吹孔，吹时用两拇指按住竹管两端，向中间的吹孔送气时，控制气流大小缓急，即可模拟各种鸟禽鸣声。故可以推想原始的骨哨（或竹哨）在狩猎时是一种模拟乐器，在欢庆活动时，又兼作吹奏乐器。[②]

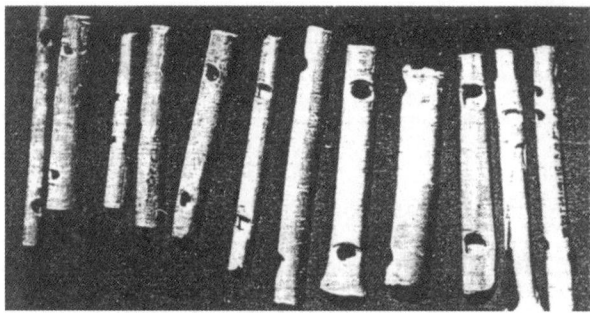

图 9-5　河姆渡遗址出土骨哨

（林华东，1992）

1986 年浙江省歌舞团笛子演奏员曾用鸡骨仿做过一支骨笛，并创作"远古狩猎舞"的曲调，配合舞蹈进行表演，据报道受到赞许。[③]另有刘士钺撰写了题为《中国浙江河姆渡骨笛》的论文，出席 1986 年 11 月于联邦德国汉诺威举行的第三届国际音乐考古骨笛专题会议，他在会上宣读英文论文 "*Bone Flutes of Hemudu in Chekiang China*" 后，河姆渡骨哨被认为是当时世界上最早的骨笛，较瑞典出土的骨笛早3 000年。当时河南舞阳贾湖遗址的骨笛尚未发现。

1983—1987 年，贾湖遗址共出土 20 余支骨笛，根据其形制，可分为三期：早期前7000—前 6600年，骨笛上开有 5 孔、6 孔，能奏出四声音阶和完备的五声音阶；中期：前6600—前6200年，骨笛上有 7 孔，能奏出六声和七声音阶；晚期：前6200—前 5800 年，能奏出完整的七声音阶及七声音阶以外的一些变音。经过逐个骨笛的测试研究，可以推测：在前7000年以前的音乐是以"6-1-3-6"四音构成音乐

① 林华东：《河姆渡文化初探》，浙江人民出版社，1992 年，247～248 页。
②③ 萧鸣：《原始社会骨哨》，转引自林华东《河姆渡文化初探》，浙江人民出版社，1992 年，248 页。

的主调（图9-6）。①

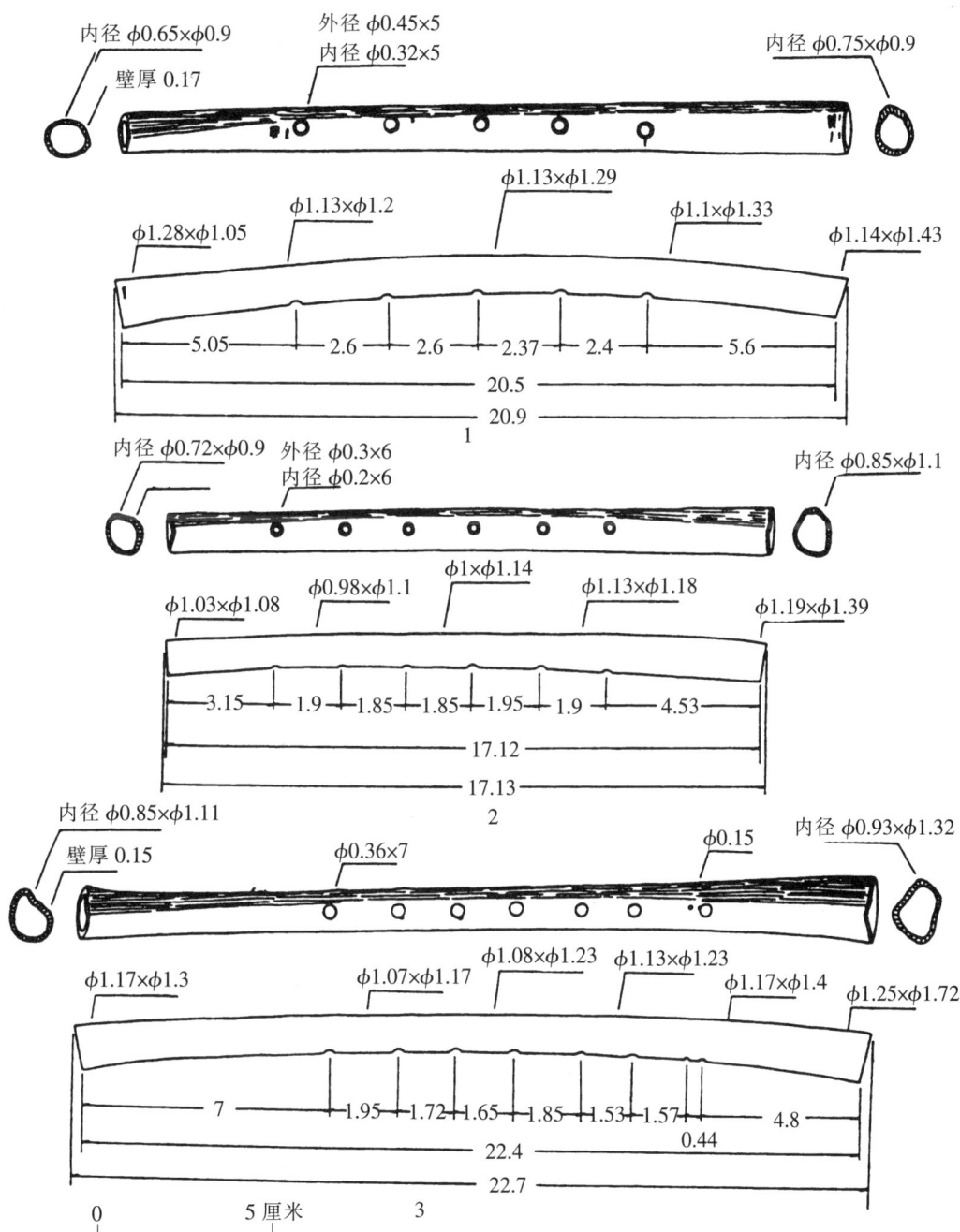

图9-6 贾湖遗址出土骨笛（M341：1、M341：2 和 M282：20）内径与音孔尺寸

① 萧兴华：《中国音乐文化文明九千年：试论河南舞阳贾湖骨笛的发掘及其意义》，《音乐研究》2000年1期。

贾湖遗址中期的骨笛都是 7 孔，不但能吹奏出完备的五声音阶，而且已能吹奏六声和七声音阶，与初期比较，已进入成熟期。贾湖遗址晚期的骨笛还有 8 孔的，不但能吹奏出七声音阶，还出现了变化音，说明当时的贾湖人在精神上追求更为宽广的音域，但他们的物质生活还并不怎么充裕，这是一种罕见的超前的发展，颇难用常规解释。可能与贾湖居民连续生息在这里达千余年之久有关。在距今 7 800 年前因种种原因贾湖居民们被迫迁徙他处，在这个过程中，他们可能把先进的文明通过交流带给其他文化，尤其是东方。河姆渡的骨哨制作水平与贾湖有很大差距，说明 8 000 年前这两个距离很遥远的遗址居民，未曾有过任何的交流接触，在人种学方面的研究也证明了这一点（见前述）。

特别值得一提的是，贾湖遗址早期的 1 号 5 孔骨笛，只能构成一个 3561 四声音阶，有时这四声音阶也能构成一个完美的曲调。现今流行在河南舞阳、叶县、驻马店地区的民歌中，还有很多以此四音或其变体构成的曲调。在舞阳流行的灯歌中有两首民歌《问答》和《说家乡》的音调，是 1235 和 3561 两个四声素材交织的运用，它保留了两种素材的基本形态。

贾湖早、中期骨笛在制作过程中没有发现计算开孔的痕迹，说明它们是根据制笛者长时期的经验而开孔的。但中期有一支骨笛身上却留有若干钻点，说明在开孔过程中一方面靠制笛者的经验积累，一方面他们已能根据计算的钻点，进行音孔位置的调整。而中期靠后时所制作的骨笛，大都有计算开孔的位置的刻度，这是在距今 8 500 年前制作骨笛所达到的先进水平，是音乐史上一个值得重视和研究的课题。总之，在贾湖文化延续的 1 000 余年中，骨笛的音阶从四声、五声、六声到七声，由简到繁，经历着渐进性的完善过程。虽然，很多国家都曾共同经历过这些音阶的发展阶段，而中国无疑是最早认识这一规律的国家。[①]

河姆渡遗址还出土有 20 多件木筒，呈平直的筒状，中空，断面圆形，由整段木料挖空而成，长 30～40 厘米，外圆径 6～13 厘米，壁厚 1 厘米左右。有人推测是容器，吴玉贤认为是一种木质打击乐器，因与甬、箫、钟等打击乐器的关系密切，故建议取名"箸"，并以之与云南基诺人所使用的竹筒打击乐器相比，颇为相似。林华东指出，云南民族博物馆陈列的少数民族竹筒打击乐器，长短不一，上有纵向缺口，敲击时可发出不同音阶，把竹筒按音阶排列，用绳子悬挂起来，打击相应的竹筒，便可奏出相应的乐曲来。林华东认为河姆渡的木筒，与上述竹筒形制不同，且木筒外壁有髹漆，有的两端还用多道藤箍捆绑，同时也未见有打击痕迹，故打击乐器之说难以成立。[②]

---

① 河南省文物考古研究所编著：《舞阳贾湖（下卷）》，科学出版社，1999 年，992～1016 页。
② 林华东：《河姆渡文化初探》，浙江人民出版社，1992 年，250 页。

骨哨和骨笛以动物的肢骨为材料，如把它们改用竹制，便成为竹哨和竹笛。骨质容易保存下来，竹容易腐烂分解，难以保存。所以新石器时代有无竹哨或竹笛已难得知，以及古籍上所记的古代"管""箫""簧"等乐器，它们究竟早到何时即已使用，很难从考古发掘上获得佐证。

我国新石器时代除了吹奏乐器以外，还有打击乐器。原始人在打击石块，制造石器，或是砍凿木头制作木器时，都会发出声响，有一定的节奏，这会启发人们用不同节奏和力度去敲打物体，以发出悦耳的声响。《尚书·尧典》"击石拊石，百兽率舞"就是描写人们击打石块发出有节奏的声响来伴舞。黎族妇女会利用舂米时木杵和木臼发出有节奏的音响来跳一种舂米舞。高山族的杵臼舞所用的乐器就是实用的杵臼。畲族人死后，"少年群集而歌，劈木相击为节"①，即用木头敲打出有节奏的音响。可以说这些原始生产工具就是原始的打击乐器，后来才在此基础上发展成鼓、磬等乐器。

我国迄今年代最早的木鼓发现于山西省襄汾县陶寺遗址，其年代为前2500—前1900年。木鼓系利用树干截断挖制而成，鼓身上细下粗，中空，两端蒙皮。出土时鼓皮已朽，根据鼓腔内发现的数十枚鳄鱼骨板判断，当时应是选用鳄鱼皮来作鼓皮。鼓身外饰以白、黄、黑、蓝等色彩，在赭红色底色上绘成各种几何纹图案，十分华丽。该遗址出土有多件木鼓，其中一件上口径43厘米、下口径57厘米、通高100.4厘米，这样大的鼓应是站着敲打的，墓中还同时出土成对的石磬和较小的陶鼓，似乎表明当时是多件乐器一起敲打的，可能已经出现了小型乐队。② 此外，在青海省民和回族土族自治县阳山墓地和甘肃省宁县阳圳也出土过陶鼓。③ 从民族学的材料可知，更原始的鼓是在一段树干上挖洞后就直接敲打，并不需要蒙皮。云南佤族的木鼓就是将一段树干挖空，一侧留孔，独木筒为共鸣器，开孔为发声器，还有公鼓、母鼓之分，平时放在木鼓房内，需要时才移出室外敲打。这种槽式木鼓体积较大，一般也不会葬在墓中，故原始社会时期的槽式木鼓难以保存下来。

陶寺遗址与木鼓同时出土的有一件石磬，系打制而成，上端两面对钻一孔，供悬挂用，通长80厘米，为已出土的石磬中年代最早的一件④；年代稍晚的山西省

---

① ［清］沈家本：《枕碧楼偶存稿》第二卷《畲民考》。

② 中国社会科学院考古研究所山西工作队、临汾地区文化局：《1978—1980年山西襄汾陶寺墓地发掘简报》，《考古》1983年1期。

③ 尹德生、魏怀珩：《原始社会晚期的打击乐器——兰州市永登县乐山坪陶鼓浅探》，《史前研究（辑刊）》，1988年；青海省文物考古队：《青海民和县阳山墓地发掘简报》，《考古》1984年5期。

④ 东下冯石磬见邹建华主编：《中国文物之最》，中国旅游出版社，1987年。柳湾石磬见青海省文物管理处考古队等：《青海柳湾》，文物出版社，1984年。陶寺石磬见中国社会科学院考古研究所山西工作队：《1978—1980年山西襄汾陶寺墓地发掘简报》，《考古》1983年1期。

夏县东下冯遗址也出土过一件石磬。

## 三、农业劳动与美术及文字

原始社会时期与音乐舞蹈同时发展的是美术，包括原始绘画、雕塑和岩画，其中岩画是特殊的一种原始绘画，其起始的时间极早，延伸的时间极长。原始文字符号的起源相对较晚。

### （一）原始岩画

中国南北各地都有岩画分布，其中相当数量的岩画在时代上属原始社会，是原始绘画中特殊而重要的组成部分。原始岩画把原始狩猎、种植活动，生殖崇拜和对天体（日月星辰）崇敬的信念，用形象的方式表达，可说是在有文字以前的一种"描绘文字"。新疆康家石门子天山岩画、宁夏贺兰山岩画、内蒙古乌兰察布岩画、云南沧源岩画、广西花山岩画、贵州关岭牛角井岩画、四川昭觉岩画、西藏日土县岩画等，都是原始的绘画或雕刻。因岩画的分布很广泛，这里选择北方的内蒙古岩画、宁夏贺兰山原始岩画、江苏连云港将军崖岩画、贵州关岭花江岩画、西藏日土县任姆栎岩画，分别作些介绍。

**1. 内蒙古岩画** 内蒙古阴山地区新石器时代岩画上刻画着狩猎舞的形象，人或打扮成飞鸟、山羊、狐狸等动物，有的头饰鹿角、羽毛，有的带尾饰，与狩猎经济有密切关系。狼山地区的岩画上还有放牧、车骑、征战等内容，其时间较迟。最有代表性的是乌兰察布岩画，作品是反映性爱和生殖崇拜的。

**2. 宁夏贺兰山原始岩画** 贺兰山在宁夏西北，西侧是内蒙古阿拉善旗。山脉由东北向西南延伸，全长250公里，纵深25公里。自古以来是西戎、匈奴、突厥、回鹘、党项、蒙古等北方民族狩猎、游牧、繁衍生息之处。1969年和1984年先后发现了大批岩画，它们自南而北分布，岩画内容丰富，其中贺兰口岩画较具代表性（图9-7）。据李祥石的归纳，贺兰山岩画的特点有：人面像很多，特别是贺兰口岩画，人面占三分之二以上；人面都奇形怪状，似属祭祀崇拜对象，有原始宗教迹象；动物形象如飞鸟、兽类、鱼、猎狗很多，但放牧图不多见，可能表明当时畜牧业还不发达。贺兰山岩画的年代，从画面分析，上限还很难断定，或稍晚于内蒙古阴山岩画，下限一直延伸至明清时期。[①]

**3. 江苏连云港将军崖岩画** 江苏连云港锦屏山马耳峰南麓将军崖发现一处新石器时代的石刻岩画。岩画刻在海拔20米的黑色岩石上，长22米，宽15米。

---

① 李祥石：《宁夏贺兰山岩画》，《文物》1987年2期。

图 9-7 贺兰山贺兰口等处岩画（摹本）

1～4. 手印、脚印 5. 帽饰 6. 追羊 7. 岩羊 8. 群舞 9. 射箭

10. 人面像与舞蹈人 11. 带头、尾饰人

（3 为苏峪口岩画，余均为贺兰口岩画）

（李祥石，1987）

画面可分三组，内容有人面、农作物、鸟兽、星云等图案及各种符号。人头上有三角形尖状饰物，面颊上刻有杂乱的线条，像是刻在脸上的花纹，可能与东夷族人"断发文身"的习俗有关。有的人头上又有羽毛饰物，人面中间夹杂着星云图。以农作物作岩画，还属首见。反映当地远古居民已营农耕生活。兽面纹较简单粗糙，星象图像银河系星带，用 3 条短线将其分为 4 个部分，似表示太空星象的变化。在长条星云图案中还有太阳和月亮的图形，李洪甫认为可能反映对天体的崇拜。总的看，这些岩画与祈求丰年等宗教活动有关（图 9-8）。[①]

**4. 贵州关岭花江岩画** 贵州最近几年通过文物普查，发现多处岩画，如关岭布依族苗族自治县的花江岩画和牛角井岩画、开阳县"画马崖"岩画、六枝特区桃花洞岩画、黔东南苗族侗族自治州丹寨县银子洞岩画、黔西南布依族苗族自治州贞丰县"七马图"岩画等。这些岩画与国内其他地方的岩画有共同之处，也有自己的地方特点。这里以开阳县画马崖岩画为例，简述如下：画马崖岩画距县城东南 90 余公里（图 9-9）。岩画分布在大崖口、小崖口两处，相距 300～400 米，两处岩画都用赭色涂绘而成，有马、树、洞、仙鹤、小鸟、太阳、星星、山路

---

① 连云港市博物馆：《江苏连云港将军崖岩画遗迹调查》，《文物》1981 年 7 期；李洪甫：《江苏连云港将军崖石刻与原始农业》，《农业考古》1983 年 1 期。

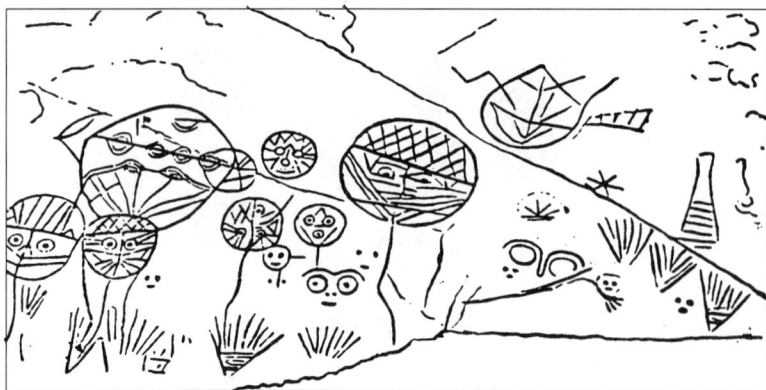

图 9-8　将军崖石刻岩画（局部）

（宋兆麟等，1983）

等，人物有骑马的，牵马的，行走的，对饮的，舞蹈的，手持弓箭、头上顶物的等。画中可以辨认的马有 50 余匹，人有 40 余个。岩画可能反映当地苗族节日活动的场面。从已发现的岩画遗址看，动物图像以马最多，说明在崇山峻岭中，马是主要的交通工具。贞丰县岩画上的 7 匹马，背上都有货鞍，俨然一队马帮。其次，岩画都集中在整块岩壁上，不同于其他地方散绘在大小山石上，相隔较远，内容不相关联。家畜图像仅有马和狗，未见牛、羊，而其他地方的岩画，牛羊是多见的。最后，贵州岩画的年代，上限难以确定，看来不会太早，下限则可能迟到明清时期。[①]

图 9-9　贵州开阳画马崖大崖口岩画（摹本，局部）

（吴正光等，1987）

**5. 西藏日土县任姆栋岩画**　日土县位于西藏自治区西部，平均海拔 4 600 米。1985 年在该县日松、日土、多玛 3 区发现 3 处古代岩画。日松区和任姆栋之间是山谷间宽阔的草场和沼泽地带，是理想的牧场。任姆栋是藏语，意即画面，可见山名

---

① 吴正光、庄嘉如：《贵州境内的几处岩画》，《文物》1987 年 2 期。

来自岩画。任姆栋山岩的 4 个支断崖上的画面，可分为四组，这里以第一组 1 号岩画
为例，以见一斑。该岩画高 2.7 米，宽 1.4 米，距地表 12 米。整个画面分上下两组。
上组最高处为一马，马下为一牦牛，左侧线刻二人，其中一人骑在羊上。稍下自左
到右，刻有残月、太阳、男女生殖器。下组刻人、鱼及罐。右为一条大鱼，大鱼左
下方四个戴鸟首形面具的人正在舞蹈，周围有 3 条小鱼，上面两个人间有一个"卐"
旋转十字形符号。舞人左下方有 10 个陶罐，横列一排。罐左有两人骑于羊上，其下
有 9 排横列 125 只羊头，上端一排为羚羊，余均是绵羊（图 9 - 10）。①

图 9 - 10　西藏日土县任姆栋 1 号岩画
（西藏文管会文物普查队，1987）

　　据张建林研究，任姆栋岩画就其刻法和造型风格，可分为三期，早期数量最
多，内容丰富，题材有牦牛、鹿、羚羊、狼、狗、虎、豹、骆驼、人、树、太阳
等，其特点是画面缺乏统一安排和内在联系。中期数量少于早期，题材只增加了鱼

---

① 　西藏文管会文物普查队：《西藏日土县古代岩画调查简报》，《文物》1987 年 2 期。

鹰、雁、野猪及陶罐等新内容，动态表达较好。晚期岩画最少，题材只有鹿、豹、狼、鸟等，动物的装饰性更强。日土岩画中的牛、羊、鹿，可能是古代苯教徒祭祀山念、崖念的反映。日、月、植物则体现了对日念、月念、木念的崇拜。任姆栋一百多个羊头，很可能是大批杀牲，以头祭祀的写照，作为历史大事件"记录在案"。西藏在佛教传入以前，其本土的原始宗教为苯教，崇奉鬼神和自然物。但岩画中有五处出现"卐"形，两处出现"卍"形，前者为佛经、佛像中使用的符号，后者为苯教中使用的符号。前者的时间较后者为早，后者反而迟些，这是个需要进一步研究的问题。张建林认为日土岩画当是吐蕃时期以前的作品，其下限不晚于吐蕃早期。因岩画是用石质工具加工，刻凿粗拙，未见有金属加工的。其次，岩画题材未出现佛教造像；亦无藏文刻铭。张建林把西藏岩画与北方内蒙古、新疆、甘肃、青海、宁夏的岩画加以对比，指出日土岩画无论从内容、风格、技法上，都和北方地区的岩画接近，而与西南地区的岩画相差甚远，因西藏与这些地区都是古代游牧民族活动的地区，故有共同的意识形态反映。张建林为此列出了生动的图形对比。[①]

## （二）原始雕塑

中国的原始雕塑要较岩画丰富得多，这是因为岩画受到客观条件的限制。据李松归纳，原始雕塑大体上可分为人像雕塑和动物雕塑两大类。[②] 现分述如下。

**1. 人像雕塑** 黄河流域和长江流域是原始人像雕塑出土最多的两大区域，但辽宁西部的红山文化遗址也有引人注目的发现。它们对于探讨原始社会发展进程和建立在不同农业结构基础上的意识形态表现，有不可取代的价值。人像雕塑又可分陶塑人像和石雕人像两类，以陶塑人像为多。

（1）陶塑人像。裴李岗文化陶塑人头。1977—1978 年河南密县莪沟北岗遗址发现的陶塑人头，是黄河流域发现的最早陶塑人头，属距今 7 000 年前的裴李岗文化遗物。头像用泥质灰陶制成，约 4 厘米高，为老年妇女形貌，可能是当时受人尊敬的氏族老祖母形象。塑造的技法虽较稚拙，但信手捏成，略加锥画，即表现老妪特征，是原始质朴传神的雕塑杰作。

仰韶文化陶塑人头。它们出土于渭河流域及黄河中游，数量较多，有圆雕头像，圆雕人像，浮雕人面，以及装饰于陶壶、陶瓶上的圆雕头像等。其中以西安半坡出土的为最早，距今约 6 800 年，属半坡类型。头像高 4.6 厘米，用细泥捏塑而成，陶色灰黑，面部略呈方形，五官用泥条或泥片捏合，眼眶及耳孔用锥刺而成。

---

① 张建林：《日土岩画的初步研究》，《文物》1987 年 2 期。
② 李松：《中国原始雕塑》，见中国大百科全书总编辑委员会《美术》编辑委员会：《中国大百科全书·美术》，中国大百科全书出版社，1990 年，1160～1164 页。

其制作方法和裴李岗陶塑人像相似。
不少研究者认为这件头像也是氏族老
祖母的形象，反映了妇女当时享有崇
高的地位。

甘肃礼县高寺头圆雕少女头像。
头像残高12.5厘米，用堆塑和锥镂结
合手法制成，前额至后脑堆塑着半圆
的泥条，仿佛盘绕额际的发辫，脸形
丰满圆润，五官部位准确，嘴巴微启，
似在娓娓谈话，神态优美，是中国原
始社会人像雕塑的优秀代表。

陕西黄陵圆雕头像。属仰韶文化

图 9 - 11　陕西黄陵出土的老人头像
（《中华古文明大图集》，1992）

中晚期作品，用细泥红陶制成，头像方额，锥挖成的眼睛，呈瞠目惊恐的形象，可
能是原始社会巫术活动中作为祛祟禳灾的法器（图 9 - 11）。仰韶文化出土圆雕人
像的地点还有陕西宝鸡北首岭、临潼邓家庄等处，出土浮雕人像的地点有甘肃天水
柴家坪和陕西华州柳枝镇、陇县、宝鸡北首岭、扶风姜西村等处。用圆雕人物头像
装饰陶壶、陶瓶，也始于仰韶文化。商洛市商州区出土的陶壶，高约 22 厘米，壶
口捏塑着一个发辫盘顶、笑容可掬的女孩头像，可与甘肃礼县高寺头的圆雕少女头
像媲美，而形象的完整性过之。

马家窑文化陶塑人像。人像分前后两期。前期为石岭下类型及马家窑类型。其
陶塑人像多数是女性，男性形象仅占少数，这种男女共塑的存在，表明甘肃、青海
地区在马家窑文化前期，氏族公社尚处于由母系氏族向父系氏族过渡的阶段。后期
为半山类型和马厂类型，伴随着父权
制的确立，装饰在陶器上的人物，几乎
都是男子的形象。青海乐都柳湾出土的
一件人像彩陶壶，距今4 000多年，壶颈
和壶腹上部是一位正面站立的裸体，根
据其嘴旁涂黑彩和乳房很小等特征，有
人认为是男子形体。但是从实物图片上
看，人像乳房虽小些，女阴则大而明
显，当是女性。不论男性或女性，其作
为生殖崇拜的祭器则一样，与氏族公社
处于由母系氏族向父系氏族过渡这一点
并不矛盾（图 9 - 12）。

图 9 - 12　青海柳湾出土的人像彩陶壶
（《中华古文明大图集》，1992）

龙山文化陶塑人像。1958年河南陕县七里铺出土的一块夹砂灰陶片上，用堆塑和锥镂方法，塑造一个五官清晰的人面，用途不明。山东潍坊姚官庄1960年出土了距今约4 200年的典型龙山文化遗物，人像陶色深灰，用浮雕手法制成，嘴唇已脱落，但鼻、眼、眉弓刻画清晰，似男子面容特征。

红山文化雕塑。内蒙古赤峰西水泉红山文化遗址于1963年出土一件小型陶塑妇女像；20世纪80年代初，辽宁喀左东山嘴一处距今5 400年前的红山文化祭祀遗址，出土若干陶塑女裸像；1983年又在辽宁建平、凌源二县交界处牛河梁，发现红山文化祭祀遗址，推测其原本是一座女神庙，出土有一件面涂红彩的泥塑女神头像，头高22.5厘米，面宽16.5厘米，形体与真人相当。整个头像扬眉注目，似在掀动嘴唇说话，塑工细腻生动。据初步研究，她们是生育神和农神（地母神）的象征，同时也是母权制遗风的体现。

新开流文化陶塑人像。黑龙江密山新开流遗址（1972年）的墓葬区出土的陶塑人物胸像，以夹砂灰陶制成，锥画出五官，作尖顶、睁眼、有须、方颌的模样。风格古朴，具有古代渔民的装束模样，距今约6 000年。

河姆渡文化陶塑人像。浙江余姚河姆渡遗址（1973—1978年）第三层出土两件陶塑人像，距今6 000多年。其一为长椭圆形人像，高约4.8厘米。其二为陶塑人头，高4.5厘米，外眼角上挑，颧骨突出，精神饱满，塑工比前期进步。两件似都是男子面容。

马家浜文化陶塑人像。浙江海宁彭城遗址，1959年曾出土一件灰陶圈足残片，上刻画有人面纹，长3.5厘米，宽4.1厘米，五官清晰，双眉相连，下巴尖，有点似猴，属马家浜文化遗物。1980年在浙江桐乡罗家角遗址第二层出土一件男性裸像，是距今约6 000年前的马家浜遗物。人像系捏塑而成，作站立姿态，头及双臂皆残，高6.5厘米，胸腹前鼓，臀部后突，两腿微张，腹下男性生殖器夸张呈锥形。考古学界有马家浜文化"处于母系氏族阶段"的说法，而罗家角出土的陶塑人像却具有父系氏族社会男性崇拜的特点。

薛家岗文化陶塑人面。出土于安徽望江汪洋庙（1981—1982年）遗址第二文化层，属薛家岗文化后期遗物。在夹砂红陶圆柱体（高13.4厘米，宽6.5厘米）的上端捏塑出左右相连的两个人面，鼻梁突起，眼、嘴皆锥画而成。

大溪文化陶塑人面。1978年冬出土于湖南安乡汤家岗遗址下层，属大溪文化早期遗物，距今约6 000年。头像以泥质红陶制成，背面凹陷，正面凸起，眉骨、鼻梁、吻部均明显突出，高4厘米，似为老人头像。

青龙泉三期文化陶塑人像。1979年出土于湖北天门邓家湾遗址，属湖北龙山文化遗物，距今约4 000年。人像两件，以泥质红陶捏塑而成，皆是踞坐男子，高约7.5厘米。其一头顶挽髻，两手笼套在袖口内，环垂腹前。其二发式扁平，双手交叉叠置腹前，耳、鼻甚显，眼、嘴模糊，造型淳朴。

（2）石雕人像。迄今发现不多，大致有圆雕石刻人像和浮雕石刻人像两类。

圆雕石刻人像。已发现两批：一是1983—1984年在辽宁东沟马家店乡后洼遗址下文化层出土十几件滑石雕刻的小型圆雕人头，刻工粗犷，造型古朴生动，距今约6 000年，为辽宁东部地区新石器时代的石刻艺术。二是河北滦平金沟屯遗址出土一批大小不同、姿态各异的圆雕石刻人像，大者作立姿，高33.4厘米，眉目清秀，双手附于胸下，双足相连；小者高6厘米，举手盘腿，五官和表情模糊。这批石雕人像可能是红山文化晚期遗物。

浮雕石刻人面。共发现两件，重庆巫山大溪64号墓出土的一件，用黑色火山岩雕成，人面椭圆形，高6厘米，宽3.6厘米，正反两面皆有，脸颊丰腴，瞠目张嘴，距今6 000～5 000年。另一为甘肃永昌鸳鸯池51号墓出土，用白云石雕成，高3.6厘米，宽2.5厘米，平面椭圆形，正面用黑色胶状物粘结白色骨珠，表现人的五官，神态与巫山大溪出土者相似。距今4 300～4 000年。此外，还有两件玉雕人面，一是陕西神木石峁龙山文化墓葬的玉髓雕侧面人像，高4.5厘米，宽4厘米，头顶束髻，鹰钩鼻，微张嘴，眼睛巨大醒目，脸颊部位透雕一圆孔。山东滕州岗上村出土的玉雕人面，属大汶口文化中期，高3厘米，宽3.6厘米，用阴线刻出五官和脸部，双目有神，背后有穿孔的凸脊。以上4件石刻和玉雕人面，均作瞠目张嘴状，并都有供系绳佩挂的穿孔，其用途可能是原始社会巫师所佩带的护身符，施术时可以禳灾避邪。

**2. 动物雕塑**　新石器时代早期已有动物雕塑，多属陶塑、石雕，也有少数牙雕和木雕。河南裴李岗文化遗址出土有陶塑猪、羊头，距今约8 000年。辽宁后洼遗址出土有很多滑石雕成的虎、猪、狗、鸡、鹅、鹰、蝉、昆虫、鱼等形象，造型单纯而生动。其中一件屈身、阔口、大眼、有角的龙，为已知最早的石雕龙。浙江余姚河姆渡遗址也出土陶塑和牙、木雕刻的鱼、鸟、蜥蜴等动物，形体不大，已具备圆雕、浮雕、线刻等手法。其中的陶猪作低头疾走态，腹部肥而下垂，表现出老母猪神态。鱼雕身上戳出圆圈以象征鱼鳞。牙雕的"双鸟朝阳"长16.6厘米，在正中部位以阴线刻出大小同心圆，外缘有光芒，形成相当完整的图案。

新石器时代中晚期出土的陶制动物雕塑作品就更多了。湖北天门出土了（属湖北龙山文化）一群人与动物陶塑，除羊、狗、猪、鸡等畜禽外，还有大象和乌龟。狗和鸟的动作变化很多，说明人们在长期的狩猎和定居以后，对于动物和饲养畜禽的观察更细致了。一些大型的动物陶器，在造型上达到很高的艺术水平。如陕西华州仰韶文化庙底沟类型成年女性墓葬所出土的陶鹰鼎，高36厘米，鹰敛翼站立，器口开于背上，勾喙有力，双目圆睁，周身光洁，未加纹饰，双足与尾稳定地撑拄于地，充满桀骜凶猛的气势。三里河出土的猪鬶，猪体圆浑，低头如觅食之状，很好地表现了猪的形体与习性。山东大汶口文化白陶鬶，其造型细部变化多端，令人联想到雄鸡报晓的动作。有些陶器上的小动物装饰，也很生动。

河南濮阳仰韶文化墓葬发现3组用蚌壳摆塑而成的龙虎图案，最大的一组龙长1.78米，虎长1.39米，均侧置、背向主人（图9-13）。不可思议的是，龙的形象与后世流行的龙的形象十分接近。江苏、浙江、上海等地的良渚文化遗址中，发现许多玉琮，其上的兽面纹，是商、西周时代流行的兽面纹的早期样式（图9-14）。上述龙的形象和玉器兽面纹浮雕，显示了原始农业社会艺术与进入阶级奴隶社会艺术之间的密切渊源关系，反映了更为广泛频繁的不同文化之间的交流。

图9-13　河南濮阳西水坡仰韶文化墓葬出土贝壳堆塑的龙虎图

（《中华古文明大图集》，1992）

图9-14　良渚玉琮（瑶山）

（浙江省文物局，1996）

## （三）原始绘画

用特殊的原料在陶坯上绘出纹饰，然后进行焙烧，成为不同色泽纹饰的器物，称为彩陶。用颜料在烧成的陶器上绘制出纹饰，称彩绘陶器。两者是有区别的。

原始绘画起源于彩陶，彩陶是原始绘画及其艺术思想的载体，也是原始农业在精神文明层面上的反映。原始绘画的发展又促进了彩陶的日益丰富繁荣。距今10 000～8 000年前，世界上许多地区产生了定居农业，同时也就有了制陶。中华民族制陶的第一个高峰是以彩陶的兴起为推动力和标志的。

在距今7 500～4 000年前的3 000多年中，彩陶经历了一个产生、发展和衰落的过程。彩陶集中分布于黄河中上游青、陕、甘、豫、晋等省；向南传播到江汉流域的川、湘、鄂等省；北抵冀、内蒙古地区；东及鲁西、皖北；西至新疆境内。长江下游的苏松平原、辽河流域及东南沿海一些区域乃至西藏、云南等地，都先后出现过极少数有一定特色的彩陶。

据陈绶祥研究，中国彩陶的发展过程在距今6 700～4 000年前的近3 000年里，大致经历了弦带纹装饰期、环饰纹装饰期、象形纹装饰期、曲面纹装饰期、旋线纹装饰期和图像纹装饰期等6期，它们或先后，或交错，或重叠，并非截然划分。① 其中几何纹饰（包括弦带型、点线型、网格型和折线型）的起源要远早于象形纹饰。最初的定型化纹饰是"宽带纹"，是用宽度相等的红色涂刷于器物口沿，而形成的宽带。偏爱红色是因高等动物的眼睛，对光谱中红光部分有较强的生理反应，早在旧石器时代晚期，山顶洞人即已有环绕尸体撒红色粉末的习惯。涂抹于口沿可能由于不论在使用上或视觉上，口沿是容器最引人注目的部位，重视口沿是对其实用功能的肯定和视觉感受上的满足。宽带纹主要分布在黄河流域的陕、甘、豫等地，占彩陶总数的60%～90%，可称之为中国彩陶纹饰之母（图9-15）。

约在6 000年前，出现了陶器上绘制的象形纹饰，这已是宽带纹饰延续几百年之后了。早中期的象形纹饰集中于豫西至陇中一带，晚期多在湟水及洮河流域。随着彩陶数量的增加，几何纹饰发展起来，占了主导地位，象形纹饰遂趋向衰落。象形纹饰在最发达时期，其所占比例，也未超过10%，典型的鱼纹持续了约1 500年，分布于东西约700公里、南北500公里的广阔区域。其中包括各式人面鱼纹（图9-16）。陈绶祥将形象描绘的手法归纳为线描型、平涂型和综合型三类。其表现手法很多，但总的风格是一致的，与西方原始绘画中强调对象的精细描绘不同，

① 陈绶祥：《遮蔽的文明》，北京工艺美术出版社，1992年，129～151页。

图 9-15 早期几何纹饰类型

Ⅰ弦带型 Ⅱ点线型 Ⅲ网格型 Ⅳ折线型

1、4、5、8、10、11、12、16、17. 陕西半坡 2. 重庆大溪 3. 江苏北阴阳营 6. 湖北桂花树

7. 河南庙底沟 9. 山东大汶口 13、14. 陕西北首岭 15. 河南后岗 18. 山西芮城

（陈绶祥，1992）

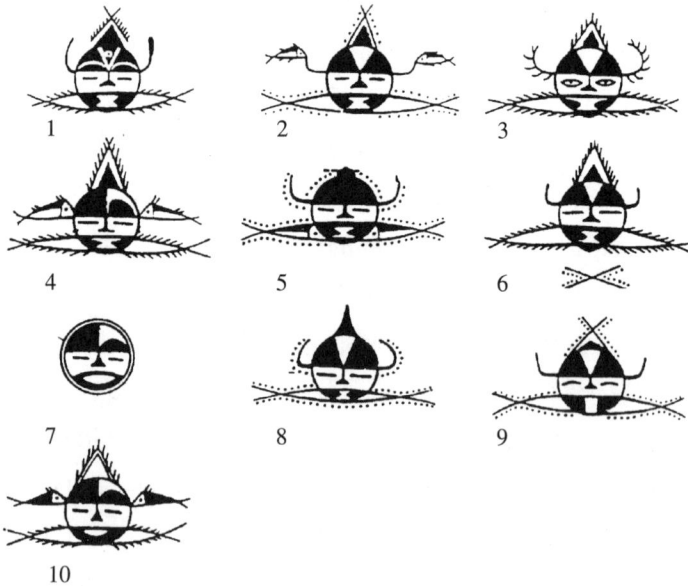

图 9-16 各式人面鱼纹

1、2、4、5、6、8. 陕西西安半坡 3、9. 陕西临潼姜寨 7、10. 陕西宝鸡北首岭

（陈绶祥，1992）

它们并不针对某一具体对象进行描绘，而是通过对某一类对象的特征、动态的多次感受，作综合性形象创造（图 9－17）。这些形象促使人们在较为亲切和谐的关系中增进对世界与人类自身的认识。它从一开始就追求创造形象而不满足记录实体。彩陶纹饰中形象地创造，展示了中华民族原始美术在形式与感情两方面追求的足迹，产生了与中华民族心理、文化相吻合的基本造型观念及造型方法。

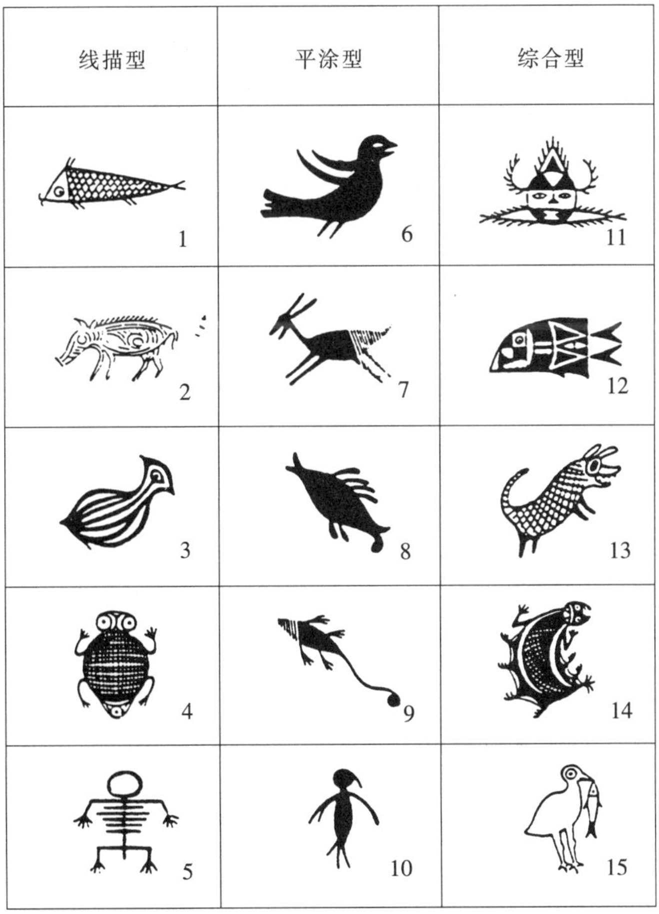

图 9－17　象形纹饰的描绘手法

1、7、11. 陕西半坡　2. 浙江河姆渡　3. 陕西北首岭　4. 甘肃临洮　5. 甘肃　6. 陕西华州　8. 陕西姜寨　9. 甘肃东乡　10. 青海大通　12. 山西芮城　13. 甘肃秦安
14. 甘肃武山　15. 河南临汝
（陈绶祥，1992）

彩陶上的这些动物的形象，常被视为自然界中一些神灵的化身，进而被作为自然崇拜物，作为春天新生命的代表（物候），生命延续和复苏的象征，并与生殖繁育联系起来，表达一种审美的观念（图 9－18）。

图 9-18　物候动物的形象和神态

1、8、9. 陕西姜寨　2、3. 陕西半坡　4. 甘肃武山　5. 甘肃东乡

6. 陕西北首岭　7. 陕西华州

（陈绶祥，1992）

　　在东南、西南等少数区域性文化中，间或也出现过少量的彩陶器物，但作为文化遗存，还不足以代表这个时代的艺术水平。

　　关于绘画所使用的工具问题，在陕西宝鸡北首岭遗址同时出土了紫红两种彩锭，是当时的绘画颜料。经光谱分析，仰韶彩陶上的红色为赭石，黑色为一种含铁很高的红土，白色为加入一定溶剂的瓷土。研磨颜料的石研磨盘，调色用的陶碟等绘画工具，在西安半坡、宝鸡北首岭、陕州庙底沟等遗址中，都有发现。除分别在不同遗址中发现外，这两种绘画工具还在甘肃兰州白道沟坪窑址内还同时出土。临潼姜寨84号墓7号人骨架的足下，随葬有石砚、石磨棒、水杯各一件，还有数块赤铁矿石。这一套绘画用品，表明墓主人生前可能是擅长绘画的"原始画家"。

　　关于画笔，至今尚无实物出土。从一些原始绘画运用的线条柔和、粗细变化的技巧来看，推测它们应是用柔软的纤维制作的画笔。鸟兽的羽毛或植物纤维都可能是合适的原料。一些几何纹的线条，有粗有细，不论直线或折线，画笔可能由树枝、竹签或鸟翎等质地较硬的材料所制。原始画笔可以从少数民族的画笔方面得到启发。景颇族曾用竹笔作画，取一根约如筷子粗细的竹管，将其一端锤成绒毛状便可。傣族的画笔更简单，就是捡现成的树枝当笔。彝族利用羊毛捆扎成毛笔。这些毛笔虽然粗放简单，他们却能用来绘出独具风格的图画，这些民族学资料对于了解原始绘画的起源和发展，是宝贵的参考。民族学的资料表明，人们还常在房子的墙壁、生活用具、生产工具上作画。其内容以生产活动为主，与宗教活动也有密切关系。如佤族在大房子的墙壁上画有马、骡、麂和牛头等（图 9 - 19）。①绘画时，要按宗教仪式画在一定的位置上。景颇族绘画的题材十分广泛，有太阳、月亮、山峰、河流、水塘等自然景观；有水牛、红米、小米、谷子、玉米、瓜类等家畜和植物；还有耙、锄、刀、枪和弓箭等生产工具和武器。画这些东西的目的，是祈求神灵庇护，获得丰收或取得胜利。此外，在作战时，他们还在身体上作画（即文身），以恐吓对方。高山族在鹿皮口袋上绘画，黎族在皮鼓上绘画，形象原始生动，富有生活气息。少数民族的绘画是群众性的，一般喜欢画的人和善画的人都可以作画。若寨里无人会画，可以请外寨的人来画。②这表明似乎专业"画家"的产生要迟些，恐怕没有一定的时期划分。

图 9 - 19　佤族大房子墙壁上的绘画

（宋兆麟等，1983）

### （四）农业劳动和符号及原始文字

信息传递和交流在不同时期有不同的方式和途径。原始人在没有文字以前，信息的传递和交流主要靠语言，语言达不到的场合可改用手势、留下痕迹等手段。语言是随着声音随讲随消失的，为了把信息保存下来，原始社会都曾经历过结绳或契刻的阶段，这就是《周易·系辞》所谓"上古结绳而治，后世圣人易之以书契"。《庄子·胠箧》也说上古"民结绳而用之"。最初的结绳是为了计算数目和记忆数字用的，慢慢地发展为记录大事以及更多的用途。

我国一些没有使用文字的少数民族中，还保留有结绳的习惯（瑶族、独龙族结绳详前述）。绳子以外，也可以在竹片或木片上用刀刻出凹槽和凸齿，每过一天，削去一个齿痕，以代记忆（图 9 - 20）。

世界历史上使用结绳最复杂的是南美洲的印加人（Inca）。在秘鲁利马省的拉

---

①②　宋兆麟、黎家芳、杜耀西：《中国原始社会史》，文物出版社，1983 年，404～407 页。

帕村曾发现一根长绳，长 250 米，是印加人的记事绳（Record keeper），用来计数和记事。当地人称之为 Quipu，即一个绳结之意。绳子用羊驼和骆马的毛织成，染成各种颜色，最多的有 7 色。记事绳是以一根粗长的主绳为支架，各色的细绳挂在上面，结子打在细绳上。每个结子都同一定的口语解释相配合，没有这个相应的口语解释，结子就不代表任何意义，也即不可解释了。只有管理结绳的人懂得这些结子包含的信息，他们被称为"司结吏"（Quipu-camayoc）。每一个州政府都有好几个司结吏，只有他们确切掌握该州的人口、氏族、兵员、仓库财产等的数目。这种结绳已经应用十进位法，甚至使用 0（用空位表示）。印加政府通过邮递系统，传送这种结绳，借以了解各地的农业收成、税收情况、账目以及敌情等，是世界上没有文字时最为发达的一种信息载体了（图 9-21）。

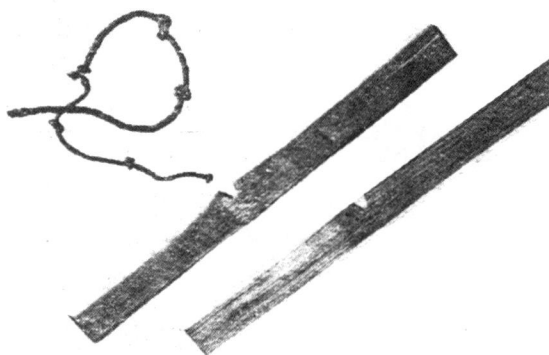

A 怒族结绳和竹刻

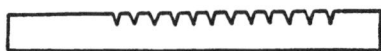

1.记 12 天后举行剽牛洗手仪式

2.通知对方和解

B 佤族记事木刻

（宋兆麟等，1983）

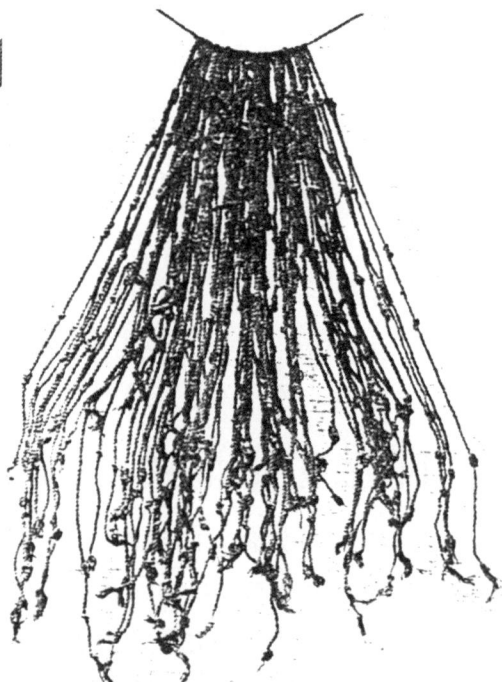

图 9-20　我国少数民族地区的契刻和结绳　　　图 9-21　印加人的记事绳

中国古代有了文字以后，结绳便趋向衰亡，但结绳时代负责信息管理的职能仍然沿袭下来。汉字的"约"，本指一个绳结，《说文解字》："约，缠束也。从系，从勺。"缠束就是打结的绳子。《周礼》职官中有"司约"，其职责是"掌邦国及万民之约剂"。这与上述印加人的 Quipu-camayoc 完全一样，故译为"司结吏"甚为妥帖。

但是，即便是像印加人这样发达的结绳技术，也不可能代替文字的功能于万一，所以向文字发展才能使人类摆脱原始的信息传递交流方式，走上快速发展的文明道路。凡是未能走上文字道路的民族，在竞争中不可避免地要落后于使用文字的民族。

文字起源于原始图画，已如上述。图画的发展先是经历一个漫长时期，接着图画慢慢向着两个方向演变，一是继续向图画方向发展，并产生出不同的派别领域；二是向文字的方向发展，最终成为脱离图画的表音、表意或音意兼备的文字。

文字的最初形态或先驱，可称之为"图形文字"，即试图用图画的形式表达意义。图 9-22 是一个例子，这图的意思是"渔王率五舟，舟上各乘若干人，历三日，渡湖，安抵对岸"①。这种特殊的图形文字，因为没有和语言结合，只能在特定条件下由作画者或懂画者才能解读，换了别人，是很难释读的。

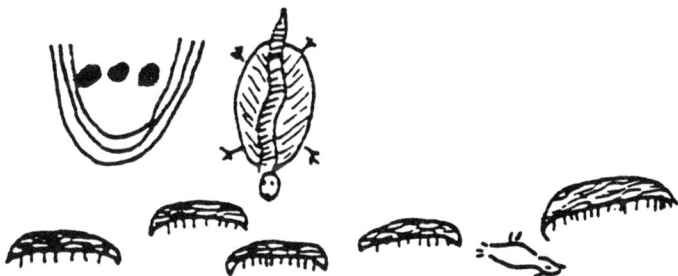

图 9-22　文字的先驱——图形文字

(周有光，1988)

通常我们把甲骨文视为中国最早的文字，这只是从已知的实物出发，若从文字起源的角度看，甲骨文远非最早的文字。因为现有的 4 500 多个不重复的甲骨文中，很多已经有了名词、动词、代名词、助动词、形容词等词类，并且在造字上已经具备象形、指事、会意、形声等六书的基本方法，远非处于原始初创的阶段。现在比较一致的意见，都认为原始的文字应该到原始农业社会的陶符上去追溯。1954 年在西安半坡出土的陶器口沿上，考古学家发现 100 多个共 32 种刻画符号，此后，在陕西宝鸡北首岭、长安五楼、铜川李家沟和临潼姜寨、零口、垣头等仰韶文化遗址中，又多次发现。其中以姜寨发现最多，共 120 多个、40 多种符号，有的与半坡的符号相似，有的见于其他遗址（图 9-23）。这些遗址分布在关中地区东西长 300 公里、南北宽 100 公里的约 30 000 千米$^2$ 的范围之内。从它们的笔画看，很多已经脱离了图形的阶段，走向抽象的符号，一般一件器物上只有一个刻符，大多固定刻在陶钵外口沿的纹饰上，表明是制作时有意刻上去的一种记事或留名的符号。郭沫若认为它们是"具有文字性质的符号"。一些近似 X、十、//、T、丰、↑、↓ 等的刻画符号，有人释为五、七、十、二十、示、玉、矛、艸。此外，在甘肃和

---

① 周有光：文字条，见中国大百科全书总编辑委员会《语言　文字》编辑委员会：《中国大百科全书·语言　文字》，中国大百科全书出版社，1988 年，400 页。

青海地区的部分遗址中也出土了一些刻画符号或彩绘符号，它们与西安半坡、临潼姜寨的刻画符号相同或相似。仅乐都柳湾一处，就出土 50 多个彩绘符号。① 柳湾遗址较半坡及姜寨遗址约晚 1 000 年，两地使用的符号相似，说明两地之间的文化有着一定的渊源关系，也说明原始文字在草创初期，需要经历很长的时间，才能逐步走向成为语言载体的阶段。

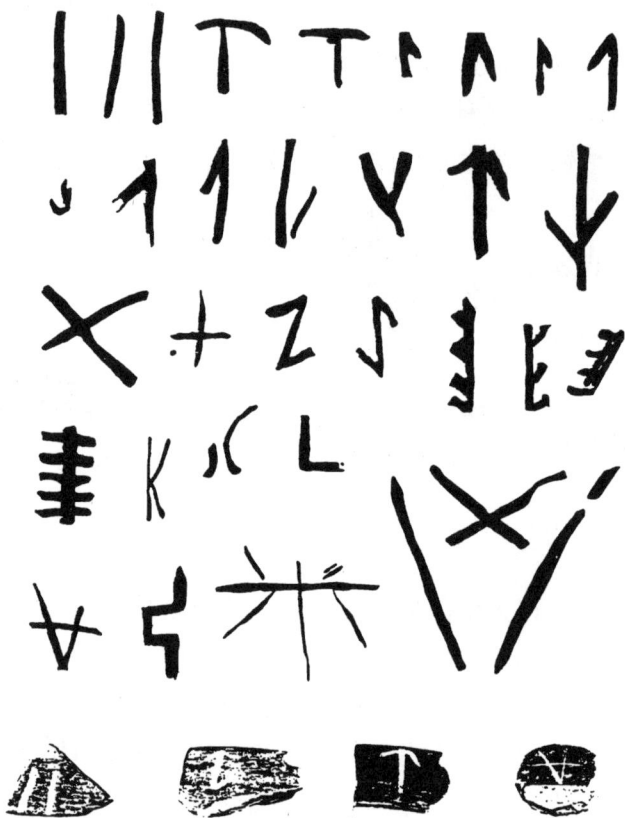

图 9 - 23　半坡、马家窑、姜寨遗址出土的陶器刻画符号

注：最下一排为半坡陶片上的刻符，每陶一字。

（《中华古文明大图集》，1992）

有人认为，中国文字有两个源头：一是甘肃秦安大地湾出土的彩绘符号，距今7 800～7 350 年，它后来发展为陕西西安半坡、临潼姜寨，青海乐都柳湾，江西清江吴城等处出土的大批刻画符号。这些符号是以表音为特征的音节文字，主要记录丧葬祭祀、巫术咒语之类的内容。另一源头便是山东泰安大汶口出土的刻画符号，距今6 300～5 500 年，其内容虽然与大地湾刻符号相同，但它们以象形为特征，以

---

① 宋兆麟、黎家芳、杜耀西：《中国原始社会史》，文物出版社，1983 年，391～392 页。

后逐渐演变为殷墟的甲骨文。但关于文字的起源，目前还未有完全一致的结论。<sup>①</sup>
如果以上两源头说可以成立，那么更应该注意的是大汶口方面的刻符，并对半坡等
刻符的衰落做出解释。

　　与甲骨文比较接近的早期文字出现于山东大汶口文化晚期，山东莒县陵阳河、
诸城前寨等遗址出土若干"原始文字"（图9-24）。其中，于省吾认为🌄上部的圆
像日形，中间的半月形像云气形，下部的五尖形像山有五峰。进而指出："山上的
云气，承托着初出的太阳，其为早晨旦明的景象，宛然如绘。因此我认为这是原始
的旦字，也是一个会意字。"他还援引《说文解字》谓："旦，明也。从日见一上。
一，地也。"但唐兰释"五尖"为"火"字。还有人认为其为太阳崇拜符号，不是
文字。总之，各说比较分歧。和字，似属象形字，按象形字以形发音的
原则，可释读为"锛"和"斧"。<sup>②</sup> 这种释读，是一种有益的探讨，恐还不能视为
定论。

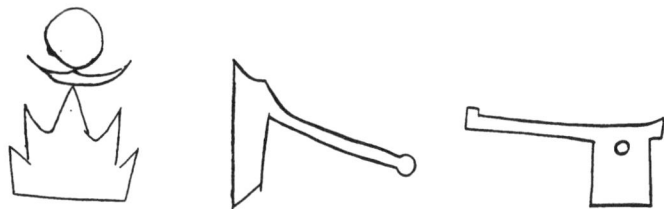

图9-24 大汶口文化晚期出土的"原始文字"

　　长江下游太湖地区的良渚文化中心余杭南湖遗址，1987年出土了一个黑陶罐，
在其肩腹部自右向左刻有11个符号（图9-25），在同一陶器上刻画这么多符号，
尚属首见。牟永抗对此作了探讨，认为良渚文化的铭刻符号已有象形和指事两类之
分，指事符号中有些个体的形态，源远流长。象形符号显然是从表意性图画或图案
中分化出来，并沿着与图画或图案不同的方向发展，即从画物变为写意。表现为这
些符号在多例标本上互见，以及出现了多符号的排列组合，故良渚文化中出现的符
号已经具有文字的性质。其发展阶段可能和当今云南纳西族的东巴文相当，故可称
之为"原始文字"。<sup>③</sup>

　　良渚文化的时间重合在大汶口时期以内，即上述距今6300～5500年以前，那
么这些"原始文字"把汉字的起源推前了3000多年，只是在甲骨文与这些原始文

　　① 本书编委会编：《中华古文明大国集·文渊》，人民日报出版社、（香港）乐天文化公司、
（台湾）宜新文化事业有限公司，1992年。
　　② 于省吾：《关于古文字研究的若干问题》，《文物》1973年2期。
　　③ 牟永抗：《良渚文化的原始文字》，见余杭市政协文史资料委员会等编：《文明的曙光——良
渚文化》，浙江人民出版社，1996年，247～256页。

字之间还有很长的时期，有待进一步发现和研究填补其中的空白。

图 9-25　余杭良渚遗址出土同一陶器上的"原始文字"

(牟永抗，1996)

古埃及文字（约首创于 5 500 年前）最初也是一种图形符号，以后演变为表音符号。历史上两河流域的苏美尔文字可能比古埃及文还早，苏美尔文的早期也是图形符号，后来在泥板上用硬笔刻画，转变为楔形文字。但这两种古文字都在一两千年前消失了。[①] 只有中华民族的汉字一直流传使用不衰，其原因除了就文字本身发生、发展规律的探索研究以外，恐还需要从更为广阔的中国原始农业结构特点（不同于古埃及和两河流域的农业，后两者都因农业衰败而使整个文明消失），以及多民族、多语言的交流融合方面，同时给予考虑，这已越出本章的范围了。

---

　　① 周有光：文字条，见中国大百科全书总编辑委员会《语言　文字》编辑委员会：《中国大百科全书·语言　文字》，中国大百科全书出版社，1988 年，401～402 页。

# 第十章　原始农业对后世社会发展的影响

## 第一节　原始农业与文明起源

原始农业的发生和发展是人类历史上的一件意义深远的大事。它是人类经济方式由攫取经济转为生产经济的一次革命，这一革命最重要的后果是导致人类社会逐步脱离原始状态进入文明时代。原始农业与文明起源的密切关系主要表现在三个方面：一是原始农业的发展奠定了人类进入文明时代的物质基础；二是不同地区古代文明形成的不同途径和不同模式，相当程度上是由该地区原始农业的特点所规定的；三是原始农业在这些文明身上打下了深深的印记。下面分别作些论述。

### 一、原始农业的发展奠定了中华古文明的物质基础

"文明"一词的含义有广狭之分。广义的"文明"可视为"文化"的同义语。狭义的"文明"指人类社会脱离原始状态后所进入的文化更为发达、社会更为复杂的新阶段。文明起源是一个世界性的热门课题，中华文明的起源也为国内外学者所广泛关注。中国何时进入文明时代，其形成的标志是什么，其形成的途径有何特点？学界存在着许多不同的见解。尽管众说纷纭，但原始农业的发展提供了文明起源最重要的物质前提，则是大家所公认的。

一百多年前，摩尔根在《古代社会》中把人类历史划分为三个时代：蒙昧时代、野蛮时代和文明时代，人类必须通过野蛮时代才能摆脱原始状态进入文明时代；文明时代的标志是文字的发明，野蛮时代的标志是陶器的发明。恩格斯吸收了摩尔根的研究成果，但对他的分期标准作了调整和改进。恩格斯指出："国家是文

明社会的概括。"这直到今天仍然被学界公认为关于文明时代最准确的综合性标志。恩格斯又指出，野蛮时代开始的标志应为动物的驯养和植物的栽培。20世纪中期，英国考古学家柴尔德提出两个革命——"新石器时代革命"和"城市革命"的概念。他所提出的"城市革命"的10条标准，实际上就是他所理解的"文明"标志，一般说来，城市可视为国家的重要载体和依托，因此，这和恩格斯文明观大体一致。柴尔德又认为，新石器时代的标志是农业的发明，所以又称为"农业革命"。而"农业革命"正是"城市革命"的基础。这样，我们不妨把文明起源理解为从"农业革命"开始到"城市革命"完成的长过程。柴尔德的理论被世界各地的考古发现所验证，从而获得了广泛的认同。

世界上第一批原生文明，毫无例外都是建立在原始农业发展的基础之上，而且是建立在以谷物种植为中心的农业发展的基础之上。原生文明的发祥地，又往往是农业的起源中心。西亚是小麦和大麦的起源地，在麦作农业发展的基础上，前4 000年末，在两河流域、尼罗河流域和印度河流域先后产生了苏美尔、阿卡德-巴比伦文明、古埃及文明和古印度文明。中美洲是玉米的起源地，后来在玉米种植业发展的基础上产生了玛雅文明。中国的黄河流域和长江流域分别是粟、黍和水稻的起源地，而中华古文明正是建立在粟作农业和稻作农业的基础之上。[①] 在世界历史上，我们还没有发现一个在渔猎、采集经济基础上建立原生文明（不包括在周围文明社会影响下产生的次生文明）的例子。

原始农业何以能够成为文明起源的物质基础？道理非常简单。渔猎采集经济只是攫取现成的自然物作为生活资料，人类仰赖大自然的恩赐，很难有自主地发展。不要说在这种经济形式下人类在大自然面前是多么软弱无力，自然界的任何异变都可能给人类带来难以抗御的灾难，即使有的地方受到自然界的眷顾，环境优裕，人们可以比较轻松地获得所需的食品，并能有充裕的闲暇，但还是摆脱不了"饥则求食，饱则弃余"的状态，不可能产生稳定的剩余产品，因而不可能形成作为人类进一步发展基础的财富积累和社会分工。只有农业的发生和发展才能改变这种状态。农业作为生产经济，人们可以通过自己的活动增殖自然物，已经不完全仰赖自然的恩赐。随着原始农业的发展，人类实现了长期定居，能够产生稳定的剩余产品，因而可能出现财富积累和社会分工，而这正是人类社会进一步发展的必要基础。从这个意义上说，文明社会的形成以食物生产方式的革命为前导。但由于生产力虽有发展而尚不够发达，这时的社会分工只能以阶级分化、城乡分化、脑力劳动与体力劳动分化的形式来实现，由少数剥削者掌握着社会财富、统治权力和从事文化事业的

---

① 美国植物学家哈伦（J. R. Harlan）将世界上主要的农业起源地划分为三个中心和三个次中心。上述三大古代原生文明起源地，正好与之相吻合，这绝不是偶然的。

条件。恩格斯说："当社会总劳动所提供的产品除了满足社会全体成员最起码的生活需要以外只有少量剩余，因而劳动还占去社会大多数成员的全部或几乎全部时间的时候，这个社会就必然划分为阶级。"[①] 这标志着人类摆脱原始状态进入文明时代，却同时迈入了一个分裂、阶级压迫的社会。对于实行原始共产制的氏族社会，这似乎是一种倒退，但却是人类社会进一步发展所必经和不可避免的过程。

中华古文明建立在中国原始农业发展的基础上，这首先是一个不争的事实。原始农业和文明起源并非如影随形。它只有发展到一定阶段以后，才有可能为文明起源提供物质基础。那么，中国原始农业发展到什么阶段才可能提供这样一个基础，则需要从中国原始农业发展的实际中去总结，而不应该用某种先验的概念或教条去框划它。

恩格斯在《家庭、私有制和国家的起源》中总结了古希腊、古罗马文明起源的进程，指出使用畜力牵曳的铁犁产生了"田野农业"，为文明的出现奠定了物质基础，所以向文明过渡的"英雄时代"，也就是铁犁和铁剑的时代。大概是受到恩格斯上述论述的影响，有一个时期某些人把铁器和犁耕作为文明产生的条件和标志。但限于当时能够据以研究的材料，恩格斯总结的希腊、罗马文明已是第二茬或第三茬的次生文明了。据现在所知，所有第一批原生文明都发生在前铁器时代。中国从龙山时代或仰韶文化晚期进入铜石并用时代，但农业工具仍然是用石、木、骨制作的，在北方主要农具是耒耜，在南方，耒耜之外还出现了石犁。总的说来，我国先民是带着耒耜进入文明时代的，甚至到了夏商西周，虽然已经有青铜工具，但木石农具使用仍较普遍。至于犁耕，就文明中心的黄河流域而言，是到了春秋时代才逐步推广的。这种情况不免引起人们的疑惑，并努力寻找各种各样的解释。

有些学者否定文明起源中工具和技术的作用。例如著名的美籍华裔学者张光直认为，中国文明起源的动力不是生产力的发展，而是政治权力对劳动力的支配和对财富的垄断。[②] 但是，如果不是生产力发展达到这样一种程度，即劳动者生产的产品除了满足其个人和家庭的需要外尚有剩余并可供掌握政治权力者占有，他们对劳动力的支配又有什么意义呢？怎能否定生产力的发展是文明起源的基础和动力呢？持这种观点的学者把生产力单纯理解为工具未免偏狭。生产力是一个综合的概念。生产工具是社会生产力中物的因素之一，社会生产力中另一个物的因素是劳动对象；除了物的因素外，社会生产力还包括人的因素，即劳动者的体力、智力、劳动技能等。除了社会生产力以外，还有自然生产力；生产力是社会生产力和自然生产力的统一。其实，中国原始农业时代生产工具也一直在进步之中，只是没有达到广泛使用金属犁的程度而已。事实证明，中国在基本上使用耒耜的条件下，与其他的社会条件和自然条件相配合，能够为文明起源提供物质的基础。①

另一些学者承认生产力的基础作用，但寻求一种新的解释。如李学勤认为，文明起源的物质基础是农业的发展，但不同意机械地把农业划分为刀耕农业—锄耕农业—犁耕农业三大阶段，并认为只有犁耕农业才是集约农业。他指出，除了犁耕的集约农业以外，也有非犁耕的集约农业。如中美洲古文明就是利用汇集于盆地谷底平原的泉流、小河，通过修建水渠，挖掘水井来解决饮用和浇灌用水，然后再因地制宜，用修筑梯田的办法来保持土壤水分，解决水土流失问题，又用修筑台田、条田之类的"齐那帕斯田"来肥地和排灌，从而实现了集约化的农业生产，以确保高度集中的都市人口的粮食供应。而中国的"耜耕"也可以达到集约化生产。"耜耕"之所以有这样的效率，则又与中国黄土的特性和"耦耕"有关。李学勤先生把"集约农业"作为文明起源的物质基础。② 我们同意李学勤先生的思路，但认为"集约农业"的提法尚可斟酌。"集约"是和"粗放"相对而言的。就中国原始社会晚期和文明时代初期的"耜耕农业"而言，似乎还很难说得上是"集约农业"。

在这里，有必要提醒读者注意恩格斯使用的另一概念——"田野农业"。摩尔根在《古代社会》中把原始农业划分为"园艺"或"园圃种植业"（horticulture 或 gardening）和"田野农业"（field agriculture）。"园圃种植业"的特点是在木栅栏围起的小块土地上种植作物，栅栏的作用在于防止野兽和野放的家畜糟蹋庄稼，这时的耕作比较粗放，规模也不大。horticulture 或 gardening 应更确切地译为"园篱农业"。"田野农业"的特点是开辟了广大的农田，进行普遍的土壤耕作以种植谷物。我国农史界一般把原始农业划分为"刀耕农业"（或称"火耕农业"）、"耜耕农业"（或称"锄耕农业"）和"犁耕农业"。这种划分主要着眼于工具的发展。"园篱农业"和"田野农业"的划分则主要着眼于农业的规模。"园篱农业"这种形式，不一定每个地方都如此；从其规模讲大体相当于刀耕农业或初期锄耕农业。"田野农业"这一概念的适应范围比"园篱农业"要广泛得多。原始农业只有进入田野农业的阶段，才可能形成比较大规模的聚落，才可能出现比较稳定的剩余产品，从而为文明社会的形成奠定物质基础③，这应该是具有普遍性的。从中外历史看，有的地方在犁耕农业阶段形成田野农业，另一些地方则在发达的耜耕农业（锄耕农业）

---

① 对张光直上述理论批判性的回应，可参阅刘军：《张光直和马克思国家起源理论的比较研究》，《学术探索》2005 年 2 期。

② 李学勤主编：《中国古代文明与国家形成研究》，云南人民出版社，1997 年，72～92 页。

③ 李根蟠、黄崇岳、卢勋：《中国原始社会经济研究》，中国社会科学出版社，1987 年。

阶段形成田野农业。

如果把前 7000—前 5000 年划为新石器时代中期（相当于中原地区的裴李岗文化、磁山文化），把前 5000—前 3000 年划为新石器时代晚期（相当于中原地区的仰韶文化早期），那么，中国的原始农业在新石器时代的中晚期已经发展到田野农业的阶段，可以从这一时期农业聚落的发展做些分析。

我国农业聚落的拓展是从新石器时代中期开始的。这一时期包括河南的裴李岗文化、河北的磁山文化、陕西的老官台文化、山东的北辛文化、辽西的兴隆洼文化、湖北的彭头山文化、城背溪文化、浙江的河姆渡文化等。其特点是原始农业已经进入锄耕（耜耕）农业的阶段，建立在相当规模的田野农业基础之上的大型农业聚落渐次出现。

这些农业聚落的农业规模和产量，以河北武安磁山遗址资料最为丰富，可供分析和判断。磁山遗址位于太行山脉与华北平原的交界处，范围有 8 万米$^2$，发现了一批房址、窖穴、生产工具和动植物遗存。其中有 88 个储存粮食的窖穴，出土大量粟的朽灰。有人通过实测估算，这些窖穴粮食堆积的体积达 109 米$^3$，折合重量约为 6.91 万公斤。[①] 这 88 个存粮窖穴分别属于两个时期，其中 1 期 68 个，2 期 20 个（已发现的 20 个应非全为存粮窖穴），比例为 3.4∶1。两期粮食储量亦按此比例计算，则 1 期已发现的粮食大约 4.5 万公斤。当时粟类作物若以亩产 50 公斤算，则至少需有 1 000 亩以上的农田，才能生产 4.5 万公斤可供储存的粮食。[②] 如果考虑到当时耕地需要轮休，则该聚落的农田可能有几千亩之多，应该说田野农业已经形成了。

磁山遗址所在的中国华北地区为深厚的黄土层所覆盖。这一时期的遗址多分布于岗丘或河旁阶地，依山傍水，周围有比较广阔的可资耕作的土地。由于黄土土质疏松，用比较简单的木石制作的耒耜即可翻耕，因而较早地从刀耕农业进入锄耕（耜耕）农业阶段。这些遗址均出土相当数量的石锄、石铲（耜）一类农具就说明了这一点。又由于黄土结构具有垂直的纹理，土壤可以通过毛细管作用将下层的水肥提升到地表，黄土的这种"自肥"的特点，有利于耕地种植多年后休耕时地力的

---

① 佟伟华：《磁山遗址的原始农业遗存及其相关的问题》，《农业考古》1984 年 1 期。这些存粮窖穴的基本数据：在 88 个窖穴中，长方形的 86 个，一般长 1～1.5 米，宽 0.5～0.8 米，深 1～5 米不等；底长平均 1.2 米，底宽平均 0.7 米。粟灰堆积厚度，0.2～0.6 米的有 40 余个，占 60%；1 米以上的约有 20 个，占 25%；2 米以上的有 10 余个，占 15%。

② 吴加安：《略论黄河流域前仰韶文化时期农业》，《农业考古》1989 年 2 期。

恢复，从而缩短轮歇期。① 上述这些条件的配合，使得该地区能够在使用耒耜的情况下形成田野农业。黄河流域的这种耒耜耕作的田野农业，在正值全新世暖期的仰韶文化中获得了进一步发展。从仰韶文化晚期到龙山时期，耕地逐渐从高向低发展，为了解决低平地区涝洼渍水的问题，黄河流域先民仍然使用改进了的耒耜，用两人协作的"耦耕"方式，修建了防洪排涝的沟洫体系（详见下文），使黄河流域的田野农业发展到一个新阶段。而夏商周三代的文明，正是建立在"沟洫农业"的基础之上。

新石器时代中期长江流域的原始稻作农业遗址一般位于河湖旁边肥沃的冲积地带，水热条件优越，亦已进入耜耕阶段，并有初级的排灌设施，耕地不必频繁休耕，也能获得较高的产量，从而形成比较稳定的聚落。例如年代相当于新石器时代中晚期之交的浙江省余姚河姆渡遗址，单是 1973 年冬第一次发掘时，就在第四文化层发现约 400 米² 的稻谷、稻壳和稻草堆积，其厚度从 10～20 厘米到 30～40 厘米。这是谷物腐朽和长期自然下沉的结果，原先的厚度当在 1 米以上。据推测，假定平均厚度只有 1 米，其中四分之一为稻谷和稻壳，换算成新鲜稻谷，当在 120 吨以上。② 估算不可能精确，这些积存的谷物又未必为一年所产，但当时谷物产量颇多，应是没有问题的，而且可能已有剩余和积累。没有相当规模的田野农业，焉能致此？江苏苏州草鞋山遗址发现距今 6 000 年左右马家浜时期的古稻田。草鞋山东西两片古稻田分别由 33 块和 11 块田丘组成，田块虽然不大，但已有作为灌溉水源的水井、水塘和排灌用的水渠，各个田块之间有水口相互串联，形成一个水田群。研究者认为，这些水田群已具有我国历史时期水田结构的雏形，从原始形态发展到规模经营，说明稻作农业生产已日趋成熟。③ 所谓"规模经营"，正可理解为一种田野农业。这还是"耜耕"阶段的稻作农业。以后，从崧泽文化到良渚文化，出现了水田石犁，南方稻作农业进入原始"犁耕农业"阶段，这种水田石犁的使用应该

---

① 美籍华裔学者何炳棣根据黄土的物理化学性质，对照《诗经》《周礼》的记载，认为中国黄土地区的原始耕作方法，自始就不是实行"砍烧法"的"游耕制"，而是实行以三年为一周期的"菑、新、畲"式的轮耕制（见何氏《华北原始土地耕作方式：科学、训诂互证示例》一文，载《农业考古》1991 年 1 期）。何炳棣先生的结论，是在他自己研究的基础上，与哈伦等自然科学家充分交换意见而得出的，应该说是有见地和有根据的。不过，我们认为，这种以三年为一个轮耕周期的耕作制度，应该经过一个长期的探索和完善的过程，不大可能一开始就是如此。何氏根据的考古资料是仰韶文化，文献资料是周代的记载，都比较晚。根据《左传》《国语》《礼记》关于"烈山氏"及其子"柱"的记载，黄河流域远古时代的农业也应经过刀耕火种的阶段，但应该比较早进入实行"熟荒耕作制"的锄耕农业阶段，而熟荒耕作的轮歇期也较快缩短，逐步迈向以三年为轮作周期的"菑、新、畲"制。我们推测，这一制度的最终形成，可能是在龙山时代"沟洫农业"形成之后。

② 严文明：《中国稻作农业的起源》，《农业考古》1982 年 1 期。

③ 谷建祥等：《对草鞋山遗址马家浜文化时期稻作农业的初步认识》，《东南文化》1998 年 3 期。

是以水田田块的加宽和更为平整、灌溉设施更加完备为前提的，因此，实行犁耕的稻作，意味着种植业水稻的田野农业发展到一个新的阶段。

我们说田野农业是文明起源的物质基础，不等于说田野农业一出现马上就能进入文明社会。因为各地区农业的发展是不平衡的，田野农业需要一个普及和提高的过程，才能真正成为"基础"。即使田野农业的发展已经能够为文明起源提供物质基础，也只是文明起源的一个必要条件，而不是充分的条件，必待其他各种条件的配合，才能引起社会的分化和转型。但像磁山遗址、河姆渡遗址等田野农业的出现，毕竟是预示文明之春终将到来的重要信息。

在接下来的以仰韶文化为代表的新石器时代晚期，田野农业获得进一步的发展，这也可以从这一时期农业聚落的空前繁荣反映出来。仰韶期聚落发展的态势，一是数量激增，二是规模扩大。下面分别举些例子说明。

先说聚落数量和密度的增加。据赵春青 2001 年对郑洛地区聚落遗址的统计，该区聚落遗址数量由早到晚呈几何级数不断攀升。其中以从裴李岗文化时期（68个）到仰韶文化前期（238 个）的增幅最大，后者是前者的 3.5 倍。仰韶文化后期（379 个）与仰韶文化前期相比，表面上看，遗址总数只不过增加了 141 个，实际上仰韶文化前期历时 1 500 年左右，而仰韶文化后期只不过历时 500 年左右，考虑到这一因素，仰韶文化后期聚落数量增长的速度远快于仰韶文化前期。[①] 仰韶文化中的半坡类型、庙底沟类型和西王村类型可分别代表仰韶文化的早、中、晚三期。在陕西渭河中游咸阳—宝鸡—长武三角形地区的 16 个县市范围内，这三个类型聚落遗址的数量和比例分别为 17 处（占 18.3％）、48 处（占 51.6％）、28 处（占30.1％）。[②] 晋南地区临汾盆地和运城盆地的 15 个县市范围内，这三个类型聚落遗址的数量和比例分别为 31 处（占 19.7％）、84 处（占 53.5％）、42 处（占26.8％）。[③] 以上两个地区仰韶文化早、中、晚三个类型在各自总遗址数量中的比例大体接近，近似值为 2：5：3。三个类型的跨年大体分别为 1 000、400 和 600年，它们的跨年数比例分别为 50％、20％、30％（5：2：3）。从三者的遗址数量比例和跨年长短关系上，明显反映出庙底沟时期遗址数量骤增、人口增加和文化突出发展的迹象。[④] 仰韶时期的聚落遗址已遍布黄河流域除华北平原的北、中部黄河大冲积扇以外的绝大多数地区，在关中地区的浐、灞河流域，有些地段，如蓝田县

① 赵春青：《郑洛地区新石器时代聚落的演变》，北京大学出版社，2001 年。

② 中国社会科学院考古研究所渭水考古调查发掘队：《渭水流域仰韶文化遗址调查》，《考古》1991 年 11 期。

③ 中国社会科学院考古研究所山西工作队：《晋南考古调查报告》，《考古学集刊》第 6 集，中国社会科学出版社，1989 年。

④ 任式楠：《我国新石器时代聚落的形成与发展》，《考古》2000 年 7 期。

至灞桥一段的灞河两岸，西安东部李家堡至尖角村的浐河两岸，仰韶期文化遗址的密度接近于今天的村落密度。[①]

再说聚落规模的扩大。王妙发从聚落遗址面积、文化堆积厚度和聚落人口三个方面对黄河流域聚落作了分析。[②] 聚落面积：前仰韶期可做有效统计的遗址 24 处，其中不足 1 万米$^2$ 的 4 处，占 16.7％；超过 6 万米$^2$ 的 4 处，占 16.7％（其中仅有 1 处 10 万米$^2$）；1 万～6 万米$^2$ 的 16 处，占 66.6％，为绝大多数，其中又以 1 万～2 万米$^2$ 的为最多，10 处，占 41.7％。仰韶期聚落 100 万米$^2$ 以上的 9 处，10 万～100 万米$^2$ 的 63 处。两者相加，10 万米$^2$ 以上的大聚落和特大聚落共有 72 处，占仰韶期聚落总数的 20.9％，其数量和规模都是前仰韶期不能比的。尽管出现了很多大规模聚落，而最多数的聚落规模仍是以 1 万～10 万米$^2$ 的小、中型规模为比较通常，共有 187 处，占总数的 54.4％。1 000 米$^2$ 以上、不足 1 万米$^2$ 的聚落共有 79 处，占总数的 23％。此外，还有 6 处（1.7％）面积不足 1 000 米$^2$，应是破坏极甚的结果，无统计意义。文化堆积厚度：前仰韶期 14 处可作统计的遗址中，1 米以上的 6 处，占 42.9％；其余均不足 1 米，占 57.1％。仰韶期遗址文化堆积最厚的达 7 米（甘肃天水西山坪）；不足 1 米的 48 处，占 21.2％；超过 3 米的 20 处，占 8.8％；其余 158 处，占 70％，为 1～3 米。文化层堆积的厚度应同聚落延续使用的年限成正向相关，因此，文化层堆积厚度增加反映了定居程度的加强。有的遗址出现房址相互叠压的现象，如河南邓州八里岗遗址，发掘清理的数十栋房屋大多为三间（套）以上的多开间长排房，也有双套间的房屋。这些房址大部分成东西分列的南北两排，间隔约 20 米，年代相应。两排里面不同年代的房子层层叠压，但始终不离本排的位置。表明这一聚落区虽在长期内存在房屋废弃与重建，但聚落布局经一次性规划后长期延续不变，反映了当地居民世世代代生于斯、死于斯。[③]

关于聚落人口，由于缺乏精确的数据，只能作粗略估算。王妙发采用姜寨遗址数据为基准推算。姜寨的居住区面积约为18 000米$^2$，共有各类房屋约 110 座（包括西北部明显被破坏了的一部分），平均每座房屋住 4～5 人，则估算人口为 450～600 人，平均每人占土地 30～40 米$^2$。反过来，平均每平方米土地有 0.025～0.034 人。没有明确居住范围的遗址人口，则按总面积（聚落范围）推算。仍以姜寨聚落面积约为 55 000 米$^2$，按居民 450～600 人，则平均每人占地 90～120 米$^2$，平均每平方米有 0.008～0.01 人。前仰韶期聚落遗址面积一般为 1 万～6 万米$^2$，则人口数

① 中国科学院考古研究所、陕西省西安半坡博物馆：《西安半坡——原始氏族公社聚落遗址》，文物出版社，1963 年；张彦煌：《浐、灞两河沿岸的古文化遗址》，《考古》1961 年 11 期。

② 王妙发：《黄河流域聚落论稿：从史前聚落到早期都市》，知识出版社，1999 年。

③ 张弛：《保存完好的仰韶时期居住区——八里岗新石器时代聚落遗址》，载李文儒主编：《中国十年百大考古新发现（1990—1999）·上册》，文物出版社，2002 年，190～194 页。

在 80～600 人；其中数量最多的 1 万～2 万米² 规模的聚落，人口在 80～200 人。面积最大的新郑唐户（10 万米²），可能有 800～1 000 人，这大概是在当时生产力水平下一个聚落所能容纳人口数量的极限。仰韶期的人口，用同样的方法计算，占总数一半以上的 1 万～10 万米² 的聚落，人口数可能为 80～1 000 人；较为普遍的 1 万～6 万米² 的聚落，亦即当时聚落人口最具代表性的数字是 80～600 人。最大的汾阳峪道河遗址，达 680 万米²，则此"绵延数里"的聚落群人口可达 54 400～68 000 人。以上推算可能不很准确，但却清楚地反映出了仰韶文化时期聚落规模扩大、人口明显增加的趋势。[①]

聚落的规模和密度取决于土地的载能，是与农业发展水平相适应的。原始居民的生产活动都会形成以聚落为中心的"耕作半径"或"活动半径"，聚落的耕地分布在这个半径范围内，聚落居民的粮食和其他生活资料亦从这个范围内的土地上获得。在一定生产力水平下，在生产活动靠徒步往来的条件下，各聚落的"耕作半径"或"活动半径"虽然会有差异，但不会太大。这样，聚落规模的增大，人口的增多，就须以聚落"耕作半径"或"活动半径"内土地载能的相应提高，耕地利用率和生产率的相应提高为前提。根据民族学的材料，刀耕农业土地利用率低，需要相当于现耕土地 8 倍的面积以供轮换，当"耕作半径"或"活动半径"内的土地不能满足这种轮换的需要时，人们就要离开原来的"耕作半径"或"活动半径"寻觅新耕地，因而也就要相应地转移居住地。在这种情况下，不可能形成长久的定居聚落。比较长久的定居聚落要待进入锄耕或耜耕阶段后才出现。大型聚落的形成，必须在聚落"耕作半径"或"活动半径"范围内能够生产足够粮食和提供其他必需生活资料的条件下，才有可能。没有比较发达的土地利用率和生产率比较高的耜耕农业或犁耕农业，是难以办到的。换言之，大型聚落需要相当规模和相当水平的田野农业作支撑。

根据上述分析，可以确认，我国新石器时代中晚期已经出现了相当规模和相当水平的田野农业。有了这样的田野农业，社会财富的积累、社会分工的发展，以及相继而至的文明，就有了最基本的条件。正是在这以后，中国走向文明时代的脚印，日益清晰地展现在人们面前。

据严文明的研究，在新石器时代晚期（仰韶前期）的聚落中，按照凝聚式和向心式结构排列，集体精神和平等原则体现得比较明显。这种状况，大约从前3500年起开始改变，此时段无论聚落内部还是在聚落之间，都已出现了明显的分化。在聚落内部，个别房子造得特别讲究，规模往往也比较大，而大多数房子仍是简易的窝棚。在多数聚落的规模并无显著变化的同时，少数聚落却发展得特别大，出土遗迹

---

① 王妙发：《黄河流域聚落论稿：从史前聚落到早期都市》，知识出版社，1999 年。

遗物的规格也比较高，说明它们已发展成为当时的中心聚落，是社会分化的一个明显标志。墓葬的情况也发生了相应变化。少数大墓开始设置木棺，有的在棺外还建一木椁，随葬品可多达100多件，质地也特别精良。而绝大多数小墓则无棺无椁，随葬品十分简陋，有的甚至一无所有。贫富分化在这里看得非常清楚。辽宁省西部的凌源牛河梁发现了一处红山文化后期的祭祀中心和贵族墓群，表明当时已经出现一个由贵族组成的权力机构，这是走向文明社会所迈出的非常重要的一步。前3000—前2000年，中国进入铜石并用时代，考古学上又称为龙山时代。这一时期，除农业较过去有较大发展外，手工业的成就更为突出。一是小件铜器的制造，二是制陶业中普遍使用快轮，三是玉器制造广泛地用切割、管钻、琢磨和抛光等方法生产出精美的玉器，此外还出现漆器和丝绸，反映了手工业和农业的分工已有相当程度的发展。而这些手工业精品基本为贵族所垄断，可见当时社会的分化达到了何种程度。这一时期出现了大量的城址，分布于河南、山东、湖北、湖南和内蒙古等地。据马克思的说法，城市的出现"就表示已经有了稳定的和发达的田野农业"。城的出现是战争经常化和激烈化的产物，也是贫富分化和阶级矛盾激化的产物。各地还发现许多乱葬坑，坑中往往丢弃数具乃至十数具尸骨。有的身首异处，有的作挣扎状，有的骨骼上还带有射入的石箭头，显然也是战争激烈化的直接证明。中国古代把城叫作国，城里人叫作国人。国有时也包括部分乡村，即所谓野。包括城乡的政治实体有时也叫作邦。传说黄帝时就有万国，尧舜的时候有万邦。大禹的时候也是"天下万国"。万者言其多也，并不一定是一万个国家。龙山时代据放射性碳素测定刚好早于夏代，众多城址的发现证明那时已处于小国林立的局面，与传说中的五帝时代正好相合。龙山时代可称为中国的古国时代，是真正的"英雄时代"。

总之，中国原始农业的发生和发展为文明的起源奠定了初步的物质基础，直到仰韶文化后期，即大约从前3500年开始，才迈开了走向文明的脚步。进入龙山时代以后则加速了走向文明的步伐，有的地方甚至已经建立了最初的文明社会。[①]

## 二、原始农业对文明起源途径和模式的影响

原始农业不但为文明起源提供了物质基础，而且极大地影响以至规定着文明起源的途径和模式。这在世界各地古文明起源中是有普遍性的，而在中国又有其特殊的表现形式。

---

① 严文明：《中国文明起源的探索》，《中原文物》1996年1期。

世界上大多数文明古国，其农业均发生在自然条件单一的一隅之地。[①] 中国的农业则是发生在一个十分宽广的地域内，原始农业遗址几遍全国各省、自治区。它跨越寒温热三带，在辽阔的平原盆地，连绵的高山丘陵，有众多的河流湖泊，丰富的动植物资源。各地自然条件差异很大，形成大大小小有相对独立性的地理单元。在这样一种地理环境中，中国农业起源并非单一中心，而是多源的。活动于不同地理单元的各民族，基于自然条件和社会传统的多样性而形成了相对异质的农业文化，这些文化经常地相互补充、相互促进，构成多元交汇、博大恢宏的体系，与中国农业起源和发展的这种多源和多元相对应。[②] 中华古文明也是多中心起源和多层浪推进的，表现出与世界上其他古文明不同的特点。

中国的地理环境，西部和西南部是青藏高原、云贵高原，北部是广阔的草原沙漠地带，形成一个半圆形拱卫着地势相对低下的黄河中下游、长江中下游以及华南广大地区。有人把这种地形比作背靠欧亚大陆面向海洋的大座椅，形成一种多元向心结构。[③] 青藏高原和北部草原沙漠地区新石器时代人口和遗址比较稀少，原始农业的发生和发展相对缓慢。中国的原始农业首先是在黄河中下游、长江中下游和华南地区发生的，形成中国农业的三线起源：黄河流域的粟作农业、长江流域的稻作农业、华南以块根块茎类种植为主的原始农业。富含淀粉的块根块茎类植物的种植需要有蛋白质含量较高的以贝类动物为中心的广谱采集作为补充。华南气候炎热，水源充足，可以食用的自然资源十分丰富，这种环境条件利于人们采食（因而也造成对采集的依赖），却相对不利于人口繁衍。因而，华南地区农业起源虽然颇早，走向文明的步伐却相当迟缓。黄河流域和长江流域气候比较适宜，又有较宽广平原和肥沃冲积土壤，原始粟作农业和稻作农业获得长足发展，故能率先进入文明时代。考古界或称为东方的"两河流域"。在这"两河流域"中，包含了相当数量的地理单元及相应的文化区域，其原始农业的发生发展相对独立，同时也或先或后相对独立地向文明时代迈进，形成许多相互分立的早期文明实体，即考古学界称为"满天星斗"的局面。

中国早期文明经历了一个漫长曲折的形成发展过程。从距今5 000年以前到距

① 古埃及文化的发源地，是被大海和沙漠包围，面积仅三四万千米² 的尼罗河下游冲积平原。美索不达米亚文化的滋生地，是由两河流域冲积平原和地中海东岸深海地区组成的"肥沃新月带"。印度文化地域较大，包括印度河流域、恒河流域和德干高原，但为喜马拉雅山和帕米尔高原所阻隔，活动范围基本限于热带范围的印度半岛。古希腊文化则起源于被崇山峻岭所包围的滨海小平原。

② 李根蟠：《中国农业史上的"多元交汇"：关于中国传统农业特点的再思考》，《中国经济史研究》1993 年 1 期。

③ 严文明：《中国文明起源的探索》，《中原文物》1996 年 1 期。该文说，中国新石器时代存在着许多文化区，"假如把每个文化区比喻为一个花瓣，全中国的新石器文化就很像是一个重瓣花朵"。这正是"向心结构"的形象说明。

今4 000年以前，在辽河流域、黄河流域和长江流域先后出现了一批"古国"，辽宁省凌源市牛河梁红山文化遗址的祭坛、女神庙、积石冢群，浙江省杭州市余杭区反山、瑶山等良渚遗址祭坛和贵族墓地，湖北省天门市石家河屈家岭文化晚期的城址等，就是这些古国形成的明显标志。这可以算是中华早期文明的第一波。第二波是前2000年前中原地区经过尧舜禹时代建立了中国早期文明的中心——夏王朝。与夏王朝并立的还有许多"方国"。第三波是春秋战国时代北方草原和甘青地区形成了游牧民族，产生了不同于中原农耕文明的游牧文明。① 这里仅就中华早期文明形成的第二波与原始农业发展的关系做些分析。

我们知道，埃及和两河流域的原始农业与大河泛滥有密切关系，这些地区的原始农人从接受大河定期泛滥带来肥沃冲积物的土地上获得丰厚的回报，埃及和两河流域早期国家的权力在相当程度上是建立在管理灌溉的公共职能基础之上的。中国的农业起源与大河泛滥无关。黄河虽然也经常泛滥，但没有像尼罗河定期泛滥那样给原始农业带来好处，因而也没有形成利用这种定期泛滥发展起来的原始灌溉。② 已知较早的原始农业遗址大多分布在山前高地上。中国上古神话传说中有"烈山氏"，其子"柱"教民播种百谷，被祀为"稷"神；又谓"稷勤百谷而山死"③，从中略可窥见黄河流域农业起源于山地的史影。但新石器时代晚期以来，中原地区原始农业逐渐由山前高地向比较低平的地区发展，在黄河中下游比较低平地区发展农业，必须首先排除耕地中的渍涝，该地区的农业和文明由此走上了一条新的道路。

耕地由高向低这样一种发展，首先是人口增殖拓展耕地的自然需要，也与黄河下游平原逐渐淤高、比之以前较利于人类生存有关，而气候的变化又极大地增强和加速了这种发展趋势。根据环境考古的成果，在仰韶文化的早中期，正值全新世的暖期，中国原始农业臻于繁荣之境，人口大增，除了在黄河中下游地区出现许多大型的农业聚落外，中原农人还向周围地区——如甘青地区和内蒙古中南部迁徙，与土著结合创造了当地灿烂的农业文化，有些地方甚至出现了文明的曙光。但到了距今5 500年前后，全新世气候演化史上出现了一次重大的降温事件，对中国历史的

---

① "古国"概念是已故著名考古学家苏秉琦提出的，指高于部落的、稳定的、独立的政治实体，可视为国家的雏形。这一概念已为学界普遍接受。苏秉琦把中国国家的形成和发展分为古国、方国和帝国三个阶段。他又把中国的文明起源区分为原生文明、次生文明和续生文明三种模式。原生型是通过正常的社会分工形成的，如红山文化晚期的古国等。次生文明由超越社会分工的政治权力推动的，如夏商周王朝等。续生文明则是指北方游牧民族入主中原建立的王朝，如辽金元等。我们认为，夏王朝的建立是文明起源的原生形态，应视为整个中华古文明形成过程的一个环节。

② 上古时代的黄河中下游比较低平的地区遍布沮洳沼泽，在原始农业初期人们还难以利用。这里又处于季风带，降雨集中，河水泛滥集中在夏秋之际，而这时正是作物生长的盛期，不可能像西亚冬雨区那样从河流泛滥中获得灌溉和淤肥的好处。

③ 《国语·鲁语上》。

进程产生了严重的影响，四周地区的一些早期文明因此而衰落。这次降温事件在史前中国引起了新一轮的移民浪潮，但不是从中心区向四周地区迁徙，而是主要表现为从四周向中心地带迁徙，从高地向变干并适合居住的低地迁徙。① 这是因为这一气候事件导致中国气候带南移，甘青和内蒙古中南部等地区因气候变冷，原有的已经发展到相当高度的农业文化受到冲击，或正在向半农半牧文化转型，不可能接纳中原地区大规模的移民，而黄河中下游则因气候变化而导致湖泊缩小，沼泽化加快，以前不适合人类居住的低渍湿地，开始成为人类比较理想的住所。河南的原始文化遗址原来较少分布在低地平原，到了龙山时代，低地平原却拥有稠密的遗址。② 对黄河中下游地区新石器时代聚落居住地的地貌类型进行统计的结果初步表明，仰韶后期人类聚落住居的地貌位置明显比前期下降③；就总人类居住地的态势而言，在整个黄河流域，龙山时期的聚落分布，较仰韶时期向东偏移了若干经度④。这和古文献中"黄帝之王……破增薮，焚沛泽，逐禽兽"⑤，"有虞之王，烧曾薮，斩群害，以为民利"⑥ 等记载若合符节。这一移民浪潮不但开拓了中国农业的新天地，而且导致了中国北方旱地农业新形态——沟洫农业的形成。这一农业新形态，对中原地区文明的形成和发展，从而对整个中国文明的进程，都产生了深刻的影响。

我们知道，黄河下游平原是由旧日的浅海淤成的，在相对低洼的地区存在着无数的沮洳薮泽，在这样的地方开辟耕地，防洪排涝是首先需要解决的问题。黄河流域的先民们在实践中对自然环境的这种"挑战"做出了漂亮的"应对"，办法就是在耕地里挖掘排水沟洫，做成"畎亩"结构的农田。他们使用的仍然是木石制作的耒耜，实行简单协作，两人并耒（耜）掘土，这就是所谓"耦耕"的最初形式。两人并耒挖出一条条的排水沟，称"畎"，挖出来的土堆成一条条的长垄，称"亩"，这就是"畎亩"农田。庄稼种在"亩"——垄上，这就不怕涝洼渍水了。《吕氏春秋·任地》引《后稷》农书提出农业生产的十大问题，头一个就是"子能以洼为突乎？"——您能把低洼地变成高出的农田吗？指的正是这件事，而《任地》等篇主

---

① 吴文祥、刘东生：《5 500 a BP 气候事件在三大文明古国古文明和古文化演化中的作用》，《地学前缘》2002 年 1 期。

② 陈星灿：《中国远古文化研究的几个关键问题的评述》，载西安半坡博物馆编：《史前研究》，三秦出版社，2000 年，258～287 页。

③ 施少华：《中国全新世高温期中的气候突变事件及其对人类的影响》，《海洋地质与第四纪地质》，1993 年 4 期。

④ 王妙发：《黄土流域的史前聚落》，见中国地理学会历史地理专业委员会《历史地理》编辑委员会编：《历史地理》第 6 辑，上海人民出版社，1988 年，73～93 页。

⑤ 《管子·揆度篇》。

⑥ 《管子·轻重戊篇》。

要就是对畎亩技术作系统的总结。"畎"是田间排水沟中最小的一种，但也是最基础的一种，它衔接着大的和更大的排水沟，一直通到河川。大大小小纵横交错的排水沟构成了农田的沟洫系统。纵横交错的沟洫系统把农田分割成一个个方块，这就是"井田"。甲骨文"田"字的形象正是这种被沟洫界划成的方块田。井田不但是耕地的一种区划，而且是一种土地制度。以排涝洗碱改造低洼地为目标的农田沟洫系统不是独立的农户各自为政所能完成和奏效的，它涉及整个聚落以至整个小流域的全部耕地，需要统一的规划和集体的协作。自新石器时代晚期以来，原始农业的发展已经使小型的家庭有可能独立从事日常的农作。从考古发掘看，仰韶文化中晚期以来，适于个体家庭居住并有生产工具伴随出土的小型房址相当普遍，表明个体农户已经具备生产的职能。被沟洫系统划分开来的小型方块田也是适合个体农户耕作和管理的。而修建和维护农田沟洫系统的公共职能又使得土地的集体所有制长期保存下来，形成土地"公有私耕"的制度，而"公有私耕"正是农村公社最本质的特征。井田制原本是原始社会后期的农村公社制度，进入阶级社会以后，其性质发生了变化，但仍然保存了公社的躯壳。耒耜、沟洫、井田制三位一体，这是中国上古农业的特点，也是中国上古文明的特点。[1] 这种农业形态和文明形态盛行于夏商周三代，而其渊源则可以追溯到中国古文明的起源时期。沟洫农业的基础是农田的畎亩结构，这种畎亩农田如此普遍，以至"畎亩"成为农田代称，"畎亩之人"成为农民的代称。关于"畎亩"的记载，在西周春秋的文献中比比皆是。而其起源则可以远溯到原始时代后期及其后原始社会向阶级社会过渡时期。如孟子就指出"舜发于畎亩之中"[2]，《论语·泰伯》说禹"尽力乎沟洫"，但禹不是沟洫的创始者，而是恢复和推广它。汉代武梁祠黄帝像的题榜曰"黄帝多所改作，造兵井田"，应该是有根据的。[3]

上面提到的大禹治水，是上古黄河流域低地农业发展中的一件大事，也是中华古文明形成过程中的一件大事。

传说尧舜时代发生了一次大洪水，"汤汤洪水方割，荡荡怀山襄陵，浩浩滔天"[4]。《孟子·滕文公下》也说："当尧之时，水逆行，泛滥于中国；蛇龙居之，民无定所。下者为巢，上者为营窟。"这次洪水事件，在环境考古中也获得印证。

---

① 李根蟠：《先秦时代的沟洫农业》，《中国经济史研究》1986年1期；李根蟠：《中国农业史》，台湾文津出版社，1997年；李根蟠、黄崇岳、卢勋：《中国原始社会经济研究》，中国社会科学出版社，1987年。

② 《孟子·告子下》。

③ ［唐］杜佑：《通典》卷三《食货三》："昔黄帝始经土设井，以塞争端；立步制亩，以防不足。"《李卫公问对》也说："黄帝始立丘井之法。"

④ 《尚书·尧典》。

据研究，在距今4 000～3 500年，我国海平面上升幅度达 3.8 米。① 又有研究称，距今3 800～3 700年是中国大陆的温暖湿润时期，当时的气温比现在高 1～2℃，降水量较现在多300～500 毫米。② 距今4 000～3 800年，黄河在河北平原发生过两次大规模改道，造成两道巨大的贝壳堤。③ 上述资料表明，距今4 000年前后的这次洪水是确实存在的。

尧舜时代洪水的发生，固然有气候变化的原因，但洪水对人们生产生活影响之所以那么大，是因为自新石器时代晚期以来，黄河流域的先民大都已经在低平地区居住和耕作了。这次洪水主要发生在黄河中下游地区。黄河流经土质疏松、植被相对稀少的黄土地区，水土很容易流失。《左传》记载了一句古老的谚语："俟河之清，人寿几何！"可见黄河水早就是浑浊的。黄河流域的降雨集中在夏秋之际，在多雨的季节，黄河的泛滥必定早就发生；决溢的洪水曾经在黄河中下游地区造成了无数的沼泽沮洳。不过太古时代地旷人稀，人民逐高而居，他们并没有感到洪水的严重威胁。黄炎时代开发低洼沼泽地，昔日洪水可以自由灌注的区域减少了，人们的耕地和聚落也就容易受到洪水的威胁；汛期一到，洪水难免到处奔突，防洪排涝的问题就被提到议事日程上来了。由于自然气候的变化，尧舜时代恰恰遇到了降水量变多的周期④，洪水问题就显得更为突出。

由于洪水肆虐，人们不得不一度放弃河流两旁耕种已久的低平耕地，退回山间高地去。⑤ 黄河中下游的低地沟洫农业经受了一次严峻的考验。能否治好洪水，是关乎中国农业发展方向，也是关乎中国历史发展方向的大问题。尧起初任命鲧治水，鲧沿用共工氏筑堤堵洪的办法，失败了。继而任命禹，禹总结了鲧和共工氏失败的教训，改以疏导为主，"高高下下，疏川导滞，钟水丰物"⑥，取得了成功。于是人们"降丘宅土"⑦，重新到低平地区生产和生活。值得注意的是，禹在治水过程中和治水以后，努力恢复和扩展农田沟洫系统，继续推行井田制。《论语·泰伯》

① 杨怀仁：《气候变化与海面升降的过程和趋向》，《地理学报》1984 年 1 期。

② 王开发、张玉兰：《根据孢粉分析推论沪杭地区一万多年来的气候变迁》，《历史地理》创刊号，上海人民出版社，1981 年。

③ 大港油田地质所、海洋石油勘探局研究院、同济大学海洋地质研究所：《滦河冲积扇——三角洲沉积体系》，地质出版社，1985 年；仇士华主编：《中国¹⁴C 年代学研究》，科学出版社，1990 年。

④ 徐旭生在《中国古史的传说时代》中指出："关于洪水的原因，《庄子·秋水》有'禹之时，十年九潦，而水弗为加益'之文，《管子·山权数》也有'禹五年水'之文，《荀子·富国》有'禹十年水'之文，《淮南子·齐俗训》也有'禹之时，天下大雨'。这些全可证明尧舜时代恰好遇着降水量由少变多的周期。"见徐旭生：《中国古史的传说时代》，文物出版社，1985 年，145 页。

⑤ 《吴越春秋·吴太伯传》："尧遭洪水，人民泛滥，逐高而居，尧聘弃使教民山居。"

⑥ 《国语·周语》。意思是根据自然地势，疏通河道，低洼沼泽处用以泄洪蓄水，发展水产。

⑦ 《尚书·禹贡》。

说禹"尽力乎沟洫"。《尚书·益稷》说禹"濬畎浍，距川"。这不仅是治水成功后恢复生产的措施，而且应该理解为治水工作的一部分。两者是统一的。修建和维护农田沟洫系统，同时也就是推行井田制。所以周人讴歌："信彼南山，维禹甸之，畇畇原隰，曾孙田之。"① 治水的成功，使黄河流域中下游的农业获得恢复和发展，沟洫农业站稳了脚跟，由此奠定了三代农业的基本格局。

在尧舜时代，中原地区存在许多古国和部落，尧舜已经不是一般的部落联盟的首领，而是一个比较大型的包括若干古国和部落的联盟首领。这个联盟开始还比较松散，通过治水获得巩固和提升。作为联盟首领的尧舜把治理洪水、保护发展农业作为自己的职责，这也是其权力合法性的依据之一。大规模治水需要流域上下的古国和部落通力合作才能奏效，这就加强了它们之间的联系和融合，加速了国家权力的集中，这正是后来夏王朝得以建立最深刻的根基。当中原周围地区的早期文明因环境变迁受到打击而趋于衰落的时候，中原侨民却成功地应对了环境的挑战，加速了文明的进程，建立了远高于古国和方国的、统治范围广阔、权力空前集中的国家，在满天星斗中捧出一轮明月，由此第一次形成中国早期文明的中心。而这样一个中心是建立在治水成功，沟洫农业获得巩固的基础之上。由此可见，原始农业的发展对中国文明的进程及其特点的形成，影响是多么巨大和深远！

## 三、原始农业在中国古文明中的印记

原始农业不但为文明起源提供物质基础，影响文明起源的途径和进程，而且在古文明中留下了印记。试举几例如下：

**1. 社稷** 上面谈到，国家是文明时代的概括。在中国古代，国家又称"社稷"。"社稷"作为国家的代称，先秦时代已广泛使用，并延续至今。"社稷"是土地神和谷物神的合称，这种称谓本身就表明国家的基础。《白虎通德论》卷二《社稷》篇云："王者所以有社稷何？为天下求福报功。人非土不立，非谷不食。土地广博，不可遍敬也；五谷众多，不可一一祭也。故封土立社，示有土尊。稷，五谷之长，故封稷而祭之也。"统治者每年要祭祀两回，所谓"仲春获禾，报社祭稷"②。《诗经》中的《载芟》和《良耜》，就是西周春耕前和秋收后举行藉田礼时报祭社稷的乐歌。而对社稷的祭祀正是起源于原始农业时代。《左传·昭公二十九年》："共工氏有子曰句龙。为后土。……后土为社。稷。田正也。有烈山氏之子曰柱为稷。自夏以上祀之。周弃亦为稷。自商以来祀之。"以社稷作为国家的代称，

---

① 《诗经·小雅·信南山》。
② 《白虎通德论》引《援神契》。

从一个侧面反映了中国文明的起源与原始农业的密切关系。

**2. 斧钺与王权** 礼器是中华古文明特有的要素，它是身份和权力的标志物，准确无误地传达了阶级分化和国家权力产生的信息。耐人寻味的是，最先出现和最重要的礼器原来是从农具演化而来的。这就是从石斧分化出石钺，又由石钺演化出玉钺和铜钺来，它们都是军事首长权力的象征和王权的象征。

在原始农业时代，石斧是一种"万能工具"，它既可以用来砍伐林木，开辟耕地，又可以用来加工木料，制作工具。最初的石斧是手斧，后来安柄使用，斧柄为横柄，柄和斧身在同一平面。如果安上直柄，它就成为石耜（石铲）；如果安上与斧身呈小于90°夹角的横柄，它就成为石锄。新石器时代晚期以来，随着社会的分化，战争日益频繁，石斧又成为打仗的武器，并演变为石钺。有孔石斧也就是石钺，或是钺的前身。大汶口文化陶文中有"戌"字，作 ，正是安柄有孔石斧的形象。石钺日益成为特殊身份的标志。从广东曲江石峡、江苏邳州刘林、山东泰安大汶口等遗址的墓葬材料看，随葬石钺的一般应是军事头目，至少是亲兵。[①] 河南临汝阎村仰韶文化庙底沟期遗存中发现一个画有"鹳鱼石斧图"的陶缸。这可能是以鹳鸟为图腾的部落首领之物。图中石斧穿孔加柄，捆绑讲究，柄下端手握处缠以布条，还有"×"形标志，实际上就是石钺，应为部落首领权力的标志物。[②] 在良渚文化的反山、瑶山、寺墩、福泉山等遗址墓葬中出土的玉钺，制作精致，显然是表示贵族（当时的贵族应该同时是军事首领或头目）身份和权力的礼器。[③]

作为军事首领身份象征的斧钺，后来进一步发展为王权的标志物。"王"字在甲骨文中作 、 等形，是 （即戌）上半部的竖置，即斧钺类武器不纳柲之形。王的音也是从一种被称为"扬"的钺音转而来。[④] 历史记载表明，"王"与"钺"确有不解之缘。如周武王伐纣进军至牧野誓师时，就是"王左杖黄钺，右秉白旄以麾"[⑤]。商周的王已是掌握全国最高权力的"余一人"，他们的"权杖"——"黄钺"已经是青铜制作的，但溯其源，却是原始农业时代的石斧。

原始农具成为崇拜对象，被赋予某种神秘性质，并由实用性工具演化为非实用性礼器，还可以找到其他实例。如辽宁查海聚落遗址最大的一座房址（面积约120米²）中，出土了一对特大型石铲，较之一般石铲大一倍有余，刃部无使用痕迹。

① 李根蟠、黄崇岳、卢勋：《中国原始社会经济研究》，中国社会科学出版社，1987年。
② 严文明：《〈鹳鱼石斧图〉跋》，《文物》1981年12期。
③ 王根富：《农具的分化与文明的起源》，《农业考古》2005年1期。
④ 林沄：《说"王"》，《考古》1965年6期。
⑤ 《尚书·牧誓》。

发掘者推测这可能是举行某种仪式的特殊用具，同时也是此屋主人地位的象征。①广西西南部新石器时代晚期遗址中出土特有的大石铲，形体硕大、造型美观、制作精致，是由前期的有肩石斧演变而来的。它是当地骆越先民适应原始农业发展的需要而制造的，开创了壮族早期"那"文化（即稻作文化）的先河。部分巨型石铲已演变成专用于祭祀以祈求农业与生育丰产的礼器。②

**3. 观象授时**　世界各大古代文明所建立的国家，虽然是阶级分化和斗争的产物，是代表贵族阶级利益的，但同时也负担着维护农业生产正常进行的公共职能，这种公共职能也是国家的合理性和合法性的依据之一。中华古代文明也不例外，但有其特殊的表现形式。在埃及和两河流域的早期国家，这种公共职能表现为管理灌溉、分配用水等。在上古中国，这种公共职能除了上面谈到的修建和维护农田沟洫体系以外，还有"观象授时"。

中国古文明逐渐形成的核心地区——黄河中下游，位处北温带，四季分明，作物生长的季节性十分明显。该地原始农业不靠灌溉，而对农时的把握却十分重要。《尚书·尧典》说"食哉惟时"，把掌握农时从事生产视为解决民食问题的关键。中国古代人民农时观念之强世罕其匹。大体上自原始社会向阶级社会过渡以来，观象授时即成为国家首要的政务之一。司马迁根据有关记载和传说追述当时的情况说：

> 神农以前尚矣。盖黄帝考定星历，建立五行，起消息，正闰余，于是有天地神祇物类之官，是谓五官，各司其序，不相乱也。……少暤氏之衰也，九黎乱德，民神杂扰，不可放物，祸灾荐至，莫尽其气。颛顼受之，乃命南正重司天以属神，命火正黎司地以属民，使复旧常，无相侵渎。其后三苗服九黎之德，故二官咸废所职，而闰余乖次，孟陬殄灭，摄提无纪，历数失序。尧复遂重黎之后，不忘旧者，使复典之，而立羲和之官。明时正度，则阴阳调，风雨节，茂气至，民无夭疫。年耆禅舜，申戒文祖，云："天之历数在尔躬"。舜亦以命禹。由是观之，王者所重也。③

上文谈到，考古学上的龙山时代，相当于传说的"五帝时代"，是中国迈向文明的"英雄时代"。统治者以观天制历为己任，是与这个时代相联系的。文中涉及颛顼的事迹，即所谓"绝地天通"，《国语·楚语》有详尽记载。上古时代观察天象、制定历法是群众性活动，又往往与巫术结合在一起，所谓"夫人作享，家有巫

---

①　辽宁省考古文物研究所：《辽宁阜新县查海遗址 1987—1990 年三次发掘》，《文物》1994 年11 期。

②　覃义生、覃彩銮：《大石铲遗存的发现及其有关问题的探讨》，《广西民族研究》2001年 4 期。

③　《史记》卷二六《历书》。

史"[1]，颛顼对此进行了意义重大的改革，任命一些显贵家族世袭垄断观察天象、制定历法、祭祀天地的宗教权力。[2] 关于尧任命羲和观日祭天，制定历法的事迹，《尚书·尧典》有专门的记载，前文已作介绍，于此不赘。陶寺观象台遗址的发现，使这一记载在相当程度上获得了印证。至于尧和舜，舜和禹交接权力时所说的"天之历数在尔躬"，见于《论语·尧曰》。它说明观象授时在早期国家的责权范围中，处于核心的位置。而它不过是原始农业时代群众所开创的观测天象物候，以把握农时科学实践的延续而已。"五帝时代"以黄帝为首；司马迁认为制历自黄帝始，应该也是有根据的。

# 第二节 原始农业与分工交换

## 一、原始分工交换的发生和发展

原始社会的分工交换可以分为两类：原始共同体之间的分工交换和原始共同体内部的分工交换。它们各有不同的起源而又相互影响。

原始社会每个原始共同体内部虽然基本是自给自足的，但总不可能在他们的居住区内找到生产和生活上各种必需品的全部原料，而不同文化区域以至同一文化区域之间，由于自然环境和社会条件的差异，它们拥有的资源和生产的产品也不完全一样，这就构成了某种分工和交换的基础。如食盐，为日常生活所必需，却并非到处存在，只能通过交换获得。制作各种工具和器具所需的木、石等原料，也非本地都具备，有时也要从外地输入。从有关考古材料看，原始共同体之间的交换似乎发生得相当早。例如，我国发现了不少新石器时代的石器制造场（如广东南海西樵山、山西怀仁鹅毛口和内蒙古呼和浩特大窑村等处，最早的可以追溯到旧石器时代晚期），出土大量石料、制作石器工具、石器制成品、半成品和坯件等，又往往以坯件为大宗。其数量之大并非一个原始共同体能够消费得了。周围相当范围内往往出土同类的石器制品，而有些地方并不拥有生产这些制品的原料。因此，有的学者推测，这些石制品是从附近的石器制造场交换得来的，或者是交换取得坯件后加工而成的。[3]

原始共同体之间交换的产生除了外部的自然环境客观因素，又和氏族制的形成

---

① "夫"是发语词，这句话的意思是人人都可以祭祀，家家都有巫史。

② 徐旭生：《中国古史的传说时代》，文物出版社，1985年。

③ 李根蟠、黄崇岳、卢勋：《中国原始社会经济研究》，中国社会科学出版社，1987年；李根蟠、卢勋：《中国南方少数民族原始农业形态》，农业出版社，1987年，281～327页。

不可分。原始群体时期，各共同体间的居民还处于孤立、近乎隔离的状态，到了氏族形成以后，氏族是独立的基本经济单位，氏族和氏族间的婚姻和经济的联系比以前要密切多了，相互隔离的状况有了很大的改变，人们生活和生产上的需要也同时增长起来。生活在不同自然条件之下的、生产不同产品的氏族和氏族之间，彼此的交换条件水到渠成地成熟了。这一转变过程的完成应该在原始农业出现以后。当原始农业在某些共同体中产生时，另一些共同体还停留在采集渔猎阶段，以后又出现了主要从事畜牧业和主要从事种植业的不同族群，从而形成了不同生产阶段和不同经济类型并存的局面。加之原始农业产生以后，生产和生活上的需求，要比采集渔猎阶段更为多样化，自然条件差异的作用表现得更为充分，交换内容更趋复杂化了。

在原始共同体内部，母系氏族社会时期公社内部的渔猎工具如箭头、渔网等和农业生产工具如木耜、石铲之类，以及生活用具各式陶器之类，通常公社成员自己都能制造，故猎手即是猎具制作手，农民即是农具制作手、制陶手。随着时间推延，有些工具如弓弩、犁铧、玉器的制作加工技术要求较高，难度较大，就会在人人动手中逐渐产生出熟练的能手，这就产生了原始的劳动分工。有了劳动分工，人们就需要相互间交换，以获得自己不会做的物品。由于公社内部的物品是公共财产，是分配的对象，不是交换对象，不可能拿物品直接相互交换，只能进行劳动的交换，即请对方来制作。但不会制作者也可以向能制作者无偿索要，对方绝不会拒绝。即使在不同公社之间，有时也存在这种无偿的赠予，这是原始公社分配的特点。如尽其所有、热情接待陌生客人、朋友等场合，令今人赞扬不已的所谓原始人热忱无私的纯朴之风。不过，无偿的赠送是有限度的，慢慢地随着分工的进展，产品的交换终于取代无偿赠予，占了主导地位，无偿赠予则成为次要的偶然性的行为。这种情况，一般发生在公社内部家庭已经拥有相对独立的生产生活职能以后。只要有劳动分工，人们就必然会有相互间的交换活动。原始公社的交换，就是从以己之有、易己所无的以物易物开始。相互交换劳动或劳动产品的过程，是社会再生产过程的一个环节，它决定于生产，同时又反作用于生产。劳动产品一旦在不同的所有者之间作为交换的对象，就转化为商品。

原始公社时期的物物交换，通常是以满足双方的实物需求为主，至于双方各自投入的劳动量、材料贵贱、技术含量、难易程度等的差异，是否与所欲交换的物品等价等值，是不会考虑的。

在原始公社很长时期内，外部交换的频率要高于内部交换。也只有通过外部交换，才能促进内部的发展和提高。当然，就促进社会的进化、私有制的形成和文明的诞生看，内部交换比外部交换更重要。当公社内部某些条件已经孕育成熟的时候，外部交换就会渗入公社内部，促进公社内部交换的发生，而内部交换的发展加速了私有制的形成，刺激了人们占有更多财富的欲望，又反过来促进外部交换的发展。在这种内外交互作用下，原始交换才有可能迈进商品交换的新阶段。

原始社会距离现在10 000～4 000年，当时的交换情况没有直接现成的资料可资了解，只能通过考古发掘和古文献记载加以探索，其次是借鉴现存少数民族中残存的风俗习惯，获得间接的了解和启发。前者的优点是可靠性（如考古发掘出土实物）较强，缺点是资料较散，不够完整。后者的优点是内容较丰富而翔实，缺点是他们的交换内容已经渗入与周边汉族商人的商品交易成分，已非典型的原始物物交换。此外，中国文化的起源中心黄河和长江流域的史前交换情况有较大的一致性，与周边的少数民族地区既有较大的时间差，内容也大不相同，需要分别叙述。

中国古代的生产和交换，在古籍中被称为"食货"；"食"指农业生产，"货"指交换和货币。关于"货"的起源，《汉书·食货志》说是"兴自神农之世"，说那时已经"日中为市，交易而退，各得其所"。司马贞补《史记·三皇本纪》也有相同的说法。其实两者都据《周易·系辞》所说的"日中为市，致天下之民，聚天下之货，交易而退，各得其所"。日中为市之"市"是北方的称谓，在长江以南，历史上一向称"墟"，这是古越语残留。北方称赶市，南方称赶墟。市和墟本来不是固定的居住点，而往往是几个村落的距离间比较相近的地点，各聚落相互间相约每月逢五逢十的日子，或祭祀、庆祝的日子，人们一早从各处出发，到这个中心点聚集，进行物物交换，以有易无，彼此满足，过午分散。此即"日中为市，交易而退"。以后随着交易的频繁，市本身慢慢成为一些人的居住点，最终成为最小的基层行政单位。

说"食货"兴自神农之世，虽然是后人的追述，却也大体符合原始农业时期的实际情况。《汉书·食货志》对食货所下的定义是："食，谓农殖嘉谷可食之物；货，谓布帛可衣及金刀龟贝，所以分财布利通有无者也。"当然，神农之世的交换，不可能具备这个定义所描绘的全部内容，但部分内容则无疑已经具备了，比如陶器、石器、玉器、纺织品等，应是最早加入交换行列的手工业品。

原始社会早期的物物交换，不一定都从手工业制品和生产工具开始，不同的作物品种或作物种类以及重要的家畜都是交换物品。考古发掘除家畜骸骨外，粮食类就很难判断。但近世少数民族的风俗可以提供这方面的证据。如云南的怒族和傈僳族之间很早以来就有相互赠送种子的习惯，赠送时是把种子装在葫芦里，既便于携带储藏，又不怕鼠食虫蛀。只要听说哪儿有什么好种子，人们可以前去索取，主人只要自己还有种子，便会分一些给客人。这是原始的互助在村寨之间的一种经济交流形式，人们已经懂得交换种子有利于生产的道理。[①] 这种交换，当然不是怒族、

① 李根蟠、卢勋：《中国南方少数民族原始农业形态》，农业出版社，1987年，74页。

傈僳族所独有，而是原始社会带有普遍性的行为。

据华耐（Fogg H. Wayne，1983）的调查，台湾高山族种植的各式粟品种，到成熟时，漫山遍野，都是五颜六色一片片整齐而不同的穗子，丰富多彩，美丽好看。这许多不同色泽的粟穗，除去自己选择的以外，多半是靠交换而来，不同村落的高山族人，每逢市日，必携带自己心爱的粟穗到市集上与他人交换，或无偿地赠送给别人，长期交换加以自选，终于获得日益增多的品种。[①] 还处于原始农业时期的云南少数民族，谷物方面本来没有玉米，约在明朝时从外界传入玉米，以至所有的少数民族通过交换都种上了玉米，玉米在各少数民族的原始谷物结构中成为主要的粮食作物之一，只是我们不知道是哪一个少数民族最先从外界引入玉米。更早的时候，黄河流域的水稻和长江流域的粟麦等，也都是通过交换而来。所以作物种类和品种的交换是促使原始农业作物种类增加、品种资源多样化的重要因素。这样的交换，通常不在经济学的视野之内，却是原始交换的重要内容。这种作物和品种交换，持续了几千年，到现代农业科学培育新品种以后，转为推广的形式继续存在。

在考古发掘方面，距今10 000～8 000年的河南舞阳贾湖遗址，其墓葬出土的随葬品，都以墓主人生前的生产资料为主，男女的分工明显，男性随葬品有石铲、石斧、骨镞、鱼镖等，女性随葬品为骨针、陶纺轮、石磨盘等。其中以骨镞、鱼镖、骨针等为常见。但也有少量的骨和牙的装饰品，如骨环、管形或圆形的骨饰和眉月形的牙饰品。这些装饰品反映那时妇女已有爱美的观念并产生相应的需求，这些东西当是公社内部自己所制造，还不是通过交换而来。墓葬中还有少量绿松石（古称甸子）制作的装饰品，舞阳不是绿松石的原产地，是否从几十公里以外采集或交换而来，尚难作肯定。[②] 但由于当时还属母系氏族公社时期，私有财产尚未出现，故难以说已经实行物物交换，当然不能排除赠送的可能。可信的体现私有制精神的交换要迟到大汶口时期才出现。

山东大汶口遗址10号墓的主人，是个老年妇女，随葬的物品非常丰富，计有石器、玉器、骨器、陶器、象牙器、绿松石以及猪头、鳄鱼鳞板等。其中的彩陶、玉铲和象梳等都是工艺精品。这许多东西同时出土于一个墓葬之中，不可能都是死者的家属们自己所制造，其中不少必然是通过交换而来。[③]

货币交换之前的物物交换情况，现在已无法逆知，只能借助于少数民族的调查资料。原始的物物交换最初起源于朋友熟人间的相互赠送物品，赠送的双方，不会

① Wayne H F. Swidden cultivation of foxtail millet by Taiwan aborigines：A cultural analogue of the domestication of *Setaria italica* in China. //Keightley D N. The Origins of Chinese Civilization. Berkeley and London：University of California Press，1983：95－115.

② 河南省文物考古研究所：《舞阳贾湖（上卷）》，科学出版社，1999年，147页。

③ 宋兆麟、黎家芳、杜耀西：《中国原始社会史》，文物出版社，1983年，285页。

计较赠予和回赠物的数量和质量的是否相称。接着发展为一物易一物，也不分交换物品的贵贱，但已有了原始的价值观念。等价物的选择，视民族而异。景颇族举行宗教活动或交换礼品，都用水牛，水牛是他们的交换行为中的等价物。在各地新石器时代遗址中出土最多的动物遗存，常常是猪骨，这除了说明养猪较普遍，以及猪代表私有财产以外，可能还表明猪也是以物易物的等价物。按原始公社的习惯，当家畜还是氏族集体公共的财产时，是不允许用作个人随葬的，故出现以猪头或猪下颌骨随葬时，标志着所有制已发生变化，猪已成为私有财产了。于是随葬的猪头或下颌骨数量的多少，是该家庭拥有私有家畜多寡的反映。佤族、景颇族、普米族和僜人都把家畜的头骨挂在房檐下，以多为富有。佤族、瑶族、黎族和纳西族还有用猪头或猪下颌骨随葬的风俗。[①]

据李根蟠等的调查，云南独龙族最初的土地交换，是以一瓶水酒或一只小鸡换取一块土地，不问这块土地的宽窄和肥瘠。怒江地区加车村的土锅制造者，与周围村寨居民的交换，在相当长的时期里，以土锅为量器，以装满一土锅的粮食，换取一个土锅，不问土锅的大小，所以彼此交换的劳动量并不相等，其所反映的价值观念虽然不准确，比之一物易一物的交换，所反映的价值观念却是前进了一大步。[②]在物物交换中一些经常参加交换的物品，是人们需求较多的，由此逐渐形成比较固定的交换比例，如1把大铁刀换取10碗盐巴，或1口大铁锅；1口大铁锅换取1.5公斤黄连或1公斤贝母；1把小尖刀换取1～2碗盐巴；1张野牛皮换取10碗盐巴；1头黄牛换取5.5～6公斤贝母等。

## 二、中国原始货币——贝币

随着原始交换的经常化，就需要一种交换的各方都乐意接受的物品作为交换的媒介，充当一般的等价物，这样，货币就由于交换的需要而逐步产生和发展起来了。在中国上古时代，有不少物品充当过原始的实物货币，其中最主要的是贝币。

1975年在青海乐都柳湾墓地中发现以海贝、石贝或骨贝为随葬品，在西宁朱家寨马厂期的墓葬中也有发现。远离海洋的青海，墓葬中竟有贝壳随葬，说明贝币交换的无远弗届。至于墓葬中还有石贝和骨贝，则说明海贝不易弄到，只好以仿制石贝、骨贝替代。云南早期的铜鼓中有用来贮藏贝币的，如晋宁石寨山和江川李家山等墓中出土的铜鼓，都盛放有大量贝币，石寨山还出土了31具贮贝器，有的是

① 宋兆麟、黎家芳、杜耀西：《中国原始社会史》，文物出版社，1983年，289～290页。
② 李根蟠、卢勋：《中国南方少数民族原始农业形态》，农业出版社，1987年，281～327页。

用铜鼓改装或模仿铜鼓制成的。① 铜鼓的出土时间比较晚，铜釜则较早，铜釜又来自陶釜，贝币的流通远早于铜鼓，到了铜鼓时期，铜鼓本身已成为统治者一种社会地位的象征，铜鼓越大，贮藏的贝币越多，越显示拥有者的权势及其财富的显耀。

为什么"贝"会成为最早的货币？经济学的常识所谓"物以稀为贵"，贝壳类是沿海原始人的食物，其中有一种贝壳产于我国福建、广东、广西、海南沿海以及西沙、南沙群岛，其外壳光泽、非常美丽，在动物分类上属"宝贝属"（Cypraea）的一些种。它们的特点是表面的螺纹不明显，富有光泽，壳口狭长，两边有细齿突起。通常所称的"宝贝"，学名"虎斑宝贝"（C. tigris），拉丁文的意思是其外表像老虎斑纹。这种贝壳，被原始人拿来（尤其是妇女）加工成耳坠、项链、手镯、腰带等装饰品，这些贝壳不同于十分常见的普通贝壳，在沿海一带也属珍贵的物品，而对于远离沿海的内地人来说，更是非常罕见的"宝贝"，他们只能通过与沿海人的交换才能获得，一旦交换到这些"宝贝"，便成为"人无我有"的特殊物品，它的身价陡增。有了它，可以交换任何所需要的物品。在冶金技术和造纸技术发明以前，最理想的货币必须具备诸如讨人喜爱、罕见难得、不易破碎、不会变形、不会风化、耐久藏，又有大、中、小各种规格，可以代表不同价值等条件。在原始社会时期，具备这种苛刻条件的首选，非"宝贝"莫属，于是"宝贝"就成为原始社会最早的货币之一，称之为"贝币"。

贝币的流行对后世的影响是如此之深远，我们不妨从朋友之"朋"说起。"朋"字从双月，是现今楷书的写法。朋友之"朋"，本来从人旁，作"佣"，后来省去人旁。朋的"月"其实是"贝"的变形。在甲骨金文中，"朋"字写作一个人肩挑或披挂着两串贝状。后来把中间的人和贝的形简省了，又进一步简化成现今的"朋"字（图 10-1A）。如果不省略"人"，即成"佣"字（图 10-1B）。古代是以五贝为一"串"（串代表五贝穿在一起），两串为一朋。"贝"在甲骨文中是个象形字，描成贝壳的腹部朝上，腹沟凹入，两侧有很多细齿（图 10-1C），贝的繁体"貝"还保留象形的样子。② 简言之，单个的称贝，三五个贝穿起来称一串，成双的串贝称朋。人挑着朋干什么呢？去做买卖。从原始社会起，使用贝作货币，是世界共有的现象。用贝壳加工成的项链、耳坠、手镯等，既是名贵的装饰品，又好比银行的存款，随时可以拿出来交换使用。远离沿海的内地先民们，通过交换，从沿海一带肩挑"朋贝"的人那儿，获得珍贵稀有的宝贝。可以想见，内地人、特别是氏族首领、妇女，对这种肩挑或身挂朋贝的人的来到，是多么欢迎呵。这正是"有朋自远

---

①　蒋炳钊：《从铜鼓的社会作用探讨铜鼓的起源》，见中国古代铜鼓研究会编：《古代铜鼓学术讨论会论文集》，文物出版社，1982 年，40～43 页。

②　古文字参引自康殷：《文字源流浅说》，荣宝斋，1979 年，537～540 页。

方来，不亦乐乎"的原初意义。

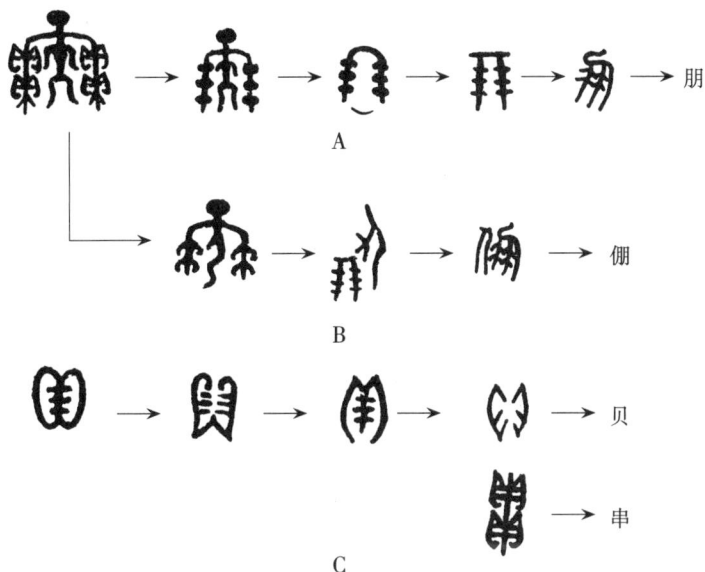

图 10 - 1　与"贝"相关的字形演变

　　贝币主要流行于中原地区，当中原地区的贝币为钱币所取代后，它还在西南地区继续被人使用，但西南地区比贝壳更流行的往往是玉珠石，这一点鲜为人知。

　　以珠饰及贝壳类作货币使用，在云南怒江地区也有残存。据李根蟠等当年在碧江县知子罗村的调查，当地妇女的珠饰曾经有某些货币职能。[1] 在 20 世纪 50 年代以前，当地的交换习惯是以黄连、生漆交换牲畜，以牛只交换土地及娶媳妇的礼金。而妇女的珠饰则什么东西都可交换，如换家畜、粮食、土地等，而且已形成固定的比价。如一串小珠换取一只鸡，两串小珠换取一只小猪，三四串小珠换取一只大猪，珊瑚珠子换取一头牛，腰上缠的大贝壳一圈也可换取一头牛。这些珠饰是从俅江（独龙江）那边输入的，除去作为装饰、"珠贝币"以外，还用于陪嫁、赔偿及随葬，所以必然成为财富的标志。富有的家庭常常购买和贮存珠饰，谁家妇女的珠饰越多，表明谁家越富有。又，西藏珞巴族的手工业与农业没有完全分离，内部的交换不多，与外部波榜人的物物交换则较频繁。参加交换的除犏奶牛和酥油外，贝壳和一种石串珠也起着货币作用，一般 5 颗珠子换 1 只小鸡，4 串珠子换取 1 头黄奶牛等。富裕户还常用粮食、牲畜换取贝壳、珠饰，储藏起来，作为积累的财富。贫穷户缺粮时，往往用妇女陪嫁的珠饰换取粮食度荒。珠石之所以如同贝壳一样被采纳为早期货币的材料，是由于它们与贝壳类似，一般都由遥远的地方交换而来，也具有与贝壳同样的优点。从而"珍珠宝贝"的用词很早就进入口语和文字，

---

　　① 李根蟠、卢勋：《中国南方少数民族原始农业形态》，农业出版社，1987 年，316～317 页。

一直沿用至今，即使是在市场经济条件下，珠宝市场仍然长盛不衰。

贝币的使用一直延续到有史以后、青铜铸币之前，并且在铜币（称泉，后改称钱。泉和钱同音同义）出现之后，还有很长一段泉贝并用的时期。

贝壳成为财富的象征以后，在商周时的帝王便拿朋贝作为一种奖励，赏赐给下属的领主们，专称"赐朋"。领主们受赐以后，就铸铜器以资纪念，并在器上铸明"受二朋""受十朋"等字样。后世的奖杯、奖牌、奖状之类，可说是从赐朋演变而来。贝币的历史虽已结束，但是贝壳作为历史上历时最长的货币，它的影响却一直在汉字中保存下来。试看汉字中很常用的"财货"两字，都是从贝，"才"和"化"只不过是表音的声符。类似的如"買賣（买卖）""赏赐""贿赂""购货"以及"赚""赔""赌""赠""质"等字，总之，凡是与金钱经济有关的事，都莫不从贝，贝的"灵魂不散"，说明原始社会虽已远离我们而去，但原始人的朋贝交易行为，在有史以后，通过文字创造记录下来，其作为文化的延续性是割不断的。

# 第三节　生活资源的依赖和改变

原始农业的出现，改变了逐山林水草而采猎迁徙、居无定所的局面，相对的定居生活，带来相对稳定的食物来源。生产力的发展巩固了私有制的不可改易性，私有制又反过来促进生产的发展。越到后世，农业给人类膳食创造的方式和变化越富多样性，直至进入工业社会以来，更是以飞快的速度改变。这一切都是建立在从 4 万年前的智人（*Homo sapiens*）到万年前原始农业时期的膳食基础上积累、发展的结果。

现代经济学和农业生产部门习惯于用一个国家或地区的粮食总产量除以该国家或地区的人口数，得出按人平均的粮食产量，以此衡量一个国家或地区的人们生活水平高低。如若是有余的，便进一步计算每单位面积的粮食产量能供养若干非农业人口的粮食，或每个农业劳动力的粮食产量可以养活若干人。通过这种计算，可以看出国与国之间或地区与地区之间的生活水平差距。粮食有余的人，意味着生活水平提高，不足的人则可能从陷于饥饿直至死亡。粮食分配的不均，是个历史沿袭、一直未能解决的问题，杜甫诗中描绘的"朱门酒肉臭，路有冻死骨"贯穿了整个封建社会，今天扩大成了美洲和非洲的巨大反差对比。以上的现象只是从数量的角度分析，其实在数量背后还潜藏着一个质量的问题，一直不在经济学和农业生产的视野范围之内。负责这方面研究的，属于营养学的范畴，如若追溯到原始社会时期，还要牵涉考古人类学方面，本节的目的，即是通过学科交叉，把营养的数量和质量问题综合起来，希望对这个问题较之以前有更为全面地理解。

古人类学和营养学家们发现，今天人类膳食的演变已经到了非引起高度注意不可的地步。这是由于偏离原始农业的膳食结构所造成的。现分述如下：

## 一、营养和基因的回顾

人类的基因是数百万年的演化所形成，数百万年来的演化，塑造了人类今天对食物营养特定的需求。现今控制人体功能的基因，基本与人类早期祖先的基因是一样的，正确地"伺候"这些基因，它们就会"恪尽其职"，即保证人们的身体健康。反之，给这些基因以不适当的、配搭错误的"营养"，则加速人们的衰老，并引起各种疾病。据研究旧石器时代膳食的专家和放射性学专家的研究，现代人的膳食和人们的遗传需求配合极不一致，要改善人们当前和未来的膳食，必须了解过去的食谱，在继承过去食谱的基础上发展更合适的食谱。

为此，需要从德纳姆·哈曼（Denham Harman）提出的"自由基学说"谈起。自由基是地球生命起源和演化的主角，很可能是自由基引发了化学反应，导致最初、最简单的生命形成。其时间约在距今 35 亿年之前。但因为自由基容易遭到破坏，抗氧化（即抗衰老）的防御剂（包括维生素），可能立即产生，使生命得以生存下来。事实上，构筑生命的第一块"模块"起源于原始海洋产生的氧化物泛酰巯基乙胺（pantetheine）。这是一种 B 族维生素泛酸的形态，泛酸可认为是辅酶 A 的"奠基石"（cornerstone），其分子把氨基酸联结在一起，才有可能产生脱氧核糖核酸（DNA）和核糖核酸（RNA），这二者就是建造我们基因的"模块"。

在过去数十亿年里，更多的分子——氨基酸、脂质、维生素和矿物质——形成了，并且帮助构筑出无数的生命形态。当然，这些生命形态则主要由相同的营养组合而成。

人类基因的 99％是人类进化成智人之前即形成的，而 99.99％的遗传基因形成于距今 10 000 年农业产生以前。我们可以通过考古学对古代人类的遗骨和粪石（古人类粪便的化石）的研究数据，推知从狩猎采集时代直至现在人们生活习性的变迁。万年前以狩猎采集为生的人类，他们采食不同的水果和植物，猎取动物以供肉食，他们的素食和肉食比例，虽然是因地理环境、气候条件和季节变化而异，但总的来说，那时的人类，很少吃食谷物或饮用动物奶汁。随着农业的逐渐传播，人类从小群的游猎生活转变为相对定居，形成较大的社群，以便照顾田地。于是文化和知识增长起来，人们开始消费大量的谷物、畜奶及畜肉。公社越地域化，人们定居越巩固。到 18 世纪工业革命以后，人们的膳食更起了剧变。从 1900 年起，谷物加工经常化，在加工过程中，大量有营养价值的成分被除去了，吃纯白的糖已成习惯。这种变化到 1939 年时，工业国（尤其是美国）已变成巨大无比的"人类饲养试验"场所。精制的谷物和食糖日益增加，爱好加工食品的风气波及新鲜水果和蔬菜类身上，过去几十年里，快餐食品店的迅速发展，加剧了一般人膳食的改变。现在，人们吃加工食品已经超过新鲜未加工的食品。结果，自距今1万年以来，我们的遗传能力已经不能适应这种急速的变化。既然所有我们的基因都起源于古代，这意味着我们所有的生物化学和生理学是非常适应于万年前的那种生命环境。只要换个角度看，就明白了：过去靠狩猎采集生活的人约经历了100 000代，靠农业为生的人约500代，靠工业生活的人约10代，只有2代人是靠深加工的快餐食品为生！问题是我们的基因并不了解这一点，基因仍按至少4万年前的"节目程序"传递给今天的我们。从遗传学看，我们的身体几乎同我们的过去一模一样。

## 二、营养的古今改变

今天令人眼花缭乱的食品，都是按膳食平衡的概念设计的，与最初的智人及其后代们业已吃了几百万年的膳食相比，无论是从外表或实际营养来看，很少有类似之处。例如，今天我们的维生素摄入量减少了，而我们日常膳食中的脂肪酸构成，也与演化形成的膳食大不相同。换言之，我们今天的膳食已不能提供智人时代所需的生物化学的和分子学的需求。不妨分述如下：

### （一）碳水化合物

早期人类的膳食能量中一半来自碳水化合物，但这些碳水化合物中，谷物是很少的，绝大多数来自蔬菜和核果。现在人们所吃的碳水化合物大多来自糖分和甜食以及深加工的谷物。它们是一些无意义的卡路里（热能），因为它们缺乏与之相伴的重要氨基酸和脂肪酸、维生素、矿物质及光化合物质。

### （二）水果类、蔬菜和纤维

以狩猎采集为生的人，一年之中，典型的要消耗100种以上的各种水果和蔬菜。今天，据营养学和流行病学专家的分析，不到9％的美国人只吃推荐的5种水果和蔬菜。狩猎采集时代人们每天所吃的水果、蔬菜、核果和籽实，约含100克纤维，而今天推荐给美国人的典型的纤维只有20～30克，而且这一水平已超过美国人的平均摄入量。纤维是"前农业"的食物，几乎都来自水果、块根、豆类、核果及其他天然生长的非谷类植物。这些野菜、野果的纤维所含的植酸（phytic acid）要较禾谷类籽实为少，而植酸则会干扰矿物质的吸收。

### （三）蛋白质和脂肪

早期人类的食物消费中约 30％是蛋白质，因季节及地理环境而异，其中大多是现代人所称的"野味"，即未驯化的野生动物鹿、野牛等。今天人们的膳食中蛋白质要少得多，只占总热量的 12％～15％，研究还发现，狩猎采集时代人们摄入的胆固醇每天约 480 毫克，较现代人多得多。据推算，狩猎采集人群每 100 毫升血液中胆固醇含量约 125 毫克，而现代美国人血液胆固醇的平均含量在 200 毫克以上。其原因很多：首先，驯化动物的饱和脂肪酸水平提高了，即 Omega-6 与 Omega-3 的比率改变了。饱和脂肪酸比例与血液胆固醇含量相联系，大多数美国人所消化的 Omega-6 与 Omega-3 的比率为 11：1，按演化和人类学的资料，理想的比率是 1：1～4：1。换言之，我们的祖先消耗较多的 Omega-3 脂肪酸，我们似亦应如此。其次，狩猎采集时代的人体力活动消耗即运动量大，脂肪消耗就多，血液胆固醇水平就低。原始人的迁徙生活，体力支出极大，从他们遗留的骨骼可知他们的肌肉远较现代人更为发达。

### （四）维生素和矿物质

野生动物和野生植物含有较高的维生素和矿物质。采集狩猎人群所吃的食物中，水果、核果、豆类、块根及其他非禾谷类植物，要占到进食量的 65％～70％，这些食物花几小时即可到手，只需少量加工甚至不加工直接生食都可。这就必然使得前农业时期的人们会摄入更多的维生素和矿物质，超过今天科学推荐的摄入量。

钠和钾是保持心脏正常功能所需的电解质，现代人二者消耗的差异非常显著，通常美国人每天约摄取钠 4 000 毫克，但从天然食物中摄取钠的含量不到 400 毫克，其余全靠加工、烹饪时添加进去。钾的消耗量稍小，每天约 3 000 毫克。与此相反，早期人类每天摄入的钠约 600 毫克，而钾则达 7 000 毫克。现代人所摄取的电解质钠钾比例颠倒，正是容易得高血压和心脏病的原因之一。

虽然早期人类的维生素和矿物质摄入量是今天人们的 1.5～5 倍，但是现在推荐补充高剂量的维生素却并不合适。至于高剂量维生素 C 能保持最佳健康则是演化过程所证明的，其原因与食物无关，更多的是由于演化的意外事故。

## 三、未来的食谱

人类的寿命在历史的大多数时间里都不算很长，距今 2 000 年前，人类的平均寿命只有 22 岁，疾病和意外伤亡是短命的主要原因。到了 20 世纪，由于卫生保健事业的改善，人类预期寿命大大延长。现在，人们的寿命越延长，对大量的自由基伤害就越敏感。心血管疾病和癌症已成为结束人们生命的主要因素。问题是，今后我们该怎样对待我们的食谱？人类在演化过程中形成的食谱已经向我们提供健康所必需的营养水平和比率的线索，它建议我们吃食大量的素食和适度的野味肉食，少食谷物和奶制品。充分理解这一食谱，我们就有机会摄入较好的、更天然的食物，在营养需求的个人化和适度化方面做得更好。

人的健康取决于已有的分子营养水平。基于我们的演化观点，回顾旧石器时代的食谱已经提供的这些线索，为我们奠定了继续研究的基础，促使我们更好地保护并充实我们的基因。演化为我们描绘了生命如何发展的机理，但它不能告诉我们是否还有一个更高级的生命在指引这一切。无论如何，要认识到我们今天的膳食比之过去的膳食，已大不相同，而且常常并不比过去好，所以我们未来的膳食不能脱离过去的膳食，而应寓于过去的膳食之中求得发展。

以上回顾和前瞻，一方面宏观地追溯到数千万年前灵长类如何向智人演化、从原始狩猎采集进而步入原始农业阶段的全过程；另一方面，从分子化学水平结合考古人类学的发现，进行人类演化过程中膳食营养的分析。从这个分析的内容来看，原始农业成为人类营养遗传定型的关键，因为 99.99％的遗传基因是人类演化到原始农业时期在原有的基础上添加而成，至今仍然如此，这是人们所必须正视的现实。指出这一点，对于理解原始农业带给我们后人的遗产和影响，绝不可轻视。

# 结　语

　　本书十章至此业已全部结束，这十章的安排是希望尽可能地把原始农业涉及的领域范围，给予分门别类的介绍和叙述，以便进行较为深入的揭示和分析。不言而喻，这样分章叙述的结果，也就失去了全面概括的可能性，为了弥补这种不足，最后的结论部分就必不可少了。

　　站在一个全局性的制高点回顾、观察原始农业，对于这个肇始于一万年前的人类生活大转折，尽管它已远离我们而去，被我们视为原始也好，视为落后也好，它总是一种客观历史存在，成为一种无形的、千丝万缕的、看不见的联系，一种十分可贵的有时也是遗憾的遗产，一种每当我们前进一步，值得我们反思的经验和教训。不管我们愿意与否，它随时随地潜在于我们身边周围，潜在于我们的基因血液之中，只不过我们未去觉察罢了。

　　研究和评估原始农业的意义，可以有两种不同的视角，一是从原始农业看今天，即从过去看现在，看看原始农业对今天有哪些影响和贡献；二是从今天回头看原始农业，即从现在看过去，分析原始农业是怎样一步步走到现在的。我们可从这两种相反相成的视角中汲取有益的经验和教训。

## 一、原始农业的成就和贡献

### （一）摆脱了长期狩猎采集的经济生活，转向畜牧和种植的经济生活

　　在农业发生以前的几十万年里，人类一直过着狩猎采集的经济生活，狩猎采集生活的一个突出之点是人们的食物是"现获现吃"，食饱之后，便是休息、游戏活动或睡眠，食物没有或仅有少量的贮藏加工。这就理所当然地受到活动半径以内狩猎采集资源供应量的限制，这种制约表现为狩猎采集人群的数目不可能太多，通常

以二三十人为一群，进行活动。人数太少了无法进行集体的围猎，太多了，狩猎采集的物品不足分配。其次，狩猎采集又受季节的影响极大，春夏季节里采集资源丰富，狩猎以小动物类为主，秋冬时间里则宜于捕获较大型的动物。这两者都受自然界的各种条件制约，并非都"风调雨顺"。为了克服这种限制，人们不得不过着定期或不定期的迁徙生活。凡此，都限制了人口的增长。在采集时期里，人类采食的食谱极为广泛，并非都是野生的禾谷类，而是种类极多的茎叶、块根、水果、核果等。就世界范围而言，原始社会时期人们采食的植物种类据雅尔丹（1967）的统计调查，至少在1 400种以上，其中禾草类约 60 种，豆类约 50 种，块根块茎类约 90 种，油料植物 60 余种，果实和核果 550 余种，叶菜类 600 多种。能够将其驯化成栽培种的只是少数。把野生种植物驯化成栽培种，要克服许多的困难（详见第四章）。狗是最先驯化的家畜，它是猎人最忠实的助手。当人们驯化了牛羊等食草家畜时，最初是人们自己驱赶着牛羊放牧和迁移，随着畜群扩大，人口增加，帐篷、炊具等生活必需品也增多，紧跟着便是马和骆驼的驯化，牧民从一地迁往他处时，众多的帐篷、炊具等生活必需品都要靠马或骆驼运输。牧民们在放牧时，发现一些野生禾草（如野黍、莠草）既是家畜的好饲料，也是人们可以利用加工的好食物。他们有意地对这些植物的种子进行采集播种，迈出了驯化栽培的第一步，这大概是北方旱作黍、粟驯化的起因（麦类也是同一道理）。北方原始农牧业的家畜肉类和奶类是理想的动物性蛋白质来源，加上禾谷类淀粉质食物，构成北方原始农业人群良好的膳食结构。南方温暖多湿地区，可供采集的自然资源十分丰富，膨大的淀粉质块根块茎类植物长期以来是人们采食的对象，各种小动物和水产鱼类则是理想的动物性蛋白质来源——二者组成了南方原始农业人群科学的膳食结构。但是块根块茎类的缺点是只能现采现食，采食期有季节性，不能长时间贮藏。反之，人们在采食野生稻谷中发现稻谷的种子可以贮藏，要吃时随时拿来脱粒加工，非常方便，这会促使人们不断选择发芽力强、萌发整齐、成熟期一致的种子，进行繁殖留种，迈出驯化的第一步。一旦种植业和畜牧业得以在狩猎采集的经济生活中站住了脚跟，它们的比例便会慢慢上升，最终取代狩猎采集。这个转变的重要性是那样的巨大，以至于无论怎样估价，都不会过分。因为历史的发展证明，这个不可逆转的趋势最终把人类带到今天这个社会，人类再也不可能回到狩猎采集时代去了。

## （二）从漫长的迁徙生活转向相对定居的生活

迁徙不定的狩猎采集生活，制约了人口的增长和劳动的深入分工。采集只需要手工操作，很少使用提高采集效率的工具。高高的果树，人可以爬上去采集果子或用木棒敲打就够了。树上的野蜂巢，不能硬取，可以放火烟熏，将野蜂赶走后再爬树采摘。狩猎方法的改进，如使用投枪、投石索、石球、弓弩、飞去来器、吹箭筒等，远较采集为先进，令人叹为观止，但也没有进一步的发展了。围猎、陷阱、网截、毒药等，则是转向"智取"，工具技术的改进不多。这些捕猎方法，能保证原始猎人在与被猎动物的竞争中处于优势地位。由于狩猎是以消灭被猎物（包括成年兽和幼仔）为前提的，猎手的工具和技术越高明，被猎物的继续繁殖就越困难，过度的狩猎会导致一些动物物种的灭绝，最终人们自己的群体难以扩大，人口也难以增殖。种植业和畜牧业的出现，有条件实行相对定居，改变了狩猎采集环境的制约。原始农业早期，狩猎和采集的比重仍很大，但已有所不同，即狩猎和采集主要环绕定居点半径的一定范围以内进行。早期的定居，谷物的产量受到田间杂草和不施肥的影响，下降很快，需要抛荒迁移他处，开辟新田地。但是"故居"并非永久放弃，而是在一个较大的半径范围内轮转，经过数十年以后，又回到原地。以后随着栽培技术改进，从抛荒转向定期的轮作和休闲，达到恢复地力的目的。这样一来，在定居条件下，因粮食有盈余，人们开始建造贮粮的仓库，笨重的石臼和易碎的陶器等粮食加工和烧煮工具才有可能制作和使用，因为这些东西无法在迁徙频繁的狩猎采集生活中随身携带。饲养的猪、牛、羊等提供了比较稳定的肉食来源，摆脱了动物一定要靠狩猎获得的被动局面。凡此，最终导致人口的增长。人口增加了，聚落居住区的规模也随之扩大。定居的聚落带来新的问题，即保证聚落内部居民的人身及祖先坟墓的安全和公共财产的安全问题。据考古发掘所见的中国新石器时代聚落，业已发展到具有壕沟或兼有城墙的，共有 50 余处，散布于黄河中下游华北平原、长江中游两湖平原、长江上游四川盆地和内蒙古高原，时代距今 5 000～4 000年。这些聚落的兴造，大小和规模都不一，水平也不同。城内面积 3 万～10 万米$^2$ 不等，但挖壕沟及间或筑城墙则是共性。壕沟宽从 5～6 米至 35 米不等，深 3～4 米不等。聚落定居的发展过程都凝聚在汉字"國"（"国"字繁体）的结构之中。"國"是一个大囗，中间为"或"字，"或"在甲骨文、金文中，其中间的小口代表聚落居住点，四周本来有四根短画，代表四扇寨门；右侧是一把戈，象征有人持戈保护居住地。后来在传写中把左右两根短画取消了，上边的短画与戈的横画连在一起，只剩下下边的一根短画，成"或"。"或"外面的大囗，本是一个独立的字（不是口语之"口"），《说文解字》释"囗"："囗，回也。"段玉裁注说，"囗"有回转、围绕之意，后世因"围"字通行，"囗"就废而不用了。据此可以认为这大囗之囗，就其本义有回转、围绕之意，应该是代表环绕居住点四周的环壕，"或"是随着部族间斗争的升级，不得不在居住点四周加筑环壕以及城墙的结果。"國"和"域"二字同源，"國"是"或"外加大囗，"域"是"或"旁加"土"，代表领土。最后，"國"取得国家的意义，"域"取得领土所有权的意义，一直使用至今，追根溯源，都起自原始农业的定居。

## （三）促成了人类从母系氏族向父系氏族的过渡

狩猎采集的早期，男女之间没有明确的分工。慢慢地，随着狩猎采集内容的充实，技术的进步，男女之间开始有了分工，即由男子从事奔跑、追逐等体力活动较强的狩猎，女子负责细致、缜密的采集及家务活等。女子在长期的采集过程中积累了丰富的植物知识，从采集转向种植和饲养的发明权，自然而然地归功于女子。因为男子把狩猎所获的幼畜交给女子处理，女子在饲养幼畜的过程中，逐步取得驯化的成果。至于把野生种的谷物驯化成栽培作物，当然更是女子辛勤劳动的结果。谷物种植和家畜饲养这两大项的发明，使得女子处于群体经济生活的中心地位。无怪乎世界各地的农业起源之神，都是女性。只有中国的神农氏是男性，可能是进入父系氏族以后的产物，但嫘祖则是女性（详见第二章）。在原始农业的早期，女子的负担是异常繁重的，因为男子仍然以从事狩猎为主，只在个别环节如砍树烧荒时帮忙一下。女子除了田间劳动，还要兼管家务，抚养孩子。一些少数民族的调查显示，女子往往背负孩子在田间扶犁，男子只不过往田头送饭食而已。在种植业发展的同时，女子还负责制陶、纺织、酿酒等，这些手工技术的发明权无疑也应属于女子。所以在原始农业的早期及以后很长一段时期里，女子处于经济中心的地位是不可动摇的。与此相适应的是，由于那时男女的婚姻还处于族外群婚制，女子成为人类世代相传的唯一可以识别的祖先。即使进入父系氏族很久以后，直到现代，不少地方女子掌握家庭财务大权的习惯风俗，依然十分普遍。《红楼梦》中贾母的无上权威地位以及西方社会交际礼节的所谓"妇女优先"（ladies first），可视为男性家族取代女性家族以后的一种精神赎买。

原始农业早期的母系氏族社会，由于农业生产带来的相对稳定，不同于狩猎采集时期的集体奔波，使得氏族的婚姻结构发生分化，从妻居的对偶婚取代了望门居的对偶婚，母系氏族分支转化为母系氏族公社，这是母系氏族公社制度的繁荣时期。社会生产力的继续发展，农田面积的不断扩大，狩猎比重的逐步下降，男子转入农业生产的劳动量增加，男子逐渐成为农业生产的主力，与此相关的是母系氏族公社演变为父系氏族公社。

氏族制是与原始狩猎经济相适应的，氏族公社的产生是与农业经济相适应的。狩猎的大集体具有一致行动性，比之农业有较强的集体协作性，这种集体协作性因农业生产工具的低效性，需要保留在原始农业生产中，殷墟卜辞的"王大令众人曰协田"、《诗经·周颂·载芟》的"千耦其耘"即是其残余。但是作为发展的趋势，慢慢地，原始农业对集体劳动的要求不断趋于缩小。这种缩小又以对偶婚的发展为条件。最初是由原先的氏族分离出若干小分支，由于女子在生产中的重要地位未变，这些氏族分支仍以女子为中心计算世系。这种母系氏族分支因未包括同一家庭或家族的全部成员，还不是家族公社，而是家族公社的前身。狩猎时期人类的生活不安定，共同的狩猎导致不同集团人们的接触比较频繁，望门居的对偶婚是适应这种生活的婚姻形态。转入原始农业阶段，人们的生活相对稳定，不同集团之间的接触减少，从妻居的对偶婚取代了望门居的对偶婚，也是顺理成章的结果。

总之，从母系制向父系制过渡是与婚姻家庭形式的转变及男女两方在生产中的地位转变联系在一起的。父系氏族公社建立的基本标志是由男子出嫁转为女子出嫁，其最终结果便是子女留在父亲家族，以及家族世系按父系计算。氏族公社的发展必然导致私有制的出现，至父系氏族公社更趋成熟。随着原始农业生产工具和生产技术的改进，以某个原始共同体为单位集体进行生产劳动，就不再必要了，一对夫妻组成的家庭已能单独从事农业生产时，氏族公社中的对偶家庭就会转变为具有独立经济的个体家庭，这种一夫一妻制个体家庭的"最后胜利乃是文明时代开始的标志之一"①。

### （四）在物质生活发展的同时促进精神文化生活的发展

人类和其他一切生物都生活在地球上，地球是个绕太阳而转的行星，它自己有个卫星月亮。地球上所有的生物，都受地球环境的控制，地球又受太阳的控制。一切生物都在这个特定的环境下竞争，一些物种消灭了，一些物种兴起了，这就是演化。人类只有在进化到一定时期，才能够初步意识到这些客观环境对自身控制的存在，并对之作出反应、解释和选择。这个特定时期就是原始农业的出现。

当北半球冬季结束，大地回春，草木欣欣向荣时，所有的动物都会出来活动觅食，这是遗传的本能。但原始的狩猎采集者通过长时期的实践观察，开始主动地采取行动，他们注意到太阳出没的时间有定期的变化，即日子（白天）有长短，得出了一年有一个最短的日子（冬至）和一个最长的日子（夏至），以及两个昼夜相等的日期（春分和秋分）。这种一年四季的划分，以北半球温带最为典型，也是北半球温带原始农业发展最快的原因之一。热带地区的原始农业出现也很早，但因热带气候条件一年到头很少差异，植物动物的采集狩猎资源丰富，缺乏转向农业的推动力，所以进展迟缓。反之，寒带的一年里冬季占极大部分，春夏十分短促，客观上只能从事狩猎而不利于农耕，北极圈内则更只能从事渔猎。原始农业起源在黄河流域和长江流域难分先后，但发展速度则是北方快于南方，即因一年四季及以后的二十四节气首先产生于黄河流域之故。有无四季和二十四节气的划分，其意义不在节气本身，而在于背后体现的天文、天象知识积累的差别，表明原始农业时期的人们，已经主动观察宇宙天象（除日月以外，还包括观察星星），探索寻求其规律，

---

① 中共中央马克思恩格斯列宁斯大林著作编译局编：《马克思恩格斯选集（第四卷）》，人民出版社，1972年，57页。

迈出天文学的最原始、最简单的第一步。月亮作为地球的伴侣，其从圆月到缺月的周期性，给原始人创造一年 12 个月的周期，提供了最佳条件。由于地球绕日一周的回归年不是 365 天整数（365 日 5 小时 48 分 46 秒），月球绕地一周不是 30 天整数（一个朔望月约为 29.5 日），这是促进人们数学运算的极大推动力。在这个艰难的问题未能很好解决以前，"物候历"的应用，在原始农业时期对于决定农时具有举足轻重的地位，直至有史以后，仍然如此，物候有时比温度计还正确，因为温度计只指示当前温度，物候则能反映长时期的积温差异。

原始农业时期人们在狩猎采集之余，面对收获物的喜悦，跳舞是最好的庆祝和休息，所以舞蹈是最早的一种娱乐方式。而用来引诱野畜的骨哨之类则是乐器的先行物，事实上贾湖遗址即已出土有五孔甚至七孔的骨笛。新石器时代从内蒙古、云贵到西藏一带即已出现大量岩画（第九章），岩画的出现，表明人们的思维活动已经具有抽象的人类独有的审美观点。动物的审美表现如孔雀开屏，是演化过程中所形成的，只通过遗传基因表达，不以孔雀的主观意志为转移，即动物不会作出任何的自由修改表达。人类可以通过大脑思维指挥手指和使用工具，进行自由地表达。绘画的抽象和计算的抽象，代表原始农业时期人的脑力活动开始向着科学的严密思维和艺术的自由思维发展，成为后世自然科学和人文科学的萌芽。如果单纯地比较人和食肉动物如狮虎的凶猛气力，或食草动物如马羊的奔跑速度和单纯食草的消化能力，人类绝非它们的对手。人是靠脑力的发展，借助于工具的使用，从而战无不胜。而脑力发展和工具使用恰恰是在 4 万年前的基础上，演化到 1 万年前的原始农业时期得以实现的。熟食和杂食（植物性食物和动物性食物）的巧妙配合，使得人在自然界的物种竞争中体脑并用，立于不败之地。

使得这种抽象性思维进一步发展的是文字的创造。文字的大规模使用虽然是进入有史以后的贡献，但文字的起源和萌芽，却可以追溯到原始农业晚期，由原始的图画文字演变而来。学界通常把半坡、姜寨、马家窑遗址的陶器刻符，以及大汶口文化陶器上的刻符、良渚文化黑陶上的刻符，视为最早的文字雏形或"原始文字"，它们可能是甲骨文的前身。尽管在学术讨论上存在不同的看法，但似乎分歧正随着发掘和研究的深入而趋向接近（第九章）。

与科技和人文这两大精神活动发展的同时，产生了原始的精神信仰，精神信仰是狩猎采集时期人们的一种宇宙观。宇宙观是客观世界（日月星辰、风雨雷电、万物生灭等）作用于人们头脑的一种反映和解释。那时的宇宙观可以概括为"万物有灵"和"天人合一"这两点。"万物有灵"认为万物都由灵所主司，灵也即神（或魂），太阳是神，月亮是神，推而广之，稻有稻魂，牛有牛魂，树有树神，山有山神，雷有雷神……这就是万物有灵。就人而言，人由肉体和灵魂组成，肉体会死亡，灵魂却是永生的。死去的祖先灵魂，时时刻刻就在人们身边。这是祖先崇拜的理论依据。原始人以为灵魂往往住在头颅里，部族战争中，杀死对方的人，把对方的头颅悬挂在本族人的屋前，意味着对方灵魂已加入本族人的群体里，意味着本族的人丁兴旺。

周围世界的万物既然都是与人一样的有灵之物，原始人便把它们与人的关系理解为兄弟姐妹的关系，印第安人还保留这种理解和信仰。19 世纪 50 年代，美国第 14 任总统富兰克林写信给印第安人，提出收买印第安人的土地，印第安人无法抵抗，写了一封回信给富兰克林，其中充满了万物有灵和天人合一的动人词句："总统从华盛顿捎信来说，想购买我们的土地，但是……我们熟悉树液流经树干，正如血液流经我们的血管一样。我们是大地的一部分，大地也是我们的一部分。芬芳的花朵是我们的姐妹；麋鹿、骏马、雄鹰是我们的兄弟；山岩、草地、动物和人类全属于一个家庭……如果我们放弃这片土地，转让给你们，你们必须记住，这如同空气一样，对我们所有人都是宝贵的……你们会教诲自己的孩子，就如同我们教诲自己的孩子那样吗？即土地是我们的母亲，土地所赐予我们的一切，也会赐予我们的子孙。……我们知道，人类属于大地，而大地不属于人类……人类所做的一切，也影响到人类本身。因为降临到大地上的一切，终究会降临到大地的儿女们身上。"这封复信的内容，是万物有灵和天人合一的最佳说明。印第安人创造了古代的美洲文明。印第安人驯化了玉米、马铃薯、烟草、向日葵、木薯、南瓜等作物，是带给美洲乃至世界的一大笔遗产，似乎已被世人所遗忘。一个农业处于原始阶段的善良的印第安民族，担当起传教士和教师的职责，给文明的美国，上了一堂天人合一的生态课，真是人类历史的莫大讽刺和悲剧。

## 二、从现代农业反观原始农业

把现代农业和原始农业的各种要素加以对比，可以看出其发展过程变化的特点。不论是古代农业生产或现代农业生产，参与生产的各种因子，都是相互牵连的复杂的生态综合性表现。为了对比说明方便，这里把与原始农业有关的因子加以划分，计有太阳、气候、水分、土地、有益生物区系（beneficial biota）、病虫害、劳动力、人口、社会 9 项（图 1）；随着农业发展，陆续加入其他因素。到了现代，与农业有关的因子增至太阳、气候、水分、土地、有益生物区系、病虫害、劳动力、人口、社会、外源能量、农药、化肥、城市及郊区、政府、经济、法律、机械化自动化、工业 18 项（图 2）。[①] 前 9 项与原始农业相同，后 9 项是增进来的。这

---

① Dahlberg K A. New Directions for Agriculture and Agricultural Research：Neglected Dimensions and Emerging Alternatives. Totowa：Rowman & Allanheld，1986：260.

里试用图1和图2表示。图1中周边上的各个点与其他点的关系，用直线相连表示。当然，从农业出发，是与每个点都相连，但如太阳，就只与气候、水分、土地、病虫害等相连，与政府、法律、机械、劳力等没有联系。原始农业时期，在影响农业的各因子中，"有益生物区系"是最重要的，它包括与农业一起必不可少的各种其他的动植物和微生物等生物区系成员，与农业生产有千丝万缕的关系，农业是人类在生物区系的活动中演变出来的，虽然最终都要归功于太阳。

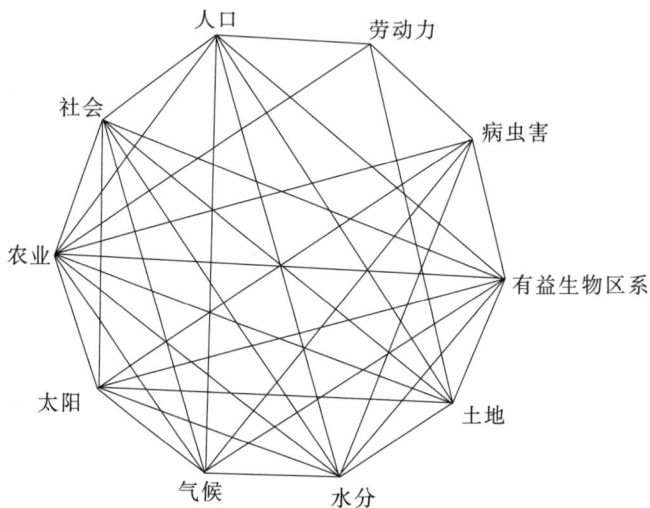

图1 原始时期影响农业的因子及其相互联系

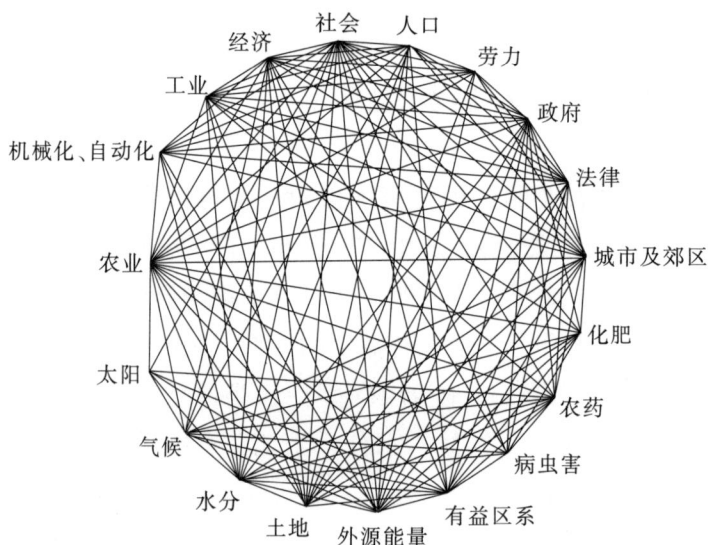

图2 现代影响农业的因子及其相互关系

　　原始农业从生物区系中诞生开始，就是以减少森林植被为前提。刀耕火种的原始农业是以破坏山地森林为代价，原始稻作是以改变平原林地、沼泽地的面貌为代价，单纯的游牧业则是以破坏草原为代价。所以整体地说来，农业的发展过程代表人类"征服"自然的成就；反过来说，生物区系环境的不断恶化，是受到农业不断发展的干扰所致。在原始农业诞生之前，人类的狩猎采集生活，基本纳入整个自然界的生态平衡变化之中，受到生态平衡规律的制约。农业萌芽以后，人类开始向生态平衡挑战，在物种竞争中取得优势种的地位，表现为人类处于食物链金字塔的顶端。这种优势，到了现代农业中发挥得淋漓尽致。同样，其所遭受生物区系平衡规律的反击程度也到了史无前例的地步。

　　结合中国农业发展主流的黄河流域和长江流域的生态变迁来看，一万年下来，前因后果，脉络分明，是很值得回顾总结的。

　　黄河流域的原始农业和长江流域的原始农业大体上同时期起步，何以黄河流域的发展快于长江流域的优势非常明显？因素很多，主要有：①黄土是经历连续数十万至百万年以上的风力搬运堆积而成，土质疏松，用原始的木石农具即可胜任开发；同时黄土的土壤肥沃，可以不必施肥也获好收成。②新石器时代黄河流域的气候条件较现在更好，降水充沛，年平均温度较现今高 2℃左右，非常适于粟、黍、麦等生长，河流和湖泊水源充足之处，适于种植水稻（详见第一章）。③率先发明冶炼青铜及随之而来的冶铁技术，加快了农业开发速度。④农业发展促进了各氏族的接触交融，文化交流和利益矛盾引发的战争，促成人口迁徙及氏族融合，其实质即遗传基因的不断交换和重组，脑力开发，有利于文明的发展。⑤率先发明使用文字。文字，代表人的脑力思维运用，起了一个飞跃的变化，向前大大迈进了一步。⑥进入有史以后，从秦汉至唐，民族斗争、融合、迁徙的大趋势是自北向南，相反的自南向北则属次要。与此同时，也埋下了南方开始向北方追赶的因子。

　　反过来问，长江流域农业的开发何以迟于北方？其答案正是上述诸因素的反面。长江流域森林茂密，土壤种类复杂，不像黄土那样疏松肥沃，早期的木石农具难以开垦农田。青铜和铁器农具的冶炼、使用与推广迟于北方。虽有降水充沛、温度适宜等较好的自然条件，却受到土壤和农具的制约。同时，南方的潮湿闷热气候，充满许多致人疾病的不利因素，如岭南所谓"瘴气"（恶性疟疾），曾在很长一段时间里威胁人口的增殖。还有一个重要原因是长江流域及其以南森林茂密，狩猎采集的食物来源丰富，终年的食物不缺，缺乏推动农业耕种的动力。

　　在全新世中期原始农业虽已开始，但人口极少，生产力低下，对生态环境的负面影响甚微，在估算全新世初期的天然森林状况时，可视为基本未受人类活动的影响。据考古钻孔的孢粉分析，全新世中期长江流域森林植被的分布十分广泛，无论是平原、丘陵、山地，几乎都覆盖着茂密的亚热带（部分温带、热带）常绿阔叶林、针叶林和落叶林，中全新世初期的森林覆盖率估计当有 80% 左右，其余为江源草地区、高山岩石裸露区、低洼沼泽积水区、滨海盐碱区。

新石器时代初期的先民们，其聚居点的选择都集中于地势略高的平原边缘地带和台形、墩形岗地，以后的活动区域逐渐向接近水面的台地发展。从这些遗址保留至今的地名可以看到这一点，如江苏无锡仙蠡墩、施墩，常州圩墩，安徽含山大陈墩，江西修水跑马岭、永丰尹家坪，湖北武昌放鹰台、京山屈家岭，湖南澧县彭头山，河南淅川下王岗等。

旱作粟黍等与水稻相比，对森林的破坏要以黍粟类为烈，因刀耕火种多在山坡地进行，其所导致的水土流失非常严重。水稻在低洼处种植，后来向丘陵山坡地发展，则必须修筑梯田，梯田的等高做埂，虽是为了保持水平面，却也带来保护水土的作用。但水稻在平原低地种植会导致沼泽的消失，则易被人们所忽视。沼泽是地球生态环境组成的重要链环，沼泽生态牵涉生物链的完整性，沼泽消失会连带消灭借沼泽生活的动植物物种，并且容易导致洪水泛滥。长江中游的千湖之省湖北省和下游的太湖流域，自古以多沼泽著名，也是水稻种植最发达的地区。几千年下来，稻田开发与水患斗争，一直处于你进我退，我进你退的较量之中，稻作的成功即以沼泽消失、湖面缩小为代价。

黄河流域的农业环境，直到秦汉时期仍然是森林密布，湖泊众多，黄土肥沃，从而孕育了古代灿烂的文明。考古发掘显示的气魄宏大的宫殿、墓葬、都城结构，以及令人惊诧不已的随葬品，说明了这一点。对照今天的沙尘蔽天，黄土裸露，湖泊消失，水资源短缺，西北农民生活的艰辛，人们很难想象出古代那么辉煌的文明是怎样创造出来的。

历史上每隔三四百年的温度冷暖交替变化，在华夏大地上左右着畜牧和农耕交错地带的相互消长，也是导致游牧民族和农耕汉族屡次战争的重要因素之一。现代研究认为，年平均温度每下降 1℃，北方草原将向南推延数百里。三国、魏晋、南北朝是中国历史上第一次大分裂时期，在这段 300 多年历史时期里，北方年平均温度较现在约低 1.5℃，北方草原日渐萎缩，鲜卑族拓跋氏大举南下，成功地建立起北魏政权，同时也陷入强大的汉族农耕文化里，不得不采取恢复农业生产的一系列措施。这就是《齐民要术》成书的背景。反之，年平均温度每上升 1℃，像汉唐盛世，强大的汉族向塞外发展，蚕食草原，改牧为农，成功地开发了大量屯田。但最终的代价是沙漠化的扩大，剩下一些当年的地名，聚居地痕迹，留给后人考察、追思和凭吊。从历史地图上可以看出，几千年下来，西北农牧的界线，大体上在长城内外拉锯。由于气候的干燥化已成为一种难以逆转的趋势，农耕向北扩展的成就，总是有限，而畜牧业的多次南下，则不断同化于汉族，农牧之战终于不再重演了，中国农业发展的方向，转向以前被视为荆蛮之域的长江流域及其以南。

　　长江流域的原始农业起步虽然很早，但因原始农业时期的人口稀少，森林虽然遭到少量破坏，却有足够的时间恢复，故森林面积仍然很大。有史以后，直至秦始皇统一全国，秦在南方所置郡县，大多分布于平原地区，如浙江所置 19 个县中，17 个县集中于浙北杭嘉湖和宁绍平原，浙中和浙南还处于未开发状况，森林的面积仍然很大。秦汉时的关中地区，农业繁荣，人口增加，人口密度每平方公里达 200 人以上，其余地方也有 100~200 人，而江浙一带的人口密度则不到 10 人，南方大部分地区不到 3 人。这样稀少的人口，还达不到破坏森林的地步。直到隋唐时期，南方已大有开发，北南人口之比才上升到 7∶3。

　　农业生产要供养全社会的消费。脱产的上层统治阶级，从来不会对农业所提供的消费资源量入为出，而总是追索不已。消费需求的增加本来可以促进生产，但如果不相应地偿还给农民，提高他们的生活水平，同时照顾到自然的恢复能力，便会导致无节制地滥用资源，在这种情况下，再好的农学理论和技术，也无济于事。超前的消费，资源的破坏，看似农业的问题，实际上是制度的问题，只有这样认识传统农业的问题，才比较客观公正。

　　除去战争年代以外，在和平时期里，农业的开发也常常超越环境负载力，如森林的破坏，从南北朝以后，南方和边远地区的森林加快了开发，虽然历代都有公私护林碑的设置，遍布各林区，起到一定的制约作用，但森林资源终归是日益减少。宋以后，经济和农业重心南移，南方人口大增，北方经过长时期的休养生息，农业回升，但北南人口之比，第一次颠倒成 4∶6。中华人民共和国成立以来，农业全面发展，人口也随之进一步增长，但其增长的分布不平衡，北方慢，南方快，北南人口之比，仍没有回到宋时水平。[①] 这说明北方农业环境的退化，显然抑制了人口的增长，已经难以逆转。

　　江浙一带自唐宋以后，一直是中央政府的粮仓，从隋唐至明清，通过大运河的漕运，不知供应了北方政治中心多少万石的大米，南方的农业生产再也难以支撑了。农书是传统农业的一面镜子，封建社会到了后期，水利失修，自然灾害加重，饥荒频繁，于是徐光启在《农政全书》中专辟"荒政"之部，达 18 卷之多，几乎占全书篇幅（含图）的三分之一。从东汉至清的 1 800 余年间，江浙共发生水旱灾害 474 次。其中明清时期 305 次，占东汉至清的 64.3%。而太湖地区在吴越国的百余年间，只发生水灾一次，南宋的 150 余年间也只有水灾一两次。围湖造田，在短期里粮食生产大获丰收，从"苏湖熟，天下足"转到"湖广熟，天下足"，其实是不祥之兆，却常被作为正面成绩歌颂，更是刺激了滥围滥垦。两宋时期太湖被滥围以后，"旱则据之以溉，而民田不沾其利；涝则远近泛滥，不得入湖，而民田尽

---

　　① 　如 1993 年北南人口之比为 3.5∶5.5。

没"，"苏、湖、常、秀，昔有水患，今多旱灾，盖出于此"。[1]

农民没有粮吃，只好寻找野草充饥，《救荒本草》之问世，《农政全书》之设荒政卷，便是客观如实的反映。传统农业依赖人力投入，以增加产出，苛捐杂税跟随紧逼不松，于是围湖造田，开山筑梯田，加重水土流失，如此，成为传统农业不能摆脱困境的怪圈。传统农业再也不能摆脱这一困境了。洞庭湖在19世纪时，面积还有6 000千米$^2$以上，到1949年时，只有4 350千米$^2$，1984年只剩2 145千米$^2$，缩小64.25%，到20世纪90年代，只剩下41%。鄱阳湖近40年来也缩小20%。整个长江中下游湖泊面积，在20世纪50年代为22 000千米$^2$，80年代仅剩12 000千米$^2$，疾减45.5%。无怪乎1998年的洪水量并不是历史上最大的，却造成巨大的损失。

农业越发展，人类向周围环境索取的资源也越多，人口的增殖也越快。在不破坏生态平衡的前提下，这种索取是安全的、合理的。但是，超越环境荷载力的临界点，就会遭到自然的报复。所谓环境荷载力，小至一个封闭的人群聚居点周围，人力所能及的半径，大至一个地区、一个国家，最后便是整个地球。局部的、地区的环境荷载力超负，遭到自然报复，在历史上屡见不鲜。《孟子》早就指出，齐国东南的牛山之所以"童山濯濯"，即因过度的采伐和放牧之故，孟子以"养"和"用"的关系说明："苟得其养，无物不长；苟失其养，无物不消。""用"和"养"平衡的办法是："数罟（过密的渔网）不入洿池，鱼鳖不可胜食也；斧斤以时入山林，材木不可胜用也。"这很合乎生态平衡的原理。《管子》《荀子》《淮南子》中都有较《孟子》更详细的论述和主张，这是局部地区的乱砍滥伐、滥捕滥捉受到自然的报复以后，所得出的深刻教训。不但是传统农业，就是现代化农业的发展也没有接受这种教训，以至于陷入愈来愈艰难的困境。

现代农业获得工业装备和科技推广的支援，产量增加，品质改善，经济效益日益看好，人们的生活水平明显提高。但是农业（以及工业）在取得巨大经济效益的同时，往往带来环境污染、农药残毒扩散，污染物通过呼吸、水源或食物链进入人体，加上森林缩小、生物物种资源丧失等一系列问题。早在1962年时，美国卡逊（R. Carson）出版了《静寂的春天》（*Silent Spring*），对书中的标题如"不必要的大破坏""再也没有鸟儿叫了""死亡的河流""自天而降的灾难"等，当时不少人都以为是耸人听闻，杞人忧天；又有人驳斥，说依靠科技，人们有能力克服这些问题。可是只不过二十来年，书中的警告，已一一出现在我们身边，再次证明科技是双刃剑的这一譬喻，是很辩证的。

起源于原始农业时期人神不分、人与周围万物沟通的天人合一思想，有史以后

---

① 《宋史》卷一七三《食货上一》。

被提炼成指导传统农业的理论——三才思想，它与西方的宗教哲学是针锋相对的，《旧约·创世纪》说："大地厚生，生生不息，满载于世，征服它吧，努力去支配海中之鱼，空中之鸟，以及在地球上走动的一切生物。"这与《孟子》的"苟得其养，无物不长；苟失其养，无物不消"，以及甘地的名言"自然可以满足人的需要，但不能满足人的贪婪"，不是针锋相对吗？文艺复兴以后的西方，科学技术飞速发展，"人类征服自然"这一豪言壮语，成为鼓舞人心的极大驱动力。两百余年来，殖民主义、资本主义国家"努力去支配海中之鱼，空中之鸟，以及地球上走动的一切生物"，把《旧约》的这段指示发挥得淋漓尽致。落后的国家，正以美国为目标，努力追赶，去争取现在已所剩无几的"未开垦的处女地"。

传统农业和现代农业的差距，以谷物为例（其他也类似），表现在：田间生产过程中，传统农业以人畜力投入为主，劳动生产率很低。其次是产品的产后加工，传统农业只有初步的加工，现代农业的产后加工非常深入。两者结合，使得传统农业相形见绌。这种差异的根本原因，是现代农业有外源的能量（石油）投入，传统农业则除太阳能利用以外，没有外源能投入。

一个 450 克的甜玉米罐头，田间生产耗能量为 190 万焦耳，加工所耗能量为 110 万焦耳，包装 420 万焦耳，运输 66 万焦耳，分配 140 万焦耳，零售 130 万焦耳，进入家庭 190 万焦耳，共耗能 1 246 万焦耳，而人所吃进的 450 克鲜玉米所含的能量与加工成 450 克罐头玉米的能量，是相等的。农业机械、化肥、农药、包装、销售、运输等环节的投入越多，能耗越大，换取的生活享受越方便，但最终产生越高的熵增。可是前者能把农民从土地上解放出来，发展其他产业；后者则把农民束缚在土地上，难以发展其他产业。前者带来环境污染等一大堆问题，后者相对而言，问题要少得多，但传统农业不能把农民从农田中解放出来，是根本性的缺点，正是这一点，促使我们向现代化农业迈进。

太阳能是取之不尽用之不竭的，石油能（及煤炭、天然气等）是地球 30 亿年之前的森林固定太阳能后，经地质变化埋入地下的贮藏能，好比银行存款，用一天少一天，到了用完（其实不必等到用完）的一天，恐怕早已越过地球负载力的极限，而出现崩溃，这绝非危言耸听。现在全世界都在追求美国人的生活方式，美国的人口只占世界人口的 6%，它的总能耗却占世界能耗的三分之一，美国人夏季 3 个月消耗的空调电能，等于中国一年的总用电量。而石油能是不可再生的，石油危机是美国插足中东伊拉克的根本原因。说到底，石油危机是热力学第二定律即"熵增定律"对美国和全人类发出的明确无误的警告。熵增定律被爱丁顿称之为"宇宙至高无上的哲学规律"，爱因斯坦称之为"一切科学的根本法则"。

为了克服现代农业带来的上述弊端，寻找不再损害生态环境资源的出路，人们为今后的农业发展设计了各种方案，包括诸如：①提倡和推广生态农业，或可持续农业，即根据生态学原理，在农业生产的各组成环节中尽量分层次循环利用太阳能，采取生物防治等措施，不用或尽量少用化学农药和化肥。②鼓励提倡农业的规模经营，摆脱小农经营，减少单纯的农业劳动力投入，增加农民收入。在南方提倡的规模经营，类似日本的方式；北方特别是东北，则类似欧美的方式，其内容强调减少对石油的依赖。③挖掘可以取代石油的其他可再生能源，如寻找高效的燃料植物，在不宜于农业生产的山地、湿地进行短期生长的森林轮作，用作燃料，供室内加热、农村小型工业等。目前已发现的这类高能植物已有 17 种，传统农业中也可找到类似材料。此外，还有沼气（已在生态农业中应用）、风力、水力发电、地热发电、潮汐发电等，现在还只能小规模应用。④研究直接利用太阳能的途径。如太阳能温室、太阳能贮存、太阳能运输、太阳能加工、太阳能制冷等，降低对石油的依赖程度。由于目前石油供应量还相对充沛，抑制了替代再生能源的研究和应用，但是从长远目光看，以上方案应该是正确的选择。

总之，对于传统农业，既不可估价太高，亦不可视为过时无用。特别要认识到原始农业时期形成的人与环境宇宙统一的观点，剔除其原始的神秘迷信成分，实在是很科学的见解，在有史以后的三才思想，亦应如此看待，它与现代提倡的可持续农业、生态农业或无污染农业，是一脉相通的。人们还应在精神境界和思想认识上回到"苟得其养，无物不长；苟失其养，无物不消"以及像印第安人那样热爱自然、与自然浑然一体的感情。克服贪得无厌的欲望，是不朽的真理，需要大声疾呼，大力提倡。绝不要盲目追求把农业人口压缩到总人口的 10% 以下、盲目发展现代化大城市、进一步加重与自然的对立的道路。这是脱离中国实际的道路，中国的生态环境资源和条件再也负担不起了。

# 参考文献

安金槐，1992. 中国考古 ［M］. 上海：上海古籍出版社.

陈绶祥，1992. 遮蔽的文明 ［M］. 北京：北京工艺美术出版社.

陈文华，1994. 中国农业考古图录 ［M］. 南昌：江西科学技术出版社.

戴伟，1992. 中国婚姻性爱史稿 ［M］. 北京：东方出版社.

邓廷良，1995. 丝路文化·西南卷 ［M］. 杭州：浙江人民出版社.

高明，1980. 古文字类编 ［M］. 北京：中华书局.

高占祥，1993. 中国民族节日大全 ［M］. 北京：知识出版社.

何炳棣，1969. 黄土与中国农业的起源 ［M］. 香港：香港中文大学.

何光岳，1988. 南蛮源流史 ［M］. 南昌：江西教育出版社.

和志武，钱安靖，蔡家麒，1993. 中国原始宗教资料丛编·纳西族卷、怒族卷、羌族卷
　［M］. 上海：上海人民出版社.

河南省文物考古研究所，1999. 舞阳贾湖（上下卷）［M］. 北京：科学出版社.

贾思勰，1982. 齐民要术校释 ［M］. 缪启愉，校释. 北京：农业出版社.

荆三林，1986. 中国生产工具发展史 ［M］. 北京：中国展望出版社.

李根蟠，卢勋，1987. 中国南方少数民族原始农业形态 ［M］. 北京：农业出版社.

李仁溥，1983. 中国古代纺织史稿 ［M］. 长沙：岳麓书社.

梁家勉，1989. 中国农业科学技术史稿 ［M］. 北京：农业出版社.

林华东，1992. 河姆渡文化初探 ［M］. 杭州：浙江人民出版社.

刘达临，1993. 中国古代性文化 ［M］. 银川：宁夏人民出版社.

刘峻骧，1996. 东方人体文化 ［M］. 上海：上海文艺出版社.

宋兆麟，黎家芳，杜耀西，1983. 中国原始社会史 ［M］. 北京：文物出版社.

苏联科学院米克鲁霍-马克来民族学研究所，1960. 美洲印第安人 ［M］. 史国纲，译. 北
　京：三联书店.

佟柱臣，1989. 中国东北地区和新石器时代考古论集 ［M］. 北京：文物出版社.

王玉棠，等，1996. 农业的起源和发展 ［M］. 南京：南京大学出版社.

王祯，1981. 农书 ［M］. 王毓瑚，校. 北京：农业出版社.

文物编辑委员会，1979. 文物考古工作三十年（1949—1979）［M］. 北京：文物出版社.

文物编辑委员会，1991. 文物考古工作十年（1979—1989）［M］. 北京：文物出版社.

萧兵，1992. 傩蜡之风 ［M］. 南京：江苏人民出版社.

星川清亲，1981. 栽培植物的起源与传播 ［M］. 段传德，丁法元，译. 萧位贤，校. 郑州：河南科学技术出版社.

尹绍亭，1996. 云南物质文化·农耕卷 ［M］. 昆明：云南教育出版社.

英德市博物馆，中山大学人类学系，广东省博物馆，1999. 中石器文化及有关问题研讨会论文集 ［C］. 广州：广东人民出版社.

英德市博物馆，中山大学人类学系，广东省文物考古研究所，1999. 英德史前考古报告 ［M］. 广州：广东人民出版社.

游修龄，1999. 农史研究文集 ［M］. 北京：中国农业出版社.

游修龄，1995. 中国稻作史 ［M］. 北京：中国农业出版社.

袁珂，1980. 山海经校注 ［M］. 上海：上海古籍出版社.

曾骐，1992. 新石器时代考古教程 ［M］. 南宁：广西人民出版社.

张绪球，1992. 长江中游新石器时代文化概论 ［M］. 武汉：湖北科学技术出版社.

张之恒，1992. 中国新石器时代文化 ［M］. 南京：南京大学出版社.

浙江省文物考古研究所，1999. 良渚文化研究——纪念良渚文化发现60周年国际学术讨论会论文集 ［C］. 北京：科学出版社.

中国大百科全书总编辑委员会《考古学》编辑委员会、中国大百科全书出版社编辑部，1986. 中国大百科全书·考古学 ［M］. 北京：中国大百科全书出版社.

中国大百科全书总编辑委员会《美术》编辑委员会，1989. 中国大百科全书·美术 ［M］. 北京：中国大百科全书出版社.

中国大百科全书总编辑委员会《音乐　舞蹈》编辑委员会，1986. 中国大百科全书·音乐舞蹈 ［M］. 北京：中国大百科全书出版社.

中国大百科全书总编辑委员会《语言　文字》编辑委员会，1988. 中国大百科全书·语言文字 ［M］. 北京：中国大百科全书出版社.

中国古代铜鼓研究会，1982. 古代铜鼓学术讨论会论文集 ［C］. 北京：文物出版社.

中国农业博物馆农史研究室，1989. 中国古代农业科技史图说 ［M］. 北京：农业出版社.

朱新予，1992. 中国丝绸史（通论）［M］. 北京：纺织工业出版社.

Barigozzi C，1986. The Origin and Domestication of Cultivated Plants ［M］. Oxford：Elsevier Science.

Clark G，1977. World Prehistory in New Perspective ［M］. Cambridge：Cambrige University Press.

Harlan J R，1975. Crops and Man ［M］. Madison，WI：American Society of Agronomy.

Hawkes J G，1983. The Diversity of Crop Plants ［M］. Cambridge：Harvard University Press.

Megaw J V S，1977. Hunters，Gatherers and First Farmers Beyond Europe ［M］. Leicester：Leicester University Press.

Page J W，1939. From Hunter to Husbandman ［M］. London：George Harrap.

Simmonds N W，1976. Evolution of Crop Plants ［M］. London：Longmans.

Zeven A C，Zhukovsky P M，1975. Dictionary of Cultivated Plants and Their Centers of Diversity：Excluding Ornamentals，Forest Trees and Lower Plants ［M］. Wageningen：Center for Agricultural Publishing and Documentation.

# 后　记

　　《中国农业通史》首卷《原始社会卷》经历了长时间的组织编写过程和对初稿的修修补补、勘误校正等过程，终于出版了。

　　《原始社会卷》与它的有史以后各兄弟卷一个最大的不同是，它那时候还没有发明文字，更谈不上有明确的纪年，时间的跨度又特别长，包括万年之久。

　　原始农业是从早先的狩猎采集发展而来，两者不是两个先后衔接、截然划分的阶段，而是逐步过渡、你中有我、我中有你的寓质变于量变的过程，它的不平衡性，导致直到现在在世界各地还有极少数的原始农业残余。

　　古籍记载中也有不少涉及原始农业的内容，但多偏于神话传说，还不免含有歧视误解的地方，时间先后不清，需要整理鉴别，取用其合理的部分，当然不可能光凭古籍记载，表达出原始农业的系统来。

　　直到现代自然科学和社会科学的兴起，特别是与其密切相关的考古学的兴起，才有条件对原始农业作进一步的调查、采访、探索和研究。借助于$^{14}C$同位素测定年代的技术，提高了判断发掘遗址年代的准确度。显微技术对考古遗址出土的植物炭化籽实、植物硅酸体和花粉等遗存的鉴定，提高了鉴定技术的精确度，扩大又深入了发掘研究的视野和内涵。

　　原始农业的内容广泛，时间跨度动辄以千年为单位，其所涉及的大量是宏观视角下的内容，如沿海地区的海侵和海退，内地大陆湖泊数量的扩大和缩小、减少和消失的过程，气候条件的冷暖更替等变化，由此而带来的植物种类、植被的变化等，这些环境条件都必须有所交代。

　　原始农业所种植的作物和饲养的家畜，都来自狩猎采集时期对狩猎、采集

对象生活习性的熟悉和反复的试验，才驯化成为后世的家畜饲养和谷物种植。所以对狩猎的动物种类和技术，以及采集的植物种类和资源等，都必须有重点的介绍和叙述。

原始农业生产离不开农具，原始农业是新石器时代农业的同义词，没有新石器时代农具的发明和使用，也就没有原始农业。没有逐步改进充实的新石器时代农具，也就没有继之而起的金属青铜农具和铁器农具。

有史以后的宗教信仰，对天地鬼神祖宗的敬畏，起源于原始社会对自然力的崇拜；原始农业时期的陶器刻画、岩画、狩猎采集劳动中和休息时的歌唱跳舞等，是有史以后的文字、绘画、音乐、舞蹈等精神生活的源头。

人类求生的本质是保证个体的生存和种族的绵延，婚姻是这种本质的体现。人类的婚姻经历了群婚、对偶婚等母系氏族的财产公有制阶段，向一夫一妻的父系氏族财产私有制过渡。原始农业时期是母系氏族社会的阶段，父系氏族社会的诞生，意味着原始农业向传统农业的过渡。

原始农业时期早已远离我们今天的现实，只剩下遥远的模糊记忆，了解或不了解它，对于今天的我们似乎都毫无意义，但这是一种莫大的误会。

以上扼要的介绍可见，原始农业的内容是非常广泛而复杂，它所涉及的学科相应也很多，除了以考古学为主，还涉及古地理学、古气候学、人类学、古动植物学、植物驯化学、土壤地质学、遗传学、少数民族历史、史前农业历史……包括宏观的和专门的两方面的学科。牵涉面这么广，当然不是任何单独一个人的精力和学识所能承担。如果组织相关学科的人员进行分工撰写，各抒所长，当然很理想，但最后必然面临另一种各学科间相互矛盾、无法形成体系的困难。这就是编写《原始社会卷》两难的境地，接受承担是被动的不自量力的差使。

近百年来，西方研究原始农业是世界性的，不局限于一国一地，所以取得的成就也比较全面。我国地大物博，其所积累的原始农业内涵，经半个多世纪来考古发掘研究的紧密启动，其陆陆续续所揭示出来的原始农业内容越来越见丰富多彩，原始农业的面貌也日渐明朗。但也必须承认，还有不少缺环的地方，这些欠缺的方面也是我们人力物力不足的反映。有鉴于此，本书编写不采取自我封闭的方式，而是在某些缺环的地方引用一些国外具有共性意义的研究资料，作为借鉴和完善内容。

本书的结构是在开头绪论和结尾的结语中间，分为十章展开叙述：第一章中国原始农业时期的自然环境和原始居民的聚落组织，第二章中国农业起源的神话和传说，第三章考古发掘所见的中国原始农业，第四章原始农业的植物栽培与利用，第五章原始农业中的畜牧业，第六章原始农业的工具，第七章采集和渔猎在原始农业时期的地位，第八章原始农业与原始信仰，第九章原始农业与科技、艺术的萌芽，第十章原始农业对后世社会发展的影响。其中第二章请朱自振先生撰写，第三和第六章请向安强先生撰写，第五章请徐旺生先生撰写，其余六章由笔者撰写。

本书初稿写成后，承中国农史学会和中国农业博物馆组织有关学科的专家们，进行逐章的审阅，包括采用的插图照片等在内，提出修改、补充、更换的意见，交还各章执笔者进行修改补充。完成这第一轮审阅后，再把全部稿件请李根蟠先生进行第二轮的通读审阅，其间又发现分章审阅时不可能发现的章和章间内容的不相呼应及矛盾差错的地方，一一作了纠正。特别是笔者编写的八章内容，除一般的更正错别字等之外，还细心地纠正、改写了叙述内容方面的差错，前后矛盾、遗漏等问题，并增补了一些必要的资料。借此机会，仅向第一轮和第二轮参加审阅的各位专家致以衷心的感谢。中国农业出版社穆祥桐先生分工负责本书从组稿至审稿、校稿、编稿的全过程，对发现的问题，随时和作者联系沟通，也一并敬致谢意。

游修龄

2008 年 3 月 3 日，于杭州华家池之蜗居